JN268920

樹木の顔

樹木抽出成分の効用と利用

編　集
日本木材学会抽出成分と木材利用研究会

編集代表
中　坪　文　明

編集委員
大橋英雄・片山健至
梅澤俊明・河本晴雄

海青社

執筆者紹介

日本木材学会 抽出成分と木材利用研究会 編／編集代表　中坪文明

(＊印は編集委員)

著者名	機関名	e-mail アドレス	fax 番号
秋山　敏行	三共（株）研究企画部	akiy@shina.sankyo.co.jp	03-5436-8561
梅澤　俊明＊	京都大学木質科学研究所	tumezawa@kuwri.kyoto-u.ac.jp	0774-38-3682
太田　路一	岩手大学農学部 農林環境科学科	perature@iwate-u.ac.jp	019-621-6177
大橋　英雄＊	岐阜大学農学部 生物資源利用学科	hohashi@cc.gifu-u.ac.jp	058-293-2915
大原　誠資	森林総合研究所 樹木化学研究領域	oharas@ffpri.affrc.go.jp	0298-73-3797
大平　辰朗	森林総合研究所 樹木化学研究領域	otatsu@ffpri.affrc.go.jp	0298-73-3795
小澤　修二	酪農学園大学 酪農学部酪農学科	ozawas@rakuno.ac.jp	011-387-5848
片山　健至＊	香川大学農学部 生物資源食糧化学科	katayama@ag.kagawa-u.ac.jp	087-891-3021
加藤　厚	森林総合研究所 成分利用研究領域	katoat@ffpri.affrc.go.jp	0298-73-3797
河合　真吾	岐阜大学農学部 生物資源利用学科	skawai@cc.gifu-u.ac.jp	058-293-2915
河本　晴雄＊	京都大学大学院 エネルギー科学研究科	kawamoto@energy.kyoto-u.ac.jp	075-753-4737
近藤隆一郎	九州大学大学院 農学研究院	kondo@agr.kyushu-u.ac.jp	092-642-2989
坂井　克己	九州大学大学院 農学研究院	ksakai@agr.kyushu-u.ac.jp	092-642-2988
鮫島　正浩	東京大学大学院 農学生命科学研究科	amsam@mail.ecc.u-tokyo.ac.jp	03-5841-5273
高橋　孝悦	山形大学農学部 生物環境学科	tkoetsu@tds1.tr.yamagata-u.ac.jp	0235-28-2812
橘　燦郎	愛媛大学農学部 生物資源学科	tatibana@agr.ehime-u.ac.jp	089-977-4364
寺沢　実	北海道大学大学院 農学研究科	mtera@for.agr.hokudai.ac.jp	011-706-4180
中坪　文明＊	京都大学大学院 農学研究科	tsubosan@kais.kyoto-u.ac.jp	075-753-6300
鍋田　憲助	帯広畜産大学畜産学部 生物資源科学科	knabeta@obihiro.ac.jp	0155-49-5540
西田　友昭	静岡大学農学部 森林資源科学科	aftnisi@agr.shizuoka.ac.jp	054-238-4852
福井　宏至	香川大学農学部 生物資源食糧化学科	fukui@ag.kagawa-u.ac.jp	087-891-3021
藤田　弘毅	九州大学大学院 農学研究院	kokif@agr.kyushu-u.ac.jp	092-642-3078
水家　次朗	荒川化学工業（株）研究所 研究部	mizuya@arakawachem.co.jp	06-6939-2541
光永　徹	三重大学生物資源学部 共生環境学科	mitunaga@bio.mie-u.ac.jp	059-231-9520
屋我　嗣良	琉球大学農学部 生物資源科学科	syaga@agr.u-ryukyu.ac.jp	098-895-8811
安田　征市	名古屋大学大学院 生命農学研究科	syasuda@agr.nagoya-u.ac.jp	052-789-4163
谷田貝光克	東京大学大学院 農学生命科学研究科	amyatag@mail.ecc.u-tokyo.ac.jp	03-5841-5246

はじめに

　樹木は様々な顔を持つ。

　この地球上には、25万から30万種の植物が生息しているが、そのうち1万から数万種の樹木が林、森、森林を形成している。そして、これらの樹木は、この世に2つと無い独特の様相を持つが、このことは、良く似ているが全く同じ顔の人はいないことと同様である。これが天然物である所以である。われわれはこれらの樹木を、樹冠、葉、枝、花、樹皮などの外観により識別する。これは1つの樹木の顔である。

　一方、木材を縦横に切断するとその樹種特有の芸術的な木目が現われるが、これも別の樹木の顔である。ただし、この場合は木材の顔と言った方が良いかもしれない。

　さらに、今度は樹木の葉、枝、樹皮、材、根を水などいろいろな溶媒にて抽出してみる。すると、その樹種独特の成分が得られる。これらの樹木抽出成分は極微量なものから、ある場合には数十パーセント存在し、また、その種類の数は計り知れない。これが樹木は緑の小宇宙たる所以の1つでもあるが、これらの成分のあるものは、その樹種独特の成分である場合が多い。これも1つの樹木の顔である。スギ樽の酒はスギの香りがし、オーク材の樽で熟成したウイスキーはオーク材独特の成分に由来するこくとまろやかさを醸しだしている。

　樹木抽出成分の効用は実に広く多様である。これは、かつて人類が衣食住をはじめ医薬、嗜好品など多くの生活物資を森から得ていたからであろう。例えば、抗菌・抗カビ活性、抗ウイルス作用、抗酸化性、活性酸素阻害活性、抗アレルギー作用、抗炎症性、血液循環促進作用、魚毒性、抗ヒスタミン作用、植物生長抑制作用、発癌プロモーション抑制作用、抗糖尿病作用、血糖低下作用、昆虫の摂食阻害、殺蟻活性、血小板凝集抑制効果、遅延型過敏症反応抑制作用、免疫調節作用、アジュバンド関節炎免疫抑制作用、血圧降下作用、鎮静・鎮痛作用、抗腫瘍作用、抗突然変異作用、消臭作用、ラジカル阻害剤、利胆活性、抗真菌性、抗胃潰瘍抑制作用、など実に多くの効用および機能が見いだされている。

　また、これらの効用は、蓄膿症対策、鼻炎対策、強心利尿薬、洗眼剤、強精・強壮薬、脱毛症、皮膚病感染治療薬、心臓鎮静剤、肥満防止、低刺激性化粧品、抗ウレアーゼ化粧品、口腔清涼剤、アトピー性湿疹、花粉症、健康食品、健胃剤、解熱剤、浄血剤、天然染料、天然農薬などへの利用の可能性を示唆している。

　近年、ゴミ問題、ダイオキシン、環境ホルモンなど難分解性合成化学物質の環境への影響が憂慮されており、生分解性薬剤、農薬、除草剤など、自然に優しい化合物の創製が望まれている。そして、これらの開発のヒントを天然物に求める傾向が顕著であることも自然の成り行きである。このような情勢のもとで、樹木抽出成分の機能と効用について、最近十年間に莫大な数の論文および特許が報告されている。

　このような情勢に鑑み、日本木材学会抽出成分と木材利用研究会では最近の樹木抽出成分の研究動向を克明に調査し、まとめあげその利用の可能性を提示することは極めて重要であると考え、本書を出版することとした。

　本書は、日本産の樹種を中心に、化学分野における世界最大の二次情報誌であるChemical Abstracts（1991〜1998）に掲載の50科約180種（一部外国産、草本を含む）の樹種について科名および属名で検索した約2万件の報告から、とくに抽出成分に関連した約6,000件の報告を抽出し、科別ごとに研究動向、成分分離と構造決定、機能と効用、新規化合物についてまとめたものである。したがって、樹

木抽出成分化学、木材化学、木材化工学はもとより、農学、薬学、医学などの基礎研究、さらに樹木抽出成分およびバイオマスの利用を考えておられる林業家、食品、衛生、化粧品、医薬品、洗剤、農薬などの研究分野で活躍されている方々の研究開発の糸口となる座右の書として本書を利用していただけることと思う。

　これからも永遠に造り続けられるであろう樹木抽出成分を学際的に研究し、また積極的に利用することは、21世紀の樹木および木材利用の重要な側面であろう。また、環境資源および物質資源を供給する森林の総合利用は、日本林業あるいは里山の再生、引いては全世界の永続的森林保全のためにも極めて重要な課題であると考える。本書がその一助となれば幸いである。

　本書での引用文献は、著者（発行年、国）Chemical Abstractsの巻数、文献番号（例：G. Lotti（1991, Italy）116：37964.）で表記されているが、読者の中にはChemical Abstractsを身近で利用できない方もおられることと思う。そこで、読者の方々が疑問点について執筆者に直接問い合わせ出来るよう、目次に樹木の科名とその執筆担当者、扉裏には執筆者のFAX番号とメールアドレスを記した。本書を通じて読者と執筆者とのコミュニケーションの輪が広がることを願っている。いわば「樹木抽出成分なんでも相談室」のような場を提供することも本書の意図するところである。

　なお、引き続き検索機能を充実させたCD-ROM版の刊行を検討中である。

　最後に本書の出版にあたり、編集の計画と実行および索引の構成など多大な時間と労力を裂いてご協力頂いた編集委員の岐阜大学教授 大橋英雄 氏、香川大学教授 片山健至 氏、京都大学木質科学研究所助教授 梅澤俊明 氏、京都大学大学院助教授 河本晴雄 氏、および執筆者各位、また、樹木の写真をご提供頂いた静岡県立大学名誉教授 上野明 氏、京都大学大学院教授 野渕正 氏に感謝の意を表する。最後に、本書の編集にご尽力を頂いた京都大学木質科学研究所 岸本芳昌 氏および海青社社長 宮内久 氏に深謝する次第である。

2002年2月

編集代表者
京都大学大学院農学研究科
中　坪　文　明

樹木の顔

樹木抽出成分の効用と利用

目　次

まえがき 3

1	アカネ科	Rubiace	....	(河本　晴雄)	9
2	アケビ科	Lardizabalaceae	....	(河合　真吾)	18
3	イチイ科	Taxaceae	....	(鍋田　憲助)	21
4	イチョウ科	Ginkgoaceae	....	(秋山　敏行)	32
5	イネ科	Gramineae	....	(福井　宏至)	35
6	ウコギ科	Araliaceae	....	(片山　健至)	37
7	ウルシ科	Anacardiaceae	....	(大平　辰朗)	55
8	エゴノキ科	Styraceae	....	(加藤　厚)	59
9	カエデ科	Aceraceae	....	(西田　友昭)	60
10	カキノキ科	Ebenaceae	....	(中坪　文明)	66
11	カツラ科	Cercidiphyllaceae	....	(河本　晴雄)	71
12	カバノキ科	Betulaceae	....	(寺沢　実)	72
13	キョウチクトウ科	Apocynaceae	....	(近藤隆一郎)	78
14	キンポウゲ科	Ranunculaceae	....	(福井　宏至)	81
15	クスノキ科	Lauraceae	....	(谷田貝光克)	83
16	グミ科	Elaeagnaceae	....	(河本　晴雄)	92
17	クルミ科	Juglandaceae	....	(太田　路一)	93
18	クワ科	Moraceae	....	(秋山　敏行)	98
19	ゴマノハグサ科	Scrophulariaceae	....	(太田　路一)	105
20	ザクロ科	Puniceae	....	(坂井克己・藤田弘毅)	111
21	シナノキ科	Tiliaceae	....	(鮫島　正浩)	113
22	ジンチョウゲ科	Thymelaeaceae	....	(梅澤　俊明)	115
23	スイカズラ科	Caprifoliaceae	....	(高橋　孝悦)	119
24	スギ科	Taxodiaceae	....	(高橋　孝悦)	124
25	センダン科	Meliaceae	....	(屋我　嗣良)	128
26	ソテツ科	Cycadaceae	....	(鍋田　憲助)	140
27	ツツジ科	Ericaceae	....	(坂井克己・藤田弘毅)	141
28	ツバキ科	Theaceae	....	(小澤　修二)	143

29	トウダイグサ科	Euphorbiaceae	(梅澤　俊明)	155
30	ドクウツギ科	Coriariaceae	(小澤　修二)	163
31	トチノキ科	Hippocastanaceae	(大原　誠資)	165
32	ニガキ科	Simaroubaceae	(橘　燦郎)	169
33	ニ　レ　科	Ulmaceae	(安田　征市)	173
34	バ　ラ　科	Rosaceae	(加藤　厚)	175
35	ヒノキ科	Cupressaceae	(近藤隆一郎)	184
36	ビャクダン科	Santalaceae	(大平　辰朗)	194
37	ブ　ナ　科	Fagaceae	(安田　征市)	196
38	ボ タ ン 科	Paeoniaceae	(福井　宏至)	203
39	マ　ツ　科	Pinaceae	(鮫島　正浩)	206
40	マ　メ　科	Leguminosae	(光永　徹)	213
41	マンサク科	Hamanelidaceae	(中坪　文明)	221
42	ミ カ ン 科	Rutaceae	(河本　晴雄)	226
43	ミ ズ キ 科	Cornaceae	(谷田貝光克)	245
44	ミソハギ科	Lythraceae	(屋我　嗣良)	247
45	ムラサキ科	Boraginaceae	(橘　燦郎)	250
46	メ　ギ　科	Berberidaceae	(河合　真吾)	252
47	モクセイ科	Oleaceae	(寺沢　実)	259
48	モクレン科	Magnoliaceae	(大橋　英雄)	267
49	モチノキ科	Aquifoliaceae	(西田　友昭)	276
50	ヤ　シ　科	Palmae	(大橋　英雄)	279
51	ヤナギ科	Salicaceae	(大原　誠資)	285
52	ヤマモモ科	Myricaseae	(光永　徹)	291
53	ユキノシタ科	Saxifragaceae	(片山　健至)	294
54	ロジンに関する調査結果		(水家　次朗)	301

索　引

- 化合物名索引 310
- 一般項目索引 347
- 植物名索引 362

1 アカネ科
Rubiace

1 科の概要

　低木、高木、つる性植物、草本など多様な生活型に分化しており、約500属、6000種にのぼる[1]。主に熱帯に多く認められる。木本としては、ヤエヤマアオキ属 (*Morinda*)、シチョウゲ属 (*Leptodermis*)、ハクチョウゲ属 (*Serissa*)、ボチョウジ属 (*Psychotria*)、ルリミノキ属 (*Lasianthus*)、アリオドシ属 (*Damnacanthus*)、キナノキ属 (*Cinchona*)、タニワタリノキ属 (*Adina*)、カギカズラ属 (*Uncaria*)、ギョクシンカ属 (*Tarenna*)、ミサオノキ属 (*Randia*)、コンロンカ属 (*Mussaenda*)、クチナシ属 (*Gardenia*) などがあり、草本としては、フタバムグラ属 (*Hedyotis*)、サツマイナモリ属 (*Ophiorrhiza*)、カエンソウ属 (*Manettia*)、ヘクソカズラ属 (*Paederia*)、イナモリソウ属 (*Pseudopyxis*)、ツルアリオドシ属 (*Mitchella*)、クルマバソウ属 (*Asperula*)、ヤエムグラ属 (*Galium*)、アカネ属 (*Rubia*)、トコン属 (*Cephaelis*) などがある[1,2]。コーヒーノキ (*Coffea*) もこの科に含まれる。

クチナシ
(*Gardenta jasminoides*)

　キニーネ (マラリアの特効薬) を含むキナなどのように、有益なアルカロイドを含み、薬用に用いられるものも多い[3]。和漢薬として、金鶏勒 (キナ属 *Cinchona* の樹皮)、刺虎 (アリドオシ *Damnacanthus indicus* の全草)、伏牛花 (アリドオシ *Damnacanthus indicus* の花)、剪草 (未詳、あるいはキヌタソウ *Galium kinuta* の根)、梔 (クチナシ *Gardenua jasminoides* の花、果実)、都桷子 (トカクシ *Genipa americana* の果実)、売子木 (サンタンカ *Ixora chinensis* の枝葉)、女青 (ヘクソカズラ *Paederia scandens* あるいはガガイモ科ヒメイヨカズラ *Cynanchum sibiricum* あるいはバラ科ヘビイチゴ *Potentilla kleiniana* の根)、茜草 (アカネ *Rubia akane* の根)、阿仙薬 (*Uncaria gambir* またはマメ科 *Acacia catechu* および *A. suma* より採った乾燥エキス)、鈎藤 (カギカズラ属 *Uncaria* の鈎棘)、吐根 (トコン *Uragoga ipecacuanha* の根) などがある[4]。また、黄・赤色色素を持つものも多く、アカネの根、ヤエヤマアオキ、クチナシの実、チブサノキなどは染料として用いられている[3]。ガンビールノキは皮なめしに用いられる[3]。

2 研究動向

　クチナシ属 (*Gardenia*) およびアカネ属 (*Rubia*) に関する報告が多い。草本植物も重要な成分を多く含むことから、本節ではとりあげている。クチナシ、アカネともにそれらに含まれる色素 (前者はカロチノイド系色素、後者はアントラキノン系色素) に関する研究報告および特許出願が多くなされている。その他、クチナシはイリドイド類を含み、それらの分析、生理活性に関する報告が、一方、アカネは環状ヘキサペプチドを含み、その抗癌性に関する報告がなされている。

3 各　論

3.1 クチナシ (*Gardenia*) 属

3.1.1 成分分析

3.1.1.1 テルペノイド

　モノテルペノイドとして、*G. jasminoides* の花からモノテルペン配糖体 (*R*)-linalyl 6-*O*-α-L-arabinopyranosyl-β-D-glucopyranoside、bornyl 6-*O*-β-D-xylopyranosyl-β-D-glucopyranoside が単離され[5]、Gardeniae Fructus からは新規なモノテルペン配糖体 jasminoside A (**1**)、B (**2**)、C (**3**)、D (**4**)、E (**5**) が[6]、*G. jasminoides* 果実からは新規なモノテルペン gardenone (**6**)、gardendiol (**7**) が[7] 単離されている。イリドイドに関するものとして、*G. jasminoides* (Cape Jasmine) 果実中のイリドイドの分析[8]、*G. jasminoides* のイリドイド配糖体の thermospray liq. chromatog./mass spectrometry (TSP LC/MS) を用いた分析がなされている[9]。Gardenia Fructus (San-jee-chee) より新規なイリドイド配糖体 penta-acetyl geniposide (**8**) が単離され、C-6 glioma 細胞における DNA 合成を抑制し、抗癌性をもつことが報告されている[10]。

　G. sootepensis の小枝より guaiane 骨格を有する新規なセスキテルペン sootepdienone (**9**) が単離されている[11]。フィジー産の *Gardenia* 属植物よりトリテルペン 9,19-cycloanostane-3,24-dione、9,19-cycloanost-24-ene-3,23-dione、4-nor-9,19-cyclolanost-24-ene-3,23-dione が単離されている[12]。*G. erubescens* のサポニン画分の加水分解により、新規なトリテルペン erubigenin (3β,23,24-trihydroxyolean-12-en-28-oic acid) (**10**) が単離されている[13]。*G. erubescens* より新規なトリテルペン erubescenone (**11**) が単離されている[14]。*G. jasminoides* のリモノイド geniposide、genipin、gardenoside、geniposidic acid の分析がなされている[15]。

3.1.1.2 色素

　カロチノイド crocetin などの黄色色素の分析に関するものが多く認められ、分離・分析方法として、HPLC/photodiode-array detector/mass spectrometer (LC-PDA-MS) を用いる方法[16]、high-speed countercurrent chromatography による方法[17] の報告がある。また、*G. jasminoides* の crocetin 類の分析[18]、micellar electrokinetic chromatography (MEKC) による *Gardenia* 属果実中の色素 (crocin、crocetin) およびイリドイド (geniposide、gardenoside) の分析がなされている[19]。

3.1.1.3 その他

　G. jasminoides の精油[20]、果実オイル[21]、種子オイル中の脂肪酸[22]、花の超臨界 CO_2 抽出物[23]、chlorogenic acid 含量[24]、漢方薬 Gardeniae Fructus (*G. jasminoides*)[27] の分析がなされている。*G. erubescens* のフラボノイドの分析がなされている[26]。*G. taitensis* の精油の分析がなされ、dihydroconiferyl acetate などの dihydroconiferyl ester 類がこの種に特徴的であることが報告されている[27]。*G. sootepensis* 果実より単離された抗マラリア活性を持つアルカロイド quinide の結晶構造解析が行なわれている[28]。

3.1.2 生合成・合成

　黄色色素の生合成に関する報告が多く認められる。crocin の生合成に関連して、*G. jasminoides* 完熟果実では 7 種の crocetin 類が存在するが、果実の熟す過程で、crocetin とグルコースの結合により crocetin の gentiobiose エステルが生合成されることが示唆されている[29]。*G. jasminoides* 果実中のカロチノイドの熟す過程での変化が調べられ、β-carotene のような C40-カロチノイドの蓄積は小さく、大部分は crocetin (8,8′-diapocarotene-8,8′-dioic acid) の glyco-ester 誘導体として存在

しており、これらのいくらかは crocin (digentiobiosyl 8,8′-diapocarotene-8,8′-dioate) の生合成中間体であることが示されている[30]。*G. jasminoides* 未成熟花から誘導されたカルスからの crocin、crocetin 類の生成が報告されている[31]。10 π-系をもつイリドイド cerbinal が (+)-genipin より化学合成されている[32]。

3.1.3 機　能

食品染色に広く用いられる *G. jasminoides* の黄色成分である 7 種の crocetin 誘導体の色調、抗酸化作用、熱・光に対する安定性が調べられている[33]。その結果、分子中のグルコースの数の増大とともに色調が黄から赤色に変化すること、全てが linoleic acid の酸化防止に有効であること、可視光には安定であるが、紫外線には非常に不安定であることなどが報告されている。*G. jasminoides* 果実中の geniposide と crocin が抗酸化作用を持つことが報告されている[34]。Saffron および *G. jasminoides* の色素による絹の染色性が比較して調べられ、両者は同様な色調を与えるが、後者は前者よりも安定であることが示されている[35]。*G. jasminoides* の発酵により得られた青色色素の種々の条件における安定性が調べられている[36]。

3.1.4 利　用

色素の利用と関連して、色素の調製方法、安定性の向上方法などの報告が多く認められる。*G. jasminoides* の geniposide を含むイリドイドと taurine に cellulase Y-NC を作用させ、少量の tannic acid を加えることで鮮やかな青色を呈する色素が調製されることが報告されている[37]。Cape jasmine、safflower などの青、黄色色素の熱および光に対する抵抗性が、chlorogenic acid、caffeic acid、ferulic acid などのポリフェノールを添加することで向上することが報告されている[38]。Cape jasmine 黄色色素と dextrin を cyclodextrin glucanotransferase 存在下で反応させることで、安定なカロチノイド系色素が調製されることが示されている[39]。γ-oryzanol の添加によるカロチノイド系色素の色あせ防止法が提案されている[40]。*G. jasminoides* からの黄色色素の抽出・精製方法が検討されている[41]。また、色素の応用方法として、イリドイド配糖体あるいはセコイリドイドグリセライドと配糖体加水分解酵素の組合せによる毛染め剤[42]、*G. jasminoides* の色素などの染料と cationic surfactants の組合せによる毛染め剤の提案がなされている[43]。インクジェットプリンタ用のインクで食べても害のないものとして、*Gardenia* 属の色素を含むものの提案がなされている[44]。*Gardenia* 属の黄色色素の毒性の評価がネズミを用いてなされ、発癌性等は認められないことが示されている[45]。

3.1.5 生理活性

イリドイド類の生理活性に関するものがいくつか見受けられる。イリドイド geniposide および韓国の Gardenia Fructus 抽出物が GOT、GPT、Al.p、LDH 活性、血中 cholesterol 量を低下させ、CCl_4、D-galactosamine により誘因される胆汁分泌量を増大させることがネズミを用いた実験により示されている[46]。*G. jasminoides* 葉からのイリドイド配糖体について、deacetylasperulosidic acid Me ester がネズミの血糖値を低下させるが、scandoside Me ester、geniposide、gardenoside はこのような効果を持たないことが示され、C6-位の水酸基の絶対配置が血糖低下作用において重要であることが指摘されている[47]。Gardeniae fructus のイリドイド genipin、geniposide がネズミでの triglyceride 合成を抑制し、コレステロールを低下させる効果があることが示されている[48]。

3.2 アカネ (*Rubia*) 属

3.2.1 成分分析

3.2.1.1 トリテルペノイド

R. peregrina 葉[49]、*R. yunnanensis*[50] のトリテルペン類の分析がなされている。新規化合物として、*R. yunnanensis* 根より新規な arborane 型トリテルペン rubiarbonol G (**12**)、rubiarbonone

A (**13**) が単離されている[51]。

3.2.1.2 アントラキノン類

アントラキノン、ナフトキノン類およびそれらの配糖体の分析が Rubia 属植物[52]、R. cordifolia[53,54]、R. tinctorum[55,56,57]、R. yunnanensis[58] についてなされている。R. cordifolia からは、新規なナフトキノン **7**、**15**[59]、抗酸化作用を有するアントラキノン rubiadin[60] が単離されている。また、R. cordifolia 根から、新規な rubilactone (**16**) を含むナフトン酸エステル類が単離されている[61]。

3.2.1.3 環状ヘキサペプチド類

R. cordifolia より抗癌性を有する新規な環状ヘキサペプチド RA-VI (**17**)[62]、RA-VIII (**18**)[62]、RA-X (**19**)[63]、RA-XV (**20**)[64]、RA-XVI (**21**)[64] が単離されている。R. cordifolia からの環状ヘキサペプチド RA-XI、RA-XII、RA-XIII、RA-XIV の構造が解析され、RA-XII、RA-XIII、RA-XIV はユニークな環状ヘキサペプチド配糖体であることが報告されている[65]。R. yunnanensis より抗癌性をもつ glycocyclohexapeptide[66]、arborane 型のトリテルペン[66]、glycocyclohexapeptide RY-III[67] が単離されている。R. cordifolia からの環状ヘキサペプチド[68] RA-I[69]、RA-VI[69]、RA-VII[70] のコンフォメーション解析がなされている。また、R. akane の抗癌性環状ヘキサペプチド RA-VII のチオニル化物のコンフォメーション解析および抗癌性の評価がなされている[71]。

3.2.2 生合成

数種のアカネ科植物の isopentenyl diphosphate (IPP) isomerase および farnesyl diphosphate (FPP) synthase の活性が調べられ、アントラキノンの蓄積と正の相関があることが報告されている[72]。

3.2.3 生理活性

3.2.3.1 環状ヘキサペプチド類の抗癌性

R. cordifolia より単離された環状ヘキサペプチド RA-VII[73]、XV[64]、XVI[64] の抗癌性が調べられている。R. yunnanensis の glycocyclohexapeptide およびそのアグリコン deoxybouvardin が抗癌性を持つことが報告されている[74]。R. cordifolia から単離された RA-X が強い抗癌性を示すのに対し、RA-IX は類似の構造を有するにもかかわらず抗癌性を持たないことが示され、コンフォメーションと活性との関連が議論されている[63]。また、それらの誘導体についてのものとしては以下の報告がある。Rubia akane からの環状ヘキサペプチドをチオアミド誘導体に変換することで抗癌性を向上させることができることが報告されている[75]。R. akane からの環状ヘキサペプチドに類似する合成物の抗癌性が調べられている[76]。RA-VII 中の Tyr-3 の脱メチル化により得られた RA-II より一連のアルキル化誘導体が調製され、それらの抗癌性が調べられている[77]。Rubia 属の植物からの RA-VII の水溶性誘導体が調製され、それらの抗癌性が調べられている[78]。

3.2.3.2 アントラキノン類

R. cordifolia 根からのアントラキノン類、ナフトキノン類、ナフトヒドロキノン 2 量体の細胞毒性、抗癌性が調べられている[79]。肝臓、尿道結石の治療に用いられる R. tinctorum 由来のアントラキノン配糖体 alizarinprimeveroside、lucidinprimeveroside のネズミに対する影響が調べられ、体内で発癌性物質 1-hydroxyanthraquinone および genotoxic な lucidin、rubiadin に変換され、発癌性の危険性があることが指摘されている[80]。

3.2.4 利用

Rubia 属の赤色色素とタンパク質およびキレート剤あるいは乳化剤を含む色素が食品の染料として提案されている[81]。R. cordifolia 根からのアントラキノン alizarin を含む染料の絹への染着特性が調べられている[82]。R. tinctorum の根の抽出物（アントラキノン型の色素）を酵素 Kokulase SS で加水分解して得られる色素のアイスクリーム、ミルクなどへの染色の応用が提案されている[83-85]。

また、色素の生産と関連したものとして、培養細胞の培養条件と alizarin などのアントラキノン類の生産性との関係が、R. akane、R. tinctorum について多数調べられている[86-91]。R. tinctorum のカルスにおけるアントラキノン類の生産の報告がある[92]。増収法として、Agrobacterium rhizogenes の接種が R. tinctorum の根および培養組織におけるアントラキノン nordamnacanthal の生成に及ぼす効果[93]、R. tinctorum 根の培養細胞への glutathione の添加による、アントラキノン染料、特に lucidin 3-O-primeveroside の生成促進効果[94] の報告がある。R. tinctorum の培養細胞により生成されたアントラキノン類の超臨界 CO_2 および MeOH を用いた高収率抽出法が報告されている[95]。アントラキノン配糖体 alizarin-2-O-primeveroside の β-glucosidase およびその TiO_2 との複合体による染料 alizarin への変換方法の報告がなされている[96]。

環状ヘキサペプチド類の抗癌剤としての利用の提案がなされている[97,98]。R. cordifolia の mollugin およびその関連物質のアラキドン酸代謝阻害活性、抗炎症作用、抗アレルギー性が調べられ、医薬品として利用可能であることが報告されている[99]。

3.3 その他

3.3.1 成分分析

アカネ科 8 属を含むキューバ産の 49 属 99 種のアルカロイドおよびサポニン類の分析がなされている[100]。Alibertia sessilis の葉の分析がなされ、イリドイド、トリテルペン、ステロイド、α-tocopherolquinone、アシル化フラボノイド類が単離されている[101]。インドネシア産の薬用植物 Anthocephalus chinensis の葉より新規なセコイリドイド配糖体 3′-O-caffeoylsweroside (**22**) および新規なフェノール酸アピオ配糖体類 kelampayoside A (**23**)、B (**24**) が既知のイリドイド類、アルカロイド類とともに単離され、それらの構造決定がなされている[102]。主要なインドールアルカロイド類である cadambine がマラリア (Plasmodium falciparum) に対して成長抑制活性を有することが報告されている。Anthocephalus cadamba 樹皮中のステロイド類の分析がなされている[103]。Crucianella graeca、Cruciata glabra、Cruciata leavipes、Cruciata pedemontana のクマリンおよびイリドイド類の分析がなされている[104]。Galium mirum、G. macedonicum、G. rhodopeum、G. aegeum のイリドイド配糖体の分析がなされている[105]。Galium sinaicum 根の n-butanol 抽出物より新規なリグナン配糖体 $7S,8R,8'R$-(−)-lariciresinol-4,4′-bis-O-β-D-glucopyranoside(**25**)、$7S,8R,8'R$-(−)-5-methoxylariciresinol-4,4′-bis-O-β-D-glucopyranoside (**26**) が単離され、P388 細胞系列に弱いながら細胞毒性を示すことが報告されている[106]。Hedyotis herbacea より ursolic acid とフラボノイド配糖体 kaempferol 3-O-arabinopyranoside、kaempferol 3-O-rutinoside が単離されている[107]。Hedyotis capitellata より新規なインドールモノテルペン型アルカロイドが単離され、capitelline と命名された[108]。Morinda lucida の根より 4 種のアントラキノン類が単離され、それらが種々の菌に対して抗菌活性を持つことが報告されている[109]。Mussaenda pubescens の地上部より新規なトリテルペノイドサポニン mussaendoside U (**27**)、V (**28**) が単離・同定されている[110]。Nauclea pobequinii の根より新規なアルカロイド nauclequiniine (**29**) が既知のアルカロイド nauclefoline、nauclefidine とともに単離されている[111]。Neonauclea calycina 材の抽出物より、アントラキノン類 damnacanthal、rubiadin 1-Me ether、nordamnacanthal、morindone、damnacanthol、lucidin 3-O-primeveroside、morindone 6-O-primeveroside が単離され、damnacanthal と morindone が DNA トポイソメラーゼ II に対して強い阻害活性を持つことが報告されている[112]。Oldenlandia corymbosa の地上部よりイリドイド配糖体が単離されている[113]。Ophiorrhiza pumila より camptothecin の重要な代謝生成物である $3(R)$- および $3(S)$-deoxypumiloside が単離され、それらの部分合成がなされている[114]。Ophiorrhiza blumeana より

新規なインドール型アルカロイド ophiorrhizine-12-carboxylate (**30**)、blumeanine (**31**) が単離されそれらの構造決定がなされている[115]。*Ophiorrhiza bracteata* より新規な glucoindole 型アルカロイド bracteatine (**32**) が単離されている[116]。*Ophiorrhiza* cf. *communis* より新規な zwitterionic 型アルカロイド isomalindine-16-carboxylate (**33**) が単離されている[117]。*Psydrax livida* より新規なフェニルプロパン配糖体 psydrin (**34**)、psydroside (**35**) が単離されている[118]。*Uncaria rhynchophylla* の各部の indole 系および oxindole 系アルカロイド類の分析がなされている[119]。

3.3.2 生合成・合成

Cinchona robusta の細胞懸濁液に植物病原菌 *Phytophthora cinnamomi* を作用させるこで誘導される isopentenyl-diphosphate isomerase の精製とキャラクタリゼーションがなされ、アントラキノン系ファイトアレキシンの生合成と関連について議論されている[120]。*Cinchona robusta*、*Morinda citrifolia*、*Rubia tinctorum* の培養細胞中での isopentenyl diphosphate (IPP) isomerase、farnesyl diphosphate (FPP) synthase の活性がアントラキノン類の生合成と関連して調べられている[121]。パラジウム触媒を用い Me 5-bromonicotinate と種々の有機金属試薬との縮合によるアカネ科からのピリジンアルカロイドの化学合成がなされている[122]。

3.3.3 生理活性

アカネ科薬用植物のテルペン、アントラキノン、アルカロイドおよびインドール類の薬理活性が総説されている[123]。*Ixora coccinea* の花の抗癌活性がネズミを用いて調べられている[124]。*Mitragyna speciosa* の葉より単離された主要なアルカロイド mitragynine が 5-methoxy-*N*,*N*-dimethyltryptamine により誘導される head-twitch 反応を抑制する作用があることが、ネズミを用いた実験により示されている[125]。*Mitragyna inermis* の葉より単離された speciophylline を主要成分として含むアルカロイド類がネズミの胆汁分泌を増大させコレステロールを減少させる作用があることが報告されている[126]。*Uncaria sinensis* のインドールアルカロイド類 geissoschizine Me ether が pentobarbital により誘因される催眠作用を持続させること、同 hirsuteine および hirsutine が血圧降下作用持続させる作用を持つことがネズミを用いた実験により示されている[127]。*Uncaria macrophylla* より 4 種の tetracyclic oxindole 型アルカロイド rhynchophylline、isorhynchophylline、corynoxine、corynoxine B が単離され、それらが thiopental により誘因される催眠を持続させる作用があることが、ネズミへの経口投与の実験より示されている[128]。漢方薬 "Chotoko" (*Uncariae Uncis*) の抗痙攣作用がネズミを用いて調べられ、その薬効成分として indole 型および oxyindole 型のアルカロイド類が単離されている[129]。

3.3.4 利 用

ハイドロキノン類およびフラボノイド類を含む *Mitracarpus* 属の抽出物を美白剤などの化粧品として利用することが提案されている[130]。

4 構造式（主として新規化合物）

2: $R_1 = H, R_2 = CH_2OH$
3: $R_1, R_2 = CH_2$

12: $R_1 = OH, R_2 = H$
13: $R_1 = R_2 = O$

14: $R = H$
15: $R = Me$

23: $R = H$
24: $R =$ (caffeoyl group)

25: $R = H$
26: $R = CH_3$

28 29 30

31 32 33

5 引用文献

1) 北村四郎、村田源、『原色日本植物図鑑・木本編I』、保育社、pp. 53–68 (1971). 2) 牧野富太郎、『改訂版原色牧野植物大図鑑 合弁花・離弁花編』、北隆館、pp. 297–317 (1996). 3) 堀田満 他 編、『世界有用植物事典』、平凡社、p. 928 (1989). 4) 赤松金芳、『和漢薬』、医歯薬出版、pp. 69–79 (1970). 5) N. Watanabe *et al.* (1994, Japan) **121**: 276740. 6) K. Machida *et al.* (1998, Japan) **129**: 287808. 7) W.-M. Zhao *et al.* (1994, China) **122**: 76616. 8) Y. Liu *et al.* (1993, China) **119**: 210857. 9) J. Iida *et al.* (1991, Japan) **116**: 113639. 10) C.-J. Wang *et al.* (1992, Taiwan) **117**: 124129. 11) V. Rukachaisirikul *et al.* (1998, Thailand) **129**: 133648. 12) N. W. Davies *et al.* (1992, Australia) **117**: 4201. 13) E. A. Adelakun *et al.* (1997, Nigeria) **127**: 106618. 14) E. A. Odelakun *et al.* (1996, Nigeria) **126**: 169099. 15) T.-H. Tai *et al.* (1994, Taiwan) **121**: 91981. 16) T. Ichi *et al.* (1995, Japan) **123**: 254808. 17) H. Oka *et al.* (1995, Japan) **123**: 79589. 18) M.-R. Van Calsteren *et al.* (1997, Can.) **126**: 261496. 19) T. Watanabe *et al.* (1998, Japan) **129**: 40240. 20) G. Buchbauer *et al.* (1996, Austria) **125**: 67125. 21) L. Ji *et al.* (1993, China) **120**: 116903. 22) Y. Yang (1992, China) **120**: 7180. 23) Z. Guo *et al.* (1991, China) **117**: 55658. 24) X. Wu *et al.* (1996, China) **126**: 242953. 25) S.-J. Sheu *et al.* (1998, Taiwan) **129**: 265519. 26) E. A. Adelakun *et al.* (1996, Nigeria) **126**: 183799. 27) A. Claude-Lafontaine *et al.* (1992, Polynesia) **118**: 219423. 28) Q.-T. Zheng *et al.* (1996, China) **125**: 270503. 29) T. Ichi *et al.* (1995, Japan) **124**: 25545. 30) T. Ichi *et al.* (1993, Japan) **121**: 104261. 31) P. S. George *et al.* (1995, India) **123**: 138887. 32) Y. Ge *et al.* (1992, Japan) **116**: 129273. 33) T. Ichi *et al.* (1995, Japan) **124**: 28414. 34) Y.-N. Han *et al.* (1994, Korea) **121**: 221956. 35) A. Takaoka *et al.* (1992, Japan) **117**: 28667. 36) Y. Xiao *et al.* (1996, China) **126**: 156534. 37) N. Moretome *et al.* (1993, Japan) **123**: 54285. 38) T. Hirai *et al.* (1993, Japan) **119**: 27064. 39) M. Nakao *et al.* (1990, Japan) **117**: 232735. 40) N. Kubo *et al.* (1992, Japan) **117**: 149829. 41) H.-G. Kim *et al.* (1998, Korea) **129**: 274981. 42) R. Kiyohara *et al.* (1990, Japan) **116**: 11023. 43) J. Mitamura *et al.* (1995, Japan) **126**: 108638. 44) T. Ono *et al.* (1997, Japan) **128**: 24072. 45) N. Fujimoto *et al.* (1994, Japan) **124**: 109188. 46) G. Kim *et al.* (1994, Korea) **122**: 71978. 47) T. Miura *et al.* (1996, Japan) **124**: 134797. 48) A. Hatta (1993, Japan) **119**: 108653. 49) M. Pukl *et al.* (1992, Yugoslavia) **118**: 56131. 50) X. Y. Xu *et al.* (1994, China) **121**: 153290. 51) C. Zou *et al.* (1993, China) **119**: 135618. 52) B. Chen *et al.* (1992, China) **118**: 35959. 53) S. X. Wang *et al.* (1992, China) **118**: 165181. 54) S. Wang *et al.* (1991, China) **116**: 148196. 55) N. A. El-Emary *et al.* (1998, Egypt) **129**: 328262. 56) G. C. H. Derksen *et al.* (1998, Neth.) **129**: 299743. 57) G. Wang *et al.* (1997, China) **129**: 92900. 58) Y. Chen *et al.* (1991, China) **116**: 148185. 59) K. Koyama *et al.* (1992, Japan) **118**: 35854. 60) Y. B. Tripathi *et al.* (1997, India) **127**: 288126. 61) H. M. Hua *et al.* (1992, China) **117**: 44582. 62) H. Itokawa *et al.* (1991, Japan) **116**: 102640. 63) H. Itokawa *et al.* (1992, Japan) **116**: 191087. 64) K. Takeya *et al.* (1993, Japan) **119**: 216748. 65) H. Morita *et al.* (1992, Japan) **117**:

147186. 66) C. Zou *et al.* (1992, China) **117**: 76306. 67) M. He *et al.* (1993, China) **121**: 31180. 68) H. Itokawa *et al.* (1992, Japan) **120**: 23084. 69) H. Itokawa *et al.* (1991, Japan) **116**: 84167. 70) H. Itokawa *et al.* (1992, Japan) **117**: 44629. 71) K. Takeya *et al.* (1996, Japan) **125**: 196355. 72) A. C. Ramos-Valdivia *et al.* (1998, Neth.) **129**: 173115. 73) H. Itokawa *et al.* (1992, Japan) **118**: 22598. 74) C. Zou *et al.* (1993, China) **121**: 17806. 75) Y. Hitotsuyanagi *et al.* (1994, Japan) **122**: 31920. 76) Y. Hitotsuyanagi *et al.* (1996, Japan) **124**: 317850. 77) Y. Hitotsuyanagi *et al.* (1996, Japan) **124**: 233101. 78) Y. Hitotsuyanagi *et al.* (1997, Japan) **128**: 175875. 79) H. Itokawa *et al.* (1993, Japan) **120**: 265794. 80) B. Blomeke *et al.* (1992, Germany) **116**: 123067. 81) K. Nishama *et al.* (1997, Japan) **126**: 185281. 82) H. Asada *et al.* (1993, Japan) **119**: 159290. 83) T. Ichi *et al.*(1993, Japan) **118**: 211701. 84) T. Ichi *et al.* (1993, Japan) **118**: 211698. 85) T. Ichi *et al.* (1993, Japan) **118**: 190442. 86) H. Mizutani *et al.* (1997, Japan) **127**: 330400. 87) K. Sato *et al.* (1992, Japan) **118**: 230204. 88) S.-W. Shin *et al.* (1996, Korea) **126**: 250243. 89) M. Tamas *et al.* (1994, Rom.) **122**: 183233. 90) Z. A. Toth *et al.* (1992, Hung.) **119**: 4222. 91) M. Kinooka *et al.* (1994, Japan) **120**: 161691. 92) M. K. Mkrtumian *et al.* (1997, Armenia) **129**: 173069. 93) R. van der Heijden *et al.* (1994, Neth.) **121**: 251211. 94) K. Sato *et al.* (1997, Japan) **127**: 63167. 95) K. Krizsan *et al.* (1996, Hung.) **126**: 250248. 96) T. Masawaki *et al.* (1996, Japan) **125**: 112853. 97) H. Itokawa *et al.* (1991, Japan) **119**: 56135. 98) H. Itokawa *et al.* (1993, Japan) **120**: 144129. 99) T. Murase *et al.* (1994, Japan) **125**: 67801. 100) L. D. Sandoval *et al.* (1990, Cuba) **116**: 18393. 101) R. S. Olea *et al.* (1997, Brazil) **127**: 188205. 102) I. Kitagawa *et al.* (1996, Japan) **125**: 81847. 103) A. Agusta *et al.* (1998, Indonesia) **129**: 173060. 104) M. I. Mitova *et al.* (1996, Bulg.) **126**: 4671. 105) M. I. Mitova *et al.* (1996, Bulg.) **125**: 163313. 106) A. A. El Gamal *et al.* (1997, Egypt) **127**: 119556. 107) A. S. Hamzah *et al.* (1996, Malay.) **126**: 155076. 108) M. P. Nguyen *et al.* (1998, Vietnam) **128**: 203070. 109) G. Rath *et al.* (1995, Switz.) **123**: 251038. 110) W. Zhao *et al.* (1997, Switz.) **127**: 173828. 111) E. M. Anam *et al.* (1997, India) **127**: 92672. 112) H. Tosa *et al.* (1998, Japan) **129**: 52088. 113) H. Otsuka *et al.* (1991, Japan) **116**: 124856. 114) M. Kitajima *et al.* (1997, Japan) **127**: 190884. 115) D. Arbain *et al.* (1998, Indonesia) **129**: 313318. 116) D. Arbain *et al.* (1997, Indonesia) **128**: 178095. 117) D. Arbain *et al.* (1997, Indonesia) **128**: 178094. 118) A. Nahrstedt *et al.* (1995, Germany) **123**: 138734. 119) G. Laus *et al.* (1996, Austria) **127**: 106613. 120) A. C. Ramos-Valdivia *et al.* (1997, Neth.) **127**: 356418. 121) A. C. Ramos-Valdivia *et al.* (1998, Neth.) **129**: 173115. 122) F. Bracher *et al.* (1995, Germany) **123**: 257099. 123) M. Zhang (1992, China) **117**: 23229. 124) P. G. Latha *et al.* (1998, India) **129**: 310477. 125) K. Matsumoto *et al.* (1997, Japan) **127**: 44837. 126) H. Toure *et al.* (1996, Fr.) **126**: 54704. 127) I. Sakakibara *et al.* (1997, Japan) **127**: 104273. 128) I. Sakakibara *et al.* (1998, Japan) **128**: 312798. 129) Y. Mimaki *et al.* (1997, Japan) **128**: 97568. 130) D. Greff (1998, Fr.) **128**: 184515.

2 アケビ科
Lardizabalaceae

1 科の概要

　多くはつる性の木本で、葉は互生し、掌状複葉をもつ。花は多性または単性、総状花序につく。花は3数生を示す。双子葉植物では3数性の花は少なく、ほかにメギ科、ツヅラフジ科、スイレン科など比較的原始的な群に現われる[1,2]。アケビ科は、世界に8属約30種が知られている。日本でもみられるアケビ属(*Akebia*)とムベ属(*Stautonia*)のほかに、東アジアにはデカイスネア属(*Decaisnea*)、ホルボエリア属(*Holboellia*)、シノフランケティア属(*Sinofranchetia*)、アルカケティア属(*Archaketia*)の計6種が分布する。残りのラルディザバラ属(*Lardizabala*)、ボクィラ属(*Boquila*)の2種はちょうど地球の反対側の南アメリカのチリに分布する。このようなアケビ科の隔離分布は、古くから植物地理学上の謎の一つとなっている。葉緑体DNAの分析結果によると[1]、東アジアのアケビ属、ムベ属、ホルボエリア属と、南アメリカの2種はそれぞれ一つの系統群で、デカイスネア属は最も原始的であることがわかっている。

　アケビ科の中には、果肉や果皮、若芽を食用とし、茎を生薬「木通」として、利尿・鎮痛・通経剤に用いたアケビ(*Akebia quinata*)[3-5]や、同様に液果等を食用とし、茎・根を生薬「野木爪」として強心利尿薬とするムベ(トキワアケビ、*Stautonia hexaphylla*)[5]がある。ミツバアケビ(*A. trifoliata*)のつるは東北地方や信州ではかごや玩具など民芸品の素材としても重用される。アケビの名は大きく口を開けた実の形「開け実」が変化したとする説と、「開け尻」からきたという説が有力である。これに対しムベの実は普通は裂開しない。ムベの葉は、成熟したつるでは、楕円形の小葉が5～7枚つくが、若いつるでは3枚しかないので、古来、七五三にちなんでおめでたい木とされてきた。最も原始的な系統といわれるデカイスネア属はアケビ科の中で唯一、直立する低木になる種である。ヨーロッパの第三紀漸新世(2400万～3800万年前)の地層からこの種子の化石が発見されている。

　成分として、サポニンを含むものが多く、アルカロイド、精油を含むものはないと報告されている。アケビ(*A. quinata*)のサポニン akeboside St$_e$ (**1**)、akeboside St$_b$ (saponin A) (**2**) などは、トリテルペン oleanolic acid (**3**) および hederagenin (**4**) の配糖体であることが、古くから知られている[3-6]。

2 研究動向

　成分分析に関連したものでは、トリテルペンおよびトリテルペン配糖体(サポニン)、フラボノイド配糖体、リグナン配糖体を対象とした全草、カルスあるいは種子での新規化合物の単離と構造決定に関する報告がほとんどで、利用に関してカルスでのトリテルペン生産の研究がなされている。

3 各 論

3.1 成分分析

Oleanolic acid (**3**) の新規配糖体として、アケビ属 *A. trifoliata* var. *australis* 種子から yuzhizioside IV (**5**)[7]、デカイスネア属 *D. fargesii* 茎から decaisoside A–C (**6–8**)[8] が、hederagenin (**4**) の新規配糖体として、ムベ属ムベ (*S. hexaphylla*) から staunoside A–D (**9–12**)[9,10]、デカイスネア属 *D. fargesii* 茎から decaisoside D–E (**13–14**)[8] が単離されている。

その他、新規化合物として、アケビ属ミツバアケビ (*A. trifoliata*) カルスからトリテルペン配糖体 trifoside A–C (**15–17**)[11] が、ムベ属ムベ (*S. hexaphylla*) ではカルスからトリテルペン (**18**)[12]、全草からリグナン配糖体 staunoside C (**19**)[13] とフェノール配糖体 staunoside F (**20**)[14] が単離され、*S. chinensis* から、ネオリグナン配糖体 yemuoside YM1 (**16**)[13] の単離が報告されている。

3.2 その他

ムベカルスを用いたトリテルペン、ステロールなどの生産についての報告[13] があるのみで、その他、利用に関する最近の研究例は見られない。

4 構造式（主として新規化合物）

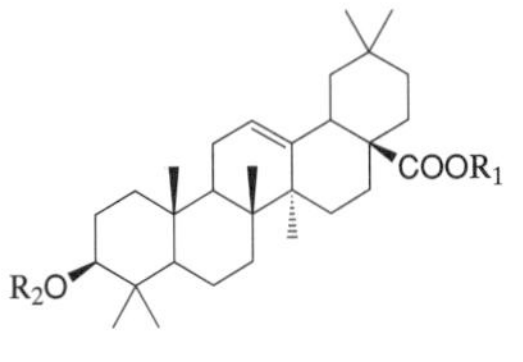

1: R_1=-Ara(2←1)Glu(6←1)Rha, R_2 = H
3: R_1=R_2 = H

2: R_1=Ara, R_2=H
4: R_1=R_2=H

5: R_1=-Glc(6←1)Glc, R_2=-Glc(6←1)Xyl
6: R_1=H, R_2=-Ara(2←1)Rha
　　　　　　　　　　(3←1)Glc
7: R_1=-Glc(6←1)Glc, R_2=-Ara(2←1)Rha
　　　　　　　　　　　　　(3←1)Glc
8: R_1=-Glc(6←1)Glc(4←1)Rha, R_2=-Ara(2←1)Rha
　　　　　　　　　　　　　　　　　(3←1)Glc

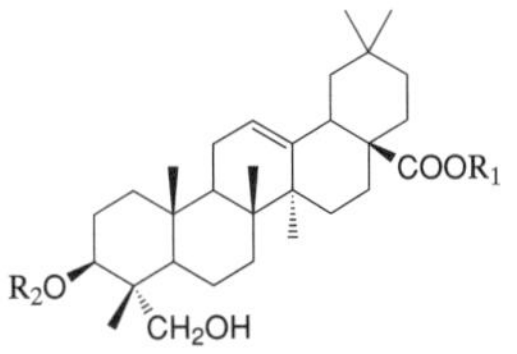

9: R_1=-Glc(6←1)Glc, R_2=-Glc
10: R_1=-Glc(6←1)Glc(4←1)Glc, R_2=-Glc
11: R_1=-Glc(6←1)Glc, R_2=-Glc(4←1)Glc
　　　　　　　　　　　　　　　　(2←1)Glc
12: R_1=-Glc(6←1)Glc(4←1)Rha, R_2=-Glc(3←1)Glc
　　　　　　　　　　　　　　　　　　　　(2←1)Glc
13: R_1=-Glc, R_2=-Ara(2←1)Rha(3←1)Xyl
14: R_1=-Glc(6←1)Glc, R_2=-Ara(2←1)Rha(3←1)Xyl

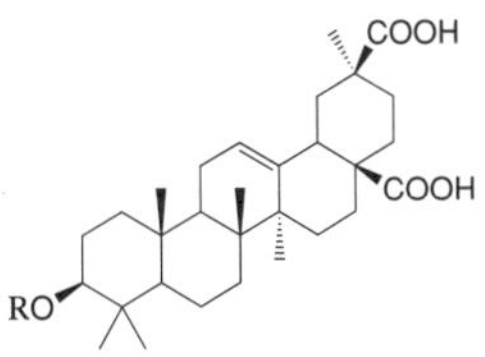

15: R=-Glc(3←1)Ara(2←1)Xyl
16: R=-Ara(3←1)Glc(2←1)Glc(2←1)Xyl 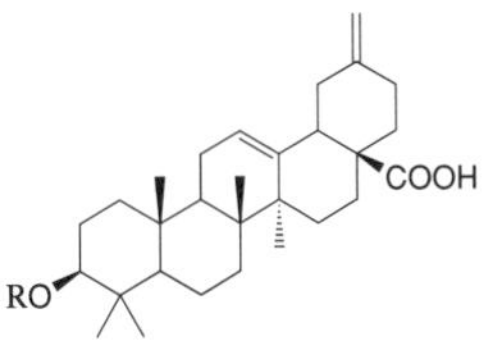
17: R=-Ara(3←1)Glc(2←1)Xyl

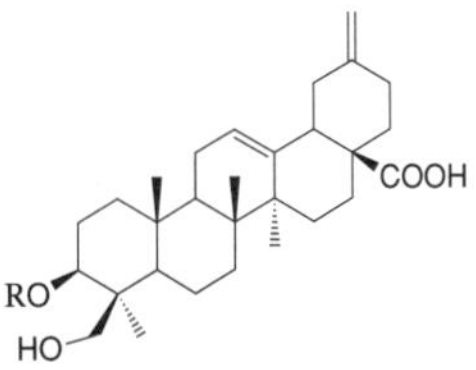

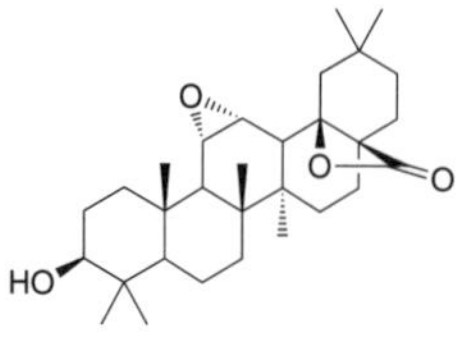

5 引用文献

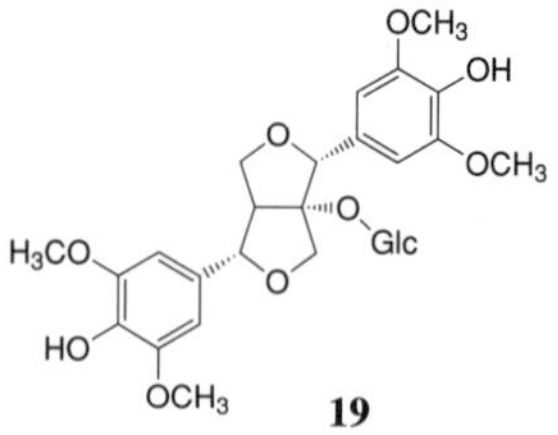

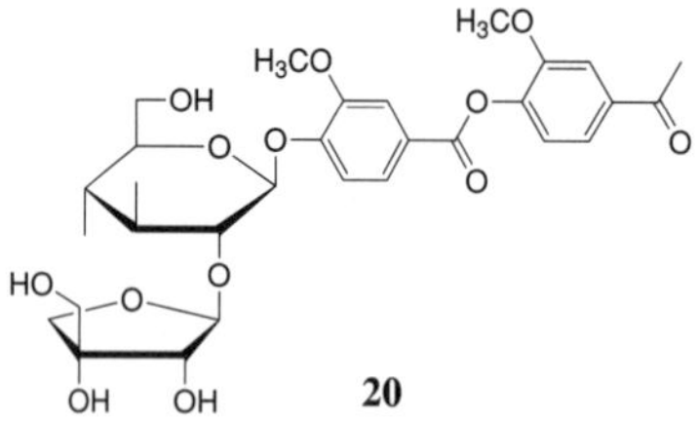

1) 清水建美、『植物の世界』8 種子植物　双子葉類8、朝日新聞社、pp.300–303 (1997). 2) 刈米達夫・北村四郎、『薬用植物分類学』、廣川書店、p.115 (1974). 3) 難波恒夫、『原色和漢薬図鑑（下）』、保育社、pp.166–167 (1980). 4) 柴田承二他編、『薬用天然物質』、南山堂、pp.400–402 (1982). 5) 三橋博他編、『天然物化学』、南江堂、pp.114–131 (1985). 6) 奥田拓男編、『資源・応用薬用植物学』、廣川書店、p.94 (1991). 7) S. C. Ma *et al.* (1994, China) **121**: 175163. 8) J. Kong *et al. Phytochem.*, (1993, China) **33** 427–430. 9) H. B. Wang *et al.* (1993, Germany) **120**: 129488. 10) H. B. Wang *et al.* (1993, Germany) **121**: 5050. 11) A. Ikuta *et al.* (1995, Japan) **123**: 334962. 12) A. Ikuta *et al.* (1992, Japan) **118**: 77023. 13) H. B. Wang *et al.* (1993, Germany) **120**: 212558. 14) H. B. Wang *et al.* (1997, Germany) **128**: 151722. 15) H. B. Wang *et al.* (1992, China) **116**: 190996. 16) A. Ikuta (1993, Japan) **120**: 75480.

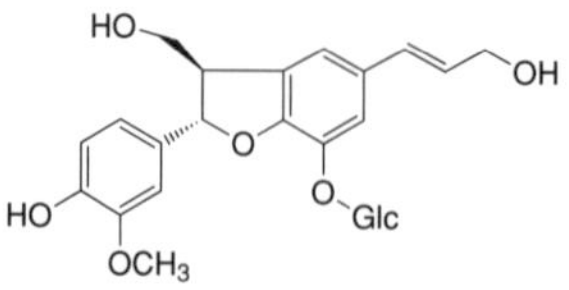

3 イチイ科
Taxaceae

1 科の概要

イチイ目の植物は、イチイ科 (Taxaceae) としてイチイ属 (*Taxus*)、カヤ属 (*Torreya*)、イヌガヤ科植物 (Cephalotaxaceae) としてイヌガヤ属 (*Cephalotaxus*) などがある[1,2]。イチイ属樹木は英語では yew、ドイツ語では Eibe、中国語では紅豆杉という。葉はらせん状について偏平な線形を示す。雌雄異株で、種子は肉質の赤く熟する仮種皮がコップ状に包む。北半球に8種存在するが、形態的に大変似ているために、一つの種 (*Taxus baccata* L) にして、その中をいくつかの亜種にする、という説もある。最近では Krüssmann による表1のような分類の例がある[3]。

イチイ
(*Taxus cuspidata*)

表1 イチイ属植物の分類

和名	英名	Krüssmann の分類
セイヨウイチイ	European yew	*Taxus baccata*
ヒマラヤイチイ	Himalayan yew	*T. wallichian*
シナイチイ	Chinese yew	*T. celebica*
イチイ	Japanese yew	*T. cupsidata*
タイヘイヨウイチイ	Pacific yew	*T. brevifolia*
メキシコイチイ	Mexican yew	*T. globosa*
フロリダイチイ	Florida yew	*T. floridana*
カナダイチイ	Canadian yew	*T. canadensis*

カヤ属植物は東アジアや北アメリカにほぼ7種存在する。カヤ (*Torreya nucifera*) は本州関東以西九州の山地に、他の樹種と混交して栽培される常緑高木、高さ 20 m、幹 90 cm、樹皮は灰色で滑らかである。若枝は緑だが後赤褐色、小枝は三叉状で葉は光沢があり、長さ 2-3 cm、螺旋状またはねじれた枝で左右二列、雌雄異株、花は晩春、種子は翌年晩秋に熟し、食用となる。

イヌガヤ属の樹木はアジアに約4種ほどある。イヌガヤ (*Cephalotaxus drupacea*) は本州以南、本州、九州の暖帯林あるいは低山地で落葉広葉樹林にはえる常緑高木である。高さ 10 m 径 30 cm 樹皮は黒褐色である。雌雄異株、花は早春に翌年秋に果実が熟し、味は甘い。かつて胚乳を燈火用に用いた。

2 研究動向

2.1 イチイ属

タイヘイヨウイチイ (*Taxus brevifolia*) の樹皮から抗癌作用を持つタキソール (**1**: Taxol は Bristol-Myers Squibb の商品名。英語名は paclitaxel)[4] とタキソールと同等の効果を持つ 10-

deacetylbaccatin III (**2**)、baccatin III (**3**)、cephalomanine (**4**: Taxol B)、paclitaxel の脱アセチル化物、キシシール化合物、窒素部分を修飾した化合物などが分離された[3]。タキソールは治療が困難な第4期の卵巣癌、乳癌、小細胞肺癌に卓効が認められ[5]、癌に対する治療薬として使用され、日本でも 1997 年 7 月卵巣癌の治療薬として認可された。北アメリカ、アジア、ヨーロッパを中心にイチイ属植物の成分分析が徹底的になされており、現在、最も熱心に研究されている植物の一つになっている。タキソールの抗癌作用は細胞レベルで作用機序が研究され[6,7]、微小管系の阻害を起こすが、他の微小管系阻害剤とは異なり、微小管の異常伸長を起こすことによって過剰な安定化を起こし、有糸分裂を抑制するという特異な活性を持っていることが証明された。タキソールを商業生産する上で最大の障害は、樹皮や根に存在するために、タキソールを分離することが、すなわち木の死を意味するということである。したがって、効率の良い抽出法の確立や、分離・分析に有効なクロマトグラフ技術の開発などが望まれ、その研究が行なわれている。また、それを失っても致命的にならない葉や小枝部分でのタクサン系ジテルペノイド (taxoid) の検索と、それらを利用した、より効果の高いタクサン系抗癌剤の開発が行なわれている。例えば、10-deacetylbaccatin III からはより進歩した半合成抗癌剤であるタキソテア (Taxotere: docetaxel) (**5**) が誘導される[8]。また、新たな生産方法として、イチイを宿主とし、taxoid の生産能を有する微生物の利用、植物組織培養技術の応用[9]、植物培養細胞や酵素を利用した生物転換による生産などが試みられている。輝かしい taxol の全合成は 1994 年、いくつかの研究グループによって同時に発表されたが[10-12]、多くの反応を経て生成するので、商業生産に利用されるとは思えない。Taxol の生合成については、ゲラニルゲラニル2リン酸 (GGPP) からの環化過程と初期の酸素化過程が明らかになり、また、N-ベンゾイルフェニルイソセリン側鎖部分の生合成過程が明らかになった。これらの研究には、遺伝子操作の技術が利用された。

2.2 イヌガヤ属

　イヌガヤ属植物の中でチョウセンイヌガヤ (*C. harringtonia*) の葉や小枝に含まれるアルカロイド (harringtonine **59**、homoharringtonine **61**、isoharringtonine **60**、deoxyharringtonine **64**)[13-15] に抗腫瘍活性が認められ、イヌガヤ属植物の化学成分と抗腫瘍活性に関する研究は、比較的熱心に行なわれている。

3　各　　論

3.1　イチイ属植物の化学成分

3.1.1　低級テルペン

　イチイの木のイソプレノイドの存在のパターンは独特であり、低級テルペン（モノテルペンやセスキテルペン）は少量しか存在しない。種衣を除いたあらゆる部分で独特の構造タクサン骨格およびその変形した骨格である abeotaxane 構造を持ったジテルペンを大量に蓄積している。葉には多量の植物エクジソンが含まれる。針葉樹と異なり、イチイは少量の揮発成分しか含まない。カナダイチイ (*T. canadensis*) が唯一、最新の実験手法で分析された例である。oct-1-en-3-ol (全精油の 44.6％) および (2*E*)-hex-2-enal (24.1％) とともに微量のイソプレノイドである α-thujone、myrtenol、geraniol、p-menth-2-en-7-ol および p-mentha-1,8-dien-7-ol を同定した。セスキテルペンとしては occidentalol (1.4％) を見いだし、また、3,5-dimethoxyphenol、2-hydroxy-5-methylacetophenone、*cis*-terpin および p-menthan-1,4-diol をセレベスイチイ (*T. mairei*) の心材の微量成分として分離している。

3.1.2 ジテルペン

イチイ属植物の最も主要でかつ特徴的な構成成分はタクサン型ジテルペン (taxoid) である。タクサン骨格は図1および図3に示したように、6員環 (A環)-8員環 (B環)-6員環 (C環) で構成される3環性の化合物で、A環とC環はB環をはさんで向かい合う位置にある。タキソールの場合には、C環にオキセタン環 (D環) が結合している。Taxoid はイチイ属植物とそれに寄生する真菌にのみ見いだされる化合物である。Taxoid 以外のジテルペンとしてはアビエタン骨格 (**8**) やアビエタン骨格から骨格転移を起こした icetaxane 系化合物 [9(10→20)abeoabietane] (**6**、**7**) がシナイチイの樹皮から分離されている。

Taxoid は基本骨格として taxane 型 (図3) とそれから骨格転移した 11(15→1)-abeotaxane 型 (**23**)、3,11-cyclotaxane 型 (**25**)、2(3→20)-abeotaxane 型 (**26**)、11(15→1),11(10→9)-bisabeotaxane 型 (**24**)、3,8-secotaxane 型 (**27**) 等に分類される (図4)。また、それぞれの骨格は C-4 (C-20), C-5 の部分構造、酸素化のパターンによって更に細かく分類される。

例えば、taxane は、図3に示したように baccatin I型 (**9**)、baccatin III 型 (**10**)、baccatin IV 型 (**11**)、paclitaxel (taxol) 型 (**12**)、taxine B型 (**13**)、2′-deacetoxyaustrospicatin 型 (**14**)、spicataxine 型 (**15**)、taxinine 型 (**16**)、taxinine E型 (**17**)、taxinine J型 (**18**)、taiwanxan 型 (**19**)、taxagifine 型 (**21**) およびその他 (**22**) というふうに分類される。それぞれの構造中 R_n で示した部分には、水素 (H)、アセチル (Ac)、アセトキシ (AcO)、水酸基 (OH)、benzoyl (Bz)、=O、<H, OH、xylose、benzoyloxy (BzO)、cinnamoyl、短鎖の acyl 基、paclitaxel 型では phenylisoserine の窒素原子に benzoyl 基やその他の acyl 基などが結合し、多種多様な化合物群を形成する。そのうち代表的な例として、bacchatin I型は $4\beta,20\beta$-エポキシ環、C-2、C-5、C-7、C-9、C-10 および C-13 の水酸化によって特徴付けられ、化合物の多様性はアセチル基の結合位置と C-1 位に OH が結合しているかどうかによる。Baccatin III はその共通する部分構造として、C-5 と C-20 間に oxetane 環が存在し、C-10 にケト基、C-1、C-2、C-4、C-7、C-10 および C-13 に水酸基が存在する。構造の多様性は、C-1 または C-10 が脱酸素しているかどうか、あるいは、C-14 と C-19 が酸素化しているかどうか、C-7 位がエピマー化しているか xylosidation しているかどうか、そのほかの水酸基がアセチル化または benzoyl 化しているかどうかによる。そのうち 10-deacetylbaccatin III はタキソールやタキソテアの半合成の出発物質である。Baccatin 類はヨーロッパイチイやヒマラヤイチイの針葉に含まれるが、Holton によるタキソールの半合成に出発物質として用いられており、タキソールの商業生産に寄与している。この方法は、樹木そのものを枯死させることがなく、タキソールの安定した供給が期待できる。また 14 位および 19 位に水酸基の導入された化合物から、相当する hydroxypaclitaxel や hydroxydocetaxel が合成されたが、これらの化合物は *in vitro* でタキソールと同等の抗癌性を示した。タキソールの全合成は 1994 年数グループでほぼ同時に達成されたが、商業生産に利用される可能性は薄い。タキソール類縁体 (R_4 が $CH_3(CH_2)_nCO$-、n が 2 から 4) は植物組織培養法でも得られた。タキソール生産手法としての植物組織培養法は、他の二次代謝産物同様ランニングコスト等の問題が解決できないでいる。7α-hydroxy 化合物がいくつか分離されているが、これらは artefact の可能性が高い。タキソール (paclitaxel) 型の化合物は baccatin III 型の taxane の C-13 に phenylisoserine がエステル結合した化合物で、C-7 位がエピマー化しているか xylosidation しているか、C-9 位が還元しているかどうか、C-10 位がエステル化しているかどうか、窒素原子に結合しているアシル基の種類などによって構造の多様性がもたらされる。

Taxane から骨格転移したジテルペンのうち 11(15→1)-abeotaxane 型の taxoid (**23**) は taxane 骨格の C-11 位と C-15 位間の結合が切断し、C-1 位と C-15 位間に新たな結合が生じた構造をとっている。生合成起源と推定される taxane 化合物との類似性から、abeobaccatin II 型、abeobaccatin VI 型そ

の他に分類される。3,11-cyclotaxane 型 taxoid (**24**) は相当する 13-oxo-Δ^{11}-taxane の cinnamoyl エステルを UV 照射することによって得られる。天然物は cinnamoyl 部分が E-型であるのに対して、合成物は E, Z-の混合物であることから天然物は artefact ではないと考えられるが、定かではない。2(3→20)-Abeotaxane 型の taxoid (**25**) は、形式的に taxane 骨格の C-2 と C-3 間が切断し、C-2 と C-20 間の再環化の結果生成するようにみえる。しかし、実際の生合成経路は他の taxane とは異なると推定される。11(15→1), 11(10→9)-bisabeotaxane 型の taxoid はほとんど知られていないが、willifoliol (**28**) が分離されている。3,8-Secotaxane 型 taxoid (**27**)[16] は taxane の C-3 と C-8 の結合が切断し、12 員環が形成したものである。

3.1.3 トリテルペン、ステロールおよび高級テルペン類

植物起源の昆虫脱皮ホルモンエクジンの関連物質として β-エクジソン (**29**)[17]、ponasterone A (**30**)[18]、makisterone A (**31**)[19]、taxisterone (**32**)[20] が針葉から分離されている。種衣の色素として rhodoxanthin (**33**) が分離されている。この化合物は食品や化粧品の色素として利用できる。

3.1.4 フラボノイド、フェニルプロパノイドおよびフェノール物質

イチイの木の針葉には炭素-炭素で結合した amentoflavone 型のフラボン 2 量化物、amentoflavone (**34**)、sequoiaflavone (**35**)、sotetsuflavone (**36**) などが分離されている[21-23]。フェニルプロパノイド類としては Winsterstein's acid (N-acylphenylisoserine) がある種の taxoid 化合物にエステル結合して存在する。そのほか針葉や根に存在するフェニルブタノイド類 (**37**)[24-26]、図 6 で示したリグナン類 (**38**-**44**) が分離されている[27-30]。

3.1.5 タキソール (paclitaxel) の生合成

タキソール (paclitaxel) 分子の中で、N-ベンゾイルフェニルイソセリン側鎖部分はシキミ酸経路を経て生成し、ジテルペン部分は、無論、GGPP から生成する。N-ベゾイルフェニルイソセリン側鎖部分を構成するベンゾイル部分とフェニルイソセリン (**50**) 部分はともにフェニルアラニンから生成する[31,32]。これらの部分がタキソール分子に結合していくパターンも、図 7 のように進行することが証明された。この証明は、タイヘイヨウイチイの切穂や形成層組織への重水素やトリチウム標識した baccatin III の投与実験で行なわれた。ジテルペン部分に関しては、図 7 に示した GGPP からタクサジエン (taxa-4(5),11(12)-diene、**48**) への環化過程を経由する生合成過程が提唱されている[33]。GGPP からタクサジエンへの環化過程は、様々な位置を重水素標識した GGPP を、タイヘイヨウイチイからの部分精製したタクサジエン合成酵素に作用させ、環化生成物を GC-MS 分析することにより証明された。GGPP からタクサジエンへの変換の過程で、図 7 に示したような分子内水素転移をともなうことが明らかになった。タイヘイヨウイチイ茎部から得られた cDNA ライブラリーをスクリーニング中、タクサジエン合成酵素をコードした cDNA をつきとめた[34]。大腸菌で発現した組み替えタクサジエン合成酵素のアミノ酸配列は、アビエタジエン合成酵素と高い相同性が認められた。タキソールを安定して生産するカナダイチイの培養細胞から、タイヘイヨウイチイのタクサジエン合成酵素と挙動の一致する酵素が得られた[35]。

タイヘイヨウイチイの茎部やイチイ (*T. cupsidata*) の細胞培養から得られたミクロソーム酵素調製液でタクサジエンからタキソールへの最初の水酸化の過程が明らかになった。NADPH と酸素の存在下でチトクローム P-450 依存型酵素を作用させ、タキサジエンの 5 位炭素が水酸化された taxa-4(20),11(12)-diene-5α-ol (**53**) を得た[36]。得られた taxa-4(20),11(12)-diene-5α-ol は天然にも存在し、また、茎の切片に投与すると 12-deacetylbaccachin III や cephalomanine に効率良く転換することからタキソール生合成の中間体であることが証明された。Taxa-4(20),11(12)-diene-5α-ol の生成過程は、図 8 に示したような epoxy を経る過程と allyl radical を経る過程が想定されるが、最終的な結論を得ていない。タキソール生合成における次の過程は oxetane 環形成であるが、この過

程では中間体として epoxy acetate かその他の活性 epoxy 体が考えられる。Epoxy acetate 中間体では、acetoxy 基の分子内転移と epoxy 環の開環が協奏的に起こる。ヨーロッパイチイの若木からの無細胞抽出液を用いて、10-deacetylbaccatin III から baccatin III への選択的な生物転換がなされた[37]。

3.1.6 イヌガヤ属 (*Cephalotaxus*) の化学成分

イヌガヤ属植物にはアルカロイド cephalotaxine (**57**) の 3 位水酸基に様々な酸 (R) がエステル結合した、抗腫瘍活性を有する化合物が見いだされている。その主要物質 harringtonine (**59**) とその同系列の化合物として、homoharringtonine (**61**)、isoharringtonine (**60**) や deoxyharringtonine (**64**) は白血病細胞に対し著しい阻害活性が認められた。チョウセンイヌガヤ (*C. harringtonia*) からは homoharringtonine の 11 位に水酸基が導入された化合物[38]、5′ メチルが脱メチルした化合物[39]、酸部分の 3′-水酸基が無い化合物[40] など新規の化合物が見いだされている。トウイヌガヤ (*C. fortunei*) から harringtonine、isoharringtonine、homoharringtonine、deoxyharringtonine など既知の cephalotaxine 系列のほか、neoharringtonine (**62**) や anhydroharringtonine (**63**) などの新規化合物が検出された[41]。シナイヌガヤ (*C. sinensis*) の葉から 10-deacetylbaccatin III が検出された。チョウセンイヌガヤカルスは cephalotaxine、harringtonine、homoharringtonine を産生した[42]。

4 新規化合物および生合成経路

図 1　タイヘイヨウイチイ樹皮から分離または半合成した抗癌性タキソール関連物質

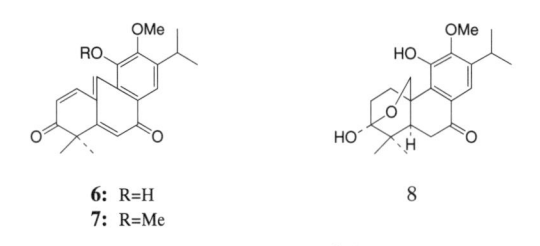

図 2　Taxoid 以外のイチイからのジテルペン

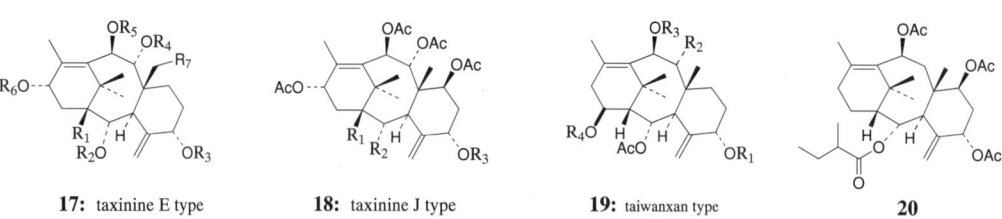

9: baccatin I type
10: baccatin III type
11: baccatin IV type
12: Taxol (paclitaxel) type
13: taxine B type
14: 2'-deacetoxyaustrospicatine type
15: spicataxine
16: taxanine-type
17: taxinine E type
18: taxinine J type
19: taiwanxan type
20:
21: taxagifine-type
22: miscellaneous

図3　Taxane 型ジテルペンの分類

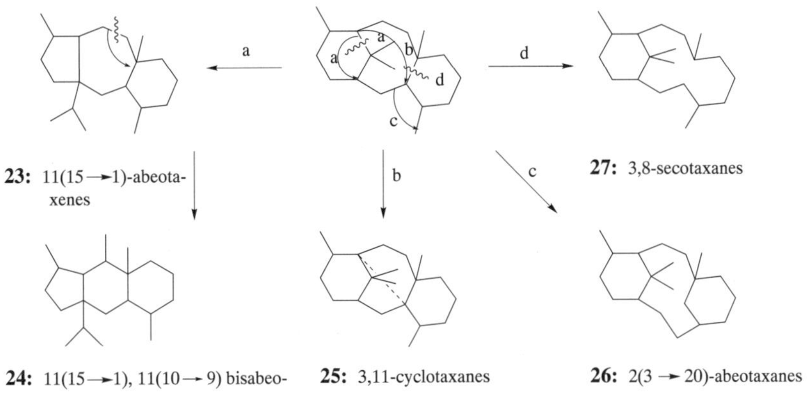

23: 11(15→1)-abeota-xenes
24: 11(15→1), 11(10→9) bisabeo-taxanes
25: 3,11-cyclotaxanes
26: 2(3→20)-abeotaxanes
27: 3,8-secotaxanes
28: wallifoliol 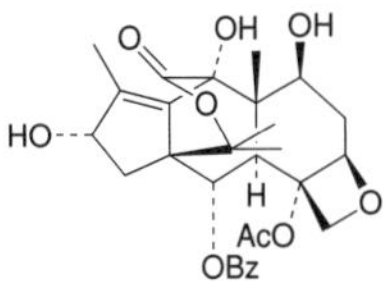

図4　Taxane の骨格転移

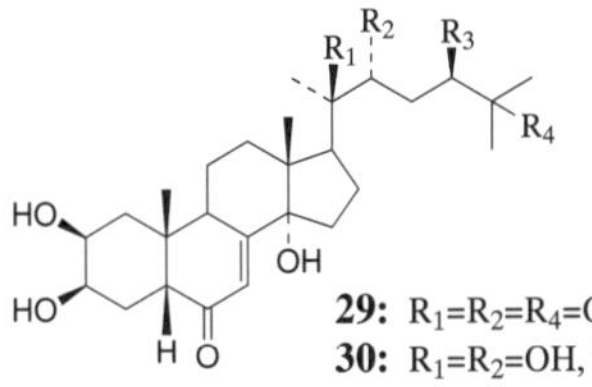

29: $R_1=R_2=R_4=OH, R_3=H$
30: $R_1=R_2=OH, R_3=R_4=H$
31: $R_1=R_2=R_4=OH, R_3=Me$
32: $R_1=R_4=OH, R_2=R_3=H$

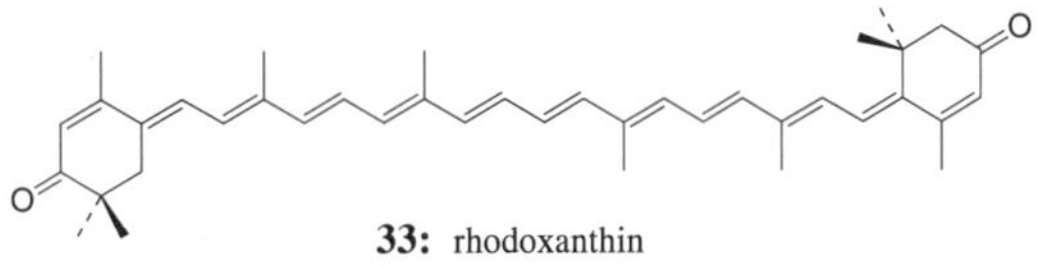

33: rhodoxanthin

図5　イチイからの高級テルペン

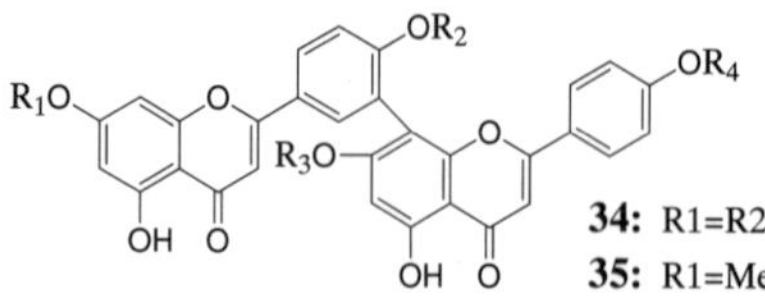

34: R1=R2=R3=R4=H
35: R1=Me, R2=R3=R4=H
36: R1=R2=R4=H, R3=Me

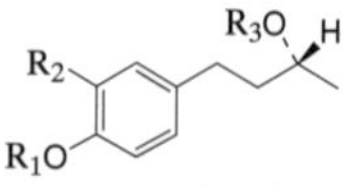

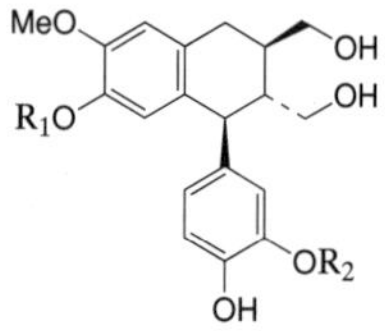

38 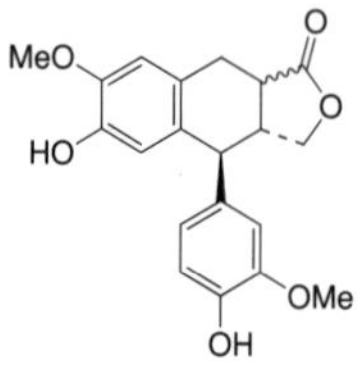 **39** 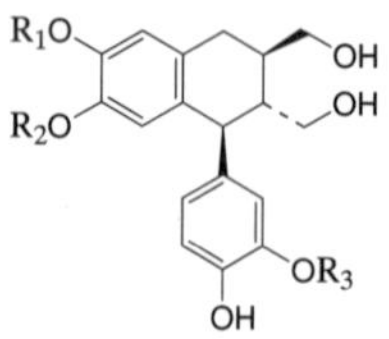 **40** 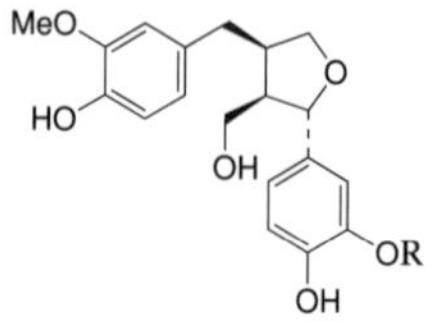 **41**

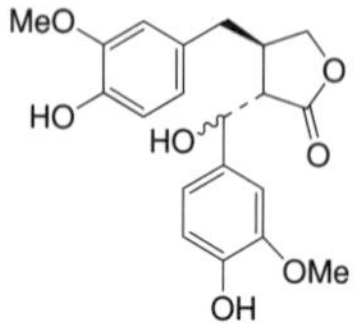

42 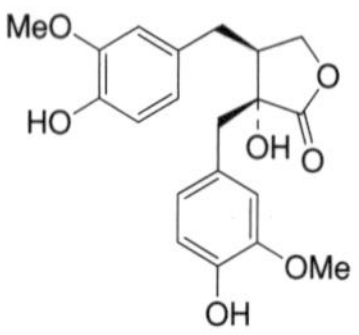 **43** 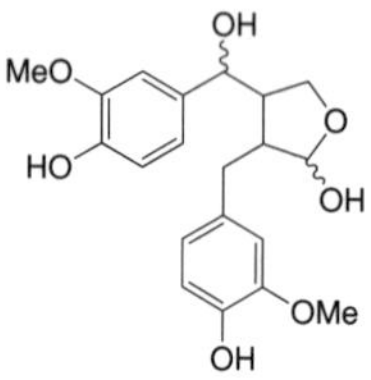 **44**

図6　イチイからのポリフェノール

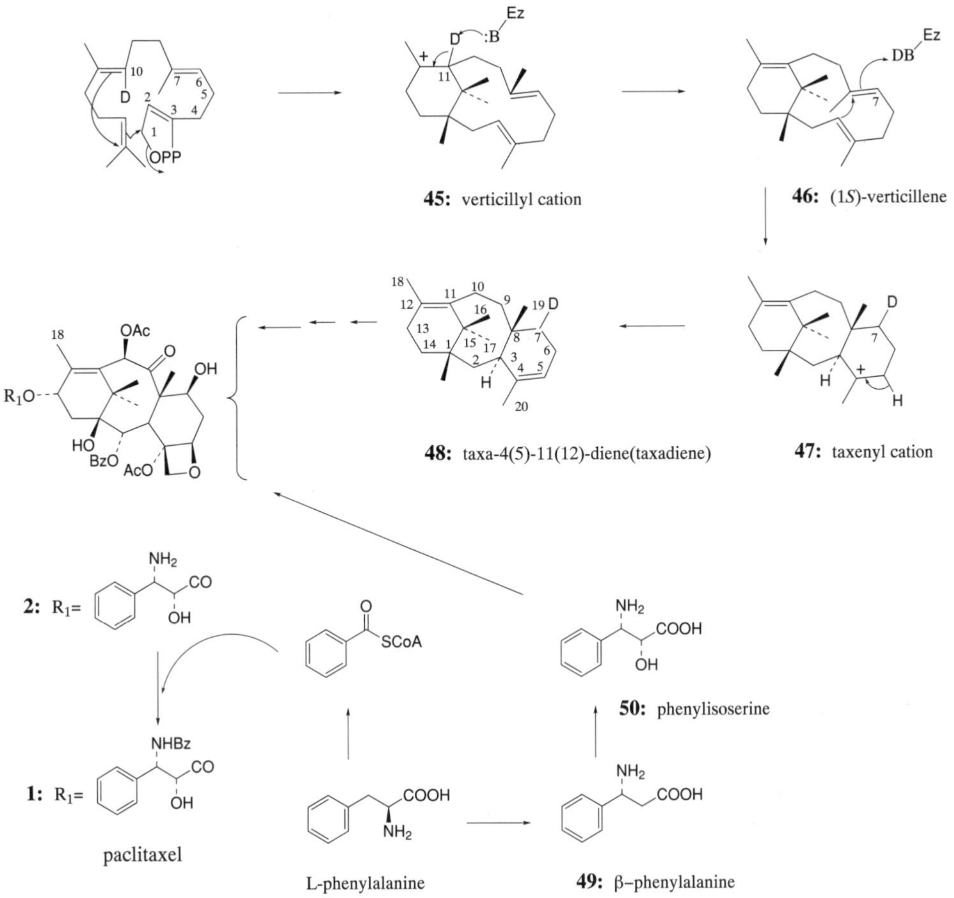

OPP
D
Ez
:B
45: verticillyl cation
DB
46: (1S)-verticillene
47: taxenyl cation
48: taxa-4(5)-11(12)-diene(taxadiene)
OAc
OH
R1O
HO
BzO
AcO
2: R1=
NH2
CO
OH
1: R1=
NHBz
paclitaxel
SCoA
COOH
L-phenylalanine
49: β–phenylalanine
50: phenylisoserine

図 7　タキソールの生合成経路

図8　Taxadiene からのタキソールへの初期酸化過程

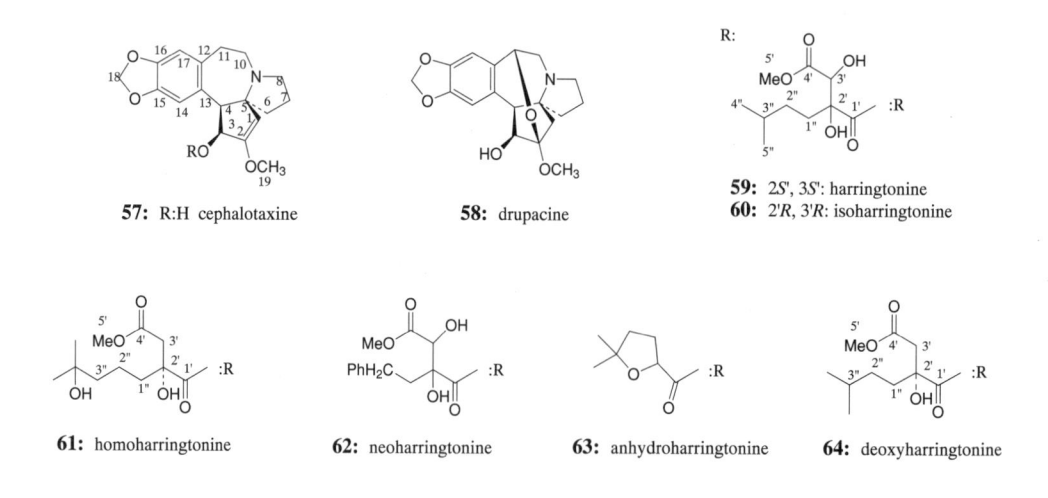

57: R:H cephalotaxine
58: drupacine
59: 2S', 3S': harringtonine
60: 2'R, 3'R: isoharringtonine
61: homoharringtonine
62: neoharringtonine
63: anhydroharringtonine
64: deoxyharringtonine

図9　イヌガヤ属からのアルカロイド

5 引用文献

1) 岡本省吾、『原色日本樹木図鑑』、保育社、1979, pp. 2–5. 2) 平井信二、『木の大百科』、朝倉書店、1986, pp. 69–75. 3) Q. Appendino, *Nat. Prod. Rep.*, **12**, 349 (1995). 4) M. C. Wani *et al.*, *J. Am Chem. Soc.*, **93**, 2325 (1971). 5) 小林淳一；繁森英幸、化学と生物、**33**, 538 (1995). 6) S. B. Horwitz *et al.*, *Nature*, **277**, 665 (1977). 7) 岩崎成夫、化学と生物、**32**, 153 (1994). 8) R. A. Holton, European Patent-A, 400971, 1990. 9) W. Ma *et al.*, *J. Nat. Prod.*, **57**, 116 (1994). 10) P. A. Wender *et al.*, *Chemtracts: Org. Chem.*, **7**, 160 (1994). 11) L. Wessjohann, *Angew. Chem.*, **106**, 1011 (1994). 12) K. C. Nicolaou *et al.*, *Nature*, **367**, 630 (1994). 13) Powell *et al.*, *Tetrahedron lett.*, 815 (1970). 14) Powell *et al.*, *J. Pharm. Sci.*, **61**, 1227 (1972). 15) K. L. Mikolajczak *et al.*, *Tetrahedron*, **28**, 1995 (1972). 16) Q.-W. Shie *et al.*, *J. Nat. Prod.*, **61**, 1437 (1999). 17) H. Hoffmann *et al.*, *Naturwissenshaften*, **54**, 471 (1967). 18) S. Imai *et al.*, *Steroids*, **10**, 557 (1967). 19) B. G. Burns *et al.*, *Can. J. Chem.*, **55**, 1129 (1977). 20) K. Nakano *et al.*, *Phytochemistry*, **21**, 2749 (1982). 21) Parveen *et al.*, *J. Nat. Prod.*, **48**, 994 (1985). 22) M. S. Y. Khan *et al.*, *Plant. Med.*, **30**, 82 (1976). 23) G. D. Modica *et al.*, *Chem. Abst.*, **58**, 4502 c (1963). 24) V. S. Parmar *et al.*, *J. Chem. Soc. Perkin Trans.* **1**, 2687 (1991). 25) B. Das *et al.*, *Phytochemistry*, **33**, 1489 (1993). 26) B. Das *et al.*, *Phytochemistry*, **33**, 697 (1993). 27) H. Erdman *et al.*, *Phytochemistry*, **8**, 931 (1969). 28) R. W. Miller *et al.*, *J. Nat. Prod.*, **45**, 78 (1982). 29) B. Das *et al.*, *Phytochemistry*, **36**, 1031 (1994). 30) R. B. Mujumdar *et al.*, *Ind. J. Chem.*, **10**, 677 (1972). 31) P. E. Fleming *et al.*, *J. Am. Chem. Soc.*, **115**, 805 (1993). 32) P. E. Fleming *et al.*, *J. Am. Chem. Soc.*, **116**, 4137 (1994). 33) P. M. Dewick, *Nat. Prod. Rep.*, **16**, 97 (1999). 34) M. R. Wildung *et al.*, *J. Biol. Chem.*, **271**, 9201 (1996). 35) M. Hezari *et al.*, *Arch. Biochem. Biophys.*, **337**, 185 (1997). 36) J. Hefner *et al.*, *Chem. Biol.*, **3**, 476 (1996). 37) R. Zocher *et al.*, *Biochem. Biophys. Res. Commun.*, **229**, 16 (1996). 38) I. Takano *et al.*, *J. Nat. Prod.*, **159**, 1192 (1996). 39) I. Takano *et al.*, *Phytochemistry*, **43**, 299 (1996). 40) I. Takano *et al.*, *J. Nat. Prod.*, **59**, 965 (1996). 41) D. Z. Wang *et al.*, *Yanoxue Xuebao*, **27**, 173 (1992). 42) R. M.Enakusha *et al.*, *J. Liq. Chromatogr. Relat. Technol.*, **19**, 889 (1996).

4 イチョウ科
Ginkgoaceae

1 科の概要

　落葉の高木で葉は互生、長枝には疎生し、短枝には叢生する。雌雄異株で雄花は短枝の先に穂状に付いて垂れ下がり、雌花は短枝の先から出て長い柄の先が2つにわかれ、その先に胚珠がついている。中世代には非常に栄えた植物群であったが、現存するものは1属1種、イチョウ (*Ginkgo biloba*) のみである。有史以前から中国で栽培され、真の野生種はないようである。日本でも古くから神社仏閣等に植えられている[1]。

イチョウ
(*Ginkgo biloba*)

2 研究動向

　これまでイチョウには胚乳を食用とする以外に格別の用途はなかったが、最近、葉のエキスがドイツやフランスなどヨーロッパを中心に医薬品として承認され、アメリカでも医薬品としての認可を受けるための臨床試験が進行している。これを受けて、日本では健康食品として商品化されている。そこで、イチョウ科の成分等に関する研究は、イチョウ葉エキスの生物活性と含有成分の分析に関するものが大部分である。

　イチョウ葉エキスには、フラボン類（ビスフラボンが多い）やその配糖体が24％含まれている。フラボン類の示す抗酸化作用は近年注目を集めているが、抗酸化剤が各種の活性酸素を除去することにより、老化により生じる動脈硬化や痴呆に対し効果があるのではないかとの期待から、イチョウ葉のエキスについても多くの研究がなされている。また、特異な構造をもつギンゴリド類のジテルペンは、イチョウ独特の成分であり、血小板活性化因子 (PAF) に対し拮抗作用を示すことが知られている。そこで、これが血小板の凝集を抑えることを介して、種々の老人性疾患に対し効果を生じるのではないかと期待した研究例も多い。このようなテルペン類もイチョウ葉のエキスに多く含まれていて、エキスの約8％を占めている。このようにイチョウ葉エキスの生物活性の研究は、粗エキスを用いた研究から、それぞれの構成成分を用いての研究まで、また、*in vitro* のレベルから、糖尿病や脳神経系に関する動物を用いた実験、さらには実際に痴呆症の患者に投与した臨床試験まで、様々な活性について広範に行なわれている。そのすべてを網羅することはあまりに煩瑣であることから、各論においても主要なものに限ることにした。

　これに反し、イチョウの成分研究はかなり古くから広く行なわれていたので、新たな化学成分の研究例ははなはだ乏しい。イチョウの果実にはアレルギー性皮膚炎を起こす長い直鎖をもつサリチル酸誘導体、ginkgolic acid 等が含まれているが、本化合物は葉にも存在することが知られているので、エキス作製の途上でこれらを除去する必要があり、その除去法を含めてエキスの効率的な製法の研究が行なわれている。また、エキス中の成分の定量分析法、標準品の問題を論じた論文もある。エキスの製造と関連して、樹齢や季節による葉の成分含量やその組成の変動を調べた研究例も多い。カルスによる成分の生産についても検討されている。しかし、新規化学成分の研究は、その数がきわめて

少なく、わずかに ginkgolic acid 類似化合物やフラボノール配糖体が報告されているのみである。

3 各 論

3.1 成分分析

イチョウの葉から ginkgolic acid の類似体であるジヒドロイソクマリン (**1–3**) が 3 種単離・構造決定されている[2]。また、5 種の新規のフラボノール配糖体 (kaempferol、quercetin の 3β-*O*-glucosylrhamnoside やこれらの *p*-coumaric acid エステル) の構造決定も報告されている[3]。

イチョウの葉の構成成分の定量分析にはもっぱら逆相カラムによる HPLC が用いられ、フラボノイド[4]、ビスフラボノイド[5]、ギンゴリド類[6]等の分析例が報告されている。また、超臨界流体クロマトグラフィー (SFC) を用いたポリプレノール[7]、ギンゴリド類[8]の分析法も報告されている。一方、葉や葉のエキスから、特定の成分のみを選択的に抽出する方法についての研究も行なわれている[9,10]。イチョウ葉エキスの品質評価のための標準品の問題や、品質管理のための分析法の問題点も論じられている[11–13]。一方、葉の成分含量の樹齢[14–16]による変化や、季節的変動についても調べられている[17,18]。アレルギー性皮膚炎を生ずる化合物の除去法についての研究も多い[19]。

一方、培養細胞によるギンゴリド[20–23]や、カテキンの生産[24]に関する研究も報告されている。

3.2 生物活性

イチョウの葉のエキスについて、抗酸化作用が広く調べらられている。エキスに活性酸素を捕捉する活性が強いとの結果が、脂質やヒトの低比重リポタンパク (LDL) やマクロファージ等を用いた実験から得られている[25–31]。さらには、過酸化酸素による、神経細胞死を抑制する効果や[32]、血管内皮細胞を防護する活性のあることも報告されている[33]。このような活性を動脈硬化や脳卒中の予防につなげることができるのではないかとの期待から、動物を用いた実験が行なわれ、脳梗塞モデル動物を用いた実験で神経の防護作用が認められている[34]。そのほか、脳内神経伝達物質であるモノアミンの分解酵素に対する阻害作用[35]や、脳内のセロトニン受容体の加齢による減少を抑える作用[36]も見いだされ、老齢ラット用いた実験では、イチョウエキスの投与により、学習効果を上昇させ、行動を改善させる効果が見られたとの報告もある[37]。また、糖尿病ラットに投与したところ、改善が見られたとの報告も散見される[38–40]。最近になり、欧州やアメリカ合衆国での臨床試験の結果が報告されるようになった[41,42]。アルツハイマー病や多発性梗塞性痴呆による、軽度あるいはやや重度の認知機能障害のある痴呆患者にイチョウエキスを 52 週間投与すると、認知機能障害や日常動作、社会行動の点で改善の傾向が見られたという。

4 構造式（主として新規化合物）

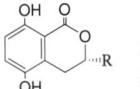

1: R=$C_{13}H_{27}$
2: R=$C_{15}H_{29}$
3: R=$C_{17}H_{31}$

5　引用文献

1) 北村四郎、村田源、『原色日本植物図鑑・木本編 II』、保育社、pp. 453–455 (1971). 2) N. Choukchou-Braham *et al.* (1994, France) **121**: 251183. 3) A. Hasler *et al.* (1992, Switzerland) **117**: 208879. 4) A. Hasler *et al.* (1992, Switzerland) **117**: 107538. 5) S. Gobbato *et al.* (1996, Italy) **125**: 96290. 6) P. Pietta *et al.* (1992, Italy) **118**: 241050. 7) H. Huh *et al.* (1992, USA) **117**: 86092. 8) J. Thompson *et al.* (1996, USA) **125**: 96263. 9) L. Verotta *et al.* (1993, Italy) **120**: 3760. 10) T. A. van Beek *et al.* (1997, Netherland) **127**: 39594. 11) T. A. van Beek *et al.* (1996, Netherland) **125**: 95719. 12) B. Steinke *et al.* (1993, Germany) **119**: 124964. 13) O. Sticher (1993, Switzerland) **118**: 219555. 14) H. Huh *et al.* (1993, USA) **119**: 266509. 15) H. Huh *et al.* (1993, USA) **119**: 113561. 16) V. Flesch *et al.* (1992, France) **117**: 66656. 17) A. Lobstein *et al.* (1991, France) **116**: 91516. 18) T. A. van Beek *et al.* (1992, Netherland) **118**: 19252. 19) H. Jaggy *et al.* (1997, Germany) **127**: 311387. 20) M. H. Jeon *et al.* (1995, Korea) **123**: 107772. 21) D. J. Carrier *et al.* (1991, Canada) **116**: 37934. 22) D. Laurain *et al.* (1997, France) **127**: 245530. 23) K. Itoh *et al.* (1998, Japan) **128**: 125825. 24) T. Fukuda *et al.* (1997, Japan) **128**: 32423. 25) L.-J. Yan *et al.* (1995, USA) **123**: 102749. 26) I. Maitra *et al.* (1995, USA) **123**: 25633. 27) L. Marcocci *et al.* (1994, USA) **121**: 50063. 28) H. Kobuchi *et al.* (1997, USA) **126**: 258747. 29) J. Klein *et al.* (1997, Germany) **126**: 338754. 30) N. Noguchi *et al.* (1997, Japan) **128**: 84377. 31) S.-L. Lee *et al.* (1998, USA) **129**: 221060. 32) Y. Oyama *et al.* (1996, Japan) **124**: 279115. 33) D. Janssens *et al.* (1995, Belgium) **123**: 306531. 34) J. Krieglstein *et al.* (1995, Germany) **122**: 204994. 35) H. L. White *et al.* (1996, USA) **124**: 278901. 36) F. Huguet *et al.* (1994France) **120**: 262060. 37) Ch Cohen-Salmon *et al.* (1997, France) **128**: 213351. 38) J. R. Rapin *et al.* (1994, France) **120**: 261022. 39) M. Vasseur *et al.* (1994, France) **120**: 208317. 40) J. R. Rapin *et al.* (1997, France) **127**: 608. 41) S. Kanowski *et al.* (1997, Germany) **127**: 75966. 42) P. L. Le Bars *et al.* (1997, USA) **127**: 341722.

5 イネ科
Gramineae

1 科の概要

　一年草または多年草でタケ類を含む。茎は中空で、葉は鞘状葉を互生する。全世界に広く分布し600属9500種、日本には127属約500種。ジュズダマ属 (*Coix*)、オガルカヤ (*Cymbopogon*)、オオムギ属 (*Hordeum*)、チガヤ属 (*Imperata*)、ドクムギ属 (*Lolium*)、イネ属 (*Oryza*)、ヨシ属 (*Phragmites*)、マダケ属 (*Phyllostachys*)、サトウキビ属 (*Saccharum*)、コムギ属 (*Triticum*)、トウモロコシ属 (*Zea*)、ベチバー属 (*Vetiveria*) などがある。

カリヤス
(*Miscanthus tinctorius*)

2 研究動向

　イネ科植物では、新たに新規化合物は報告されていない。タケ類の細胞壁成分 (4,4′-dihydroxy-truxillic acid、*p*-coumaroylarabinoxylan、acetylated rhamnogalacturonan など) の分析[1] や細胞壁成分の分布・含量[2] が調査されている。また、葉の成分として、アルカロイド、アントラキノン、クマリン、タンニン、アミノ酸、有機酸、サポニン、タンパク質の存在を示唆したが、フラボノイドは存在しないと報告している[3]。タケ類の煮汁の、精油成分の head spase 法分析[4]。樹液の無機イオン、アミノ酸の分析。公開特許として、抗菌、保存剤などの項目あり。牧草の化学分析、土中への物質の分泌と生態系への役割[5] が追究されている。

　Phragmites communis (ヨシ) などでは、抗高脂血症活性成分 (β-sitosterol と *p*-coumaric acid) の探索[6]、フラボノイドの分析が試みられた。

3 成　分

　イネ科は、マメ科やアブラナ科、ヤシ科、バラ科などとともに、人間の食生活に最も深くかかわる植物群である。主食的な食糧を生産する植物のほとんどは、大別すると穀類、豆類、イモ類に分けられる。穀類の大部分はイネ科植物である。イネとコムギ、ならびに、トウモロコシ、オオムギ、ライムギ、オートムギ（エンバク）などの種子は、デンプンを多量に含有し食用穀類として重要であり、世界中で主食糧源となっている。また、雑穀とよばれるアワ、キビ、モロコシ、シコクビエ、テフなどが各地で栽培、利用される。

　デンプン類が種子に蓄積するのに対して、オガルカヤ属やベチバー属植物は、葉や根茎にテルペンアルコール類の精油を含有する重要な香料植物である。また、ドクムギ属から有毒アルカロイド (perlotine や temuline) が発見されているが、これらは花に寄生する菌との共生で生成するものである。

　イネ科植物の成分については、主要成分のデンプンだけでなく低分子二次代謝産物について、かなり古くに明らかにされ工業的に利用されているので、ここでそれらの精油を概観しておく。

精油を含有するものとして、オガルカヤ属とベチバー属が知られる。オガルカヤ属 (*Cymbopogon*) はイネ科の中でも精油成分を生成蓄積することでよく知られる植物を含む。シトロネラソウあるいはコウスイソウ (*C. nardus*) は主としてセイロンで栽培され、茎葉に精油を含み、citoronella oil の製造原料となり、石鹸等の香料として使用される。ジャワシトロネラソウ (*C. winterianus*) は東南アジアで栽培、用途は citoronella oil と同様である。パルマローザ (*C. martini*) はインドで栽培され、葉に精油を含み、palmarosa oil として香水の原料となる。レモングラス (*C. citratus*) は lemongrass oil を含む。

ベチバー属 (*Vetiveria*) には、*V. zizanoides* があり、その根茎からベチバー油を採取し、香料保存剤として使用される。*Coix lachryma-jobi* var. *mu-yuen* (ハトムギ) の種子は、生薬名、ヨクイニンとして消炎利尿健胃強壮薬に利用される。

なお、イネの罹病葉からはファイトアレキシンとして、momilactone A (**1**) や B (**2**) をはじめとする多数のジテルペン系化合物が単離・構造解析されている。

4 構造式

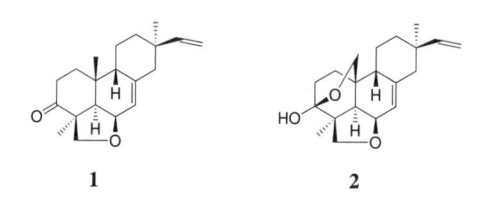

5 引用文献

1) S. Tachibana *et al.* (1992, Japan) **117**: 23252. 2) T. Ishii *et al.* (1995, Japan) **123**: 251236. 3) Z. Zhou *et al.* (1992, China) **117**: 4230. 4) N. Nakanishi *et al.* (1996, Japan) **124**: 341405. 5) L. Hai Hang *et al.* (1993, Japan) **121**: 133015. 6) J.-S. Choi *et al.* (1995, Korea) **124**: 566.

6 ウコギ科
Araliaceae

1 科の概要

　ウコギ科は世界で約55属1100種存在し、高木、低木、つる性、多年草と多岐にわたるが低木が多く、また茎にとげがあるものが多い[1]。日本で見られる木本性の属で主なものは、ウコギ属 [*Acanthopanax* (*Eleutherococcus* ともいう)]、タラノキ属 (*Aralia*)、カクレミノ属 (*Dendropanax*)、タカノツメ属 (*Evodiopanax*)、ヤツデ属 (*Fatsia*)、キヅタ属 (*Hedera*)、ハリギリ属 (*Kalopanax*)、ハリブキ属 (*Oplopanax*)、フカノキ属 (*Schefflera*) および カミヤツデ属 (*Tetrapanax*) である[1,2]。低木が多く、木材として利用されているものはコシアブラ、タカノツメ、カクレミノ、ハリギリである[3]。また、花は小さく地味である[4a]。しかしながら、ヤツデやキヅタ、あるいは、それらの園芸品種は身近に観賞されている。また、タラノキの若芽（タラノメ）および同属のウドの茎は独特の風味があって、山菜として賞味されているし、ウコギ料理は郷土料理として残っている[4a,4b]。そして、多くの種が薬用植物として用いられてきた。そもそも、チョウセンニンジン *Panax ginseng*（別名オタネニンジン）およびトチバニンジン *P. japonica*（別名チクセツニンジン）は木本植物ではないが、本科のトチバニンジン属 *Panax* に属している。エゾウコギは人参と似た効能がある、または adaptogen（適応源）的作用があるといわれていて、そのエキスは健康食品として市販されている。また、タラノメが医食同源という点から注目されていて、成分の研究が盛んである。したがって、ウコギ科は薬理活性成分という点で極めて興味深く有望な科である。ウコギは漢字では「五加」と表記する。

ハリギリ
(*Kalopanax pictus*)

2 研究動向

　樹（茎）皮、根皮、葉あるいは若芽のそれぞれについて、トリテルペンサポニン（トリテルペン配糖体）、リグナン、ジテルペン、ポリ（ジ）アセチレン化合物、精油成分および多糖類などの単離、構造決定および定量が行なわれている。トリテルペンサポニンの各部位における存在、それを指標にしたケモタキソノミー的研究がある。種子油中の脂肪酸組成を指標としたケモタキソノミー的研究もある。生物活性・薬理活性については、抗腫瘍、抗酸化、免疫増強作用、抗アレルギー、抗炎症性、糖尿病予防（血糖値上昇抑制）、アルコール吸収抑制、肝臓保護作用、抗潰瘍、抗菌性について調べられ、顕著な活性が見いだされている。利用を目指した研究には、当然、医薬品、健康食品、薬用化粧品に関するものが最も多い。また、微生物変換による生理活性物質の生産、植物培養細胞による食品添加物用色素生産、遺伝子工学的なパルプ材の創生などのバイオテクノロジー研究がある。以上の研究は日本、中国、韓国、旧ソ連諸国で活発に行なわれている。

　樹木のトリテルペンサポニンについては加藤と林による総説（1991年）があり、ウコギ科ではヤツデとタラノキのサポニンの構造、カミヤツデの抗炎症作用、フカノキの殺精子作用が記載されている[5]。

本科のトリテルペンサポニンのサポゲニンは主にオレアン骨格の oleanolic acid および hederagenin である。本科各属に共通するサポニンの薬理作用について構造活性相関の研究も行なわれている。ウコギ科の精油成分は、薬用のウコギの根、山菜としてのウドおよびタラノキの可食部、薬草のチョウセンニンジンについて総説された[6]。

3 各　　論

3.1　ウコギ属 *Acanthopanax*

　世界では約50種が東アジアやヒマラヤに分布する。ほとんどが落葉性の低木で、枝にとげがあるものが多い。日本には10種弱を産し、ヒメウコギ（別名ウコギ、*Ac. sieboldianus*）、エゾウコギ（*Ac. senticosus*）、オカウコギ（*Ac. japonicus*）、ヤマウコギ（*Ac. spinosus*）、ウラジロウコギ（*Ac. hypoleucus*）、ケヤマウコギ（*Ac. divaricatus*）および ミヤマウコギ（*Ac. trichodon*）などは低木で、コシアブラ *Ac. sciadophylloides* のみが高木である[2,4]。中国では五加（*Ac. gracilistylus*）、無梗五加（*Ac. sessiliflorus*）、刺五加（*Ac. senticosus*）、糙五加（*Ac. henryi*）、輪傘五加（*Ac. verticillatus*）などを産し、これらの根皮を五加皮といって、滋養強壮または抗炎症・鎮痛解熱の薬用に用いる[7]。成分としてリグナン類、主として oleanolic acid または hederagenin をサポゲニンとするトリテルペンサポニン、カウラン型ジテルペン、精油成分そして抗腫瘍性多糖類が存在する。

3.1.1　エゾウコギ

　エゾウコギは北海道東部、樺太、朝鮮、中国東北〜北部、シベリアのアムール川流域に分布する。中国名は刺五加 (ci wu-jia) で、中薬として根皮（刺五加皮）を用いる。英名は Siberian ginseng である。旧ソ連でも強壮剤として用いられ、1960年には薬理効果が発表され、人参 ginseng より優れた適応源 (adaptogen) 的作用があるといわれてきた[7,8]。適応源的作用とは、種々のストレスに対して抵抗を増大させる作用があり、特定のものだけに作用するのではない；生体の機能を正常なバランスに保つ；人体に毒性がないと西部らは説明している[9]。このエキスはストレスをやわらげ、持久力（運動能力）を高めることに加えて、毒性がまったくなくかつドーピング検査には無関係であるので、宇宙飛行士やオリンピック選手がそれを飲んでいた[9]。西部らはこのエキスの効能を ①ストレスや疲労の回復作用および疲労遅延、②免疫機能を高める、③集中力および持久力の増強、④最大酸素摂取量の向上、運動能力のアップ、⑤鎮静作用による緊張の緩和、精神安定とまとめている[9]。

　薬用に用いていた根（地下部）のエキスの研究が主要であった。一方、この植物は地下茎を発達させて繁殖するが、その栽培は困難である。根を採取すると枯れてしまう。そこで、樹（茎）皮の成分を検討したところ、そこと根とで有効成分に大きな差がないことがわかった。そこで、我が国では資源の保護と有効利用の点から根よりも茎を使うようになった[9]。最近、葉の成分の有効性が示され、葉もティーバッグとして市販されている。

　根皮と茎の成分はフェニルプロパノイド、リグナン、クマリン類であり、多くは配糖体となっている。すなわち syringin (eleutheroside B) (**1**)、chlorogenic acid (**2**) および dicaffeoylquinic acid、クマリンとして isofraxidin (**3**) および isofraxidin monoglucoside (eleutheroside B1) (**4**)、リグナン配糖体として syringaresinol 4-*O*-β-D-glucoside (eleutheroside D) (**5**)、syringaresinol 4,4′-*O*-di-β-D-glucoside (eleutheroside E または acanthoside D) (**6**)、pinoresinol 4-*O*-β-D-glucoside (**7**)、pinoresinol 4,4′-di-*O*-β-D-glucoside (**8**)、medioresinol 4,4′-di-*O*-β-D-diglucoside (**9**)、sesamin (**10**) および savinin (**11**)、さらに 2,6-dimethoxy-*p*-benzoquinone である[9]。なお、これまで報告されている eleutheroside A は daucosterol (β-sitosterol glucoside)、そして eleutheroside C

は ethyl α-D-galactoside のことである。さらに、根のリグナン・ネオリグナンとして dihydrodehydroconiferyl alcohol (**12**)、dehydrodiconiferyl alcohol (**13**)、dehydrodiconiferyl alcohol 4-*O*-β-D-glucopyranoside (**14**)、*meso*-secoisolariciresinol (**15**) が (−)-**5** とともに単離された[10]。また、coniferin、coniferyl aldehyde、vanillin、*p*-hydroxybenzoic acid、vanillic acid、syringic acid、*p*-coumaric acid、caffeic acid などのフェノール類やその配糖体[11]、さらに stearic acid、betulinic acid、amygdalin などの存在が報告された[12]。

これらの成分の特徴はリグナン類に富むことである。中でも主成分は syringaresinol 4,4′-*O*-di-β-D-glucoside (eleutheroside E) (**6**) であり、種々の薬理活性が報告されている。これの基本構造は liriodendrin と同じであり、アグリコンは (+)-syringaresinol であるが (−)-syringaresinol も混在していると考えられる。Liriodendrin そして eleutheroside E も旋光度あるいは融点が文献によって異なるが、これは両異性体の比が違うためと指摘されている[13]。純粋な (+)-syringaresinol の比旋光度が +50°、純粋な (+)-syringaresinol 4,4′-*O*-β-D-diglucoside のそれは +3.3°、純粋な (−)-syringaresinol 4,4′-*O*-β-D-diglucoside のそれは −77.5° と算出されたから、(+)-syringaresinol が優先していると、比旋光度は (+)、0、(−) の3つの場合があり、(+)-syringaresinol の純度が非常によいのに、そのジグルコシドはみかけ上ほとんど光学活性を示さないことになる。syringaresinol のジグルコシドで旋光度が (−) を示すものと、(−)-syringaresinol の diglucoside とについて混乱しないように区別しなければならない。

一方、葉にはサポニンが含まれる。旧ソ連の研究によって oleanolic acid 配糖体である eleutheroside I、K、L および M の存在が報告された[14−16]。80 年代後半の日中の研究によって、11 種のトリテルペンサポニンが単離され、新 oleanolic acid 配糖体 ciwujianoside C3 (**16**)、C4 (**17**) および D1 (**18**) ならびに新 30-nor-oleanolic acid 配糖体 ciwujianoside B (**22**)、C1 (**23**)、C2 (**24**)、D2 (**25**) および E (**26**) が3つの既知サポニン **19**、**20**、**27** とともに単離同定された。ただし、この実験においては eleutheroside I、K、L および M のうち K (**20**、β-hederin と同じ) しか確認されなかった[17]。続いて ciwujianoside A1 (**21**)、A2 (**28**)、A3 (**29**)、A4 (**30**) および D3 (**31**) が単離同定された[18]。

各成分の生理活性を以下に記す。北海道産の樹 (茎) 皮の水エキスを2週間飲ませたマウスは、水中に拘束させてストレスを与えて胃潰瘍を生じさせたとき、それが抑制された。そのエキスの主成分である chlorogenic acid (**2**) と syringaresinol di-*O*-β-D-glucoside (**6**) もその抑制効果を示したので、これらが抗潰瘍活性物質と推定された[19]。本植物からの (+)-syringaresinol di-*O*-β-D-glucoside (**6**) はラット血漿中の β-エンドルフィンのレベルを高めたので、**6** には免疫増強作用があると結論された[20]。西部らは、各成分の生理活性について、以下のようにまとめている[9]：syringin (eleutheroside B) と syringaresinol 4,4′-di-*O*-β-D-diglucoside (eleutheroside E または acanthoside D) については抗疲労、抗ストレス、性腺刺激、学習再現 (向上)、持久力・スタミナ・集中力の向上、抗アレルギー、抗リューマチ；isofraxidin および isofraxidin monoglucoside については鎮静、不眠症改善、健忘症防止、性腺刺激、血圧降下、自律神経調整；sesamin、chlorogenic acid および dicaffeoylquinic acid についてはビタミン E 以上の過酸化脂質生成の抑制、抗アレルギー、糖尿病態時の糖代謝改善、糖尿病性合併症の予防。

一方、葉のサポニンには抗アレルギー活性があった。すなわち ciwujianoside D1 (**18**) と C1 (**23**) は、抗免疫グロブリン E によるラット腹膜肥満細胞からのヒスタミン放出を強力に抑制する活性成分として得られた[21]。また、根の総サポニンは糖尿病ラットの血清の過酸化脂質を下げて、superoxide dismutase (SOD) 活性を上げた[22]。

根からアルカリ抽出される多糖類のうちヘテロキシランは、*in vitro* と *in vivo* での免疫学的試験

において活性であることが報告された[23]。さらにそれは抗腫瘍活性（マウス肉腫 S180 およびヒト慢性骨髄性白血病 K562 細胞）であって、その作用機作も検討された[24]。

Acanthopanax 総アルカロイド画分は、コレステロール生成に関与する 3-hydroxy-3-methylglutaryl CoA reductase 活性を強く阻害した[25]。

エキスの生理活性についてはさらに以下の報告があった。根のエキスから調合した (phytoadaptogen 様の) 薬剤には、N-ニトロソ尿素やジメチルベンズアントラセンによってラットに誘導させた種々の神経系の癌の発達を阻害する効果があった[26,27]。根のエキスは肺の線維症の早期治療に有望であった[28]。本植物エキスと Astragalus 属（マメ科）植物のエキスを混合してマウスに与えることによって、その免疫機能を増強させることができたので、このエキスには相乗作用があるとみなされた[29]。ラット心筋培養細胞の自発的収縮と活動電位に対する本植物エキスの影響をみる研究があった[30]。本植物エキス（配糖体 eleutheroside A、B、B′ (B1)、C および D を含有）をアルツハイマー病の治療薬に用いる特許があった[31]。Acanthopanax の茎と葉のアルコールエキスには、両頸動脈を結紮したマウスおよび断頭したマウスの延命時間を増加させる効果、そしてラットの肝臓と脳の脂質の過酸化を減少させ、血中の SOD 活性を増加させる効果があった[32]。

3.1.2 *Acanthopanax gracilistylus*

中国原産（中国名：五加）で 1–2 m の落葉低木である。日本の *Ac. sieboldianus*（ヒメウコギ）はこれと同じである（別名 *Ac. pentaphyllus*）。本植物から、kauronic acid に加えて、抗炎症性ジテルペン ent-16α,17-dihydroxykauran-19-oic acid が単離同定された[33]。葉から新トリテルペンサポニン sieboldianoside A (**32**) および B (**33**) が、既知トリテルペンサポニン kalopanaxsaponin B (**34**)、sapindoside B (**35**)、saponin A (**36**)、kalopanaxsaponin A (**37**) および CP_3 (**38**) ならびにフラボノール配糖体 kaempferol 3-*O*-rutinoside とともに得られた[34]。朝鮮の伝統的な 130 種の薬用植物をスクリーニングした結果、*Ac. gracilistylus* のメタノールエキスはヒアウロン酸分解酵素の阻害効果が最も優れていた[35]。このエキスを活性酸素スカベンジャーとして含む化粧品を製造する特許がある[36]。

3.1.3 その他の樹種

生理活性成分については上記と同様な研究が発展している。

Ac. divaricatus（ケヤマウコギ）：根から sitosterol、stigmasterol、farnesol、helioxanthin、*l*-sesamin、falcarindiol（ポリアセチレン）が得られたが、この根にサポニンは存在しなかった[37]。さらに pimaric acid、sesamin、eleutheroside E、campesterol および 6 種の脂肪酸が得られ、葉の抗癌効果も検討された[38]。新 lupane 型トリテルペンサポニン 2 種 protochiisanoside (**39**) と 22α-hydroxychiisanoside (**40**) が、既知サポニン chiisanoside (**41**) と isochiisanoside (**42**) とともに得られた[39]。

Ac. giraldii：樹皮には核酸塩基類、hypoxanthine、adenosine、allantoin、liriodendrin、glycerol、D-mannitol[40]、syringol-glucoside および 3 種のトリテルペンサポニンが含まれることが報告された[41]。また、葉から 5 種の hederagenin 型トリテルペンサポニンが本属では初めて単離された[42]。本植物の多糖類には抗腫瘍活性があり、solid Sarcoma 180 の成長を阻害して延命時間を著しく増加させた[43]。*Ac. giraldii* var. *hispidus* 樹皮のトリテルペン、トリテルペンサポニン[44]、リグナン等[45] および精油成分が分析された[46]。

Ac. evodiaefolium：syringin (**1**) の含有量が高いことが示され[47]、その抽出法が検討された[48]。

Ac. koreanum（韓国産）：茎皮より 2 つの新 *ent*-kaurane 誘導体 [*ent*-16βH,17-isovaleratekauran-19-oic acid (**43**)、*ent*-16βH,17-methylbutanoatekauran-19-oic acid (**44**)] が単離された[49]。また、葉より 2 つの新 lupane 型トリテルペンサポニン、acankoreoside A (**45**) および B (**46**) が単離

され[50]、さらにこの葉からも acantrifoside A (**47**)（同時に *Ac. trifoliatus* の葉からも単離された）が得られた[51]。この精油は抗菌性であることが、朝鮮産の 42 種の芳香植物の精油とともに調べて示された[52]。

Ac. sessiliflorus（マンシュウウコギ）：アシルグリセロール脂質から 6 種のヒドロキシ脂肪酸が同定された[53]。葉からのサポニンとして (1R)-1,11α-dihydroxy-3,4-seco-lupa-4(23),20(29)-diene-3,28-dioic acid 3,11-lactone 28-O-α-L-rhamnopyranosyl-(1→4)-β-D-glucopyranosyl-(1→6)-β-D-glucopyranoside が得られた[54]。

Ac. spinosus（ヤマウコギ）：葉から 7 種の新 3α-hydroxy-oleanane 型トリテルペンのオリゴグリコシルエステル spinoside D1 (**48**)、D2 (**49**)、D3 (**50**)[55]、C1 (**51**)、C4 (**52**)、C5 (**53**)[56] および C2 (**54**) が、さらに 3 種の新 3α-hydroxy-30-nor-oleanane 型トリテルペンのオリゴグリコシルエステル spinoside C3 (**55**)、C6 (**56**) および C7 (**57**) が単離された[57]。これらのサポニンには、サポゲニンの 3 位の水酸基が α 型であり、遊離しているという特徴があり、3β 型は少なかった。

Ac. trifoliatus の葉の成分として nevadensin（フラボン）、taraxerol、taraxerol-acetate が報告された[58]。さらに新 lupane 型トリテルペンサポニン acantrifoside A (**47**) が単離された[51]。

3.1.4 ケモタキソノミー

ケモタキソノミー的な観点から本科の日本産（9 種）のサポニンの存在を比較したところ[59]、7 種のうち 5 種ヤマウコギ (*Ac. spinosus*)、ヒメウコギ (*Ac. sieboldianus*)、エゾウコギ (*Ac. senticosus*)、オカウコギ [*Ac. japonicus*（原報では *nipponicus*)]、ウラジロウコギ (*Ac. hypoleucus*) にはオレアン型サポニンが存在していた。一方、ケヤマウコギ (*Ac. divaricatus*) には oleanane 型サポニンは見いだされなかったが、lupane 型サポニンが存在した。コシアブラ (*Ac. sciadophylloides*) にはまったくサポニンは見いだされなかった。残りのうちの一つ、ミヤマウコギ (*Ac. trichodon*) の葉を調べたところ bauerenyl acetate、*ent*-kaur-16-en-19-oic acid および chlorogenic acid が同定されたが、サポニンは見いだされなかった。

3.1.5 微生物変換

Ac. koreanum からの (−)-kaur-16-en-19-oic acid がカビ *Fusarium oxysporum* によって水酸化されて 2β,16α-dihydroxykauran-19-oic acid および 16α-hydroxykauran-19-oic acid を与えた[60]。8,11-eicosadienoic acid の発酵生産では Δ^5-desaturase 活性をなくす必要があるが、その阻害剤として種々の本属植物エキスあるいは sesamin が用いられた[61]。

3.2 タラノキ属 *Aralia*

日本には 3 種が自生する。タラノキ *Aralia elata* は木本（落葉低木）であるが、ウド *Ar. cordata* とミヤマウド *Ar. glabra* は多年草である。

3.2.1 タラノキ

山菜として一般に知られていて、幼芽（タラノメ）や若葉をあえものや天ぷらにしたり、生のまま味噌につけて食べる[4a]。亜種のメダラ *Ar. elata* var. *subinermis* が好まれるために栽培されている[62]。中薬では根皮または樹皮はシロウア（刺老鴉）と称して、強壮にそして神経衰弱、リウマチ性関節炎、糖尿病などの治療に用いられる[63]。日本でも根皮や樹皮は糖尿病の民間薬として用いられた[4a]。

メダラの精油は 47 種のモノテルペン（20％）、11 種のセスキテルペン（67％）、その他 78 成分（9％）からなり、主成分は β-farnesene（44％）で、さらにこの精油が持つ竜脳様の香気の原因物質と考えられる borneol、4-terpineol、α-pinene、β-pinene、camphene および limonene を含んでいた[62]。*Ar. elata* 根皮の精油は、α-curcumene が 15.3％ で主成分であった[64]。抗菌活性成分として

trans-4-hydroxycinnamic acid が同定された[65]。

トリテルペンサポニンとして araloside A および B が知られていた[63]。これに加えて多くのサポニンが、根皮・根、樹皮、葉、芽のそれぞれから単離同定されている。そして、抗腫瘍性、抗糖尿病(血糖値上昇抑制)、アルコール吸収抑制活性、肝保護効果などの生理活性が、日本、中国、韓国で活発に検討されていて、構造活性相関の研究も行なわれている。ここでは部位別にまとめた。抗アレルギー活性は見いだされていない。サポニンは単離同定を容易にするために、そのカルボン酸をメチルエステル誘導体としていたが、最近では生理活性を指標として遊離のままで分離されるようになった。

ア) 根皮:Iida らは7種の新 oleanolic acid 配糖体 tarasaponin I (**58**)、II (**59**)[66]、III (**60**)、IV (**61**)、V (**62**)、VI (**63**)、VII (**64**)[67] を既知サポニン5種 [chikusetsusaponin IV (**65**)、IVa (**66**) および 28-desglucosyl-IV (**67**) や pseudoginsenoside RT1 (**68**) と stipuleanoside R2] とともに(カルボン酸はメチルエステルとして)単離した[66,67] (**65** は araloside A、**63** は araloside C と同じと思われる)。中国の Jiang らは根皮から新サポニン araloside G (**69**)、および既知16成分を得た[68,69]。この araloside G は HL-60 白血病細胞の増殖を阻害した[70]。韓国産の根皮からも新サポニン durupcoside A (**70**) および B (**71**) がメチルエステルとして単離された[71]。

一方、同時期に Yoshikawa らは血糖値上昇抑制活性の高い新サポニン elatoside E (**72**) (tarasaponin III) を elatoside F (**73**) (tarasaponin VII) および他の既知サポニン (**74**–**79**、**65**、**66**) とともに根皮から単離した[72]。oleanolic acid とその9種のオリゴ配糖体の血糖値上昇抑制活性を検討したところ、活性には 3-O-glycoside 部分が不可欠であり、その 4′ 位に α-L-arabinofuranoside 結合していると活性は増加した。一方、28位カルボキシル基は遊離の方が活性であり、これに glucose がエステル結合すると活性は著しく低下した[73]。以上のことは、この根が生薬として伝統的に糖尿病の治療に用いられてきたことの証拠を示すものと考えられる。

イ) 樹皮:樹皮からエタノール吸収抑制活性を指標に、新サポニン elatoside A (**74**)、B (**80**)、C (**75**)、D (**81**) および4種の既知サポニン [spinasaponin A (**82**) および 同 28-O-glucoside (**83**)、stipuleanoside R1 (**76**) および R2 (**77**)] が単離された。その活性は elatoside A (**74**) と B (**80**)、spinasaponin A (**82**) および stipuleanoside R1 (**76**) にあった[74]。そして、種々のオリゴ配糖体類のエタノール吸収抑制作用を比較検討し、oleanolic acid の 3-glucuronide 部分と28位の遊離のカルボキシル基が抑制作用に必須であることがわかった[75]。韓国における樹皮からの抗過血糖成分の研究として、アロキサン糖尿病ラットに対して効果的であったのは oleanolic acid 28-O-β-D-glucopyranoside であった[76]。

ウ) 葉:11種のトリテルペンサポニン、すなわち新規の4種 saponin 1 (**84**)、2 (**85**)、3 (**86**)、4 (**87**) および既知の7種 **88**–**94** が単離された[77]。これらのサポゲニンは oleanolic acid と hederagenin であるが、3位のグリコシドはグルクロン酸でなくアラビノピラノースである。グリチルリチン、サイコサポニンおよびニンジンサポニンは肝障害に対して抑制効果を示したので、上記のトリテルペンサポニン ES-7 (**92**) と ES-8 (**89**) について四塩化炭素肝障害抑制効果を調べたところ、グリチルリチンと比較して優れていた[78]。ES-7 (**92**) は *in vitro* の免疫学的肝障害に対する抑制効果も示した[79]。四塩化炭素肝障害に対する細胞保護効果について、上記11種のサポニンと合成した oleanoic acid と hederagenin の bisdesmoside 類と比較検討したところ、3位の monodesmoside には効果はなかったが、3位と28位の bisdesmoside には強い効果があり、**86** (saponin 3)、**89** (ES-8) および合成した **95** には最も強い効果があった[80]。このような葉のサポニンとその肝庇護効果についての解説がある[81]。また、中国でも葉から6種のトリテルペンサポニンが得られた[82]。中国産の *Ar. elata* 葉から新サポニン congmuyenoside A (**96**) および B (**97**) が単離された[83]。

エ) 若芽:食用となるタラノメのサポニン画分が、ショ糖やブドウ糖の負荷による血糖上昇を強

力に抑制したので、その画分からバイオアッセイを行ないながら新トリテルペンサポニン elatoside G (**98**)、H (**99**)、I (**100**)、J (**101**) および K (**102**) が既知の elatoside C (**75**) とともに単離された[84,85]。これらのサポゲニンは4種と多様であるという特徴がある。elatoside G (**98**) のサポゲニンは caulophyllogenin で、elatoside H (**99**) のそれは echinocystic acid である。このうち elatoside G、H、I および oleanoic acid 3-glucuronide に強い糖吸収抑制効果が認められた（J はテストされていない）。すなわち、3位水酸基に糖が結合した monodesmoside 構造と3位のカルボキシル基の存在がタラノメの活性の本体であることが、他の植物サポニンの活性と併せて明らかにされた。3位水酸基と28位カルボキシル基に糖鎖をもつ bisdesmoside 型配糖体や oleanolic acid 自体にはほとんど活性がなかった[84,85]。タラノメはアロキサン糖尿病モデルには無効であったので、タラノメおよびそのサポニンは糖尿病の治療というよりは、予防や悪化防止に効果があるとみなされている[86]。

なお、*Aralia* 属から得られた15種のトリテルペンサポニンの細胞膜破裂活性がホスファチジルコリンリポソームを用いて検討され、構造-活性相関が考察された[87]。

3.2.2 ウド

高さ1–2mになる多年性草本で、山菜・薬草として親しまれ、栽培もされている。中薬でこの根茎および根はドトウキ（土当帰）[88]と呼ばれ、また、独活薬材[89]の一つである。中薬大辞典には精油成分および多種類のジテルペン酸が記載されている[88]。1989年に6種のトリテルペンサポニン udosaponin A–F が報告された[90]。

さて、パルプ材としてリグニン含有量が低いものを作出すれば、パルプ生産過程のコスト削減とパルプ収率向上が見込まれる。樹木のリグニン含有量を制御するために、モノリグノール生成の最終段階にかかわる cinnamyl alcohol dehydrogenase (CAD) の研究が本植物を用いて行なわれた。CAD の精製とその部分アミノ酸配列の決定[91]、cDNA のクローニングが行なわれ、木化した組織にその遺伝子が発現することが確認された[92]。アンチセンス CAD 遺伝子が作製されてタバコに導入されたが、その形質転換体の CAD 活性は低いもののその形態上の変化はなく、cinnamyl aldehyde 類が重合してリグニンを生じると推定された[93]。なお、健全な天然の成熟した茎のリグニン含有量は22％であり、構造は guaiacyl-syringyl lignin であった[94]。

毒性のない食品添加物として天然色素アントシアニンを利用するために、本植物培養細胞によるアントシアニンの生産条件が検討され、主要産物は cyanidin 3-*O*-[β-D-xylopyranosyl-(1→2)-β-D-galactopyranoside] であった[95,96]。

リンパ性白血病培養細胞に対して細胞障害性を示す4種のポリアセチレン falcarindiol、falcarindiol-8-acetate、dehydrofalcarindiol および dehydrofalcarindiol-8-acetate が根から単離され、種々の癌細胞系統に対して前2者の毒性は高かった[97]。また、本植物から単離されたジテルペン酸 *ent*-pimara-8(14),15-dien-19-oic acid および *ent*-kaur-16-en-19-oic acid が、*in vitro* での抗腫瘍性を示した[98]。

3.2.3 その他の *Aralia* 属植物

主に中国や韓国にて上記と同様にトリテルペンサポニン、フラボノイド配糖体、精油、リグナンなどの研究が行なわれている。

Aralia armata 根皮から多くの oleanolic acid 3-glucuronopyranoside 型サポニンが単離された。その中のいくつかは arabinose を含むが、それは furanoside だけでなく pyranoside も存在した[99]。

Ar. bipinnata 木部から、**103** および クマリン類 [6,7,8-trimethoxycoumarin、isofraxidin (**3**)、scoparone] とともに3つの新規フェニルプロパン誘導体 (**104**、**105**、**106**) が単離された[100]。さらに2つの新規リグナン (5,5′-dimethoxylariciresinol および 5-methoxylariciresinol 9′-*O*-*trans*-ferulate) (**107**、**108**) および 1,2-diguaiacylpropane-1,3-diol の 1-methyl ether (**109**) 等が単離された[101]。

Ar. continentalis 葉からフラボノイドが単離され[102]、quercetin、hyperoside (quercetin 3-galactoside) および kaempferol の強い抗酸化作用が示された[103]。*Ar. decaisneana* の根から oleanolic acid 型 7 種および ursolic acid 型 4 種の新サポニン (araliasaponin I–XI) が単離同定され[104]、続いて *Ar. chinensis* の根から 7 種の新 oleanolic acid 型サポニン (araliasaponin XII–XVIII) が単離同定された[105]。

アメリカ合衆国東部原産の *Ar. spinosa* の成熟漿果は鳥獣に食されないが、その原因と思われる成分として *cis*-6-octadecenoic acid (petroselinic acid) (**110**) が単離された[106]。

3.3 カクレミノ属 *Dendropanax*

世界に約 30 種ある。常緑高木または低木で全体に無毛である。日本産のカクレミノ *D. trifidus* と近縁の *D. morbifera* からとれる樹液は黄色の漆状で、黄漆という[107]。中国産の *D. chevalieri* (ジュサン、樹参) の根および茎は、中薬のフウカリ (楓荷梨) であり、これはリウマチなどに用いる[108]。コスタリカ産 *D. arboreus* 葉から、Hep-G2、A-431、H-4IIE および L-1210 腫瘍細胞系統に対して細胞障害性があるが、正常な肝細胞に対して毒性のないジアセチレン化合物 *cis*-1,9,16-heptadecatriene-4,6-diyne-3,8-diol (平面構造は下記の **115** と同じ) が単離された[109]。また、*D. arboreus* (プエルトリコ産) の抽出液の *in vitro* 腫瘍細胞障害性を示す画分の主成分は (3S)-(+)-falcarinol (**111**) で、他の成分 (3S)-(+)-16,17-didehydrofalcarinol (**112**)、(3S)-(+)-diynene (**113**)、(3S,8S)-(+)-falcarindiol (**114**) および (3S,8S)-(+)-16,17-didehydrofalcarindiol (**115**) と同定された。これらは既知物とは逆のエナンチオマーであった。さらに、これらに類似した 2 つの新物質 (+)-dendroarboreol A (**116**) および (+)-dendroarboreol B (**117**) が単離された。ヒト LOX 黒色腫を移植したマウスに対して化合物 **112** の抗腫瘍性が強かった[110]。一方、コスタリカ産 *D. cf. querceti* 葉から Hep-G2、A-431 および H-4IIE の腫瘍細胞系統に対して細胞障害性を示す成分としてトリテルペン lupeol (**118**) が単離された。この毒性の機構はトポイソメラーゼ II に対する阻害作用であった[111]。42 種の朝鮮産芳香植物の精油の抗菌性が調べられ、強い活性を示した植物の中にウコギ科の本属 *D. morbifera* 葉と *Acanthopanax koreanum* 茎があった[112]。

3.4 タカノツメ属 *Evodiopanax*

落葉小高木でとげはない。東アジアに 2 種あり、日本産のタカノツメ *Evodiopanax innovans* は、その材がたいへん軟かいためにイモノキとも呼ばれる。近年、この化学的研究はあまり行なわれていないようである。

3.5 ヤツデ属 *Fatsia*

常緑の株状になる低木で、日本産のヤツデ *Fatsia japonica* (別名 *Aralia japonica*) は観賞用に広く栽培されている[114]。ヤツデのトリテルペンサポニンについては以前から研究されてきたが、70 年代末から 80 年代に日本や旧ソ連の研究によって多くものが単離された[115,5]。*F. japonica* の熟した漿果中の色素についての初期の研究において、アントシアニン cyanidin 3-galactoside が同定されていたが、それ以外にこれまでに検討されたウコギ科植物のアントシアニン類はすべて 3-lathyroside (lathyrose は β-D-xylopyranosyl-(1→2)-β-D-galactopyranoside である) であった。そこで *F. japonica* の色素を再検討したところ、漿果中の主要アントシアニンも cyanidin 3-*O*-lathyroside (**119**) であり、3-galactoside ではないことがわかった[116]。19 科 30 種の植物の種子油の成分分析の一環として *F. japonica* についても脂肪酸が分析された[117]。本植物サポニン配合の化粧品の特許があった[118]。

3.6 キヅタ属 *Hedera*

常緑のつる性木本植物で、観賞用に栽培されている。日本にキヅタ *Hedera rhombea*、中国に *H. nepalensis* var. *sinensis*、ヨーロッパと北アフリカに西洋キヅタ *H. helix* がある[119]。茎と葉を中薬ではジョウシュントウ（常春藤）といってリウマチ性関節炎や肝炎などに用いる[120]。本属のトリテルペンサポニンについても以前から研究されてきて、*H. helix* の葉から α-hederin (**120**) と β-hederin (**121**) が得られた[121]。1985年にKizuらは10種のkizuta saponinを報告した[115]。新ノルトリテルペンとして *H. rhombea* 葉から rhombenone (**122**) が単離され[122]、新トリテルペン配糖体として *H. taurica*（クリミア産）の茎から6種のものが報告された[123-125]。

3.7 ハリギリ属 *Kalopanax*

落葉高木で東アジアに1種、ハリギリ（別名センノキ）がある。この学名の *Kalopanax septemlobus* と *K. pictus* は同じである[126]。樹皮および根・根皮をそれぞれシシュウジュヒ（刺楸樹皮）、シシュウジュコン（刺楸樹根）という[127]。1960年代に旧ソ連で2つのhederagenin配糖体kalopanaxsaponin A (**37**) と B (**34**) が得られた[128]。1989年には根から新トリテルペンサポニンkalopanaxsaponin C (**123**)、D (**124**)、E (**125**) および F (**126**) が既知サポニン [**37**、**34**（主要）、**65**] とともに得られ[129]（ただし、kalopanaxsaponin E は、メチルエステルとして単離された **82** と同じとわかった[130]）、続いて葉から3つの新サポニンkalopanaxsaponin La (**127**)、Lb (**128**) および Lc (**129**) が5つの既知サポニン (**37**、**34**、**130**、**20** および **131**) とともに得られた[130]。さらに樹皮から5種の新物質と9種の既知物が単離された[131a]。これらは新サポニンkalopanaxsaponin G (**132**) と既知サポニン (**37**、**133**、**134** および **34**)、ならびに新フェニルプロパノイド配糖体kalopanaxin A (**135**) と D (**136**)、フェノール酸配糖体とフェニルプロパノイド配糖体とのエステルkalopanaxin B (**137**)、フェノール酸配糖体とヒドロキノン配糖体とのエステルkalopanaxin C (**138**)、リグナン liriodendrin (**6**)（2つのジアステレオマーを単離）であり、他の既知物は上記化合物の類似体 **1**、**139**、**140** および **141** であった[131a,131b]。その他に、北朝鮮産の樹皮から liriodendrin (eleutheroside E) (**6**) ($[\alpha]_D = -14.5°$) および hederagenin 型サポニン [kalopanaxsaponin H (**142**) および B (**34**) と見なされる][132]、葉からフラボノール配糖体 quercitrin と hyperin[133]、中国産の根からは2つの微量の既知サポニンが得られた[134]。

成分の生理活性については、*K. pictus* からのkalopanaxsaponin B (**34**) および H (**142**) のヒト腸内細菌による代謝と、それらの抗糖尿病効果との関係の研究がある[135]。ヒト腸内細菌は、**34** をkalopanaxsaponin A（主生成物）、hederagenin 3-*O*-α-L-arabinopyranoside および hederagenin（主生成物）に変換し、また、**142** を **131**（主生成物）、kalopanaxsaponin A、hederagenin 3-*O*-α-L-arabinopyranoside および hederagenin（主生成物）に変換した。これらの化合物のうち、kalopanaxsaponin A には最も強い抗糖尿病活性があり、hederagenin がこれに次いだ。しかし、**34** と **142** は不活性であり、これらは天然のプロドラッグとみなされた。樹皮の liriodendrin (**6**) には強い抗肝細胞毒活性があったが、抗水浮腫性はなかった[136]。樹皮の脂肪酸分析も行なわれた[136]。Hederagenin 配糖体および本植物の根から抽出した α-hederin 等が、骨の病気（悪性カルシウム過剰血症、骨ページェット病または骨粗鬆症）の予防と治療に有用であるという特許がある[137]。

3.8 ハリブキ属 *Oplopanax*

落葉性低木で、東アジアと北アメリカに3種ある。日本にはハリブキ *Oplopanax japonicus* がある。根や茎は民間薬として用いられ、解熱や鎮咳の効果があるといわれる[138,139]。朝鮮・中国吉林

産のチョウセンハリブキ *O. elatus* の根は、シニンジン（刺人参）と呼ばれ、アルカロイド、サポニン、精油、強心配糖体、多糖類を含む[139]。北アメリカ産の *O. horridus* の内皮から5つのポリアセチレン化合物 (**111**、**114**、**143**–**145**) が単離され、そのうち2つは新物質の oplopandiol (**143**) と oplopandiol acetate (**145**) であった。これらはすべて抗Candida菌性および抗細菌性を有し、特に顕著な抗マイコバクテリア活性があることは本植物の薬効と対応している[140]。

3.9　フカノキ属 *Schefflera*

熱帯アジアに150種ほど知られていて、高木または低木で、つる性のものもある[141]。フカノキ *Schefflera octophylla* は日本、中国、東南アジアに分布して、その根皮・樹皮はオウキャクボクヒ（鴨脚木皮）といって、中医方ではリウマチによる関節や骨の痛み止めに使っている[142]。*S. capitata* からのサポニン scheffleroside は echinocystic acid、fucose、galactose、glucuronic acid から構成されて、殺精子作用がある[5,143]。ジャワ島原産の *S. divaricata* の地上部から10個の新トリテルペンサポニンが既知物2個とともに単離された[144]。既知の **146** と **147** および新物質の2つ **148** と **149** のサポゲニンは oleanolic acid 骨格を持ち、一方、8つの新物質 (**150**–**157**) のそれは betulinic acid 骨格であった。

3.10　カミヤツデ属 *Tetrapanax*

中国南部から台湾に1種、低木のカミヤツデ *Tetrapanax papyriferum* が産し、日本では観賞用に栽培される[145]。中薬ではこの茎の髄をツウソウ（通草）といい、利尿などに用いる[146]。また、この白色の髄を薄くはいで紙状にしたものを通草紙 (rice paper) と呼び、造花材料に使われた[145,147]。1979年に葉から見いだされた4つのトリテルペンサポニン papyrioside L-IIc (**158**) と L-IId (**159**)、L-IIa (**160**) と L-IIb (**161**)[148]に加えて、最近4つの新オレアン型サポニン papyrioside LA (**162**)、LB (**163**)、LC (**164**) および LD (**165**)[149]、さらに4つのマイナーな新サポニン papyrioside LE (**166**)、LF (**167**)、LG (**168**) および LH (**169**) が単離同定された[150]。ただし、11位のメチルエーテルのメチル基および二重結合は抽出の際のアーティファクトと推定された。

3.11　その他の属

Nothopanax davidii の樹皮から新トリテルペンサポニン (**170**)[151]、そしてジャワ島の *Trevesia sundaica* の地上部から6種の新トリテルペンサポニンが得られた[152]。*Cussonia barteri*（カメルーン産）の葉から新 C_{18}-ポリアセチレン化合物、(+)-9(Z),17-octadecadiene-12,14-diyne-1,11,16-triol (**171**) が単離され、これには抗細菌・真菌活性、さらに溶血性と殺カタツムリ活性があった[153]。ベトナム産の *Polyscias fruticosa* の根からも5種のポリアセチレン類が単離された[154]。

4 構造式（主として新規化合物）

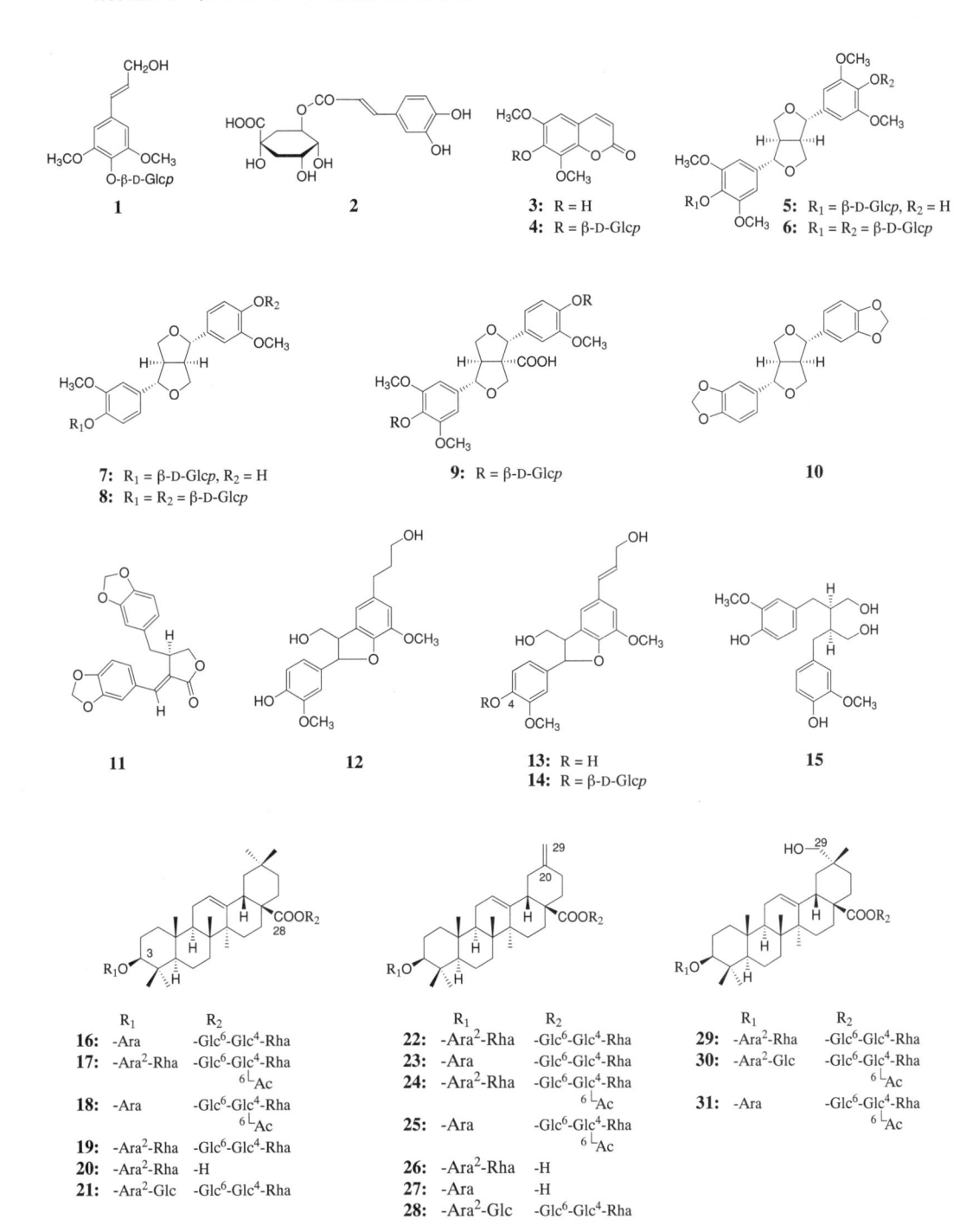

	R_1	R_2
16:	-Ara	-Glc^6-Glc^4-Rha
17:	-Ara^2-Rha	-Glc^6-Glc^4-Rha^6-Ac
18:	-Ara	-Glc^6-Glc^4-Rha^6-Ac
19:	-Ara^2-Rha	-Glc^6-Glc^4-Rha
20:	-Ara^2-Rha	-H
21:	-Ara^2-Glc	-Glc^6-Glc^4-Rha

	R_1	R_2
22:	-Ara^2-Rha	-Glc^6-Glc^4-Rha
23:	-Ara	-Glc^6-Glc^4-Rha
24:	-Ara^2-Rha	-Glc^6-Glc^4-Rha^6-Ac
25:	-Ara	-Glc^6-Glc^4-Rha^6-Ac
26:	-Ara^2-Rha	-H
27:	-Ara	-H
28:	-Ara^2-Glc	-Glc^6-Glc^4-Rha

	R_1	R_2
29:	-Ara^2-Rha	-Glc^6-Glc^4-Rha
30:	-Ara^2-Glc	-Glc^6-Glc^4-Rha
31:	-Ara	-Glc^6-Glc^4-Rha^6-Ac

Ara = α-arabinopyranosyl, Glc = β-glucopyranosyl, Rha = α-rhamnopyranosyl, Ac = O-acetyl

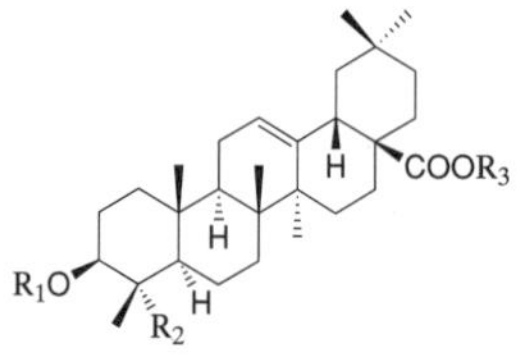

	R_1	R_2	R_3
32:	-Ara^2-Rha^3-Xyl	-CH$_2$OH	-Glc^6-Glc^4-Rha
33:	-Ara^2-Rha^3-Xyl	-CH$_3$	-Glc^6-Glc^4-Rha
34:	-Ara^2-Rha	-CH$_2$OH	-Glc^6-Glc^4-Rha
35:	-Ara^2-Rha^3-Xyl	-CH$_2$OH	-H
36:	-Ara^2-Rha^3-Xyl	-CH$_2$OH	-H
37:	-Ara^2-Rha	-CH$_2$OH	-H
38:	-Ara^2-Rha^3-Xyl	-CH$_3$	-H

Ara = α-L-arabinopyranosyl, Glc = β-D-glucopyranosyl,
Rha = α-L-rhamnopyranosyl, Xyl = β-D-xylopyranosyl

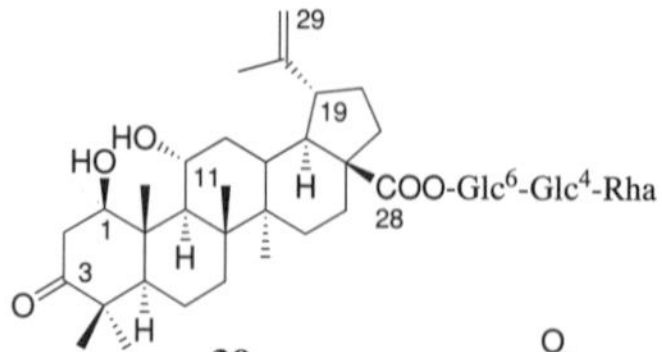

39

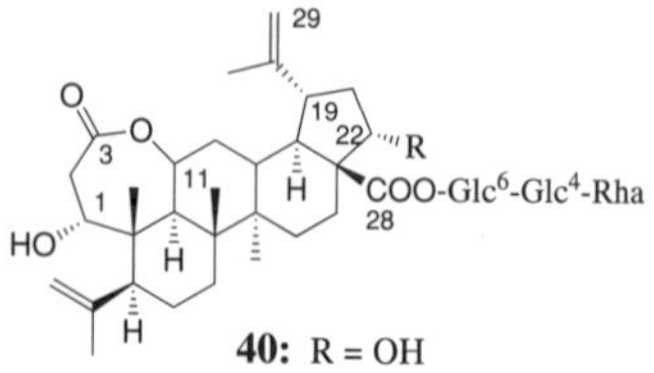

40: R = OH
41: R = H

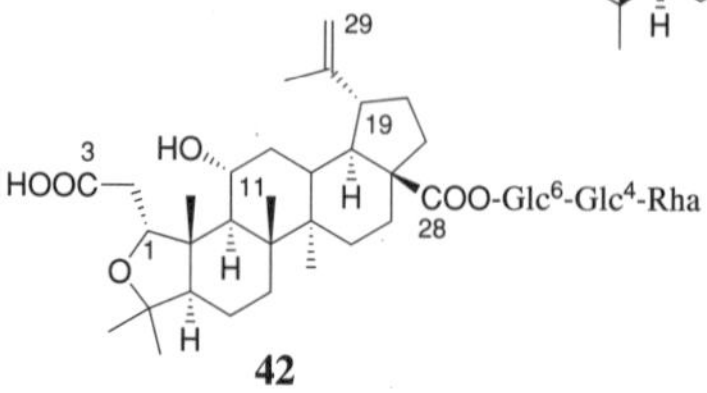

42

Glc = β-D-glucopyranosyl,
Rha = α-L-rhamnopyranosyl

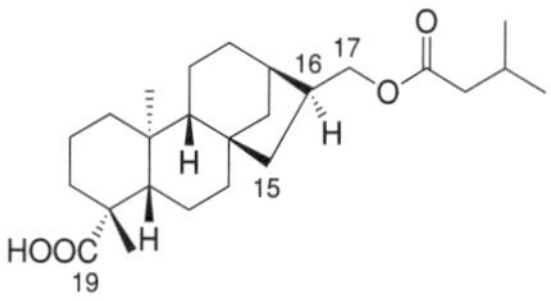

43

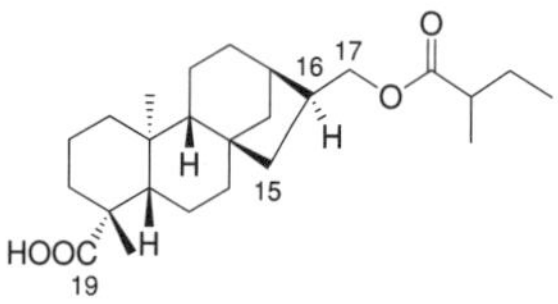

44

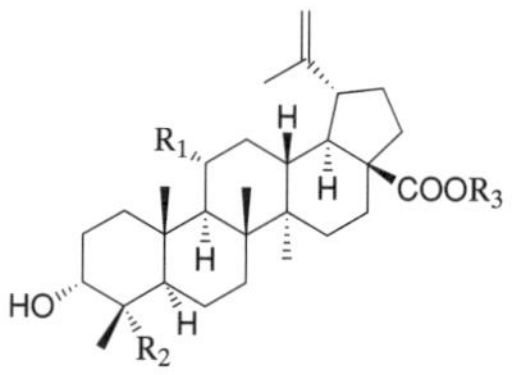

	R_1	R_2	R_3
45:	-H	-COOH	-Glc^6-Glc^4-Rha
46:	-OH	-CH$_2$OH	-Glc^6-Glc^4-Rha
47:	-OH	-CH$_3$	-Glc^6-Glc^4-Rha

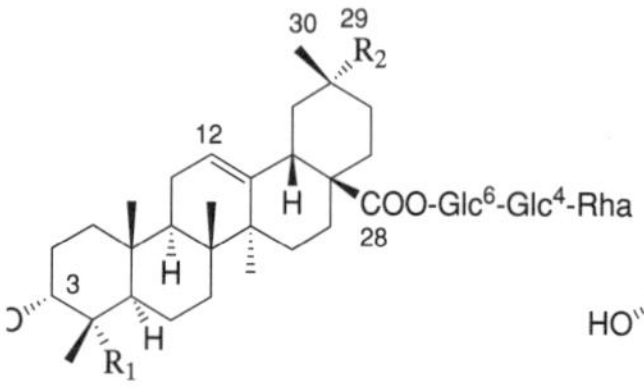

	R_1	R_2
48:	-CH$_3$	-COOH
49:	-CHO	-COOH
50:	-CH$_2$OH	-COOH
51:	-CH$_3$	-CH$_2$OH
52:	-CHO	-CH$_2$OH
53:	-CH$_2$OH	-CH$_2$OH
54:	-CHO	-CH$_3$

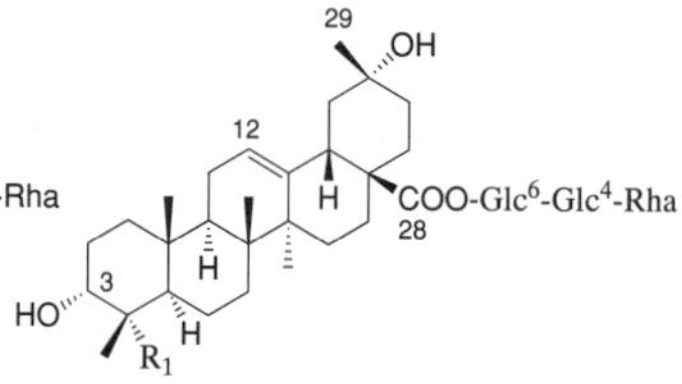

	R_1
55:	-CH$_3$
56:	-CH$_2$OH
57:	-CHO

Glc = β-D-glucopyranosyl,
Rha = α-L-rhamnopyranosyl

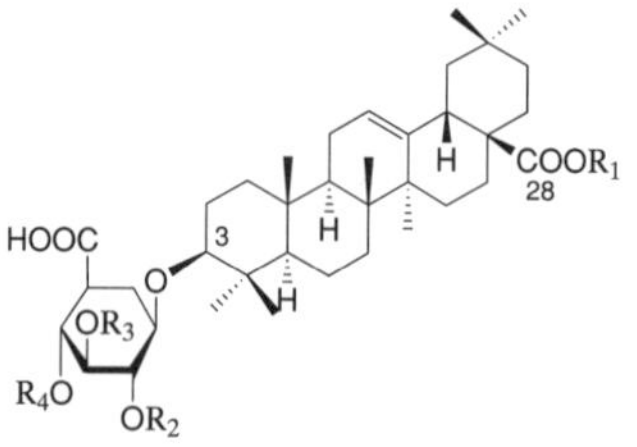

oleanolic acid 3-O-β-D-glucopyranosiduronic acid
($R_1 = R_2 = R_3 = R_4 =$H)

	R_1	R_2	R_3	R_4
58:	-H	-H	-Glc	-Ara$f$
59:	-H	-Xyl	-Gal	-H
61:	-Glc	-Glc	-H	-Ara$f$
62:	-Glc	-Xyl	-Glc	-H
63:	-Glc	-Xyl	-Gal	-H
65:	-Glc	-H	-H	-Ara$f$
66:	-Glc	-H	-H	-H
67:	-H	-H	-H	-Ara$f$
68:	-Glc	-Xyl	-H	-H
69:	-Glc	-H	-Glc	-Glc
70:	-H	-Glc	-H	-Ara$f$
71:	-H	-Ara$f$	-Glc	-H

oleanolic acid 3-O-α-L-arabino-
pyranoside ($R_1 = R_2 = R_3 = H$)

	R_1	R_2	R_3
60:	-H	-Xyl	-Glc
64:	-Glc	-Xyl	-Glc

Ara$f$ = α-L-arabinofuranosyl,
Gal = β-D-galactopyranosyl,
Glc = β-D-glucopyranosyl,
Xyl = β-D-xylopyranosyl

oleanolic acid 3-O-β-D-gluco-
pyranosiduronic acid
($R_1 = R_2 = R_3 = R_4 = H$)

	R_1	R_2	R_3	R_4
74:(=59)	-H	-Xyl	-Gal	-H
75:(=63)	-Glc	-Xyl	-Gal	-H
76:	-H	-H	-Glc*	-Ara$f$
77:	-Glc	-H	-Glc*	-Ara$f$
78:	-H	-H	-H	-Ara$f$
79:	-H	-H	-H	-H
65:	-Glc	-H	-H	-Ara$f$
66:	-Glc	-H	-H	-H

*Gal?

oleanolic acid 3-O-α-L-arabino-
pyranoside ($R_1 = R_2 = R_3 = H$)

	R_1	R_2	R_3
72:(=60)	-H	-Xyl	-Glc
73:(=64)	-Glc	-Xyl	-Glc

Ara$f$ = α-L-arabinofuranosyl,
Gal = β-D-galactopyranosyl,
Glc = β-D-glucopyranosyl,
Xyl = β-D-xylopyranosyl

oleanolic acid 3-O-β-D-gluco-
pyranosiduronic acid
($R_1 = R_2 = R_3 = R_4 = H$)

	R_1	R_2	R_3	R_4
74:(= 59)	-H	-Xyl	-Gal	-H
80:	-H	-Gal	-Gal	-H
75:(= 63)	-Glc	-Xyl	-Gal	-H
81:	-Glc	-Gal	-Gal	-H
82:	-H	-H	-Glc	-H
76:	-H	-H	-Glc	-Ara$f$
83:	-Glc	-H	-Glc	-H
77:	-Glc	-H	-Glc	-Ara$f$

Ara$f$ = α-L-arabinofuranosyl,
Gal = β-D-galactopyranosyl,
Glc = β-D-glucopyranosyl,
Xyl = β-D-xylopyranosyl

	R_1	R_2
84:	-Ara^2-Rha	-Glc^6-Xyl
86:	-Ara^2-Rha^3-Glc	-Glc^6-Glc
87:	-Ara^2-Rha^3-Glc	-H
88:	-Ara^2-Rha	-Glc^6-Glc
89:	-Ara^2-Rha	-Glc^6-Glc^4-Rha
90:	-Ara^2-Rha	-H
96:	-Glc^2-Glc $^{3\llcorner}$Glc	-H
97:	-Glc^2-Glc $^{3\llcorner}$Glc^3-Glc	-H

	R_1	R_2
85:	-Ara^2-Rha	-Glc^6-Xyl
91:	-Ara^2-Rha	-Glc^6-Glc
92:	-Ara^2-Rha^3-Glc	-Glc^6-Glc
93:	-Ara^2-Rha	-H
94:	-Ara^2-Rha^3-Glc	-H
95:	-Ara^2-Rha	-Glc^6-Glc^4-Gal

(synthetic)

Ara = α-L-arabinopyranosyl,
Glc = β-D-glucopyranosyl,
Rha = α-L-rhamnopyranosyl,
Xyl = β-D-xylopyranosyl

	R_1	R_2	R_3	R_4	R_5	R_6
98:	-H	-OH	-CH$_2$OH	-H	-H	-COOH
99:	-H	-OH	-CH$_3$	-H	-Glc	-COOH
100:	-H	-H	-CH$_3$	-Glc	-Glc	-COOH
101:	-H	-H	-CH$_2$OH	-Glc	-Glc	-CH$_2$OH
102:	-Glc	-H	-CH$_3$	-Xyl	-Glc	-COOH

Glc = β-D-glucopyranosyl, Xyl = β-D-xylopyranosyl

103: R = ~OH
104: R = ~OH (E-form)
105: R = ~CHO (E-form)

106 (E-form)

107: R = OCH$_3$
108: R = H

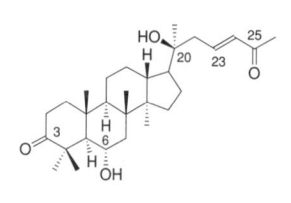

110

111: R = H
114: R = OH

112: R = H
115: R = OH

113

116

117

118

119: Xyl = β-D-xylopyranosyl, Gal = β-D-galactopyranosyl

120

121: R = CH$_2$OH
122: R = CH$_3$

Ara = α-L-arabinopyranosyl,
Rha = α-L-rhamnopyranosyl

oleanolic acid 3-α-L-arabinopyranoside
(R_1 = CH$_3$, R_2 = R_3 = R_4 = H)
hederagenin 3-α-L-arabinopyranoside
(R_1 = CH$_2$OH, R_2 = R_3 = R_4 = H)

	R_1	R_2	R_3	R_4
37:	-CH$_2$OH	-H		-Rha	-H
34:	-CH$_2$OH	-Glc^6-Glc^4-Rha	-Rha	-H
123:	-CH$_2$OH	-Glc^6-Glc^4-Rha	-Rha	-Glc
124:	-CH$_3$	-Glc^6-Glc^4-Rha	-Rha	-Glc

oleanolic acid 3-β-D-glucopyranosiduronic acid
(R_1 = CH$_3$, R_2 = R_3 = R_4 = R_5 = H)

	R_1	R_2	R_3	R_4	R_5
65:	-CH$_3$	-Glc	-H	-H	-Ara$f$
125:	-CH$_3$	-H	-H	-Glc	-H
126:	-CH$_3$	-Glc	-Ara$p$	-Glc	-H

Ara$f$ = α-L-arabinofuranosyl,
Ara$p$ = α-L-arabinopyranosyl,
Glc = β-D-glucopyranosyl,
Rha = α-L-rhamnopyranosyl

22α-hydroxyhederagenin
(R_1 = R_3 = H, R_2 = CH$_2$OH, R_4 = OH)
hederagenin
(R_1 = R_3 = R_4 = H, R_2 = CH$_2$OH)

	R^1	R^2	R^3	R^4
127:	-Ara	-CH$_2$OH	-H	-OH
128:	-Ara^2-Rha	-CH$_2$OH	-H	-OH
129:	-Ara^2-Rha^3-Xyl	-CH$_2$OH	-H	-OH
37:	-Ara^2-Rha	-CH$_2$OH	-H	-H
34:	-Ara^2-Rha	-CH$_2$OH	-Glc^6-Glc^4-Rha	-H
130:	-Ara	-CH$_2$OH	-H	-H
20:	-Ara^2-Rha	-CH$_3$	-H	-H
131:	-Ara^2-Rha^3-Xyl	-CH$_2$OH	-H	-H
132:	-H	-CH$_2$OH	-Glc^6-Glc^4-Rha	-H
37:	-Ara^2-Rha	-CH$_2$OH	-H	-H
133:	-Ara^2	-CH$_2$OH	-Glc^6-Glc^4-Rha	-H
134:	-Ara^2-Rha	-CH$_3$	-Glc^6-Glc^4-Rha	-H
34:	-Ara^2-Rha	-CH$_2$OH	-Glc^6-Glc^4-Rha	-H
142:	-Ara^2-Rha^3-Xyl	-CH$_2$OH	-Glc^6-Glc^4-Rha	-H

Ara = α-L-arabinopyranosyl, Glc = β-D-glucopyranosyl,
Rha = α-L-rhamnopyranosyl, Xyl = β-D-xylopyranosyl

	R_1	R_2	R_3
135:	-CHO	-H	-H
136:	-CH$_2$OH	-H	-Api
1:	-CH$_2$OH	-OCH$_3$	-H
139:	-CH$_2$OH	-H	-H

Api = β-D-apiofuranosyl

137

138

140

141

Glc = β-D-glucopyranosyl, Rha = α-L-rhamnonopyranosyl

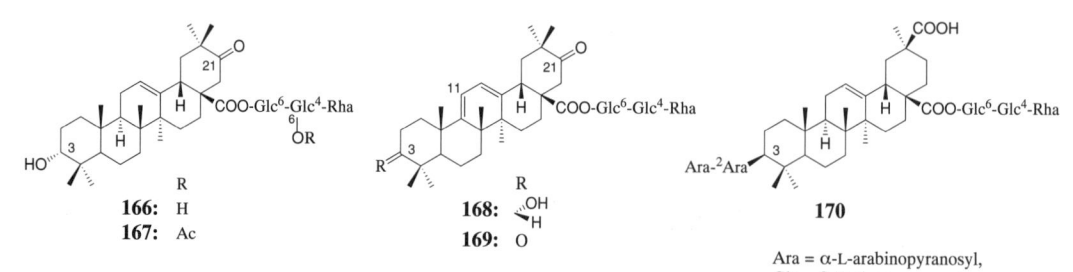

	R_1	R_2	R_3	R_4	R_5
146:	-H	-H	-Gal	-Glc	-CH$_2$OH
147:	-H	-H	-Gal	-H	-COOH
148:	-OH	-Xyl	-Ara	-H	-COOH
149:	-OR	-Xyl	-Ara	-H	-COOH

	R^1	R^2	R^3
150:	-CH$_3$	-Xyl	-H
151:	-CH$_2$OH	-Xyl	-Glc
152:	-CH$_2$OH	-Xyl	-H
153:	-CH$_2$OH	-H	-H
154:	-CH$_2$OH	-H	-Glc
155:	-CHO	-Xyl	-H
156:	-CHO	-H	-Glc
157:	-CHO	-H	-H

	R_1	R_2
158:	-H	O
159:	-H	OH, H
160:	-CH$_3$	O
161:	-CH$_3$	OH, H

	R_1	R_2	R_3	R_4
162:	-H	O	O	Ac
163:	-CH$_3$	O	O	Ac
164:	-CH$_3$	OH, H	O	Ac
165:	-CH$_3$	O	OH, H	H

Ara = α-L-arabinopyranosyl, Gal = β-D-galactopyranosyl,
Glc = β-D-glucopyranosyl, Xyl = β-D-xylopyranosyl

	R
166:	H
167:	Ac

	R
168:	OH, H
169:	O

170

Ara = α-L-arabinopyranosyl,
Glc = β-D-glucopyranosyl,
Rha = α-L-rhamnopyranosyl

5 引用文献

1) 村田源、『世界有用植物事典』、堀田満 ら編、平凡社、東京、1989、p. 105. 2) 北村四郎、岡本省吾、『原色日本樹木図鑑』、保育社、大阪、1959、pp. 171–175. 3) 平井信二、『木の大百科（解説編）』、朝倉書店、東

京、1998、pp. 505–517. 4a) 八田洋 章、『植物の世界（週刊朝日百科）3巻29号』、朝日新聞社、東京、1994、pp. 130–143. 4b) 髙垣順子、『植物の世界（週刊朝日百科）3巻29号』、朝日新聞社、東京、1994、p. 132. 5) 加藤厚、林良興、『木材の科学と利用技術II、3. 樹木抽出成分の利用、糖および配糖体』、日本木材学会、東京、1991、pp. 48–58. 6) H. Tsukasa (1994、Japan) **122**: 16809. 7) 上海科学技術出版社、小学館編、『中薬大辞典』、小学館、東京、1985、pp. 793–796. 8) I. I. Brekhman et al., *Lloydia*, **32**, 46–51 (1969). 9) 西部三省ら、『エゾウコギの超力』、毎日新聞社、東京、1998、pp. 1–206. 10) T. N. Makarieva et al. (1997, Russia) **128**: 45835. 11) V. A. Kurkin et al. (1991, Russia) **117**: 219818. 12) Y. Zhao et al. (1993, China) **119**: 119588. 13) H. Yamaguchi et al., *Holzforschung*, **44**, 381–385 (1990). 14) G. M. Frolova et al., *Khim. Prir. Soedin.*, **7**, 614 (1971). 15) G. M. Frolova et al., *Khim. Prir. Soedin.*, **7**, 618 (1971). 16) 上海科学技術出版社、小学館編、『中薬大辞典』、小学館、東京、1985、pp. 1602–1603. 17) C.-J. Shao et al., *Chem. Pharm. Bull.*, **36**, 601–608 (1988). 18) C.-J. Shao et al., *Chem. Pharm. Bull.*, **37**, 42 (1989). 19) T. Fujikawa et al. (1996, Japan) **125**: 292712. 20) S. Nishibe (1997, Japan) **129**: 156312. 21) A. Umeyama et al. (1992, Japan) **118**: 451. 22) J. Ni et al. (1998, China) **129**: 254782. 23) J.-N. Fang et al., *Phytochemistry*, **24**, 2619–2622 (1985). 24) L. Tong et al. (1994, China) **123**: 275329. 25) J. You et al. (1993, China) **120**: 69250. 26) V. G. Bespalov et al. (1992, Russia) **119**: 20057. 27) V. G. Bespalov et al. (1993, Russia) **119**: 262115. 28) J. Zhang et al. (1998, China) **129**: 254751. 29) Y. Yang (1998, China) **129**: 287775. 30) S. Zhan (1996, China) **126**: 54665. 31) A. Teshome (1993, German) **119**: 210706. 32) X. Mu et al. (1995, China) **124**: 194233. 33) X. Tang et al. (1995, Korea) **124**: 279085. 36) M. Iida et al. (1996, Japan) **126**: 65205. 37) M. Miyakoshi et al. (1995, Japan) **123**: 251250. 38) C. S. Yook et al. (1996, Korea) **125**: 95720. 39) K. Shirasuna et al. (1997, Japan) **127**: 133290. 40) Y. Zhao et al. (1991, China) **116**: 18359. 41) D. Xong et al. (1992, China) **117**: 248567. 42) D. Cheng et al. (1994, China) **121**: 129906. 43) J. Z. Wang et al. (1992, Japan) **117**: 204740. 44) M. Pan et al.(1991, China) **116**: 191098. 45) Q. Chang et al. (1993, China) **119**: 45256. 46) L. Zhang (1994, China) **120**: 330912. 47) H. Ou et al. (1992, China) **118**: 3883. 48) H. Ou et al. (1994, China) **121**: 163811. 49) T.-H. Kim et al. (1995, Korea) **123**: 79530. 50) S.-Y. Chang et al. (1998, Japan) **128**: 190392. 51) C.-S. Yook et al. (1998, Korea) **129**: 330915. 52) K. H. Shin et al. (1997, Korea) **128**: 280742. 53) D. T. Asilbekova et al. (1991, Uzbekistan) **117**: 150789. 54) G. Wang et al. (1997, China) **127**: 245468. 55) M. Miyakoshi et al. (1993, Japan) **119**: 245553. 56) M. Miyakoshi et al. (1997, Japan) **120**: 158792. 57) M. Miyakoshi et al. (1997, Japan) **128**: 112851. 58) J. Du et al. (1992, China) **117**: 188251. 59) M. Miyakoshi et al. (1997, Japan) **128**: 190414. 60) Y. H. Kim et al. (1992, Korea) **119**: 70425. 61) H. Kawashima et al. (1991, Japan) **118**: 253409. 62) H. Tsukasa et al. (1993, Japan) **119**: 137820. 63) 上海科学技術出版社、小学館編、『中薬大辞典』、小学館、東京、1985、pp. 1299–1300. 64) Z. Wang et al. (1993, China) **119**: 245529. 65) S.-j. Ma et al. (1996, Korea) **126**: 87082. 66) S. Sakai et al. (1994, Japan) **121**: 31098. 67) Y. Satoh et al. (1994, Japan) **121**: 129900. 68) Y. Jiang et al. (1991, China) **116**: 211121. 69) Y. T. Jiang et al. (1992, China) **117**: 167719. 70) Y. Jiang et al. (1991, China) **116**: 231871. 71) S. S. Kang et al. (1996,Korea) **125**: 110261. 72) M. Yoshikawa et al. (1994, Japan) **121**: 245853. 73) M. Yoshikawa et al. (1996, Japan) **125**: 292277. 74) M. Yoshikawa et al. (1993, Japan) **121**: 101713. 75) M. Yoshikawa et al. (1996, Japan) **125**: 320344. 76) O. K. Kim et al. (1993, Korea) **120**: 95380. 77) S. Saito et al., *Chem. Pharm. Bull.* **38**, 411–414 (1990). 78) K. Nishida et al. (1991, Japan) **116**: 189343. 79) T. Higuchi et al. (1992, Japan) **117**: 143380. 80) S. Saito et al. (1993, Japan) **120**: 124143. 81) 斉藤節生 ら、食品工業、**37**、75–82 (1994). 82) G. Yang et al. (1995, China) **124**: 170555. 83) H. X. Kuang et al., *Chem. Pharm. Bull.*, **44**, 2183–2185 (1966). 84) M. Yoshikawa et al., *Chem. Pharm. Bull.*, **43**, 1878–1882 (1995). 85) 山原條二 ら、和漢医薬学雑誌、**13**, 295–299 (1996). 86) 吉川雅之、第36回植物化学シンポジウム要旨集、香川、1999、pp. 11–20. 87) M. Hu (1996, Japan) **124**: 168452. 88) 上海科学技術出版社、小学館編、『中薬大辞典』、小学館、東京、1985、pp. 1974–1975. 89) 上海科学技術出版社、小学館編、『中薬大辞典』、小学館、東京、1985、pp. 1968–1972. 90) H. Kawai et al., *Chem. Pharm. Bull.*, **37**, 2318 (1989). 91) T. Hibino et al., *Phytochemistry*, **32**, 565–567 (1993). 92) T. Hibino et al. (1993, Japan) **120**: 126372). 93) 日尾野隆 ら、第38回リグニン討論会講演要旨集、香川、1993、pp. 37–40. 94) T. Hibino et al., *Phytochemistry*, **37**, 445–448 (1994). 95) K. Sakamoto et al. (1993, Japan) **119**: 91359. 96) K. Sakamoto et al. (1994, Japan) **120**: 319567. 97) S.-Y. Park et al. (1995, Korea) **124**: 140963. 98) S. Y. Ryu et al. (1996, Korea) **124**: 278274. 99) M. Hu et al. (1995, China) **123**: 79644. 100) J.-J. Hsiao et al. (1995, Taiwan) **123**: 138777. 101) J.-J. Hsiao et al. (1995, Taiwan) **123**: 138788. 102) J. S. Kim et al. (1995, Korea) **124**: 226638. 103) J. S. Kim et al. (1998, Korea) **129**: 85882. 104) T. Miyase et al. (1996, Japan) **124**: 284311. 105) T. Miyase et al. (1996, Japan) **125**: 110259. 106) S. Ratnayake et al. (1993, USA) **119**: 156205. 107) 村田源、『世界有用植物事典』、堀田満 ら編、平凡社、東京、1989、pp. 370–371. 108) 上海科学技術出版社、小学館編、『中薬大辞典』、小学館、東京、1985、pp. 2296–2297. 109) W. N. Setzer et al. (1995, USA) **124**: 25590. 110) M. W. Bernart et al. (1996, USA) **125**: 110311. 111) D. M. Moriarity et al. (1998, USA) **128**: 326392. 112) K. H. Shin et al. (1997, Korea) **128**: 280742. 113) 村田源、『世界有用植物事典』、堀田満 ら編、平凡社、東京、1989、p. 446. 114) 中村恒雄、『世界有用植物事典』、堀田満 ら編、平凡社、東京、1989、p. 454. 115)

S. B. Mahato *et al.*, *Phytochemistry*, **27**, 3037–3067 (1988). 116) N. Terahara *et al.* (1992, Japan) **117**: 23302. 117) G. Lotti *et al.* (1991, Italy) **116**: 37964. 118) N. Maeda *et al.* (1996, Japan) **125**: 123292. 119) 坂梨一郎 ら、『世界有用植物事典』、堀田満 ら編、平凡社、東京、1989、pp. 512–513. 120) 上海科学技術出版社、小学館編、『中薬大辞典』、小学館、東京、1985、pp. 1229–1230. 121) J. B. Harborne, H. Baxter, "Phytochemical Dictionary", Taylor & Francis, London, 1990, pp. 679–680. 122) K.-S. Kim *et al.* (1997, Korea) **127**: 92665. 123) V. I. Grishikovets *et al.* (1997, Ukraine) **128**: 190383. 124) V. I. Grishikovets *et al.* (1997, Ukraine) **128**: 190384. 125) V. I. Grishikovets *et al.* (1997, Ukraine) **128**: 190385. 126) 村田源 ら、『世界有用植物事典』、堀田満 ら編、平凡社、東京、1989、p. 579. 127) 上海科学技術出版社、小学館編、『中薬大辞典』、小学館、東京、1985、pp. 1061–1062. 128) A. Ya Khorlin *et al.*, *Dokl. Akad. Nauku SSSR ser. Khim.*, **1966**, 1588 (1966). 129) Ch.-J. Shao *et al.*, *Chem. Pharm. Bull.*, **37**, 311–314 (1989). 130) Ch.-J. Shao *et al.*, *Chem. Pharm. Bull.*, **37**, 3251–3254 (1989). 131a) K. Sano *et al.*, *Chem. Pharm. Bull.*, **39**, 865–870 (1991). 131b) K. Sano *et al.*, *Chem. Pharm. Bull.*, **39**, 3381–3382 (1991)（文献131aの正誤表）. 132) A. Porzel *et al.* (1992, Germany) **118**: 56179. 133) K. Y. Jungetal *et al.* (1992, Korea) **119**: 188378. 134) G. Wang *et al.* (1995, China) **124**: 15329. 135) D.-H. Kim *et al.* (1998, Korea) **129**: 12560. 136) E. Lee *et al.* (1995, Korea) **124**: 298555. 137) Y. Kiso *et al.* (1994, Japan) **122**: 170160. 138) 村田源、『世界有用植物事典』、堀田満 ら編、平凡社、東京、1989、p. 742. 139) 上海科学技術出版社、小学館編、『中薬大辞典』、小学館、東京、1985、pp. 1098–1099. 140) M. Kobaisy *et al.* (1997, Canada) **127**: 356997. 141) 高林成年、新田あや、『世界有用植物事典』、堀田満 ら編、平凡社、東京、1989、p. 960–961. 142) 上海科学技術出版社、小学館編、『中薬大辞典』、小学館、東京、1985、pp. 127–128. 143) J. B. Harborne, H. Baxter, "Phytochemical Dictionary", Taylor & Francis, London, 1990, p. 676. 144) N. De Tommasi *et al.* (1997, Italy) **127**: 31511. 145) 村田源、『世界有用植物事典』、堀田満 ら編、平凡社、東京、1989、p. 1033. 146) 上海科学技術出版社、小学館編、『中薬大辞典』、小学館、東京、1985、pp. 1819–1821. 147) 紙パルプ技術協会編、『紙パルプ事典 改訂第5版』、金原出版、東京、1989、p. 301. 148) S. Amagaya *et al.*, *J. Chem. Soc., Perkin Trans. 1*, **1979**, 2044–2047 (1979). 149) K. Kojima *et al.* (1996, Japan) **126**: 16768. 150) M. Mutsuga *et al.* (1997, Japan) **126**: 314779. 151) S.-S. Yu *et al.* (1994, China) **121**: 276731. 152) N. O. Tommosi *et al.*: *J. Nat. Pro.*, **60**, 1070–1074 (1977). 153) S. Papajewski *et al.*: *Plant Med.*, **64**, 479 (1998). 154) J. Lutomski *et al.* (1994, Poland) **118**: 98017.

7 ウルシ科
Anacardiaceae

1 科の概要

 主として熱帯に生育する高木または低木で約70属600種が知られている。葉は大部分互生で、通例、奇数羽状複葉である。材には樹脂道があり、樹液の採取に主眼が置かれた属もある。主なものはウルシ属 (*Rhus*)、マンゴー属 (*Mangifera*)、トリバナゼノキ属 (*Pistacia*)、タイトウウルシ属 (*Semecarpus*)、コセイボク属 (*Schinus*)、ヤマソアヤ属 (*Buchanania*)、ビルマウルシ属 (*Melanorrhoea*)、カシュウナッツ属 (*Anacardium*) などがある[1]。

ウルシ
(*Rhus verniciflua*)

2 研究動向

 成分分析に関連したものでは、フラボノイド、フラボノイド配糖体、精油、タンニン、脂肪酸、フェノール性物質、グルコース、タンニン酸、トリテルペン、アントシアニジン、クマリンなどを対象とした種子、葉、樹皮、樹脂等の定性および定量分析、含有成分の季節変動、含有成分の貯蔵中での変化などについて検討されている。利用を目指したものでは、樹脂分の塗料としての利用、精油の香料としての利用、抗炎症作用活性を利用した医薬品としての利用、抗菌活性、抗ピロリ菌活性、抗酸化活性等を利用した医薬品としての利用などの研究が行なわれている。微生物等に対する作用、医薬品と関連した生物活性、塗料としての物性についての報告が非常に多くなされており、これらの方面において注目度が高いことがうかがわれる。

3 各 論

3.1 成分分析

 ウルシ属 (*Rhus retinorrhoea*) よりフラボノイド5種が単離・同定され、単離された化合物の抗カビ活性、ブラインシュリンプ幼生致死活性等が検討されている[2]。ウルシ属 (*R. coriaria*) の果実、葉より精油を採取し、それらの構成成分が明らかにされている[3,4]。ウルシ属 (*R. taishanensis*) の根部より、フェノール性物質等が単離・同定されている[5]。ウルシ属 (*R. vernicifera*) より銅-シアニジン錯体が単離され、分光学的手法により構造が決定されている[6]。ウルシ属 (*R. glabra*) より抗菌活性物質として 3,4,5-trihydroxybezoic acid が同定されている[7]。ウルシ属 (*R. parviflora*) の果実より新規カルボン酸、citric acid 2-methyl ester (**1**)[8]、ウルシ属 (*R. taitensis*) の葉より新規ルパン型トリテルペン、3-β,20,25-trihydroxylupane (**2**)、既知のトリテルペン、3,20-dihydroxylupane、20-hydroxylupane-3-one、20,28-dihydroxylupane-3-one、3,16-dihydroxylup-20(29)-ene、28-hydroxy-β-amyrone が単離・構造決定されている[9]。日本産ウルシ属 (*R. succedanea*) の種子から得られる揮発性物質が検討され、130種の化合物が同定されている[10]。ウルシ属 (*Rhus typhina*) より得られるガロタンニ

ン類の生合成に関する研究が行なわれ[11]、また南アフリカ産ウルシ属 (*R. leptodictya*) の種子に含まれる脂肪酸の季節変動が食害する動物との関係で検討されている[12]。

ウルシ属植物に含まれるタンニンの分析法として LC/MS 法[13]、定量法としてバニリン-塩酸法が開発されている[14]。

ヤマソアヤ属 (*Buchanania lanzan*) の葉については、新規フラボノイド配糖体、myricetin 3′-rhamnoside-3-galactoside (**3**) が単離され、構造決定されている[15]。

ランシンボク属 (*Pistacia integerrima*) の虫嬰より新規トリテルペン、pistacigerrimone A (**4**)、pistacigerrimone B (**5**)、pistacigerrimone C (**6**)、pistacigerrimone D (**7**)、pistacigerrimone E (**8**)、pistacigerrimone F (**9**) が単離され、構造決定されている[16,17]。ランシンボク属 (*P. lentiscus*) の樹脂分から新規化合物、*cis*-1,4-poly-myrcene (**10**) が単離・構造決定され[18]、さらに同植物の新鮮葉および半熟果実から得られる精油の構成成分、トリテルペンが調べられている[19,20]。ランシンボク属 (*P. vera*) の殻から得られた精油の主成分として α-pinene が見いだされ[21]、さらに同植物の種子に含まれる脂肪酸の生育段階と組成の変化について検討されている[22]。ランシンボク属 (*P. khinjuk*) の乳香成分として精油の構成成分が調べられている[23]。

ベネズエラ産カシュウナッツ属 (*Anacardium occidentale*) の樹脂分の成分組成について無機成分も含めて検討され[24]、同植物の種子油からトリグリセリド、脂肪酸が見いだされている[25]。カシュウナッツ属 (*Anacardium fraxinifolium*) の葉より得られる精油の構成成分と生育ステージとの関係が調べられ[26]、*Tapirira guianensis* 葉よりフラボノイド配糖体、juglanin、avicularin、afzelin、quercitrin が単離・同定されている[27]。

3.2 利用法

ウルシ属 (*R. chinensis*、*R. sylvestris*、*R. trichocarpa*) の葉より抗バクテリア活性を有する成分が検索され、利用法が考案されている[28]。ウルシ属 (*R. glabra*) の葉より抗腫瘍活性を有するガロタンニンが見いだされ、それらの機能について検討されている[29]。

ウルシ属 (*R. verniciflua*) の樹脂成分の塗料としての利用を図るために、構成成分が検討されている[30]。ウルシ属 (*R. chinensis*) に含まれるタンニン類の医薬品としての利用を図るために経口投与による効果が検討されている[31]。ウルシ属 (*R. javanica*) の虫嬰の抗ヘルペス活性が検討されている[32]。ウルシ属 (*R. coriaria*) の葉より得られるガロタンニンホルボールエステルの抗腫瘍活性が検討され、その作用機作等が調べられている[33]。日本産ウルシ属 (*R. javanica*) が有するタンニン酸を持続的に生産するために、カルスによる組織培養条件が検討されている[34]。ウルシ属 (*R. succedanea*) の種子より得られるロボスタフラボンの生物活性が検討され、DNA ポリメラーゼ抑制活性が認められている[35]。ウルシ属 (*R. toxicodendron*) から得られる成分の薬理活性として抗炎症活性、抗アレルギー活性等が検討されている[36]。また、ウルシ属 (*R. verniciflua*) の枝より得られる成分に抗ウイルス活性が見い出され[37]、ウルシ属 (*R. chinensis*) に含まれる成分の抗ヘリコバクターピロリ菌活性が調べられている[38]。

カシュー (*Anacardium occidentale*) の殻のエーテル抽出物に対する突然変異誘発性、発癌性、発癌補助性が調べられ、ベンツピレン等と比較されている[39]。また、同種植物から得られる脂肪酸の抽出法として有機溶媒抽出法、超臨界流体抽出法等が検討されている[40]。

ランシンボク属 (*P. lentiscus*) の虫嬰から水蒸気蒸留により得られる精油の分析が行なわれ、構成成分が明らかにされ[41]、また、それらの中枢神経系抑制活性が検討されている[42]。同植物から得られる樹脂分の精油成分について、凝固化や貯蔵による変動[43]、またプロアントシアニジンポリマーの薬理活性について、抗高血圧性に関連するアンジオテンシン系に対する効果が調べられている[44]。そ

の他同植物の種子から抗酸化活性物質として、α-tocopherol が見いだされている[45]。ランシンボク属 (*P. integerrima*) の虫嬰から得られたトリテルペンの抗炎症活性および鎮痛活性が検討されている[46]。ランシンボク属 (*P. vera*) の種子に含まれる脂肪酸の化粧品としての利用に関する基礎的データの収集が行なわれている[47]。

4 構造式（主として新規化合物）

5 引用文献

1) 上原敬二、『樹木大図鑑 II』、有明書房、pp. 821–857 (1961). 2) J. S. Mossa *et al.* (1996, Arabia) **125**: 322982. 3) E. J. Brunke *et al.* (1993, Germany) **120**: 215628. 4) S. Kurucu *et al.* (1993, Turk) **121**: 153275. 5) M. Tianbo *et al.* (1996, China) **125**: 323008. 6) J. V. Alejandro *et al.* (1996, Argent.) **125**: 79798. 7) G. Sexena *et al.* (1994, Can.) **121**: 226204. 8) T. Bani *et al.* (1993, India) **120**: 73475. 9) Y. Aysen *et al.* (1998, Switz.) **129**: 200517. 10) M. Shimoda *et al.* (1996, Japan) **126**: 6858. 11) R. Hans *et al.* (1996, Germany) **125**: 296512. 12) C. D. Bruce *et al.* (1998, Afr.) **128**: 178112. 13) V. Nicolas *et al.* (1996, Fr.) **126**: 17935. 14) T. Mitsunaga *et al.* (1998, Japan) **129**: 92519. 15) R. Arya *et al.* (1992, India) **117**: 108202. 16) S. H. Ansari *et al.* (1993, India) **119**: 91231. 17) S. H. Ansari *et al.* (1994, India) **121**: 226359. 18) K. J. van den Berg *et al.* (1998, Neth.) **129**: 2718. 19) F. J. Marner *et al.* (1994, Fr.) **116**: 190977. 20) Z. Fleisher *et al.* (1992, USA) **118**: 175476. 21) S. Kusmenoglu *et al.* (1995, Turk) **123**: 251286. 22) M. Maskan *et al.* (1998, Turk) **129**: 174858. 23) S. Mahmud *et al.* (1994, Pak.) **123**: 40678. 24) G. L. De Pinto *et al.* (1995, Venez.) **122**: 261094. 25) L. J. Pham *et al.* (1996, Brazil) **129**: 244363. 26) J. W. Alencar *et al.* (1998, Philippines) **124**: 352276. 27) R. S. Compagnone *et al.* (1997, Venez.) **128**: 164973. 28) T. Kadono *et al.* (1995, Japan) **123**: 208781. 29) S. Y. Islambekov *et al.* (1994, Uzbekistan) **123**: 280879. 30) J. Bartus *et al.* (1994, USA) **120**: 109491. 31) F. Naiwu *et al.* (1992, China) **118**: 73620. 32) M. Kurokawa *et al.* (1995, Japan) **124**: 278137. 33) U. G. Hala *et al.* (1993, USA) **120**: 124355. 34) S. Taniguchi *et al.* (1997, Japan) **127**: 306628. 35) L. Yuh-Meei *et al.* (1997, USA) **127**: 326454. 36) T. D. Popova *et al.* (1997, Russia) **127**: 166765. 37) N. Kung-Woo *et al.* (1996, Korea) **126**: 325001.

38) B. Eun-Ah *et al.* (1998, Korea) **129**: 325767. 39) J. George *et al.* (1997, India) **126**: 114503. 40) C. P. Lameira *et al.* (1997, Brazil) **129**: 215927. 41) V. Castola *et al.* (1996, Fr.) **125**: 67120. 42) S. H. Ansari *et al.* (1993, India) **119**: 167562. 43) D. Papanicolaou *et al.* (1995, Greece) **123**: 65513. 44) M. J. Sanz *et al.* (1993, Spain) **118**: 247290. 45) S. Chevolleau *et al.* (1990, Fr.) **118**: 3416. 46) S. H. Ansari *et al.* (1996, India) **125**: 132052. 47) J. Hannon (1997, USA) **126**: 216420.

8 エゴノキ科
Styraceae

1 科の概要

常緑または落葉の木本植物で、星状毛を有しているが、乳管はない。大部分は東アジアからマレーシア熱帯地域に分布し、一部は地中海からアフリカ熱帯や北アメリカに分布する。11属150種が知られているが、最も多いのはエゴノキ属 (*Styrax*) であり、約130種が分布する。代表的な *Styrax benzoin* (アンソクコウコウノキ) の樹幹を傷つけて得られる樹脂 (安息香) は香料や薬の原料として用いられている[1]。

エゴノキ
(*Styrax japonicus*)

2 研究動向

新規物質についての報告はないが、既知リグナンの単離や樹脂の分析手法についての研究が行なわれている。香料や美白化粧品としての利用を目指した研究も行なわれている。

3 各 論

S. benzoin には数種の近縁種があり、得られる樹脂の品質は基源植物や浸出時期によって異なるため、簡便で迅速な樹脂分析法が求められている。*S. benzoin* および *S. paralleloneurum* の樹脂について分析した結果、遊離の cinnamic acid および benzoic acid とそれらの *p*-coumaryl alcohol および coniferyl alcohol とのエステルの分析には GC-MS が適しており、pinoresinol とのエステルについては HPLC-FABMS が適していた[2]。*S. japonicus* (エゴノキ) の葉からは (+)-pinoresinol が単離されている[3]。*S. japonicus* には強いチロシナーゼ阻害活性 (IC50, 10 mg/mL) があり、メラニン生成を抑えるため、美白化粧品の原料として有望であることが報告されている[4]。安息香を原料とした光変色のない香料の開発研究も行なわれている[5]。

4 引用文献

1) 掘田満 ら『世界有用植物事典』、平凡社、pp.1016–1017 (1989). 2) I. Pastrova *et al.* (1996, Neth) **126**: 308853. 3) T. Kaike *et al.* (1994, Jpana) **122**: 27954. 4) S. Lee *et al.* (1997, Korea) **127**: 287704. 5) A. Martin *et al.* (1997, Neth) **126**: 334220.

9 カエデ科
Aceraceae

1 科の概要

カエデ科は世界に2属、約200種あり、北半球の温帯に多い。このうち、キンセンセキ属は中国に2種あるだけで、主体はカエデ属 (*Acer*) である。

高木または低木で、葉は対生し単葉または複葉で托葉はない。花は小さく両性または単性で、雌雄同株のものと異株のものがある。一般に、花弁とがく片はともに5個であり、雄しべは8個である。花序は頂生または腋生で、総状あるいは円錐花序に配列する。子房は2室あって各室に2胚珠がある。果実は2個の翅果に分裂し、それぞれ1個の種子がある。種子に胚乳はない[1,2]。

2 研究動向

成分研究に関連したものでは、葉、枝および樹皮中のジアリルヘプタノイド、フラボノイド配糖体、アントシアニン（色素成分）、脂質および脂肪酸などに関する成分分析や新規化合物の単離・同定がなされている。なお、飲料に用いられる樹液についての成分分析も行なわれている。

また、*A. nikoense* の樹皮、葉、枝成分の生理活性に関する研究、*A. okamotoanum* の葉から単離されたフラボノール配糖体の生理活性に関する研究、*A. nikoense* の樹皮中に存在し、肝傷害防護作用や抗炎症作用を有する (+)-rhododendrol をその前駆物質から効率的に生産する試みなどがなされている。

3 各 論

3.1 成 分

3.1.1 葉、樹皮および木部

A. nikoense は、和名でメグスリノキあるいはチョウジャノキと呼ばれ、カエデ属には珍しく三出複葉を持っており、本州、四国、九州の山地に自生する。高さは10〜15mで、大きいものは20mにも達するが、古くから樹皮を煎じて洗眼薬に用いられたことから、その和名が付けられた。しかしながら、*A. nikoense* の成分に関しては研究例が少ないため、葉、樹皮、剥皮した木部などに含有される成分を明らかにする目的で成分分析がなされている。

その結果、葉からは β-amyrin とその acetate、β-sitosterol glucoside、quercetin、quercitrin、ellagic acid、タンニンとして geraniin と elaeocarpusin が[3,4]、木部からは β-sitosterol とその glucoside、scopoletin、(+)-rhododendrol および2種のクマリノリグナン (cleomiscosin、aquillochin) が単離されている[5]。一方、洗眼薬に用いられる樹皮抽出画分からは2種の新規な (+)-rhododendrol 配糖体 [epirhododendrin (**1**)、apiosylepirhododendrin (**2**)] が単離されている。一方、C_6-C_7-C_6 の炭素骨格を有するジアリルヘプタノイドとして、既知化合物である acerogenin A〜E が、新規な6種のジアリルヘプタノイドとして、環状ビフェニル型の acerogenin K (**3**)、環状ジフェニルエーテル型の

acerogenin F (**4**)、acerogenin J (**5**)、acerogenin I (**6**)、acerogenin H (**7**) および acerogenin L (**8**) が[6]、またジアリルヘプタノイド配糖体として、8種の新規な化合物 [aceroside I (**9**)、aceroside III (**10**)、aceroside VI (**11**)、aceroside IV (**12**)、aceroside V (**13**)、aceroside XI (**14**)、aceroside VII (**15**)、aceroside VIII (**16**)] が単離されている[7,8]。

なお、日本に生育する *A. cissifolium* は三出複葉を持っており *A. nikoense* と外見が類似しているが、その葉中に *A. nikoense* の葉と共通する quercetin、quercitrin、geraniin を含有している。しかしながら、*A. nikoense* の葉に特有のジアリルヘプタノイド (acerogenin A) は *A. cissifolium* の葉および樹皮中には認められないとする報告がある[9]。これに対して、三出複葉を持つ韓国産の *A. triflorum* の枝からは4種の新規なジアリルヘプタノイド配糖体 [aceroside IX (**17**)、aceroside X (**18**)、aceroside XII (**19**)、aceroside XIII (**20**)] が単離されている[10]。

また、3〜5枚の小葉を持つ *A. negundo* の葉および幹部から抗腫瘍活性を示す成分として saponin P と saponin Q が[11]、さらに、葉から trifolin、isoquercitrin、hyperin、cacticin などのフラボノイド配糖体と、cerebroside である 1-O-β-D-glucopyranosyl-2-N-2′-hydroxypalmitoyl-sphinga-4E (8E and 8Z)-dienine の混合物 (**21**) が単離されている[12]。

春に銅赤色を示すカエデ科植物の新葉から色素成分を検索した研究もあり、*A. macrophyllum* の主要なアントシアニンは cyanidin 3-O-[2″-O-(β-D-xylopyranosyl)-6″-O-(α-L-rhamnopyranosyl)-β-D-glucopyranoside] であるとする報告[13] や、カエデ属植物から新規なアントシアニジン2種 (cyanidin 3-O-[2″-O-(galloyl)-β-D-glucoside] (**22**) と cyanidin 3-O-[2″-O-(galloyl)-6″-O-(α-L-rhamnopyranosyl)-β-D-glucoside] (**23**)) を単離したとする報告[14] もある。

3.1.2 樹液

A. mono (イタヤカエデ) と *A. pseudo-sieboldianum* (チョウセンハウチカエデ) の樹液は韓国において民間伝承的に薬効のある飲料として供されている。そこで、樹液の固形分濃度、タンパクおよび灰分含有量、ヌクレオチド、糖、無機分およびアミノ酸の種類と含有量などが検討されており、両樹種の樹液の主要な糖はスクロース、フラクトースおよびグルコース、主要無機分はカルシウムとカリウム、主要アミノ酸はタウリンであることなどが示されている[15,16]。

3.2 生理活性

3.2.1 *A. nikoense* の生理活性

樹皮を慢性肝炎の民間薬として使用する地方があることから、*A. nikoense* 樹皮の肝障害防護成分の検索がなされている。活性試験はラットを用い、主として四塩化炭素肝障害に起因する血中漏出酵素の変動に対する防御効果を指標としているが、*A. nikoense* 樹皮のメタノール抽出画分が強い活性を示し、これをエーテル、ブタノールおよび水可溶部に分画した結果、エーテルとブタノール可溶部に活性が認められている。次いで、エーテル可溶部を石油エーテルで抽出すると、活性は不溶部に移行し、これをシリカゲルカラムで分離した結果、(+)-rhododendrol を主成分とする画分に活性が認められ、さらには標品も活性を示したことから、(+)-rhododendrol がエーテル可溶部中の活性物質であると結論されている。なお、ブタノール可溶部の主成分は epirhododendrin (**1**)、apiosylepirhododendrin (**2**)、aceroside I (**9**) および aceroside III (**10**) であるが、これらには活性が認められておらず、ブタノール可溶部の活性物質については同定されるに至ってはいない[7,17]。

なお、以上の肝細胞防護作用に加え、熱水抽出物は抗菌活性[18] やラット水晶体由来のアルドース還元酵素に対する阻害活性[19] (糖尿病の合併症である白内障や神経障害の発症や進行阻止に有効) を示すことが報告されている。さらに、葉または小枝の熱水抽出物は、抗炎症剤への利用が期待されるラット肝 3α-hydroxysteroid dehydrogenase (3α-HSD) の阻害活性や摘出平滑筋の収縮活性を示

し、これらの活性発現にタンニン成分の収斂性や刺激性が関与しているとの報告[20]もある。なお、マウスを用いる一般症状観察を行なった結果、これらの熱水抽出物を非経口で（腹腔内に）大量投与（1 g/kg）すると、刺激性を有するタンニン成分が抑制性中毒症状を生じさせて顕著な毒性を示すが、同量の経口投与では中毒症状は認められず、A. nikoense の煎液を飲用する場合には毒性の問題はほとんどないことが示されている[20]。

前述のように、葉または小枝の熱水抽出物は 3α-HSD 阻害活性を示したことから抗炎症剤としての利用が期待されるが、マクロファージを用いる NO 生産の抑制を指標とした抗炎活性も研究されている。この活性評価は、マクロファージがリポ多糖などで活性化されると NO を生産するようになり炎症を引き起こすが[21]、代表的な抗炎症剤である糖質コルチコイドは強力に NO 生産を阻害する[22-25]という知見に基づいて行なわれており、A. nikoense の葉および小枝のメタノール抽出物を酢酸エチル可溶部と水可溶部に分画し、水可溶部をさらにブタノール可溶部に分画した結果、酢酸エチル可溶部の (+)-rhododendrol およびブタノール可溶部の epirhododendrin (**1**) が NO の生産を抑制したことから、A. nikoense の抗炎活性にはこれらの物質が関与しているとされている[26]。

3.2.2 *A. okamotoanum* の生理活性

A. okamotoanum の葉の酢酸エチル抽出物中には、アシル化された新規なフラボノール配糖体である quercetin 3-*O*-(2″,6″-*O*-digalloyl)-β-D-galactopyranoside (**24**) が、既知のフラボノール配糖体（6種）やフェノール性物質（3種）とともに存在している。HIV-1 インテグラーゼ阻害試験では、化合物 (**24**) と既知の quercetin 3-*O*-(2″-*O*-galloyl)-α-L-arabinopyranoside が高い阻害を示したことから、抗エイズ剤への利用の可能性があると報告されている[27]。

3.2.3 (+)-Rhododendrol およびその配糖体の生産

3.2.1 で述べたように、*A. nikoense* 樹皮抽出物中の (+)-rhododendrol は肝傷害防護作用を有している。そこで、*A. nikoense* の生組織から誘導されるカルスを用いて 4-(*p*-hydroxyphenyl)-2-butane (HPB) のような rhododendrol の前駆体から (+)-rhododendrol [(+)-4-(*p*-hydroxyphenyl)-2-butanol] を効率的に生産するという特許が出願されている[28]。実施例によると、*A. nikoense* の若い葉柄から誘導されるカルスをムラシゲ・スクーグ培地中で振盪培養し、培養1日目に HPB を培地当たり 50 ppm 加え、さらに5日間培養している。その結果、HPB の rhododendrol への変換率は HPB 添加後1日目で最も高く、49％の変換率が得られている。なお、その際の (+)-rhododendrol と (−)-rhododendrol の存在比は 87:13 であり、(+)-体が優先的に生産されている。

しかしながら、この方法ではカルスが1回に変換できる前駆物質量に限界があり、rhododendrol を大量に得るためには変換回数を重ねなければならず、結果として多くの時間を必要とする問題がある。また、(+)-rhododendrol の光学純度をさらに高めることが望まれる。このような観点から、*A. nikoense* カルスの細胞を破砕してアルコールデヒドロゲナーゼを含む粗酵素液を抽出し、これに NADPH と前駆物質である HPB とを加え、(+)-rhododendrol を生産するという特許も出願されている[29]。本特許によると、30 ℃における1時間の反応で 31％の変換率が得られ、99％以上の純度で (+)-体が生産されるとしている。

なお、*A. nikoense* のカルス培養時に (*RS*)-rhododendrol を添加すると、(*RS*)-rhododendrol-2-*O*-β-D-glucopyranoside と (*R*)-rhododendrol-2-*O*-β-D-xylopyranosyl-(1→6)-β-D-glucopyranoside (**25**) に変換されるという報告があり、天然物から化合物 (**25**) が初めて単離されている[30]。

3.2.4 Myricanol および acerogenin A の化学修飾と生理活性

A. nikoense の樹皮から比較的収量よく得られる myricanol (**a**) および acerogenin A (**b**) の水酸基をケトンに酸化すると、myricanone (**c**) と acerogenin C (**d**) が得られ[31]、さらに、myricanone (**c**) に BF_4 を作用させると isomyricanone (**e**) への転位が起こる[32]。次に、これら3種のケトン (**c**、 d、e) をヒドロキシルアミンを用いてオキシムとした後、LiAlH$_4$ で還元し、アミノ誘導体 (f、g、h) を得ている。このうち、アミノ誘導体 (f、g) について行動薬理試験を行なった結果、ともに塩酸塩 10 mg/kg（静脈投与）で著しい運動量の低下と若干の鎮痛、筋弛緩、体温低下を示し、さらに、塩酸塩 10 mg/kg（経口投与）での hexabarbital 誘導睡眠時間延長試験では、コントロール (saline) の平均睡眠時間を3倍強延長したと報告されている[7]。

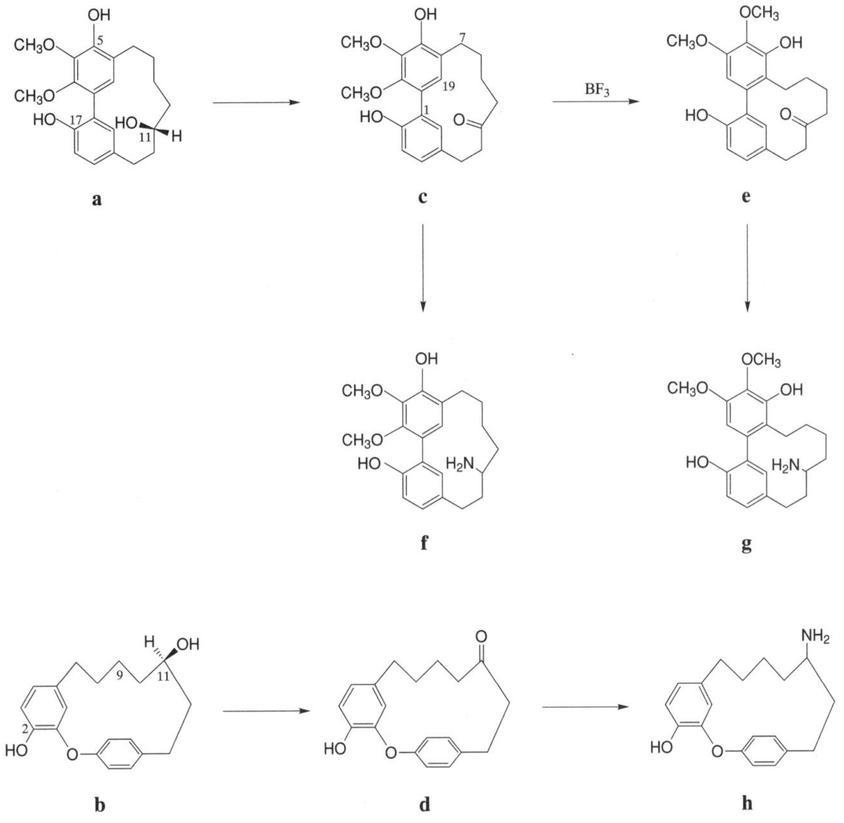

4 構造式（主として新規化合物）

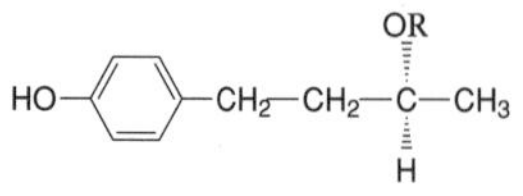

1: R = Glc Glc = β-D-glucopyranosyl
2: R = Glc $\frac{6}{}$ Api Api = β-D-apiofuranosyl

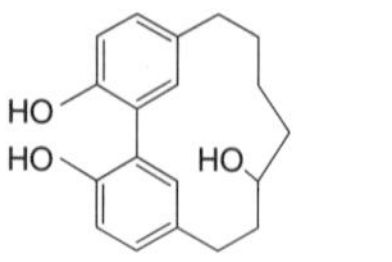

3

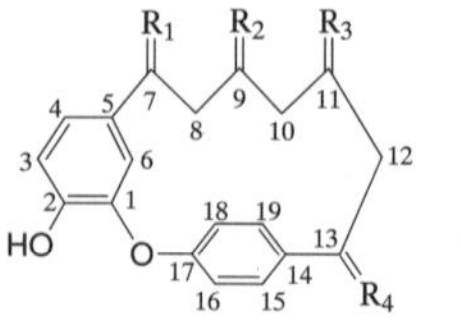

4: $R_1 = R_2 = H_2$; $R_3 = R_4$ = (H, OH)
5: $R_1 = R_2 = H_2$;
R_3 = (H, OH) ; R_4 = (OH, H)
relative configurations
6: $R_1 = R_3 = H_2$; $R_2 = R_4$ = OH,H
7: R_1 = O; $R_2 = R_4 = H_2$; R_3 = OH,H
8: $R_1 = R_3 = R_4 = H_2$; R_2 = O

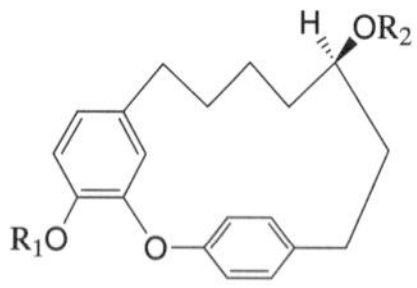

9: R_1 = Glc, R_2 =H
10: R_1 = H, R_2 = Glc $\frac{6}{}$ Api
11: R_1 = H, R_2 = Glc

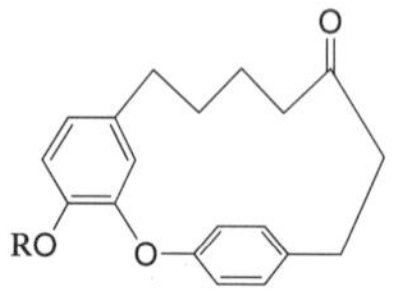

12: R = Glc

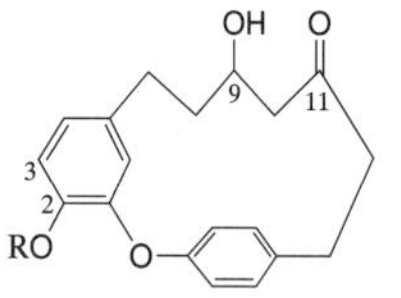

13: R = Glc

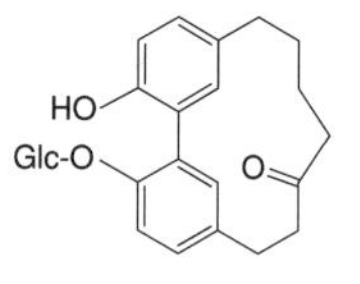

14

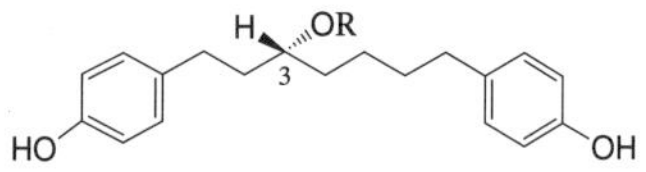

15: R = Glc
16: R = Glc $\frac{6}{}$ Api

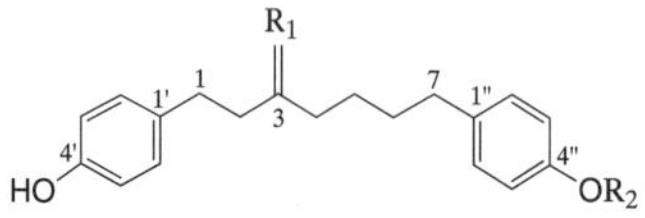

17: R_1 = O, R_2 = β-D-apiofuranosyl-(1→6)-β-D-glucopyranosyl
18: R_1 = O, R_2 = β-D-glucopyranosyl
19: R_1 = (OH, H), R_2 = β-D-apiofuranosyl-(1→6)-β-D-glucopyranosyl
20: R_1 = (OH, H), R_2 = β-D-glucopyranosyl

```
18            9    8                5    4  3  2  1
CH3-(CH2)8-CH=CH-CH2-CH2-CH=CH-CH-CH-CH2O · G1c
                                      |   |
                                     OH  NH
                                          |  2'           16'
                                         CO-CH-(CH2)13-CH3
                                             |
                                            OH
```

21

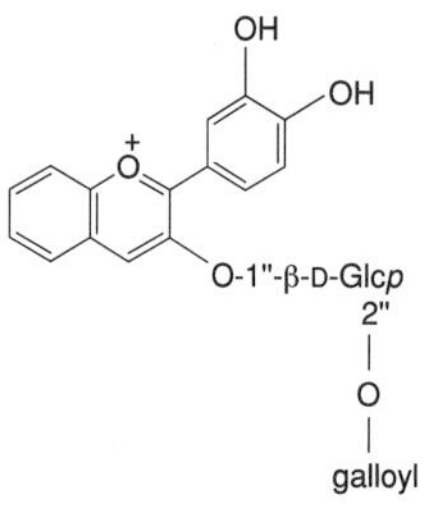

22: Glc*p* = glucopyranose

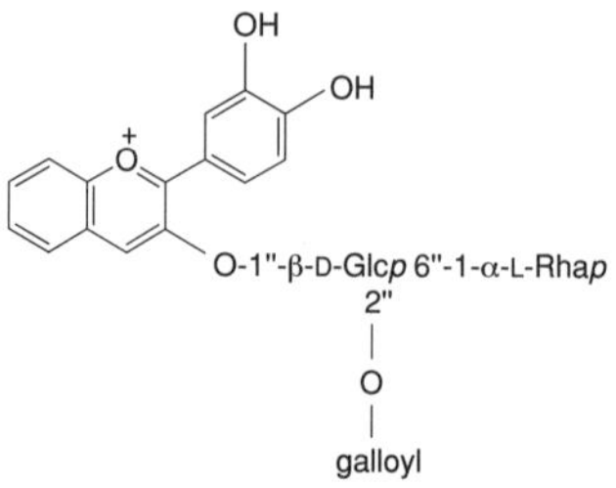

23: Glc*p* = glucopyranose
Rha*p* = rhamnopyranose

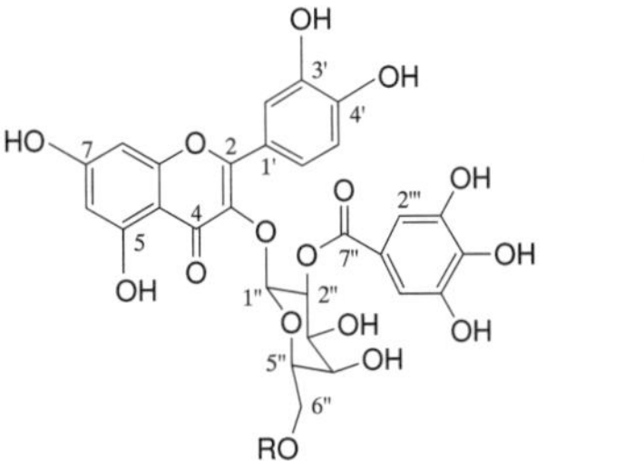

24: R = G

5　引用文献

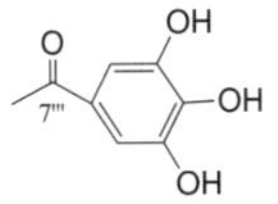

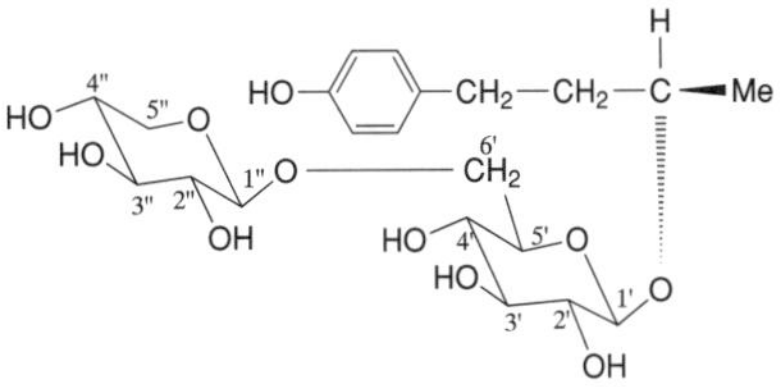

1) 林弥栄、『日本の樹木』、山と渓谷社、pp. 426–453 (1997). 2) 北村四郎、岡本省吾、『現色日本樹木図鑑』、保育社、pp. 136–141 (1984). 3) 古川尚子ら：生薬 **42**, 163–165 (1988). 4) M. Nagai *et al.*, *Chem. Pharm. Bull.*, **31**, 1923–1928 (1983). 5) H. Thieme *et al.*, *Pharmazie*, **24**, 703 (1969). 6) S. Nagumo *et al.* (1996, Japan) **125**: 5481. 7) T. Inoue (1993, Japan) **119**: 167563. 8) S. Nagumo *et al.* (1993, Japan) **120**: 101962. 9) K. Miyazaki *et al.* (1991, Japan) **117**: 23279. 10) S. Shiratori *et al.* (1994, Japan) **121**: 53974. 11) S. M. Kupchan *et al. J. Org. Chem.*, **36**, 1972–1976 (1971). 12) T. Inoue *et al.* (1992, Japan) **118**: 109474. 13) S-B. Ji *et al.* (1995, Japan) **123**: 251212. 14) S-B. Ji *et al.* (1992, Japan) **116**: 191062. 15) M-J. Chung *et al.* (1995, Korea) **124**: 226520. 16) C. M. Kim *et al.* (1991, Korea) **116**: 191112. 17) 篠田雅人ら：生薬 **40**, 177–181 (1986). 18) 久保義博：富山県薬事研究所年報、**20**, 90–95 (1993). 19) 長谷川千佳ら：富山県薬事研究所年報、**22**, 79–83 (1995). 20) T. Kawasuji *et al.* (1996, Japan) **126**: 99166. 21) Narthan *et al.*, *Curr. Opin. Immunol.*, **3**, 65–70 (1991). 22) R. G. Knowles *et al.*, *Biochem. Biophys. Res. Commun.*, **172**, 1042–1048 (1990). 23) M. Dirosa *et al.*, *Biochem. Biophys. Res. Commun.*, **172**, 1246–1252 (1990). 24) D. D. Rees *et al.*, *Biochem. Biophys. Res. Commun.*, **173**, 541–547 (1990). 25) Y. Kondo *et al.*, *Biochem. Pharmacol.*, **46**, 1887–1892 (1993). 26) S. Fushiya *et al.* (1998, Japan) **129**: 293750. 27) H. J. Kim *et al.* (1998, Korea) **128**: 84050. 28) T. Fujita *et al.* (1991, Japan) **116**: 57553. 29) T. Fujita *et al.* (1993, Japan) **119**: 93707. 30) T. Fujita *et al.* (1995, Japan) **123**: 193768. 31) 平川哲朗ら：日本薬学会第108年会講演要旨集（広島）、1988、p. 707. 32) M. J. Begley *et al.*, *J. Chem. Soc. (C)*, 1971, p. 3634.

10 カキノキ科
Ebenaceae

1 科の概要

高木または低木で葉は互生、全辺、托葉はない。世界に、カキノキ属 (*Diospyros*)、クロキ属 (*Maba*) など6属、300種があり、おもに熱帯や亜熱帯に産する[1]。代表的なものはカキノキ属で高木または低木、常緑または落葉。花は雌雄異株または多性。果実は球形か卵形、種子は長楕円形扁平である。熱帯地方に多く200種程ある。果樹として栽培されているものは、カキ (*D. kaki*) のほかにマメガキまたはシナノガキ (*D. lotus*)、アブラガキ (*D. oleifera*)、アメリカガキ (*D. virginian*) など多数の品種があるが、カキ以外は果実としての価値は低い。渋味のないアマガキは日本で淘汰されたものである。コクタン（黒檀、Ebony、*D. ebenum*) は南部インドおよびセイロン島の原産である。有名な建築および家具材である。

トキワガキ
(*Diospyros morrisiana*)

2 研究動向

成分検索および化合物の同定に関連した研究では、根、樹皮、材、葉および果実のナフトキノン、クマリン誘導体、ステロイド、タンニン、トリテルペン、フラボノイドおよびサポニンなどの単離・同定について報告されている。またカキの生理・生化学的研究では、脱渋機構、果実の低温貯蔵、果実の熟成と成分変化、タンニンの消長、果実のポストハーベストの成分変化などの報告がある。化学成分の機能についての研究では、アンモニア消臭効果、ミミズ生育制御、リンパ白血病 Molt4B 細胞成長阻害、抗酸化活性、皮膚腫瘍増殖阻害作用、抗炎症活性、抗微生物活性、虫くだし、抗バクテリア活性、などが見いだされている。その他、葉のフラボノイドによる化学分類学、食品および工業原料としてのタンニン原料、健康茶についての報告がある。

3 各 論

D. blancoi の果実の揮発成分が GC で検索され、エステル (88.6%) を主とする67の化合物が同定された。主なエステルは Me butyrate (32.9%)、Et butyrate (10.7%)、Bu butyrate (10.2%)、それに benzyl butyrate (10.0%) であり、その他4つのエステルは硫黄を含む[2]。*D. chamaethamnus* の根からナフトキノン、2-methylnaphthazarin、7-methyljuglone、biramentaceone、mamegakinone、xylospyrin、diospyrin、diosquinone および isodiospyrin が単離された[3]。*D. discolor* の樹皮から新規ステロイド stigmasta-5,6-dihydro-22-en-3β-ol (**1**) および betulinic acid が同定された[4]。*D. eriantha* の心材から3つのステロイド (stigmast-4-en-3-one、stigmast-4-ene-3,6-dione、3β-hydroxystigmast-5-en-7-one)、7つのトリテルペノイド (friedelin、lupeol、betulinaldehyde、3β-acetoxyurs-11-en-13,28-olide、3β-acetoxyoleanolic acid、betulin、betulinic acid)、3つのキノン (2-ethoxy-7-methyljuglone、3-ethoxy-7-methyljuglone、2,6-dimethoxy-1,4-benzoquinone)、それに2つの phenols (3,4,5-trimethoxyphenol、syringic acid) が単離同定され[5]、また、乾燥樹皮

から friedelin、lupeol、betulinaldehyde、β-sitosterol、3β-acetoxyurs-11-en-13,28-olide、acetyl-oleanolic acid、betulin、betulinic acid、それに (+)-syringaresinol などが同定された[6]。

カキノキ属の研究では D. kaki の研究が最も多い。とりわけ、果樹園芸分野での報告が多い。根から 2 つの 4-hydroxy-5-methylcoumarin 誘導体が単離され、一つは Gerbera lanuginosa から、以前、単離された gerberinol であり、もう一つは新規化合物 11-methylgerberinol (**2**) である[7]。果実についての報告は、まずエタノールまたは CO_2 脱渋処理不溶化タンニンが 1% HCl/MeOH に可溶化する[8]。果実のカロチン (cis-mutatoxanthin、antheroxanthin、zeaxanthin、neolutein、cryptoxanthin、α-carotene、β-carotene)、糖、有機酸 (cryptoxanthin、zeaxanthin、gallic acid) が同定されたが、果実が熟すと糖、酸が減少した[9]。抽出されたウレアーゼ阻害活性成分はトイレのアンモニア防臭効果がある[10]。タンニン酸がミミズの生育を制御する[11]。甘柿の脂肪酸成分の検索[12]、果実の isoprenoid 炭化水素[13]、果実のポリフェノールの皮膚腫瘍増殖阻害作用[14]、果皮のカロチノイドの低温所蔵中の消長[15]、果実収穫後の glutamic acid decarboxylase 活性[16]、果実の果皮と果肉の、重量、pH、水分、アスコルビン酸などの季節変動[17]、渋柿および甘柿の果実の可溶性および不溶性タンニンの成長段階での消長[18] が明らかにされた。

また、抽出成分、catechin、epicatechin、epicatechin gallate、epigallocatechin gallate の human lymphoid leukemia リンパ球白血病 Molt4B 細胞成長阻害[19]、ポリフェノール、アントシアニジン、フラボノールポリフェノールの検索とその抗酸化活性[20] が検討された。

カキ茶 (乾燥葉) の caffeine、tannin、vitamin C、アミノ酸 (glutamic acid、aspartic acid、leucine、phenylalanine) 核酸 (CMP、AMP、UMP、IMP、GMP、hypoxanthine)、sucrose[21] とフェノール性成分のネズミを用いた効用試験[22] が報告されている。

その他、コルキシン処理による 12 倍体 植物体の創製[23]、果汁を 55–100 ℃で加熱した後、メンブランフィルターで濾過し、食品および工業原料として使用されるタンニンが得られている[24]。

D. leucomelas の葉から 3 つの抗炎症作用トリテルペノイド：betulin、betulinic acid、ursolic acid が見いだされ、特に betulinic acid の効果が最大であった[25]。D. lotus の果実が熟す過程での、フェノール性化合物、salicylic acid、p-hydroxybenzoic acid、vanillic acid、gentisic acid、3,4-dihydroxybenzoic acid、syringic acid、p-coumaric acid および gallic acid の消長[26]。D. lycioides の枝はアフリカおよび中東で歯ブラシの代わりに使用されている Chewing Stick であるが、その抗微生物活性の原因を調べるために、メタノール抽出物を検索し、2 つの新規なビナフタレン配糖体、1′,2-binaphthalen-4-one-2′,3-dimethyl-1,8′-epoxy-1,4′,5,5′,8,8′-hexahydroxy-8-O-β-glucopyranosyl-5′-O-β-xylopyranosyl(1→6)-β-glucopyranoside (**3**) と 1′,2-binaphthalen-4-one-2′,3-dimethyl-1, 8′ -epoxy-1, 4′, 5, 5′, 8, 8′ -hexahydroxy-5′, 8-di-O-β-xylopyranosyl (1→6)-β-glucopyranoside (**4**) が単離同定されたが、その生理活性は虫歯菌、S. sanguis と S. mutans に対してわずかの成長阻害しか示さなかった[27]。

D. mafiensis に関する報告は D. kaki に次いで多い。D. mafiensis、D. natalensis および Euclea natalensis の葉からトリテルペノイド、betulinic acid、lupeol および β-amyrin が同定されたが、betulinic acid は D. greeniway からも単離された[28]。D. maritima の材から新規ナフトキノン (**5**) と既知ナフトキノン、2,2′-diethoxy-isodiospyrin、2,3′-diethoxy-isodiospyrin、3,2′-diethoxy-isodiospyrin および 3,3′-diethoxy-isodiospyrin が同定され[29]、また、新規化合物 lupeol のクマル酸エステルである dioslupecin A (**6**)、それに 3 つのナフトキノン 8′-hydroxyisodiospyrin、3 つのトリテルペン、lupeol、lupenone、taraxerone、4 つのステロール、β-sitosterol、stigmasterol、stigmast-4-en-3-one が単離され、それらの細胞毒性が 4 つの癌細胞を用いて試験された結果、isodiospyrin と plumbagin が強い細胞毒性を示した[30]。さらに、材から新規なトリテルペン trisnorlupan (**7**) と

diospyrolide (**8**)[31]、3つの新規なナフトキノン、2′-ethoxyisodiospyrin (**9**)、3′-ethoxyisodiospyrin および 3-ethoxyisodiospyrin [32]、2つの新規トリテルペン、lupane 誘導体、3-(*E*)-feruloylbetulin (**10**) と 28-acetyl-3-(*E*)-coumaroylbetulin (**11**)[33] が単離されている。

樹皮から新規タンニン（エラグ酸）配糖体 3,3′-di-*O*-methylellagic acid 4-*O*-β-L-rhamnopyranosyl-(1→4)-β-D-glucopyranoside (**12**) が単離同定された[34]。

新鮮果実から生理活性ナフトキノン化合物、3個の新規化合物 3-bromoplumbagin (**13**)、ethylidene-6,6′-biplumbagin (**14**)、3-(2-hydroxyethyl)plumbagin (**15**) と既知の6個のナフトキノン、3-methylplumbagin、plumbagin、droserone、elliptinone、maritinone を同定。これらの魚毒活性、発芽抑制活性、抗菌活性を調べた。特に biplumbagin は高い活性を示した[35]。

D. melanoxylon、*Tecomella undulata*、*Terminalia bellirica* の種子のトリテルペノイドおよび糖成分が調べられている[36]。

D. mespiliformis の根は生薬および食物に供されているが、抗バクテリア活性を持つキノン化合物 diosquinone と plumbagin が単離された。このキノンの抗菌性が *Staphylococcus aureus*、*Pseudomonas aeruginosa*、*Escherichia coli* などを用いて試験がされた[37]。将来の食糧および補足飼料として、*D. mespiliformi* を含む熱帯産作物の種子のアミノ酸成分分析がなされた。潜在的毒性、抗消化性などの試験が必要とされる[38]。

D. mollis の果実はタイ国では虫くだしの薬として使用されているが、その黒心材から naphthalene 誘導体（例えば **16**）、6,8-isoquinolinediol 骨格 (**17**) を持つもの、binaphthalene 誘導体 (**18**) およびその配糖体 (**19**)、plumbagin、biplumbagin など10種の化合物（うち3つが新規化合物）が単離された[39]。また、果実の tetra-*O*-methyldiospyrol からアゾ染料が調製されている[40]。

D. montana の葉からサポニン ursolic acid が確認された[41]。

D. morrisiana、*D. japonica*、*D. ferra* の抗菌化合物、isodiospyrin および plumbagin の NMR シグナルの帰属が2次元 NMR で決定された[42]。また、心材から長鎖脂肪酸、lupeol、β-sitosterol、stigmasterol、betulinic acid、isodiospyrin、stigmast-4-en-3-one、3′-methoxyisodiospyrin、2′-methoxyisodiospyrin、3,3′-dimethoxyisodiospyrin、2,3′-dimethoxyisodiospyrin、2,2′-dimethoxy-isodiospyrin、8′-hydroxy-3-methoxyisodiospyrin、3,2′-dimethoxyisodiospyrin などが確認された[43]。

D. peregrina の新鮮な果実から新規フラノフラボン、furano-(2″,3″,7,8)-3′,5′-dimethoxy-5-hydroxyflavone (**20**)[44] およびクロメノフラボン、3,6-dimethoxy-2-(3′,5′-dimethoxy-4′-hydroxy-phenyl)-8,8-dimethyl-4*H*,8*H*-benzo [1,2-β:3,4-β′] dipyran-4-one (**21**) が単離同定された[45]。

D. rhodocalyx の樹皮から betulin、betulinic acid、lupeol、lupenone、taraxerone、β-sitosterol、stigmasterol、taraxerol、taraxeryl acetate、stigmast-4-en-3-one、それに stigmast-4-en-3-one 1-*O*-ethyl-β-D-glucopyranoside tetraacetate が同定された[46]。

D. tricolor の根からグラム陽性菌などに効果的な抗バクテリア活性を持つキノン化合物 diosquinone が単離されその存在量などが調べられた[47]。

その他、*D. areolata*、*D. castanea*、*D. buxifolia*、*D. confertiflora*、*D. decandra*、*D. discolor*、*D. ehretioides*、*D. glandulosa*、*D. gracilis*、*D. malabarica* var. *siamensis*、*D. mollis*、*D. montana*、*D. pyrrhocarpa*、*D. rhodocalyx*、*D. sandwicensis*、*D. sumatrana*、*D. sandwicensis*、*D. variegata*、*D. wallichii*、*D. lotus*、*D. oleifera*、*D. kaki*、*D. rhombifolia*、*D. virginian*、*D. areolata*、*D. castanea*、*D. confertiflora*、*D. gracilis*、*D. pyrrhocarpa*、*D. toposia*、*D. varieg* の葉のフラボノイドが調べられ遺伝的な類似性が検討[48]。*Diospyros* 属からの5個のビナフトキノンおよび plumbagin 構造類似化合物の血小板凝集試験での抗炎症作用が調べられ、その活性には遊離水酸基とキノイド構

造が必須であること、細胞毒および酵素阻害に対してはフリーラジカル生成機構であり抗炎症性活性ではないことが報告されている[49]。カキを含む17種のイスラエルの果実の分析がなされ、主なカロチンは9-*cis* β-carotene であることが報告されている[50]。

　緑茶および健康茶などの14種のお茶の抗酸化活性が調べられ、α-tocopherol が高い活性を示た。また、カテキンの抗酸化作用が示された[51]。

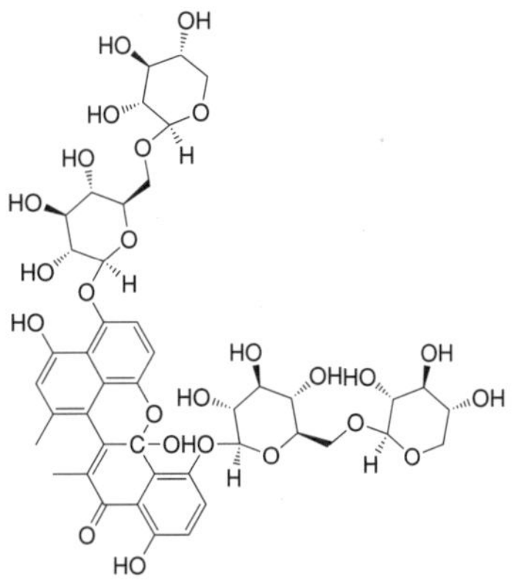

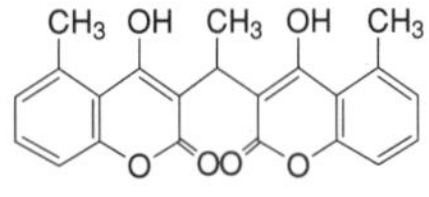

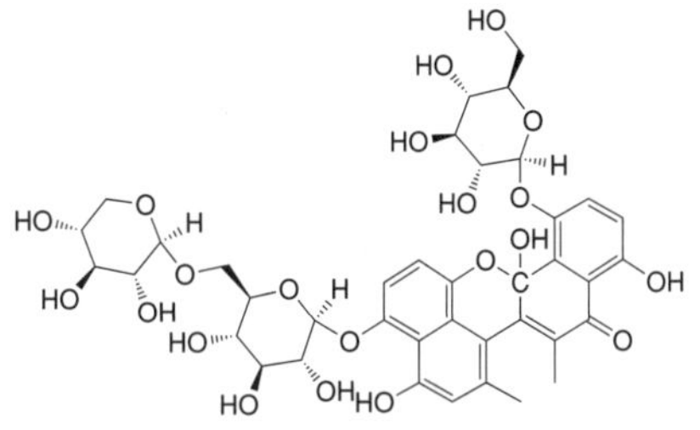

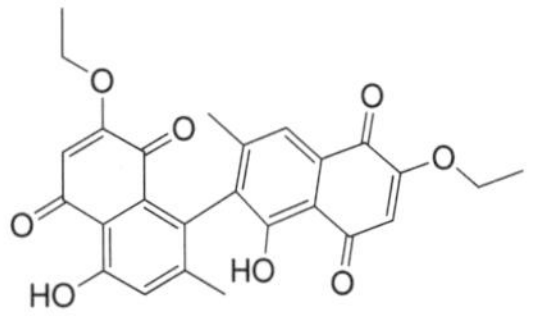

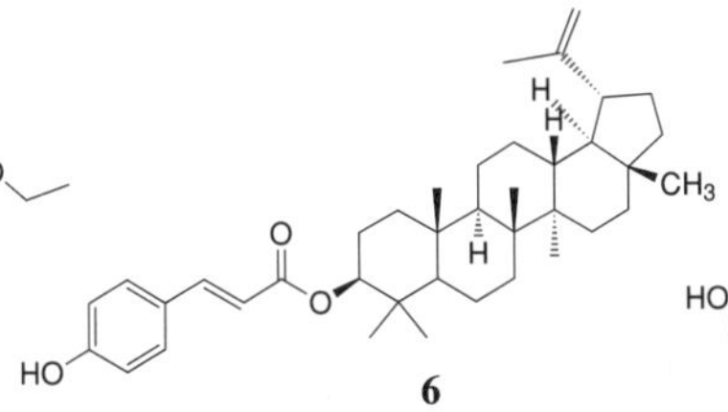

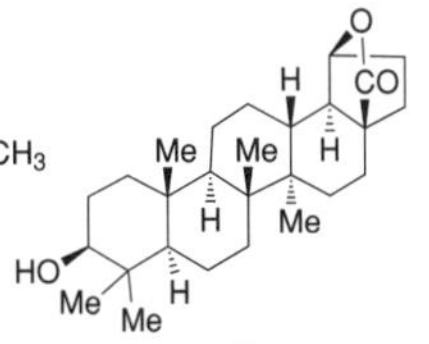

4　構造式（主として新規化合物）

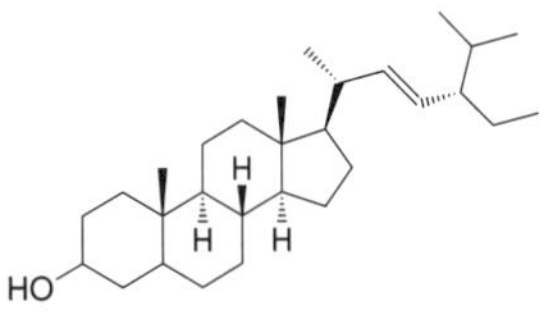

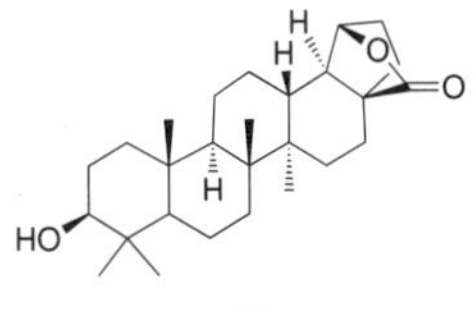

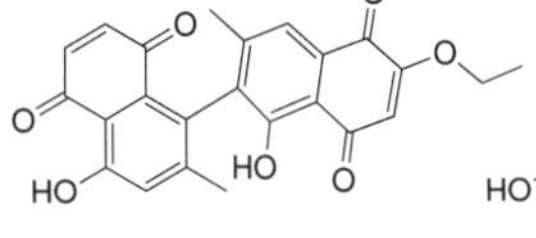

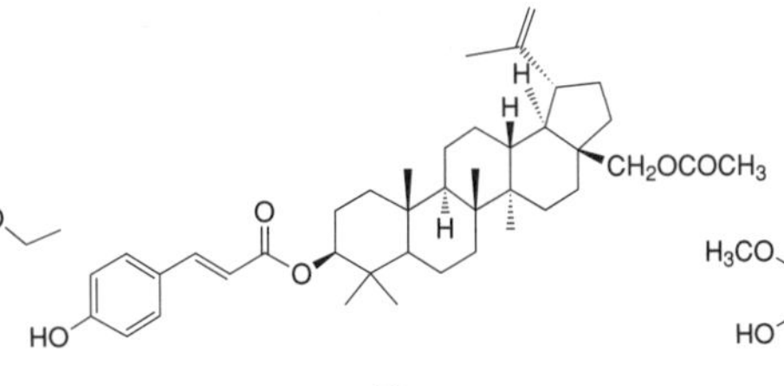

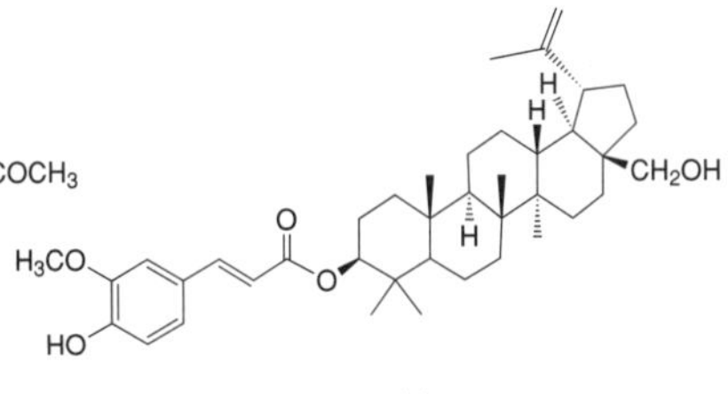

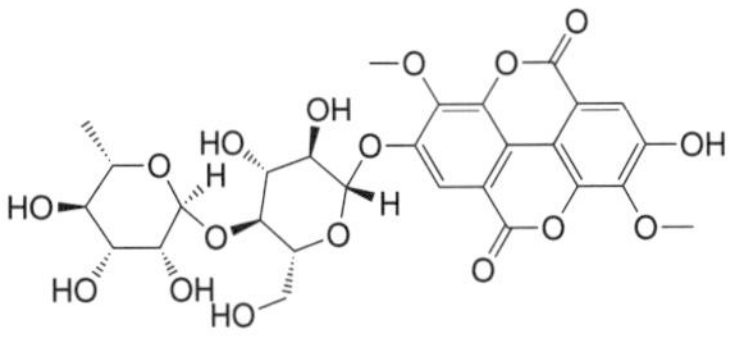

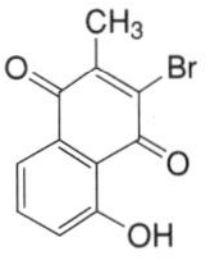

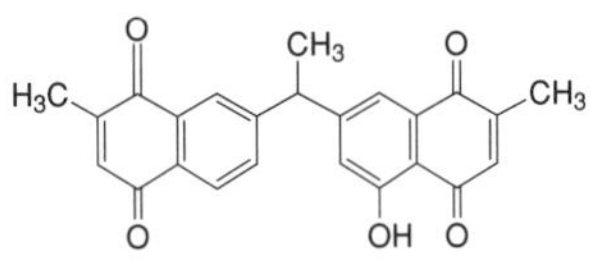

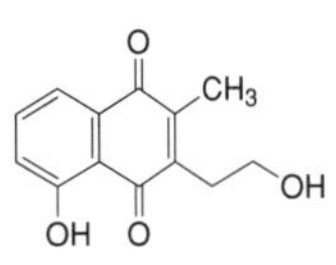

5　引用文献

1) 北村四郎、岡本省吾『原色日本樹木図鑑』、保育社 pp. 200–201 (1958). 2) K. Wong *et al.* (1997, Malay.) **128**: 26734). 3) M. Costa *et al.* (1998, Port.) **129**: 26734. 4) D. Nema *et al.* (1991, India) **116**: 148274. 5) C. Chen *et al.* (1994, Taiwan) **120**: 319387. 6) C. Chen *et al.* (1992, Taiwan) **117**: 188243. 7) S. Paknikar *et al.* (1996, India) **124**: 141069. 8) M. Oshida *et al.* (1996, Japan) **125**: 246035. 9) H. Daood *et al.* (1992, Hung.) **117**: 110284. 10) K. Tamura *et al.* (1996, Japan) **124**: 241806. 11) M. Yoshizaki *et al.* (1996, Japan) **124**: 223755. 12) Y. Lee *et al.* (1994, Korea) **121**: 226401. 13) K. Yamada *et al.* (1997, Japan) **127**: 147065. 14) Y. Achiwa *et al.* (1996, Japan) **126**: 301506. 15) Y. Yang *et al.* (1996, Korea) **126**: 276567. 16) Y. Matumoto *et al.* (1997, Japan) **129**: 53574. 17) F. Oliveira *et al.* (1997, Brazil) **126**: 342723. 18) S. Taira *et al.* (1998, Japan) **129**: 133698. 19) Y. Achiwa *et al.* (1997, Japan) **127**: 199681. 20) C. Tateyama *et al.* (1997, Japan) **126**: 341065. 21) S. Joung *et al.* (1995, Korea) **124**: 144198. 22) K. Yamada *et al.* (1997, Japan) **127**: 330533. 23) M. Tamura *et al.* (1996, Japan) **125**: 30189. 24) M. Iwamoto *et al.* (1998, Japan) **128**: 166672. 25) M. Recio *et al.* (1995, Spain) **122**: 151063. 26) F. Ayaz *et al.* (1997, Turk.) **127**: 15505. 27) X. Li *et al.* (1998, USA) **129**: 58680. 28) M. Khan *et al.* (1992, Tanzania) **118**: 143429. 29) Y. Kuo *et al.* (1996, Taiwan) **126**: 142020. 30) Y. Kuo *et al.* (1997, Taiwan) **127**: 238976. 31) Y. Kuo *et al.* (1997, Taiwan) **127**: 202860. 32) Y. Kuo *et al.* (1998, Taiwan) **128**: 268207. 33) Y. Kuo *et al.* (1997, Taiwan) **128**: 86479. 34) R. Jain *et al.* (1992, India) **119**: 156228. 35) M. Higa *et al.* (1998, Japan) **129**: 273015. 36) P. Singh *et al.* (1997, India) **127**: 202899. 37) B. Lajubutu *et al.* (1995, Nigeria) **123**: 246097. 38) K. Petzke *et al.* (1997, Germany) **127**: 120909. 39) A. Jintasirikul *et al.* (1996, Thailand) **125**: 216991. 40) T. Ma *et al.* (1994,Vietnam) **123**: 343338. 41) R. Zafar *et al.* (1991, India) **116**: 37930. 42) Y. Ito *et al.* (1995, Japan) **123**: 317212. 43) N. Chen *et al.* (1991, Taiwan) **116**: 191107. 44) N. Jain *et al.* (1997, India) **127**: 31532. 45) N. Jain *et al.* (1996, India) **126**: 4658. 46) S. Sutthivaiyakit *et al.* (1995, Thailand) **123**: 152668. 47) L. Alake *et al.* (1994, Nigeria) **122**: 5330. 48) S. Kanzaki *et al.* (1997, Japan) **126**: 328034. 49) C. Kuke *et al.* (1998, UK) **129**: 103757. 50) A. Ben-Amotz *et al.* (1998, Israel) **129**: 259612. 51) T. Inoue *et al.* (1997, Japan), **128**: 320863.

11　カツラ科
Cercidiphyllaceae

1　科の概要

　落葉高木で、長枝には葉が対生またはやや対生し、短枝には1枚の葉と花をつける。日本および中国にカツラ属 (*Cercidiphyllum*) 1属だけ存在し、さらに、カツラ属には2種と1変種が存在するだけの第三紀温帯起源の古い属である。日本にはカツラ (*C. japonicum*) とヒロハカツラ (*C. magnificum*) が存在し、材は建築、家具、船舶、楽器などに用いられる[1,2]。

カツラ
(*Cercidiphyllum japonicum*)

2　研究動向

　抽出成分に関する報告はほとんど見受けられず、新規化合物の報告もなされていない。

3　各　論

　C. japonicum 葉中の maltol およびその配糖体の1年間の含有量の変化が調べられ、老化期に最大を示すことが報告されている[3]。*C. japonicum* の幼若ホルモン ecdysteroid に対する拮抗作用を示す原因物質として cucurbitacin D が単離されている[4]。

4　引用文献

1) 北村四郎、村田源、『原色日本植物図鑑・木本編 I』、保育社、pp. 177–178 (1971). 2) 林弥栄 編、『日本の樹木』、山と渓谷社、pp. 178–179 (1985). 3) P. Tiefel *et al.* (1993, Germany) **120**: 50306. 4) S. D. Sarker *et al.* (1997, UK) **126**: 274751.

12 カバノキ科
Betulaceae

1 科の概要

高木または低木で、葉は単葉で互生、鋸歯がある。花は単生で雌雄同株につき、早春、葉の展開する前に開葉する。風媒花。雄花序は、鼻状花序で下垂する。雌花序は球花状、まれに頭状、穂状あるいは総状をなし、直立または下垂する。果実は堅果1種子があり、ふつう小形、まれに有翼。種子は風散布。主として北半球の温帯、亜寒帯地方に分布。世界に6〜7種100〜170種あり、日本に5属30種が野生する。ハンノキ属 (*Alnus*)、カバノキ属 (*Betula*)、クマシデ属 (*Carpinus*)、ハシバミ属 (*Corylus*)、アサダ属 (*Ostrya*) などである[1]。

ハンノキ
(*Alnus japonica*)

2 研究動向

成分分析に関したものでは、外樹皮のトリテルペン類、内樹皮や材中ジアリルヘプタノイド類やリグナン類、葉中のフラボノイド類、*p*-ハイドロキシフェニル誘導体とそれらの配糖体、および加水分解型タンニンなどに新規化合物が集中している。根からも上記の化合物が単離されている。

成分利用に関したものでは、成分の化粧品や医薬品と関連した生理活性についての報告が多い。ジアリルヘプタノイドに抗酸化作用、細胞増殖因子を、加水分解型タンニンにタンパク凝集能を、フラボノイドに抗ヒスタミン作用を期待している。

3 各 論

3.1 成分分析

トリテルペン類に多くの新しい化合物が単離されているが、カバノキ属 (*Betula*) のみに集中している。桂皮酸誘導体とのエステル体として、*B. ermani* の根皮から lupeol caffeate (**1**)[2] が、*B. platyphylla* var. *japonica* の葉から dammararendiol II-3-*O*-caffeate (**2**) と dammarenendiol II-3-*O*-coumarate (**3**)、ocotillol II-3-*O*-caffeate (**4**)[3] が単離され、*B. maximowicziana* の根皮から dammar-24-en-3β,20(S),26-triol-3-*O*-*p*-coumarate (**5**) と dammar-24-en-3β,20(S),26-triol-3-*O*-caffeate (**6**) が[4]、*B. nigra* の外樹皮から 3β-caffeateoxolean-12-en-28-oic acid (**7**)[5] が単離された。グルコース配糖体として 12β-acetoxy-20(S),24(R)-epoxy-3β,17,5-trihydroxydammaran 3-*O*-β-D-glucopyranoside (**8**)、12β-acetoxy-20(S),24(R)-epoxy-3α,17,25-trihydroxydammaran-3-*O*-β-D-(6-*O*-acetyl)-glucopyranoside (**9**)[4]、dammar-24-en-3,11α,20(S)-triol-3-*O*-β-D-(2-*O*-acetyl)-glucopyranoside (**10**)、20(S),24(R)-epoxydammaran-3β,11α,25-triol-3-β-D-glucopyranoside (**11**)、20(S),24(R)-epoxydammaran-24-en-3β,11α,20(S)-triol-3-*O*-β-D-(*O*-acetyl)-glucopyranoside (**12**)、11α-acetoxyl-20(S),24(R)-epoxydammaran-3β,11α,25-triol 3-*O*-β-(2-*O*-acetyl)-glucopyranoside (**13**)[2] が、マロン酸エステルとして *B. glandulosa* の小枝から、deacetoxypendlic acid (**14**)[6] が、アグリコンとして dammar-24-en-12β-O-acetyl-20(S)-ol-3-one (**15**)[6] が、*B. ovalifolia* の葉から ovalifoliolide A (**16**) と ovalifoliolide B (**17**)[7] とが単離された。

ジアリルヘプタノイド類は、カバノキ科を特徴付ける化合物の1群である。ハンノキ属 (*Alnus*)、カバノキ属 (*Betula*)、ハシバミ属 (*Corylus*) などから多くの新しい化合物がされている。カバノキ属 *B. maximowicziana* の内樹皮の内樹皮から 16-hydroxy-17-O-methylacerogenin (**18**)、alnusdiol-β-D-glucoside (**19**)[3] が、ハシバミ属 *C. sieboldiana* の材から 11-oxo-3,12,17-trihydroxy-9-en-[7,0]-methacyclopane (**20**)、11-oxo-3,8,12,17-tetrahydroxy-9-en-[7,0]-methacyclophane (**21**)、11-oxo-3,8,9,17-tetrahydroxy-9-en-[7,0]-methacyclophane (**22**)[8] が、*B. platyphylla* var. *japonica* の葉から (3R)-3,5'-dihydroxy-4'-methoxy-3',4'-oxo-1,7-diphenyl-1-hepten (**23**)、2-hydroxy-1,7-bis(4-hydroxyphenyl)-3-hepten-5-one (**24**)[3] が単離されている。*B. pendula* の内樹皮から platyphylloside (**25**)、(5S)-5-hydroxy-1,7-di-(4-hydroxyphenyl)-3-heptanone-5-O-β-D-apiofuranosyl-(1-2)-β-D-glucopyranoside (**26**)[9] が、ハンノキ属 *A. japonica* の葉からアシル化ジアリルヘプタノイドである hirsutanonol-5-O-(6-O-galloyl)-β-D-glucopyranoside (**27**)、3-deoxohirsutanonol-5-O-β-D-glucopyranoside (**28**)、3-deoxohirsutanonol-5-O-(6-O-β-D-apiosyl)-β-D-glucopyranoside (**29**)[10] が、同じく樹皮から (**29**) が、また、*A. rubra* の葉から同じくアシル化ジアリルヘプタノイドである oregonoside A (**30**)、oregonoside B (**31**)[3] が、ほぼ同時期に単離された。

ハンノキ属 *A. maximowiczii* の花、芽、葉から 2,3,4-trihydroxyphenanthrene (**32**) が、カバノキ属 *B. pendula* の内樹皮からフェニルブタノイドである 2(R)-4-(4-hydroxyphenyl)-2-butanol-2-O-α-L-ababinofuranosyl-(1-6)-β-D-glucopyranoside (**33**)、2(R)-4-(4-hydroxyphenyl)-2-butanol-2-O-β-D-apiofuranosyl-(1-6)-β-D-glucooxymethyl-5-hydroxypropyl-7-methoxybenzofuran (**35**) が、p-ハイドロキシ誘導体の配糖体 4-hydroxy-2-methoxyphenyl 1-O-β-D-glucopyranoside (**36**)、3,4-dimethoxy-5-hydroxyphenol-1-O-β-D-glucopyranoside (**37**)[14] が単離された。ハンノキ属 *A. japonica* の葉からフラボノール配糖体 kaempferol 3-O-(4-O-acetyl)-α-L-rhamnopyranoside (**38**)[15] が単離された。その他、カバノキ属 *B. platyphylla* var. *japonica* の葉からフラボノイド配糖体 myricetin 3-β-D-lyxofuranoside (**39**)[16] が、*B. lenta* の葉から kaempferol 7-rhamnopyranoside-3-xylopyranosyl(1-2)-rhamnopyranoside (**40**)[16] が、*B. maximowicziana* の葉から quercetin 3-rhamnopyranosyl-(1-2)-β-D-glucopyranoside (**41**)[16] が単離された。また、*B. platyphylla* var. *japonica* の葉から 3,4'-dihydroxy-propiophenon-3-(6-caffeoyl)-β-D-glucopyranoside (**42**) とセスキテルペンの dihydroroseoside (**43**) とが単離された[16]。

加水分解型のタンニンがいくつか新しく単離されている。ハンノキ属 *A. hirsuta* var. *microphylla* の葉から、エラグタンニンとジアリルヘプタノイド配糖体との複合体である hirsunin (**44**)[17] が単離された。ハシバミ属 *Corylus heterophylla* の乾燥葉から heterophylliin F (**45**)、heterophylliin G (**46**)[18] が、クマシデ属 *Carpinus axiflora* の葉から、加水分解型タンニンである carpinusin (**47**) や carpinusnin (**48**)[19] が単離され、*A. japonica* の葉から加水分解型タンニンである alnusjaponin A (**49**) および alnusjaponin B (**50**)[20] などが単離されている。

3.2 成分利用

成分の化粧品や医薬品と関連した生理活性についての報告が多い。ジアリルヘプタノイドに抗酸化作用、細胞増殖因子を、加水分解型タンニンにタンパク凝集能を、フラボノイドに抗ヒスタミン作用がそれぞれ見いだされている。

4 構造式（主として新規化合物）

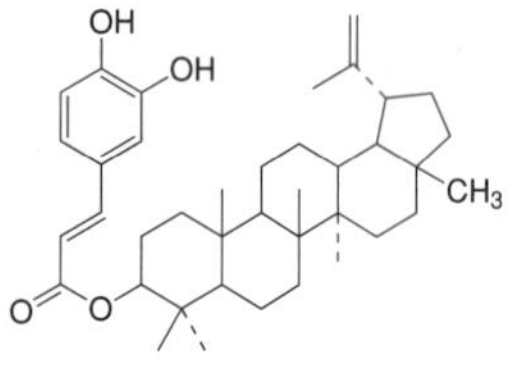

1

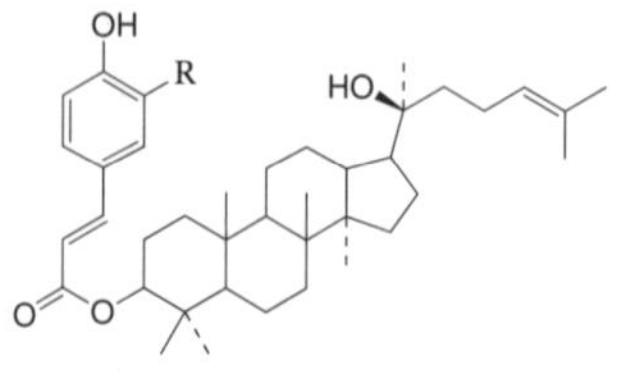

2: R=H
3: R=OH

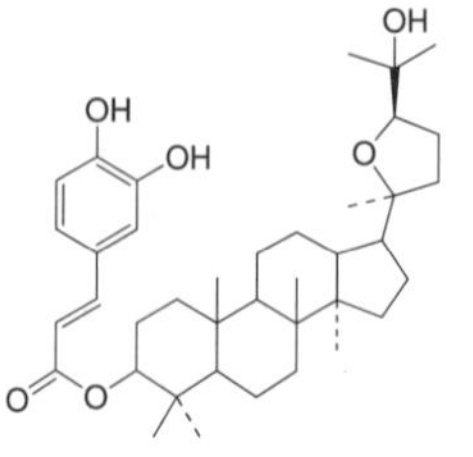

4

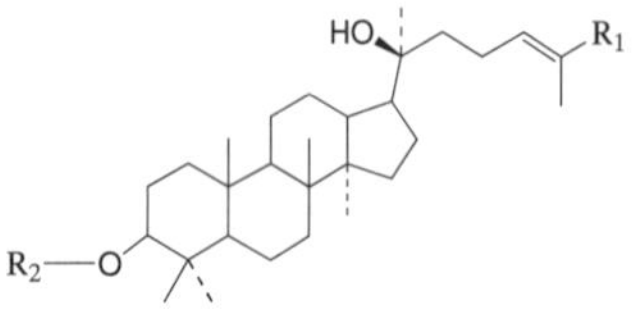

5: R_1=CH$_2$OH, R_2=caffeoyl
6: R_1=CH$_2$OH, R_2=p-coumaryl

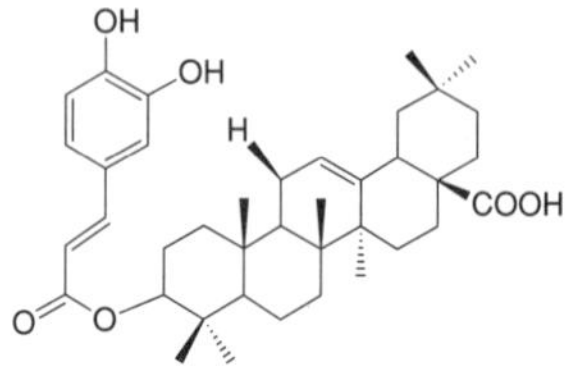

7

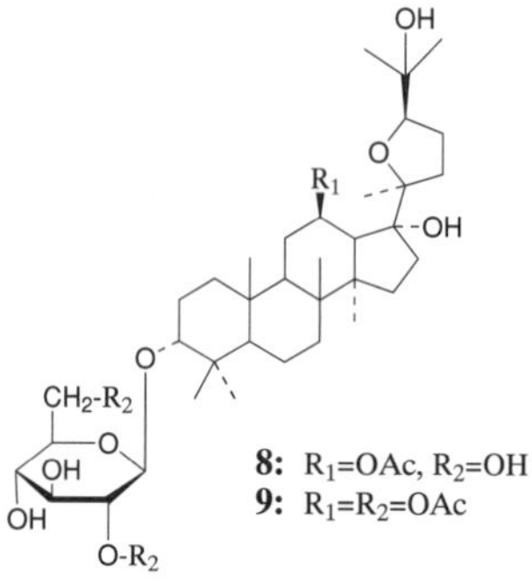

8: R_1=OAc, R_2=OH
9: R_1=R_2=OAc

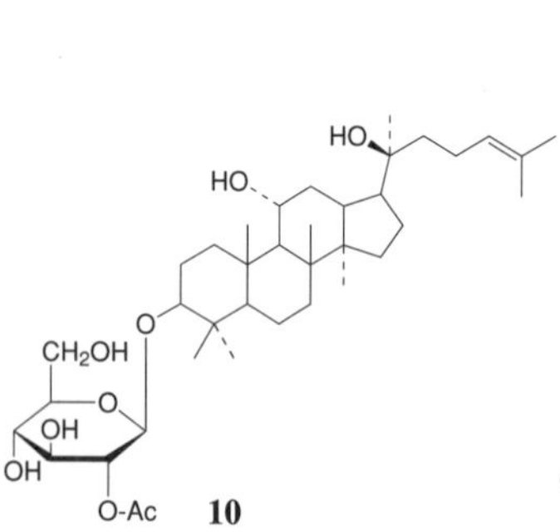

10

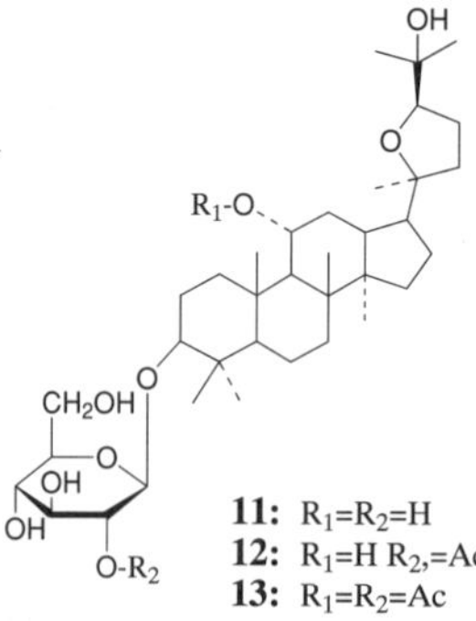

11: R_1=R_2=H
12: R_1=H R_2=Ac
13: R_1=R_2=Ac

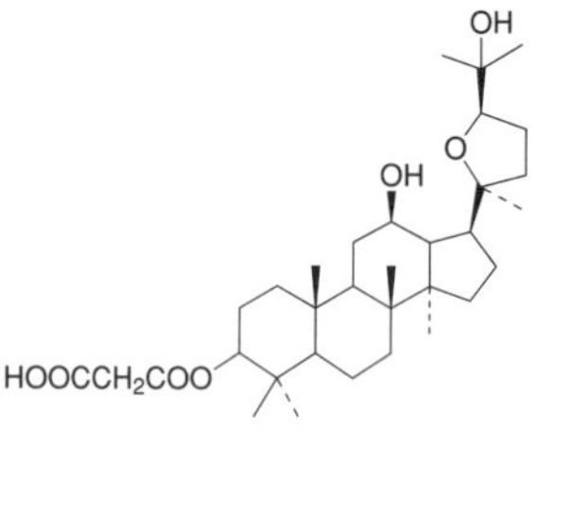

14

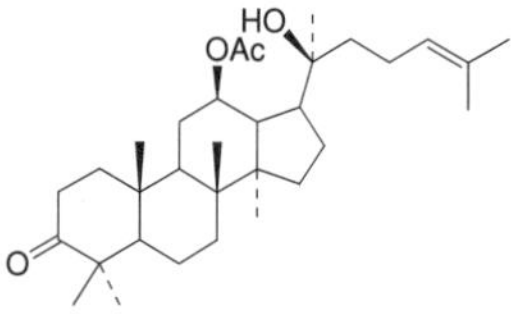

15

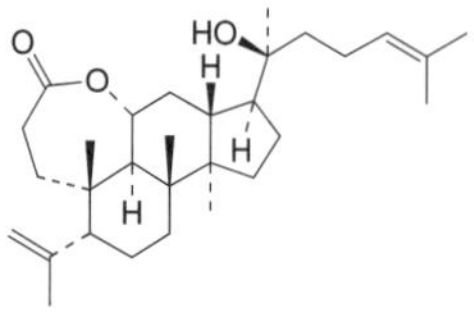

16

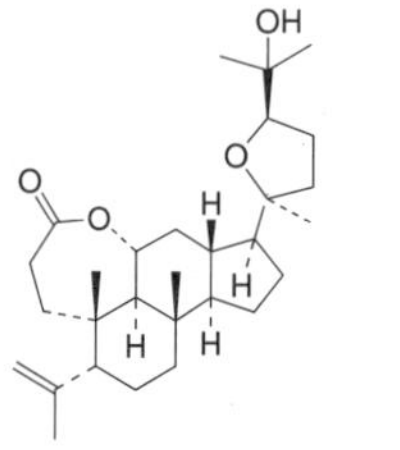

17

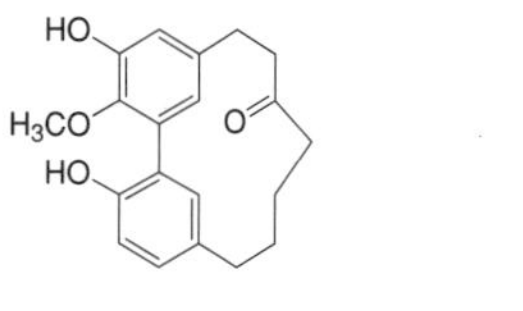

18

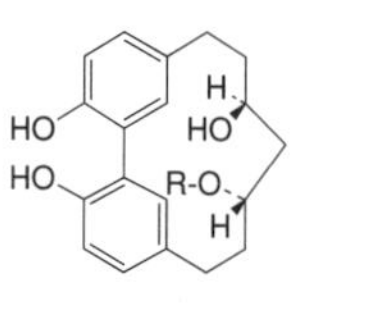

19: R = β-D-glcp

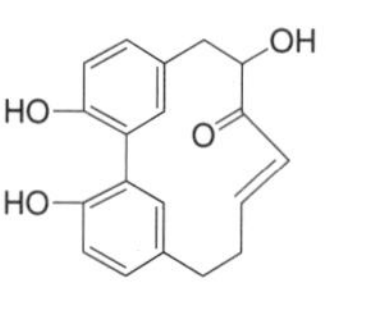

20

12 カバノキ科

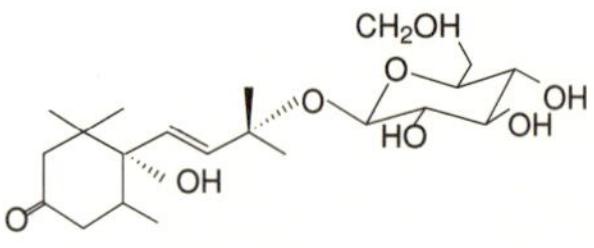

42 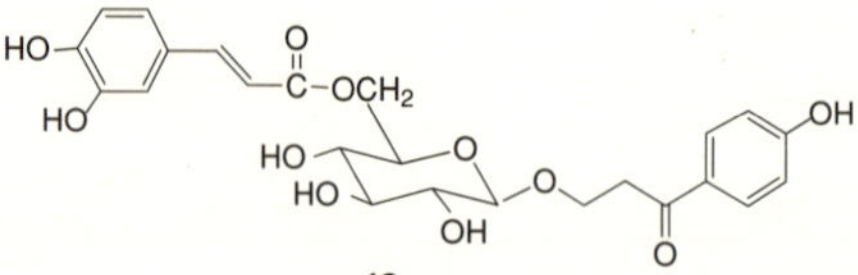 43

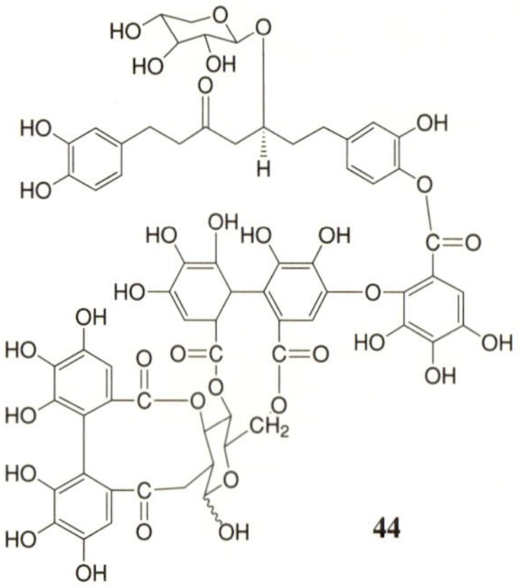

44 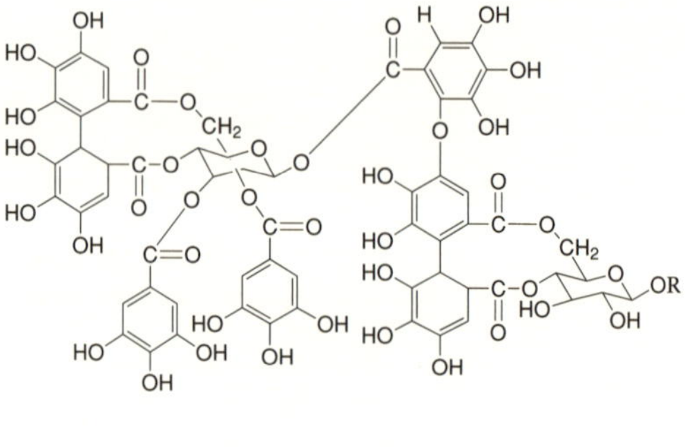 45: R=β-D-Glcp

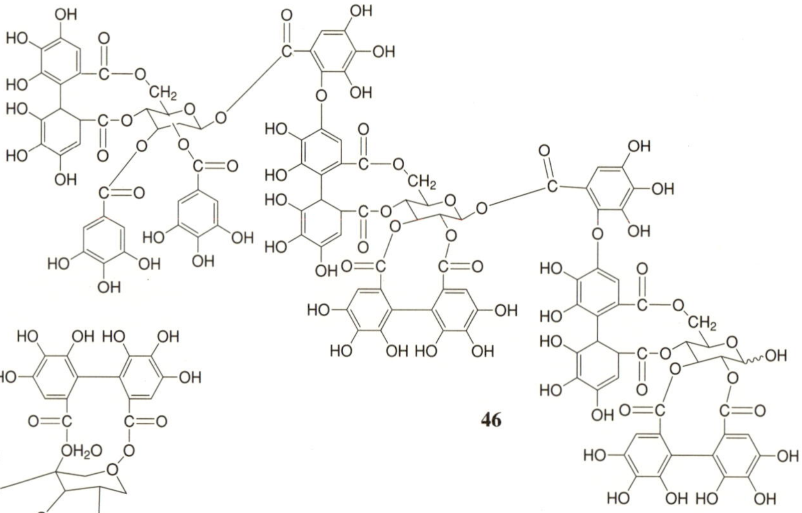

46

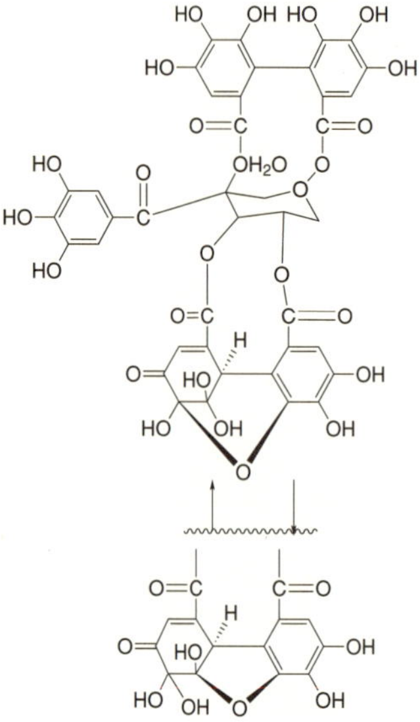

47 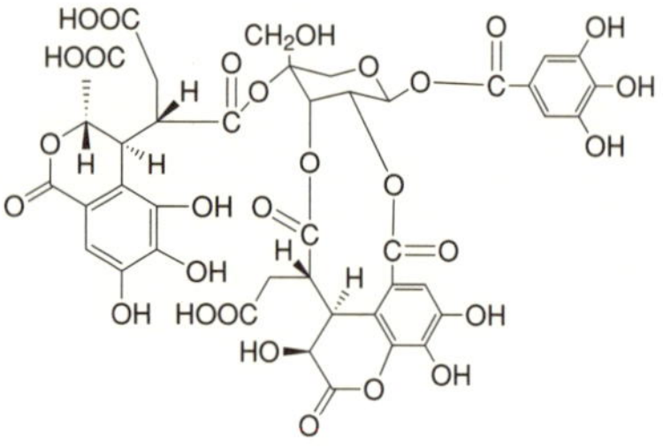 48

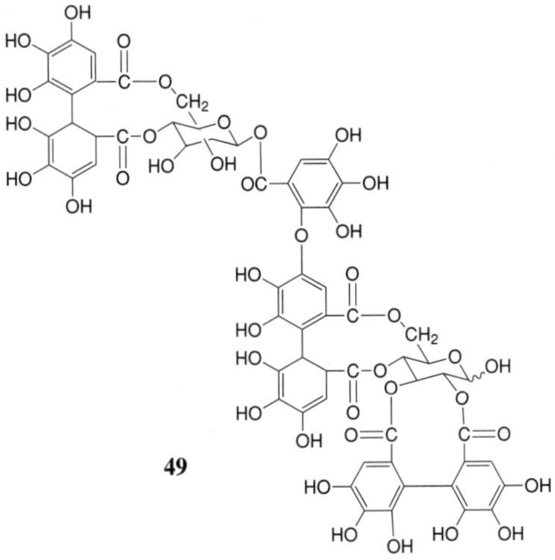

49

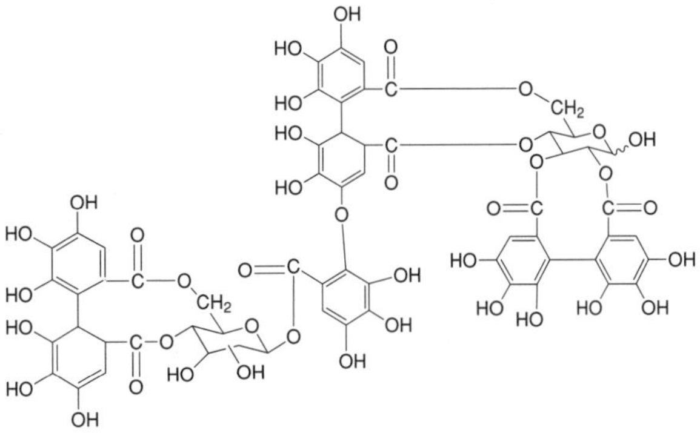

50

5 引用文献

1) 橋詰隼人 ら、『図説実用樹木学』、朝倉書店、pp.52–64 (1993). 2) H. Fuchino *et al.* (1995, Japan) **124**: 25643. 3) H. Fuchino *et al.* (1996, Japan) **125**: 5480. 4) H. Fuchino *et al.* (1996, Japan) **125**: 243130. 5) Y. Hua *et al.* (1991, USA) **116**: 55604. 6) D. E. Williams *et al.* (1994, Canada) **117**: 147194. 7) H. Fuchino *et al.* (1997, Japan) **128**: 228437. 8) N. Watanabe *et al.* (1994, Japan) **122**: 83991. 9) E. Smite *et al.* (1993, Sweden) **118**: 14348. 10) H. Wada *et al.* (1998, Japan) **129**: 161775. 11) R. F. Gonzalez-Laredo *et al.* (1998, Mexico) **129**: 276122. 12) M. Tori *et al.* (1995, Japan) **123**: 310395. 13) E. Hayashi *et al.* (1995, Japan) **124**: 79191. 14) E. Hayashi *et al.* (1995, Japan) **124**: 235137. 15) H. Fuchino *et al.* (1996, Japan) **125**: 5480. 16) Y. M. Shen (1999, Japan) Dr. Thesis (Hokkaido Univ.). 17) M. W. Lee *et al.* (1992, Japan) **117**: 66559. 18) J.-X. Jin *et al.* (1998, Japan) **129**: 161769. 19) G. Nonaka *et al.* (1992, Japan) **117**: 66600. 20) M. W. Lee *et al.* (1992, Japan) **118**: 35849.

13 キョウチクトウ科
Apocynaceae

1 科の概要

夏の花のキョウチクトウで代表されるキョウチクトウ科には約250属あり、主に熱帯、亜熱帯に分布する。樹皮や根に強心配糖体やアルカロイドを含有するものが多い。インドでは堕胎や皮膚病の治療に使われ、仏典には「歌羅毘羅樹」の名で出現する。キョウチクトウの名は漢名の「夾竹桃」に由来しており、その名のとおり、葉はタケのように狭く、花はモモに似ている[1]。

チョウジソウ
(*Amsonia elliptica*)

2 研究動向

成分分析に関連したものでは、強心配糖体などを対象とした葉部および根茎の分析などが多い。また、利用を目指したものとしては、細胞毒性や抗酸化作用に着目したものや、植物培養細胞による強心配糖体の生産の研究がなされている。

3 各 論

3.1 成分分析

Nerium odorum の葉部 (oleander leaves) より新種のステロイドおよび配糖体 oleandrigenin β-neritrioside (**1**)、digitoxigenin α-oleatrioside (**2**)、adynerigenin β-odorotrioside (**3**)、Δ^{16}-adynerigenin β-odorotrioside (**4**)、Δ^{16}-adynerigenin β-gentiobiosyl-β-D-sarmentoside (**5**)、Δ^{16}-neriagenin β-neritrioside (**6**)、8β-hydroxydigitoxigenin β-neritrioside (**7**)、Δ^{16}-8β-hydroxydigitoxigenin β-neritrioside (**8**)、oleandrigenin β-D-glucosyl-β-D-sarmentoside (**9**)、Δ^{16}-8β-hydroxydigitoxigenin β-odorobioside (**10**)[2]、3-O-β-gentiobiosyl-3β,14-dihydroxy-5α,14β-pregnan-20-one (**11**)、21-O-β-D-glucosyl-14,21-dihydroxy-14β-pregn-4-ene-3,20-dione (**12**)[3]、また、新種の5環性トリテルペノイド neriumin (**13**) および neriuminin (**14**)[4]、根茎より digitoxigenin β-gentiotriosyl-(1→4)-β-D-digitaloside (**15**)、uzarigenin β-gentiobiosyl-(1→4)-β-D-diginoside (**16**)、5α-oleandrigenin (**17**)、5α-oleandrigenin β-D-digitaloside (**18**)、5α-oleandrigenin β-D-glucosyl-β-D-diginoside (**19**)、5α-oleandrigenin β-D-glucosyl-(1→4)-β-D-digitaloside (**20**)、5α-pregnanolone bis-O-β-D-glucosyl-(1→2,1→6)-β-D-glucoside (**21**)、pregnenolone β-D-apiosyl-(1→6)-β-D-glucoside (**22**)[5] が単離されている。また、*Apocynum cannabinum* の根茎より新種の強心配糖体 cannogenin-β-D-glucosyl-β-D-digitaloside (**23**)、cannogenin-β-cellobiosyl-β-D-cymaroside (**24**)、cannogenin-β-cellobiosyl-β-D-oleandroside (**25**)、cannogenin-β-gentiobiosyl-β-D-cymaroside (**26**)、cannogenol-β-D-glucosyl-β-D-cymaroside (**27**)、(20S)-18,20-epoxystrophanthidin-β-D-cymaroside (**28**)、

($20R$)-18,20-epoxystrophanthidin-β-D-cymaroside (**29**)、 ($20S$)-18,20-epoxycannogenin-β-D-cymaroside (**30**) が単離されている[6]。

3.2 植物培養細胞

N. oleander の葉部から誘導されたカルスによる強心配糖体の生産が検討されている[7]。

3.3 生物活性

N. oleander の葉部のメタノール抽出物の毒性評価が行なわれている[8]。また、*N. oleander* の葉部より、KB 細胞への細胞毒性活性を有する新規5環性トリテルペノイド *cis*-karenin (**31**) および *trans*-karenin (**32**) が単離されている[9]。*Apocunum* や *Poacynum* 属の葉のフラボノイドの抗酸化活性が調べられている[10]。

4 構造式（主として新規化合物）

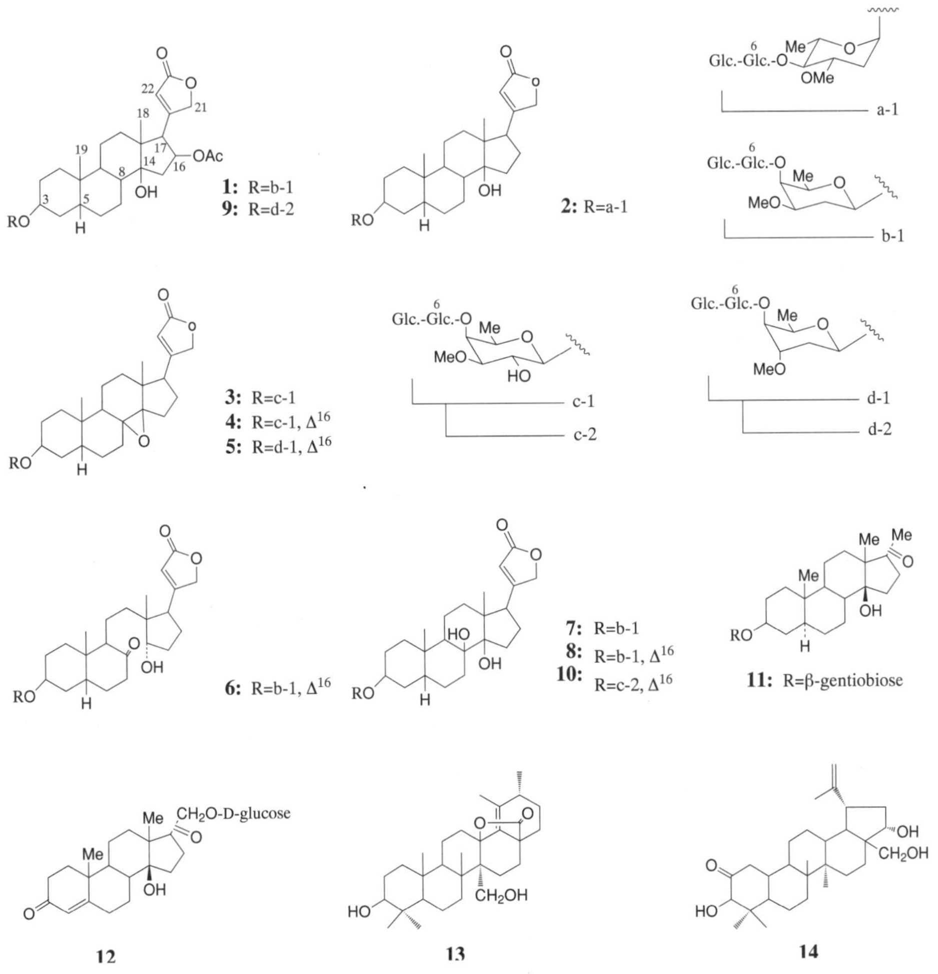

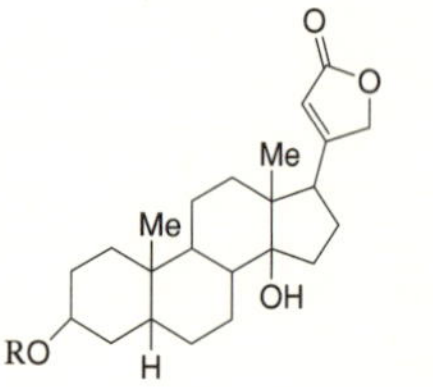

15: R=i
16: R=h

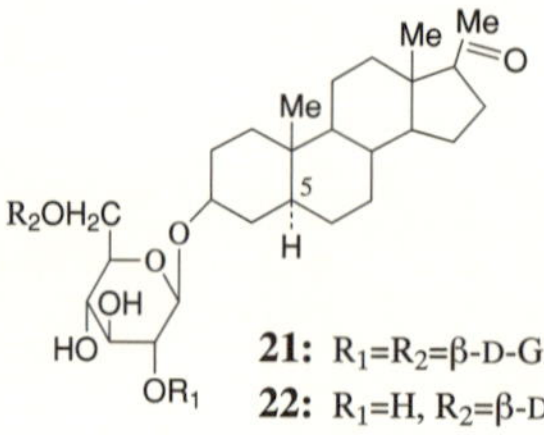

21: R₁=R₂=β-D-Glc.
22: R₁=H, R₂=β-D-Apiosyl, Δ⁵

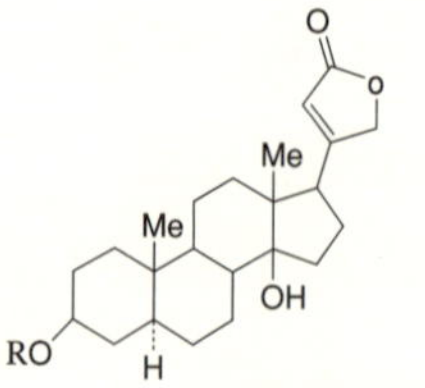

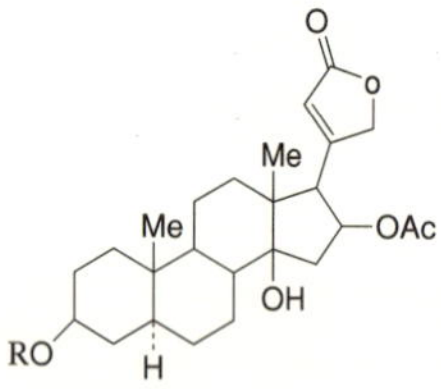

17: R=H
18: R=f
19: R=e
20: R=g

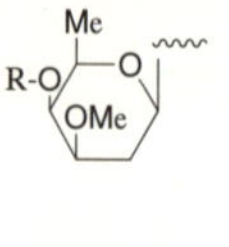

e: R=β-D-Glc. 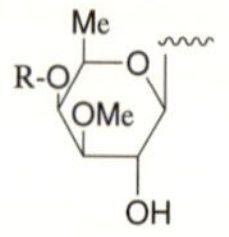
f: R=H (D-Digitalosyl)
g: R=β-D-Glc.
h: R=β-Gentiobiosyl
i: R=β-Gentiotriosyl

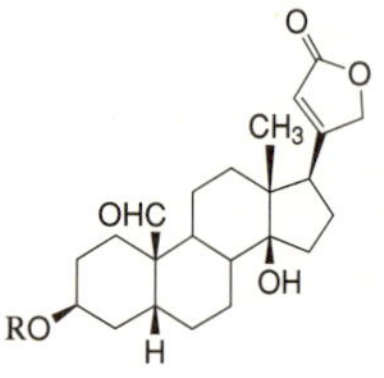

23: R=k
24: R=n
25: R=j
26: R=o

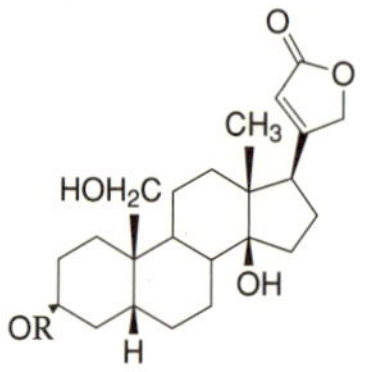

27: R=m

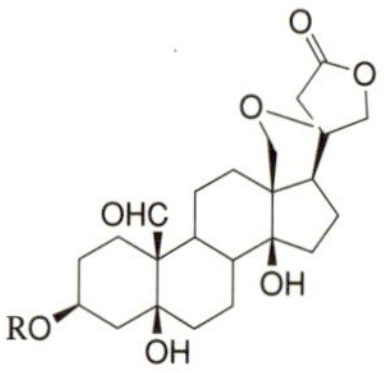

28: R=l (20S)
29: R=l (20R)

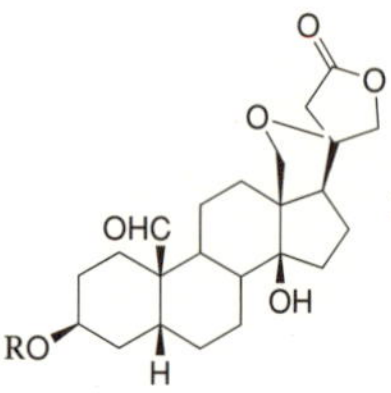

30: R=l (20S)

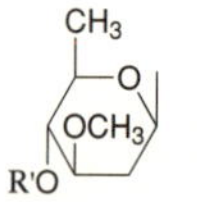

j: R'=β-cellobiosyl

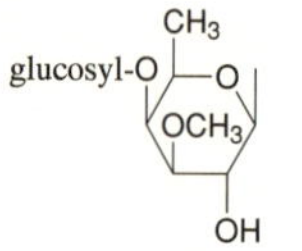

k

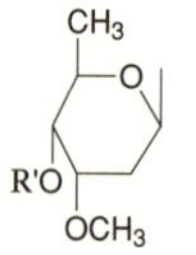

l: R'=H (β-D-cymarose)
m: R'=β-D-glucosyl
n: R'=β-cellobiosyl
o: R'=β-gentiobiosyl

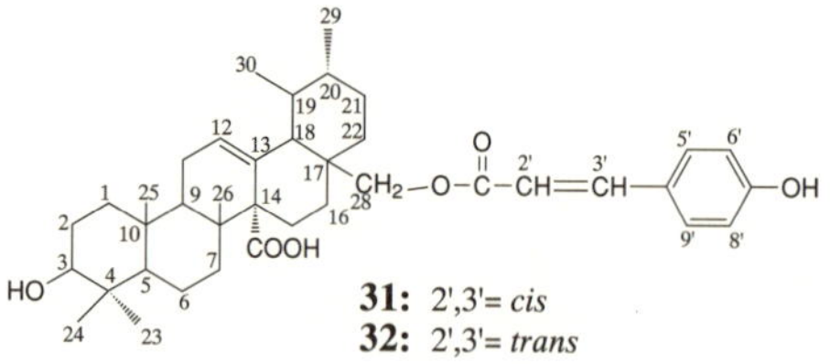

31: 2',3'= cis
32: 2',3'= trans

5 引用文献

1) 湯浅浩史、『植物の世界・種子植物・双子葉類 3』、朝日新聞社、p.90 (1997). 2) F. Abe *et al.* (1992, Japan) **117**: 128181. 3) F. Abe *et al.* (1992, Japan) **118**: 19175. 4) S. Begum *et al.* (1997, Pakistan) **126**: 155100. 5) R. Hanada *et al.* (1992, Japan) **118**: 209382. 6) F. Abe *et al.* (1994, Japan) **122**: 310674. 7) P. Profumo *et al.* (1993, Italy) **122**: 27797. 8) P. K. Mazumder *et al.* (1994, India) **121**: 274177. 9) B. S. Siddiqui *et al.* (1995, Pakistan) **123**: 79642. 10) S. Nishibe *et al.* (1994, Japan) **123**: 79596.

14　キンポウゲ科
Ranunculaceae

1　科の概要

　主に温帯と亜寒帯に分布する。ほとんどが多年草でまれに木本がある。58属約3000種があり、日本には21属約120種が自生する。変異の幅が広く、花の形や色はさまざまで、染色体、果実、花弁に関する情報に基づいて、5つの亜科に分けられることがある。ボタン属 (*Paeonia*) はキンポウゲ科に含まれる場合もあるが、ここではボタン科として独立させて取り扱う。

アキカラマツ
(*Thalictrum minus*)

　クリスマスローズ亜科：リュウキンカ属 (*Caltha*)、キンバイソウ属 (*Trollius*)、クリスマスローズ属 (*Helleborus*)、セツブンソウ属 (*Shibateranthis*)、サラシナショウマ属 (*Cimicifuga*)、レンゲショウマ属 (*Anemonopsis*)、クロタネソウ属、デルフィニウム属 (*Delphinium*)、トリカブト属 (*Aconitum*) など。

　キンポウゲ亜科：センニンソウ属 (*Clematis*)、ヒダカソウ属、フクジュソウ属 (*Adonis*)、イチリンソウ属 (*Anemone*)、ムスミソウ属、オキナグサ属 (*Pulsatilla*)、キンポウゲ属 (*Ranunculus*) など。

　シロカネソウ亜科：チチブシロカネソウ属 (*Enemion*)、オダマキ属 (*Aquilegia*)、シロカネソウ属 (*Dichocarpum*)、オウレン属 (*Coptis*) など。

　カラマツソウ亜科：カラマツソウ属 (*Thalictrum*) など。

　ヒドラスティス亜科：ヒドラスティス属 (*Hydrastis*)。

2　研究動向

　キンポウゲ科の植物はほとんどが有毒植物である。これは、この科の植物がさまざまな二次代謝成分（多くはアルカロイドや強心配糖体）を含み、その多くが強い生理活性を示すことを示唆している。なかでもトリカブト属やオウレン属の植物はさまざまなアルカロイドを生成し、薬用植物として利用されている。

　この科の植物からはすでに多くの主要成分が単離されている。この10年には微量成分の探索（下記）、アルカロイド各種を用いた生理活性（モルモット回腸を用いた）の比較[1]、キャピラリー電気泳動法によるアルカロイドの定量法[2]、ヨーロッパ産植物の成分比較[3] などが行なわれている。

3　成分研究

　Clematis stans（クサボタン）の根からトリテルペン配糖体3種類 (clemastanoside A、B、C) とリグナン配糖体2種類 (clemastanin A (**1**)、B (**2**))、葉からオレアナン系配糖体4種類 (clemastanoside D、E、F、G) が単離されている[4]。

　Clematis chinensis の根からサポニン類6種類 (clematichinenoside A、B、C など) とピラノクマリン1種 (clematichinenol (**3**))[5,6,7]、地上部から大環状の clemochinenoside A[8] が単離されて

いる。*C. montana* の根からオレアナン系配糖体2種 (clemontanoside E、F)[9,10]、茎からヘデラゲニン配糖体1種 clemontanoside C)[11] が単離されている。

Clematis purpurea の地上部から4級アルカロイド clemaine[12] が単離された。また、*C. koreana* (地上部)[13] と *C. garata* (根)[14] からオレアナン型トリテルペン配糖体各1種、*C. armandii* からフラバノン配糖体2種 (clematine、4 など)[15,16] が単離された。

Thalictrum minus から2種のシクロラノスタン型配糖体 (thalicoside G1、G2)[17] と thalicoside F [18] およびシクロアルタン型配糖体2種 (thalictoside XII、XIII)[19]、*T. uchiyamai* から1種のシクロアルタン型配糖体[20]、*Cimicifuga simplex* からステロイド配糖体2種 (bugbanoside A、B)[21] とシクロアルタン1型配糖体8種[22]、*Caltha palustris* から6種類のフラボノイド配糖体 (kaempferol 7-Rham.、quercetin 7-Rham.、kaempferol 3-Glc.、quercetin 3-Glc.、kaempferol 3-Glc-7-Rham.、quercetin 3-Glc-7-Rham.)[23]、*Isopyrum thalictroides* (*Dichocarpum thalictroides*) からビスベンジルイソキノリンアルカロイド2種 (isopyruthaline (5)、isopythaline (6))[24] が単離された。

4 構造式（主として新規化合物）

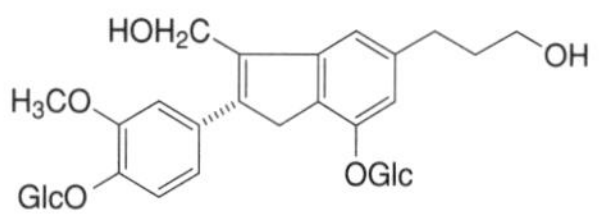

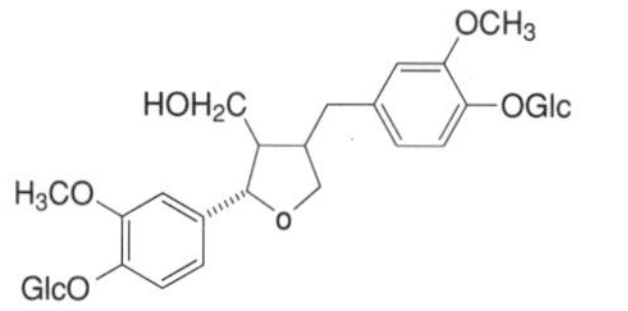

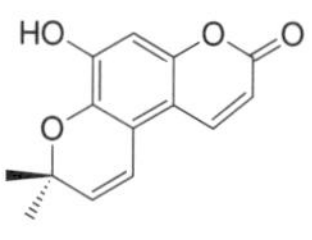

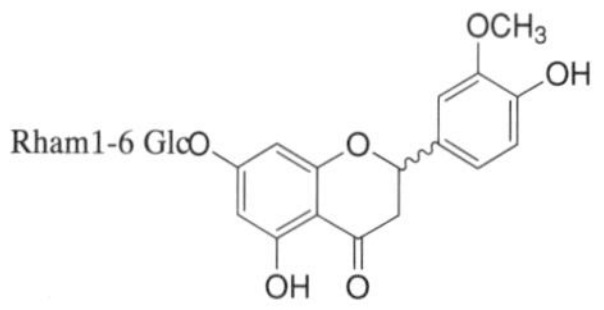

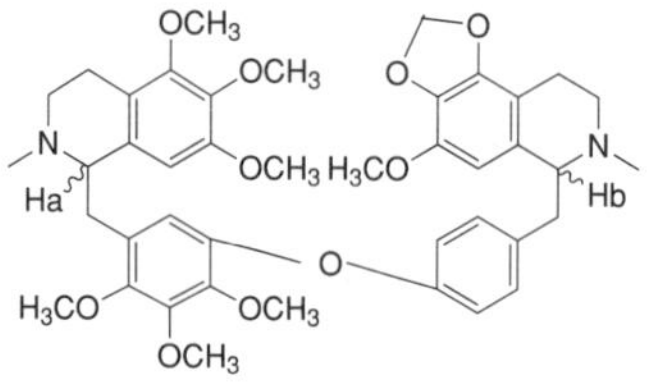

5 引用文献

1) M. F. Cometa *et al.* (1996, Italy) **126**: 139505. 2) M. Unger *et al.* (1997, Germany) **128**: 190081. 3) J. L. Fiasson *et al.* (1997, France) **127**: 217773. 4) H. Kizu *et al.* (1995, Japan) **124**: 112354. 5) R. Xu *et al.* (1996, China) **126**: 314823. 6) B. Shao *et al.* (1992, China) **123**: 79624. 7) B. Shao *et al.* (1996, China) **125**: 30048. 8) B. P. Shao *et al.* (1996, China) **125**: 2303319. 9) R. P. Thapliyal *et al.* (1994, India) **122**: 156270. 10) R. P. Thalipliyal *et al.* (1993, India) **120**: 240063. 11) R. P. Thalipliyal *et al.* (1993, India) **119**: 245516. 12) H. M. Sayed *et al.* (1995, Egypt) **124**: 25635. 13) W.-K. Whang *et al.* (1994, Korea) **120**: 319377. 14) S. K. Uniyal *et al.* (1992, India) **117**: 44557. 15) Y. Chen *et al.* (1993, China) **119**: 156293. 16) Y. Chen *et al.* (1993, China) **120**: 50129. 17) N. Trofimova *et al.* (1998, Russia) **129**: 257695. 18) A. S. Gromova *et al.* (1997, Russia) **128**: 151718. 19) H. Yoshimitsu *et al.* (1997, Japan) **127**: 133325. 20) Y.-H. Choi *et al.* (1996, Korea) **126**: 4652. 21) A. Kusano *et al.* (1998, Japan) **129**: 161773. 22) A. Kusano *et al.* (1996, Japan) **126**: 29144. 23) M. Ellnain-Wojtaszek *et al.* (1991, Poland) **118**: 56114. 24) S. A. Philipov *et al.* (1997, Bulgaria) **126**: 314803.

15 クスノキ科
Lauraceae

1 科の概要

ほとんどが常緑の木本で、30属約2500種からなり、主に熱帯、亜熱帯に分布している。クスノキ科の植物は精油成分を樹皮、葉、材に含み、芳香を発するものが多い。精油原料、香辛料としても重要なものが多い。クロモジのクロモジ属 (*Lindera*)、サッサフラスノキのサッサフラス属 (*Sassafras*)、ゲッケイジュのゲッケイジュ属 (*Laurus*)、ハマビワ、アオモジのハマビワ属 (*Litsea*)、シロダモ、マツラニッケイのシロダモ属 (*Neolitsea*)、クスノキ、ニッケイ、ヤブニッケイ、ホウショウのクスノキ属 (*Cinnamomum*)、タブノキのタブノキ属 (*Machilus*)、つる性の寄主植物であるスナヅルのスナヅル属 (*Cassytha*) などがある。

クスノキ
(*Cinnamomum camphora*)

2 研究動向

クスノキ科植物の成分研究に関する報告は数多く、新規化合物の発見の報告も多く見られる。また、新規化合物は見いだされておらず、既知化合物のみの成分検索の報告も数多く見られ、また、成分利用に向けての成分の季節変動や、生育場所別等の報告も多く、クスノキ科植物が、成分研究の上からも成分利用の面からも重要な科であることがわかる。含有成分の抗菌活性、昆虫の摂食阻害、殺虫作用、薬理作用等、生物活性を調べた報告が目立ち、成分の応用を念頭に置いた研究が積極的に展開されている。

3 各 論

3.1 成分分析

Persea indica より *Spodoptera litura* に対して摂食阻害活性を持つ3新規ジテルペン、indicol (**1**)、vignaticol (**2**)、perseanol (**3**)[1]、*Lindera benzoin* の熟果のブラインシュリンプ致死活性分画より3種の新規C21 アルカン-アルケン γ-ラクトン、isolinderanolide (**4**)、isolinderenolide (**5**)、linderanolide (**6**)、および新規生理活性物質、(6Z,9Z,12Z)-pentadecatrien-2-one が単離された[2]。

Lindera umbellata 樹皮よりメラニン生合成阻害活性を有する新規ジヒドロベンゾフラン誘導体、($5\alpha R^*,6R^*,9R^*,9\alpha S^*$)-4-cinnamoyl-3,6-dihydroxy-1-methoxy-6-methyl-9-(1-methylethyl)-$5\alpha,6,7,8,9,9\alpha$-hexahydrodibennzofuran (**7**)[3] が、また、*Neolitsea sericea* 樹皮から殺ダニ活性を有する2種の新規トリテルペン、24Z-ethylidenelanost-8-en-3-one (**8**)、24-methylenelanost-8-en-3-one (**9**)[4] が単離された。

その他の新規化合物としては、Lindera 属では Lindera megaphylla の花梗よりイソキノリンアルカロイド、northalifoline (**10**) が単離され、その構造が 6-methoxy-7-hydroxy-1-oxo-1,2,3,4-tetrahydroisoquinoline と決定された[5]。 Lindera glauca 葉から 10 種の新規ヒドロキシブタノライド、linderanolide A–E (**11–15**)、isolinderanolide A–E (**16–20**) が単離され、前者は 2-((11E)-22-tetradecenylidene),2-tetradecylidene,2-((7Z,10Z)-7,10-hexadecadienylidene),2-((7Z)-7-hexadecenylidene),2-hexadecylidene 基を側鎖に持つ (3R,2Z)-3-hydroxy-4-methylenebutanolide、後者はその (2E) 異性体であることが構造決定により明らかにされた[6]。Lindera myrrha 根からノルアポルフィンアルカロイド、oduocine (**21**)、およびオキサポルフィンアルカロイド、oxoduochine (**22**) が単離され、スペクトルによってその構造が推定された[7]。Lindera strychnifolia 根からセスキテルペン 2 量体、bilindestenolide (**23**) が[8] 単離された。

Litsea 属では Litsea amara より 3 環性セスキテルペン、indonesiol (**24**) が単離、構造決定された[9]。indonesiol は seco-ishwarane 骨格を有していた。Litsea cubeba より 2 種のジベンゾピロコリンアルカロイド、(−)-litcubine (**25**)、(−)-litcubinine (**26**) が[10]、Litsea cassiaefolia よりセスキテルペン、isocurucumol (**27**)、および ジエポキシゲルマクラノライド、litseacassifolide (**28**)、Litsea excelsa より同じくセスキテルペン、valenc-1(10)-ene-8,11-diol (**29**) が[11] 新規化合物として単離された。

Laurus 属では Laurus nobilis 果実より脂肪酸エステル、10-hydroxyoctacosanyl tetradecanoate (**30**)、1-docosanol tetradecanoate (**31**)、ヒドロキシケトン、11-hydroxytriacontan-9-one (**32**) が[12]、Laurus nobilis 葉より 3 種の既知 kaempferol 配糖体とともに新規フラボン配糖体、kaempferol 3-O-α-L-(2′,4′-di-Z-p-coumaroyl)-rhamnoside (**33**) が[13] 単離された。

Machilus bombycina の葉より 3 種の新規フラボノイド、3′,4′-dimethylquercetin (**34**)、7,2′,4′-trimethoxy-3,5-dihydroxyflavone (**35**)、2′,4′-dimethylmorin (**36**) が quercetin、morin、myricetin とともに単離された[14]。

Cinnamomum 属では Cinnamomum camphora 樹皮より既知の obtusilactone および isoobtusilactone、2 種のフラボノール類、5,7-dimethoxy-3′4′-methylenedioxyflavan-3-ol,4′-hydroxy-5,7,3′-trimethoxyflavan-3-ol とともに 2 種の新規グリセライド、1-(28-hydroxyoctacosanoyl)glycerol (**37**)、1-(24-hydroxytetracosanoyl)glycerol (**38**) が単離され、スペクトルによって構造が決定された[15]。Cinnamomum philippinense の根より 3 種の既知芳香族酸、$meso$-dihydroguaiaretic acid、(+)-guaiacin、vanillic acid とともに新規リグナン、cinnamophilin (**39**) が単離された[16]。Cinnamophilin は、血小板凝集抑制作用と、さらに α-トコフェロールに匹敵する抗酸化活性を有していた。

Parabenzoin trilobum 葉より新規テトラヒドロフラノールリグナン、(−)-parabenzoinol (**40**) が単離され、その構造が X 線構造解析で決定された[17]。

ボリビアのクスノキ科植物 Aniba canelilla の茎樹皮よりイソキノリンアルカロイドが単離された。6 種の新規化合物のうち 4 種は C 環の 11 位に水酸基を有するベンジルイソキノリン型、norcanelilline (**41**)、canelilline (**42**)、anicanine (**43**)、canelillinoxine (**44**) で、2 種は D 環の 9 位に 1 個の置換基を有するテトラヒドロプロトベルベリン型の anibacinine (**45**)、manibacanine (**46**) であった。さらに D 環の 11 位に置換基を有するテトラヒドロプロトベルベリン類、(−)-pseudoanibacanine、(+)-pseubacanine、3 種のプロトベルベリン類、(−)-α-8-methylpseudoanibacanine、(−)-β-8-methylpseudoanibacanine、(−)-α-8-methylanibacanine が単離された[18]。Licaria aurea の材より既知のネオリグナン類、eusiderin A、aurein A および 2 種の既知 virologin 型ネオリグナン類とともに新規ネオリグナン、aurein B が単離され、その構造が 2-(4-allyloxy-3,5-methoxyphenyl)-3-(3-

methoxy-4,5-methylenedioxyphenyl)propane (**47**) と決定された[19]。*Aniba ferra* より 3 種のヒドロベンゾフラノイド、ferrearin F (**48**)、ferrearin G (**49**)、ferrearin H (**50**) が[20]、*Licaria brasiliensis* の幹材のヘキサン抽出物より 6 種の新規化合物 (**51**–**56**) を含む 10 種のビシクロオクタノイドネオリグナン類が見いだされた[21]。

Ocotea 属、*Ocotea corymbosa* の未熟果実より既知モノテルペン、carvacrol、*cis*-3-hydroxy-*p*-menth-1-en-6-one および 10-desmethyl-1-methyl-eudesmane 骨格を有する 3 種の新規セスキテルペン (**57**–**59**) が単離された[22]。

Beilschmiedia 属 9 種、*Endiandra* 属 26 種の乾燥葉の成分分析が行なわれ、*B. volckii* から magonolol、*E. xanthocarpa* から (+)-sesamin が単離された[23]。endiandric acid B および endiandric acid C が *E. jonesii* および *B. tooram* から、endiandric acid A が *B. obtusifolia* から得られた[23]。さらに、新規 endiandric acid 誘導体、(1′*RS*, 3′*RS*, 6′*SR*, 7′*SR*, 10′*SR*, 11′*RS*, 12′*RS*, 12′*RS*, 13′*RS*)-2-[6′-(3″,4″-methylenedioxyphenyl)tetracyclo[5.4.2.03,13.010,12]trideca-4′,8′-dien-11′-yl]acetic acid (**60**) (3″,4″-methylenedioxyendiandric acid A)、および新規フェノール性ベンゾピラン誘導体、(−)-(*E*)-2(4′,8′-dimethylnona-3′,7′-dienyl)-2,8-dimethyl-3,4-dihydro-2*H*-1-benzopyran-6-ol (**61**) (oligandrol) が *B. oligandra* より抽出された[23]。

Persea americana の樹皮より新規 C20 アルキルアルケンアセトニルメチルエステルである peresealide (**62**) が単離された[24]。Persealide はヒト肺癌腫 (A-549)、ヒト乳癌腫 (MCF-7)、ヒト腸癌腫 (HT-29) に対して中程度の強さの細胞毒性を示した。

Neolitsea aciculata の葉より 3 種のゲルマクラン型セスキテルペン、neoliacinolide A、B、C および 2 種のエレマン型セスキテルペン、sericealactonecarboxylic acid、aciculatalactone が単離された[25]。新規化合物の ciculatalactone (**63**) は 2 次元 NMR と X 線解析によって構造が明らかにされた。*Neolitsea sericea* の樹皮より新規成分として 24*Z*-ethylidenelanost-8-en-3β-ol (**64**) が、既知物質、24-methylenelanost-8-en-3β-ol および sitosterol とともに単離された[4]。*Neolitsea sericea* 心材よりセスキテルペン、sericealactone、(24*S*)-24-ethylcholest-4-ene-6β-ol-3-one および新規化合物、(24*S*)-24-ethylcholest-4-ene-1β-ol-3-one (**65**)[26] が、また、シクロアルタン型トリテルペン、sericeol (**66**)[27] が単離、構造決定された。また、sericealactone に室内塵性ダニに対する殺ダニ活性が認められた[26]。

以上は生物活性を有する、あるいは有しない新規化合物である。以下に、成分分析の結果、新規化合物が見いだされず、既知化合物のみが見いだされた成分分析研究の報告を示す。研究報告数としては *Cinnamomum* 属に関するものが圧倒的に多く、次いで多いのが、*Litsea* 属、*Laurus* 属、*lindera* 属などである。

Cinnamomum cassia では枝、葉の精油の主要な成分の分析が行なわれ[28]、また、幹の樹皮からファルネシルプロティントランスフェラーゼ (FPTase) 阻害活性を有する 2′-hydroxycinnamaldehyde が単離された[29]。*C. cassia* の葉の精油含量は 0.13–1.04％の間で月変化し、アルデヒド含量は秋から春にかけて 82％から 95％の間で変化し、6 月には 35％に急激に減少した。逆に、cinnamyl acetate 含量は 6 月に最も多く、12 月に最小だった[30]。*C. cassia* の変種である *C. cassia* var. *macrophyllum* の樹皮精油に含まれる 36 種の化合物が同定された[31]。

Cinnamomum zeylanicum の 2 種の園芸品種の精油が調べられた。その結果、葉油は 80–89％の eugenol、71–84％の benzyl benzoate を含み、樹皮精油は 31–47％の *trans*-cinnamaldehyde、枝の精油は 34％の linalool、材油は 50％の tetradecylaldehyde を含んでいた[32]。

インド産 *C. zeylanicum* の葉油は 81–85％の eugenol と 47 成分を含み[33]、マダガスカル産 *C. zeylanicum* は camphor および cinnamaldehyde、*C. augustifolium* は α-phellandrene および 1,8-

cineole、C. camphorata は 1,8-cineole の高含有量、C. fragrans は極微量の 1,8-cineole を含み、従来報告されていた成分組成と異なっていた[34]。また、インド産 C. zeylanicum の果実精油に含まれる 34 種の化合物が同定された。Trans-cinnamyl acetate および β-caryophyllene が主要成分であった[35]。インド北東部の C. zeylanicum の葉および幹樹皮の精油からは主成分として benzyl benzoate がそれぞれ、65％、85％見いだされた[36]。

Cinnamomum camphora ではパキスタンの C. camphora の枝、葉、材樹皮、幼木の全木の成分検索が行なわれ 25 成分以上のモノテルペンが同定され、camphor は葉に最も多く (84％)、樹皮に最も少ない (4％) こと、C. camphora の他の変種には多量含まれる safrole、linalool、cineole が少ないことが明らかにされた[37]。Kenya の C. camphora の材の蒸留では最大 88％の camphor が得られ、そのほかに linalool、4-terpineol、α-terpineol、safrol、trans-1,2,3-trimetyl-4-propenylnaphtalene などが見いだされた[38]。ベトナム産 C. camphora var. linaloolifera の葉の成分 17 種が同定された。なかでも linalool (91％) が最大含量だった[39]。同じくベトナム産の C. camphora 葉からは 30 以上の化合物が同定され、camphor は 11％で、構造未知化合物が最大含量の 14％を占めていた[40]。インド産 C. camphora 樹皮精油からは 22 化合物が同定された。10 種の化合物が精油の 96％を占めていた[41]。

Litsea 属では、インドアッサム地方に生育する Litsea cubeba の茎、花、果実の精油成分が調べられ、精油の 82-99％にあたる 19-44 種の化合物が同定された。茎の主成分は citronellol (12-20％) と citonellal (8-10％) で、果実も同様にこの 2 種が主成分であった (citronellal (45-77％)、citronellal (11-14％))。花は sabinene 含量が高かった (45-42％)[42]。

また、インド北東部での Litsea cubeba の葉、茎樹皮、果実の主成分はそれぞれ、linalool (78％)、citronellol (41％)、citronellal (77％) であった[43]。Litsea cubeba の根からは cubebaol が単離されている[44]。Litsea cubeba の根から 71 種の化合物が同定され、その主成分は naphthalene (13％) であるとの報告もある[45]。Litsea cubeba の再調査の結果、新たにイソキノリンアルカロイド、laurotetanine、isoboldine、norisocorydine、N-methyllindcarpine、isodomesticine、glaziovine が単離された[46]。Litsea cubeba の茎からアルカロイド、(-)-oblongin、(-)-8-O-methyloblongine、xanthoplanine、(-)-maganocurarine が単離された報告も見られる[47]。

Litsea acuminata より 4 タイプのイソキノリンアルカロイド、8 種のアポルフィン、laurolitsine、actinodaphnine、norisoboldine、isoboldine、boldine、laurotetanine、lindcarpine、norisocorydine、4 種のベンジルイソキノリン類、juziphine、norjuziphine、reticuline、N-methylcoclaurine およびモルフィナン、pallidine が単離、同定された[48]。

Litsea glaucescens からは、フラボノン類である pinostrobin、pinocembrin およびジヒドロカルコン、2',6'-dihydroxy-4'-methoxydihydrochalcone が単離された[49]。

インド北東部でカイコの飼料用として用いられる地方名 sualu の Litsea monopetala の果実、花、樹皮、の精油成分が調べられた。花精油は α-caryophyllene alcohol (14％)、pentacosane (11％)、caryophyllene oxide (10％)、humulene oxide (10％)、tricosane (8％) を含み、より揮発性の果実精油は decanal (27％)、nonanol (17％)、capric acid (16％)、樹皮精油は主にアルデヒド、アルコール、酸からなり、その主なものは tetradecanal (30％)、tridecanol (11％)、myristic acid (11％)、tridecanal (9％) であった[50]。Litsea glutinosa の未熟および熟した果実の熱水蒸留による精油はそれぞれ 40、30 以上の化合物を含み、そのうち前者は 28 (精油の約 90％)、後者は 22 (約 98％) の化合物が GC/MS で同定された。両者とも (E)-β-ocimene (それぞれ 71％、84％) を多量に含んでいた[51]。Litsea zeylanica の精油は 60 以上の化合物を含み、その内の 44 種が同定された[52]。主成分は linalool (55％) と β-caryophyllene (17％) であった。Litsea elliptica の根樹皮

よりオレアナン型トリテルペン、β-amyrin acetate、erythrodiol 3-acetate、3-O-acetyloleanolic aldehyde、3-O-acetyl-28,28-dimethoxyolean-12-ene、3-O-acetyloleanolic acid が単離、同定された[53]。台湾に生育する Litsea pungens の葉の精油が GC-MS で同定された。その主要成分は 1,3-trimethyl-2-oxabicyclo[2,2,2]octane (60%)、1,8-cineole (9%)、citronellal (7%)、2-methyl-5-(1-methylethylene)-cyclohexanone (4%)、nerylacetate (3%) であった[54]。

Laurus nobilis の花の精油成分は、β-caryophyllene (10%)、viridiflorene (12%)、germacradienol (10%)、β-elemene (10%)、(E)-ocimene (8%) からなる葉油成分と異なる精油成分組成を示した[55]。トルコ地方に野生に生育する芳香植物の精油成分の季節変化に関する研究によると、Laurus nobilis の活性成分含量が最も高くなるのは9月であった[56]。エジプトに生育する Laurus nobilis の新鮮葉は約 0.7% の精油を含み、その主成分は 1,8-cineole であった[57]。同じくエジプトの Laurus nobilis の葉油中の28種の成分が同定されている[58]。その主成分は 1,8-cineole (38%) で、ほかには p-cymene (20%)、α-terpinyl acetate (7%)、myrcene (5%)、β-pinene (4%)、4-terpineol、α-terpineol、linalool、Me eugenol が含まれていた。その精油は Candida albicans、Cryptococcus neoformans、Mycobacterium intracelluare に対して中程度の抗カビ作用を示した。トルコ産 Laurus nobilis の実の成分は、約20種の脂肪酸を含み、lauric acid、oleic acid、linoleic acid をそれぞれ 54%、15%、17% 含んでいた[59]。また、不鹸化物として undecanone、α-terpineol、terpinyl acetate、β-elemene、β-sitosterol も含んでいることが明らかにされた。Laurus nobilis の葉より Z-3-hexenyl-O-β-D-glucopyranoside とともに3種のリグナン配糖体、(+)-secoisolariciresinol 9-O-β-D-xylopyranoside、(+)-5′-methoxyisolariciresinol 9′-β-D-xylopyranoside、schizandraside が単離された[60]。

Lindera neesiana の葉および枝はそれぞれ 1.3%、0.5% の精油を含み、その主成分は葉油では Me chavicol (84%)、safrol (12%)、枝では myristicin (70%)、1,8-cineole (18%) であった[61]。また、Lindera neesiana の脂肪酸をメチル化後の分析では、Me laurate (75%)、Me caprate (13%)、Me oleate (5%)、Me myristate (2%)、Me palmitate (0.5%) であった[62]。Lindera obtusiloba の葉からフラボン配糖体、quercitrin、茎から hyperoside が単離された[63]。Lindera obtusiloba からこれらの化合物が見いだされたのは初めてである。Lindera glauca の地下茎から2種の (−)-メトキシブタノライド、(3S,2E)-2-(11-dodecanylidene)-3-methoxy-4-methylenebutanolide および (3S,2E)-2-(11-dodecynylidene)-3-methoxy-4-methylenebutanolide が単離、構造が決定された[64]。Lindera reflexa の根からは2種のスチルベン誘導体、pinosylvin および β,β′-pinosylvin diglucoside が分離された[65]。Lindera pipericarpa の樹皮より3種のアルカロイド、N-methyllaurotetanine、isocorydine、norisocorydine が単離された[66]。

ブラジル産 Ocotea duckei の幹樹皮より (+)-4′-O-demethylepimaagnolin A が単離された[67]。インド北東部で採取された Machilus bombycina の葉油より40種の化合物が同定された[68]。その主要成分は decanal (13%)、11-dodecenal (8%)、dodecanal (27%) であった。同じく Machilus bombycina の葉油から decanal とともに tetradecanal が最も含量が高いという報告も見られる[69]。Machilus thunbergii の葉の6種のフラボノイドが同定された[70]。主要な成分は guaijaverin (5%) および quercitrin (1%) であった。

Cryptocarya cunninghamii の葉は 0.7–1.5% の精油を含み、主成分として bicyclogermacrene (52%) あるいは 6-nonyl-5,6-dihydro-2H-pyran-2-one (78–88%) を含んでいた[71]。このほかに 6-heptyl-5,6dihydro-2H-pyran-2-one (0.1–1.3%)、6-pentyl-5,6-dihydro-2H-pyran-2-one (0.1–0.2%)、2-phenylethyl benzoate (4–6%) も見いだされた。Cryptocarya densiflora より2種の生物活性を有するゲルマクラノライドフラノセスキテルペンが単離され、linderane および pseudolinderadien であることが明らかにされた[72]。Cinnamomum japonicum の葉油含量の季節変化にテルペン放

出量は関連していることが明らかにされた[73]。*Neolitsea aciculata* と *Litsea japonica* の茎の不鹸化脂質中のステロールが調べられ、sitosterol, campesterol, stigmastanol が両種の主要成分であることがわかった[74]。*Neolitsea parvigemma* および *Neolitsea konishii* より3種のフラボノイド、kaempferol 3-*O*-rhamnoside, quercetin 3-*O*-rhamnoside, taxifolin-3-*O*-rhamnoside、3種のフェルレイト、docosanyl ferulate, tetracosanyl ferulate, hexacosanyl ferulate, 2種の cyclohex-2-ene-1-one、blumenol A, roseoside, 2種のセスキテルペン、zeylanidine, zeylanicine, 4種のトリテルペン、lupeol, lupenone, taraxerol, taraxerone, ステロイド、*β*-sitosterol, アミン、*N-trans*-feruloylmethoxytyramine、8種のアルカロイド、roemerine, actinodaphnine, *N*-methylactinodaphnine, glaucine, oxo-glaucine, boldine, corydine, methoxyannomontine が単離、同定された[75]。

3.2 生物活性

3.2.1 抗菌活性

クスノキ属植物の抗菌性に関する報告としては以下のものが見られる。*Cinnamomum zeylanicum* の葉の精油が *Botrytis cinerea* に対して強い抗菌性を示した[76]。

害菌、*Aspergillus flavus* からトウモロコシの実を保護するために、11種の植物の精油の *A. flavus* に対する抗菌性が調べられ、シンナモン（*Cinnamomum zeylanicum*）が抗菌性を有することが示された[77]。主要成分では *o*-methoxycinnamaldehyde がトウモロコシ実の菌による汚染を減少させることが明らかにされた。*Cinnamomum tamala* の精油が穀物の害菌、*Fusarium moniliforme* に対し抗菌性を有し、その強さは濃度の増大とともに増大することが示された[78]。*Cinnamomum camphora* の葉の抽出物から単離した暗赤色化合物が、*Escherichia coli*、*Staphylococcus aureus*、*Bacillus megatherium*、*Bacillus subtillis*、*Mucor* sp. に抗菌性を有することが明らかにされた[79]。*Cinnamomum camphora* 精油が *Aspergillus flavus* に対して 4000 ppm で抗菌性を持つこと、ceresan, copper oxychloride などの合成食品保存剤と同程度の抗菌活性を持つことが報告されている[80]。*Cinnamomum cassia* の樹皮成分のヒト腸内細菌に対する抗菌活性が調べられた[81]。その結果、cinnamaldehyde は *Clostridium perfringens*、*Bacteroides fragilis* および *Bifidobacterium bifidum* に対して強い抗菌性を示し、*Bifidobacterium longum* および *Lactobchillus acidophilus* に対しては活性を示さないか、弱い活性を示すにすぎなかった。salicylaldehyde は中程度の活性を有するが、cinnamyl alcohol, *trans*-cinnamic acid, eugenol はほとんど活性を示さないことなどが明らかとなった。

Litsea cubeba 果実精油の *Fusarium oxysporium*、*Helminthosporium* sp.、*Stemphyllium* sp. に対する抗菌活性が調べられ、その主たる抗菌成分は citral であることが示された[82]。*Litsea cubeba* 精油の濃度と *Fusarium moniliforme*、*Fusarium solani*、*Alternaria alternata*、*Aspergillus niger* に対する抗菌活性が調べられ、濃度の増加とともに活性が増大することが示された[83]。

3.2.2 抗酸化活性

Litsea cubeba 樹皮精油が強い合成抗酸化剤で知られるブチルヒドロキシアニソール（BHA）の2倍の強さの抗酸化活性を持つことが明らかにされた[84]。さらに、精油採取後の残渣は抗酸化活性を有するが、*Litsea cubeba* 精油よりは活性が低いこと、クロロホルム抽出物の抗酸化活性は BHA の75％程度であることが報告された。

Lindera strychnifolia のメタノール抽出物のフリーラジカル消去作用が大であることが示された[85]。

3.2.3 昆虫に対する生物活性

昆虫に対する摂食阻害活性に関する以下の数例の報告が見られる。*Cinnamomum camphora* 精油の *Calopepla leayana* と *Eupterote geminata* に対する摂食阻害活性が調べられ、昆虫に異常行動を起こさせる揮発性成分が含まれていることが示された[86]。carvacrol などの芳香族化合物と cinnamaldehyde などの芳香族アルデヒドを豊富に含んでいる *Cinnamomum zeylanicum* 精油が *Ceratitis capitata* に対して高い死亡率を示した。これらの活性物質の5%含有物は90%以上の致死率であった[87]。クスノキ科植物 *Laurus nobilis* を含む21の抽出物および天然有機化合物の北方の鳥のダニ、*Ornithonyssus sylviarum* が調べられ、阻害活性を示した[88]。citronellal は0.1%濃度でダニの摂食を完全に阻害した。

Cinnamomum camphora の殺蟻活性が他の針葉樹の活性と比較されている[89]。それによると、*Cinnamomum camphora* 材の殺蟻活性は、アカマツのそれよりはるかに高いが、ヒノキの1/8、ヒノキアスナロの1/7であった。*Litsea coreana*（カゴノキ）の *Coptotermes formosanus* に対する殺蟻活性が検討され、殺蟻成分として sesquirosefuran が単離、同定された[90]。Sesquirosefuran は *Litsea creana* の殺蟻活性の80%を占めていた。*Cinnamomum aromaticum* が *Tribolium castaneum* および *Sitophilus zeamais* に対して殺虫作用を有すること、*T. castaneum* および *S. zeamais* の成虫に対して cinnamaldehyde が接触毒性を有することなどが明らかにされた[91]。

住居内に生息するゴキブリ、*Periplaneta americana* に対して *Cinnamomum zeylanicum* 精油が忌避活性を有することが示された[92]。室内塵ダニ、ヤケヒョウヒダニ（*Dermatophagoides pteronyssinus*）およびコナヒョウヒダニ（*D. farinae*）に対するクスノキ科樹木の葉油の活性が調べられ、シロダモ（*Neolitsea sericea*）の葉油が強い殺ダニ活性を有することが明らかにされた[93]。強い活性成分として isosericenin、caryophyllene oxide、α-cadinol が同定された。

クスノキ科植物には薬理作用を持つものも多く、以下に示す活性成分が過去10年間に見いだされている。kaempferol 3,7-*O*-di-α-L-rhamnopyranoside が *Lindera sericea* の葉から初めて単離され、また、kaempferol glycoside に抗炎症作用が認められた[94]。*Lindera megaphylla* の根よりアポルフィン型イソキノリンアルカロイド、*d*-dicentrine が単離された。dicentrine はウサギの血小板凝集抑制作用、ラットの胸大動脈収縮抑制作用を有していた[95]。また、*d*-dicentrine は強い抗癌作用も有していた[96]。

Lindera megaphylla の蕾、花梗より6種のアポルフィンアルカロイド、dicentrine、*N*-methyl-nanigerine、dicentrinone、dehydrodicentrine、*O*-methylbulbocapnine、cassameridine および3種のフラボノイド配糖体、isoquercitrin、tiliroside、rutin が単離された。*O*-methylbulbocapnine は、dicentrine ほど作用が強くはないものの、血小板凝集抑制効果および胸大動脈収縮抑制作用を有していた[97]。*Lindera umbellata* の樹皮から単離されたヘキサヒドロジベンゾフラン誘導体が強いメラニン生合成阻害作用を持つことが見いだされた[98]。

Cinnamomum japonicum はアセチルコリンエステラーゼに対して80%以上の阻害活性を有していた[99]。生薬としての *Cinnamomum cassia* および *Machilus thunbergii* は40 ppm の濃度でプロリルエンドペプチダーゼ活性の70%以上を阻害した[100]。*Cinnamomum cassia* と cinnamyl 誘導体はインフルエンザウイルスにかかったマウスに対して強い解熱作用を示した[101]。

4 構造式（主として新規化合物）

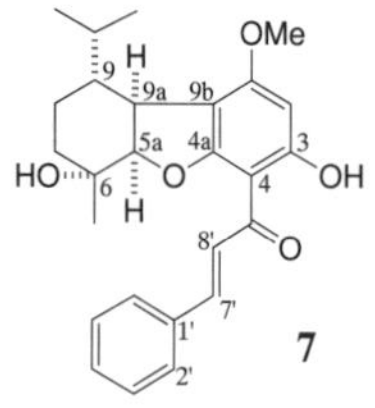

7

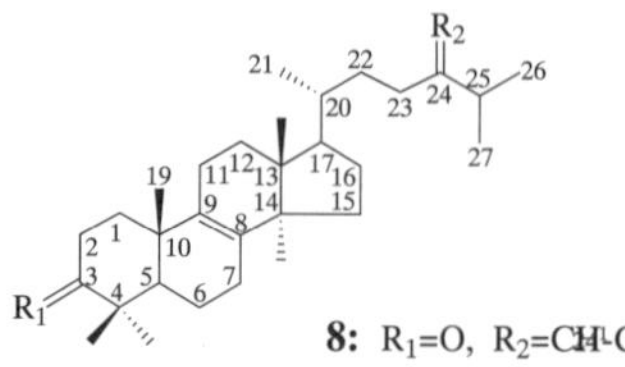

8: R_1=O, R_2=CH-CH$_3$
9: R_1=O, R_2=CH$_2$

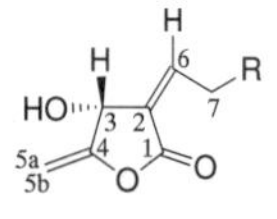

11: R=-(CH$_2$)$_8$CH=CHCH$_2$ME (trans) (A: 0.3%)
12: R=-(CH$_2$)$_{11}$Me (B:1.2%)
13: R=-(CH$_2$)$_4$CH=CHCH$_2$CH=CH(CH$_2$)$_4$Me (cis, cis) (C:4.6%)
14: R=-(CH$_2$)$_4$CH=CH(CH$_2$)$_7$Me (cis) (D:2.0%)
15: R=-(CH$_2$)$_{13}$Me (E:12.8%)

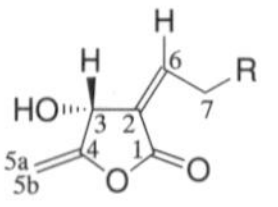

16: R=-(CH$_2$)$_8$CH=CHCH$_2$ME (trans) (A: 1.3%)
17: R=-(CH$_2$)$_{11}$Me (B:4.3%)
18: R=-(CH$_2$)$_4$CH=CHCH$_2$CH=CH(CH$_2$)$_4$Me (cis, cis) (C:25.8%)
19: R=-(CH$_2$)$_4$CH=CH(CH$_2$)$_7$Me (cis) (D:6.6%)
20: R=-(CH$_2$)$_{13}$Me (E:40.0%)

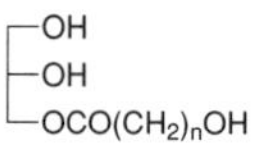

37: n=27
38: n=23

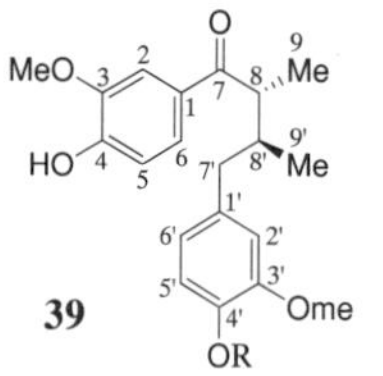

39

	Ar
48:	β GU
49:	α Mp
50:	α GU

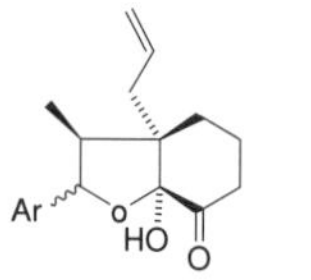

Gu: guaiacyl
Mp: 3-methoxy-4,5-methylenedioxyphenyl

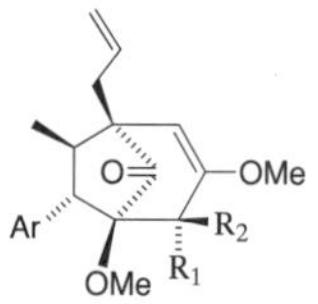

	Ar	R_1	R_2
51:	TP	OH	H
52:	TP	H	OH

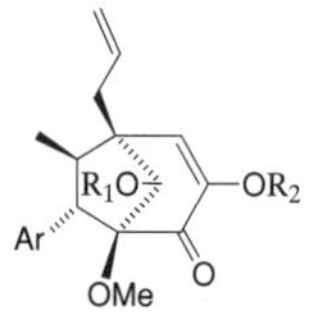

	Ar	R_1	R_2
53:	Mp	Ac	H

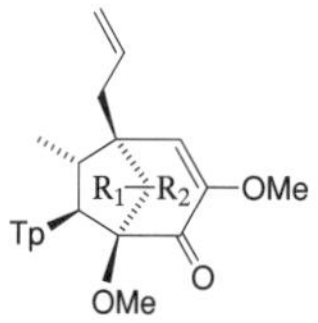

	R_1	R_2
54:	OAc	H
55:	OH	H

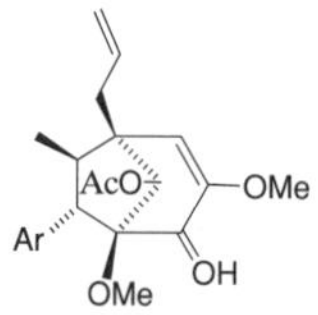

	Ar
56:	Mp

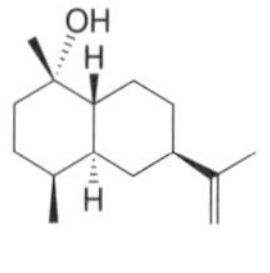

57

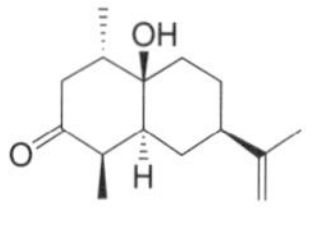

58

Tp: 3,4,5-trimetoxyphenyl
Mp: 3-methoxy-4,5-methylenedioxyphenyl

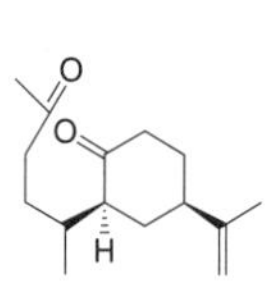

59

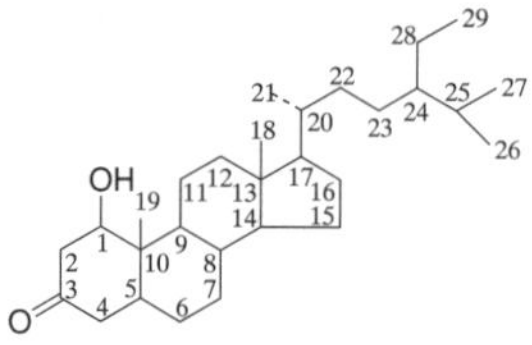

65

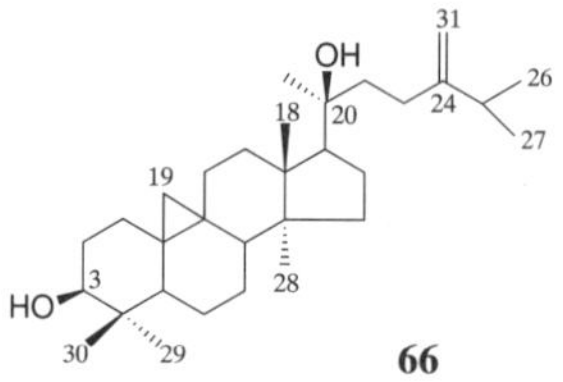

66

5 引用文献

1) B. M. Frag *et al.* (1997, Spain) **127**: 290545. 2) J. E. Abderson *et al.* (1992, USA) **117**: 23244. 3) Y. Mimaki *et al.* (1995, Japan) **123**: 138837. 4) M. Sharma *et al.* (1994, Japan), *Phytochemistry* **37** (1), 201 (1994). 5) C-J. Chou *et al.* (1994, Taiwan) **121**: 175183. 6) K. Seki *et al.* (1995, Japan) **123**: 310392. 7) B. H. Phan *et al.* (1994, France) **121**: 31100. 8) I. Kouno *et al.* (1997, Japan) **128**: 112857. 9) S. A. Achmad *et al.* (1992, Indonesia) **117**: 86782. 10) S-S. Lee *et al.* 1996, Taiwan) **124**: 226464. 11) E. H. Hakim *et al.* (1993, Indonesia) **120**: 50107. 12) S. N. garg *et al.* (1992, India) **117**: 230130. 13) C. Fiorini *et al.* (1998, France) **128**: 268240. 14) R. L. Hazarika *et al.* (1993, India) **121**: 5166. 15) R. K. Mukherjee *et al.* (1994, Japan) **122**: 261072. 16) T. S. Wu *et al.* (1994, Taiwan) **121**: 104151. 17) D. Tanaka *et al.* (1995, Japan) **123**: 280915. 18) J. M. Oger *et al.* (1993, France) **120**: 27461. 19) M. O. Marques *et al.* (1992, Brazil) **116**: 170174. 20) D. C. Rodrigues *et al.* (1992, Brazil) **116**: 191008. 21) G. M. S. P. Guilhon *et al.* (1992, Brazil) **117**: 167714. 22) C. J. Pereira *et al.* (1992, Brazil) **123**: 138782. 23) J. E. Bnfield *et al.* (1994, Australia) **121**: 5148. 24) Q. Ye *et al.* (1996, USA) **124**: 325111. 25) D. Tanaka *et al.* (1992, Japan) **120**: 143808. 26) M. C. Sharma *et al.*, *Mokuzai Gakkaishi* **39** (8), 939–943 (1993). 27) M. C. Sharma *et al.*, *Phytochemistry* **33** (3), 721–722 (1993). 28) G. Wang *et al.* (1994, China) **122**: 101705. 29) B-M. Kwon *et al.* (1996, Korea) **125**: 30003. 30) T. T. Nguyen *et al.* (1997, Vietnam) **127**: 166511. 31) G. L. Ruan *et al.* (1997, China) **127**: 245493. 32) B. Cheng *et al.* (1991, China) **117**: 157367. 33) G. R. Mallavarapu *et al.* (1995, India) **123**: 280932. 34) J. C. Chalchat *et al.* (1998, France) **128**: 326290. 35) G. K. Jayaprakasha *et al.* (1997, India) **127**: 362455. 36) C. S. Nath *et al.* (1996, India) **125**: 53653. 37) A. Sattar *et al.* (1991, Pakistan) **116**: 113306. 38) T. A. R. Akeng'a *et al.* (1994, Kenya) **123**: 65510. 39) N. X. Dung *et al.* (1993, Vietnam) **121**: 129879. 40) X. D. Nguyen *et al.* (1994, Vietnam) **121**: 263261. 41) A. K. Pandley *et al.* (1997, India) **127**: 275365 42) S. Choudhury *et al.* (1998, India) **129**: 273008. 43) S. C. Nath *et al.* (1996, India) **125**: 297120. 44) F. G. Chen *et al.* (1991, China) **116**: 67006. 45) S. Fu *et al.* (1192, China) **120**: 73337. 46) S. S. Lee *et al.* (1992, Taiwan) **118**: 56169. 47) S. S. Lee *et al.* (1971, Taiwan) **120**: 73433. 48) S-S. Lee *et al.* (1994, Taiwan) **122**: 128583. 49) J. A. Lopez *et al.* (1995, Costa Rica) **122**: 286694. 50) S. N. Choundhury *et al.* (1997, India) **128**: 7206. 51) S. N. Choundhury *et al.* (1996, India) **125**: 297116. 52) K. P. Padmakumaari *et al.* (1992, India) **118**: 143510. 53) S. A. Achmad *et al.* (1994, Indonesia) **122**: 183193. 54) Z. Zhang *et al.* (1992, China) **117**: 108089. 55) C. Fiorini *et al.* (1997, France) **127**: 70671. 56) F. J. Mueller-Riebau *et al.* (1997, Germany) **127**: 328906. 57) H. H. Baghdadi *et al.* (1993, Egypt) **121**: 186746. 58) F. M. Soliman *et al.* (1994, Egypt) **125**: 230313. 59) H. Hafizoglu *et al.* (1993, Germany) **119**: 183230. 60) S. Yahara *et al.* (1992, Japan) **118**: 35873. 61) R. S. Singh *et al.* (1995, India) **124**: 112405. 62) S. C. Duta *et al.* (1991, India) **117**: 147228. 63) J-C. Park *et al.* (1996, Korea) **124**: 337848. 64) K. Seki *et al.* (1994, Japan) **121**: 153359. 65) J. Zhang *et al.* (1994, Peop. Rep. China) **121**: 65385. 66) N. Lajis *et al.* (1992, Malaysia) **119**: 113430. 67) L. C. S. L. Morais *et al.* (1998, Brazil) **129**: 52107. 68) S. N. Choudhury *et al.* (1995, India) **123**: 5562. 69) R. L. Hazarika *et al.* (1994, India) **121**: 163657. 70) S. H. Kim *et al.* (1993, Korea) **120**: 240121. 71) J. J. Brophy *et al.* (1998, Australia) **128**: 228482. 72) S. A. Achmad *et al.* (1992, Indonesia) **116**: 252093. 73) M. Yatagai *et al.* (1995, Japan) **122**: 261170. 74) K. Yano *et al.* (1992, Japan) **117**: 44620. 75) K-S. Chen *et al.* (1998, Peop. Rep. China) **128**: 280819. 76) C. L. Wilson *et al.* (1997, USA) **127**: 105538. 77) R. Montes-Belmont. *et al.* (1998, Mexico) **129**: 80934. 78) P. Baruah *et al.* (1996, India) **125**: 163086. 79) X. Liu *et al.* (1996, China) **125**: 270505. 80) A. K. Mishra *et al.* (1991, India) **116**: 241800. 81) H-S. Lee *et al.* (1998, Korea) **128**: 20355. 82) Y. Huargliang *et al.* (1994, China) **122**: 209785. 83) P. Gogoi *et al.* (1997, India) **126**: 222745. 84) B. Yu *et al.* (1998, China) **129**: 160832. 85) B. J. Kim *et al.* (1997, Korea) **128**: 26742. 86) A. K. Pandey *et al.* (1997, India) **127**: 3207705. 87) M. D. L. Moreti *et al.* (1998, Italy) **129**: 256454. 88) J. F. Carroll *et al.* (1994, USA) **121**: 127827. 89) K. Hashimoto *et al.* (1997, Japan) **127**: 123126. 90) H. Y. Kang *et al.* (1994, Japan) **120**: 265850. 91) Y. Huang *et al.* (1998, Singapore) **128**: 291451. 92) F. B. H. Ahmad *et al.* (1995, Malaysia) **128**: 150622. 93) T. Furuno *et al.* (1994, Japan) **120**: 263805. 94) J-C. Park *et al.* (1996, Korea) **125**: 237929. 95) C. C. Chen *et al.* (1991, Taiwan) **116**: 51154. 96) R. L. Huang *et al.* (1998, Taiwan) **128**: 274944. 97) C-C. Chen *et al.* (1995, Taiwan) **123**: 310377. 98) Y. Sashita *et al.* (1996, Japan) **125**: 142539. 99) B. H. Lee *et al.* (1997, Korea) **128**: 306212. 100) K-H. Lee *et al.* (1997, Korea) **127**: 70669. 101) M. Kurokawa *et al.* (1998, Japan) **129**: 75985.

16 グミ科
Elaeagnaceae

1 科の概要

　木本、鱗片状、星状または垢状の毛をもち、葉は互生、まれに対生、単葉、全縁で托葉はない。果実は漿果様に肥厚したがく筒の基部に包まれ、種子は直立する。約3属65種が存在する。代表的なグミ属 (Elaeagnus) は落葉または常緑の木本で、しばしば枝が刺になる。東アジアに多く、ヨーロッパ南部、北アメリカにも存在する[1]。

ツルグミ
(Elaeagnus glabra)

2 研究動向

　ナワシログミ (Elaeagnus pungens) は、和漢薬において胡頽子(こたいし)と呼ばれ、果実、根、葉が止痢、咽喉痛などに用いられている[2]。最近の研究動向としては、フラボノイド、テルペン、脂質などの成分分析がわずかに認められるのみである。

3 各　論

　Elaeagnus montana 葉のフラボノイド配糖体類[3]、Elaeagnus angustifolia 花の hexane 抽出物中のステロール、トリテルペン[4]、Shepherdia argentea 葉のフラボノイド類[5] の分析がなされている。Elaeagnus angustifolia 葉表層の脂質の分析がなされている[6,7,8]。Hippophae rhamnoides 果実、Elaeagnus angustifolia 種子から得られた diol lipids の特性が調べられている[9]。Hippophae rhamnoides 果実より multivitamin carotenoid-protein の抽出がなされている[10]。

4 引用文献

1) 北村四郎、村田源、『原色日本植物図鑑・木本編 I』、保育社、pp. 213–218 (1971).　2) 刈米達夫、『和漢生薬』、廣川書店、p. 122 (1971).　3) W. Dembinska-Migas (1990, Pol.) **118**: 143392.　4) N. P. Goncharova *et al.* (1996, Uzbekistan) **128**: 178110.　5) W. Dembinska-Migas (1990, Pol.) **117**: 230138.　6) N. P. Bekker *et al.* (1997, Uzbekistan) **129**: 200532.　7) N. P. Bekker *et al.* (1997, Uzbekistan) **129**: 214128.　8) N. P. Bekker *et al.* (1997, Uzbekistan) **129**: 200532.　9) N. P. Goncharova *et al.* (1996, Uzbekistan) **127**: 106602.　10) C. Socaciu (1993, Romania) **129**: 19642.

17 クルミ科
Juglandaceae

1 科の概要

クルミ科は8属約60種からなる。北半球の亜熱帯から温帯を中心に広く分布し、数種が中央アメリカから南アメリカ北部に分布している。クルミ属やペカン属の大きな堅果が食用になるほか、用材として利用される[1]。

オニグルミ
(*Juglans sieboldiana*)

2 研究動向

成分研究に関連したものでは、エラジタンニン、複合タンニン、テトラロン配糖体、サポニン配糖体、ジアリルヘプタノン配糖体、ジアリルヘプタノイドなどを対象とした果実、根、幹、樹皮等の新規化合物の構造決定、定性、定量分析、生合成の報告があり、特に定性、定量分析の報告が多い。微生物に対する抗菌活性、医薬品と関連した生理活性、化学植物分類学、化学生態学(食草選択と成分の関係、毒性調査と成分の関係、混交林・単純林と無機成分の関係)についての研究、また接ぎ木と成分との関係、形質転換体の成分特性の研究がなされている。利用を目指したものとしては、食品抗酸化剤としての利用、植物タンニンの製造特許の報告がみられるが、数少ない。

3 各 論

3.1 新規成分の単離

ノグルミ属 (*Platycarya strobilacea*) の果実と樹皮よりエラジタンニン (platycaryanin A (**1**)、platycaryanin B (**2**)、platycaryanin C (**3**)、platycaryanin D (**4**) および platycariin (**5**) と複合タンニンの strobilanin (**6**) が単離されている[2]。クルミ属 (*Juglans mandshurica*) の根から配糖体の 4,5,8-trihydroxy-α-tetralone 5-O-β-D-glucoside (**7**) が単離されている[3]。クリ属 (*Castanea crenata*) とノグルミ属 (*Platycarya strobilacea*) の心材から C-グリコシドエラジタンニンの castacrenin A (**8**)、castacrenin B (**9**)、castacrenin C (**10**) が、心材内部から単離されている。ノグルミ属 (*Platycarya strobilacea*) の辺材からジアリルヘプタノイドの 4,17-dimethoxy-2-oxatricyclo[13.2.2.13,7]eicosa-3,5,7(20),15,17,18-hexaene-10(R)-ol が心材の特徴的な代謝産物として単離されている[4]。ノグルミ属 (*Platycarya strobilacea*) の木部よりウイスキーラクトンの前駆体の (3S,4S)-3-methyl-4-hydroxyoctanoic acid 3-O-β-D-glucopyranoside (**11**) およびこのグルコース核の6位に没食子酸がエステル結合している化合物 (**12**) が単離されている[5]。サワグルミ属 (*Pterocarya paliurus*) の葉および幹より非常に甘いサポニン配糖体の pterocaryoside A (**13**) および pterocaryoside B (**14**) が単離されている[6]。クルミ属 (*J. mandshurica*) の根より組織球リンパ腫に対して細胞毒性を有するナフトキノン配糖体の没食子酸エステルで 1,4,8-trihydroxynaphthalenyl1-O-β-D-[6'-O-(3'',5''-

dimethoxy-4″-hydroxybenzoyl)]glucopyranoside (**15**) と 1,4,8-trihydroxynaphthalenyl1-O-β-D-[6′-O-(3″,4″,5″-trihydroxybenzoyl)]glucopyranoside (**16**) が単離されている[7]。ノグルミ属 (*Platycarya strobilacea*) の心材よりジフェニルエーテル型のジアリルヘプタノイド化合物の platycarynol (**17**) が単離されている[8]。クルミ属 (*J. mandshurica*) の根より細胞毒性を有するジアリルヘプタノイド化合物の 4,5,8-trihydroxy-α-tetralone 5-O-β-D-[6′-O-(3″,5″-dimethoxy-4″-hydroxybenzoyl)]glucopyranoside と 1,4,8-trihydroxy-3-naphthalenecarboxylic acid1-O-β-D-glucopyranoside methyl ester が単離されている[9]。

3.2 成分の定性・定量

クルミ属 (*J. regia* ssp. *fallax*) の胚の serotonin 含有量は 95 mg/g (生重量) であった[10]。クルミ属 (*J. regia*) および他の3植物 (*Hibiscus cannabinus*、*Terminalia bellirica*、*Pithecellobium dulce*) の種子のグリコリピド組成を調べている[11]。クルミ属 (*J. sieboldiana*) の成熟胚の serotonin 含有量は 20 mg/g (新鮮葉) であった[12]。クルミ属 (*J. regia*) の種子およびミカン属 (*Citrullus vulgaris*) の小核果のリン脂質はホスファチジルエタノールアミンおよびホスファチジルコリンであった[13]。クルミ属 (*J. regia*) の高級不飽和脂肪酸含有量を変動要因を考慮して調べている[14]。クルミ属 (*J. nigra*) の果実皮の精油成分、臭特性を調べている[15]。クルミ属 (*J. regia*) の乾燥葉のタンニン、フラボノイド等の成分量を調べている[16]。クルミ属 (*J. mandshurica*) の葉より、nonacosanol、octacosan-2-ol、β-sitosterol、juglone、3-methoxy-7-methyljuglone、succinic acid が単離され、このうち juglone を除いて残りの5化合物はこの植物から初めて単離されている[17]。クルミ属 (*J. regia*) の新鮮葉のナフトキノン誘導体含有量は juglone として 0.16％である[18]。クルミ属 (*J. regia*) の 15 タイプを選び、脂肪酸の組成、含有量および各脂肪酸成分の割合を調べている[19]。クルミ属 (*Cordia elaeagnoides* および *Enterolobium cyclocarpum*) より、抗菌活性を有する化合物とタンニンを単離すべく心材成分を調べている[20]。サワグルミ属植物を含めた各種植物の花粉外膜におけるフェノール性成分の存在部位を明らかにするために、免疫細胞化学的方法を用いている[21]。

3.3 生理活性

ヨルダンにおける薬草植物の微生物に対する抗菌活性を調べ、クルミ科 (*Juglans regia*) は Streptococcus pneumonia、B-streptococcus pyogenes A、Hemophilus influenza、Candida albicans に対する抗菌活性を示している[22]。ノグルミ属 (*Platycarya strobilacea*) の葉より、抗癌活性成分として 5-hydroxy-2-methoxy-1,4-naphthoquinone、ursolic acid、gallic acid、4,8-dihydroxynaphthalene 1-O-β-D-glucoside、eriodictyol、quercetin 3-O-(2″-O-galloyl)-β-D-glucoside、quercetin 3-O-(2″-O-galloyl)-β-D-galactoside、quercetin 3-O-α-L-rhamnoside を単離している[23]。24 論文の亜熱帯植物の *Engelhardtia* 属 (*Engelhardtia chrysolepis*、黄杞) の葉のジヒドロフラボノール配糖体はスキンケアに関連する抗酸化活性、活性酸素除去作用、過酸化脂質生成抑制作用、抗アレルギー作用、抗炎症作用、発癌プロモーション抑制作用を示している報告のレビューである[24]。クルミ属 (*J. nigra*) と (*J. regia*) の交雑種の serotonin は IAA と IAA-conjugate の生合成に充分な量で、根発生の内生オーキシンシグナルとして考えられている[25]。

3.4 化学植物分類学、化学生態学

クルミ科の3亜科と5属における juglone の所在を論じている[26]。コナラ属 (*Quercus rubra*) およびクルミ属 (*J. nigra*) の混交林と純林において、地上部のバイオマスおよび土壌の無機成分の含有量を調べている[27]。クルミ属 (*J. regia*) の栽培者と釣り師協会との論争をきっかけとして、クルミの

洗浄液、下水管、栽培地域の水路の水の毒性を調べ、juglone の毒性は小程度に責任があるとしている[28]。ヤママユガ (*Actias luna*) の宿主選択におよぼすクルミ科植物のキノン成分の影響を調べている[29]。

3.5 生合成

カルコンシンターゼ (CHS, EC.2.3.1.74) 活性とフラボノイド蓄積との関係をクルミ属植物を用いて数学的に解析し、カルコンシンターゼはフラボノイド生合成経路の律速酵素であることを、さらに篩部で生成されるフラボノイドは樹皮に蓄積されるとしている[30]。クルミ属 (*J. nigra*) とクルミ属 (*J. regia*) の half-sib 若枝と若返り枝のナフトキノンとフラボノイドの代謝変動を組織レベルで調べている。また、フラボノイド生合成におけるカルコンシンターゼの役割について酵素レベルで調べている[31]。

3.6 育種

接ぎ木の活着度と接ぎ穂のフェノール成分含有量との関係をクルミ属 (*J. regia*) の9種類の栽培種について検討し、活着率とフェノール成分量の間には負の関係が見られている[32]。クルミ属 (*J. regia*) の接ぎ木の各部位について、接ぎ木処理後のフラバン含有量変化を調べている[33]。クルミ属 (*J. regia*) の接ぎ木の活着とフラバン含有量との関係を調べ、接ぎ木の活着はフラバン含有量だけではなく、接ぎ穂と台木のホルモン条件、接ぎ木技術などによることを示している[34]。クルミ属 (*J. nigra* × *J. regia*) の体細胞胚をアンチセンスカルコンシンターゼ遺伝子を有しているベクターで形質転換し、得られたトランスジェニック体の特性を分子レベル、生化学的レベル、生理学的レベルで特性を検討している[35]。クログルミ (*J. nigra*) 若木の栽培における雑草管理のレビューである[36]。クルミ属 (*J. nigra* × *J. regia*) の体細胞胚にアンチセンスカルコンシンターゼ RNA を導入して形質転換したトランスジェニック雑種の押木におけるフラボノイド含有量と発根性について調べている[37]。

3.7 利用

ブルガリアのクルミ科を含めて28科43種植物の種子油中の tocopherol および tocotrienol の含有量と組成を調べ、ビタミン E の濃縮物および食品保存の抗酸化剤としての潜在的利用の観点で検討している[38]。サワグルミ (*Pterocarya stenoptera*) の超音波処理濃縮液より植物タンニン抽出物を製造する特許を請求している[39]。

4 構造式（主として新規化合物）

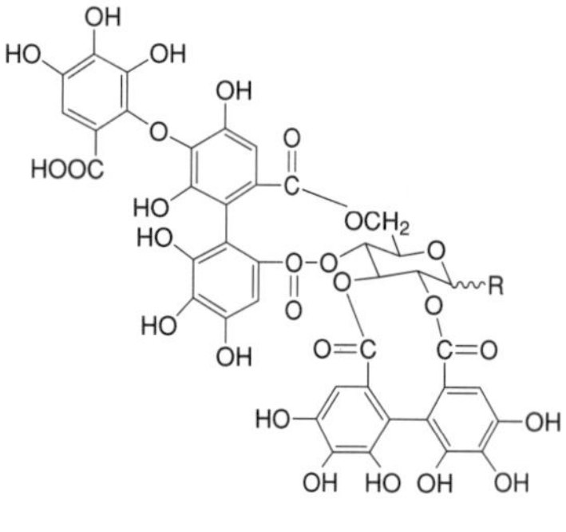

1: R = β-OGlu
2: R = α, β-OH

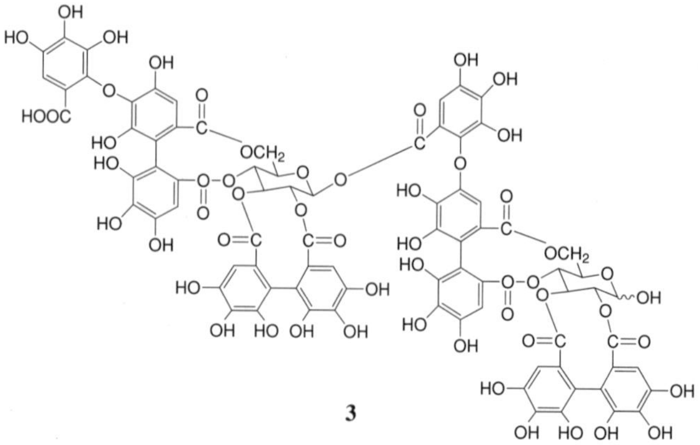

3

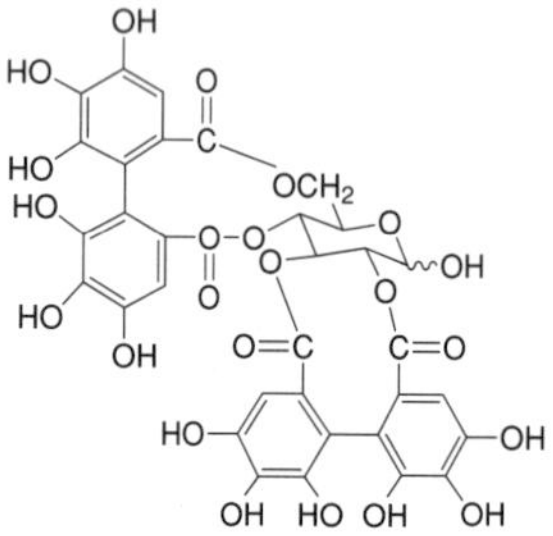

4

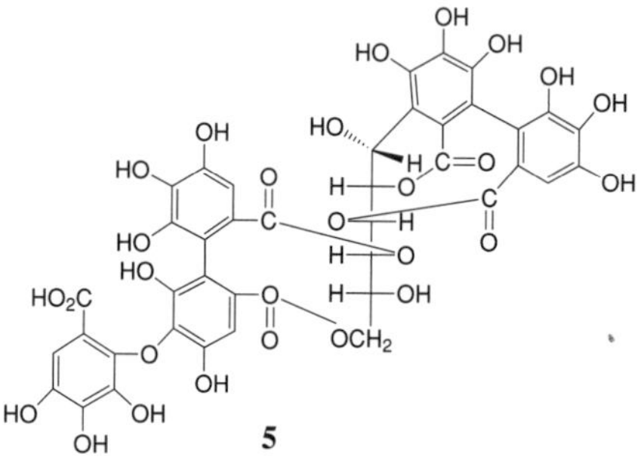

5

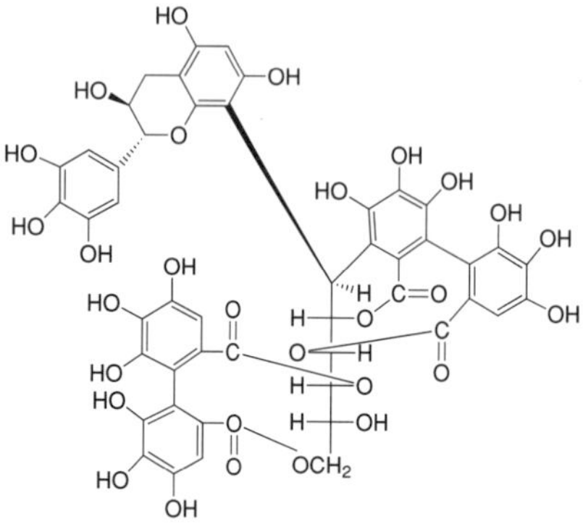

6

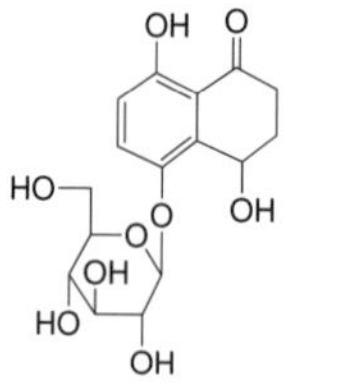

7

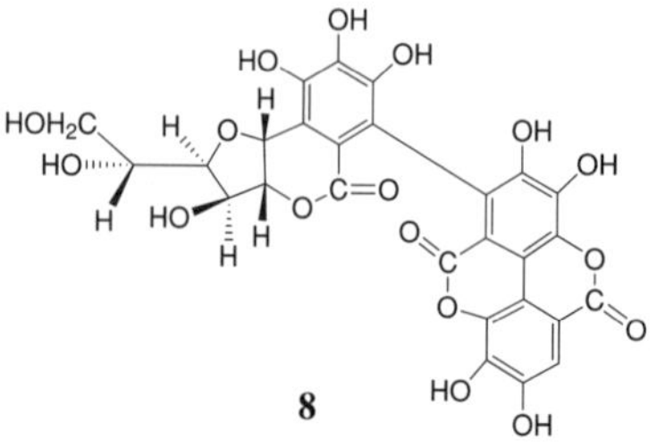

8

9

10

11: R = H
12: R = Gallic acid

13: R = D-quinovose
14: R = L-arabinose

15: R = CH$_3$
16: R = H

17

5 引用文献

1) 岩槻邦男、大場秀章、清水建美、堀田 満、ギリアン・プランス (Ghillean T. Prance)、ピーター・レーヴン (Peter H. Raven) 監修、『朝日百科 植物の 世界・第2巻 種子植物 双子葉類』、朝日新聞、pp. 66–101 (1997). 2) T. Tanaka *et al.* (1993, Japan) **122**: 76493. 3) J.-K. Son (1995, Korea) **123**: 107826. 4) T. Tanaka *et al.* (1995, Japan) **124**: 140984. 5) T. Tanaka *et al.* (1996, Japan) **125**: 243068. 6) E. Kennelly *et al.* (1995, USA) **123**: 226358. 7) Y.-K. Joe *et al.* (1996, Korea) **124**: 112340. 8) T. Tanaka *et al.* (1998, Japan) **128**: 292743. 9) S.-H. Kim *et al.* (1998, Korea) **129**: 25709. 10) I. Regula *et al.* (1990, Yugoslavia) **116**: 170093. 11) A. S. Kulkarni *et al.* (1991, India) **116**: 19974. 12) I. Regula *et al.* (1992, Yugoslavia) **119**: 135591. 13) Y. Xu *et al.* (1992, China) **118**: 79727. 14) L. C. Greve *et al.* (1992, USA) **117**: 44636. 15) G. Buchbauer *et al.* (1992, Austria) **118**: 197755. 16) A. Carnat *et al.* (1993, France) **121**: 297154. 17) N. Wu *et al.* (1994, China) **121**: 5179. 18) M. Garzu *et al.* (1995, France) **124**: 140990. 19) O. Beyhan *et al.* (1995, Turkey) **123**: 334880. 20) H. G. Ochoa-Ruiz *et al.* (1996, Spain) **127**: 6281. 21) C. Niester-Nyveld *et al.* (1997, Germany) **127**: 146713. 22) A. Alkofahi *et al.* (1996, Jordan) **125**: 230304. 23) Y. II Kim *et al.* (1996, Korea) **126**: 87089. 24) K. Mizutani *et al.* (1997, Japan) **127**: 154. 25) F. Gatineau *et al.* (1997, Belgium) **126**: 261616. 26) W. Daugherty *et al.* (1995, USA) **124**: 112446. 27) F. Tokar (1992, Czechoslovakia) **119**: 68043. 28) P. Radix *et al.* (1992, France) **118**: 34051. 29) R. L. Thiboldeaux *et al.* (1994, USA) **121**: 78818. 30) A. Claudot *et al.* (1992, France) **123**: 107868. 31) A. C. Claudot *et al.* (1997, France) **127**: 328945. 32) T. Karadeniz *et al.* (1997, Turkey) **127**: 231913. 33) S. Sen *et al.* (1997, Turkey) **127**: 231912. 34) T. Karadeniz *et al.* (1997, Turkey) **127**: 232002. 35) L. Jouanin *et al.* (1996, France) **126**: 221196. 36) J. R. Siefert (1997, USA) **128**: 19652. 37) C. El Euch *et al.* (1998, France) **129**: 326854. 38) S. A. Ivanov1 *et al.* (1998, Bulgaria) **29**: 173103. 39) X. Wang *et al.* (1995, China) **123**: 343930.

18 クワ科
Moraceae

1 科の概要

　常緑または落葉の高木か低木で、乳液がある。葉は互生、まれに対生で托葉がある。花は単性で異株または同株、短い穂状または頭状（ときに隠頭）花序に集まる。果実は小核果または小痩果で、しばしば集合して複果となる。熱帯から温帯に広く分布し、61属1550種あり、日本には6属18種ある。クワ亜科(Moroideae)、パンノキ亜科(Artocarpoideae)に分ける。アサ科(Cannab(in)aceae)をアサ亜科(Cannab(in)oidaeae)として、クワ科に含める意見もある。日本で見られる樹木を含む主な属は、クワ亜科のクワ属(*Morus*)、コウゾ属(*Broussonetia*)、パンノキ亜科のイチジク属(*Ficus*)などである[1]。

ヤマグワ
(*Morus bombycis*)

2 研究動向

　パンノキ亜科のイチジク属の植物には、イチジクやパンノキのように果樹として産業上重要な植物があり、熱帯や温帯で広く栽培されている。クワ亜科の植物は一般に皮部が強靱なので、コウゾのように繊維植物として栽培されているものがある。クワ科の代表的な植物であるクワは、その葉がカイコの飼料として重要であるが、その根皮を乾燥したものは桑白皮(Sang-Bai-Pi)と称して漢方で薬として使われる。日本の市場で売られている桑白皮のうち、中国産のものは主としてカラグワ(*Morus alba*)の根皮であるが、日本産のものは主としてヤマグワ(*M. bombycis*)の根皮である。その他、マグワ(*M. latifolia*)等の根皮も桑白皮として市販されることがある。また、同属の*M. australis*や*M. cathayana*も中国では医薬として用いられることがある。

　抽出成分研究に注目して考えると、まず桑白皮ならびにその原料植物の成分について広範な研究が行なわれ、その研究結果を応用して、他の関連植物の成分研究が進展したことがうかがわれる。

　クワ亜科の抽出成分を概観してみると、イソプレノイドに由来する側鎖をもつ各種のフェノール性化合物（プレニルフェノール）が、多くの植物から好収量で得られていることが目をひく[2]。プレニルフェノールは植物界にかなり広く分布しているが、クワ亜科からは特異な構造をもつものが数多く得られている。2種の各種のプレニルフェノール（少なくとも片方はプレニルフラボン）が、生体内でディールス-アルダー(Diels-Adler)型の反応により生成した2量体「ディールス-アルダー付加化合物」は、クワ亜科植物から多数得られているが[3]、現在のところ、クワ亜科の*Morus*属、またはこれと近縁の属と、パンノキ亜科の*Artocarpus*属の植物以外からの単離は報告されていない。一方、いくつかのクワ亜科の植物から、グルコシダーゼ阻害作用を有するイミノ糖の一種である、ピロリジンアルカロイドが単離されている。イミノ糖は分類学上広い範囲の植物から得られているが、特にクワ亜科のカジノキからは、13個の炭素からなる長鎖をもつ、特異なピロリジンアルカロイドの単離、構造研究が報告されている。クワ亜科の成分分析に関連した研究は、上記プレニルフェノール類とイミノ糖に属する化合物についての研究がかなりの部分を占めていて、このような特異な化合物が注目

されていることをうかがわせる。

　パンノキ亜科の成分研究では、*Artocarpus* 属の植物からは、クワ亜科と同様「ディールス-アルダー付加化合物」を含めて、種々のプレニルフェノール系化合物が単離、構造決定されている[2,3]。一方、イチジク属 (*Ficus*) からは、このような特異な化合物の単離は報告されておらず、フラボノイドやトリテルペン、ステロール類の研究報告を散見するのみである。

　クワ科の植物は、既に古くから果実や繊維や資源として利用されていたものが多いので、新たな利用を目指した研究は余り行なわれていないようである。しかし、得られた化合物の生物活性に関する研究は非常に多数行なわれており、近年の微生物・昆虫に対する作用、医薬品と関連した生物活性の研究において、植物成分への期待の高いことがわかる。

3　各　　論

3.1　成分分析

　市販の桑白皮から、カルコンとプレニルフェノールとのディールス-アルダー付加物である sanggenon R (**1**)、S (**2**) および T (**3**) が新規化合物として得られている[4]。また、カラグワ (*M. alba*) の根皮から、新規なスチルベン配糖体である oxyresveratrol 3′-*O*-β-glucopyranoside (**4**) が単離されている[5]。*M. australis* の根皮より、プレニルフラボン australone A (**5**) とトリテルペンである 3β-[(*m*-methoxybenzoyl)oxy]urs-12-en-28-oic acid (**6**) が単離、構造決定されている[6]。*M. cathayana* の根皮より、5種の新規なプレニルフラボン sanggenol A (**7**)、B (**8**)、C (**9**)、D (**10**)、E (**11**) と1種のプレニルベンゾフラン mulberrofuran V (**12**) が単離されている[7]。また樹皮からは、3種のプレニルフラバン sanggenol F (**13**)、G (**14**)、I (**15**) が、既知化合物である sanggenol J とともに得られており、ファルネシル基の側鎖をもつフラバン sanggenol H (**16**) が、既知のフラバンとともに得られている[8]。さらに、ディールス-アルダー付加物である sanggenol J (**17**) も同時に得られている[8]。パラグアイ産の *M. insignis* の根皮より、3種の新規なプレニルキサントン morusignin I (**18**)、J (**19**)、K (**20**) とプレニルフラボン morusignin L (**21**) が[9]、葉の抽出物の抗糖尿病作用を示した分画からは、新規な2種の化合物 moracin-3′-*O*-β-glucopyranoside (**22**) と mulberrofuran U (**23**) とが得られた[10]。パラグアイの *Sorocea bonplandii* の根皮より、2種のプレニル基を持つアリールベンゾフラン sorocenol A (**24**) とカルコンとプレニルフェノールとのディールス-アルダー付加物 sorocenol B (**25**) を単離、構造決定した[11]。

　日本のコウゾ (*Broussonetia kazinoki*) の枝から計6種の新規なピロリジンアルカロイド broussonetinine A (**26**)、B (**27**)[12]、C (**28**)、D (**29**)[13] と E (**30**)、F (**31**)[12]、G (**32**)、H (**33**) が単離され[14]、さらにそれぞれ (**26**)、(**27**) の非糖部である broussonetine A (**34**)、B (**35**)[12] も単離、構造決定されている。さらにこの枝から2種のピロリジルピペリジンアルカロイド broussonetine I (**36**) と J (**37**) とが単離、構造決定されている[15]。台湾産のカジノキ (*B. papyrifera*) の皮層部より、新規なプレニルオーロン broussoaurone A (**38**)、プレニルフラバン broussoflavan A (**39**) が[16]、また根皮からは2種の新規なプレニルフラバノール broussoflavonol E (**40**) および F (**41**)[17] が単離、構造決定されている。

　スリランカ産のパンノキ (*Artocarpus altilis*) より、新規なフラボン artonin V (**42**) を単離、構造決定した[18]。また、インドネシア産のタネナシパンノキ (*A. communis*) の樹皮より、ユニークな構造をもつ、新規な5種のプレニルフェノール artonol A (**43**)、B (**44**)、C (**45**)、D (**46**)、E (**47**)[19]、および パラミツ (*A. heterophyllus*) の樹皮より、類似の5種のプレニルフェノール artonin

Q (**48**)、R (**49**)、S (**50**)、T (**51**)、U (**52**) が得られた[20]。このうち、(**45**)、(**46**)、(**47**) および (**50**)、(**51**)、(**52**) はプレニルフラボンで、(**43**)、(**44**) や (**48**)、(**49**) はそれらの生体内酸化的分解反応の成績体であろうと考えられる。さらに、インドネシア産の *Paratocarpus* (= *Artocarpus*) *venenosa* より、2種のプレニルカルコン paratocarpin F (**53**) と G (**54**)、ならびに5種のプレニルフラバン paratocarpin H (**55**)、I (**56**)、J (**57**)、K (**58**)、L (**59**) を[21]、また5種のプレニルカルコン paratocarpin A (**60**)、B (**61**)、C (**62**)、D (**63**)、E (**64**) を[22] 単離、構造決定した。

Ficus microcarpa の樹皮から、2種の新規なイソフラボン ficuisoflavone (**65**) と isolupinisoflavone E (**66**) の単離が報告されている[23]。日本に野生するオオイタビ (*F. pumila*) の果実から、新規な2種のステロール $(24S)$-stigmast-5-ene-3β,24-diol (**67**)、$(24S)$-24-hydroxystigmast-4-en-3-one (**68**) と、2種のシクロアルタン型トリテルペン $(24RS)$-3β-acetoxycycloart-25-en-24-ol (**69**)、$(23Z)$-3β-acetoxycycloart-23-en-25-ol (**70**)、ならびに1種のオイファン型トリテルペン $(23Z)$-3β-acetoxycycloart-25-en-24-ol (**71**) の単離と構造決定が報告された[24]。インドネシアの *F. septica* から、新規な2種の環状モノテルペン置換基をもつイソフラボン ficusin A (**72**)、B (**73**) が単離構造決定された[25]。日本に野生するヒメイタビ (*F. thunbergii*) の葉と茎から、新規な2種のトリテルペン rhoiptelenol (**74**) と 3α-hydroxy-isohop-22(29)-en-24-oic acid (**75**) が単離構造決定された[26]。また、ブラジル産の *F. insipida* より新規なホパン型トリテルペン 3β-hydroxy-21αH-hop-22(29)-en-24-oic acid (**76**) の単離と構造決定が報告されている[27]。

3.2 生物活性

クワ (*M. alba*) の葉から得られる、グルコシダーゼ阻害剤であるイミノ糖、deoxynojirimycin、galactosyldeoxynojirimycin や DAB、calystegin B2 を、ストレプトゾトシンにより発症させた糖尿病ラットに投与すると、顕著な血糖量の低下が観察された[28]。クワの葉にはこのように血糖値を下げる化合物が多く含まれているので、健康茶としての用途も考えられている[29]。新たにコウゾから得られた、ピロリジンアルカロイドに顕著なグルコシダーゼ阻害活性のあることが報告されている。なかでも、β-ガラクトシダーゼを特異的に阻害するもののあることは興味深い。また、これらのイミノ糖の誘導体は、β-マンノシダーゼにも比較的強い阻害活性を有するものがある[12,13]。

プレニル基の側鎖をもつフェノール性化合物には、抗菌活性を有するものが多い。クワの根皮に含まれている kuwanol、muberrofuran G、D、C、sanggenon G は、抗菌活性を示した[30]。また、多くのプレニルフラボン類に血小板凝集阻害作用のあることが報告されている[6,31]。このような作用は、プレニルフラボン類がアラキドン酸カスケード中のアラキドン酸シクロオキシゲナーゼを阻害することによると考えられている。また、数種のプレニルフラボノールには血管内皮の平滑筋の増殖を阻害する作用のあることも同時に報告されている[6,31]。またプレニルフラボン artonin E はシクロオキシゲナーゼ阻害活性が強く、BALB/3T3 細胞からの TNF-α 放出を阻害する活性が強い[2]。

4 構造式（主として新規化合物）

7: $R_1=R_3=R_6=H$, $R_2=R_4=OH$, $R_5=$geranyl
9: $R_1=R_2=OH$, $R_3=$prenyl, $R_4=R_6=H$, $R_5=$geranyl
10: $R_1=R_2=R_4=OH$, $R_3=H$, $R_5=$geranyl, $R_6=$prenyl
11: $R_1=R_2=R_4=OH$, $R_3=R_6=$prenyl, $R_5=$geranyl

18 クワ科

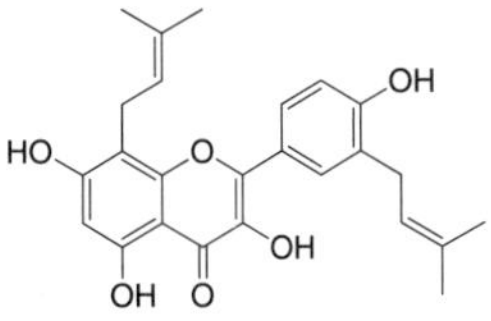

41 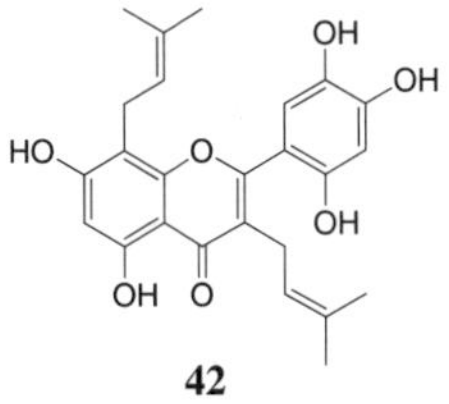 42 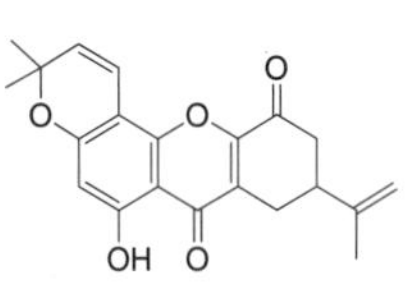 43
44 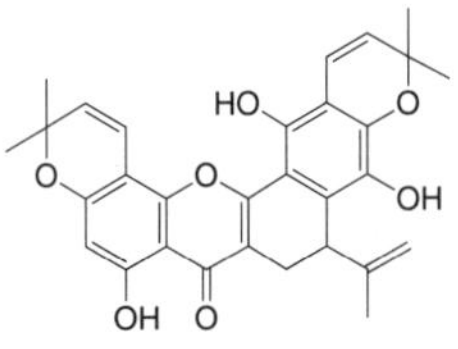 45 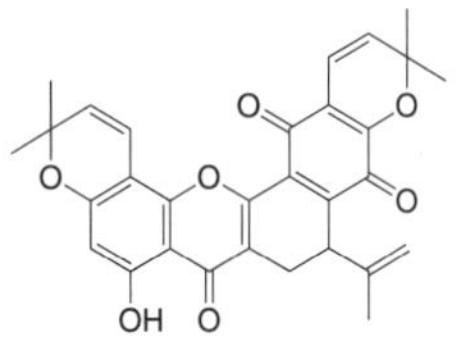 46 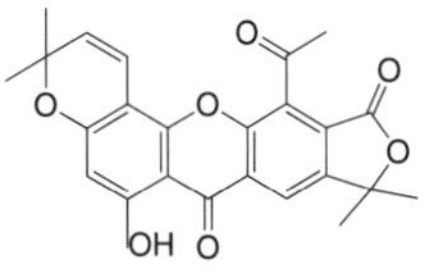
47 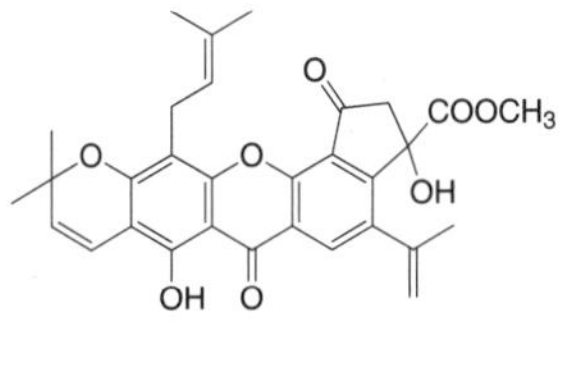 48 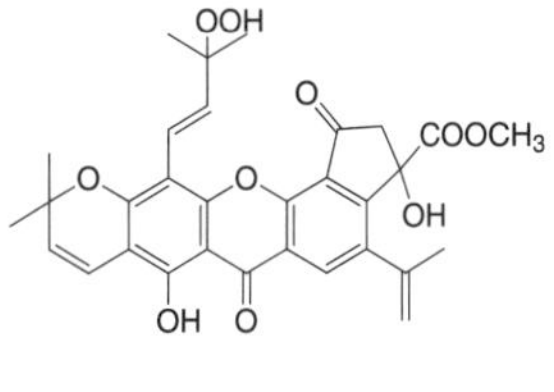 49 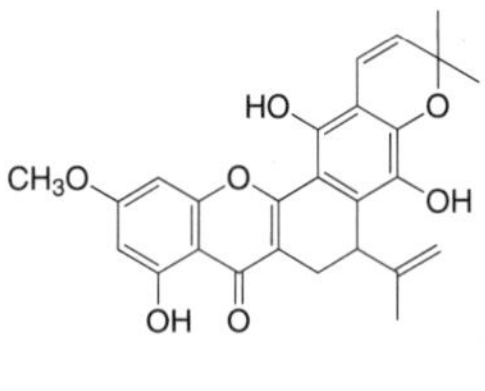
50 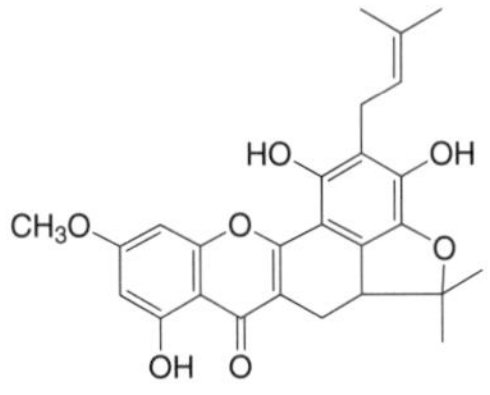 51 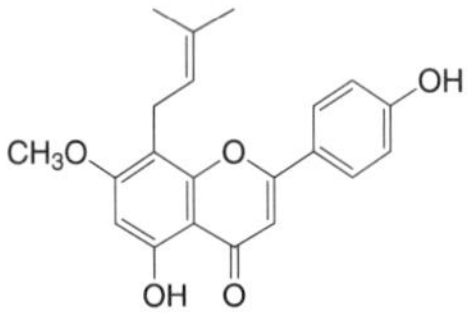 52 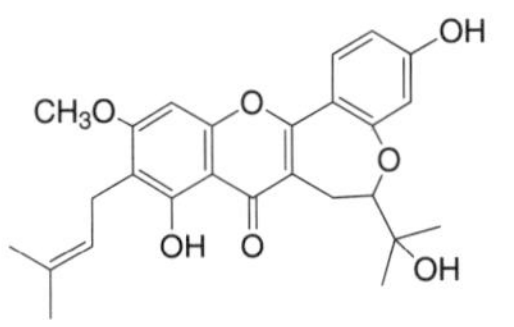
53 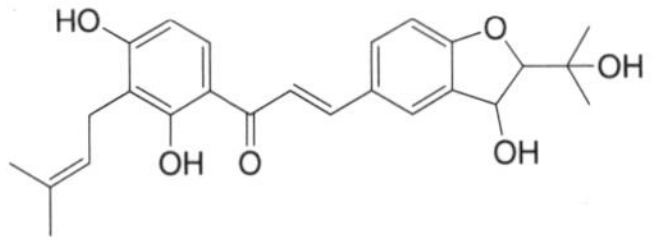 54 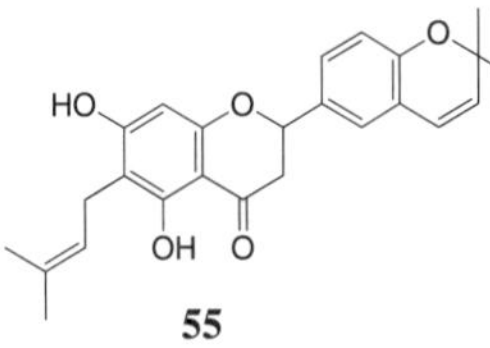 55 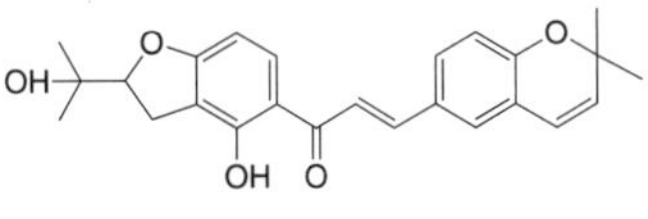
56 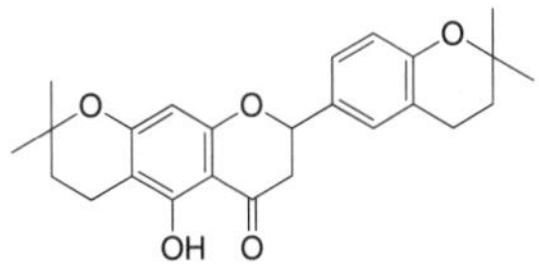 57 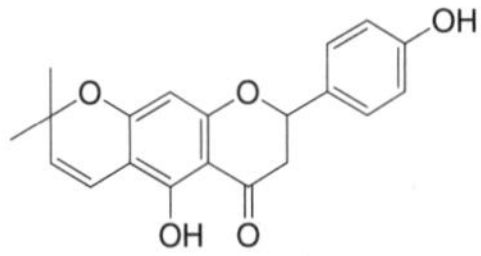 58

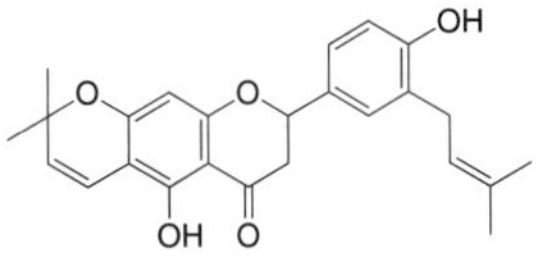

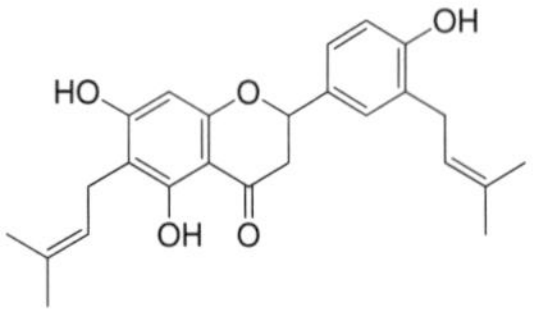

5 引用文献

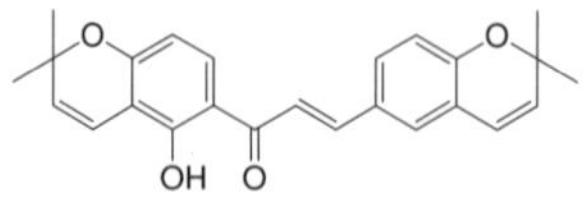

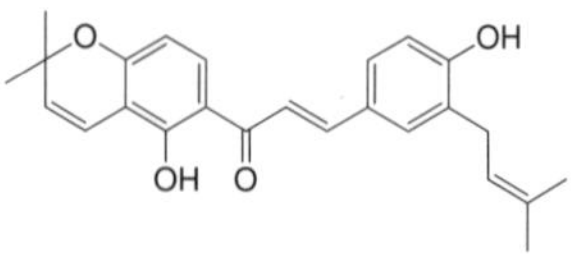

1) 北村四郎、村田源、『原色日本植物図鑑・木本編 I』、保育社、pp. 231–250 (1971). 2) T. Nomura (1998, Japan) **129**: 14397. 3) T. Nomura *et al.* (1994, Japan) **121**: 297098. 4) Y. Hano *et al.* (1995, Japan) **123**: 29617. 5) F. Qiu *et al.* (1996, Japan) **126**: 229479. 6) H.-H. Ko *et al.* (1997, Taiwan) **127**: 275374. 7) T. Fukai *et al.* (1996, Japan) **124**: 226503. 8) T. Fukai *et al.* (1998, Japan) **128**: 151703. 9) T. Fukai *et al.* (1993, Japan) **119**: 135644. 10) P. Basnet *et al.* (1993, Japan) **120**: 101960. 11) Y. Hano *et al.* (1995, Japan) **123**: 29652. 12) M. Shibano *et al.* (1997, Japan) **127**: 3016. 13) M. Shibano *et al.* (1997, Japan) **126**: 314777. 14) M. Shibano *et al.* (1998, Japan) **129**: 186664. 15) M. Shibano *et al.* (1998, Japan) **129**: 328270. 16) S.-C. Fang *et al.* (1994, Taiwan) **122**: 76605. 17) S.-C. Fang *et al.* (1995, Taiwan) **122**: 261057. 18) Y. Hano *et al.* (1994, Japan) **121**: 251263. 19) M. Aida *et al.* (1997, Japan) **126**: 155120. 20) M. Aida *et al.* (1994, Japan) **122**: 128638. 21) Y. Hano *et al.* (1995, Japan) **124**: 25585. 22) Y. Hano *et al.* (1995, Japan) **122**: 128657. 23) Y.-C. Li *et al.* (1997, Taiwan) **126**: 142027. 24) J. Kitajima *et al.* (1998, Japan) **129**: 341652. 25) M. Aida *et al.* (1995, Japan) **124**: 140938. 26) J. Kitajima *et al.* (1994, Japan) **121**: 53970. 27) L. Daise *et al.* (1993, Brazil) **120**: 73367. 28) M. Kimura *et al.* (1995, Japan) **124**: 278727. 29) S. Noda (1998, Japan) **128**: 242986. 30) M. Kyono *et al.* (1998, Japan) **128**: 84383. 31) C.-N. Lin *et al.* (1996, Taiwan) **125**: 158100.

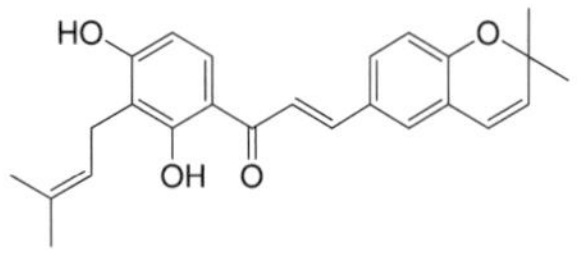

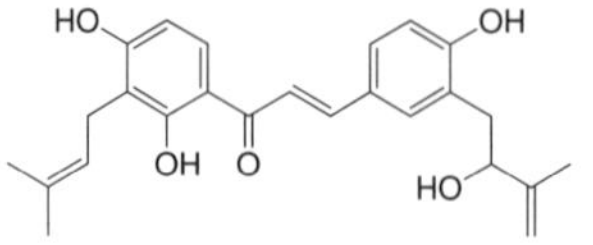

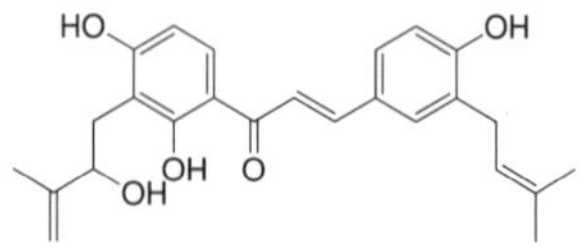

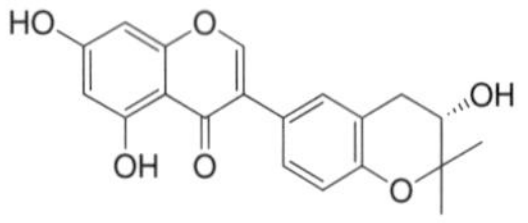

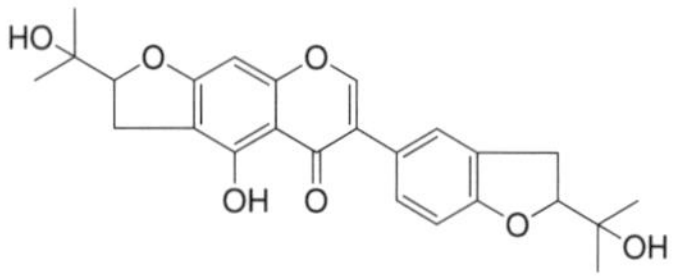

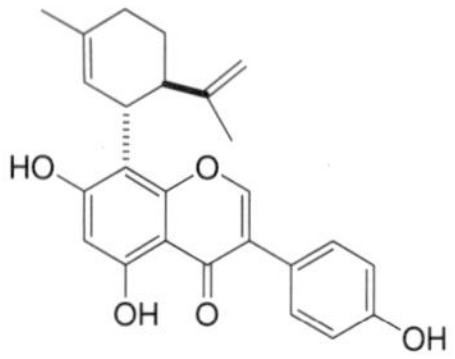

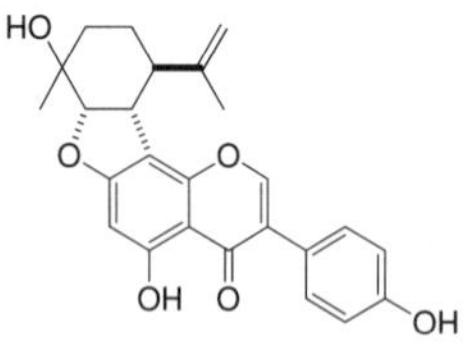

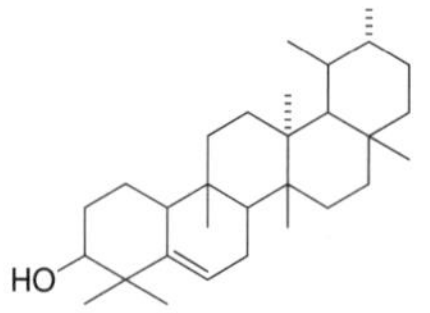

19 ゴマノハグサ科
Scrophulariaceae

1 科の概要

ゴマノハグサ科は、世界に約190属4000種があり、熱帯から寒帯まで、海岸、砂地、湿地、森林中や高山草原など、さまざまな場所に生育している。キク科亜綱の植物のなかで最も多様化した科の一つである。多くは草本だが、木になる属もある。系統的には、グロブリア科、ハマウツボ科、イワタバコ科、キツネノマゴ科、ゴマ科、ノウゼンカズラ科に近縁で、これらの祖先的な科と推定されている。ママコナ属、シオガマギク属の一部のような半寄生植物はハマウツボ科との、さらに木本のキリ属などはノウゼンカズラ科との関連が指摘されている[1]。

キリ
(*Paulownia tomentosa*)

2 研究動向

成分研究に関連したものでは、フェノールカルボン酸、フェニルプロパノイド配糖体、フラボン配糖体、リグナン配糖体、フェニルエタノイド配糖体、イリドイド配糖体、イリドラクトン、トリテルペンサポニン、エクジソンステロイド、ステロール、モノテルペン過酸化物、ポリアルコール、油脂、アルカロイドなどを対象とした花、葉、種子、幹、根等の新規化合物の構造決定、定性・定量分析、化学合成および生合成の報告があり、特に新規化合物の構造決定の報告が多い。化学植物分類学、化学生態学(昆虫の防御と成分の関係、宿主・寄生植物と成分の関係、植物の防御・修復機能、化学防御と成分の関係)についての研究、また微生物に対する抗菌活性、医薬品と関連した生理活性、薬剤の酸化防止活性、対立遺伝子の多様性の起源についての研究が比較的多くなされている。利用を目指したものとしては、芳香製品等の製造特許がみられるが、数少ない。

3 各 論

3.1 新規成分の単離

キリ属 (*Paulownia tomentosa*) の幹よりフランキノン methyl 5-hydroxydinaphtho[1,2-2′,3′]furan-7,12-dione-6-carboxylate (**1**)[2]、フェニルプロパノイド配糖体 tomentoside A (**2**)[3]、イリドイド配糖体 tomentoside (**3**)[4] および 7-hydroxytomentoside (**4**)[4]、*Paulownia coreana* の葉、枝より 7-hydroxytomentoside (**4**)[4] が単離されている。*Cordylanthus* 属の8植物よりイリドイド配糖体の 10-*O*-foliamenthoylaucubin[5]、6″*R*,7″-dihydro-10-*O*-foliamenthoylaucubin[5]、6β-hydroxy-8-epiboschnaloside[5]、aldoxoside[5] が単離されている。イワブクロ属 (*Penstemon secundiflorus*、*P. nitidus*、*P. auriberbis*、*P. cyathophorus*、*P. virens*) の葉、根、花、幹、さく果よりフェニルプロパノイド配糖体の 3-methoxy-4-primeverosylacetophenone (**5**)[6]、イリドイド配糖体の 10-hydroxyepihastatoside (**6**)[6]、10-griselinosidic acid[6]、10-benzoylcatalpol[6]、6-*O*-(2,8-dimethyl-

[2*E*,6*E*]-octadienoyl)-penstemoside[7]、1-deglucosylpenstemonosidic acid glucoside[7]、6*β*-*O*-(2,8-dimethyl-[2*E*,6*E*]-octadienoyl)-boschnaloside[7]、6*β*-*O*-(8-oxo-2,6-dimethyl-[2*E*,6*E*]-octadienoyl)-boschnaloside[7]、6*β*-*O*-(8-oxo-2,6-dimethyl-[2*E*,6*Z*]-octadienoyl)-boschnaloside[7]、およびモノテルペン配糖体の glucosyl 8-oxo-2,6-dimethyl-[2*E*,6*E*]-octadienoate (**7**)[7]、glucosyl 8-oxo-2,6-dimethyl-[2*E*,6*Z*]-octadienoate[7]、glucosyl 5,8-dihydroxy-2,6-dimethyl-[2*E*,6*E*]-octadienoate[7] が単離されている。シオガマ属 (*Pedicularis lasiophrys*、*P. spicata*、*P. striata*、*P. chinensis*、*P. alaschanica*、*P. torta*、*P. striata* pall ssp. *arachnoidea* *P. striata* subsp. *arachnoides*、*P. longiflora*、*P. plicata*、*P. verticillata*、*P. procera*、*P. semitorta*) の全体あるいは根よりフェニルプロパノイド配糖体の pedicularioside G、pedicularioside H (**8**)[8–10]、1′-*O*-*β*-D-(3-methoxy-4-hydroxy-phenyl)-ethyl-*α*-L-apiosyl-(1→3′)-*α*-L-rhamnosyl-(1→6′)-4′-*cis*-feruloyl-glucopyranoside[11]、pedicularioside M[12]、pedicularioside N[12]、pedicularioside I[13]、*cis*-leucosecptoside[14]、*cis*-martynoside[14]、*cis*-isoverbascoside[15]、pedicularioside E (**9**)[16]、リグナン配糖体の pedicularioside F[16]、tortoside A (**10**)、tortoside B、tortoside C (**11**)、tortoside D、tortoside E、tortoside F[17,18]、ネオリグナン配糖体の alaschanioside A[19,20]、alaschanioside C[19,20]、longifloroside A、longifloroside B、longifloroside C、longifloroside D[21,22]、verticillatoside A[23,24]、verticillatoside B[23,24]、ネオリグナンの semitortoside A[15]、semitortoside B[15]、イリドイドの rel-(6*R*,5*R*,9*S*)-(2-oxa-bicyclo[3,3,0]oct-3-one-8-en-9,8-diyl)dimethanol[25]、イリドイド配糖体の 6-*O*-methylaucubin[26]、3*β*-butoxy-3,4-dihydroaucubin[27]、6-*O*-butylaucubin[27]、6-*O*-butylepiaucubin[27]、10-*O*-acetylaucubin[29]、7-oxocapensioside (proceroside)[30]、plicatoside A[14,31]、plicatoside B[14,31]、ビスイリドイド配糖体の longifloroside[13]、イリドイドラクトンの pedicularis-lactone[27]、イリドイドアグリコンの dihydrocatalpolgenin[28]、dihydrocatalpolgenin[28]、セスキテルペノイドの eremophila-10,11-diene-7*α*,13-diol[32] が単離されている。モウズイカ属 (*Verbascum pseudonobile*) の葉より 17 員環ラクタムアルカロイドの verbacine (*E*-isomer) (**12**)[33]、verballocine (*Z*-isomer) (**13**)[33] が単離されている。

3.2 成分の定性・定量分析

ゴマノハグサ属 (*Scrophularia sambucifolia*) の花に含まれる ferulic acid、*p*-coumaric acid、vanillic acid、*p*-hydroxybenzoic acid、syringic acid の含有量はこの属の他の植物と類似している[34]。*Kickxia ramosissima* の植物全体より、フラボン配糖体の pectolinarin と mannitol が単離されている[35]。カスティレア属 (*Castilleja integra*) の花、苞葉、葉のイリドイド配糖体を定量して、catalpol と macfadienoside はすべての部位に見いだされ、shanzhiside、methyl shanzhiside、8-epiloganic acid は主に葉に、そして adoxosidic acid と adoxoside は主に花と苞葉に含まれている。6-*β*-hydroxyadoxosidic acid は微量で、新規なイリドイド配糖体である。各成分の含有量および組成は各試料および部位で大きな変動がある[36]。ジギタリス属、コゴメグサ属、ウンラン属、ママコナ属、*verbascum* 属、クワガタソウ属の植物 21 種の種子油脂成分を分析し、*Verbascum lychnitis* と *Verbascum phoeniceum* のフェノール成分も調べている[37]。トルコの植物相 (ゴマノハグサ科、ヤマゴボウ科およびマメ科) のトリテルペンサポニンに関する 45 論文のレビューがある[38]。オウリシア属 (*Ourisia caespitosa*、*O. macrocarpa*、*O. macrophylla*、*O. sessilifolia*) の種子より、3 種類のエクジソンステロイド (20-hydroxyecdysone、polypodine B、20,26-dihydroxyecdysone) を単離している[39]。*Adenosma caeruleum* の地上部位より、モノテルペン過酸化物の betulinic acid、arbutin、aucubin およびステロイドの *β*-sitosterol、stigmasterol、campesterol が得られてい

る[40]。シオガマ属（*P. striata*）よりリグナン配糖体の striatoside A、striatoside B が単離されている[41]。シオガマ属（*P. nordmanniana*）の地上部位より、既知のイリドイド配糖体（geniposidic acid、aucubin、euphroside、mussaenoide）、フェニルプロパノイド配糖体（martynoside、leucosceptoside A、acteoside、forsythoside B）、イリドラクトンの 5,9-*cis*-irido-3-lacton が単離されている[42]。

シオガマ属（*P. condensata*、*P. wilhelmsiana*、*P. sibthorpii*）に verbascoside が 0.3–1.5％、*P. condensata* には 2′-*O*-acetylverbascoside が含まれている[43]。シオガマ属（*P. longiflora* var. *tubiformis*）よりフラボン（tricin、apigenin、chrysoeriol、luteolin）、フェニルエタノイド配糖体の martynoside、イリドイド配糖体（7-deoxy-8-epiloganic acid、mussaenosidic acid、boschnaloside、aucubin）、フラボン配糖体（luteolin 7-*O*-glucoside、luteolin 7-*O*-glucuronide、tricin 7-*O*-glucuronide、apigenin 7-*O*-glucuronide、chrysoeriol 7-*O*-glucuronide）が単離されている[44]。シオガマ属（*P. resupinata* var. *oppositifolia*）の acteoside をイオン対液体クロマトグラフィーで定量して Pyung Chang gun の地区では 0.062–0.076％の濃度範囲を示している[45]。シオガマ属（*P. resupinata oppositifolia*）の地上部位より acteoside、suavissmoside R1、D-mannitol が単離されている[46]。シオガマ属（*P. muscicola*）より化合物（pediculariside、arachidic acid、hentriacontane、D-mannitol）[47]、リグナン配糖体の syringaresinol 4″-*O*-β-glucoside、イリドイド配糖体（sesamoside、phloyoside II、caryoptoside）[48]、配糖体（mussaenoside、euphroside、geniposidic acid、aucubin、mussaenosidic acid、shanzhiside methyl ester、penstemonoside、verbascoside、martynoside、*cis*-martynoside、pedicularioside A）が単離されている[49]。アメリカ合衆国コロラド州に自生しているシオガマ属（*P. bracteosa*、*P. crenulata*、*P. groenlandica*、*P. procera*、*P. racemosa*）より、イリドイド配糖体（aucubin、euphroside、mussaenoside、plantarenaloside、6-deoxycatalpol、shanzhiside methyl ester、8-epiloganic acid、gardoside）が単離されている[50]。シオガマ属（*P. decora*）の根より、フェニルプロパノイド配糖体（β-(3′,4′-dihydroxyphenyl)ethyl-*O*-α-D-glucopyranoside、aceteoside 異性体、plantainoside C）が単離されている[51]。

3.3　生合成および化学合成

クチビルバナ科タツナミソウ属（*Scutellaria albida*）およびゴマノハグサ科キリ属（*Paulownia tomentosa*）の catalpol に 8-epi-deoxyloganic acid、bartsioside および aucubin が導入されること、aucubin は両植物の catalpol 生合成中間体であり、8-epi-deoxyloganic acid は *P. tomentosa* の tomentoside に導入されることが示されている[52]。

P. tomentosa のフロフラン型リグナン、(+)-paulownin が (*R*)-(+)-3-hydroxybutanolide を出発物質として 12 段階で立体選択的に総収率 4.4％で合成されている[53]。

3.4　化学植物分類学および化学生態学

環状ヒドロキサム酸化合物について、ゴマノハグサ科シマカナビキソウ属（*Scoparia dulcis*）、キツネノマゴ科ハアザミ属（*Acanthus mollis*、*A. spinosus*）、キンヨウボク属（*Aphelandra aurantiaca*、*A. squarrosa*）、Crossandra 属（*Crossandra infundibuliformis*、*C. pungens*）における分布について調べている[54]。カスティレア属（*Castilleja integra*）のイリドイド配糖体 shanzhiside は鱗翅類チョウ（*Tessalia leanira fulvia*）幼虫の体内で methyl shanzhiside に転換している[55]。シソ科とゴマノハグサ科を含む 4 科植物の葉ロウ成分の *n*-アルカン化合物は化学分類に有用であるとしている[56]。Chelone 属（*Chelone glabra*）の葉のイリドイド配糖体 catalpol を、はばち（*Tenthredo grandis*）の幼虫は捕食者に対する防御物質として選択的に利用していると論じている[57]。カスティレイジャ属（*Castilleja integra*）をペンステモン属（*Penstemon teucrioides*）の根寄生体として生育して、*P.*

teucrioides の根の主要イリドイドで、かつ *C. integra* には普通含まれていない aucubin が寄生体の *C. integra* の地上部より単離されている。これはイリドイド配糖体が宿主植物の根から寄生植物に移動した最初の報告である[58]。カスティレイジャ属 (*Castilleja indivisa*) はルピナス属 (*Lupinus texensis*) の寄生植物で、*L. texensis* の主なキノリジンアルカロイドの lupanine と isolupanine を含有しており、*L. texensis* に寄生していない *C. indivisa* には含まれていない。このことは両植物間の相互関係を示唆している[59]。*Delphinium occidentale* の根に含まれるノルジテルペンアルカロイドは根に寄生する *Castilleja sulphurea* に吸収され、すべての部位 (根、幹、葉、花、種子、花蜜) で検出されている[60]。

3.5　成分の生理活性

ω-9 高級不飽和脂肪酸あるいは arachidonic acid を生成する微生物を用いて 8,11-eicosadienoic acid あるいは dihomo-γ-linolenic acid を製造する培養工程で、キリに含まれる sesamin を Δ^5-デサチュラーゼ阻害剤として利用する製造法を特許請求している[61-62]。キリの幹に含まれる campneoside I、martynoside、acteoside、campneoside II のブドウ球菌と連鎖球菌に対する抗菌活性を調べている[63]。リナリア属 (*Linaria vulgaris*) 薬草の病原菌類 (*Candida albicans*、*Rhodotorula rubra*、*Aspergillus fumigatus*) に対する抗菌性を調べている[64]。シオガマ属 (*P. alaschanica*、*P. striata*) に含まれるフェニルプロパノイド配糖体 (leucosceptoside A、martynoside、verbascoside、pediculariside A、pediculariside M、pediculariside N) のスーパーオキサイドアニオンとハイドロキシラジカルに対する消去活性を調べている[65]。シオガマ属 (*P. alaschanica*) に含まれるフェニルプロパノイド配糖体 (verbascoside、leucosceptoside A、martynoside) は、トポイソメラーゼ II 型阻害剤であることを示唆している[66]。シオガマ属植物の 10 種類のフェニルプロパノイド配糖体について、化学構造と抗癌活性の関係について調べている[67]。シオガマ属植物に含まれるフェニルプロパノイド配糖体の肝癌 SMMC7721、肺胞アデノ癌腫 L342、およびガストリックアデノ癌腫 MGC-803 に対する抗悪性化効果を調べている[68]。シオガマ属植物に含まれる配糖体 (isoacteoside、acteoside、echinacoside、pediculariside A、cistanoside D および合成品の permethylacteoside) の酸化的溶血阻止活性を調べている[69]。シオガマ属植物に含まれるフェニルプロパノイド配糖体 (verbascoside、isoverbascoside、echinacoside、pediculariside、cistanoside D、permethylverbascoside) について、cetyl trimethylammoniumbromide (CTAB) ミセルにおけるリノール酸の自動酸化に対する鎖状結合酸化防止活性を調べている[70]。シオガマ属 (*Pedicularis striata*) のフェニルプロパノイド配糖体 (verbascoside、isoverbascoside、permethylverbascoside) の酸化防止活性および鉄キレート活性を調べている[71]。シオガマ属植物のフェニルプロパノイド配糖体 (echinacoside、verbascoside、leucosceptoside A、martynoside、pediculariside A、pediculariside M、pediculariside N) とハイドロキシルラジカルとの反応を調べている[72]。シオガマ属植物のフェニルプロパノイド配糖体 (verbascoside、pediculariside A、echinacoside) によるチミンハイドロキシルラジカル附加体あるいはチミンラジカルアニオンの修復効果を調べている[73-75]。シオガマ属 (*Pedicularis resupinata* var. *oppositifolia*) の verbascoside について、ネズミの足の浮腫阻止、胆汁液の分泌促進、肝臓の重量増加の肝臓保護活性を調べている[76]。キリ (*P. tomentosa*) の acteoside は、植物の障害時において組織の防御・修復物質として機能していると論じている[77]。

3.6　利用分野

有香樹脂組成物の製造で香料を含侵させる微粉体としてキリ材粉が利用されている[78]。キリ (*P. tomentosa*) に含まれる sesamin は、arachidonic acid を生成する微生物を用いて dihomo-γ-linolenic acid を製造する培養工程で Δ^5-デサチュラーゼ阻害剤として利用されている[79]。キリ (*P. tomentosa*) に含まれる sesamin は、ω-9 高級不飽和脂肪酸を生成する微生物を用いて 8,11-eicosadienoic acid を製造する培養工程で Δ^5-デサチュラーゼ阻害剤として利用されている[80]。

3.7　その他の分野

キンギョソウ属 (*Antirrhinum majus*) の S 遺伝子座にある RN アーゼ (S RNase) を調節する対立遺伝子の多様性の起源を調べている[81]。韓国のキリ (*P. tomentosa*) を含めて野性植物 70 種類の花色成分を調べている[82]。

4　構造式（主として新規化合物）

1

2: R =

3: R = H
4: R = OH

5

6

7

8: R =

9: R =

10

11

12: C^{α}–C^{β} bond = *trans*
13: C^{α}–C^{β} bond = *cis*

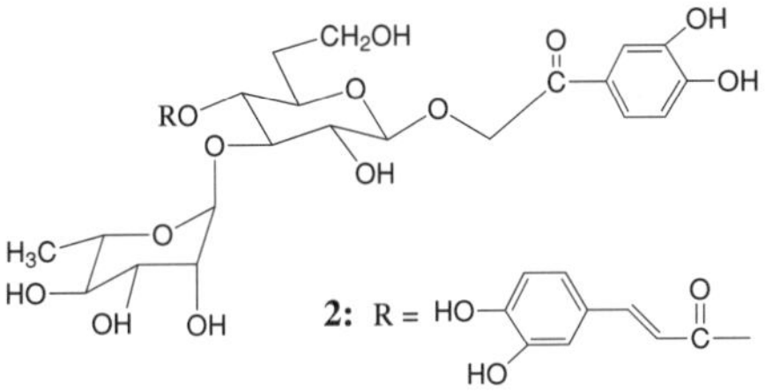

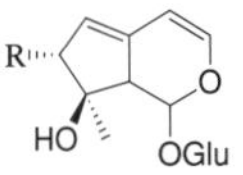

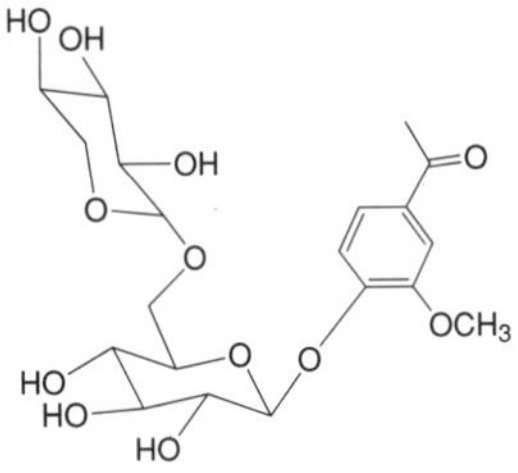

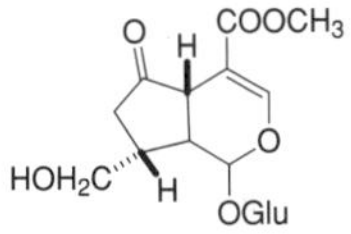

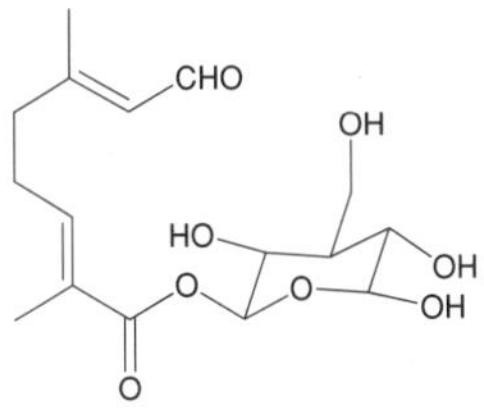

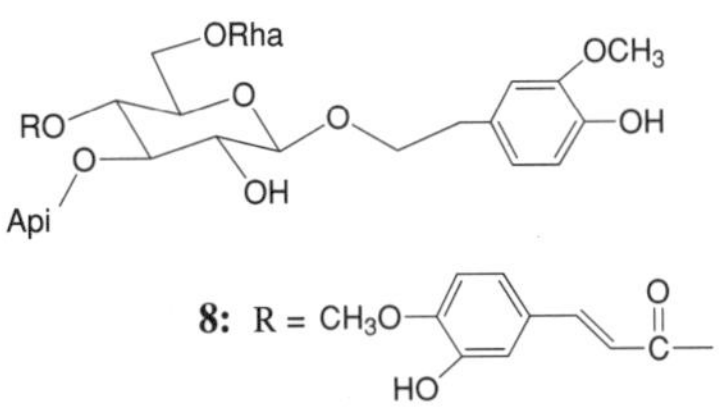

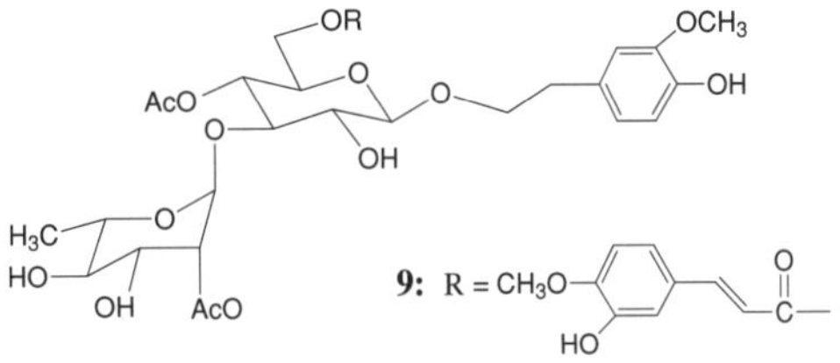

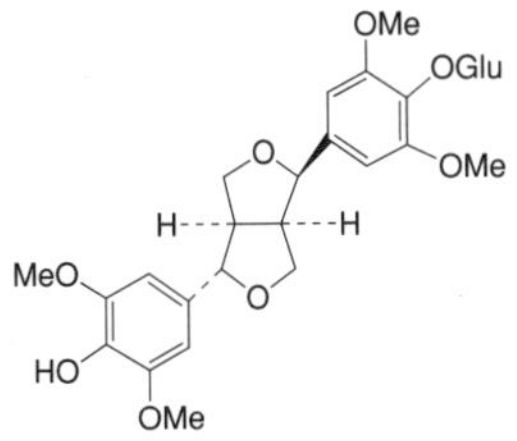

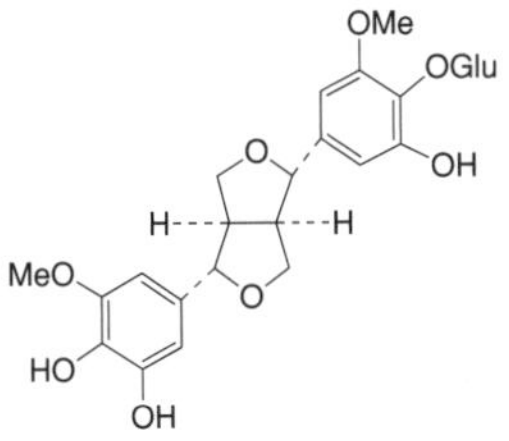

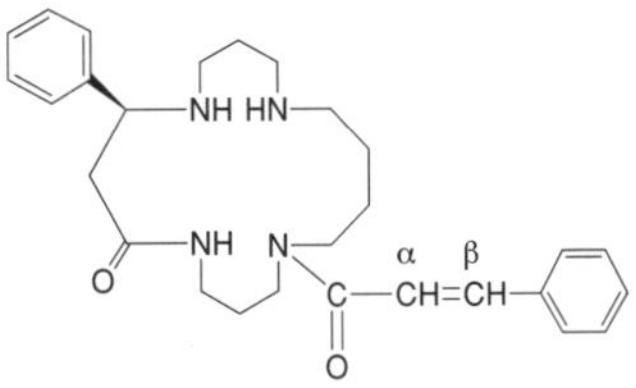

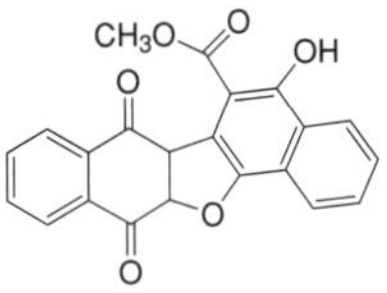

5 引用文献

1) 岩槻邦男、大場秀章、清水建美、堀田 満、ギリアン・プランス (Ghillean T. Prance)、ピーター・レーヴン (Peter H. Raven) 監修、『朝日百科 植物の世界・第2巻 種子植物 双子葉類』、朝日新聞、pp. 66–101 (1997). 2) Il Yeong, Park *et al.* (1992, Korea) **117**: 208891. 3) M. Ota (1993, Japan) **119**: 273642. 4) S. Damtoft *et al.* (1993, Denmark) **120**: 129515. 5) M. Justice *et al.* (1992, USA) **117**: 108127. 6) T. A. Foderaro (1992, USA) **118**: 165199. 7) M. S. Abdel-Kader *et al.* (1993, USA) **120**: 73450. 8) L. Zimin *et al.* (1991, China) **116**: 102691. 9) Z. Jia *et al.* (1992, China) **118**: 35892. 10) Z. Liu *et al.* (1992, China) **118**: 35893. 11) L. Zimin *et al.* (1994, China) **122**: 209761. 12) J. Zhongjian *et al.*(1993, China) **120**: 73427. 13) Z. J. Jia *et al.* (1992, China) **118**: 251407. 14) Z. J. Jia *et al.* (1994, China) **121**: 53971. 15) W. Chang Zeng *et al.* (1997, China) **127**: 15408. 16) J. Zhongjian *et al.* (1991, China) **116**: 170165. 17) W. Changzeng *et al.* (1997, China) **127**: 15405. 18) C. Z. Wang *et al.* (1996, China) **124**: 337891. 19) J. Gao *et al.* (1994, China) **121**: 153294. 20) J. Gao *et al.* (1995, China) **123**: 29633. 21) W. Chang Zeng *et al.* (1997, China) **127**: 173869. 22) C. Z. Wang *et al.* (1996, China) **124**: 284290. 23) S. Bao-Ning *et al.* (1997, China) **127**: 173805. 24) S. Bao-Ning *et al.* (1997, China) **127**: 159012. 25) W. Chang-Zeng *et al.* (1995, China) **124**: 170696. 26) W. Changzeng *et al.* (1996, China) **126**: 87071. 27) Y. Li *et al.* (1995, China) **123**: 251337. 28) G. Jianjun *et al.* (1997, China) **127**: 159036. 29) J. Gao *et al.* (1993, China) **119**: 135638. 30) M. J. Schneider *et al.* (1997, USA) **128**: 86472. 31) Z. J. Jia *et al.* (1993, China) **121**: 53882. 32) G. Jian-Jun *et al.* (1996, China) **126**: 44932. 33) D. Konstantin (1995, Bulgaria) **123**: 29594. 34) M. D. Garcia (1992, Spain) **122**: 286687. 35) I. Z. Khan (1994, Nigeria) **122**: 183176. 36) E. W. Mead (1993, USA) **120**: 4557. 37) V. S. Dolya (1996, Ukraine) **127**: 31550. 38) I. Calis *et al.* (1996, Turkey) **126**: 290612. 39) S. D. Sarker *et al.* (1996, U.K.) **126**: 183766. 40) V. S. Tran (1997, Vietnam) **128**: 45894. 41) Z. Liu *et al.* (1993, China) **119**: 91209. 42) Z. Akdemir *et al.* (1991, Turkey) **116**: 124927. 43) M. I. Eribekyan *et al.* (1991, Armenia) **117**: 108223. 44) M. Fujii *et al.* (1995, Japan) **124**: 112463. 45) Y. J. Yun *et al.* (1995, Korea) **123**: 322205. 46) S.-j. Yoo *et al.* (1995, Korea) **124**: 226642. 47) L. Yang *et al.* (1992, China) **117**: 208911. 48) J. Kang *et al.* (1997, China) **127**: 290552. 49) J. Kang *et al.* (1997, China) **128**: 86451. 50) M. J. Schneider *et al.* (1996, USA) **126**: 183762. 51) C. Li *et al.* (1998, China) **128**: 261751. 52) S. Damtoft (1994, Denmark) **121**: 5134. 53) M. Okazaki *et al.* (1997, Japan) **126**: 343422. 54) K. Pratt *et al.* (1995, USA) **124**: 112415. 55) E. W. Mead *et al.* (1993, USA) **119**: 113798. 56) M. Maffei (1994, Italy) **121**: 276878. 57) M. D. Bowers *et al.* (1993, USA) **119**: 24875. 58) F. R. Foderaro *et al.* (1993, USA) **118**: 230202. 59) F. R. Stermitz *et al.* (1992, USA) **117**: 147247. 60) M. D. Marko *et al.* (1997, USA) **127**: 188253. 61) H. Kawashima *et al.* (1993, Japan) **118**: 253409. 62) H. Kawashima *et al.* (1993, Japan) **118**: 253408. 63) K. H. Kang *et al.* (1994, Korea) **122**: 286677. 64) H. Rzadkowska-Bodalska *et al.* (1996, Poland) **126**: 222826. 65) P. Wang *et al.* (1996, China) **124**: 249496. 66) J. Gao *et al.* (1996, China) **125**: 177132. 67) R. L. Xheng *et al.* (1996, China) **125**: 184883. 68) Z. Jia *et al.* (1995, China) **123**: 132251. 69) J. Li *et al.* (1993, China) **120**: 94730. 70) R. Zheng *et al.* (1993, China) **119**: 151668. 71) J. Li *et al.* (1997, China) **126**: 181304. 72) P. Wang *et al.* (1996, China) **126**: 56600. 73) L. Wenyan *et al.* (1997, China) **127**: 755. 74) W. Li *et al.* (1996, China) **126**: 28581. 75) W. Li *et al.* (1997, China) **128**: 31524. 76) D. S. Yim *et al.* (1997, Korea) **129**: 12482. 77) M. Ota *et al.* (1997, Japan) **126**: 314871. 78) M. Matsuda *et al.* (1992, Japan) **116**: 221357. 79) H. Kawashima *et al.* (1993, Japan) **118**: 253408. 80) H. Kawashima *et al.* (1993, Japan) **118**: 253409. 81) Y. Xue *et al.* (1996, UK) **125**: 50377. 82) K. Kim *et al.* (1996, Korea) **125**: 322987.

20 ザクロ科
Puniceae

1 科の概要

ザクロ属ザクロ (*Punica granatum*、英名 Pomegranate) の1属1種。小アジア原産で我が国への渡来は平安朝末期。落葉性喬木で樹高は10mに達することもある。樹皮、根皮は石榴皮、石榴根皮の名で、条虫駆除に用いられた。果皮、細枝の皮は効果が劣る[1]。

ザクロ
(*Punica granatum*)

2 研究動向

P. granatum 根・樹皮の生理活性成分として、pelletierine, pseudopelletierine, methylisopelletierine, isopelletierine 等のアルカロイドが古くから知られていた[1]。この他に、近年 seldridine, 2-(2′-hydroxy-propyl)piperidine, 2-(2′-propenyl)piperidine, norpseudopelletierine 等のピペリジンアルカロイドが GC-MS により検出され、hygrine, norhygrine のようなピロリドンアルカロイドは根皮にのみ見られた[2]。葉部からユニークなフェノール性アルカロイドとして、N-(2′,5′-dihydroxyphenyl)-pyridinium chloride (**1**) が単離されている[3]。

葉部からフラボノイドとして apigenin 4′-O-β-glucopyranoside, luteolin (Lu) 4′-O-β-glucopyranoside, Lu 3′-O-β-glucopyranoside, Lu 3′-O-β-xylopyranoside が単離され[3]、加水分解型タンニンとして、1,2,6-、1,2,3-、1,2,4-、1,3,4-、1,4,6-の各 tri-O-galloyl-β-glucopyranose, 1,2,4,6-tetra-O-galloyl-β-glucopyranose, 1,2,3,4,6-penta-O-galloyl-β-glucopyranose 等のガロタンニンの他に granatin B (**2**), punicafolin (**3**), corilagin (**4**) が単離された[4-6]。また、ellagic acid, 3,4,8,9,10-pentahydroxydibenzo[b,d]pyran-6-one, brevifolin, brevifolin carboxylic acid, brevifolin carboxylic acid 10-monopotassium sulphate (**5**) 等のポリフェノールも単離された[4-6]。

果実は食用とされ赤色のアントシアニン (主に cyanidin (Cy) 3-glucoside, Cy 3,5-diglucoside, delphinidin (Dp) 3-O-glucoside, Dp 3,5-O-diglucoside と微量の pelargaonidin (Pg) glucoside, Pg diglucoside) を含み、その増減が貯蔵中の品質劣化の指標になりうる[7]。果実には他に granatin B (主成分)、quercetin, quercemeritrin, gallic acid, ellagic acid, punicalin, punicalagin, corilagin が含まれる[8]。果皮のポリフェノールは抗腫瘍、抗ウイルス性を示した[8]。

種子には特異なトリグリセリド tri-O-punicylglycerol と di-O-punicyl-O-octadeca-8Z,11Z,13E-trienyl-glycerol が含まれ[9]、β-sitosterol, stigmasterol, cholesterol の他 teststerone, estridiol, estrone, estradiol を含む種子抽出物はエストロゲン様作用を示した[10]。

3 構造式（主として新規化合物）

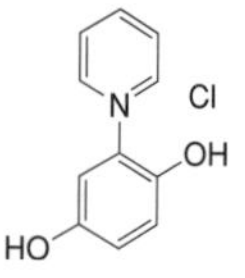

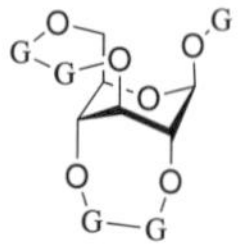

G = galloyl
G—G = hexahydroxydiphenoyl
2

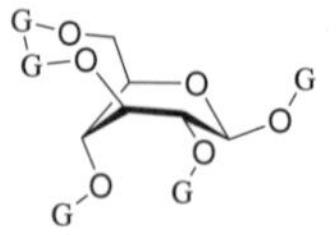

G = galloyl
G—G = hexahydroxydiphenoyl
3

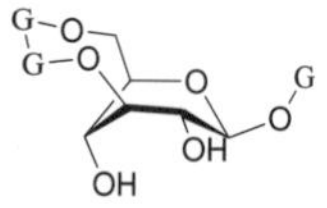

G = galloyl
G—G = hexahydroxydiphenoyl
4

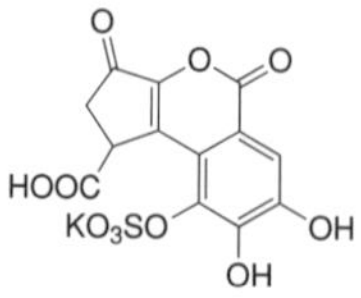

5

4 引用文献

1) 伊沢凡人、『原色版日本薬用植物事典』、pp. 111–112、誠文堂新光社、1980. 2) H. Neuhoefer *et al.* (1993, Germany) **119**: 135641. 3) M. A. M. Nawwwar *et al.* (1994, Egypt) **122**: 51398. 4) T. Tanaka *et al.* (1985, Japan) Phytochemistry, **24**, 2075. 5) M. A. M. Nawwwar *et al.* (1994, Egypt) **121**: 78386. 6) S. A. M. Hussein *et al.* (1997, Egypt) **127**: 158982. 7) D. M. Holcroft *et al.* (1998, USA) **128**: 127281. 8) S. M. Mavlyanov *et al.* (1997, Uzbekistan) **127**: 356971. 9) M. Yusuph *et al.* (1997, UK) **126**: 290642. 10) S. M. A. El Wahab *et al.* (1998, Egypt) **129**: 287784.

21 シナノキ科
Tiliaceae

シナノキ
(*Tilia japonica*)

1 科の概要

双子葉植物。離弁花類。50属450種から成り、多くは木本で主として熱帯に分布する。樹皮は靱皮繊維がよく発達し、*Corchorus*属にはジュートのように繊維植物として栽培されるものもある。また、材は単板用、ときには鑑賞用のものもある。さらに、モロヘイヤ(*Corchorus olitorius*)のように健康食用として栽培されているものもある。一方、シナノキ属は落葉の高木。北半球温帯域に約30種あり、ヨーロッパでは重要な街路樹、公園樹となっている。また、シナノキ(*Tilia japonica*)の材はやや軽軟で加工性が良いため、合板、マッチ軸、割り箸などに利用されている。

2 研究動向

フユボダイジュ(*Tilia cordata*)の花から得た多糖抽出物には抗凝血活性がある[1]。さらに血糖値を抑制する活性もあり、アロマセラピーに用いられる[2]。

スキンケア化粧品用のチロシナーゼ活性阻害剤として *T. cordata*、*T. europaea*、*T. platyphyllos* の花から得た抽出物の利用について特許申請がなされた[3]。

3 各論

Corchorus olitorius の葉から3種の新規イオノン配糖体 corchoionoside A (**1**)、B (**2**) および C (**3**) が単離された。また、同じくモロヘイヤの葉から、6種の新規脂肪酸脂肪酸、すなわち、corchorifatty acid A (**3**)、B (**4**)、C (**5**)、D (**6**)、E (**7**) および F (**8**) が単離された。

4 構造式(主として新規化合物)

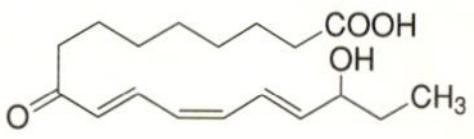

5 引用文献

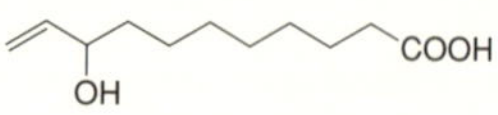

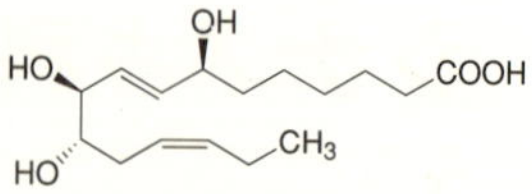

1) Q. Yakovlev (USSR) **117**: 193917. 2) L. A. Ashaeva et al. (USSR) **117**: 40183. 3) H. Viola et al. (Argent.) **121**: 292563. 4) M. Yoshikawa et al., *Chem. Pharn. Bull.*, **45** (3), 464–469 (1997). 5) M. Yoshikawa et al., *Chem. Pharn. Bull.*, **45** (6), 1008–1014 (1998).

22 ジンチョウゲ科
Thymelaeaceae

1 科の概要

多くは低木で、世界に広く分布し、50属約500種がある。強い靭皮繊維を持つものが多く、ミツマタ、ガンピの靭皮繊維は製紙（和紙）の原料となる。花木として植えられるものも多い。また、独特の芳香を漂わせるものも多く、正倉院御物の蘭奢待はジンコウ (*Aquilaria agallocha*)（ジンコウ属）だとされている。日本で見られる属としてはジンチョウゲ属 (*Daphne*)、ミツマタ属 (*Edgeworthia*)、アオガンピ属 (*Wikstroemia*)、ガンピ属 (*Diplomorpha*)、シャクナンガンピ属 (*Daphnimorpha*) があるが、*Diplomorpha* および *Daphnimorpha* を *Wikstroemia* に含め、一括してアオガンピ属あるいはガンピ属とする場合も多い。東南アジアにはジンコウ属 (*Aquilaria*)、地中海沿岸などにはティメラエア属 (*Thymelaea*) 等がある。この科の植物には発癌プロモーターとなる daphnane 型ジテルペンを含有するものが多く、また、クマリン配糖体も広く分布している[1,2]。

2 研究動向

成分分析関連してジテルペン、リグナン、クマリン、フラボノイド、ステロイド、クチン等の単離・分析報告、リグナンの立体化学に関する報告がある。クマリンやビフラボノイドの単離例が比較的多い。これらの化合物の生理活性として抗腫瘍性、抗酸化活性、殺魚活性、皮膚刺激活性、プロテインカイネースC活性化、抗蟻活性等が報告されており、環境非汚染型殺虫剤、抗血栓治療薬への応用も検討されている。

3 各 論

3.1 テルペンおよびステロイド

Daphne papyracea 根から2種の新規ジテルペンエステル、Daphne factor P1 (**1**) および Daphne factor P2 (**2**) が単離された[3]。

Wikstroemia mekongenia 根から2種の新規 daphnane 型ジテルペンエステル、Wikstroemia factor M1 (**3**) および Wikstroemia factor M2 (**4**) が単離された。両者はマウス耳皮膚刺激活性を有していた[4]。4種の daphnane 型ジテルペンが *Wikstroemia retusa*（アオガンピ）から単離された[5]。また、*W. retusa*（アオガンピ）から9種 daphnane 型ジテルペンが単離された。うち、5種が新規化合物 (wikstroelide C (**5**)、wikstroelide D (**6**)、wikstroelide E (**7**)、wikstroelide F (**8**)、wikstroelide G (**9**)) であった[6]。*Wikstroemia canescens* 根から Wikstroemia factor C1 および Wikstroemia factor C2 が単離された。これらは tigliane 型 phorbol-12-benzoate-13-decanote (C2) および phorbol-12-benzoate-13-(3*E*,5*E*-decadienotate) (C1) であると同定された。C1 は

マウス耳皮膚刺激活性を有していた[7]。*W. retusa*（アオガンピ）から daphnane 型ジテルペンの huratoxin 誘導体が複数単離された。抗蟻活性を有していた[8]。

Edgeworthia chrysantha（ミツマタ）の花からは殺魚活性を有する新規ステロールアシル配糖体、chrysanthoside (**10**) が単離され、その構造が sitosterol 3-*O*-6-linoleoyl- および sitosterol 3-*O*-6-linolenoyl-β-D-glucopyranoside であると決定された。また、構造既知の grasshopper ketone が同時に得られた[9]。*Daphne odora*（ジンチョウゲ）根から β-sitosterol が単離された[10]。

3.2 リグナンおよび関連化合物

Wikstroemia sikokiana（ガンピ）から3種のリグナン、(−)-pinoresinol、(+)-matairesinol および (+)-wikstromol が単離された。これらのエナンチオマー組成が決定され、生合成機構と立体化学の関連が検討された[11]。*Daphne pseudomezereum*（オニシバリ）から新規リグナン配糖体、(−)-pinoresinol di-*O*-glucoside (**11**) が新規クマリン（1種）、新規フラボノイド（1種）、6種の既知化合物とともに単離された[12]。*D. odora*（ジンチョウゲ）根からリグナン、(−)-lariciresinol とクマリノネオリグナン型化合物、daphneticin が β-sitosterol および 2 重分子クマリン daphnoretin とともに単離された[10]。

3.3 クマリン

D. pseudomezereum（オニシバリ）から新規クマリン配糖体、5-hydroxy-7-methoxycoumarin 8-*O*-β-D-glucoside (**12**) が単離された[12]。*Daphne arisanensis* から新規クマリン配糖体、daphneside (**13**) が既知クマリン配糖体、daphnin および daphnetin-8-glucoside とともに単離された[13]。新規クマリン配糖体、daphkoreanin (5-methoxy-7-hydroxycoumarin-8-*O*-β-D-glucoside) (**14**) が *Daphne koreana* の根および幹から単離同定された[14]。

D. odora（ジンチョウゲ）根から2重分子クマリン、daphnoretin がクマリノネオリグナン型化合物、daphneticin とともに単離された[10]。*Daphne genkwa*（フジモドキ）から2重分子クマリン、daphnoretin が単離同定された。daphnoretin は抗腫瘍活性を示した[15]。

E. chrysantha（ミツマタ）の花から2重分子クマリン、daphnoretin が単離された[9]。また、*E. chrysantha*（ミツマタ）の花から3種のクマリン (umbelliferone、daphnoretin、edgeworoside C) が2種のフラボノイドとともに単離された[16]。

Protein kinase C activator である2重分子クマリン、daphnoretin が *Wikstroemia indica*（シマガンピ）から単離された[17]。

3.4 フラボノイド

D. genkwa（フジモドキ）根から新規ビフラボノイド、genkwanol B (**15**) が単離された[18]。さらに、genkwanol B (**15**) の絶対配置の決定も報告された[19]。また、*D. genkwa*（フジモドキ）根から新規ビフラボノイド、genkwanol C (**16**) が単離された[20]。*D. genkwa*（フジモドキ）からビフラボノイド、daphnodorin B が単離同定された[15]。*D. genkwa* 中のフラボノイド、genkwanin の定量が報告された[21]。

D. odora（ジンチョウゲ）根から2種の新規ビフラボノイド、daphnodorin E (**17**) および daphnodorin F (**18**) が単離された[22]。3種の新規ビフラボノイド、daphnodorin G (**19**)、daphnodorin H (**20**)、daphnodorin I (**21**) が *D. odora*（ジンチョウゲ）の根から単離された[23]。また、*D. odora*（ジンチョウゲ）根から3種の新規フラボノイド (daphnodorin J (**22**)、daphnodorin K (**23**)、daphnodorin L (**24**))[24] が5種のビフラボノイド (**17–21**)[25] とともに単離された。*D. odora*（ジ

ンチョウゲ）根および樹皮から単離されたビフラボノイド、daphnodorin A、daphnodorin B および daphnodorin C の 12-lipoxygenase と cyclooxygenase に対する効果について検討された。daphnodorin A と daphnodorin C は platelet 12-lipoxygenase と cyclooxygenase の活性を阻害したが、daphnodorin B は効果がなかった。daphnodorin A および daphnodorin C は抗血栓および抗アテローム性動脈硬化症薬となり得る可能性が示された[26]。

D. pseudomezereum（オニシバリ）から新規フラボノイド diosmetin 7-O-β-D-xylopyranosyl-(1→6)-β-D-glucopyranoside (**25**) が単離された[12]。

Daphne laureola 葉抽出物の加水分解物から8種のフラボノイドアグリコンが単離された。kaempferol、quercetin、apigenin、genkwanin、luteolin、7-Me-luteolin、6-OH-luteolin および 6-OH-7-Me-luteolin である。また、C-グリコフラボンも存在していた[27]。

3種のビフラボノイド、sikokianin C および wikstrol A と wikstrol B が *W. sikokiana*（ガンピ）根から単離同定された[28]。*E. chrysantha*（ミツマタ）の花から2種のフラボノイド (kaempferol 3-O-β-D-glucoside と tiliroside) が3種のクマリンとともに単離された[16]。

3.5 その他

Daphne gnidium およびその他の植物の葉のクチンの分析が報告されている[29]。*D. genkwa*（フジモドキ）の揮発油成分組成に及ぼす煎出などの処理の影響について検討されている[30]。*D. gnidium* 抽出物が強い抗酸化活性を示したことが報告された[31]。*Wikstroemia nutano* のアルカロイド等を環境非汚染型殺虫剤の成分として使用することに関する特許が報告されている[32]。

4 構造式（主として新規化合物）

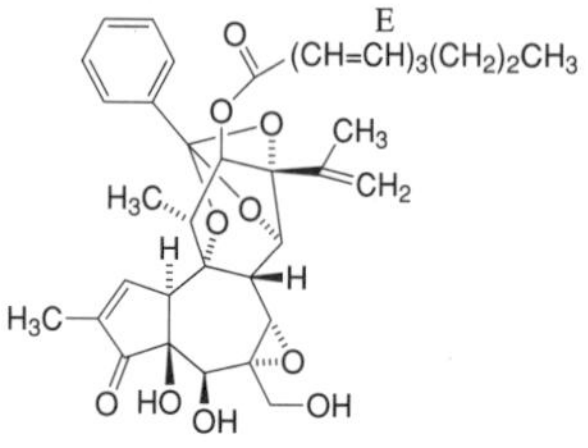

5 引用文献

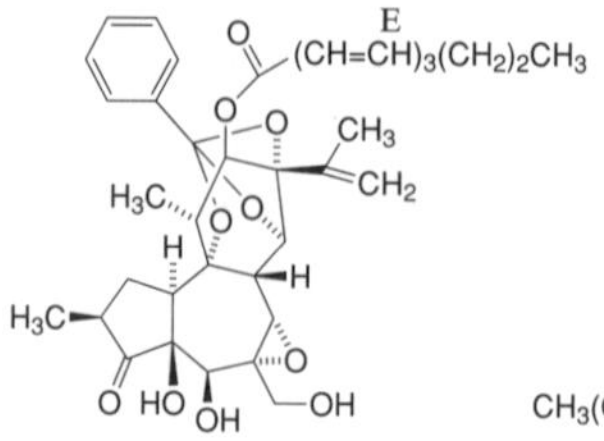

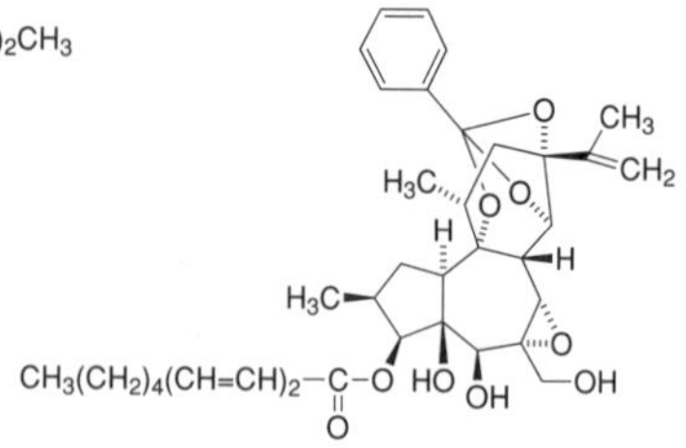

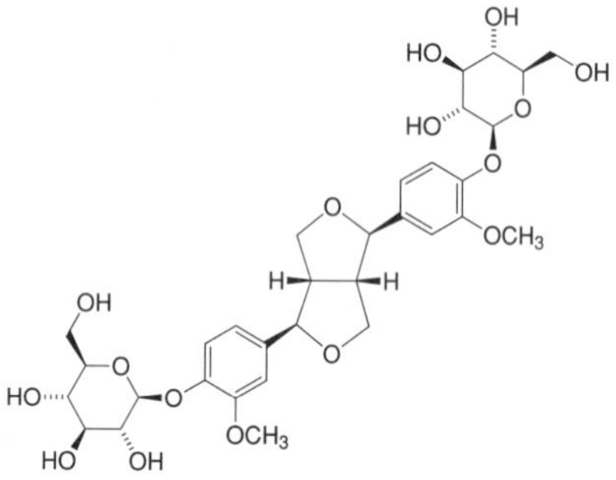

1) 北村四郎、村田源、『原色日本植物図鑑・木本編 I』 pp. 219–227 (1971). 2) 清水健美、『朝日植物の世界』 pp. 4-215〜4-219 (1995). 3) W. Dagang *et al.* (1993, China) **119**: 135606. 4) D. Wu *et al.* (1993, China) **118**: 251450. 5) S. Yaga *et al.* (1992, Japan) **118**: 251427. 6) F. Abe *et al.* (1997, Japan) **126**: 235919. 7) W. Dagang *et al.* (1993, China) **119**: 135605. 8) T. Yaga *et al.* (1995, Japan) **122**: 284608. 9) T. Hashimoto *et al.* (1991, Japan) **116**: 18367. 10) W. Wang *et al.* (1995, China) **124**: 170613. 11) T. Umezawa *et al.* (1996, Japan) **124**: 235157. 12) T. Konishi *et al.* (1993, Japan) **120**: 116555. 13) M. Niwa *et al.* (1991, Japan) **116**: 80444. 14) Y. Z. Liu *et al.* (1997, China) **126**: 328047. 15) T. Ma *et al.* (1994, China) **120**: 330923. 16) H. Zhang *et al.* (1997, China) **127**: 356974. 17) F. N. Ko *et al.* (1993, Taiwan) **119**: 195417. 18) K. Baba *et al.* (1992, Japan) **117**: 86679. 19) K. Baba *et al.* (1992, Japan) **118**: 120990. 20) K. Baba *et al.* (1993, Japan) **119**: 266475. 21) S. Yuan *et al.* (1996, China) **127**: 202914. 22) K. Baba *et al.* (1995, Japan) **123**: 251424. 23) M. Taniguchi *et al.* (1996, Japan) **125**: 81920. 24) M. Taniguchi *et al.* (1997, Japan) **127**: 2985. 25) M. Taniguchi *et al.* (1996, Japan) **126**: 16745. 26) S. Sakuma *et al.* (1998, Japan) **129**: 336. 27) D. Touati *et al.* (1993, Morocco) **120**: 294084. 28) K. Baba *et al.* (1994, Japan) **122**: 51391. 29) A. Debal *et al.* (1993, Fr.) **121**: 53920. 30) S. Yuan *et al.* (1993, China) **120**: 144286. 31) C. Cerrati *et al.* (1992, Fr.) **117**: 230113. 32) G. He *et al.* (1991, China) **117**: 64847.

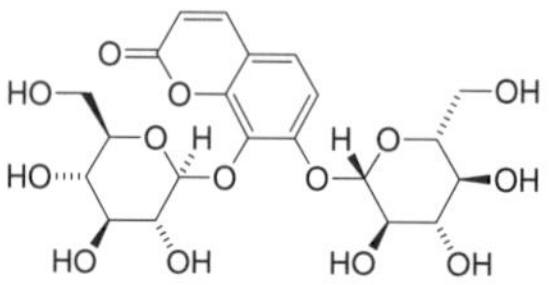

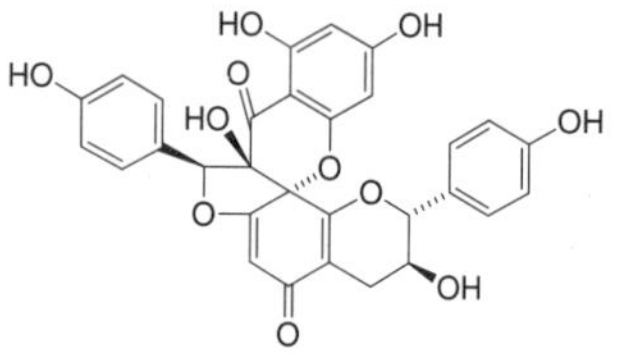

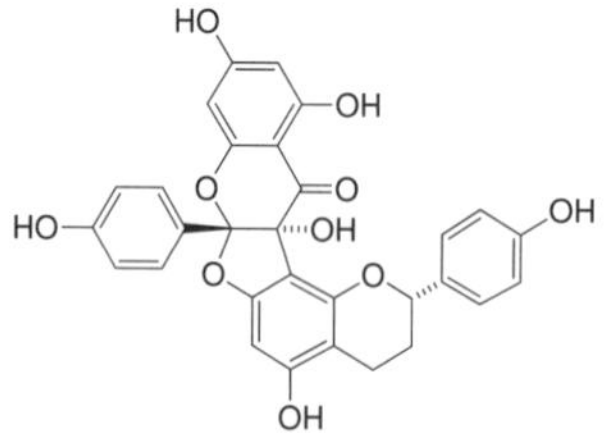

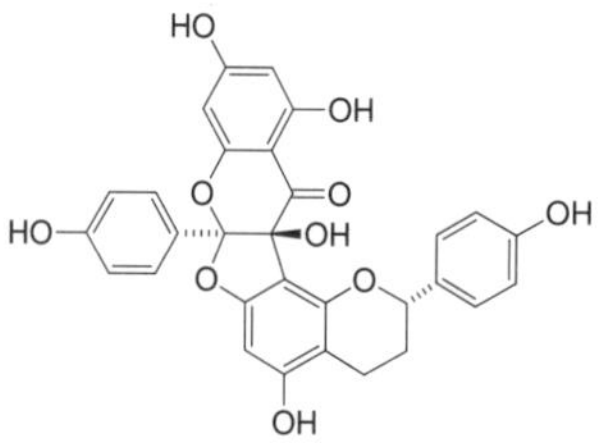

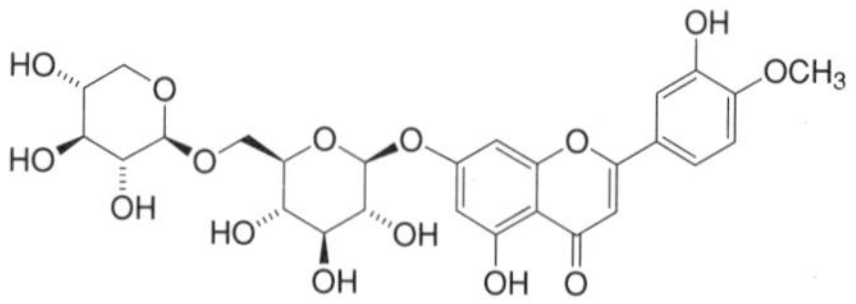

23 スイカズラ科
Caprifoliaceae

サンゴジュ
(*Viburnum odoratissimum*)

1 科の概要

落葉低木または多年草で、スイカズラやニワトコ（接骨木）が有名、葉は食用または薬用として用いられる。日本ではニワトコ属 (*Sambucus*)、ガマズミ属 (*Viburnum*)、リンネソウ属 (*Linnaea*)、ツクバネウツギ属 (*Abelia*)、スイカズラ属 (*Lonicera*)、ハコネウツギ属 (*Weigela*) がある[1]。

2 研究動向

最近は、成分分析に関係するものが最も多い。精油、テルペノイド、フラボノイドなどがほとんどである。具体的には、アントシアニジン、シアニジンとその配糖体が最も多い。その他に、リグナン類の報告も見られる。

対象としては、葉が最も多いが、花、果実なども多く、樹皮や材の分析も見られる。最近では、培養組織を用いた研究もある。

研究目的は、薬理作用や抗菌作用を期待するものが最も多く、抗血圧剤、抗菌剤などの利用を考えている。食品利用としては、色素や変色の問題を扱っているものもある。この他に、ケモタキソノミーの研究もみられる。また、新規化合物の報告が多いのもこの科の特徴である。

サンゴジュやガマズミなどを含むガマズミ属 (*Viburnum*) は研究例が多く、その対象は葉がほとんどで、樹皮、材、果実、種子、花などもある。セイヨウニワトコなどを含むニワトコ属 (*Sambucus*) も研究例が多く、その対象は果実で、花、種子、樹皮などもある。スイカズラ、ウグイスカズラなどを含むスイカズラ属 (*Lonicera*) は最も研究例が多く、その対象は葉と花がほとんどで、種子の他、培養組織なども用いられている。これに対して、ハコネウツギ属 (*Weigela*) は chemotaxonomy の 1 報告、ツクバネウツギ属 (*Abelia*) はまったく見られない。

この科の研究は日本が最も多く、中国、ロシア、イタリア、台湾、韓国と続き、トルコ、フランスなど多くの国で研究されている。

3 各 論

3.1 ガマズミ属 (*Viburnum*)

日本ではガマズミ (*Viburnum dilatatum*) の葉から 6 種の新トリテルペノイド、viburnol F、G、H、I、J、K[2]、5 種の新 dammarane-type トリテルペノイド、viburnol A (**1**)、B (**2**)、C (**3**)、D (**4**) および E (**5**)[3]、新ノルイソペノイド、(3*R*,6*R*,7*E*)-3-hydroxy-4,7-megastigmadien-9-one[4]、2 種の新 polyhydric alcohol glycoside、2,3,4-trihydroxybutyl-6-*O-trans*-caffeoyl-β-glucopyranoside、2,3,4,5-tetrahydroxyhexyl-6-*O-trans*-caffeoyl-β-glucopyranoside[5] などが単離されている。

サンゴジュ (*Viburnum awabuki*) の葉からは 2 種のネオリグナン配糖体、5 種の新 vibsane 型ジ

テルペン、vibsanin G、H、K、18-O-methylvibsanin K および 15,18-di-O methylvibsanin H、2種の新 vibsane 型ジテルペン、neovibsanin H および I[7] が、材からは2種の新ベンゾフラン型リグナン、vibsanol と 9′-O-methylvibsanol[8]、3種の新キノン型セスキテルペン、awabukinol、4-hydroperoxyawabukinol と 3-hydroperoxyawabukinol[9]、3種の新オレアン型トリテルペン、3β,28-dihydroxy-12-oleanene-1-one、3β,28-dihydroxy-12-oleanene-11-one および 13,28-epoxy-11-oleanene-3-one[10] が単離されている。

ミヤマガマズミ (*Viburnum wrightii*) の葉からは3種の新 γ-ラクトン配糖体、viburnolide A、B、C[11]、4種の新フェノール酸配糖体、umbelliferone 6-O-*trans*-caffeoyl-β-D-glucopyranoside、p-hydroxyphenyl 4-O-*trans*-caffeoyl-β-D-glucopyranoside、p-hydroxyphenyl 2-O-*cis*-p-coumaroyl-β-D-glucopyranoside および p-hydroxyphenyl 6-O-*cis*-p-coumaroyl-β-D-glucopyranoside[12] が単離されている。

ゴモジュ (*Viburnum suspensum*) では17種の新 labdane-type diglucoside、gomojoside A、B、C、D、E、F、G、H、I、J、K、L、M、N、O、P、Q[13,14]、2種の新 nonbitter イリドイド配糖体[15] が単離されている。

ロシアでは *Viburnum opulus*、*Viburnum sargentii* の2樹種の種子、果実、樹皮、葉、根などからカロチノイド、イリドイド、フラボノイド、ヒドロキシクマリンなどが報告[16-19]されている。

イタリアでは *Viburnum tinus* の葉から5種の新イリドイド配糖体、viburtinoside I、II、III、IV、V[20] が、*Viburnum rhytidophyllum* の幹の樹皮から3種の新 valeriana 型イリドイド配糖体、7,10,2′-tri-acetylpatrinoside、7-p-coumarylpatrinoside、10-acetylpatrinoside[21] が、*Viburnum ayavacense* の葉から9種の新イリドイド配糖体、7,10,2′,3′-tetra-acetylsuspensolide F、7,10,2′,3′-tetra-acetyl-isosuspensolide F、7,10,2′,6′-tetra-acetylisosuspensolide F、2′,3′-diacetylvalerosidate、2′,3′-di-acetylisovalerosidate、isoviburtinoside II、isoviburtinoside III、isosuspensolide E および iso-suspensolide F[22] が単離されている。

トルコでは *Viburnum lantana* の葉から新 monocyclic C10 イリドイド配糖体[23] が、*Viburnum orientale* の葉から新 open-chain monoterpene glycoside、anatolioside E[24]、5種の新 acyclic monoterpene 配糖体、linalo-6-yl 2′-O-(α-L-rhamnopyranosyl)-β-D-glucopyranoside などが単離されている[25]。

この他に、スペインでは *Viburnum rhytidophyllum* の葉から新 macrocyclic spermidine alkaloid、viburnine[26] が単離され、インドでは *Viburnum coriaceum*[27]、フランス[28-30] などの研究がある。

3.2 ニワトコ属 (*Sambucus*)

日本では *Sambucus canadensis* の果実の着色や色素の報告[31-34] があり、2種の新アシル化アントシアニン配糖体、cyanidin 3-O-(6-O-Z-p-coumaroyl-2-O-β-D-xylopyranosyl)-β-D-glucopyranoside)-5-O-β-D-glucopyranoside (**6**)、cyanidin 3-O-(6-O-E-p-coumaroyl-2-O-β-D-xylopyranosyl-β-D-glucopyranoside (**7**) が単離[35] されている。ニワトコ (*Sambucus sieboldiana*) の樹皮では、レクチンの報告[36] がある。抗アレルギー[37]、免疫作用[38]、抗炎症 (lignan glycoside)[39,40] の報告もある。

イタリアでは *Sambucus nigra* の花の報告[41,42] がある。トルコでは、*Sambucus ebulus* の果実の anthocyanin[43] や抗炎症[44] の報告がある。ベルギーでは *Sambucus nigra* の樹皮[45]、*Sambucus ebulus* の種子[46] の報告がある。

この他にオーストリアでは *Sambucus nigra*[47,48]、中国では *Sambucus williamsis*[49]、フランスでは *Sambucus nigra* の花[50]、スペインでは *Sambucus nigra* の果実[51]、ノルウェーでは *Sambucus canadensis* の果実から新規化合物、cyanidin 3-*O*-[6-*O*-(*E*-*p*-coumaroyl-2-*O*-(*β*-D-xylopyranosyl)-*β*-D-glucopyranoside]-5-*O*-*β*-D-glucopyranoside)[52]、スロバキアでは *Sambucus nigra* の花[53]、フィンランド[54]、ウズベキスタンでは *Sambucus nigra* の花[55]、イランでは *Sambucus ebulus*[56]、メキシコでは *Sambucus mexicana*[57]、ドイツでは *Sambucus cosmetics*[58]、カナダ[59]、アメリカ[60]、ブラジル[61] などの報告がある。

3.3 リンネソウ属 (*Linnaea*)

日本ではミヤマウグイスカズラ (*Lonicera gracilipes* var. *glandulosa*) の葉から多くの新規化合物が報告されている。それらは、新規化合物 (2*R*)-*O*-[4′-(3″-hydroxypropyl)-2′-methoxyphenyl]-3-*O*-*β*-D-glucopyranosyl-sn-glycerol、(2*S*)-*O*-[4′-(3″-hydroxypropyl)-2′-methoxyphenyl]-1-*O*-*β*-D-glucopyranosyl-sn-glycerol[62]、4種の新規のネオリグナン配糖体、8-*O*-4′-neolignan glycoside (**8**)、4,9,9′-trihydroxy-3,3′-dimethoxy-8-*O*-4′-neolignan-7-*O*-*β*-D-glucopyranoside (**9**)、7*R*,8*R*-*threo*-4,7,9,9′-tetrahydroxy-3-methoxy-8-*O*-4′-neolignan-3′-*O*-*β*-D-glucopyranoside (**10**)、7*S*,8*R*-*erythro*-7,9,9′-trihydroxy-3,3′-dimethoxy-8-*O*-4′-neolignan-4-*O*-*β*-D-glucopyranoside (**11**)[63]、新規のフラボン配糖体、apigenin-7-*O*-(2*G*-rhamnosyl)-gentiobioside[64]、3種の新規の polyhydricalc. glycoside、erythritol-1-*O*-(6-*O*-*trans*-caffeoyl)-*β*-D-glucopyranoside、1,2,3,4-tetrahydroxy-2-methylbutane-4-*O*-(6-*O*-*trans*-caffeoyl)-*β*-D-glucopyranoside、arabitol-5-*O*-(6-*O*-*trans*-caffeoyl)-*β*-D-glucopyranoside[65]、新規のクマリン配糖体、aesculetin-6-*O*-*β*-D-apiofuranosyl-(1-6)-*O*-*β*-D-glucopyranoside[66]、2種の新規の megastigmane 配糖体、(6*R*,7*E*,9*R*)-9-hydroxy-4,7-megastigmadien-3-one 9-*O*-[α-L-arabinopyranosyl-(1-6)-*β*-D-glucopyranoside]、(6*S*,7*E*,9*R*)-6,9-dihydroxy-4,7-megastigmadien-3-one 9-*O*-[α-L-arabinopyranosyl-(1-6)-*β*-D-glucopyranoside][67] である。スイカズラ (*Lonicera japonica*) は、花の揮発性成分[68]、培養組織[69] などの報告[70,71] がある。クロミノウグイスカズラ (*Lonicera caerulea*) の葉からは、新イリドイド配糖体、caeruloside C[72]、2種の新ビスイリドイドグルコシド、caeruleoside A および B[73] などの報告[74-76] がある。ヒョウタンボク (*Lonicera morrowii*) の果実などからは、新イリドイド配糖体、kinginoside (sweroside-6′-*O*-(4″-*O*-feruloyl)-α-L-rhamnoside)[77] などの報告[78] がある。

中国ではスイカズラは花の精油[79-81]、フラボノイド[82]、トリテルペノイドサポニン[83] の報告など[84,85] がある。*Lonicera macranthoides* の花からは2種の新規化合物、macroantoin F および G[86] などの報告[87] がある。この他に、*Lonicera caprifolium*[88]、*Lonicera bournei*[89] などの報告も[90] ある。

韓国ではスイカズラの aerial parts を用いた抗炎症作用[91] の報告が多く、2種の新トリテルペノイド、サポニン、loniceroside A および B (3-*O*-α-L-arabinopyranosyl hederagenin 28-*O*-α-L-rhamnopyranosyl(1-2)-[*β*-D-xylopyranosyl(1-6)]-*β*-D-glucopyranosyl ester、3-*O*-α-L-rhamnopyranosyl(1-2)-α-L-arabinopyranosyl hederagenin 28-*O*-α-L rhamnopyranosyl(1→2)-[*β*-D-xylopyranosyl(1-6)]-*β*-D-glucopyranosyl ester[92]、フラボノイド[93,94] などがある。

ロシアではフェノール性化合物の報告[95,96] がある。イタリアでは *Lonicera japonica*[97] と *Lonicera implexa* の葉からの3種の新フラボノイド、implexaflavone、madreselvin A および B[98] の報告がある。台湾ではスイカズラの花の抗血圧作用[99] などの報告[100] がある。アメリカではスイカズラの花の揮発性成分の蝶類の誘因などの報告[101,102] がある。この他にも、フランスでは *Lonicera nitida*[103]、イギリスでは *Lonicera nitida*[104]、スウェーデンでは *Lonicera morrowii*[105]、オランダでは *Lonicera xylosteum*[106]、ドイツでは *Lonicera morrowi*[107] の報告がある。

3.4 ハコネウツギ属 (*Weigela*)

日本での報告例はなく、韓国では *W. florida*、*W. praecox*、タニウツギ (*W. hortensis*)、*W. subsessilis*、ハコネウツギ (*W. coraeensis*) の花や葉を対象にフラボノイドによる分類学の報告[108]がある。

4 構造式（主として新規化合物）

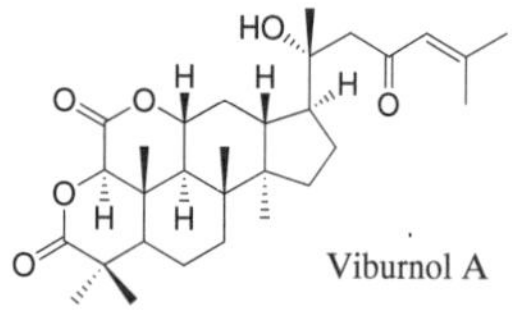

Viburnol A **1**

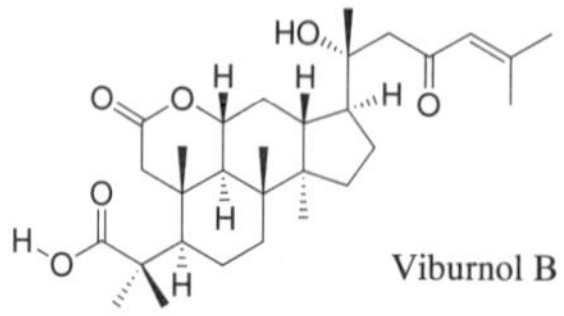

Viburnol B **2**

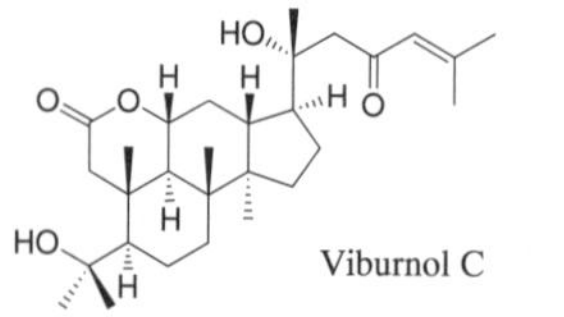

Viburnol C **3**

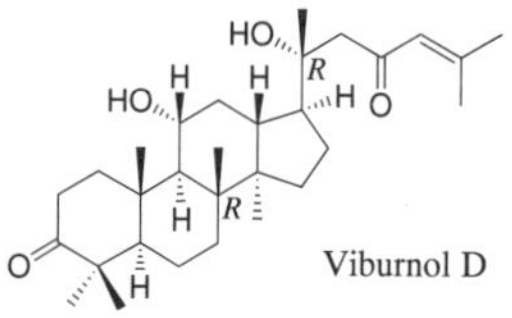

Viburnol D **4**

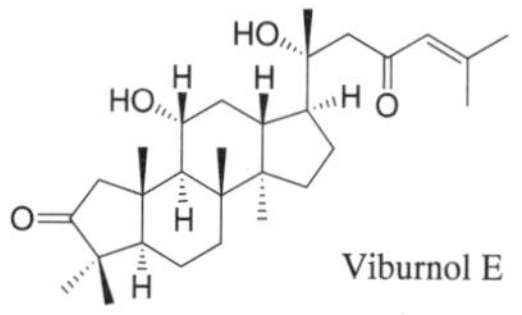

Viburnol E **5**

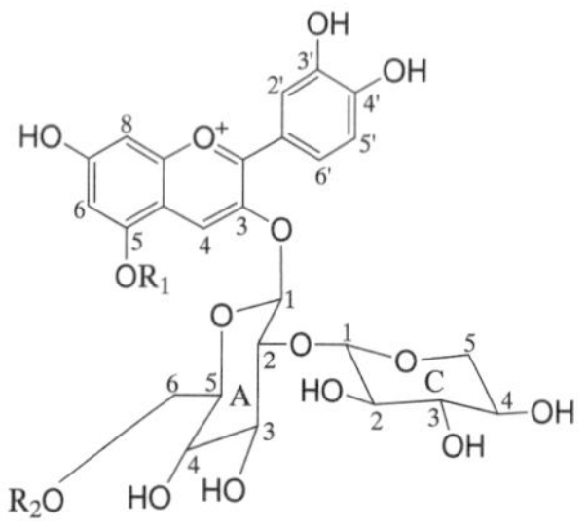

	R_1	R_2
6:	β-D-glucopyranosyl(B)	*E-p*-coumaroyl
7:	β-D-glucopyranosyl(B)	*Z-p*-coumaroyl

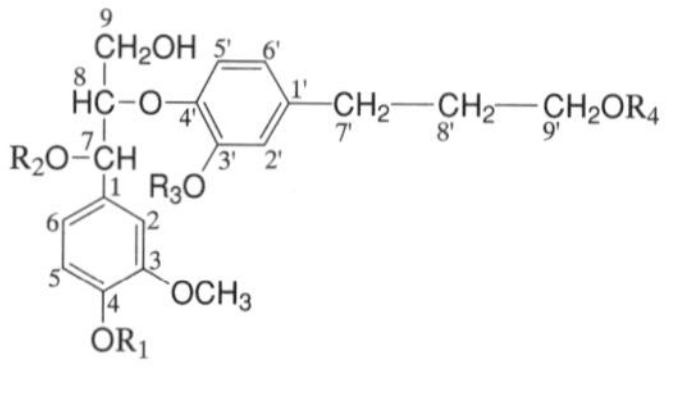

8: $R_1=R_4=H$, $R_2=Glc$, $R_3=CH_3$ (*threo*)
9: $R_1=R_4=H$, $R_2=Glc$, $R_3=CH_3$ (*erythro*)
10: $R_1=R_2=R_4=H$, $R_3=Glc$ (*threo*)
11: $R_1=Glc$, $R_2=R_4=H$, $R_3=CH_3$ (*erythro*)

5 引用文献

1) 牧野富太郎、『原色牧野植物大図鑑』、北隆館（東京）、1982 年、527–538. 2) K. Machida *et al.* (1997, Japan) **126**: 235912. 3) K. Machida *et al.* (1997, Japan) **128**: 20540. 4) K. Machida *et al.* (1996, Japan) **124**: 255789. 5) K. Machida *et al.* (1992, Japan) **120**: 4693. 6) H. Minami *et al.* (1998, Japan) **129**: 287806. 7) Y. Fukuyama *et al.* (1998, Japan) **128**: 268252. 8) Y. Fukuyama *et al.* (1996, Japan) **125**: 110304. 9) Y. Fukuyama *et al.* (1996, Japan) **125**: 81811. 10) M. Kagawa *et al.* (1998, Japan) **129**: 25719. 11) K. Machida *et al.* (1994, Japan) **122**: 128590. 12) K. Machida *et al.* (1993, Japan) **119**: 68077. 13) T. Iwagawa *et al.* (1992, Japan) **117**: 66589. 14) T. Iwagawa *et al.* (1993, Japan) **119**: 91246. 15) T. Iwagawa *et al.* (1994, Japan) **121**: 5145. 16) S. G. Yunusova *et al.* (1998,

Russia) **129**: 228118. 17) S. G. Yunusova *et al.* (1998, Russia) **129**: 228118. 18) A. V. Kaminskaya *et al.* (1994, Russia) **123**: 165146. 19) A. V. Kaminskaya *et al.* (1994, Russia) **123**: 310337. 20) L. Tomassini *et al.* (1995, Italy) **122**: 261048. 21) L. Tomassini *et al.* (1997, Italy) **126**: 235936. 22) L. Tomassini *et al.* (1997, Italy) **128**: 59357. 23) I. Calis *et al.* (1995, Turk.) **122**: 209737. 24) I. Calis *et al.* (1993, Turk.) **120**: 129497. 25) I. Calis *et al.* (1993, Turk.) **118**: 230172. 26) O. M. Abdallah *et al.* (1995, Egypt) **124**: 4885. 27) P. P. Jain *et al.* (1992, India) **119**: 71073. 28) S. Chevolleau *et al.* (1992, Fr.) **117**: 169769. 29) S. Chevolleau *et al.* (1992, Fr.) **118**: 3416. 30) B. Fabre *et al.* (1997, Fr.) **127**: 55645. 31) N. Nakatani *et al.* (1995, Japan) **124**: 54233. 32) O. Inami *et al.* (1996, Japan) **125**: 220065. 33) O. Inami (1995, Japan) **123**: 254776. 34) Y. Kato (1998, Japan) **128**: 216584. 35) N. Nakatani *et al.* (1995, Japan) **122**: 286642. 36) H. Kaku *et al.* (1996, Japan) **124**: 138983. 37) M. Fukushima *et al.* (1996, Japan) **124**: 270608. 38) M. Fukushima *et al.* (1996, Japan) **124**: 270607. 39) K. Kuriyama *et al.* (1998, Japan) **129**: 347153. 40) K. Kuriyama *et al.* (1998, Japan) **129**: 347151. 41) P. Pietta *et al.* (1992, Italy) **116**: 210504. 42) F. Dall'Olio *et al.* (1993, Italy) **120**: 241386. 43) M. Yenen *et al.* (1997, Turk.) **129**: 272602. 44) E. Yesilada (1998, Turk.) **129**: 211416. 45) E. J. M. Van Damme *et al.* (1997, Belg.) **126**: 302796. 46) S. A. Ivanov (1998, Bulg.) **129**: 173103. 47) P. M. Abuja *et al.* (1998, Austria) **129**: 329938. 48) J. Hofbauer *et al.* (1998, Austria) **128**: 256006. 49) R. Hu *et al.* (1996, China) **125**: 190553. 50) J. L. Lamaiaon *et al.* (1992, Fr.) **117**: 23289. 51) L. Citores *et al.* (1996, Spain) **126**: 16742. 52) O. P. Johansen *et al.* (1991, Norway) **116**: 148259. 53) P. Farkas *et al.* (1995, Slovakia) **124**: 85312. 54) H. Koistinen *et al.* (1996, Finland) **126**: 45543. 55) O. V. Makarova *et al.* (1998, Uzbekistan) **129**: 242498. 56) A. Ahmadiani *et al.* (1998, Iran) **129**: 211412. 57) M. Martinez-Vazquez *et al.* (1997, Mex.) **128**: 97466. 58) H. Eggensperger *et al.* (1998, Germany) **129**: 221061. 59) C. R. Morales (1998, Can.) **129**: 300537. 60) S. J. Degitz *et al.* (1998, USA) **129**: 201003. 61) M. L. Rodrigues *et al.* (1997, Brazil) **128**: 74173. 62) N. Matsuda *et al.* (1996, Japan) **128**: 1927. 63) N. Matsuda *et al.* (1996, Japan) **125**: 270460. 64) M. Kikuchi *et al.* (1996, Japan) **124**: 198134. 65) N. Matsuda *et al.* (1995, Japan) **123**: 193608. 66) N. Matsuda *et al.* (1995, Japan) **122**: 286646. 67) N. Matsuda *et al.* (1997, Japan) **127**: 158976. 68) N. Ikeda *et al.* (1994, Japan) **122**: 247995. 69) T. Horiike *et al.* (1997, Japan) **126**: 222860. 70) M. Terai (1997, Japan) **127**: 336465. 71) T. Hirata *et al.* (1998, Japan) **128**: 312928. 72) K. Machida *et al.* (1995, Japan) **123**: 251349. 73) K. Machida *et al.* (1995, Japan) **123**: 79638. 74) K. Machida *et al.* (1993, Japan) **122**: 51321. 75) N. Terahara *et al.* (1993, Japan) **119**: 4972. 76) H. T. Imanishi *et al.* (1998, Japan) **128**: 292770. 77) N. Aimi *et al.* (1993, Japan) **121**: 5070. 78) Y. Ikeshiro *et al.* (1992, Japan) **116**: 231924. 79) L. Zhang *et al.* (1995, China) **124**: 212200. 80) L. Zhang *et al.* (1994, China) **122**: 89050. 81) G. Wang *et al.* (1992, China) **117**: 108175. 82) Y. Gao *et al.* (1995, China) **124**: 170614. 83) H. Lou *et al.* (1995, China) **124**: 140974. 84) H. Lou *et al.* (1996, China) **125**: 216959. 85) L. Huang *et al.* (1996, China) **126**: 183814. 86) M. Chen *et al.* (1994, China) **122**: 51302. 87) Q. Mao *et al.* (1993, China) **119**: 156215. 88) M. H. J. Bergqvist *et al.* (1992, Swed.) **118**: 77084. 89) T. Xiang *et al.* (1998, China) **129**: 300094. 90) J. Qin (1997, China) **128**: 172154. 91) S. J. Lee *et al.* (1995, Koria) **123**: 102299. 92) K. H. Son *et al.* (1994, Korea) **121**: 5117. 93) K. H. Son *et al.* (1994, Korea) **121**: 104073. 94) K. H. Son *et al.* (1992, Korea) **119**: 156313. 95) N. N. Plekhanov *et al.* (1993, Russia) **120**: 4594. 96) E. A. Ivanova *et al.* (1997, Russia) **127**: 80503. 97) L. Tomassini *et al.* (1995, Italy) **124**: 112390. 98) G. Flamini *et al.* (1997, Italy) **126**: 261563. 99) J. T. Cheng *et al.* (1994, Taiwan) **122**: 281796. 100) W. C. Chang *et al.* (1992, Taiwan) **117**: 535. 101) W. S. Schlotzhauer *et al.* (1996, USA) **124**: 23889. 102) S. D. Pair *et al.* (1997, USA) **127**: 230634. 103) J. Cambecedes *et al.* (1992, Fr.) **118**: 3955. 104) R. T. Brown *et al.* (1997, UK) **127**: 109113. 105) D. Ohta *et al.* (1997, Switz.) **126**: 289035. 106) D. Hallard *et al.* (1998, Neth.) **129**: 227603. 107) J. Sommer *et al.* (1997, Germany) **128**: 138639. 108) C. S. Chang (1997, Koria) **127**: 231917.

24 スギ科
Taxodiaceae

1 科の概要

針葉樹の代表的な科の一つで、通直な常緑および落葉高木である。針葉樹の分類には様々なものがあるが、よく用いられる林弥栄氏の分類を用いる[1]。

現存するスギ科は10属15種を数える。ミナミスギ属 (*Athrotaxiis*)、スギ属 (*Cryptomeria*)、コウヨウザン属 (*Cunninghamia*)、ミズスギ属 (*Clyptostrobus*)、アケボノスギ属 (*Metasequoia*)、コウヤマキ属 (*Sciadipitys*)、セコイアメスギ属 (*Sequoia*)、セコイアオスギ属 (*Sequoiadendron*)、タイワンスギ属 (*Taiwania*)、ヌマスギ属 (*Taxodium*) がある。なお、コウヤマキ属 (*Sciadipitys*) は科として扱われることも多く、ここでは扱わない。

スギ
(*Cryptomeria japonica*)

2 研究動向

1960年末から1980年にかけて、心材成分を中心によく研究された。スギ科の特徴的な成分の一つとして、C_{17} 化合物、ノルリグナン型フェノール性成分 (agatharesinol (**1**)、sugiresinol (**2**)、hinokiresinol (**3**) など) が多く発見された。最も多く研究されているのは、やはり、スギ属 (*Cryptomeria*) のスギ (*Cryptomeria japonica*) である。

最近も、この傾向は変わらず、ほとんどがスギを対象としている。ただ、対象が、木部だけでなく、針葉の分析も多く見られるようになっている。針葉の研究としては、ジテルペン、トリテルペン、セスキテルペン、フラボノイド、リグナンなどの成分分析がある。木部では屋久杉や屋久杉の土埋木、品種間相違などを扱ったテルペノイドやフェノール性成分の研究がある。なお、ノルリグナンでは新規化合物[2]や合成[3]、アスパラガスからの (+)-nyasol(*cis*-hinokiresinol) の単離[46] の報告もある。

スギ以外では、アケボノスギ属 (*Metasequoia*)、ヌマスギ属 (*Taxodium*) などの研究がわずかにあるだけである。

研究目的は、木材の有効利用、成分の薬理作用や抗菌作用を期待するものが多い。この他にも、化学分類学、環境資源などの観点からの研究も見られる。なお、針葉樹成分のエイズ治療学的検討[4] もある。

この科の研究は日本が最も多く、中国、イタリア、台湾、フランス、エジプト、オーストラリアなどの国で研究されている。

3 各 論

3.1 スギ属 (*Cryptomeria*)

スギの針葉より5種の hexacarbocyclic triterpene、chamaecydin、6α-hydroxychamaecydin、6β-hydroxychamaecydin、$10'\alpha$-hydroxycryptoquinone、$10'\beta$-hydroxycryptoquinone[5]、2種の新 C30- terpene quinone methide、cryptoquinonemethide D および E[6]、abietane と kaurane の誘導体で6種の新規化合物、6,12-dihydroxyabieta-5,8,11,13-tetraen-7-one、6β-hydroxyferruginol、$7\alpha,8\alpha$-epoxy-6α-hydroxyabieta-9(11),13-dien-12-one、$(5R,10S)$-12-methoxyabieta-6,8,11,13-tetraene、*ent*-kaur-15-en-17-al、(+)-16-acetylkaurane-16,17-diol[7]、ジテルペンでは5種の新規化合物、8,13-dioxo-14,15,17-trinorlabdan-19-oic acid、12-hydroxy-11-methoxyabieta-8,11,13-trien-7-one、6α,11-dihydroxy-12-methoxyabieta-8,11,13-trien-7-one、6,12-dihydroxy-11-methoxyabieta-5,8,11,13-tetraen-7-one[8]、*ent*-rosa-5,15-diene[9] などがある。セスキテルペンでは10種の新規化合物、elem-1-en-4,11-diol、11-acetoxyeudesman-4α-ol、eudesmane-5α,11-diol、3-eudesmene-1β,11-diol、1β-acetoxy-3-eudesmen-11-ol、4-eudesmene-1β,11-diol、1β-acetoxy-4-eudesmen-11-ol、7-epi-γ-eudesmol、7-epi-4-eudesmene-1β,11-diol、1β-acetoxy-4(15)-eudesmen-11-ol[10]、4β-hydroxygermacra-1(10),5-diene、thujopsan-2α-ol などによる *Cryptomeria fortunei*、*C. japonica* の化学的分類がある[11,12]。フラボノイド、リグナンでは2種の新規化合物、*cis*-dihydrodehydrodiconiferyl alc. (**4**)、secodihydrodehydrodiconiferyl alc. (**5**)[13] の報告がある。この他にも、脂肪酸と病原菌抵抗性[14]、精油[15,16] の報告もある。

木部では屋久杉の精油成分の研究[16-18]、その土埋木の研究[19,20]、材油成分の品種間相違などの研究[21-23] があり、2種の新規化合物、2,7(14),10-bisabolatrien-1-ol-4-one (**6**) と 1,3,5,7(14),10-bisabolapentaen-2-ol (**7**)[24]、7種の新 bisabolanoid、7(14),10-bisaboladien-2-one、7(14),10-bisaboladien-2-ol、2β-acetoxy-7(14)-bisabolene-11-ol、bisabolane-2β,11-diol、7(14)-bisabolene-2β,11-diol、bisabolane-2α,11-diol、7-bisabolene-2β,11-diol[25]、3種の新 bisabolanoid、bisabola-7(14),10-dien-$1\beta,4\beta$-ol (**8**)、bisabola-7(14),10-dien-1-ol-4-one (**9**)、4β-acetoxybisabola-7(14),10-dien-1β-ol (**10**)[21] などが単離されている。心材の黒色化関係の報告もある[26-29]。

生理活性の研究では樹皮やおがくず[30]、精油[31] を用い、ferruginol の抗酸化作用[32]、殺ダニ効果[33] などがある。この他にも、花粉の脂質[34]、ブラシノステロイド[35] などの研究がある。

3.2 アケボノスギ属 (*Metasequoia*)

メタセコイアの葉の精油の研究[36,37]、フラボノイドの研究[38]、ポリフェノールの研究[39]、プロアントシアニジンの生合成の研究[40] などが挙げられる。しかし、最近の報告数は少ない。

3.3 ヌマスギ属 (*Taxodium*)

ヌマスギの種子の脂肪酸の研究[41,42] などがある。

3.4 タイワンスギ属 (*Taiwania*)

タイワンスギ (*Taiwania cryptomerioides*) では、台湾特有の樹木の化学成分の研究の中で報告されている[43]。

3.5 その他の属

タキソデオキシロン属 (*Taxodioxylon gypsaceum*) の化石木のテルペノイドの研究[44] がある。また、針葉樹の種子のオイルの研究[45,46] で、コウヤマキ属を扱ったものがある。

4 構造式（主として新規化合物）

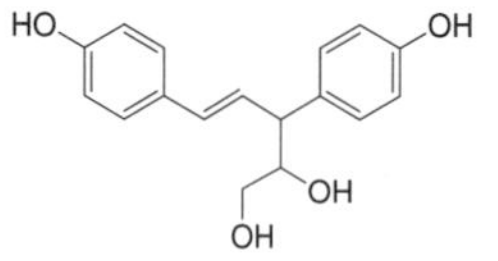

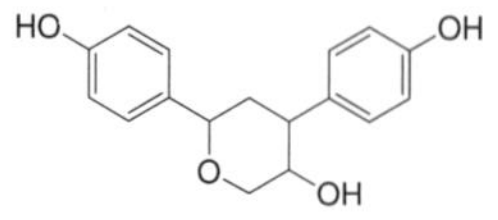

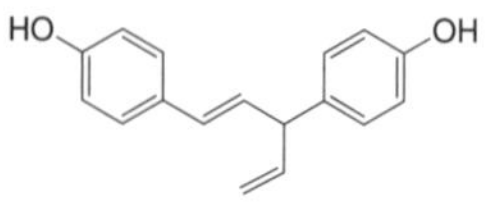

5 引用文献

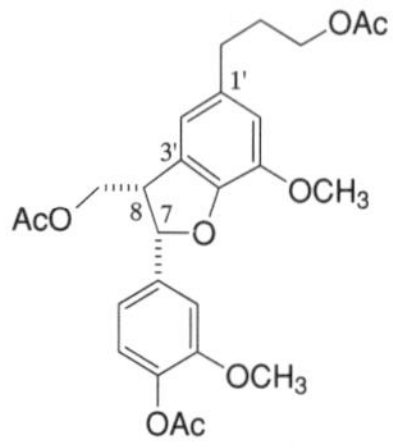

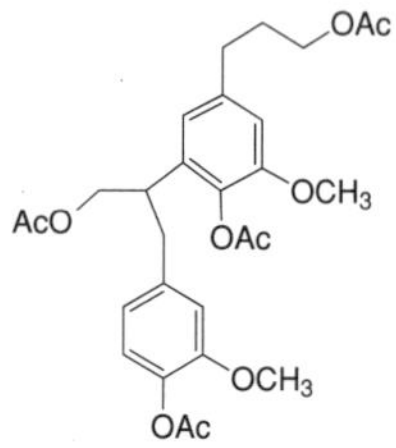

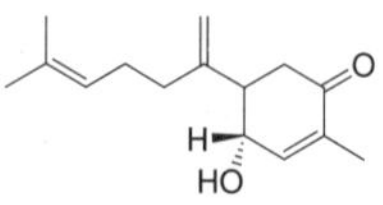

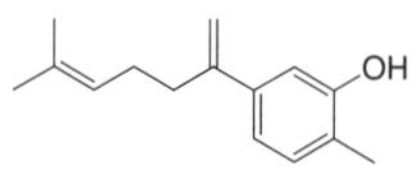

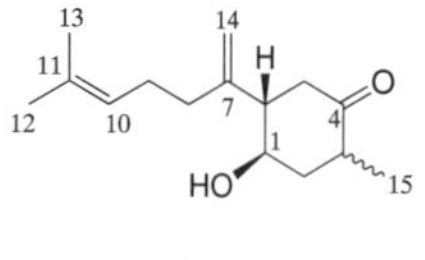

1) 林弥栄, 日本産針葉樹の分類と分布, 農林出版 (1960). 2) 高橋孝悦, 第47回日本木材学会大会研究発表要旨集, p.404 (1997). 3) 菱山正二郎 ら, 第40回天然物有機化合物討論会講演要旨集, p.625–629 (1998). 4) H. Naoe (1997, Japan) **128**: 39577. 5) W. C. Su *et al.* (1993, Taiwan) **120**: 73395. 6) T. Shibuya *et al.* (1992, Japan) **118**: 143438. 7) W. C. Su *et al.* (1994, Taiwan) **121**: 5138. 8) W. C. Su *et al.* (1996, Taiwan) **124**: 82153. 9) S. Nagahama *et al.* (1994, Japan) **121**: 5229. 10) W.C. Su *et al.* (1995, Taiwan) **123**: 138751. 11) S. Nagahama *et al.* (1993, Japan) **119**: 245551. 12) S. Nagahama *et al.*

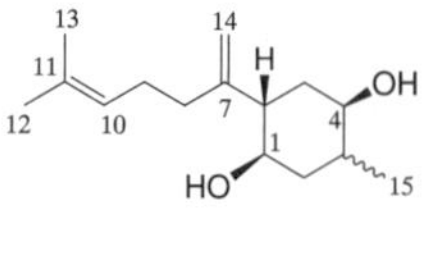

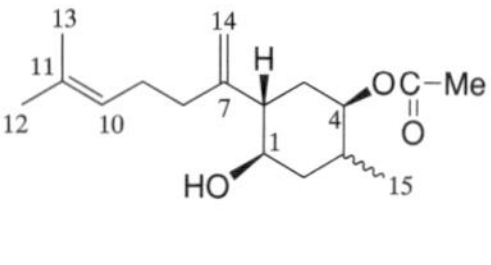

(1995, Japan) **124**: 4928. 13) W.C. Su *et al.* (1995, Taiwan) **123**: 280859. 14) 尾形 ら，木材学会誌, **46** (1) 54–62 (2000). 15) G. Vernin *et al.* (1991, Fr.) **116**: 80417. 16) H. Saito *et al.* (1996, Japan) **126**: 37042. 17) S. Morita *et al.* (1995, Japan) **123**: 199170. 18) S. Morita *et al.* (1995, Japan) **124**: 179192. 19) S. Morita *et al.* (1994, Japan) **123**: 115797. 20) M. Yatagai *et al.* (1991, Japan) **120**: 71533. 21) S. Nagahama *et al.* (1996, Japan) **126**: 61709. 22) S. Nagahama *et al.* (1998, Japan) **129**: 257697. 23) S. Morita (1996, Japan) **128**: 203060. 24) S. Nagahama *et al.* (1993, Japan) **121**: 53892. 25) S. Nagahama *et al.* (1996, Japan) **126**: 61708. 26) 阿部 ら，木材学会誌, **40** (10) 1119–1125 (1994). 27) 阿部 ら，木材学会誌, **40** (10) 1126–1130 (1994). 28) 高橋孝悦，木材学会誌, **42** (10) 998–1005 (1996). 29) 高橋孝悦，木材学会誌, **44** (2) 125–133 (1998). 30) T. Ishii *et al.* (1993, Japan) **120**: 5027. 31) K. Saito *et al.* (1995, Japan) **123**: 187807. 32) N. Inoe *et al.* (1993, Japan) **120**: 159158. 33) Y. Yamamoto *et al.* (1992, Japan) **118**: 18013. 34) M. Oyaizu *et al.* (1997, Japan) **127**: 202904. 35) T. Yokota *et al.* (1998, Japan) **129**: 38768. 36) S. Fujita *et al.* (1991, Japan) **117**: 248540. 37) Y. Bai *et al.* (1995, China) **123**: 178001. 38) T. Katou *et al.* (1996, Japan) **125**: 243096. 39) C. Wang *et al.* (1996, China) **126**: 341037. 40) G. J. Tanner *et al.* (1998, Australia) **128**: 228606. 41) R. L. Wolff *et al.* (1996, Fr.) **125**: 53578. 42) M. M. Okasha *et al.* (1997, Egypt) **129**: 146764. 43) J. M. Fang *et al.* (1992, Taiwan) **118**: 187753. 44) G. Staccioli *et al.* (1997, Italy) **127**: 316827. 44) R. L. Wolff *et al.* (1997, Fr.) **127**: 305389. 45) R. L. Wolff *et al.* (1997, Fr.) **128**: 101309. 46) W.Y. Tsui *et al.*, *Phytochemistry*, **43**, 1413–1415 (1996, Hong Kong).

25 センダン科
Meliaceae

1 科の概要

落葉高木。樹皮は灰色の縦条がある。葉は 2～3 回羽状複葉で長さ 40～50 cm、小葉は卵形～楕円形で、長さ 3～7 cm。花は円錐花房、帯紫色で芳香がある。3～5 月に花をつけ、核果は球形で 10～12 月に黄熟する。日本にはセンダン (*Melia azedarach*) がある。世界には *Melia*、*Toona*、*Carapa*、*Cedrela*、*Dysoryun*、*Entandrophragma*、*Khaya*、*Sandoriacum*、*Turraeanihus*、*Xylocarpus*、*Margosa*、*Angolense*、*Trichilia* などがある。

庭木・街路樹・用材（家具・各種器具・箱・げた）・庇蔭樹。実は苦楝子(くれんし)または金鈴子(きんれいし)と称し駆虫剤とするほか数珠用、樹皮は駆虫剤に用いられる。

センダン
(*Melia azedarach*)

2 研究動向

古くから植物化学としてそれに含有する化合物に興味がもたれてきたが、特にヒトを含む生物の病気との関連で漢方薬や民間薬に関心がもたれてきた。近年では、癌などいわゆる難病との関連において研究がなされ、新たな効用が発掘され、その関心が高まりつつある。

3 各 論

木くい虫 *Hypsipyla grandella* の攻撃を受けないことが知られている *Toona ciliata* の分析により、2 種の新規 meliacin butenolide 類 21-hydroxycedrelonelide (**1**) および 23-hydroxycedrelonelide (**2**) と 2 種の既知リモノイド類 cedrelone (**3**) および 23-hydroxytoonacilide (**4**)、β-sitosterol (**5**)、fatty acid、アシル化 α-amyrin (**6**)、β-amyrin acylate (**7**)、3 種の既知 coumarin 類 siderin (**8**)、scopoletin (**9**) および isofraxidin (**10**) の単離・同定がなされた。また、cedrelone (**3**) について ^{13}C-NMR のシグナルの再検討がなされた[1]。

Toona ciliata の葉部より β-sitosterol (**5**)、gallic acid (**11**)、protocatechuic acid (**12**)、*p*-hydroxybenzoic acid (**13**)、chlorogenic acid (**14**)、caffeic acid (**15**)、vanillic acid (**16**)、ferulic acid (**17**) が同定された[2]。

Toona ciliata の種子から既知の toonacillin (**18**) とともに、2 種の新規リモノイド類 12-deacetoxytoonacillin (**19**) および 6α-acetoxy-14β,15β-epoxyazadirone (**20**) が単離され、これらの結果より *Toona* は Swietienioideae に近縁でないことが示された[3]。

リモノイド化合物の抽出方法として、従来の溶媒抽出と比較して超臨界流体抽出法 (SFE) の定量的な比較がなされ、圧力、温度、抽出時間の最適化がなされた。また、*Cedrela toona* から cedrelone (**3**) の抽出収量について online および offline での SFE とガスクロマトグラフィーによる分析がなさ

れた[4]）。

　貯蔵食糧を食害する有害昆虫 *Sitophilus granarius*、*T. ribolium* および *Trogoderma grnarium* に対して *Entandrophragma candolei*、*E. cyclindricum*、*E. utile* からの抽出物が高い摂食阻害活性を示すことが報告され、いくつかのリモネン類とセスキテルペン類が単離された。その中で、最も大きな活性をもつ物質として prieurianin (**21**)、epoxyprieuriannin (**22**) とそのアセチル化物、entilin D (**23**)、ledol (**24**) が報告された[5]）。

　Cedrela odorata、*Swietenia mahagonia*、*Swietenia mecrophylla* の冷水可滲の粘性物質から単離された多糖類の分析がなされ、これらは uronic acid 類 glucuronic acid (**25**) とその 4-Me ether (**26**)、galactose (**27**)、arabinose (**28**)、rhamnose (**29**) を構成糖として含むことが示された。また rhamnose (**29**) は *Cedrela odorata* では高い含有量であるが、2 つの *Swietenia* ガムでは痕跡程度の含有量であった[6]）。

　Epilachna varivestis の、昆虫の成長抑制作用についての総説がある[7]）。

　Owenia acidula と *O. venosa* の種子にはリモノイド類と cyclopropane protolimonoid glabretal の誘導体 (**30**) が含まれ、また、それらの化合物は *Aglaia ferruginaea* の木部にも含まれていることが示された。さらに、*Toona australis* の木部には cedrelone (**3**) が、*Xylocarpus moluccensis* の木部と種子に多量のリモノイドの混合物が含まれていることが示され、これらの結果が化学分類学の観点より論議された[8]）。

　センダン科の殺虫成分である azadirachtin (**31**) に関する総説がある[9]）。

　インド、マレーシア原産の 19 種の *Algaia* 属植物の葉部からの粗抽出物について *Pohagous lepidoteran* と *Peridroma saucia* (Noctuidae) の幼虫に対する殺虫効果試験がなされ、その結果、少なくとも 7 樹種の抽出物は、*P. saucia* と *Aglaia odorata* の幼虫の生長を大きく抑制することが示された。また、樹皮の抽出物は葉部のものよりさらに大きい活性をもつことが示され、殺虫成分として (−)-rocaglamide (**32**) が報告された[10]）。

　センダン科の殺虫性成分についての総説[11]）がある。

　Nymania capensis に特徴的なリモノイド nymania 1 (**33**) が *Turraea obtusidolia* の種子にも含まれることが示され、これにより *Nymania* 属と *Turraea* 属は化学分類学上類縁であることが示された[12]）。

　昆虫摂食阻害を持つ 10 種の新規リモノイド類が *Melia toosendan* の木部および根皮より単離・同定された[13]）。

　新規テトラノルトリテルペン類 neeflone が *Azadirachta indica* の花より単離され、その化学構造が 15-acetoxy-7-deacetoxydihydroazadirone (**34**) であることが報告された[14]）。

　Melia toosendan 樹皮の抽出物が Asian armyworm (*Spodoptera litura*) に対する malathion の毒性を初期に減少させ、その後増大させる傾向があることが報告された。また、その作用機構が中腸におけるエステラーゼ活性との関連で議論された[15]）。

　沖縄産および中国産の *Melia azedarach* および *Melia toosendan* から単離された 25 種のリモノイド類の昆虫に対する摂食阻害活性が従来の leaf disk 法を用いて調べられた結果、azedirachin 型 C-secolimonoid 類が最も高い活性を持ち、次に 14,15-epoxide および C-19/C-29 間でのアセタール架橋構造を持つ apo-euphenol 型リモノイド類が高い活性を持つことが報告された[16]）。

　apotirucallane 骨格をもつ新規トリテルペン類 meliavolkenin (**35**) が生物活性を指標とした分画により *Melia volkensii* の根皮より単離され、その化学構造が決定された。また、meliavolkenin は、3 種類のヒトの腫瘍に対して中程度の細胞毒性を持つことが報告された[17]）。

　二酸化炭素を移動相とした超臨界流体クロマトグラフィーによる 4 種のトリテルペン酸の分析が 3

種の充填剤を用いて検討された[18]。

apotirucallne 骨格を持つ新規トリテルペン meliavolen (**36**)、melianinone (**37**) が既知の 3-episapelin A (**38**)、nimbolin B (**39**) とともに *Melia volkensii* の根皮より生物活性を指標とした分画を用いて単離された。melianinone (**40**) の絶対配置は melianin A (**41**) ととの関連により決定され、melianin A (**41**) の立体化学は結晶の X 線回折によって決定された。単離された化合物 (**36–39**) はすべて brine shrimp lethality test において中程度に陽性であり、ヒトの腫瘍細胞系に十分な細胞毒活性を示すことが報告された[19]。

インドセンダンの種子抽出物より得られた azadirachtin を添加した羊毛布の Australian carpet beetle (*Anthrenocerus australis*)、webbing clothes moth (*Tineola bisseliella*)、case-bea ring-clothes moth (*Tinea dubiella*)、brown house moth (*Hofmannophila pseudospretella*) の幼虫に対する食害抑制効果が調べられた[20]。

既知の melianin A (**41**) とともに apotirucallne 骨格を有する新規トリテルペン meliavolin (**42**) と新規テトラノルトリテルペン meliavolkin (**43**) が brine shrimp を用いた生物活性を指標とした分画により *M. volkensii* の根皮より単離された。meliavolin (**42**) の立体化学は Mosher エステル誘導体の分析および、そのジアセラートの結晶 X 線解析よって決定された。melianin A (**41**) はある種のヒトの腫瘍に対してわずかな細胞毒性しか示さなかったが、meliavolkin (**43**) はより大きな細胞毒性をもち、その活性はヒトの腫瘍 (MCF-7) に対して adriamycin と同等であることが報告された[21]。

Carapa grandiflora の種子から 8 種のリモノイド 類 carapolide C (**44**)、D (**45**)、E (**46**)、F (**47**)、G (**48**)、H (**49**) と evodoulone (**50**) が単離された。carapolide F (**47**) と G (**48**) は新規テトラノルテルペノイドスピロラクトンであり、carapolide H (**51**) と G (**52**) は D 環と開裂した A 環を持つ新規化合物である[22]。

摂食阻害活性を持つリモノイド類が沖縄および中国産の *Melia azedarach* の幹および根からフラッシュクロマトグラフィーを用いて単離された。すなわち、新規リモノイドラクトン類 6α-acetoxyfraxinellone (**53**)、既知の fraxinellone (**55**)、新規 azadirachtin 型 C-seco-limonoid 類 1-cinnamoyl-3-acetyl-11-methoxymeliacarpinin (**55**)、14,15-epoxide と C19/C29 間にラクトン構造を持つ apoeuphol 型 limonoid 類、azedarachin A (**56**)、B (**57**)、C (**58**)、3 種の新規 trichilin 類、trichilin H (**59**)、12-acetyltrichilin (**60**)、1,12-diacetyltrichilin B (**61**) および trichilin B (**62**)、trichilin D (**63**)、meliatoxin A2 (**64**) が単離された[23]。

新規ヘプタノルテルペン類、entilin C (**65**) が *Entandrophragma utile* から単離され、その化学構造が決定された[24]。

Trichilia 属植物の粗抽出物の鱗翅目の昆虫 *Peridroma saucia* および *Spodoptera litura* に対する作用が評価された結果、コスタリカから採集した 9 種の *Trichilia* 属植物の抽出物が *Peridroma saucia* の幼虫の成長を大きく阻害することが報告された[25]。また、*Trichilia hirta* の成分である hirtin (**66**) および *T. connaroides* の抽出物は幼虫の生長を阻害すると同時に摂食阻害作用を示すことも示された。

Aglaia ferruginaea の樹皮抽出物より新規イソフラボノイド ferrugin (**67**) が単離され、その化学構造が決定された[26]。

Aphanamixis polystachya の種子抽出物の red flour beetle (*Tribolium castaneum*) に対する作用が調べられた結果、*T. castaneum* の成虫に対して強い忌避作用および中程度の摂食阻害作用、殺虫作用を示すことが示された[27]。

F-2382 と I-2300 系統の *Plasmodium falciparum* に対して活性をもつ *Swietenia macrophylla* の種子メタノール抽出物の化学成分分析がなされ、主な成分として swietenin (**68**) および微量の成分

の1つとして swietenolile tiglate (**69**) が報告された[28]。

azadirachtin (**31**)、trifugin A (**70**)、ekeberinne (**71**)、ekurgolactone (**72**)、bussein A (**73**)、utilin (**74**) および scapianiapyrone (**75**) の NMR データに関する総説[29]がある。

センダン科およびミカン科の4種のリモノイド類の摂食阻害活性がヤマトシロアリを用いて検討された。その結果、obacunone (**76**) > nomilin (**77**) > azadirachtin A (**78**) > limonin (**79**) の順序に高い活性を持つことが報告された[30]。

Azadirachta indica の化学、薬理活性、毒性についての総説[31]がある。

Swietenia humilis の種子から4つの新規テトラノルテルペノイド、humilinolide A (**80**)、humilinolide B (**81**)、humilinolide C (**82**)、humilinolide D (**83**) が単離された。また、*Amaranthus hypochondriacus* と *Echinochloa crus-galli* の細根の増殖に対する作用が調べられた結果、*S. humilis* のメタノール抽出物および humilinolide A (**80**)、humilinolide C (**82**) が細根の伸張を抑制することが報告された。また、*Swietenia humilis* の種子のメタノール抽出物が *Tenebrio molitor* の3令の幼虫に対して餌食阻害および成長抑制作用を示すことも報告された[32]。

Honduras mahogany (*Swietenia mahagonia*) よりセンダン科ではまれにしか認められない新規ポリアセチレン類 α-hexyl-3-(6-hydroxy-2,4-octadiynyl)oxiranemethanol (**84**) が単離された[33]。

Swietenia mahagonia のガム状滲液から単離された酸性多糖類の分析がなされ、構成糖として D-galactose (**27**)、L-arabinose (**28**)、L-rhamonose (**29**)、D-glucuronic acid (**25**) およびその 4-*O*-Me 体 (**26**) を含み、過ヨウ素酸酸化および加水分解などの分析によりこの多糖が分枝した β-1,3-D-galactan (**85**) であることが報告された[34]。

Melia toosendan の根皮より2種の新規リモノイド trichilinin B (**86**) および trichilinin C (**87**) が4種の nimbolidin 類、salannin (**88**) とともに単離され、これらの化合物が昆虫の摂食阻害活性を持つことが報告された[35]。

Melia toosendan の葉部から2種の新規 ionone 配糖体類 melia-ionoside A (**89**) および melia-ionoside B (**90**) が単離され、化学分析、スペクトル分析および X 線回折によりそれらの化学構造の決定がなされた[36]。

Melia azedarach の根皮より生合成において重要な ring C seco-limonoid 類 salannin (**88**) と昆虫に対して摂食阻害活性を持つ meliacarpinin E (**91**) が4種の既知 seco-limonoid 類 salannin (**88**)、deacetylsalannin (**92**)、nimbolinin B (**93**)、nimbolidin B (**94**) とともに単離され、それらの化学構造がスペクトルデータより決定された。また、それらの摂食阻害活性が *Spodoptera eridania* を用いて評価された[37]。

消臭剤として靴や靴下に用いる噴霧液成分として *Melia toosendan* 抽出物と borneol (**95**) を含むものの提案がなされ、ヒトに対する試験がなされた[38]。

中国産 *Melia azedarach* の根皮より摂食阻害活性をもつ3種の新規リモノイド trichilin H (**59**)、12-acetyltrichilin (**60**)、7,12-diacetyltrichilin B (**96**) が、3種の既知リモノイド化合物とともに単離され、それらの化学構造がスペクトルデータと化学的手法により決定された[39]。

沖縄産 *Melia azedarach* の幹の樹皮より新規 azedarachtin 型昆虫摂食阻害物質として 1-cinnamoyl-3-acetyl-11-methoxymeliacarpinin (**55**) が単離された[40]。

中国産の *Melia azedarach* 根皮より新規 azedarachtin 型昆虫摂食阻害物質として 1-deoxy-3-tigloyl-11-methoxycarpinin (**97**) が単離された。また、leaf disk 法を用いて *Spodoptera exigua* (Boisduval) の幼虫に対して摂食阻害活性をもつことが報告された[41]。

Melia azedarach の根の抽出物より4つの新規リモノイド azecin 1 (**98**)、azecin 2 (**99**)、azecin 3 (**100**)、azecin 4 (**101**) が単離され、化合物 (**98**)、(**99**) が *Spodoptera litura* の4令幼虫および

Henosepilachna vigitioctopunctata の3令幼虫に対し摂食阻害活性を示すことが報告された[42]。

 Melia azedarach の根皮より5種の新規 trichilin 型リモノイド類 12-deacetyltrichilin I (**102**)、1-acetyltrichilin H (**103**)、3-deacetyltrichilin H (**104**)、1-acetyl-3-deacetyltrichilin H (**105**)、1-acetyl-2-deacetyltrichilin H (**106**) が4種の既知 trichilin 類 meliatoxin B1 (**107**)、trichilin H (**59**)、trichilin D (**63**)、1,12-deacetyltrichilin B (**61**) とともに単離され、さらに、それらの P388 に対する *in vitro* での細胞毒活性が評価された[43]。

 Spodoptera exigua (Boisduval) の幼虫に対して摂食阻害を示す9種の新規リモノイドが中国で採集されたセンダン科植物の根皮より単離された。すなわち、新規化合物である 1-deoxy-3-tigloyl-11-methoxymeliacarpinin (**97**)、1-tigloyl-3-acetyl-11-methoxymeliacarpinin (**108**)、12-*O*-acetyltrichilin B (**109**)、1,12-di-*O*-acetyltrichilin B (**110**)、trichilin H (**59**)、trichilin D (**63**)、meliatoxin A2 (**111**)、aphanastain (**112**)、nimbolin E (**113**)、salannin (**88**) が単離され、それらの化学構造が主に NMR を用いて決定された[44]。

 沖縄産および中国産の *Melia azedarach* および中国産の *Melia toosendan* より単離された25種のリモノイド類について leaf disk 法を用いて昆虫摂食阻害活性が評価された結果、最も活性の高いものは azadirachtin 型 C-seco limonoid 類であり、次いで apo-euphol 型 limonoid 類の 14,15-epoxide および C-19/C-29 間にアセタール結合をもつ構造が高い活性を持つことが報告された[45]。

 Melia azedarach の根皮エタノール抽出が *in vitro* で lymphocytic leukemia P388 細胞に対して細胞毒活性を持つことが示され、活性成分として2種の新規 azadarachtin 型リモノイド 1-tigloyl-3-acetyl-11-methoxymeliacarpinin (**108**)、1-acetyl-3-tigloyl-11-methoxymeliacarpinin (**114**) が3種の細胞毒性を持つ sendanin-type リモノイド類 29-isobutylsendanin (**115**)、12-hydroxyamoorastin (**116**)、29-deacetylsendanin (**117**) とともに単離された[46]。

 Melia azedarach の種子に約4%～6%含有される油の性質 [dD25 0.9264、nD25 1.4794、ケン化価 201.0、酸価、ヨウ素価 113.7] および脂肪酸構成 [palmitic acid (**118**) (9.31%)、stearic acid (**119**) (3.08%)、oleic acid (**120**) (18.71%)、linoleic acid (**121**) (65.95%)] の報告がなされた。また、この種子油は多くのテルペン化合物を含有しており、実験室および屋外での試験において殺虫活性を持つことが報告された[47]。

 安定な植物成長調整剤として、*Melia* の抽出物中のテルペン類、*Melia* または *Azadirachta indica* の種子油、界面活性剤からなるものが提案され、芝に対する効果が示された[48]。

 東アフリカにおける重要な家畜飼料である *Melia volkensii* の栄養学上の特性についての報告がある[49]。

 Melia toosendan 果実のメタノール抽出物についてヒトの乳癌細胞 MCF-7 への効果とその細胞毒性に関する研究がなされた。活性を指標とした分画により主要な活性成分として既知化合物である 28-deacetylsendanin (**122**) が同定されたが、化合物 (**122**) は肝臓細胞 Hepalc1c7 と HepG2 に対しても強い細胞毒性を持つことが示された[50]。

 新規 euphane 型トリテルペン類 cinamodiol (**123**) が *Melia azedarach* の種子から単離され、化合物 (**123**) は粗抽出物で見られた脱皮阻害活性の活性成分ではないことが示された[51]。

 3種の新規 ring C seco-limonoid 類 nimbolidin C (**124**)、D (**125**)、E (**126**) が既知の seco-limonoid 類 nimbolidin B (**127**)、salannin (**88**) とともに *Melia toosendan* の根皮より単離され、これらの化合物が昆虫に対して摂食阻害活性を持つことが示された[52]。

 apotrirucalane 骨格を持つ新規トリテルペン類 meliavolkenin (**35**) が生理活性を指標とした分画により *Melia volkensii* の根皮から単離・同定され、化合物 (**35**) がヒトの腫瘍細胞に対して細胞毒性を示すことが報告された[53]。

新規リモノイド類 azedarachin C (**128**) が中国産の *Melia azedarach* 根皮より昆虫摂食阻害成分として単離・同定された[54]。

apotirucallane 骨格を持つ新規トリテルペン meliavolin (**42**) および新規テトラノルテルペノイド meliavolkin (**43**) が既知の melianin A (**41**) とともに生理活性を指標とした分画により *Melia volkensii* の根皮から単離・同定された。また、化合物 (**42**) と (**41**) がある種のヒトの腫瘍細胞に中程度の細胞毒性を示し、化合物 (**43**) がある種のヒトの腫瘍細胞に対して adriamycin と同等かそれ以上の強い細胞毒性を示すことが報告された[55]。

摂食阻害活性を持つ2種の新規 apotricuallane 型トリテルペノイド meliavolkensin A (**129**) (1α,7α-diacetoxy-3α-benzoxy-17α-20S-21,24-epoxy-24R-methoxyapotirucall-14-ene-25-ol) および meliavolkensin B (**130**) (1α,7α-diacetoxy-3α-benzoxy-17α-20S-21,24-epoxy-24S-methoxyapotirucall-14-ene-25-ol) が *Melia volkensii* の根皮から単離・同定された。これら2種の化合物は側鎖に tetrahydropyran 環が置換した新しいタイプであり、ヒトの結腸癌細胞 (H-29) に選択的に細胞毒を示すことが報告された[56]。

2種の新規リモノイド系摂食阻害物質 trichilin I (**131**) および J (**132**) が *Melia toosendan* の樹幹の樹皮より単離・同定された。[57]。

昆虫摂食阻害活性を持つ3種のリモノイド化合物 azedarachin 類が中国産の *Melia azedarach* より6種の trichilin 類とともに単離・同定された。それらの化学構造は 14,15-epoxide および 19/29 acylacetal 構造を持ち、*Spodoptera exigua* の幼虫に対して摂食阻害活性を示すことが報告された[58]。

Melia azedarach の幹皮より生物活性を指標とした分析を用いて2種の既知化合物 12-hydroxyamoorastatin (**133**)、12-acetoxyamoorastatin (**134**) とともに新規リモノイド類 12-hydroxyamoorastatone (**135**) が単離・同定された。また、3化合物 (**133**)–(**135**) は5種のヒトのある種の腫瘍細胞に対し細胞毒性を示すことが報告された[59]。

Melia azedarach var. *japonica* の幹の樹皮より新規リモノイド類 12-hydroxyamoorastatone (**135**) が単離・同定された[60]。

新規化合物 melianoinol (**136**) が5種の既知化合物 melianol (**137**)、melianone (**138**)、meriandiol (**139**)、vanillin (**140**)、vanillic acid (**16**) とともに *Melia azedarach* の果実より単離・同定された。また、化合物 (**137**)–(**139**) は殺虫活性を示し、melianoinol (**136**) はキャベツムシに対して摂食阻害活性を示すことが報告された[61]。

Melia azedarach の種子油中のグリセライドのメチルエステル化物のガスクロマトグラフ分析がなされ、飽和脂肪酸 (10.3%) [palmitic acid (**118**) (6.3%)、stearic acid (**119**) (4.0%)] と不飽和脂肪酸 (89.75%) [oleic acid (**120**) (31.5%)、linoleic acid (**121**) (57.0%)、linoleic acid (**121**) (1.2%)] を構成脂肪酸として含むことが示された[62]。

新規リモノイド類、2種の新規アントラキノン類および新規 ellagic acid 配糖体が *Melia composita* の根より単離・同定された[63]。

ハンセン病および腺病の治療に用いられる *Melia azedarach* の樹皮と葉部のアルカロイド類、リモノイド類、カッシノイド類およびそれらの薬理活性についての総説がある[64]。

Melia toosendan の幹および根皮より10種の新規リモノイド類と7種の既知リモノイド類が昆虫摂食阻害物質として単離された[65]。

4種の新規リモノイド類 1-tigloyl-3,20-diacetyl-11-methoxymeliacarpinin (**141**)、3-tigloyl-1,20-diacetyl-11-methoxymeliacarpinin (**142**)、1-cinnamoyl-3-hydroxy-11-methoxymeliacarpinhin (**143**) および 1-deoxy-3-methacrylyl-11-methoxymeliacarpinin (**144**) が既知リモノイド類 1-cinnamoyl-3-acetyl-11-methoxymeliacarpinin (**55**) とともに *Melia azedarach* の根皮から単離・

同定された[66]。

昆虫摂食阻害活性をもつ2種の新規リモノイド類 trichilin K (**145**)、L (**146**) が5種の既知リモノイド類 trichilin H (**59**)、I (**147**)、J (**148**)、azedarachin A (**56**)、12-*O*-acetyl-azedarachin B (**149**) とともに *Melia toosendan* の幹の樹皮から単離・同定された。また、これらの *Spodoptera eridania* の幼虫に対する摂食阻害活性が調べられた[67]。

Melia azedarach の根より生合成上に重要な新規リモノイド類 salannal (**150**) が既知化合物 salanin (**151**)、nimbolinin B (**152**) とともに単離・同定された[68]。

中国産の *Melia azedarach* の根皮より摂食阻害活性をもつ3種の新規リモノイド類 meliacarpinin 類が14種の既知のリモノイド類とともに単離され、それらの化学構造と摂食阻害活性との関連が調べられた[69]。

Melia toosendan の樹皮抽出物の3種の貯蔵穀物食害甲虫 [rusty grain beetle (*Cryptolestes ferrugineus*)、rice weevill (*Sitophilus oryae*)] および red flour beetle (*Tribolium castaneum*) に対する忌避作用、毒性、生殖抑制作用が実験室レベルで検討され、*Melia toosendan* の抽出物が穀類の防虫剤として利用可能であることが報告された[70]。

インドセンダン (*Azadirachta indica*) と *Melia azedarach* の種子と葉部より得られたトリテルペン類を含有する抽出物が殺虫活性を持つことが報告された[71]。

C環の開裂した2種の新規テトラノルトリテルペン類 2′,3′-dihydrosalannin (**153**)、1-detigloyl-1-isobutylsalannin (**154**) が *Melia volkensii* の果実から単離・同定された[72]。

中国産の *Melia azedarach* の根皮より melianolide (**155**)、salannal (**150**) が4種のC環-seco リモノイド類 nimbolinin B (**93**)、salannin (**88**)、deacetylsalannin (**156**)、nimbolidin B (**127**) とともに単離・同定された[73]。

Melia toosendan 果実のクロロホルム抽出物から単離されたトリテルペン類 melianone (**138**) とリモノイド類 28-deacetylsendanin (**159**) について肝臓保護活性の評価がなされた。その結果、化合物 (**138**)、(**157**) は代謝酵素活性をわずかに高め、四塩化炭素中毒時に上昇する transaminase 活性を抑制し、ラットの胆汁の分泌をわずかに増加させることが報告された[74]。

Melia volkensii の殺虫成分に関する総説[75,76,77]がある。

Melia composita の種子から得られるアルキド樹脂、ニトロアルキド樹脂、アゾアルキド樹脂染料を含む脂肪油のナイロン、ポリエステル繊維への染着性などが調べられた[78]。

Melia azedarach 果実より melianoninol (**136**)、melianone (**138**)、melianol (**137**)、meliandiol (**139**)、meliantriol (**158**)、vanillic acid (**16**)、vanillin (**140**)、toosendan (**159**) が単離・同定された。melianoninol (**136**) は新規化合物である。また、それらのキャベツの毛虫 (*Pieris rapae*) に対する作用が調べられた結果、トリテルペン類 melianone (**138**)、melianol (**137**)、vmeliantriol (**160**)、toosendan (**159**) が *Pieris rapae* に対して強い摂食阻害活性を持ち、toosendan (**159**) は昆虫に対する強い腹毒性も合わせて示すことが報告された[79]。

Melia azedarach 類の巨視的および微視的性質、UV吸収スペクトルの挙動が、*Melia toosedan* 果実と比較して検討された[80]。

中国産 *Melia azedarach* より得られた4種の新規リモノイド類、3種の meliacarpinin 類、1種の azedarachin (**161**)、7種の既知化合物および、*M. toosendan* より得られた11種のリモノイド類、2種の meliacan 骨格をもつリモノイド類、1種の azedarachin (**56**)、4種の trichilin 類、4種の nimbolidin 類、2種の meliacan 骨格をもつリモノイド類、azadirone 類および acetyltrichilenone 類を含む10種の既知のリモノイド類について、leaf disk 法を用いて日本の重要害虫である *Spodoptera eridania* の3令幼虫に対する摂食阻害活性が調べられた[81]。

Melia toosendan の果実より単離されたリモノイド類 28-deacetylsendanin (**122**) の抗癌性が評価された。*in vitro* での細胞毒試験、8種のヒトの癌細胞を用いた試験より、28-deacetyl sendanin (**122**) は *in vitro* でヒトの癌細胞系の成長に対して、adriamycin より強く、またより選択的に阻害することが報告された[82]。

　Melia azedarach を含む多くの樹種についてフェノール含有量の季節変動が調べられ、微生物に対する保護機構に関連させて議論がなされた[83]。

　Chinaberry の樹皮から単離された liansu を含む安価でしかも安全な殺虫剤の提案がなされた[84]。

　毒性のない防腐性のある光沢油として、*Melia azedarach* を含むものの提案がなされた[85]。

　センダン科植物（1種）を含む多くの種の種子油の脂肪酸構成が調べられた[86]。

　タンニン、クマリンを多く含むセンダン科植物の抽出物を含む化粧品、医薬品の提案がなされた[87]。

　アメリカ合衆国の EPA により承認済みの azadirachtin-A を含む殺虫剤の水棲大型無脊椎動物に対する影響が評価された結果、除草剤 2,4-dichlorophenoxyacetic acid (**162**)、picloram (**163**) と同等の殺動物活性を示し、その原因物質は、azadirachtin-A ではなく含有する石油系添剤によることが報告された[88]。

　Melia volkensii の根皮より生理活性を指標とした分画により、新規化合物 volkensinin (**164**) が単離・同定された。また、化合物 (**164**) は6種のヒト腫瘍細胞系に対し弱い細胞毒性を示すことが報告された[89]。

　Ekebergia capensis の種子のヘキサン抽出物より新規リモノイド類 capsenolactone I (**165**) および capsenolactone II (**166**) が既知の Me 3α-hydroxy-3-deoxyangolensate (**167**) とともに単離・同定された[90]。

　Dysoxylum schiffneri 材より既知の (+)-8-hydroxycalamennene (**168**) とともに新規セスキテルペン類 schiffnerone A (**169**) (1,5-dihydroxy-1,3,5-bisabolatrien-10-one)、新規トリスノルセスキテルペン類 schiffnerone B (**170**) (2-hydroxy-11,12,13-trinor-7-calamenone) が単離・同定された[91]。

　Marrango tree (*Azadirachta excelsa*) より新規リモノイド 1-tigloyl-3-acetylazadirachtol (**171**) が単離・同定された[92]。

　ケニヤ産の *Melia volkensii* 根皮の生理活性を指標とした分画により、4種の新規ステロイド類 (*E*)-volkendousin (**172**)、(*Z*)-volkendousin (**173**)、meliavosin (**174**) および 2,19-epoxy meliavosin (**175**) が単離・同定された。また、化合物 (**172**) がヒト前立腺腫瘍細胞系 (PC-3) に対して adriamycin と同等の細胞毒活性を示し、化合物 (**174**)、(**175**) がヒト乳房腫瘍系 (MCF-7) に対して弱い細胞毒活性を示すことが報告された[93]。

　Trichilia emetica のメチルエチルケトン抽出物の生理活性を指標とした分画により、リモノイド類 nymania 1 (**176**)、dregeana 4 (**177**)、trichilin A (**178**)、rohituka 3 (**179**)、trichilin B (**62**) および新規リモノイド類 seco-A protolimonid (**180**) が単離・同定された。また、化合物 (**176**) および (**62**) は DNA の修復抑制活性を示すことが報告された[94]。

　センダン科植物からのリモノイド類の殺虫性、昆虫摂食抑制作用に関する構造-活性相関についての総説がある[95]。

　22種のセンダン科植物の抽出物について、*in vitro* で *Plasmodium falciparum* の chloroguine 感性および chloroguine と抵抗性の2種のクローンに対する抗マラリア活性の評価がなされた。その結果、リモノイド gedunin (**181**) を含む *Cedrela odorata* 木部および *Azadirachta indica* 葉部の抽出物に抗マラリア活性があることが報告された[96]。

　センダン科植物のテルペノイドについての総説[97]がある。

タバコ根切り虫 (*Spodoptera litura*) と色模様切り虫 (*Peridroma saucia*) などの伝染性の鱗翅類に対する殺虫性および成長阻害活性をもつ抽出物のスクールニングが熱帯産樹木についてなされた。センダン科の *Swietenia*、*Khaya*、*Cedrela* および *Entandophragm* 属が殺虫性を持つことはよく知られているが、*Aglaia*、*Trichilia*、*Chisocheton* 属の植物の抽出物にも強い活性があることが報告された。また、ほとんどの例で、活性成分はリモノイドトリテルペンであり、*Aglaia* については、その殺虫性の主体が benzofuran 類であることが示された[98]。

Swietenia humilis より単離されたリモノイド humilinolide A (**80**) の guinea-pigs 回腸の萎縮、それぞれ発情期間中および卵管切除処理とエストロゲンを投与したネズミの子宮に対する作用が *in vitro* で調べられた[99]。

生物活性を指標とした HPLC 分析により *Turraea obtusifolia* の種子から 2 種の prieurianin 型リモノイド prieurianin (**21**)、rohitukin (**182**) が得られ、それらは Drosophila melanogaster Bll 細胞系での 20-hydroxyecdysone (**183**) に対して拮抗阻害作用を持つことが報告された[100]。

Trichilia catigua より 7-hydroxy-1-oxo-14-norcalamenene (**184**)、7,14-dihydroxyalamenene (**185**) および sitosteryl-β-D-glucopyranoside (**186**) が単離・同定された[101]。

Cedrela salvadorensis の根のクロロホルム/メタノール抽出物より 7α-acetyloxy-14,15:21,23-diepoxy-4,4,8-trimetyl-D-homo-24-nor-17-oxachola-1,20,22-triene-3,16-dione (**187**) が単離され、X 線解析によりその化学構造が明らかにされた[102]。

Toona ciliata var. *australis* に接木された *Cedrela odorata* の幹より calamenene (**188**)、cycloeucalenol (**189**)、β-sitosterol (**5**)、stigmasterol (**190**)、campesterol (**191**)、gedunin (**192**)、7-deacetylgedunin (**193**)、7-deacetoxy-7-oxogedunin (**194**)、methylangolensate (**195**)、febrifugine (**196**)、azadiradione (**197**)、20,21,23-tetrahydro-23-oxoazadirone (**198**)、3β-deacetylfissinolide (**199**)、catechin とともに新規リモノイド 1α-methoxy-1,2-dihydrogedunin (**200**) および新規シクロアルタン類 3β-O-β-D-glucopyranosylcycloeucalenol(**201**) が単離・同定された[103]。

Cedrela salvadorensis より得られた cedrelanolide および *Swietenia humilis* より得られた 4 種のリモノイド humilinolide A (**80**)、B (**81**)、C (**82**)、D (**83**) のヨーロッパトウモロコシ穿孔虫 (*Ostrina nubilalis*) に対する殺虫活性が評価された。その結果、化合物 (**80**)–(**83**) は *Melia azedarach* からの汎用殺虫成分である toosendanin (**159**) に匹敵する殺虫活性を示し、また、3 種のヒト細胞系に対する細胞毒性が低いことが報告された[104]。

Swietenia macrophylla 種子より 5 種の新規テトラノルトリテルペン類 Me 3 β-tigloyloxy-2,6-dihydroxy-1-oxo-meliac-8(30)-enate (**202**)、Me 3 β-tigloyloxy-2-hydroxy-1-oxo-meliac-8(30)-enate (**203**)、Me 3 β-tigloyloxy-2-hydroxy-8α,30α-epoxy-1-oxo-meliacate (**204**) および Me 3 β-isobutyryloxy-2,6-dihydroxy-8α,30α-epoxy-1-oxo-meliacate (**205**) が単離・同定された[105]。

C-19/C-29 で架橋された acyl acetal 構造をもつ新規リモノイド azedarachin B (**206**) が 7 種の既知リモノイド類とともに *Melia toosendan* 根皮より昆虫摂食阻害作用物質として単離・同定された[106]。

Melia azedarach 果実の抽出物およびそれより得られた 1,4-benzenedicarboxylic acid 2-methylester (**207**)、melianone (**138**)、melianol (**137**) および meliandiol (**139**) が、昆虫抵抗活性および米の発育・成長促進作用をもつこと、また、化合物 (**137**)、(**138**) は、(**207**) が、*Pieris rapae* に対して摂食阻害活性、腹毒活性を持つことが報告された[107]。

1990 年～1995 年の期間において、種々のインドセンダンおよび *Melia volkensii* の抽出物のバッタ (*S. gregaria*) に対する駆除効果が評価された。その結果、これらの抽出物がバッタの駆除に有効であることが示された[108]。

Melia azadirachta の脂肪酸およびグリセライドについての分析がなされた[109]。

Azadirachta indica より 2 種の新規テトラノルトリテルペン類 azadirachtolide (**208**)、deoxyazadirachtolide (**209**) が単離・同定された[110]。

Azadirachta indica の青葉より得られた nimonol についてその化学構造が COSY、NOESY、^{1}H-NMR スペクトルデータに基づいて検討された結果、化学構造の訂正がなされた[111]。

Azadirachta indica より抽出されたフェノール配糖体類が抗潰瘍薬および胃酸過多症薬として効果があることが報告された[112]。

インドセンダン実の核の抽出物より新規テトラノルトリテルペン類 13,14-desepoxyazadirachtin A (**210**) が単離・同定された[113]。

落花生のサビ病 (*Puccinia arachidis*) に対する阻害活性を指標とした分画により、インドセンダン (*Azadirachta indica*) より抗菌活性を有する 2 種のリモノイド類 nimonol (**211**)、isomeldenin (**212**) が単離・同定された。また、極性抽出物は純粋な化合物 (**211**)、(**212**) より大きな抗菌活性を示すことも報告された[114]。

心血管に与える *Azadirachta indica* 葉部の含水アルコール抽出物の作用が調べられた。その結果、呼吸に影響を与えることなく投与量依存型の血圧降下作用を示すことが報告された[115]。

合成培地において培養されたインドセンダン (*Azadirachta indica*) の組織より殺虫活性をもつ azadirachtin が単離・同定された[116]。

Azadirachta indica 葉部のアルコール抽出物より、3 種のフラボノイド類とフラボノイド配糖体が単離・同定された[117]。

インドセンダン種子油の漂白について検討がなされた[118]。

インドセンダン (*Azadirachta indica*) 葉のステロイド抽出物と水抽出物の抗受精活性がウイスターねずみのオスを用いて検討された[119]。

Azadirachta indica および *Jatropha curcas* の石油エーテル抽出物について *Papilio demoleus* の 3 令幼虫に対する摂食阻害活性が調べられた[120]。

インドセンダン種子の抽出物について leaf disk choice 法を用いて、キャベツアブラムシ (*B. brassicae*) に対する摂食阻害活性が調べられた結果、本抽出物が強い摂食阻害活性を示し、活性は抽出物中の azadirachtin 濃度と相関があることが報告された[121]。

インドセンダン油と尿素の組み合わせの肥料としての効果が検討された結果、レモングラスの生産性および精油収量の増大に対して著しい効果を示すことが報告された[122]。

トウモロコシの葉を食べるアリマキおよびヨーロッパハサミムシに対する Meliaceae と Piperaceae 植物の作用について検討がなされた結果。Piperaceae がハサミムシに対してノックダウン効果の理由で大きな抗虫活性を示し、一方、Meliaceae は野外試験でアリマキに対して大きな抗虫活性を示すことが報告された[123]。

植物成分の殺虫活性に関する総説がある[124]。

センダン科植物のテルペン類についての総説がある[125]。

4 構造式（主として新規化合物）

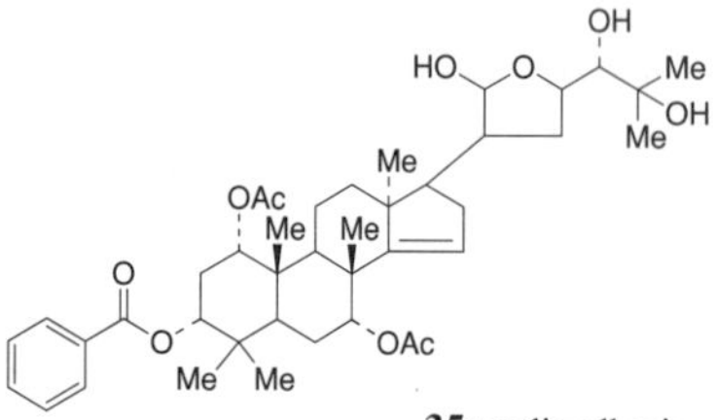

35: meliavolkenin

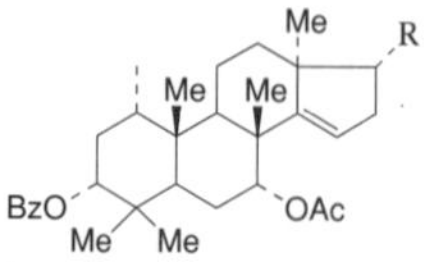

36: R = 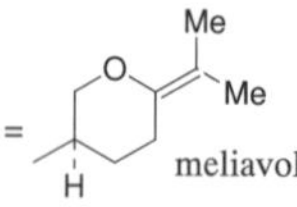 meliavolen

37: R = 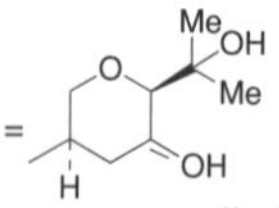 melianinone

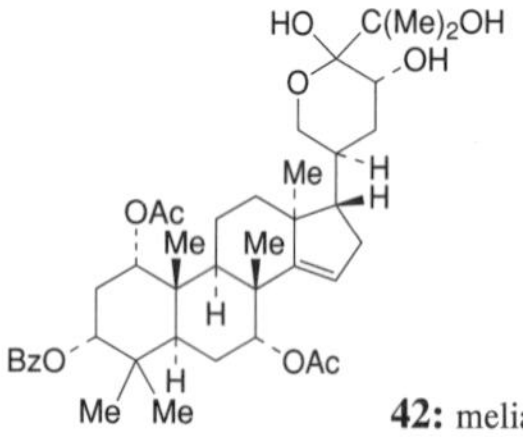

42: meliavolin

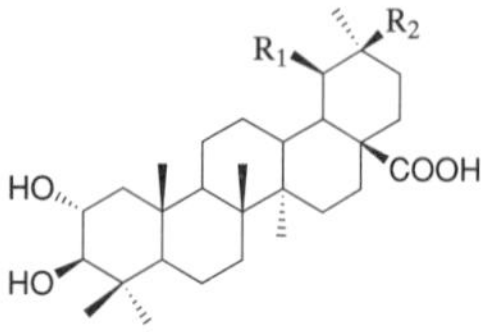

19: R_1=CH$_3$, R_2=H colosolic acid
20: R_1=H, R_2=CH$_3$ maslinic acid

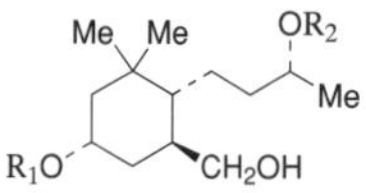

89: R_1=β-D-glucopyranosyl, R_2=H melia-ionoside A
90: R_1=H, R_2=β-D-glucopyranosyl melia-ionoside B

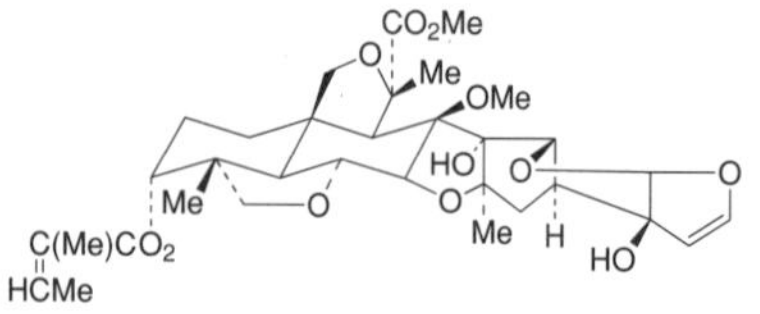

97: 1-deoxy-3-tigloyl-11-methoxycarpinin

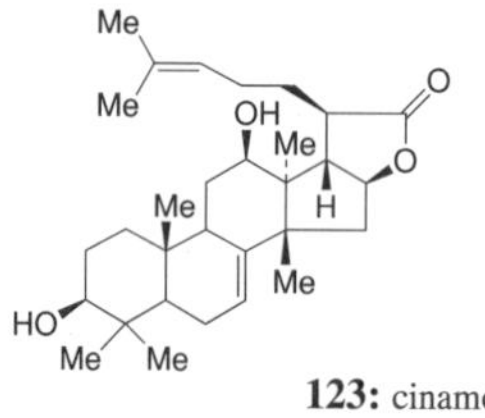

123: cinamodiol

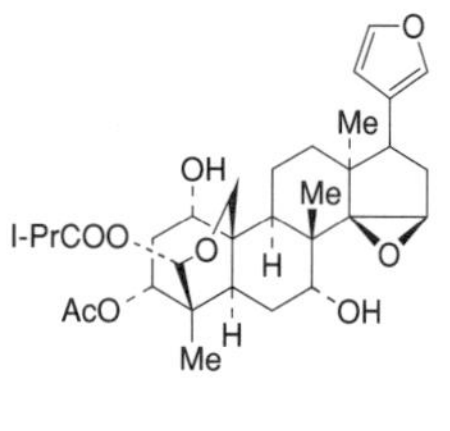

128: azedarachin C

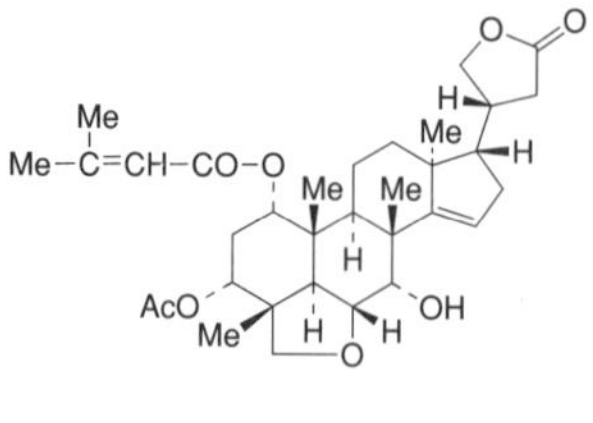

208: azadirachtolide

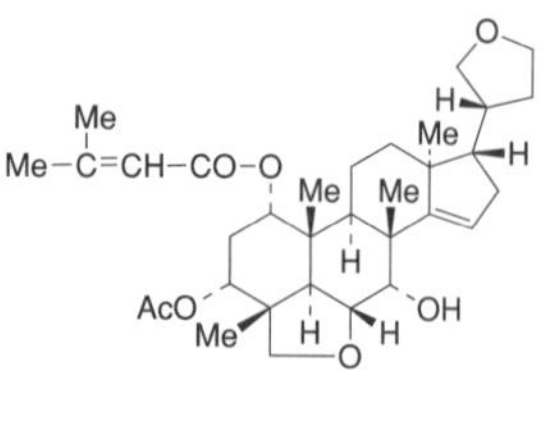

209: deoxyazadirachtolide

5 引用文献

1) S. M. M. Agostinho *et al.* (1994, Brazil) **121**: 53959. 2) D. P. Singh *et al.* (1995, India) **123**: 193660. 3) J. O. Neto (1995, Brazil) **122**: 261047. 4) W. K. Modey *et al.* (1996, S. Afr.) **124**: 254916. 5) W. M. *et al.* (1996, Pol.) **125**: 323041. 6) de Pintom Leon *et al.* (1996, Venoz) **124**: 337872. 7) H. Rembold (1993, Germany) **120**: 50051. 8) D. A. Mulholland, *et al.* (1992, S. Afr.) **118**: 98086. 9) W. Kraus *et al.* (1993, Germany) **121**: 29099. 10) C. Stasook *et al.* (1994, Can.)

120: 263802. 11) M. Isman *et al.* (1995, Can.) **123**: 280752. 12) L.-A. Fraster *et al.* (1995, S. Afr.) **124**: 255919. 13) J. B. Zhou (1995, Japan) **125**: 81953. 14) S. Nanduri *et al.* (1995, India) **123**: 310379. 15) R. Feng *et al.* (1995, Can) **123**: 278693. 16) R. C. Huang *et al.* (1995, Japan) **123**: 249167. 17) L. Zeng *et al.* (1995, USA) **123**: 107852. 18) V. Sewram *et al.* (1995, S. Afr.) **123**: 106896. 19) L. Zeng *et al.* (1995, USA) **123**: 52339. 20) P. J. Gerard *et al.* (1995, N. Z.) **123**: 49773. 21) L. Zeng *et al.* (1995, USA) **122**: 209768. 22) J. F. Ayafor, *et al.* (1994, Cameroon) **121**: 297128. 23) M. Nakatani, *et al.* (1993, Japan) **121**: 175125. 24) W. M. Daniewski, *et al.* (1994, Pol) **121**: 78394. 25) Y. S. Xie, *et al.* (1994, Can) **120**: 263803. 26) F. M. Dean,*et al.* (1993, S. Afr.) **120**: 212553. 27) F. A. Talukder *et al.* (1993, UK) **120**: 50181. 28) I. Soediro *et al.* (1992, Indonesia) **117**: 55753. 29) D. Rycroft (1991, UK) **117**: 48920. 30) M. Serit *et al.* (1992, Japan) **116**: 250477. 31) J. M. Van der Nat *et al.* (1991, Neth.) **116**: 11056. 32) R. Segura-Correa *et al.* (1993, Mex.) **120**: 50109. 33) N. Wakabayashi *et al.* (1991, USA) **116**: 55533. 34) G. L. De Pint *et al.* (1992, Venez.) **118**: 7273. 35) T. Nakanishi *et al.* (1995, Japan) **124**: 112357. 36) T. Nakanishi *et al.* (1991, Japan) **116**: 148205. 37) R. C. Huang *et al.* (1996, Japan) **125**: 270455. 38) D. Jun *et al.* (1994, China) **122**: 114671. 39) M. Nakatani *et al.* (1994, Japan) **121**: 53948. 40) M. Nakatani *et al.* (1994, Japan) **120**: 292055. 41) M. Nakatani *et al.* (1993, Japan) **120**: 129501. 42) S. D. Srivastava (1996, India) **125**: 270480. 43) K. Takeya *et al.* (1996, Japan) **125**: 243083. 44) R. C. Huang *et al.* (1994, Japan) **123**: 251238. 45) R. C. Huang *et al.* (1995, Japan) **123**: 249167. 46) H. Itokawa *et al.* (1995, Japan) **123**: 222792. 47) J. Guo *et al.* (1995, Rep. China) **123**: 138809. 48) J. Hashimoto *et al.* (1995, Japan) **123**: 27826. 49) P. B. Milino (1994, Kenya) **120**: 268728. 50) Y. H. Km (1994, S. Korea) **122**: 310687. 51) A. Kelecom *et al.* (1996, Brazil) **124**: 170608. 52) M. Nakatani *et al.* (1996, Japan) **124**: 141060. 53) L. Zeng *et al.* (1993, USA) **123**: 107852. 54) R. C. Huang (1995, Japan) **123**: 5607. 55) L. Zeng *et al.* (1995, USA) **122**: 209768. 56) L. Zeng *et al.* (1995, USA) **122**: 156313. 57) M. Nakatani *et al.* (1994, Japan) **122**: 128550. 58) R. C. Huang *et al.* (1994, Japan) **121**: 276726. 59) J.-W. Ahn *et al.* (1994, S. Korea) **121**: 276712. 60) J.-W. Ahn *et al.* (1994, S. Korea) **120**: 73435. 61) R. Xu *et al.* (1992, Rep. China) **119**: 45222. 62) B. P. Bashyal *et al.* (1991, Nepal) **118**: 35875. 63) S. D. Srivastava *et al.* (1996, India) **125**: 123472. 64) H. C. Kataria (1994, India) **125**: 110222. 65) J. B. Zhou *et al.* (1995, Japan) **125**: 81953. 66) K. Takeya *et al.* (1996, Japan) **125**: 30042. 67) J. B. Zhou *et al.* (1996, Japan) **124**: 50710. 68) M. Nakatani *et al.* (1995, Japan) **124**: 50633. 69) M. Nakatani *et al.* (1995, Japan) **123**: 334998. 70) Y. S. Xie *et al.* (1995, Can.) **123**: 332687. 71) A. P. Sanz (1994, Spain) **123**: 3345. 72) M. S. Rajab (1992, Keniya) **119**: 91201. 73) R. C. Huang (1996, Japan) **125**: 137862. 74) B. K. Kim *et al.* (1996, S. Korea) **125**: 76290. 75) H. Renbold *et al.* (1995, Germany) **123**: 280751. 76) S. -F. Chiu (1995, Rep. China) **123**: 280750. 77) K. R. S. Ascher (1995, Israel) **123**: 280749. 78) O. S. Mondhe (1993, India) **122**: 83683. 79) W. Wang *et al.* (1994, Rep. China) **121**: 104083. 80) G. Gan (1996, Rep. China) **125**: 256921. 81) M. Nakatani (1995, Japan) **124**: 196447. 82) H. M. Kim (1994, S. Korea) **123**: 25311. 83) S. Tiwari (1995, India) **124**: 82079. 84) Z. Xing (1995, Rep. China) **123**: 191232. 85) Z. Zhou (1992, Rep. China) **118**: 41182. 86) K. S. Rao (1992, Papua New Guinea) **117**: 46994. 87) G. Pauly (1998, Fr.) **129**: 166092. 88) F. V. Dunkel *et al.* (1998, USA) **129**: 212732. 89) L. L. Rogers *et al.* (1998, USA) **129**: 159098. 90) D. A. Mulholl *et al.* (1998, S. Afr.) **129**: 109236. 91) D. A. Mulholl *et al.* (1998, USA) **129**: 106577. 92) W. Kraus *et al.* (1997, Germany) **129**: 79127. 93) S.Rogers *et al.* (1997, Neth.) **128**: 31934. 94) A. A. Gunatilaka *et al.* (1998, USA) **128**: 99836. 95) G. Suresh (1996, India) **127**: 46377. 96) S. MacKinnon *et al.* (1997, Can.) **126**: 274658. 97) M. B. Isman *et al.* (1996, Can.) **126**: 235904. 98) M. B. Isman *et al.* (1997, Can.) **126**: 221740. 99) M. Perusquia *et al.* (1997, Mex.) **127**: 229560. 100) S. D. Sarker (1997, UK) **127**: 15673. 101) W. S. Garcez *et al.* (1997, Brazil) **126**: 341035. 102) R. A. Toscano *et al.* (1996, Mex.) **126**: 104273. 103) J. R. de Paula *et al.* (1997, Brazil) **126**: 314787. 104) A. Jimenez *et al.* (1997, Mex.) **127**: 30384. 105) K. Koujima *et al.* (1998, Japan) **128**: 268251. 106) J. Zhou *et al.* (1997, Japan) **127**: 305327. 107) J. Gu *et al.* (1996, Rep. China) **127**: 92687. 108) B. Dip *et al.* (1997, Mauritania) **127**: 258928. 109) M. H. Ali *et al.* (1996, Bangladish) **127**: 64816. 110) C. Ragasa *et al.* (1997, Philippins) **127**: 343853. 111) G. Suresh (1997, India) **127**: 147075. 112) U. Bandyopadhyay (1997, India) **127**: 181139. 113) T. R. Govindachari *et al.* (1997, India) **127**: 78515. 114) G. Suresh *et al.* (1997, India) **126**: 155127. 115) R. R. Chattopadhyay (1997, India) **127**: 199796. 116) A. Jarvis *et al.* (1997, UK) **127**: 147099. 117) Y. C. Tripathi *et al.* (1996, India) **126**: 209557. 118) A. S. Agbaji *et al.* (1997, Nigeria) **127**: 160883. 119) O. Parshad *et al.* (1997, Jamica) **126**: 312385. 120) P. B. Mesharam *et al.* (1997, India) **126**: 169095. 121) O. Koul *et al.* (1997, India) **127**: 342889. 122) B. Rao *et al.* (1996, India) **127**: 205020. 123) P. Wiriyachitra *et al.* (1997, Can.) **126**: 221741. 124) S. Mackinnon *et al.* (1997, Can.) **126**: 221703. 125) M. B. Isman *et al.* (1996, Can.) **126**: 235904.

26 ソテツ科
Cycadaceae

1 科の概要

ソテツ科 (Cycadaceae) ソテツ (*Cycas revoluta*) は、常緑低木・亜熱帯地方の低地や海岸の崖などに自生するが、観賞用にも植えられる。茎は円柱状に単立するか、下部で分岐する。高さは 1–5 m で表面全体に葉の痕跡が残る。葉は茎の頂端部に出て四方に広がる。大型の羽状複葉で表面は光沢がある。花期は 5～8 月で雌雄異株である。花粉は胚珠に入ってから精子を生ずる。種子は食用になる。

2 研究動向および化学成分

ソテツ属はビスフラボノイドを多く含むが、最近の研究では *Cycas beddomei* からビスフラボノイドとして tetrahydrohinokiflavone (**1**) が分離されている[1]。

3 構造式（主として新規化合物）

1

4 引用文献

1) M. S. Rani *et al.*, *Phytochemistry*, **47**, 319 (1998).

27 ツツジ科
Ericaceae

1 科の概要

103属約3350種が知られている。ほとんどのものが低木で、小高木になるものもある。常緑もしくは夏緑性である。多くの場合葉は単葉互生。がくは花が終わっても落ちない。分類には諸説有るが、大きく分けて、熱帯山地に多いスノキ亜科、温帯から寒帯に適応したツツジ亜科、地中海気候地域に多いエリカ亜科に分けられる。ツツジ属、エリカ属は観賞用として植栽される場合が多く、スノキ属の一部はブルーベリーなどとして果実を食用とする。茎、葉は一般に動物に対して食毒性がある[1]。

シャシャンボ
(*Vaccinium bracteatum*)

2 研究動向

スノキ (*Vaccinium*) 属はいわゆる blueberry の類を含むため、分析例は食品としての評価の対象となる果実の一次代謝成分 (有機酸類、糖類) が多い。抽出成分の分析例としては、アントシアン類、低分子有機酸エステル類やモノテルペン類等の揮発成分分析例等があるが、ほとんどの場合、果実が対象である。また、有効成分の同定には至らない場合も多くあるが、抗酸化作用、抗菌性、抗腫瘍性など生理活性を求めた研究も多い。

鑑賞種を含むため、それ以外の属での成分研究の多くは、花弁のフラボノイドに集中している。特に近年は心材二次代謝物の分析例は極めてまれである。

3 各 論

Erica cinerea の花弁において、apigenin、apigenin 7-glucoside、quercetin 3-glucoside、quercetin 7-galactoside、gossypetin 8-methyl ether 3-glucoside、gossypetin 8-methyl ether 7-galactoside、$2R,3R$-dihydroquercetin、dihydromyricetin 3′-glucoside とともに新規化合物として limocitrin 4′-glucoside (**1**)[2]、gossypetin 3-[α-L-rahmnopyranosyl(1→6)β-D-glucopyranoside] (**2**)[3] および $2R,3R$-dihydrogossypetin 7,8-dimethyl ether (**3**)[4] が単離されている。*Calluna vugaris* の花弁においては、5,7,8,4′-tetrahydroxyflavonol、5,7,8,4′-tetrahydroxydihydroflavonol glucoside、quercetin 3-α-L-arabinoside、callunin とともに新規化合物 quercetin 3-[2‴,3‴,4‴-triacetyl-α-L-arabinosyl(1→6)-β-D-glucoside] (**4**)[5]、quercetin 3-[2‴,3‴,5‴-triacetyl-α-L-arabinosyl(1→6)-β-D-glucoside] (**5**)[6]、kaempferol 3-[2‴,3‴,4‴-triacetyl-α-L-arabinosyl(1→6)-β-D-glucoside] (**6**)[6] の存在が報告されている。新規化合物 quercetin 5,4′-dimethyl ether (**7**)[7] が *Rhododendron ellipticum* の葉に β-caroten、sitosterol、uvaol、quercetin、myricetin、quercitrin、miricitrin、hyperin、quercetin 3-glucoside とともに存在する。*R. ferrugineum* の花弁において、phloracetophenone とともに新規化合物 phloracetophenone 4′-glucoside (**8**)[8] が単離されている。*V. uriginosum*

では葉と果実、*V. myrtillus* および *V. vitis-idaea* では葉に scopoletin が見られる[9]。*V. vitis-idaea* には cinnamic acid 誘導体である 1-*O*-*trans*-cinnamoyl-β-D-glucopyranose が報告されている[10]。*V. corymbosum*、*V. vacilans*、*V. macrocarpon*、*Artostapylos uva-ursi*、*Gaultheria procumbens* において果実の抗菌性が[11]、*V. ashei*、*V. angustifolium*、*V. corymbosum*、*V. myrtillus* においては抗酸化作用が[12]、*V. angustifolium*、*V. macrocarpon*、*V. myrtillus*、*V. vitis-idaea* においては抗腫瘍性[13]が示されているが、有効成分は同定されていない。

4 構造式（主として新規化合物）

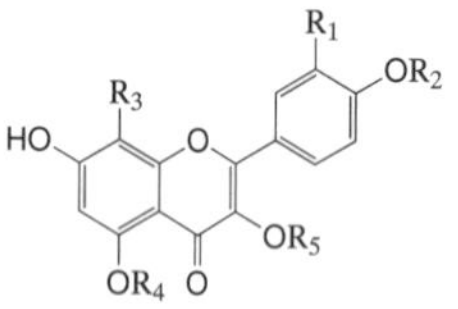

1: R_1=OH, R_2=CH$_3$, R_3=OCH$_3$, R_4=H, R_5=glucosyl
2: R_1=OH, R_2=H, R_3=OH, R_4=H, R_5=α-L-rahmnopyranosyl (1→6)β-D-glucopyranosyl
4: R_1=OH, R_2=R_3=R_4=H, R_5=2''',3''',4'''-triacetyl-α-L-arabinosyl(1→6)-β-D-glucosyl
5: R_1=OH, R_2=R_3=R_4=H, R_5=2''',3''',5'''-triacetyl-α-L-arabinosyl(1→6)-β-D-glucosyl
6: R_1=H, R_2=R_3=R_4=H, R_5=2''',3''',4'''-triacetyl-α-L-arabinosyl(1→6)-β-D-glucosyl
7: R_1=OH, R_2=CH$_3$, R_3=H, R_4=CH$_3$, R_5=H

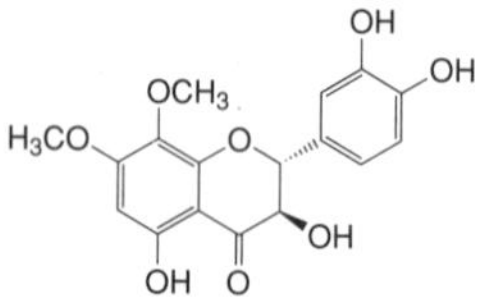

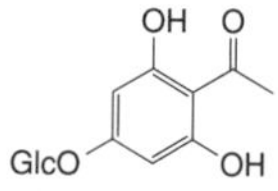

5 引用文献

1) 大場秀章、能城修一、『朝日百科 植物の世界 第6巻』、朝日新聞社、pp. 98–158 (1997). 2) B. Bennini *et al.* (1994, France) **120**: 158802. 3) B. Bennini *et al.* (1993, France) **120**: 27457. 4) B. Bennini *et al.* (1992, France) **117**: 108197. 5) A. Simon *et al.* (1993, France) **119**: 113334. 6) A. Simon *et al.* (1993, France) **120**: 27458. 7) L. K. Ho *et al.* (1995, Taiwan) **123**: 193586. 8) E. Chosson *et al.* (1997, France) **128**: 125793. 9) M. Waksmundzka-Hajnos *et al.* (1997, Poland) **127**: 322843. 10) S. Latza *et al.* (1996, Germany) **125**: 217017. 11) M. L. Cipollini *et al.* (1992, USA) **117**: 248587. 12) R. L. Prior *et al.* (1998, USA) **129**: 120151. 13) J. Bomser *et al.* (1996, USA) **125**: 185226.

28 ツバキ科
Theaceae

1 科の概要

常緑の高木または低木で、まれに落葉性である。葉は互生、単生し、全縁または鋸葉があり、托葉はない。花は放射相称で、大部分は両性花であり、通常葉腋に単生する。がく片は通常5個、まれに、より多数ある。花弁は通常5個、ときに、より多数あり、離生するかまたは下部で合生する。果実はさく果で胞背裂開するか、または肉質で裂開しない。約30属500種が世界の熱帯や亜熱帯に主に分布し、少数が暖帯や温帯に及ぶ。日本には約8属19種自生する。主なものとして、ツバキ属 (*Camellia*)、ヒサカキサザンカ属 (*Tutcheria*)、ナツツバキ属 (*Stuartia*)、ヒメツバキ属 (*Schima*)、モッコク属 (*Ternstroemia*)、ナガエサカキ属 (*Adinandra*)、サカキ属 (*Cleyera*)、ヒサカキ属 (*Eurya*) などがある[1,2]。

ツバキ
(*Camellia japonica*)

2 研究動向

成分分析では、カテキン類、加水分解性タンニン、テアフラビン類、その他のポリフェノール類、サポニン、トリテルペンアルコールなどを対象とした葉、果実および種子などの定性分析、また、機能性成分として注目されるカテキン類の分離精製定量技術に関する報告が多い。また、種子中の脂肪酸組成やアミノ酸分析が報告されている。近年、茶 (*Camellia sinensis*) の機能について、様々な研究が進められ、極めて多くの知見が得られている。茶の成分の機能性は、抗酸化作用、抗突然変異作用、抗腫瘍作用、抗菌作用、抗ウイルス作用、抗アレルギー作用、酵素阻害作用、血圧上昇抑制効果など多岐にわたっている。なかでも、茶カテキン類の健康維持にかかわる諸機能性が特に注目される。その他、医薬品、化粧品、食品と関連した利用についての研究も多くなされている。また、組織培養によるテアニンなどの茶機能性成分の産生に関する報告も注目される。

3 各論

3.1 成分分析

近年、生薬の活性成分としてポリフェノール類が注目され、それらの分離精製技術が進んでいる。茶 (*Camellia sinensis*) のポリフェノール類 (タンニン類) についても、それらのもつ多様な機能性を背景に極めて多くの研究がなされている。茶のポリフェノール成分の主要なものは、(−)-epicatechin (**1**)、(−)-epigallocatechin (**2**)、(−)-epicatechin gallate (**3**)、(−)-epigallocatechin gallate (**4**) などのカテキン類である[3,4]。紅茶の場合、このようなカテキン類が製造中に酸化縮合し、theaflavin (**5**)、theaflavin monogallate A (**6**)、theaflavin digallate (**7**)、theaflavin monogallate B (**8**) などの赤燈色を呈するテアフラビンができる[5]。茶のポリフェノール類の分離精製定量技術に関するものとしては、HPLC による緑茶カテキン類の分離[6]、茶葉中の (−)-epigallocatechin gallate (**4**) の

HPLC定量分析[7])、キャピラリー電気泳動による茶ポリフェノール類の分離[8])、カフェインの沈澱および溶媒分別による市販緑茶からの簡便な (−)-epigallocatechin gallate (**4**) の調製[9]) などが報告されている。さらに茶ポリフェノールの利用のために種々の分離調製方法が提案されている[10-15])。また、*C. sinensis* のカテキン類に対しLC-MS-MS分析が応用され、この方法が植物フラボノイドおよびその配糖体分析に有用であることが示唆されている[16])。さらに、茶の栽培・加工の観点から、紅茶発酵過程におけるテアフラビン組成および渋味の変化[17])、被覆栽培された北西インド産茶の色素およびフェノール成分とそれらの紅茶品質との関係[18]) などが調べられている。その他、*Camellia* 雑種におけるフラボノールやカロチノイドなどの色素と花色の関係[19])、*C. sasanqua* の葉部の eugenol およびフラボノイド類が調べられている[20])。

また、ポリフェノール以外の成分を対象にしたものとしては、中国ウーロン茶の芳香成分のGC-MS分析[21])、緑茶の揮発性成分のGC-MS分析[22]) および茶の根中の有機酸のGC-MS分析[23]) が行なわれている。さらに、ツバキ油の生産および利用を目的としたツバキの品種選定のため、日本および中国産ツバキ属の植物油の脂肪酸組成が調べられている[24,25])。同様に、*C. japonica* の種子および脱脂種子中のサポニンおよびアミノ酸分析[26])、*C. oleifera* の果実中のアミノ酸分析が報告されている[27])。*C. sinensis* のサポニンについては、いくつかの抽出分離方法が提案されている[28,29])。

一方、ツバキ科植物からの新規化合物としては、次のようなものが報告されている。すなわち、*C. japonica* 新鮮葉から複合タンニン、camelliatannin A (**9**)[30])、B (**10**)[30])、C (**11**)[31])、D (**12**)[32])、E (**13**)[31])、F (**14**)[33])、G (**15**)[33])、*C. japonica* 新鮮果実から加水分解性タンニン camelliatannin H (**16**)[33]) がそれぞれ単離されている。また、*C. japonica* 種子からサポニン、camelliasaponin A_1 (**17**)、A_2 (**18**)、B_1 (**19**)、B_2 (**20**)、C_1 (**21**)、C_2 (**22**) が単離されている[34])。市販のブレンド紅茶から発酵生成物として、低分子ポリフェノール、theogallinin (**23**)、2種のビスフラボノイド、theaflavonin (**24**) と desgalloyl theaflavonin (**25**) が得られている[35])。ヒサカキ属 (*Eurya tigang*) の葉からは、3種のフェノール配糖体、eutigoside A (**26**)、B (**27**)、C (**28**) が単離されている[36])。ウーロン茶 (*C. sinensis* var. *sinensis* cv. Maoxie) のアルコール性芳香前駆体として、*cis*-linalool 3,7-oxide 6-*O*-β-D-apiofuranosyl-β-D-glucopyranoside (**29**)、*trans*-linalool 3,7-oxide 6-*O*-β-D-apiofuranosyl-β-D-glucopyranoside (**30**)、8-hydroxygeranyl β-primeveroside (**31**) が明らかにされている[37])。*Schima wallichii* 樹皮よりトリテルペノイドサポニン、22-*O*-angelic acid ester-A_1-barrigenol-3-*O*-[α-L-rhamnopyranosyl (1→2)]-[β-D-glucopyranosyl (1→2)-β-D-galactopyranosyl (1→4)]-β-D-glucuronopyranoside (**32**) が単離されている[38])。*C. japonica* と *C. sasanqua* の種子油から9種のトリテルペンアルコール、tirucalla-5,7,24-trien-3β-ol (**33**)[39])、lemmaphylla-7,21-dien-3β-ol (**34**)[39])、isoeuphol (**35**)[39])、isotirucallol (**36**)[39])、(24*R*)-24,25-epoxybutyrospermol (**37**)[39])、(24*S*)-24,25-epoxybutyrospermol (**38**)[39])、isoaglaiol (**39**)[39])、sasanquol (**40**)[40])、isohelianol (**41**)[41]) が得られている。紅茶 (*C. sinensis* の発酵葉) から黄色ポリフェノール色素、theacitrin A (**42**) が単離されている[42])。*Thea sinensis* 抽出物中ではフラン、(*E*)-6-methyl-6-(5-methyl-2-furyl)hept-3-en-2-one (**43**)[43]) が同定されている。*C. sinensis* の茶葉からグルクロニドサポニン、3-*O*-{β-D-galactopyranosyl (1→2)-[β-D-xylopyranosyl (1→2)-α-L-arabinopyranosyl (1→3)]-β-D-glucuronopyranosyl}-21-*O*-cinnamoyl-16,22-di-*O*-acetylbarringtogenol C (**44**) がメチルエステルとして単離されている[44])。

3.2 機能性

3.2.1 抗酸化作用

各種食品においてスーパーオキシド消去活性を測定した結果、緑茶の活性が極めて高いことが報告されている[45]。特に、緑茶に含まれるカテキン類の効果が大きい。緑茶の生体内酸化効果について種々の興味あるデータが報告されている。ラットに緑茶や紅茶の粉末を含む餌を与え、過酸化脂質誘発剤を使う組織切片抗オキシダント評価法によって、そのラットの肝臓と腎臓の抗酸化効果が検討された結果、食餌として与えた緑茶葉や紅茶葉の粉末が $ex\ vivo$ で組織の脂質過酸化作用に抗オキシダント効果を有していることが証明された[46]。中国茶からの精製されたフラバン-3-オール型タンニンがラットの心臓ミトコンドリアの過酸化作用を抑制することが見いだされている[47]。緑茶ポリフェノールをマウスに投与することにより、各組織におけるカタラーゼ、グルタチオンペルオキシダーゼ等の抗酸化酵素活性が顕著に増加することが確認されている[48]。ラット肝臓のホモジネートを t-Buthyl-hydroperoxide (BHP) で強制酸化させたときに生成する thiobarbituric acid reactive substaces (TBARS) を指標に検討した結果、茶のカテキン類だけでなく紅茶のテアフラビンおよびテアルビジンにも強い抗酸化活性が認められている[49]。このような生体系モデルを用いた実験結果に基づき、ラットを用いた $in\ vivo$ での茶カテキン類の抗酸化作用が検討されている。すなわち、ラットの食餌への茶カテキン類の添加による抗酸化効果を、血漿と赤血球中の α-トコフェロールと TBARS を調べることにより評価した結果、茶カテキン類が血漿中において α-トコフェロールより効果的な抗酸化剤として作用している可能性が示された[50]。一方、食品の酸化的劣化を防止する観点から、茶カテキン類の各種食用油脂に対する抗酸化作用が詳細に調べられている[51,52]。茶に含まれる抗酸化物質とそれらの生理的機能については、いくつかの総説が報告されている[4,53]。

3.2.2 抗突然変異作用

緑茶カテキン類は強い抗変異活性を示す[54]。試験菌としてサルモネラ菌 TA104 を用い、変異原として過酸化水素を用いた場合、テアフラビン類は変異活性を減少させることが示された[55]。また、茶葉に含まれる pyridoxal (ビタミン B_6) は、カテキン類と同程度の突然変異抑制 (bio-antimutagenic) 作用をもつ[56]。緑茶葉の熱湯抽出物や茶ポリフェノール画分は、メチル尿素のニトロソ化反応物やコールタールピッチメタノール抽出物、その他種々の変異原に有効である[57,58]。同様に、低濃度の緑茶熱湯抽出液 (2.5%) は、多環芳香族炭化水素や環状ニトロソアミンなどの間接変異原や MNNG などの直接変異原に対して、いずれも用量依存的に強い変異抑制作用を示す[59]。その他、喫煙によって誘導される突然変異に対する化学的予防効果[60]やチャイニーズハムスター V79 細胞における茶カテキンの突然変異抑制 (bio-antimutagenic) 作用が見いだされている[61]。これらの抗変異原性は発癌プロモーションや抗癌性とのかかわりで注目される。

3.2.3 抗腫瘍作用

茶の抽出物やそれに含まれる成分の抗腫瘍性については様々な研究で評価されている[62-66]。緑茶のポリフェノール化合物は、$in\ vitro$ で抗突然変異原活性を示し、発癌物質で誘導された齧歯類の皮膚癌[67-73]、肺癌[74-79]、噴門部胃癌[74-76]、食道癌[80,81]、十二指腸癌[82] および結腸癌[83,84] を抑制する。さらに、12-O-tetradecanoylphorbol 13-acetate (TPA) で誘導されたマウスの皮膚癌の進行を抑制する[85,86]。これらの抗癌活性は、茶ポリフェノール類に認められているが、そのうち最も高い活性を示すものは緑茶ポリフェノールフラクションの主要成分である (−)-epigallocatechin-3-O-gallate (4) である。また、茶ポリフェノールは胃癌の誘因として注目されている $Helicobacter\ pylori$ に対し強い抗菌作用を示すことから、茶ポリフェノール投与による胃癌予防の可能性が期待される[87]。また、緑茶 ($C.\ sinensis$) 葉の非ポリフェノールフラクションにも発癌イニシエーションおよび発癌プ

ロモーションに対する抑制作用が報告されている[88]。最近、緑茶の非ポリフェノールフラクションから得られるクロロフィル関連物質の pheophytin a と pheophytin b がマウス皮膚における発癌プロモーションに対して強い抑制作用を示すことが明らかにされた[89]。

3.2.4 抗菌作用

茶カテキン類には、食中毒細菌、病原性細菌および植物病原性細菌などに対する種々の抗菌活性が報告されている。

茶カテキン類は、ブドウ球菌 (*Staphylococcus aureus*)、ウエルシュ菌 (*Clostridium perfringens*)、セレウス菌 (*Bacillus cereus*)、腸炎ビブリオ (*Vibrio parahaemolyticus*)、アエロモナス菌 (*Aeromonas sobria*)、プレシオモナス菌 (*Plesiomonas shigelloides*) に対して明確な抗菌活性を有する[90]。また、茶抽出液にはカンピロバクター属細菌 (*Campylobacter coli, C. jejuni*) を殺滅する作用がある[91]。茶カテキン類は、このような食中毒細菌や腸内菌叢悪玉菌に対して抗菌活性を有しているだけでなく、生体中での腸内菌叢の改善にも効果がある[92,93]。

茶カテキン類は、MRSA (methicillin resistant *Staphylococcus aureus*) に対して殺菌作用を有する[94,95]。特に、(−)-epigallocatechin gallate (4) は 250 ppm という低濃度で MRSA に対して十分な殺菌効果を示す[94]。また、茶抽出物は MRSA だけでなく、β-ラクタム産生黄色ブドウ球菌 (*Staphylococcus aureus*) のペニシリン耐性に対しても阻害効果を示し、これらのことは PBP2′ 合成の阻害および β-ラクタマーゼの分泌の抑制に基づくものと考えられている[96]。さらに、茶カテキン類が呼吸器感染症の起因菌である百日咳菌 (*Bordetella pertussis*)[97] やマイコプラズマ (*Mycoplasma pneumoniae*)[98]、腸管感染症の起因菌であるコレラ菌 (*Vibrio cholerae*)[99] に対しても抗菌活性を有する。また、黄色ブドウ球菌 α 毒素、腸炎ビブリオ耐熱性溶血毒素、コレラ溶血毒に対して抗毒素作用が明らかにされている[100,101]。

一方、植物病原性細菌に対する茶カテキン類の影響も調べられており、茶カテキン類は各種野菜の軟腐病や青枯病などの病原性細菌に対しても顕著な抗菌性を示す[102]。

茶カテキン類の作用メカニズムは不明であるが、茶カテキン類が生体膜の脂質二重層を破壊することが示唆されている[103]。

また、皮膚疾患の起因菌である白癬菌 (*Trichophyton mentagrophytes, T. rubrum*) に対して、茶テアフラビン類の殺滅作用[104] および茶サポニンの抗菌活性[105] が報告されている。テアフラビンは、赤痢菌 (*Shigella* spp.) に対しても抗菌作用を示す[106]。

茶カテキン類は虫歯菌 (*Streptococcus mutans*) の成育を阻害する[107,108]。また、茶葉成分は、歯周病菌 (*Porphyromonas gingivalis*) に対して抗菌作用を示す[109]。特に、*P. gingivalis* の成育および口内上皮細胞への付着に対して、epigallocatechin gallate、epicatechin gallate、gallocatechin gallate などの抑制効果が高く、これらの抑制効果には catechin-3-ol 構造のエステル結合の重要性が指摘されている[110]。また、茶カテキン類を用いたボランティア試験の実施により、0.25%茶カテキン水溶液で口臭および歯垢の抑制が確認されており[111]、それらの水歯磨きとしての有用性が評価されている[112,113]。またこの歯垢形成の抑制は、口内菌が生産するグルカン生成酵素に対する茶カテキン類の阻害効果に基づくものと考えられる[114]。

茶の成分の抗菌活性については、いくつかの総説が報告されている[115,116]。

3.2.5 抗ウイルス作用

細胞感染系を用いた *in vitro* の実験系で紅茶抽出液にインフルエンザウイルス感染予防効果があることが明らかにされた[117]。その活性成分を調べた結果、(−)-epigallocatechin gallate とテアフラビン類に予防効果が高いことが見いだされている[118]。さらにマウスのインフルエンザウイルス感染系を用いた *in vivo* の実験系でも紅茶抽出物にインフルエンザウイルスの感染防止効果が認められて

いる[119]。epigallocatechin gallate とテアフラビン類にロタウイルス（乳児胃腸炎ウイルス）に対する感染阻害活性が見いだされている[120]。

また、ツバキ（*C. japonica*）の新鮮葉から単離された camelliatannin A (**9**) には抗 HIV (human immunodeficiency virus) が明らかにされている[121]。

3.2.6 抗アレルギー作用

茶の抗アレルギー性についても幾つかの知見が得られている[122]。例えば、ウーロン茎茶抽出液は、ラットを使ったホモローガス PCA (homologous passive cutaneous anaphylaxis) 反応を強く抑制し、優れた抗アレルギー作用を有することが示されている[123]。また、ラット好塩基球株 RBL-2H3 からのヒスタミンおよびロイコトリエン B_4 の遊離抑制に及ぼす茶カテキン類の影響が調べられ、(−)-epigallocatechin-3-*O*-gallate に強い阻害活性が見いだされている[124]。さらに、茶葉からのサポニンは実験的に誘導したテンジクネズミの喘息を抑制し、また、服量に応じてロイコトリエン C_4 遊離阻害を示した[125]。

3.2.7 酵素阻害作用

多くの植物抽出物を対象としたスクリーニング実験の結果、タンニン類にトポイソメラーゼ阻害活性があることが明らかにされた[126]。特に *C. japonica* の葉から得られる pedunculagin などのタンニン類に癌治療に有効なトポイソメラーゼ I 阻害活性が見いだされている[127]。また、茶カテキン類は、α-アミラーゼ阻害活性を有するため、食物吸収のコントロールによるダイエット効果が期待される[128]。さらに、茶のカテキン類およびフラボン類は肝酵素、キサンチンオキシダーゼに対する阻害活性をもつことが報告されている[129]。

3.2.8 血圧上昇抑制作用

茶カテキン類および紅茶テアフラビンは、本態性高血圧に関与するアンジオテンシン I 変換酵素 (ACE) に対し強い阻害活性を有する[130]。また、高血圧自然発症ラット (SHR) における茶粗カテキンの血圧上昇抑制効果が確認されている[131]。同様に、SHR に対する血圧降下作用は、茶サポニン[132]や γ-aminobutyric acid (GABA) を多く含む茶（ギャバロン茶）[133]にも見いだされている。また、緑茶の葉から単離された (−)-epicatechin-3-*O*-gallate は、脳卒中易発症ラット (SHRSP) の脳卒中発症を遅延させ、生存期間を延長させる効果を有する[134]。

3.2.9 その他の機能性

C. japonica の葉および果実から単離された camelliatannin D (**12**) はマウスの骨吸収（骨からの Ca の放出）を阻害する[32]。

緑茶のカフェインは、起炎剤として TPA を塗布して誘導したマウスの急性耳介浮腫に対し抗炎症効果を有する[135]。同様に、*C. japonica* と *C. sasanqua* の種子油から単離された isoeuphol (**35**)、isotirucallol (**36**)、(24*R*)-24,25-epoxybutyrospermol (**37**)、(24*S*)-24,25-epoxybutyrospermol (**38**)、tirucalla-5,7,24-trien-3β-ol (**33**)、isoaglaiol (**39**)、sasanquaol (**40**) などのトリテルペンアルコールは抗炎症作用を示す[39,40]。

茶カテキン類は、悪臭物質に対する消臭効果を有し[136]、口臭予防の面からも注目される[137]。

茶ポリフェノール類はラットにおける免疫グロブリンの産生を増大させる効果をもつ[138]。

茶カテキン類は、血中コレステロール低下作用を有し[139,140]、動脈硬化の防止の可能性が示唆されている。

ラットとマウスにおけるアルコール吸収と代謝に対する緑茶サポニンの効果が調べられている[141]。*C. japonica* 種子から得られたサポニン、camelliasaponin B_1 (**19**)、B_2 (**20**)、C_1 (**21**)、C_2 (**22**) はエタノール吸収阻害活性を有し、その阻害活性の発現にはアシル基を有するトリテルペンオリゴ配糖体構造が必須である[34,142]。

3.3　化粧品

　ツバキ油はツバキの実を乾燥、粉砕、搾油して得られる常温で液状の植物油である。髪油、医薬品や食用、灯用として珍重されてきたが、近年では、ヘアケアオイルやスキンケアオイルとして広く利用されている。ツバキ油は化粧品に使用される代表的な不乾性油である。その主成分としてオレイン酸トリグリセリドを80％以上含有する[143]。一方、飽和脂肪酸として主にパルミチン酸やステアリン酸を約10％含有する。精製したツバキ油は、オリーブ油、ホホバ油、ヒマシ油などの植物油と比較して酸化安定性が高い[144]。また、精製ツバキ油は主成分がオレイン酸グリセリドなので皮膚に対する異質性がなく、皮膚に塗布した際に皮膚脂質の酸化を遅らせる[144]。また、紫外線を吸収する働きがあり、特に急性炎症性変化を皮膚にもたらす UVB (290–320 nm) に対する吸収効果が高い[143]。さらに、乾燥性皮膚疾患患者の皮膚も軽快に保つことから、皮膚疾患治療の補助的かつ日常的スキンケアオイルとして有用である[145,146]。また、*C. sinensis*、*C. japonica*、*Schima wallichii* の抽出物はスキンケア化粧品の調合に使われている[147–149]。さらに、*C. sinensis* の抽出物は頭髪用化粧品や入浴剤に利用されている[150–153]。

3.4　食品、医薬品およびその他の利用

　茶は飲料として広く利用されている。茶ポリフェノール類はミルク用殺菌剤として利用できる[154]。また、茶種子油は触媒水素化によりココアバター代用物になり得る[155]。

　茶ポリフェノール類は、腸内菌叢改善[156]、腎機能の改善[157]、高血糖のコントロール[158]、神経の損傷予防[159]、マイコプラズマの感染予防[160]、コンジロームの治療[161]、歯周病の治療[162] などに有効な薬剤として利用し得る。

　また、茶ポリフェノールは、よごれ防止剤[163,164]、アグロケミカル殺菌剤[165] として利用できる。茶サポニンは、皮膚の抗菌[166]、抗植物ウイルス[167]、肥満予防[168] などに有効な薬剤としての用途がある。

3.5　組織培養による物質生産

　緑茶の旨味の主成分はテアニンであり、すでに茶培養細胞によるテアニン生産における基礎技術が確立されている[169]。すなわち、テアニン合成培地の開発では、培地の主要無機成分の検討[170]、糖組成およびその濃度の検討[171] の結果、培養細胞の増殖能を高めるとともに、テアニンの生産性を向上させる培地が開発されている[169]。さらに、テアニン生産における大量培養法が検討され[172]、テストプラントへのスケールアップが可能になっている。また、*C. sinensis* のカルスおよび根懸濁細胞培養によるカフェインおよびテオブロミンの生産が確立されている[173]。

4 構造式（主として新規化合物）

12

13

14

15

16

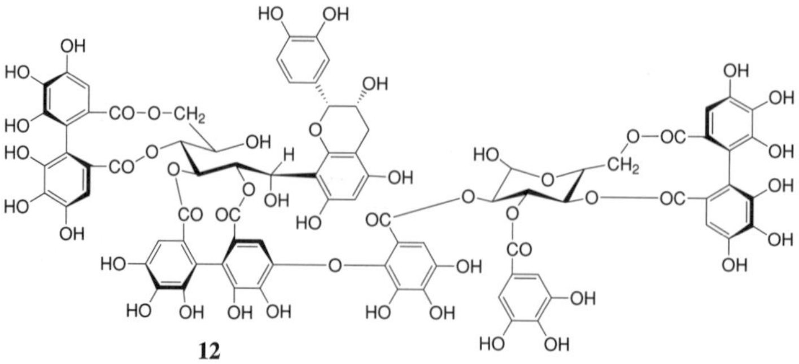

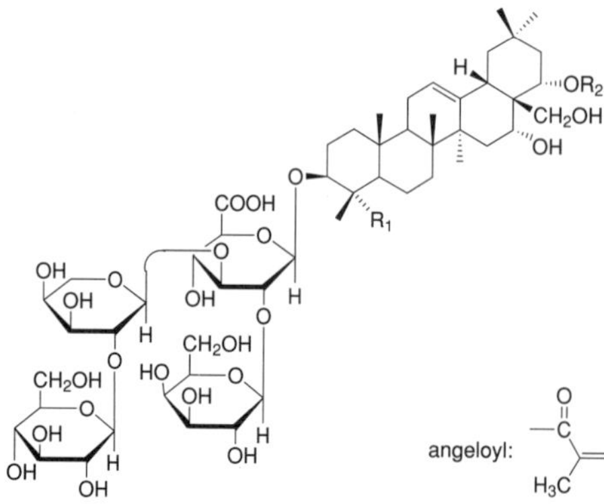

	R_1	R_2
17:	CH_3	angeloyl
18:	CH_3	tigloyl
19:	CHO	angeloyl
20:	CHO	tigloyl
21:	CH_2OH	angeloyl
22:	CH_2OH	tigloyl

angeloyl:

tigloyl:

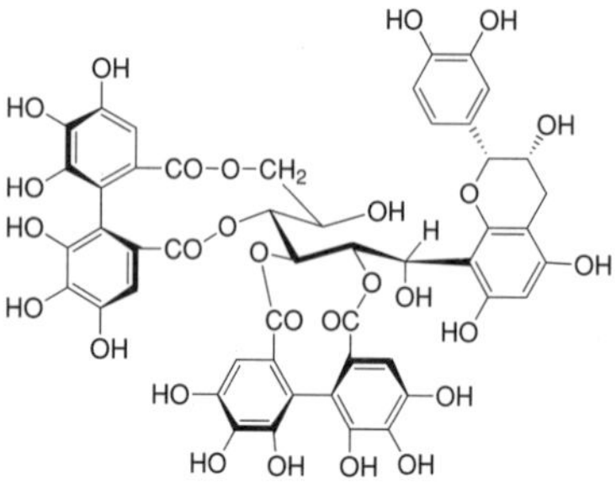

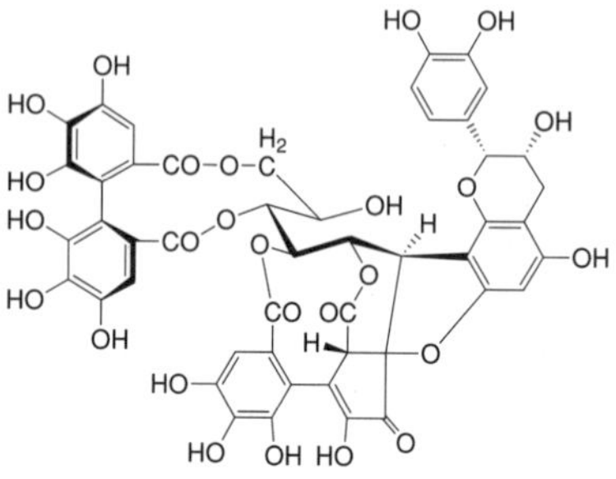

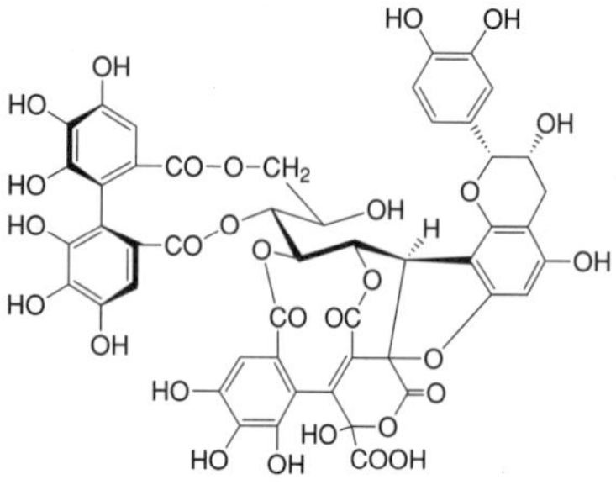

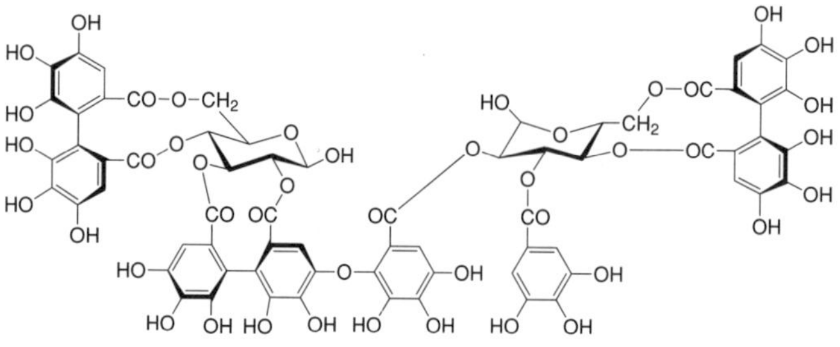

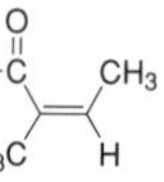

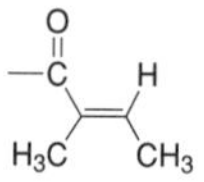

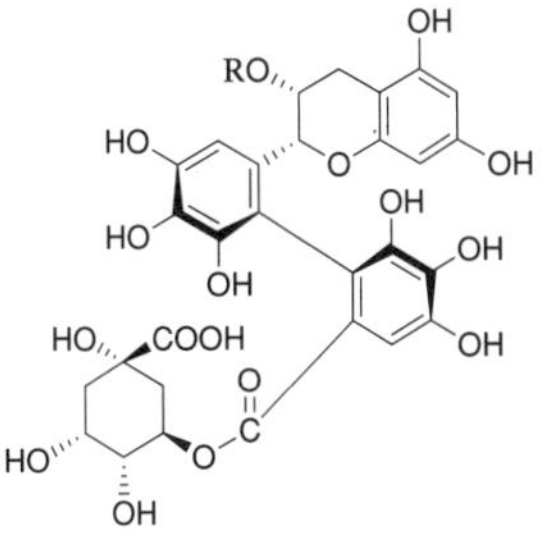

28 ツバキ科

23: R=galloyl

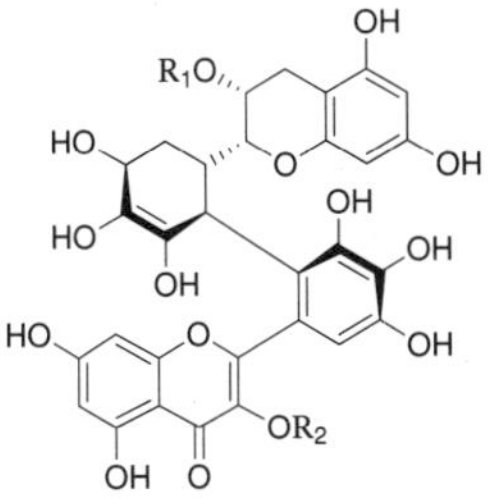

24: R₁=galloyl, R₂=β-D-glc
25: R₁=H, R₂=β-D-glc

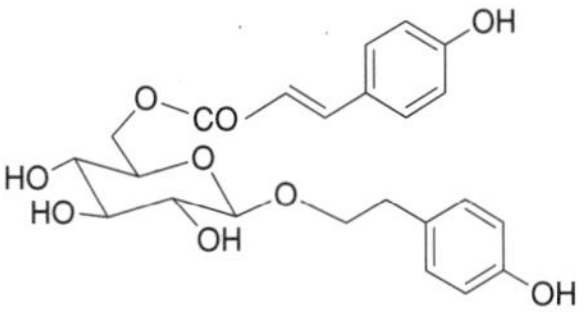

26

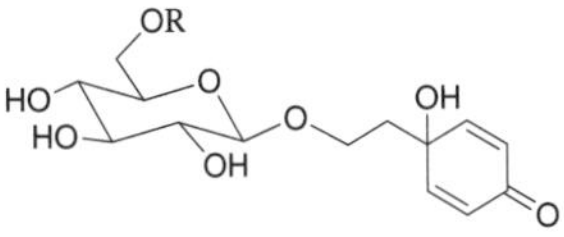

27: R= (p-coumaroyl)   28: R= (cinnamoyl)

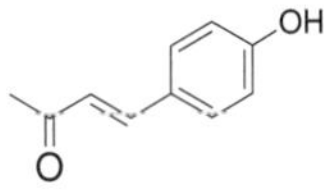

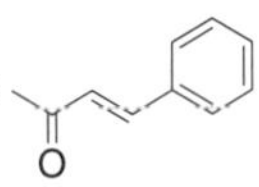

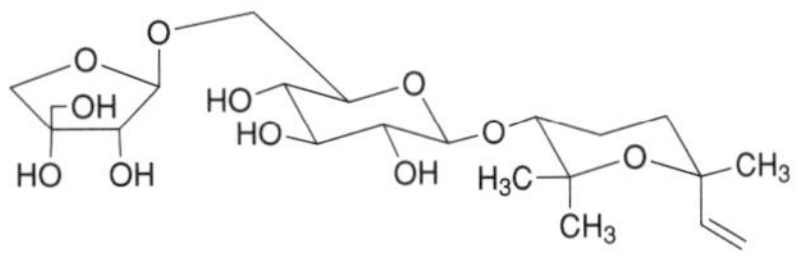

29

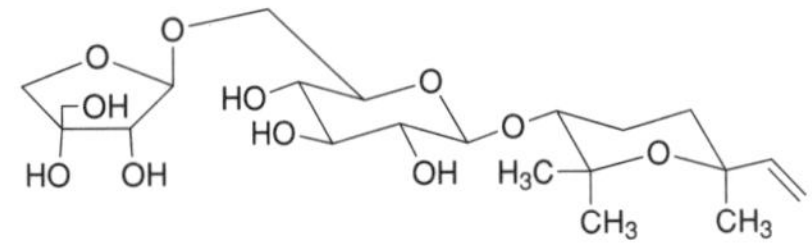

30

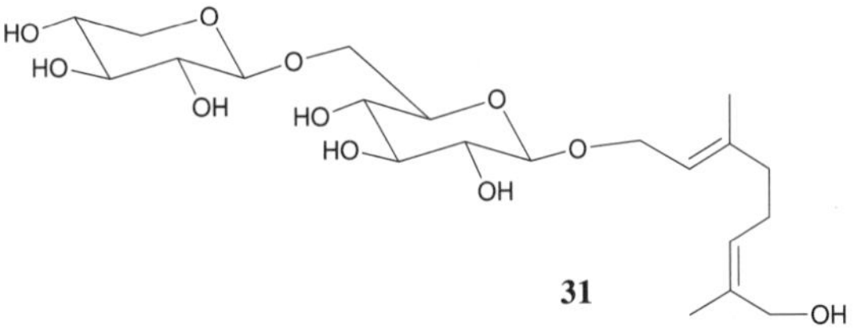

31

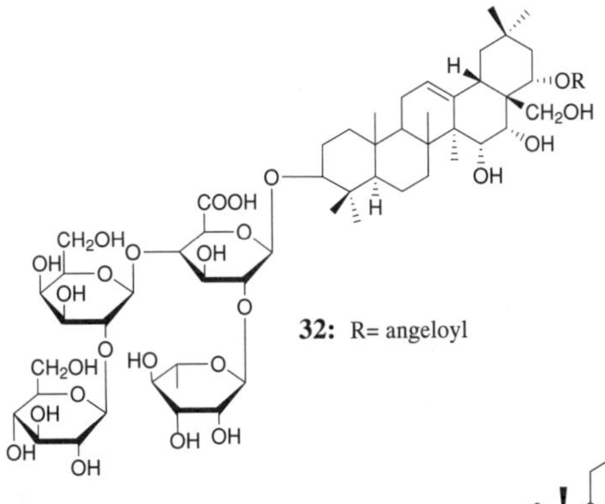

32: R= angeloyl

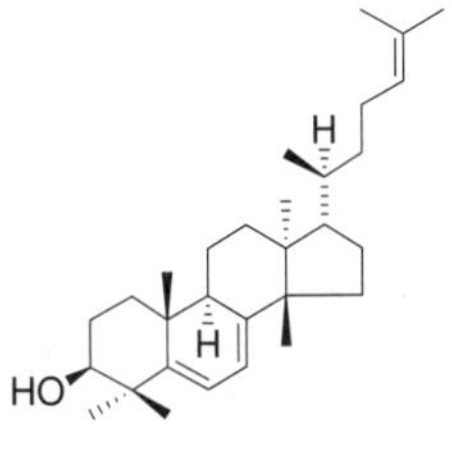

33

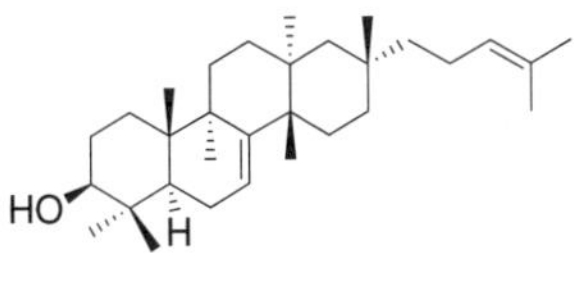

34

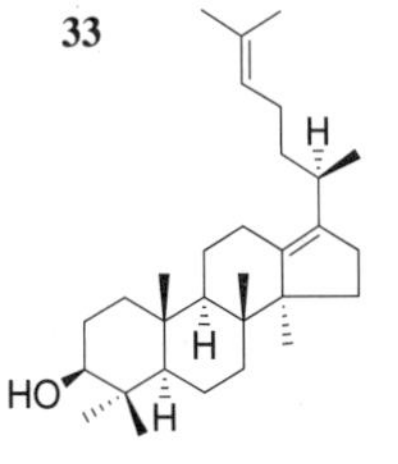

35

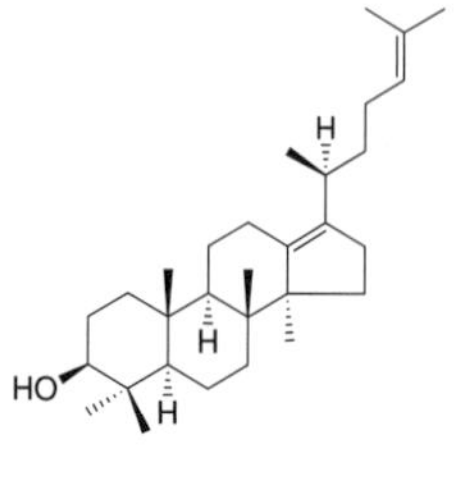

36 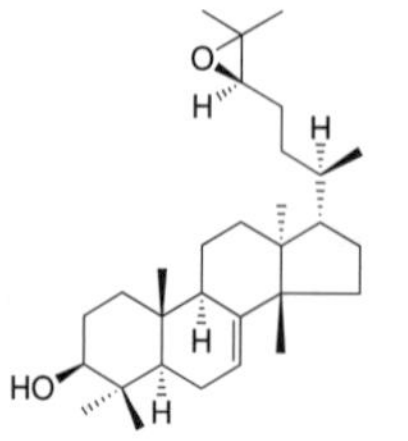 **37** 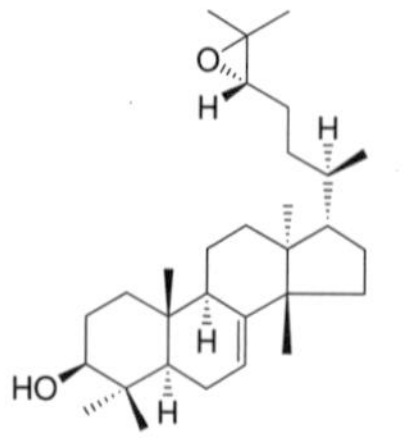 **38** 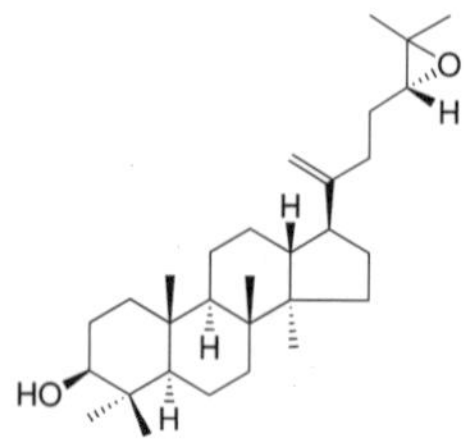 **39**

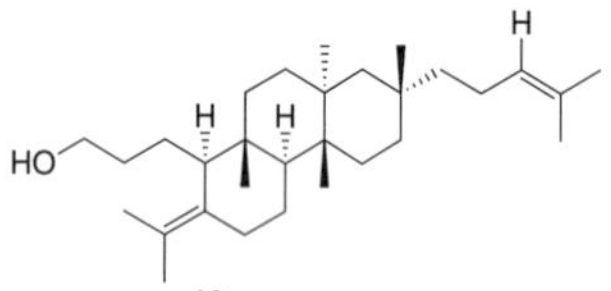

40 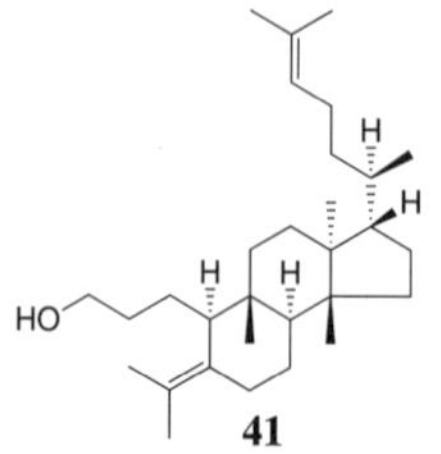 **41** 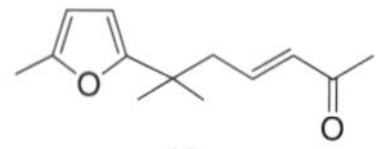 **43**

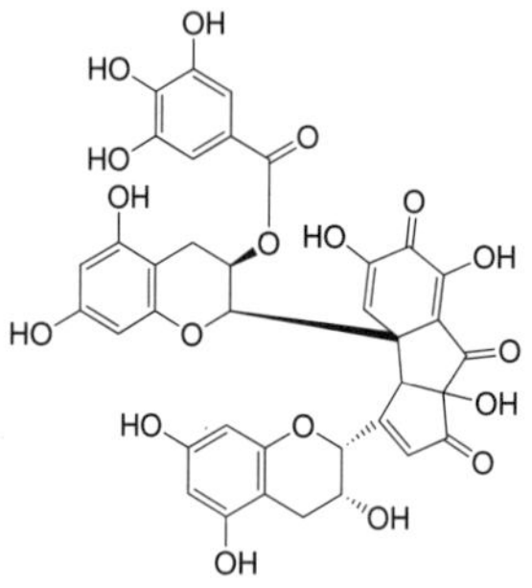

42 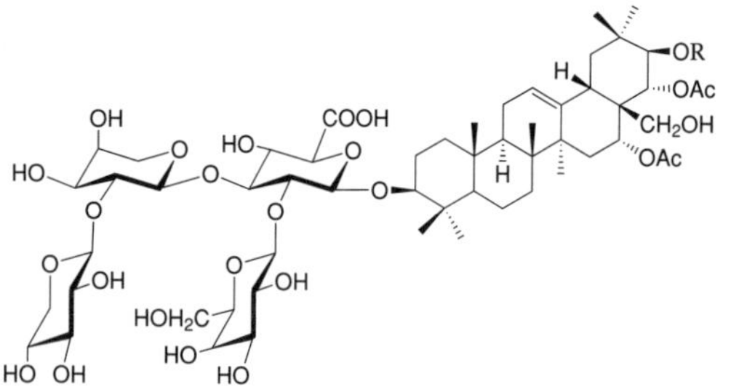 **44**: R=(*E*)-Cinnamoyl

5　引用文献

1) 佐竹義輔、原寛、亘理俊次、冨成忠夫、『日本の野生植物 木本』、平凡社、pp. 138–147 (1989). 2) 北村四郎、村田源、『原色日本植物図鑑 木本編 [II]』、保育社、pp. 143–162 (1979). 3) 村松敬一郎、『茶の科学』、朝倉書店、pp. 85–123 (1991). 4) Y. Hara, Food and Free radicals, [proc. Symp.], 1st, Meeting Date 1994, 49–65, Plenum Press, New York (1997). 5) 原征彦、食品工業、**38** (2), 71–76 (1995). 6) J. J. Dallugue, *et al.*, *J. Chromatogr.*, A, **793** (2), 265–274 (1998). 7) 坂田功 ら、薬学雑誌、**111** (12), 790–793 (1991). 8) P. J. Lager *et al.*, *J. Chromatogr.*, A, **799**, 309–320 (1998). 9) E. L. Copeland *et al.*, *Food Chem.*, **61** (1–2), 81–87 (1998). 10) E. Bombardelli *et al.* (1996, Italy) **125**: 299806. 11) S. Yoshimura (1997, Japan) **128**: 88154. 12) K. Ito (1995, Japan) **123**: 226623. 13) D. Lu *et al.* (1995, China) **124**: 51007. 14) G. Huang (1994, China) **124**: 50199. 15) S. Zhang (1995, China) **124**: 66576. 16) Y. Y. Lin *et al.*, *J. Chromatogr.*, **629** (2), 389–393 (1993). 17) P. O. Owuor *et al.*, *Food Chem.*, **51** (3), 251–254 (1994). 18) P. K. Mahanta *et al.*, *J. Sci. Food Agric.*, **59** (1), 21–26 (1992). 19) Y. J. Hwang *et al.*, *Sci. Hortic.* (Amsterdam), **51** (3–4), 251–259 (1992). 20) G. M. Fishman *et al.*, *Khim. Prir. Soedin.*, (3), 427–428 (1991). 21) Y. Zhou *et al.*, *Fujian Fenxi Ceshi*, **6** (4), 771–773 (1997). 22) Q. An *et al.*, *Hebei Daxue Xuebao, Ziran Kexueban*, **17** (3), 34–38 (1997). 23) X. Wang, *Chaye Kexue*, **14** (1), 17–22 (1994). 24) 五十嵐信孝、*Aromatopia*, **16**, 44–48 (1996). 25) 徐金森 ら、*Mokuzai Gakkaishi*, **41** (1), 92–97 (1995). 26) S-K. Kang *et al.*, *Han'guk Sikp'um Yongyang Kwahak Hoechi*, **27** (2), 227–231 (1998). 27) X. Liu *et al.*, *Linchan Huaxue Yu Gongye*, **17** (1), 51–55 (1997). 28) H. Sagesaka *et al.* (1996, Japan) **126**: 162227. 29) G. E. Dekanosidse *et al.* (1997, Germany) **126**: 145618. 30) T. Hatano *et al.*, *Chem. Pharm. Bull.*, **39** (4), 876–880 (1991). 31) T. Hatano *et al.*, *Chem. Pharm. Bull.*, **43** (10), 1629–1633 (1995). 32) T. Hatano *et al.*, *Chem. Pharm. Bull.*, **43** (11), 2033–2035

(1995). 33) L. Han *et al.*, *Chem. Pharm. Bull.*, **42** (7), 1399–1409 (1994). 34) M. Yoshikawa *et al.*, *Chem. Pharm. Bull.*, **42** (3), 742–744 (1994). 35) F. Hashimoto *et al.*, *Chem. Pharm. Bull.*, **40** (6), 1383–1389 (1992). 36) I. A. Khan *et al.*, *J. Nat. Prod.*, **55** (9), 1270–1274 (1992). 37) J.-H. Moon *et al.*, *Biosci. Biotech. Biochem.*, **60** (11), 1815–1819 (1996). 38) C. Chen *et al.*, *Yunnan Zhiwu Yanjiu*, **19** (2), 201–206 (1997). 39) T. Akihisa *et al.*, *Chem. Pharm. Bull.*, **45** (12), 2016–2023 (1997). 40) T. Akihisa *et al.*, *Phytochemistry*, **48** (2), 301–305 (1998). 41) T. Akihisa *et al.*, *J. Nat. Prod.*, **61**, 409–412 (1998). 42) A. L. Davis *et al.*, *Phytochemistry*, **46** (8), 1397–1402 (1997). 43) R. Naf *et al.*, *Flavour and Fragrance Journal*, **12** (6), 377–380 (1997). 44) Y. M. Sagesaka *et al.*, *Biosci. Biotech. Biochem.*, **58** (11), 2036–2040 (1994). 45) 氏家隆、食品と開発、**31** (2), 46–47 (1996). 46) M. Sano *et al.*, *Biol. Pharm. Bull.*, **18** (7), 1006–1008 (1995). 47) C. Y. Hong *et al.*, *Am. J. Chin. Med.*, **22**, 285–292 (1994). 48) G. Sikandar *et al.*, *Cancer Res*, **52**, 4050–4052 (1992). 49) Y. Yoshino *et al.*, *Biol. Pham. Bull.*, **17**, 146 (1994). 50) F. Nanjo *et al.*, *Biol. Chem. Bull.*, **16**, 1156–1159 (1996). 51) 松崎妙子 ら、日本農芸化学会誌、**59**, 129–134 (1985). 52) 原征彦, *New Food Industry*, **32**, 33–38 (1990). 53) 川上正子 ら、フードサイエンス、**35** (3)、45–54 (1996). 54) T. Okuda *et al.*, *Chem. Pharm. Bull.*, **32** (9), 3755 (1984). 55) M. Shiraki *et al.*, *Mutat. Res.*, **323**, 29 (1994). 56) K. Shimoi *et al.*, *Mutat. Res.*, **266**, 205 (1992). 57) H. Mukhtar *et al.*, *Pre. Med.*, **21**, 351 (1992). 58) J. H. Weisburger *et al.*, *Mutat. Res.*, **371** (1, 2), 57–63 (1996). 59) A. Bu-Abbas *et al.*, *Mutagenesis*, **9** (4), 325 (1994). 60) I. P. Lee *et al.*, *J. Cell. Biochem.*, Volume Date 1997, (Suppl. 27), 68–75 (1998). 61) Y. Kuroda *Mutat. Res.*, **361** (2, 3), 179–186 (1996). 62) G. D. Stoner *et al.*, *J. Cell Biochem.*, (Suppl. 22), 169–180 (1995). 63) C. T. Ho *et al.*, *ACS Symp. Ser.*, **547** (Food Phytochemicals for Cancer Prevention II), 2–19 (1994). 64) H. Mukhtar *et al.*, *Adv. Exp. Med. Biol.*, **354** (Diet and Cancer), 123–134 (1994). 65) C. S. Yang *et al.*, *Adv. Exp. Med. Biol.*, **354** (Diet and Cancer), 113–122 (1994). 66) T. Takahashi *Bio Ind.*, **14** (10), 45–61 (1997). 67) H. Mukhtar *et al.*, *J. Invest. Dermatol*, **102**, 3–7 (1994). 68) Z. Y. Wang *et al.*, *Carcinogenesis*, **10**, 411–415 (1989). 69) C. S. Yang *et al.*, *J. Natl. Cancer Inst.*, **85**, 1038–1049 (1993). 70) S. K. Katiyar *et al.*, *Cancer Res.*, **53**, 5409–5412 (1993). 71) Z. Y. Wang *et al.*, *Carcinogenesis*, **12**, 1527–1530 (1991). 72) Z. Y. Wang *et al.*, *Cancer Res.*, **52**, 1162–1170 (1992). 73) Z. Y. Wang *et al.*, *Cancer Res.*, **54**, 3428–3435 (1994). 74) Z. Y. Wang *et al.*, *Carcinogenesis*, **13**, 1491–1494(1992). 75) S. K. Katiyar *et al.*, *Carcinogenesis*, **14**, 894–855 (1993). 76) S. K. Katiyar *et al.*, *Cancer Lett.*, **73**, 167–172 (1993). 77) Z. Y. Wang *et al.*, *Cancer Res.*, **52**, 1943–1947 (1992). 78) Y. Xu *et al.*, *Cancer Res.*, **52**, 3875–3879 (1992). 79) S. T. Shi *et al.*, *Cancer Res.*, **54**, 4641–4647 (1994). 80) Y. Xu *et al.*, *Biomed. Environ. Sci.*, **3**, 406–412 (1990). 81) G. D. Gao *et al.*, *Tumor*, **10**, 42–44 (1990). 82) Y. Fujita *et al.*, *Jpn. J. Cancer Res. (Gann)*, **80**, 503–505 (1989). 83) T. Yamane *et al.*, *Jpn. J. Cancer Res. (Gann)*, **82**, 1336–1340 (1991). 84) T. Narasiwa *et al.*, *Jpn. J. Cancer Res. (Gann)*, **84**, 1007–1009 (1993). 85) S. K. Katiyar *et al.*, *Cancer Res.*, **52**, 6890–6897 (1992). 86) M.-T. Huang *et al.*, *Carcinogenesis*, **13**, 947–954 (1992). 87) M. Yamada *et al.*, *ACS Symp. Ser.*, **701** (Functional Foods for Disease Prevention I: Fruits, Vegetables, and Teas), 217–224 (1998). 88) Y. Okai *et al.*, *Teratog., Carcinog., Mutagen.*, Volume Date 1997, **17** (6), 305–312 (1998). 89) K. Higashi-Okai *et al.*, *Cancer Lett.*, **129** (2), 223–228 (1998). 90) 原征彦 ら、日食工誌、**36**, 996 (1989). 91) K. S. Diker *et al.*, *Let. Appl. Microbiol.*, **12**, 34 (1991). 92) H. Hara *et al.*, *J. Vet. Med. Sci.*, **57**, 45 (1995). 93) A. Terada *et al.*, *Microbial Ecol. Health Dis.*, **6**, 3 (1993). 94) 戸田真佐子 ら、日細菌誌、**46**, 839 (1991). 95) T. S. Yam *et al.*, *FEMS Microbiol. Lett.*, **152** (1), 169–174 (1997). 96) T. S. Yam *et al.*, *J. Antimicrob. Chemother.*, **42** (2), 211–216 (1998). 97) 堀内善信 ら、感染症誌、**66**, 599 (1992). 98) 帖佐浩 ら、感染症誌、**66**, 606 (1992). 99) 戸田真佐子 ら、日細菌誌、**44**, 669 (1989). 100) S. Okubo *et al.*, *Let. Appl. Microbiol.*, **9**, 65 (1989). 101) M. Toda *et al.*, *J. Appl. Bacteriol.*, **70**, 109 (1991). 102) K. Fukai *et al.*, *Agric. Biol. Chem.*, **55**, 1895 (1991). 103) H. Ikigami *et al.*, *Biochim. Biophys. Acta*, **1147**, 132–136 (1993). 104) 大久保幸枝 ら、日細菌誌、**46**, 509–514 (1991). 105) J. Jin *et al.*, *Chem. Abstr.*, **121**, 53897 (1997). 106) K. Vijaya *et al.*, *J. Ethnopharmacol.*, **49** (2), 115–118 (1995). 107) 川村淳 ら、日本食品工業学会誌、**36**, 463 (1989). 108) 石上正 ら、食品工業、**38** (16), 78–81 (1995). 109) 角田隆巳 ら、日本農芸化学会誌、**68**, 241–243 (1994). 110) S. Sakanaka *et al.*, *Biosci. Biotecnol. Biochem.*, **60** (5), 745–749 (1996). 111) 金子ケイ子 ら、菌薬療法、**12**, 189–197 (1993). 112) 伊藤明子 ら、日菌保誌、**39**, 1562–1567 (1996). 113) 齋藤一央 ら、日菌内療誌、**18**, 26–29 (1997). 114) 浅木信安 ら、日本歯周病学会誌、**37**, 412 (1995). 115) J. M. T. Hamilton-Miller, *Antimicrob. Agents Chemother.*, **39** (11), 2375–2377 (1995). 116) 石上正 ら、食品工業、**39** (4), 78–82 (1996). 117) M. Nakayama *et al.*, *Lett. Appl. Microbiol.*, **11**, 38 (1990). 118) M. Nakamura *et al.*, *Antiviral Res.*, **21**, 289 (1993). 119) 中山幹男 ら、感染症誌、**68**, 824 (1994). 120) A. Mukoyama *et al.*, *Jpn. J. Med. Sci. Biol.*, **44**, 181 (1991). 121) 波多野力 ら、第 34 回天然有機化合物討論会講演要旨集、pp. 510–517 (1992). 122) 山本（前田）万里、*Bio Ind.*, **14** (12), 41–47 (1997). 123) Y. Ohmori *et al.*, *Biol. Pharm. Bull.*, **18**, 683–686 (1995). 124) N. Matsuo *et al.*, *allergy*, **52** (1), 58–64 (1997). 125) M. Akagi *et al.*, *Biol. Pharm. Bull.*, **20** (5), 565–567 (1997). 126) M. E. Wall *et al.*, *Phytomedicine*, **3** (3), 281–285 (1996). 127) K. Ooishi *et al.*, (1994, Japan) **121**: 73879. 128) Y. Hara *et al.*, (1991,

Japan) **116**: 734. 129) J. Aucamp *et al.*, *Anticancer Res.*, **17** (6D), 4381–4385 (1997). 130) 原征彦 ら、日本農芸化学会誌、**61**, 803 (1987). 131) 原征彦 ら、栄食誌、**43**, 345 (1990). 132) 提坂裕子 ら、薬学雑誌、**116** (5), 388–395 (1996). 133) Y. Abe *et al.*, *Am. J. Hypertens.*, **8** (1), 74–79 (1995). 134) S. Uchida *et al.*, *Clin. Exp. Pharmacol. Physiol.*, **22** (Suppl. 1), S302–S303 (1995). 135) 上田浩史 ら、*aromatopia*, **24**, 26–27, 30 (1997). 136) 川上正子 ら、食品工業、**39** (8), 71–73(1996). 137) 石上正 ら、食品工業、**38** (16), 78–81 (1995). 138) K. Yamada, *et al.*, *Food Sci. Technol. Int.*, Tokyo, **3** (2), 179–183 (1997). 139) 松本なつき ら、食品工業、**38** (6), 81–84 (1995). 140) 竹尾忠一、食品工業、(7下) 32–40, (1992). 141) S. Tsukamoto *Alcohol & Alcoholism*, **28** (6), 687–692 (1993). 142) M. Yoshikawa *et al.*, *Chem. Pharm. Bull.*, **44** (10), 1899–1907 (1996). 143) 竹折歌子 ら、*Aromatopia*, **16**, 48–50 (1996). 144) 熊谷則子 ら、西日本皮膚、**58**, 109–112 (1996). 145) 飯塚万利子 ら、日本小児皮膚科学雑誌、**11**, 153–158 (1992). 146) 新井武利 ら、日本化学療法学会雑誌、**44** (10), 786–791 (1996). 147) H. Hibino *et al.* (1993, Japan) **119**: 15140. 148) Y. Yokogawa *et al.* (1997, Japan) **127**: 23565. 149) T. Hikima (1998, Japan) **129**: 179983. 150) H. Sakai *et al.* (1995, Japan) **123**: 296248. 151) H. Nagamatsu *et al.* (1995, Japan) **123**: 296238. 152) T. Yoshihara *et al.* (1995, Japan) **123**: 179099. 153) Y. Huang (1994, China) **122**: 322192. 154) T. Goto (1998, Japan) **129**: 121851. 155) E. Bayer *et al.* (1995, Germany) **123**: 255241. 156) N. Ishihara *et al.* (1994, Japan) **121**: 141655. 157) T. Yokozawa *et al.* (1994, Japan) **121**: 141670. 158) M. Hara (1992, Japan) **118**: 27451. 159) K. Shinke *et al.* (1998, Japan) **129**: 280979. 160) T. Shimamura *et al.* (1991, Japan) **116**: 11205. 161) S. J. Cheng *et al.* (1998, Switz.) **129**: 19702. 162) T. Maruyama *et al.* (1992, Japan) **117**: 55946. 163) Y. Moriya *et al.* (1991, Japan) **116**: 123325. 164) M. Nakano *et al.* (1997) **127**: 15375. 165) M. Hara *et al.* (1991, Japan) **116**: 101106. 166) T. Umemura *et al.* (1997, Japan) **127**: 29077. 167) K. Fukai *et al.* (1995, Japan) **122**: 207753. 168) H. Sagesaka (1996, Japan) **124**: 279194. 169) 瀧原孝宜 ら、食品工業、**37** (24), 18–24 (1994). 170) T. Matsuura *et al.*, *Biosci. Biotech. Biochem.*, **56**, 1179–1181 (1992). 171) T. Takihara-Matsuura *et al.*, *Biosci. Biotech. Biochem.*, **58**, 1519–1521 (1994). 172) 瀧原孝宜 ら、食品機能の変換・高度化技術、フードデザイン技術研究組合編、49–73 (1994). 173) A. Shervington *et al.*, *Phytochemistry*, **47** (8), 1535–1536 (1998).

29 トウダイグサ科
Euphorbiaceae

1 科の概要

高木、低木または草本で、しばしば植物体に乳液がある。南北の極地を除く全世界に分布し、321属約8000種がある。ヒマやパラゴムノキなどの熱帯の重要有用植物を多く含む。日本で見られる樹木を含む属としてはコミカンソウ属 (*Phyllanthus*)、シラキ属 (*Sapium*)、オオバベニガシワ属 (*Alchornea*)、アカメガシワ属 (*Mallotus*)、アブラギリ属 (*Aleurites*)、ヤマヒハツ属 (*Antidesma*)、ツゲモドキ属 (*Putranjiva*)、ヒトツバハギ属 (*Securinega*)、カンコノキ属 (*Glochidion*) などがある[1,2]。

アカメガシワ
(*Mallotus japonicus*)

2 研究動向

成分分析に関してアルカン、ジテルペン、セスキテルペン、トリテルペン、ステロイド、セレブロシド、アルカロイド、フラボノイド、フェニルプロパノイドモノマー (ケイヒ酸、クマリン)、タンニン系化合物、ペプチド、フェナントレン等の単離・分析が報告されている。特に、種子油、乳液の分析が多く報告されている。

これらの成分の生理活性として軟体動物駆除活性、細胞毒性、抗ウイルス活性、皮膚刺激活性、筋弛緩活性、抗腫瘍活性、活性酸素の消去、ヒスタミン放出阻害活性、発癌プロモーター阻害、血圧降下、血中グルコース濃度の低減、抗炎症作用、発癌プロモーター活性、鎮痛作用等が報告され、さらに、殺菌剤の調製、植物油および化学原料としての利用、ヘアトニックへの利用に関する報告もある。

ヒマ (*Ricinus communis*) (トウゴマ属) の油の生合成 (関連酵素、合成酵素遺伝子のアラビドプシスによる発現など) に関する報告や、ナンキンハゼカルスおよび懸濁培養によるタンニンおよびタンニン系化合物産生、テルペンの産生が報告されている。また、ヒマ (*R. communis*) のタンパクの cDNA クローニングや細胞毒性に関する報告がある。

3 各 論

3.1 種子と果実

古くから、トウダイグサ科植物の種子からは油や木蝋が採取されてきた。たとえば、*Aleurites cordata* (アブラギリ)、*Croton tiglium* (ハズ属、ハズ)、*R. communis* (ヒマ)、*Sapium japonicum* (シラキ) などの種子からは油が、また、*Sapium sebiferum* (ナンキンハゼ) 種子からは木蝋が採取されてきた。本調査対象の1990年代にも、さらに、トウダイグサ科植物種子成分の分析が以下のように多数報告されている。

アブラギリ属の *Aleurites moluccana* (ククイノキ) と *Aleurites montana* の種子の油含有量は高く、その主要成分は palmitic acid および linoleic acid であった[3]。また、*A. moluccana* (ククイノ

キ）の種子油の分析[4]、および *Aleurites montana*（カントンアブラギリ）種子油脂の分析が報告されている[5]。一方、*Sebastiana brasiliensis* の種子油に、高含量で、*cis,trans,trans,cis*-9,11,13,15-octadecatetraenoic acid が検出された[6]。

Euphorbia esula（トウダイグサ属）種子の、ジテルペンエステルの分析も報告されている[7]。*Bernardia pulchella* 種子油の主成分は vernolic acid であると報告された[8]。

S. sebiferum（ナンキンハゼ）については、その種子のコート脂質の分析がなされ、主要成分が palmitic acid、oleic acid、linoleic acid、stearic acid であると報告されている[9]。さらに、種子油のHPLC分析[10]、種子の仁の油のTLC分析も報告されている[11]。その他、*Caryodendron orinocense* 果実の成分分析が報告されている[12]。

3.2 乳液

トウダイグサ科植物は乳液を持つものが多く、古くから現在に至るまでパラゴムノキ（*Hevea brasiliensis*、パラゴムノキ属）乳液からは天然ゴムが生産されている。また、ミドリサンゴ（*Euphorbia tirucallii*）乳液はガソリン類似成分を含有することから、石油資源植物としてかなり期待された。本調査対象の1990年代にも、以下に示すトウダイグサ科植物乳液成分の分析例が報告された。

まず、トウダイグサ科植物を含む14種の植物の乳液成分のGLCによる分析が報告され、主要成分として gallic acid、ascorbic acid、glucuronic acid、citric acid および glucose が検出された[13]。*Euphorbia tanquahuete* の乳液の成分分析が報告され、アセトン抽出物の主要成分は lupeol と β-sitosterol であることが見いだされた[14]。*Euphorbia milii* (syn. *E. splendens*) の乳液は抗ナメクジ活性を持つが、長期利用のために発癌プロモーター活性の有無を検討した。その結果、この乳液は発癌プロモーター物質を含有することが示された[15]。*Euphorbia poissoni* の有毒乳液から、新規化合物、3,12-diacetyl-8-nicotinyl-7-phenylacetyl 19-acetoxyingol (**1**)、3,12-diacetyl-7-phenylacetyl 19-acetoxyingol (**2**) および 3-acetyl-7-phenylacetyl 19-acetoxyingol (**3**) が単離された[16]。

一方、*Jatropha gossypifolia*（ナンヨウアブラギリ属）の乳液の酢酸エチル抽出物から新規環状オクタペプチド、cyclogossine B (**4**) が既知環状ヘプタペプチド cyclogossine A とともに単離された[17]。

3.3 細胞毒性・抗腫瘍性・刺激物・発癌プロモーター・抗発癌プロモーター

トウダイグサ科植物から単離されたポリフェノール系ポリマーの細胞毒性および抗ウイルス活性について検討された[18]。

Euphorbia cyparissias から数種のトリテルペンが単離され、それらの細胞毒性が検討された[19]。また、*Euphorbia nicaeensis* subsp. *glareosa* からのトリテルペンの単離、構造決定と、細胞毒性の報告がある[20]。*R. communis*（ヒマ）の agglutinin の細胞毒性と構造について報告された[21]。

Mallotus anomalus から、2種の新規 maytansinoid 化合物、mallotusine (**5**) および isomallotusine (**6**) が単離された。これらは、*in vitro* および *in vivo* テストにおいて、強い抗腫瘍活性を示した[22]。さらに、この植物から抗腫瘍性の mallotusine および isomallotusine のほかに3種の新規 *ent*-rosane 型ジテルペンが単離され、anomallotusin (**7**)、isoanomallotusin (**8**) および anomallotusinin (**9**) と命名された[23]。

Excoecaria oppositifolia（セイシボク属）の daphnane 型皮膚刺激化合物の改良抽出法が報告された[24]。また、5種の tigliane 型ジテルペンエステルが *Euphorbia prolifera* から単離された。すなわち、4,20-dideoxyphorbol 12-benzoate 13-isobutyrate、4,20-dideoxy-5ζ-hydroxyphorbol 12-

benzoate 13-isobutyrate および 4,20-dideoxy-5ζ-hydroxyphorbol 12,13-diisobutyrate に加え 4-deoxyphorbol 12-(2,4-decadienoate) 13-isobutyrate と 4-deoxyphorbol 12-(2,4,6-decatrienoate) 13-isobutyrate との混合物である。4,20-dideoxyphorbol 12-benzoate 13-isobutyrate は弱い皮膚刺激活性があり、4-deoxyphorbol 12-(2,4-decadienoate) 13-isobutyrate と 4-deoxyphorbol 12-(2,4,6-decatrienoate) 13-isobutyrate との混合物は強い活性をもち、残りの2化合物は不活性であった[25]。また、高刺激性の新規 Euphorbia factor N_1 (**10**) および Euphorbia factor N_2 (**11**) が *Euphorbia nematocypha* から単離された[26]。*Euphorbia peplus*、*Euphorbia nubica* および *Euphorbia helioscopia* (トウダイグサ) 抽出物は皮膚刺激活性を有していた[27]。

Mallotus japonicus (アカメガシワ) 果皮の主要構成成分である mallotojaponin は発癌プロモーターの作用を阻害した[28]。また、*Excoecaria agallocha* (シマシラキ) の17種のジテルペンについて抗発癌プロモーター活性の検討を行なった。そのうち、*ent*-3β-hydroxy-15-beyeren-2-one が強い抗発癌プロモーター活性を示した[29]。

3.4 その他の生理活性

Aleurites fordii (シナアブラギリ) 樹皮からアントラキノン、フラボン、トリテルペンおよびステロールを含有する殺菌剤が調製された[30]。

トウダイグサ科植物の抽出物の、軟体動物駆除活性についていくつか報告があった。すなわち、*Euphorbia royleana*、*Euphorbia antisyphilitica*、*Euphorbia lactea cristata* および *J. gossypifolia* の抽出物の、軟体動物駆除活性についての報告があった[31]。*Euphorbia milii* var. *hislopii* からは8種の milliamine、すなわち、既知 milliamine A、milliamine D および milliamine E と、新規化合物 milliamine L (**12**)、milliamine M (**13**)、milliamine N (**14**)、milliamine J (**15**)、milliamine K (**16**) が単離され、このうち、milliamine L (**12**) が軟体動物駆除活性を有していた[32]。また、*Jatropha curcas* (ナンヨウアブラギリ) のフォルボールエステルは殺カタツムリ活性を有していた[33]。

Croton campestris の抽出物の、筋弛緩活性について検討された[34]。

メキシコの大平洋岸固有の *Celaenodendron mexicanum* から既知化合物 friedelin、maytensifolin B、ginkgetin、bilobetin および amentoflavone と新規トリテルペン 3β-hydroxyfriedelan-16-one (**17**) が単離された。そして、幼根や微生物の成育に対する影響が調べられた[35]。

Mallotus repandus 幹の酢酸エチル抽出可能画分は superoxide-scavenging activity を示し、幹と根の *n*-hexane 抽出物は hydroxyl-scavenging activity を示した[36]。また、*M. japonicus* (アカメガシワ) 抽出物を、ヘアトニックに添加したという報告 (特許) も見られた[37]。*Mallotus japonica* 樹皮の抽出物はヒスタミン放出活性阻害を示した[38]。

S. sebiferum (ナンキンハゼ) 葉のフェノール成分の抗高血圧活性について検討した例がいくつか報告されている。すなわち、6-*O*-galloyl-D-glucose が活性成分として同定された[39]。また、この植物の葉のタンニン、6-*O*-galloyl-D-glucose、corilagin、geraniin および 1,2,3,4,6-penta-*O*-galloyl-β-D-glucose が高血圧症の治療に用いられた (特許)[40]。さらに、この植物の葉から単離されたエラグタンニン、geraniin の血圧に対する作用が検討され、血圧降下作用が示唆された[41]。

Phyllanthus sellowianus 樹皮の水抽出物を糖尿病ラットに投与したところ、血中グルコース濃度を低下させた[42]。

A. moluccana (ククイノキ) 葉の抽出物の鎮痛作用について検討された。1つの主要活性成分がアルコール抽出物中に見いだされた[43]。

Omphalea diandra のアルカロイドの草食昆虫に対する作用が検討された[44]。

Croton cajucara (サカカ) から単離された *trans*-dehydrocrotonin の抗炎症作用が検討された。

この化合物は carrageenin による水腫の誘導を阻害した[45]。また、*Sapium baccatum* から単離した bukittinggine の抗炎症作用が検討され、acetylsalicylic acid と同様の作用機序が推定された[46]。

3.5 生合成/遺伝子クローニング

R. communis（ヒマ）の油の生合成と関連して、以下の報告があった。*R. communis*（ヒマ）のミクロソーム画分によるトリアシルグリセロールの再編成や[47]、*R. communis*（ヒマ）の oleoyl-12-hydroxylase が ricinoleate の生合成に関与していることが報告された[48]。さらに、この oleate 12-hydroxylase をコードする cDNA を *Arabidopsis thaliana* で発現させたところ、ricinoleic acid (12-hydroxyoctadec-*cis*-9-enoic acid) が多量に蓄積したことが報告された[49]。

また、*R. communis*（ヒマ）の calreticulin-like protein の全長 cDNA のクローニング[50]、および、*R. communis*（ヒマ）の phospholipase D (EC 3.1.4.4) 遺伝子の構造について報告があった[51]。

3.6 物質生産

S. sebiferum（ナンキンハゼ）培養細胞による物質生産に関して、以下の報告があった。カルスによるタンニンの産生[52]、および、カルスと懸濁培養による、加水分解型タンニン系化合物 (gallic acid、β-glucogallin、geraniin、furosin、tercatain、chebulagic acid、chlorogenic acid、1,2,3,6-tetra-*O*-galloyl-β-D-glucose および 1,2,3,4,6-penta-*O*-galloyl-β-D-glucose) の産生である[53]。

一方、*Croton sublyratus*（プラウノイ）はジテルペン系抗潰瘍薬プラウノトールの原料植物であるが、この植物の液体培養細胞による geranylgeraniol と、その pyrophosphate の産生が報告されている[54]。

3.7 成分分析

上述のほか、新規化合物の単離を含めた成分分析の報告を化合物の種類別に列記する。

3.7.1 アルカン

チリ産トウダイグサ科植物、*Argythamnia tricuspidata*、*Colliguaja integerrima*、*Colliguaja dombeyana*、*Euphorbia portulacoides*、*Euphorbia serpens*、*Euphorbia platyphyllos*、*Euphorbia hirta* var. *hirta*、*Euphorbia ovalifolia* における n-アルカンの分布が報告された[55]。*E. helioscopia*（トウダイグサ）の葉のワックスの分析が報告された[56]。また、*S. sebiferum*（ナンキンハゼ）葉からの長鎖アルコール n-dotriacontanol の単離が報告されている[57]。

3.7.2 テルペン/ステロイド

トウダイグサ属 (*Euphorbia*) 植物からは多数の新規テルペンが単離されている。すなわち、*Euphorbia seguieriana* のアセトン抽出物から7種の新規ジテルペンポリエステル、3,14-*O*-dinicotinoyl-5,15-*O*-diacetyl-7-*O*-iso-butyryl-17-hydroxymyrsinol (**18**)、3,14-*O*-dinicotinoyl-5,15-*O*-diacetyl-7-*O*-benzoyl-17-hydroxymyrsinol (**19**)、3,14-*O*-dinicotinoyl-5,15,17-*O*-triacetyl-7-*O*-iso-butyryl-17-hydroxymyrsinol (**20**)、3-*O*-propyonyl-5,15-*O*-diacetyl-7-benzoyl-14-*O*-nicotinoyl-17-hydroxymyrsinol (**21**)、5,15-*O*-diacetyl-3,7,14-*O*-trinicotinoyl-17-hydroxymyrsinol (**22**)、5,14-*O*-dinicotinoyl-8-*O*-iso-butyryl-3,10,15-*O*-triacetyl-cyclomyrsinol (**23**)、7-*O*-acetyl-5-*O*-benzoyl-13,15-dihydroxy-3,18-*O*-dinicotinoyl-14-oxo-lathyrane (**24**) が単離された[58]。*Euphorbia decipiens* からは3種の新規ジテルペンエステル、decipinone (**25**)、isodecipinone I (**26**) および decipidone I (**27**) が単離された[59]。また、*E. esula* から3種の新規 jatrophane ジテルペン、esulatin A (**28**)、esulatin B (**29**)、esulatin C (**30**) が単離された[60]。*Euphorbia ingens*（チュ

ウテンカク）からジテルペン diacetyltigloylmethoxyingol が単離された[61]。*Euphorbia wulfenii* から glucoclionasterol (24*S*)-3-(β-D-glucopyranosyl)stigmast-5-ene が単離された[62]。*Euphorbia milli* から β-amyrin acetate および α-amyrin acetate が単離された[63]。

Mallotus philippinensis 樹皮から新規トリテルペン、3β-acetoxy-22β-hydroxyolean-18-ene (**31**) が単離された[64]。*M. anomalus* から単離された5種のジテルペンと3種のセスキテルペンの絶対配置が決定された[65]。*M. anomalus* から2種のジテルペン、anomaluol および anomallotuside が単離同定された[66]。

Sapium rigidifolium から新規骨格を有する新規ジテルペン、rigidol (**32**) が単離された[67]。*S. sebiferum* （ナンキンハゼ）葉からの β-sitosterol およびトリテルペン (3-friedelanone、moretenone、moretenol) の単離が報告されている[57]。

Neoboutonia melleri 葉から2種の新規ジテルペン、mellerin A (**33**) および mellerin B (**34**) が3種の既知ステロールとともに単離された[68]。*Bernardia laurentii* からトリテルペン taraxerol の taraxerol の *trans*- および *cis*-*p*-hydroxycinnamoyl ester が単離された[69]。*Synadenium compactum* var. *compactum* （シナデニウム属）から新規 lathyrane ジテルペン、tetraacetate synadenol 2-methylbutanoate (**35**) および pentaacetate synadenol 2-methylbutanoate (**36**) が単離された[70]。*Croton chilensis* から C-13 テルペン、vomifoliol が単離された[71]。

3.7.3 セレブロシド

Euphorbia biglandulosa から4種の新規セレブロシド、[1*S*-[1*R**(*S**), 2*R**, 3*S**, 7*Z*]]-*N*-[1-[(β-D-glucopyranosyloxy)methyl]-2, 3-dihydroxy-7-hexadecenyl]-2-hydroxy-heptacosanamide (**37**)、[1*S*-[1*R**(*S**), 2*R**, 3*S**, 6*Z*]]-*N*-[1-[(β-D-glucopyranosyloxy)methyl]-2, 3-dihydroxy-6-hexadecenyl]-2-hydroxy-triacontanamide (**38**)、[2*S*-[2*R**(2*S**, 15*Z*), 3*S**, 7*Z*]]-*N*-[1-[(β-D-glucopyranosyloxy)methyl]-2, 3-dihydroxy-7-heptadecenyl]-2-hydroxy-15-tetracosenamide (**39**)、[1*S*-[1*R**(*S**), 2*R**, 3*S**, 7*Z*]]-*N*-[1-[(β-D-glucopyranosyloxy)methyl]-2, 3-dihydroxy-7-heptadecenyl]-2-hydroxy-triacontanamide (**40**) が単離されている[72]。5種のセレブロシドが *Euphorbia characias* から単離された。すなわち、(2*S*, 3*S*, 4*R*, 8*Z*)-1-*O*-(β-D-glucopyranosyl)-2*N*-[(2′*R*)-2′-hydroxytetracosenoyl]-8(*Z*)-octadecene-1, 3, 4-triol-2-amino、(2*S*, 3*S*, 4*R*, 8*Z*)-1-*O*-(β-D-glucopyranosyl)-2*N*-[(2′*R*)-2′-hydroxyhexacosenoyl]-8(*Z*)-octadecene-1, 3, 4-triol-2-amino、(2*S*, 3*S*, 4*R*, 8*Z*)-1-*O*-(β-D-glucopyranosyl)-2*N*-[(2′*R*)-2′-hydroxyoctacosenoyl]-8(*Z*)-octadecene-1, 3, 4-triol-2-amino、(2*S*, 3*S*, 4*R*, 8*Z*)-1-*O*-(β-D-glucopyranosyl)-2*N*-[(2′*R*)-2′-hydroxyhexacosanoyl]-8(*Z*)-octadecene-1, 3, 4-triol-2-amino および (2*S*, 3*S*, 4*R*, 8*Z*)-1-*O*-(β-D-glucopyranosyl)-2*N*-[(2′*R*)-2′-hydroxyheptacosanoyl]-8(*Z*)-octadecene-1, 3, 4-triol-2-amino である[73]。また、*E. wulfenii* から4種のセレブロシド、(2*S*, 3*S*, 4*R*, 8*Z*)-1-*O*-(β-D-glucopyranosyl)-2-[(2*R*)-2-hydroxytetracosenoylamino]-8-octadecene-1, 3, 4-triol、(2*S*, 3*S*, 4*R*, 8*Z*)-1-*O*-(β-D-glucopyranosyl)-*N*-[(2*R*)-2-hydroxyhexacosenoylamino]-8-octadecene-1, 3, 4-triol、(2*S*, 3*S*, 4*R*, 8*Z*)-1-*O*-(β-D-glucopyranosyl)-*N*-[(2*R*)-2-hydroxyoctacosenoylamino]-8-octadecene-1, 3, 4-triol、および (2*S*, 3*S*, 4*R*, 8*Z*)-1-*O*-(β-D-glucopyranosyl)-*N*-[(2*R*)-2-hydroxyheptacosanoylamino]-8-octadecene-1, 3, 4-triol が単離された[62]。

3.7.4 アルカロイド

Breynia coronata （タカサゴコバンノキ属）から securinega アルカロイド、viroallosecurinine および *ent*-phyllantidine (**41**) （新規化合物）が単離された[74]。*C. chilensis* からアポルフィンアルカロイド (isocorydine) と3種の morphinadienone アルカロイド (isosalutaridine、flavinantine、*O*-methylfalvinantine) が単離された[71]。また、*B. coronata* 葉から securinega アルカロイド (securinine、 *ent*-norsecurinine、virosecurinine) が単離された[75]。

3.7.5 フェニルプロパノイドモノマーおよびフェニルエタン化合物

P. sellowianus の成分分析において、ケイヒ酸類 (chlorogenic acid と caffeic acid)、クマリン [isofraxidin (7-hydroxy-6,8-di-methoxycoumarin) と scopoletin (7-hydroxy-6-methoxy-coumarin)] に加え、糖類 (levulose、sucrose、glucose および galactose) が単離された[76]。

C. chilensis から2種類のフェニルエタン化合物 (tyrosol および salidroside) が単離された[71]。*E. milli* から 2,4-dihydroxy-6-methoxyacetophenone が単離された[63]。

3.7.6 フラボノイドおよびタンニン系化合物

R. communis (ヒマ) の根の成分分析において、新規フラボノール配糖体、kaempferol 3-*O*-β-D-[6′′′-*O*-acetylglucopyranosyl (1-3)-β-D-galactopyranoside] (ricinitin) (**42**) が単離された。さらに、quercetin 3-*O*-glucoside および quercetin 3-*O*-rhamnosylglucoside (rutin) も単離された[77]。新規ビフラボノイド、gallocatechin-(4′→O→7)-epigallocatechin (**43**) が、*Bridelia ferruginea* (マルヤマカンコノキ属) 樹皮から単離された[78]。*M. philippinensis* からは2種の新規カルコン誘導体 (kamalachalcone A (**44**) および kamalachalcone B (**45**)) が単離された[79]。*S. japonicum* (シラキ) の成分分析でタンニン系化合物が単離されている[80]。また、*Sapium sebifenum* 葉から kaempferol、quercetin、gallic acid および Et gallate が単離されている[81]。*Phyllanthus sellowianus* の成分分析においては 4′,4′′′di-*O*-Me cupressuflavone および 7-hydroxyflavanone が単離された[76]。

また、*Acalypha hispida* (エノキグサ属、ベニヒモノキ) 葉のアントシアニン抽出法と安定性が検討された[82]。

3.7.7 フェナントレン

4種の新規フェナントレン誘導体が *Domohinea perrieri* から単離され、3,6-dihydroxy-1,7-dimethyl-9-methoxyphenanthrene (**46**)、3,6-dihydroxy-1-hydroxymethyl-9-methoxy-7-methyl-phenanthrene (**47**)、3,6-dihydroxy-7-hydroxymethyl-9-methoxy-1-methylphenanthrene (**48**) および 3,6-dihydroxy-1,7-dihydroxymethyl-9-methoxyphenanthrene (**49**) と同定された。また、新規 hexahydrophenanthrene 誘導体、domohinone (**50**) も単離された[83]。

3.8 その他

Mallotus cuneatus から新規化合物、*trans*-2-carboxy-4-hydroxytetrahydrofuran-*N*,*N*-di-methylamide (**51**) が単離された[84]。

韓国産トウダイグサ科植物に関するケモタキソノミーが報告されている[85]。キューバ産植物 (9種のトウダイグサ科植物を含む) の成分分析[86]、*A. moluccana* (ククイノキ) の成分分析[87]、*J. curcas* (ナンヨウアブラギリ) の成分とその熱処理による変化について報告されている[88]。

Euphorbia heterophylla の蜜腺に acid phosphatase と succinic dehydrogenase が局在していることが報告された[89]。

S. sebiferum 樹皮からの *N*-phenyl-1-naphthylamine の単離が報告されている[57]。

4 総説

以下の総説が報告されている。すなわち、*Ricinus*、*Euphorbia*、*Aleurites*、*Sapium*、*Jatropha*、*Croton*、*Caryodendron*、*Cnidoscolus* の各属の植物成分に関する、植物油のソースおよび化学原料としての利用の観点からの総説[90]。*M. japonicus* (アカメガシワ) の成分の生理活性、薬理活性 (細胞毒性、抗腫瘍性、抗ウイルス活性など) についての総説[91]。トウダイグサ科植物の発癌プロモー

タージテルペンエステル等についての総説[92]。アカメガシワ属（*Mallotus*）植物（*M. anomalus*、*M. apelta*、*M. barbatus*、*M. japonicus*（アカメガシワ）、*M. nepalensis*、*M. paniculatus*、*M. philippinensis*、*M. repandus*、*M. stenanthus*）の生理活性成分に関する総説[93]。中国産 *Euphorbia* 植物の成分に関する総説[94]。*R. communis*（ヒマ）種子油に関する総説[95]。*Putranjiva roxburghii* (Syn. *Drypetes roxburghii*) の成分に関する総説[96]。*S. sebiferum*（ナンキンハゼ）のタンニンとその他のフェノール化合物に関する総説[97]。

5 構造式（主として新規化合物）

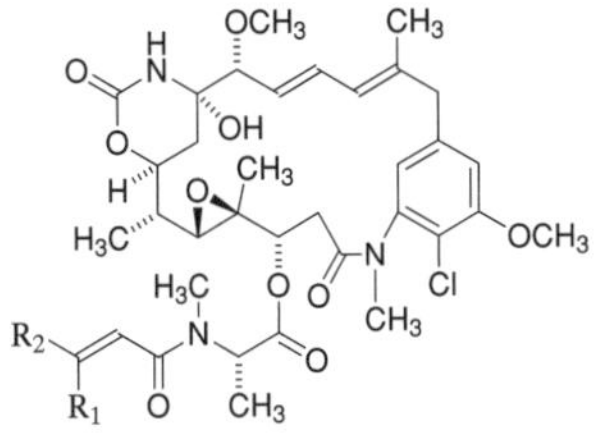

5: $R_1 = CH_2CH_3, R_2 = CH_3$
6: $R_1 = CH_3, R_2 = CH_2CH_3$

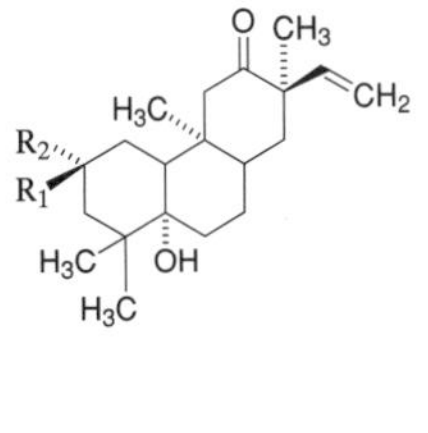

7: $R_1 = H, R_2 = OH$
8: $R_1 = OH, R_2 = H$

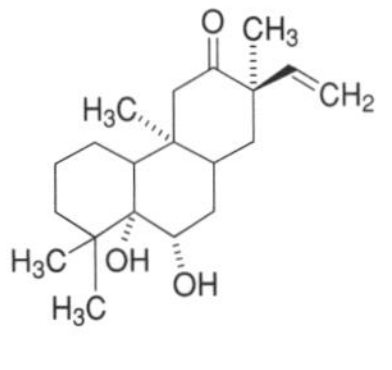

9

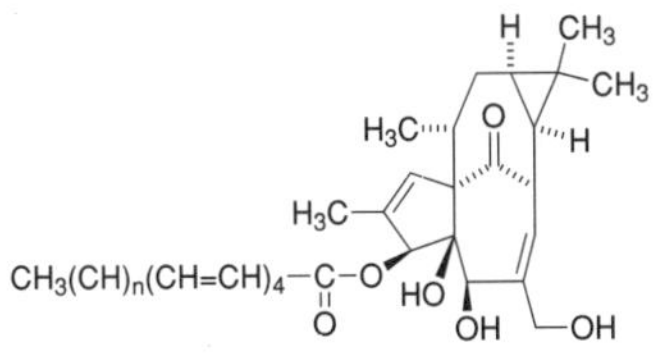

10: n = 4
11: n = 5

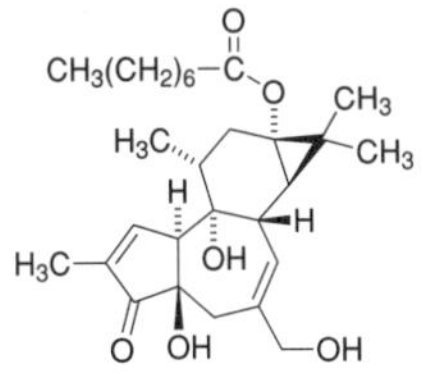

33

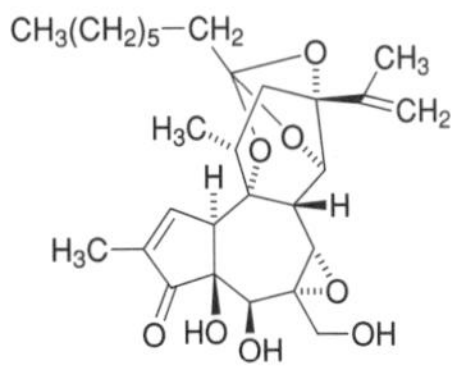

34

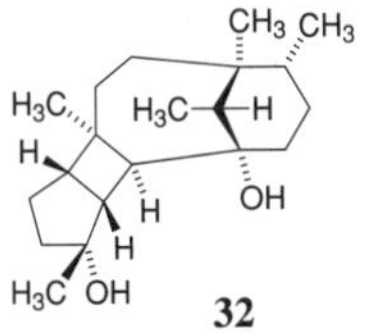

32

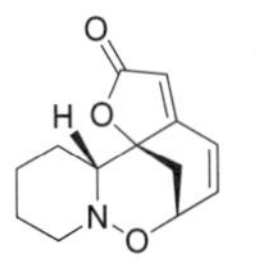

41

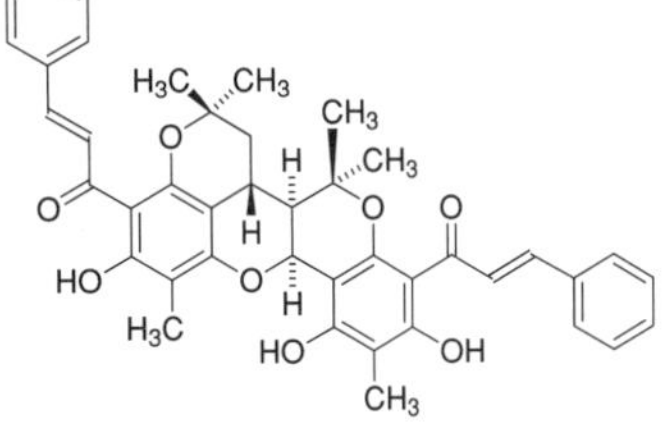

44

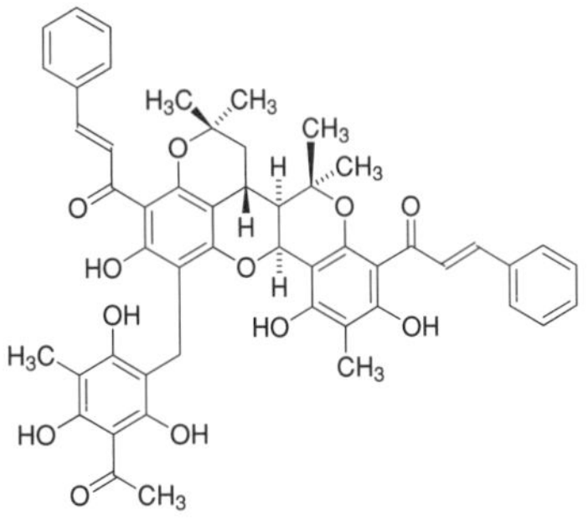

45

6 引用文献

1) 北村四郎、村田源、『原色日本植物図鑑・木本編I』pp. 330–341 (1971). 2) 大場秀章 ら、『朝日植物の世界』pp. 4-38～4-64 (1995). 3) R. Agarwal *et al.* (1995, USA) **124**: 179376. 4) S. Sotheeswaran *et*

al. (1993, Fiji) **120**: 75951. 5) A. Radunz *et al.* (1998, Germany) **129**: 65562. 6) V. Spitzer (1996, Brazil) **124**: 346474. 7) D. N. Onwukaeme *et al.* (1991, UK) **117**: 4212. 8) V. Spitzer *et al.* (1996, Brazil) **126**: 48568. 9) Y. Xin *et al.* (1992, Germany) **117**: 10235. 10) K. Aitzetmulle *et al.* (1996, Germany) **126**: 314762. 11) W. Zheng *et al.* (1996, China) **127**: 204574. 12) F. C. Padilla *et al.* (1998, Venez.) **129**: 329933. 13) W. R. Baier *et al.* (1993, Austria) **120**: 212551. 14) M. Bello *et al.* (1991, Mex.) **116**: 252119. 15) C. M. Cruz *et al.* (1996, Brazil) **126**: 27921. 16) M. O. Fatope *et al.* (1996, Nigeria) **126**: 4625. 17) C. Auvin-Guette *et al.* (1997, Fr.) **127**: 328911. 18) P. R. Wyde *et al.* (1993, USA) **119**: 40331. 19) S. Oeksuz *et al.* (1994, Turk.) **122**: 150989. 20) S. Oksuz *et al.* (1993, Turk.) **120**: 73439. 21) A. G. Tonevitskii *et al.* (1996, Russia) **126**: 141102. 22) S. C. Feng *et al.* (1994, China) **122**: 51322. 23) Y. Yang *et al.* (1992, China) **116**: 231915. 24) C. Karalai *et al.* (1994, Thailand) **122**: 169770. 25) D. Wu *et al.* (1994, China) **121**: 104033. 26) W. Dagang *et al.* (1992, China) **118**: 175573. 27) S. M. A. D. Zayed *et al.* (1998, Egypt) **129**: 312034. 28) Y. Satomi *et al.* (1994, Japan) **121**: 148449. 29) T. Konishi *et al.* (1998, Japan) **129**: 328249. 30) L. Jiang (1994, China) **122**: 233347. 31) A. Singh *et al.* (1992, India) **119**: 22791. 32) C. L. Zani *et al.* (1993, Brazil) **120**: 50117. 33) S. Y. Liu *et al.* (1997, Germany) **126**: 222823. 34) E. M. Ribeiro Prata *et al.* (1993, Brazil) **120**: 153482. 35) P. Castaneda *et al.* (1992, Mex.) **117**: 147225. 36) J.-M. Lin *et al.* (1995, Taiwan) **123**: 132310. 37) S. Masui *et al.* (1994, Japan) **121**: 42412. 38) M. Kataoka *et al.* (1995, Japan) **124**: 325113. 39) F. L. Hsu *et al.* (1994, Taiwan) **120**: 208233. 40) J. T. Cheng *et al.* (1993, USA) **120**: 124889. 41) J.-T. Cheng *et al.* (1994, Taiwan) **120**: 208284. 42) O. Hnatyszyn *et al.* (1997, Argent.) **127**: 336524. 43) C. Meyre-Silva *et al.* (1998, Brazil) **128**: 312801. 44) G. C. Kite *et al.* (1997, UK) **126**: 261892. 45) C. Tavares *et al.* (1996, Brazil) **126**: 181006. 46) A. Panthong *et al.* (1998, Thailand) **129**: 131050. 47) M. Mancha *et al.* (1997, Swed.) **127**: 305428. 48) T. A. Mckeon *et al.* (1997, USA) **127**: 245541. 49) P. Broun *et al.* (1997, USA) **126**: 290646. 50) S. J. Coughlan *et al.* (1997, USA) **127**: 288835. 51) L. Xu *et al.* (1996, USA) **126**: 55691. 52) S. Neera *et al.* (1992, Japan) **118**: 77170. 53) S. Neera *et al.* (1992, Japan) **117**: 6045. 54) Y. Hara *et al.* (1997, Japan) **127**: 261797. 55) S. Gnecco *et al.* (1996, Chile) **125**: 270508. 56) M. Nazir *et al.* (1993, Pak.) **119**: 4950. 57) S. Zhang, *et al.* (1995, China) **124**: 112368. 58) S. Oeksuez *et al.* (1998, Turk.) **129**: 272988. 59) V. U. Ahmad *et al.* (1998, Pak.) **128**: 215501. 60) J. Hohmann *et al.* (1997, Hung.) **126**: 248838, (1998, Hung.) **129**: 273031. 61) D. N. Onwukaeme *et al.* (1991, UK) **117**: 44539. 62) G. Falsone *et al.* (1998, Italy) **128**: 203067. 63) R. Niero *et al.* (1996, Brazil) **127**: 85902. 64) S. P. Nair *et al.* (1993, India) **118**: 187820. 65) J. F. Mi *et al.* (1993, China) **119**: 24615. 66) Y. Yang *et al.* (1992, China) **116**: 231916. 67) K. Siems *et al.* (1993, Germany) **120**: 73346. 68) W. Zhao *et al.* (1998, Switz.) **129**: 242472. 69) S. McLean *et al.* (1994, Can.) **122**: 31720. 70) G. W. J. Olivier *et al.* (1992, UK) **117**: 230115. 71) M. Bittner *et al.* (1997, Chile) **127**: 188175. 72) G. Falsone *et al.* (1994, Italy) **121**: 175122. 73) G. Falsone *et al.* (1994, Italy) **120**: 294146. 74) N. H. Lajis *et al.* (1992, Malay.) **118**: 98046. 75) N. H. Lajis *et al.* (1997, Malay.) **127**: 15413. 76) O. Hnatyszyn *et al.* (1996, Argent.) **126**: 122352. 77) M. Aqil *et al.* (1997, Nigeria) **127**: 245506. 78) T. De Bruyne *et al.* (1997, Belg.) **128**: 235035. 79) T. Tanaka *et al.* (1998, Japan) **129**: 272998. 80) Y.-J. Ahn *et al.* (1996, Korea) **124**: 337870. 81) G. Zhou *et al.* (1996, China) **126**: 183818. 82) M. A. Bailoni *et al.* (1998, Brazil) **129**: 215893. 83) L. Long *et al.* (1997, USA) **128**: 45872. 84) A. Groweiss *et al.* (1994, USA) **122**: 101650. 85) B. T. Ahn *et al.* (1995, Korea) **124**: 255757. 86) D. Sandoval Lopez *et al.* (1990, Cuba) **116**: 18393. 87) C. Meyre-Silva *et al.* (1997, Brazil) **128**: 286255. 88) A. O. Aderibigbe *et al.* (1997, Germany) **127**: 204741. 89) K. Arumugasamy *et al.* (1991, India) **117**: 4253. 90) M. J. P. Villalobos *et al.* (1992, Spain) **118**: 8556. 91) M. Arisawa (1994, Japan) **122**: 183128. 92) R. R. Upadhyay (1996, Bangladesh) **126**: 2521. 93) M. Arisawa (1997, Japan) **126**: 176707. 94) Y.-P. Shi *et al.* (1997, China) **127**: 147046. 95) A. A. Izzo (1996, Italy) **126**: 139378. 96) P. Sengupta *et al.* (1997, India) **129**: 38749. 97) K. Ishimaru *et al.* (1994, Japan) **123**: 7900.

30 ドクウツギ科
Coriariaceae

1 科の概要

　低木ないし小型の高木である。葉は対生または輪生し、全縁で、托葉はない。花は小型で放射相称、両性または単性で、腋生し、単生または総状花序につく。がく片は5個、覆瓦状に並び、宿存する。花弁は短く、内側に竜骨がある。世界に1属で、ドクウツギ属 (*Coriaria*) のみからなる。ドクウツギ属は、約10種含み、東アジア、地中海、南アメリカ、ニュージーランドの温帯に分布する[1,2]。

ドクウツギ
(*Coriaria japonica*)

2 研究動向

　成分分析では、主に葉中のタンニン類が調べられている。また、ドクウツギの毒性セスキテルペン類の神経薬理学的研究が行なわれている。

3 各　　論

3.1 成分分析

　Coriaria japonica の葉は、タンニン成分を多く含む[3]。*C. japonica* の葉から新規加水分解性タンニン、coriariin G (**1**)、H (**2**)、I (**3**)、J (**4**) が得られている[4]。

3.2 生理活性

　ドクウツギラクトン (coriaria lactone) をラットに投与すると、急性の癲癇症を引き起こす[5,6]。このことはドクウツギラクトンが抑制性神経伝達物質である γ-aminobutyric acid (GABA) の分泌を抑制し、さらにグルタミン酸から γ-aminobutyric acid への変換反応を触媒する酵素であるグルタミン酸デカルボキシラーゼを阻害することと関係がある[7]。

4 構造式（主として新規化合物）

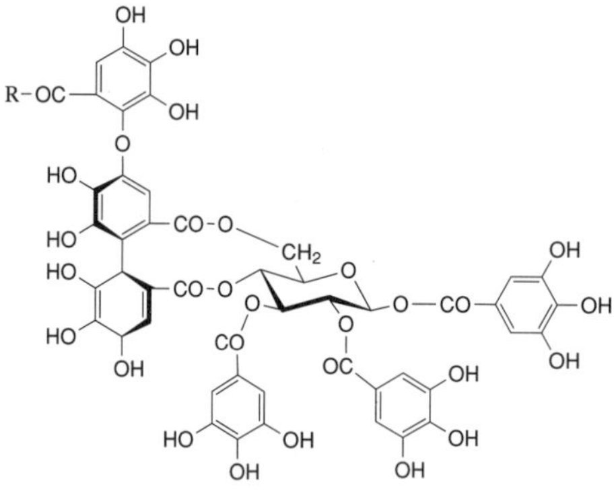

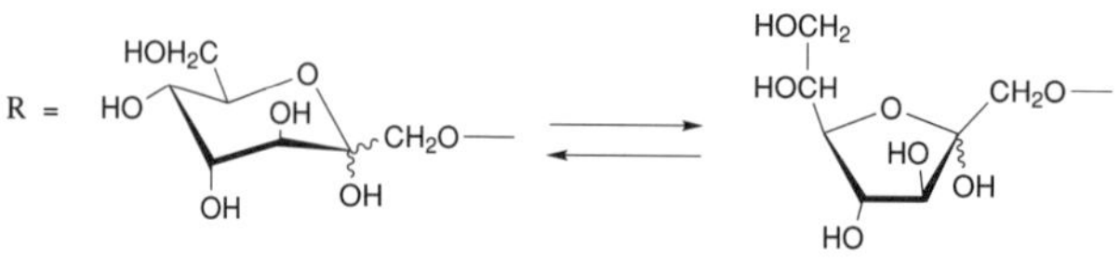

5 引用文献

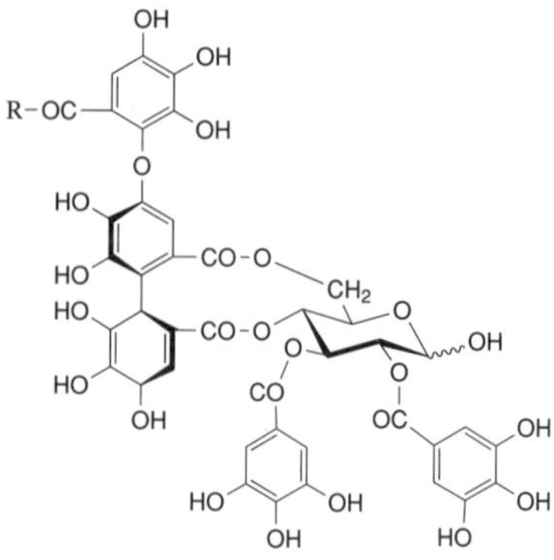

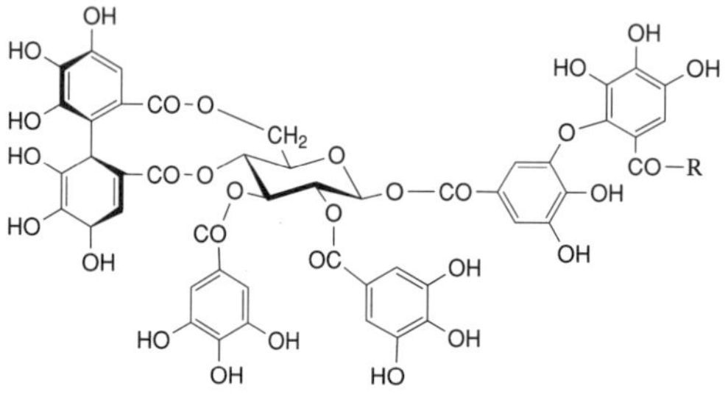

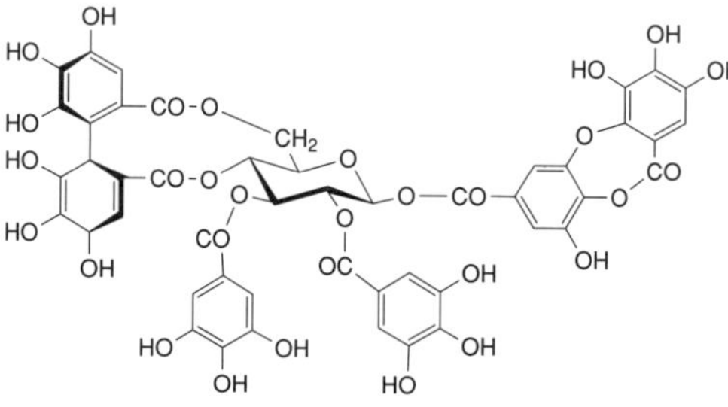

1) 佐竹義輔、原寛、亘理俊次、冨成忠夫、『日本の野生植物　木本』、平凡社、pp. 138–147 (1989). 2) 北村四郎、村田源、『原色日本植物図鑑 木本編 [II]』、保育社、pp. 143–162 (1979). 3) T. Hatano et al., *Chem. Pharm. Bull.*, **34**, 4092 (1986). 4) T. Hatano et al., *Chem. Pharm. Bull.*, **40** (7), 1703–1710 (1992). 5) Z. Zeng et al., *Huaxi Yike daxue Xuebao*, **25** (3), 279–283 (1994). 6) D. Liao et al., *Huaxi Yike daxue Xuebao*, **27** (2), 155–159 (1996). 7) X. Zhu et al., *Zhonghua Yixue Zazhi*, **75** (6), 363–365 (1995).

31 トチノキ科
Hippocastanaceae

トチノキ
(*Aesculus turbinata*)

1 科の概要

高木または低木。葉は掌状または羽状複葉で対生し托葉はない。花は頂生の円錐花序に雌雄雑居性、がくは4–5個からなり、離生または基部合生。花弁は4–5個で基部には爪がある。2属15種があり、北半球の温帯と南アメリカに分布する。大部分はトチノキ属 (*Aesculus*) の樹種である。日本で見られるのは主にトチノキ (*A. turbinata*) であり、冬芽は多数の鱗片に包まれ、樹脂を分泌してよく粘る。その他、ヨーロッパ原産のセイヨウトチノキ (*A. hippocastanum*)、北アメリカ南部原産のアカバナトチノキ (*A. pavia*)、中国原産のシナトチノキ (*A. chinensis*) などが知られており、街路樹として植えられているものも多い[1]。

2 研究動向

成分分析に関連したものでは、樹皮、果皮、胚乳、種子に含まれるトリテルペノイドサポニン、プロアントシアニジン、クマリン、フェノール配糖体等を対象とした定性および定量分析に関する研究が行なわれている。利用を目指したものとしては、医薬品、化粧品、整髪剤としての利用に関連した生理活性の研究が多く行なわれている。トリテルペン配糖体については、化学構造と生理活性との構造活性相関に関する詳細な知見も得られている。また、化学変換や生物変換による二次代謝物の生産や機能付与に関する研究も行なわれている。

3 各 論

3.1 成分分析

セイヨウトチノキ (*A. hippocastanum*) の樹皮から、esculin, fraxin 等のクマリン配糖体[2]、(−)-epicatechin, pavetannin A (**1**)[3] 等のプロアントシアニジンが単離されている。pavetannin A は、1991年に *Pavetta owariensis* の樹皮から見つけられたAタイプのプロアントシアニジン2量体であるが、トチノキ科では初めて見いだされた。2つのフラバノール間結合の立体配置が2α-、4α-であり、このような立体配置を有するAタイプのプロアントシアニジンは天然には他に1つしか単離されていない[4]。*A. hippocastanum* の果皮からは、2種のAタイプのプロシアニジン3量体 (**2**) および (**3**) が単離されている[5]。アメリカ産トチノキ属 (*A. californica*) の胚乳からはフェノール配糖体である arbutin、種皮からは (−)-epicatechin が分離されている[6]。トチノキ属種子の主成分はトリテルペノイドサポニンである。最もよく研究されているのは *A. hippocastanum* であり、種子のサポニン含有量は21–24%と報告されている[7]。新規のトリテルペノイドサポニンとしては、escin Ia (**4**)、Ib (**5**)、IIa (**6**)、IIb (**7**)、IIIa (**8**) が単離されている[8,9]。*A. hippocastanum* の種子には上記の他

にも約30種以上のサポニンが含まれており、これらのサポニンを総称して escin と呼ぶこともある。escin をパイロットプラントのスケールで抽出する試みもなされており、乾燥種子当たり 2.2% の純粋な escin が回収されている[10]。その他、ビタミン E 活性を有する d,l-α-tocopherol や α-tocotrienol 等の脂質も含有されている[11]。

3.2 医薬品としての利用

escin は hyaluronic acid を解重合する酵素を阻害する作用を有し、静脈欠乏症阻止に有効である[12]。また、毛細血管への血液の浸透を抑える作用[13]、血液中のコレステロールを低下させる作用も明らかにされている[7]。escin を構成する各々のトリテルペノイドサポニンの生理活性についても、実験動物を用いて研究が行なわれている。escin Ia (4)、Ib (5)、IIa (6)、IIb (7) は、いずれも血液中へのエタノール吸収抑制活性および血糖降下活性を示す[8]。一方、escin (4)、(5) のアシル基を外した化合物、desacylescin I および escin (6)、(7) のアシル基を外した化合物、desacylescin II ではともに活性が認められない[9]。したがって、これらの活性に対する escin の 21 および 22 位のアシル基の重要性が示唆される。ラットのカラゲナン誘導水腫に対する阻害作用は escin Ib (5) および IIb (7) が効果的であり、両化合物の全 escin 量に対する割合が 25% 以上の場合に有意な活性が認められる[14]。escin のカラゲナン誘導水腫に対する阻害作用に関しては、単離物を用いた詳細な構造・活性相関の研究が行なわれている。21 位および 22 位のアシル基の存在の他、21 位の angeloyl 基または 2′ 位のキシロース残基の存在が活性の発現に重要であり、21 位に tigloyl 基を有し、かつ 2′ 位にグルコース残基を有すると活性は弱くなる[15]。escin を溶液で人に投与する場合とカプセルの形にして投与する場合では、後者の方が血漿中の escin 濃度が低くなり、ヒトに対して許容量の高い投与法といえる[16]。その他、A. hippocastanum の樹皮に含まれる esculin、fraxin 等のクマリン配糖体に、ビタミン P 様活性、抗酸化作用および血管拡張作用が認められている[2]。

3.3 化粧品としての利用

A. hippocastanum のエキスを用いた各種薬用化粧品の製造に関する特許が取得されている。A. hippocastanum および Paeonia suffruticosa のエキスに 1,3-butylene glycol、sorbitol、エタノール、carboxyvinyl polymer 等を混合することにより、老化防止用化粧品が製造できる[17]。植物エキスは、ヒドロキシラジカルの除去および金属をキレートすることによるラジカルの生成阻害の役目を果たしている。また、A. hippocastanum のサポニン (escin)、Krameria triandra のエキス、炭素数 12 の alkyl benzoate、glyceryl monostearate、sodium dodecyl sulfate 等を混合することにより、抗にきび作用を有する薬用化粧品が調製できる[18]。escin は抗炎症作用、K. triandra エキスは抗菌作用の機能を果たしている。A. hippocastanum を含む植物エキスのエマルジョン化またはカプセル化による薬用化粧品の製造も行なわれている[19]。

3.4 整髪剤としての利用

トチノキ属 (A. chinensis 等) のエキスを用いた髪染め剤や整髪料の製造に関する特許が取得されている。染料に過酸化水素、小麦タンパクの加水分解物、トチノキ属樹木のエキス等を混合させることにより、人間の髪に明るさ、つやを与える髪染め剤が開発されている[20,21]。また、A. chinensis 等の樹木から抽出したポリフェノールを含む整髪料の開発も行なわれている[22]。

3.5 その他の利用開発

　A. hippocastanum 等のエキスをマイクロカプセル化し、バインダーによって織物に結合させて製造する衣服の開発が行なわれている[23]。この植物エキスを含む衣類は人間の皮下脂肪の分解や血液循環の増進に効果的である。*A. hippocastanum* の種子に含まれる d,l-α-tocopherol および α-tocotrienol は抗酸化能を有し、食品の酸化防止剤として利用されている[11]。サポニンは一般に魚毒性を示すが、インド産トチノキ属（*A. indica*）のトリテルペノイドサポニンは魚（*Barilius bendelisis*）の神経繊維を破壊する作用を有する[24,25]。

3.6 化学変換および生物変換

　A. indica の種子から抽出した escin を有機塩基処理することにより escin は水溶性化する[26]。また、*A. hippocastanum* の種子を発酵処理することにより水溶性の melanin が単離される[27]。カルスを用いた escin の生産も行なわれており、*A. hippocastanum* の子葉から誘導したカルスを少量の 2,4-dichlorophenoxyacetic acid および gibberellin A3 を含むムラシゲ・スクーグ培地で培養することにより escin の生産が可能である[28]。

4　構造式（主として新規化合物）

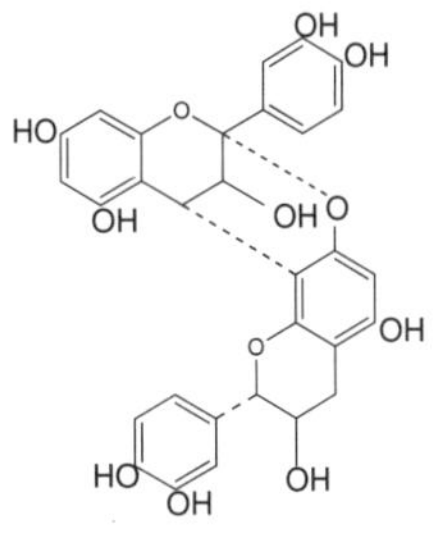

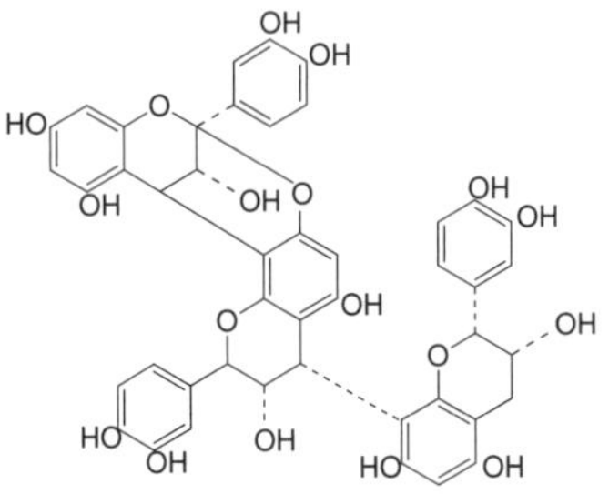

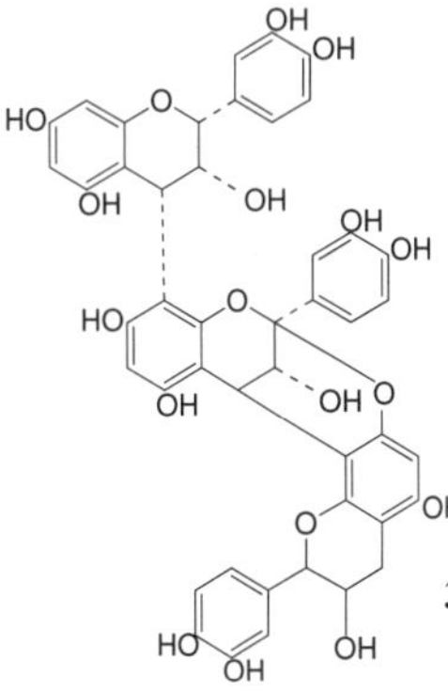

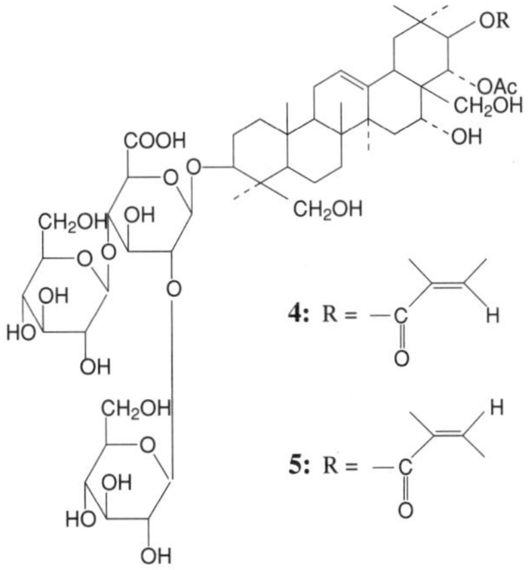

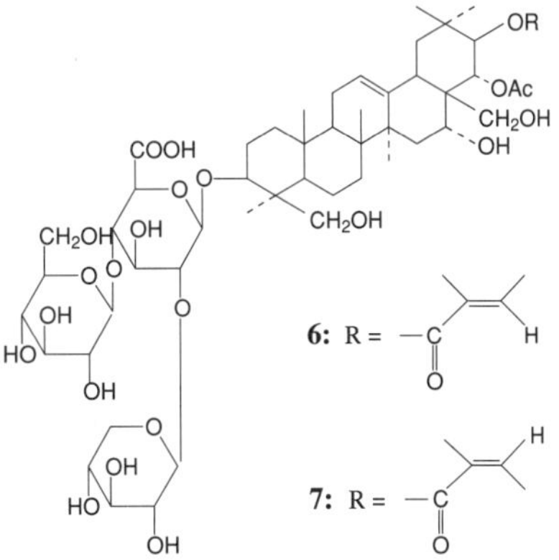

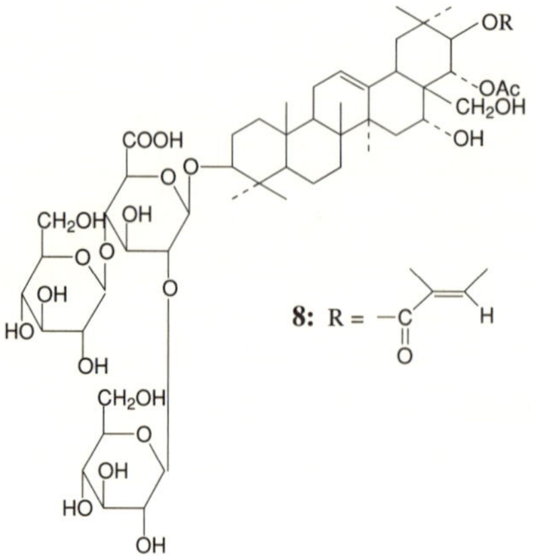

8: R = -C(=O)-CH=C(CH₃)₂ (methyl)

8: R = $-\underset{\underset{O}{\|}}{C}-CH=C(CH_3)H$

5 引用文献

1) 北村四郎、村田源、『原色日本植物図鑑・木本編I』、保育社、pp. 281–282 (1971). 2) E. Naidenova *et al.* (1991, Bulgarian) **117**: 258320. 3) K. Matsumoto *et al.* (1998, Japan) **129**: 214077. 4) A. M. Balde *et al.*, *Phytochemistry*, **30** (1), 337–342 (1991). 5) B. Santos *et al.* (1995, Spain) **122**: 235268. 6) I. Kuba *et al.* (1992, USA) **118**: 35941. 7) E. Dworschak *et al.* (1996, Hungary) **126**: 301641. 8) M. Yoshikawa *et al.* (1994, Japan) **121**: 271831. 9) M. Yoshikawa *et al.* (1996, Japan) **125**: 270436. 10) K. O. Mete *et al.* (1990, Turkey) **116**: 136093. 11) S. A. Ivanov *et al.* (1998, Bulgaria) **129**: 173103. 12) F. R. Maffei *et al.* (1995, Italy) **124**: 21437. 13) D. Panigati (1992, Italy) **119**: 20133. 14) J. Yamahara *et al.* (1998, Japan) **128**: 110873. 15) J. Yamahara *et al.* (1997, Japan) **128**: 18492. 16) A. Biber *et al.* (1996, Germany) **129**: 310346. 17) H. Masaki *et al.* (1997, Japan) **126**: 190745. 18) E. Bombardelli *et al.* (1998, Italy) **128**: 326338. 19) K. Lintner (1998, France) **128**: 299366. 20) F. Golinski *et al.* (1998, Germany) **128**: 171951. 21) H. Lorenz *et al.* (1997, Germany) **127**: 39465. 22) T. Tsuchikura *et al.* (1996, Japan) **126**: 94602. 23) M. Haruta *et al.* (1997, Japan) **128**: 26757. 24) J. P. Bhatt (1991, India) **118**: 53925. 25) J. P. Bhatt (1992, India) **117**: 2794. 26) L. Khan *et al.* (1994, Pakistan) **122**: 298792. 27) N. F. Komissarenko *et al.* (1997, Ukraine) **127**: 356996. 28) P. Paola *et al.* (1992, Italy) **117**: 188301.

32 ニガキ科
Simaroubaceae

1 科の概要

低木または高木で樹皮に一般に苦味がある。葉は互生で、まれに対生、羽状複葉、単葉である。世界には28属150種が生育するが、主として熱帯に分布し、小数のものは温帯に分布する[1]。日本にはニガキ属（*Picrasma*）とニワウルシ属（*Ailanthus*）が生育している[1]。

ニガキ
(*Picrasma quassioides*)

2 研究動向

樹皮、材、種子、葉などからの成分についての研究が主体であり、カッシノイド、アルカロイド、リモノイド、ステロイド、テルペノイド、脂肪酸、フェノール、ネオリグナンなどの成分の単離がなされている。中でも、カッシノイドとアルカロイドの成分研究が多い。

カッシノイド、アルカロイド、リンモノイドなどの生理活性が調べられ、抗マラリア、細胞毒性、抗癌性、抗胃潰瘍抑制作用、植物成長阻害、抗結核性などを有することが明らかにされている[2]。

利用については、樹皮、根、種子が民間薬として健胃、赤痢、気管支炎などの治療薬として、またマラリアの治療や駆虫薬としても用いられている[2]。その他、解熱、浄血、強壮および強精などにも用いられている。また、ニガキの組織培養により小量ながらカッシンが生産されることも示されている[3]。熱帯産ニガキ科樹木（*Quassia amara*）のチップは殺虫剤の代わりとして利用されていた（有効成分、quassin、neoquassin）が殺虫剤が化学合成できるようになってからは使用されなくなった[4]。

3 各論

3.1 成分分析

ニガキ属の樹木から多数のアルカロイド、カッシノイドが単離されている。日本産のニガキ（*Picrasma quassioides*、*P. ailanthoides*）の材から4種の新規なアルカロイド、picrasidine W (**1**)[5]、X[5]、Y[5]、4-hydroxy-5-methoxycanthin-6-one[6]、4-hydroxy-3-methylcanthin-5,6-dione[6]が単離されている。また、2種の新規カッシノイド、picrasinol C (**2**)[7]、D[8]とともに12種の既知カッシノイド、quassin、neoquassin、picrasin A、B、C、D、E、G、nigakilactone E、F、H、L、picrasinol Bが単離されている[7]。ニガキの種子から2種の新規なジベンゾフラン配糖体、picraquassioside A (**3**)[9]、B[9]、一種の新規なネオリグナン、picrassioside C (**4**)[9]、一種の新規なフェノール、picrassioside D[9]が7種の既知化合物[9]、arbutin、phlorin、koaburaside、syringin、citrusin、cnidioside B、flavaprenin 7,4'-diglucosideとともに単離されている。また、ニガキの材から抗胃潰瘍成分として、nigakinone、methylnigakinoneが単離されている[10]。熱帯産ニガキ属の樹木（*P. javanica*）の材から5種の新規カッシノイド配糖体、javanicinoside D[11]、E[11]、F (**5**)[11]、G[11]、H[11]を単離するとともに2種の既知カッシノイド[11]、neoquassin、picrasin Aと2種の既知トリ

テルペン[11]）、hispidol A、lanosta-7,24-dien-3-one を単離している。また、*P. javanica* の樹皮から 5 種の新規カッシノイド、javanicin Z[12]、dihydrojavanicin Z[12]、hemiacetaljavanicin Z[12]、picrajavanin A[13]、B[13] を単離している。また、*P. javanica* の樹皮から 4 種の既知アルカロイド[13]、4-methoxy-1-vinyl-β-carboline、4-methoxy-1-ethyl-β-carboline、4-methoxy-1-acetyl-β-carboline、6-methoxy-7,8-methylenedioxy-coumarin と一種の既知カッシノイド、picrasidine G が単離されている。*P. javanica* の茎から 4 種の新規カッシノイド配糖体、javanicinoside I (**6**)[14]、J[14]、K[14]、L[14] が単離されている。さらに、*P. javanica* の幹から 5 種の新規カッシノイド、javanicin U[15]、V[15]、W[15]、X[15]、Y[15] が単離されている。

熱帯産ニガキ科樹木、*Harrisonia perforata* の葉から 3 種の新規リモノイド、haperforin A (**7**)[16]、B3[16]、E[16] が単離されている。また、熱帯産樹木、*Simaba polyphylla* の材からのアルカロイド、canthin-2,6-dione の単離や[17]、熱帯産樹木、*Hannoa undulata* の種子の脂肪酸組成も調べられている[18]。また、ニガキ科植物中のカッシノイドの HPLC を用いた定性、定量分析についても報告されている[19]。

日本産ニワウルシ (*Ailanthus altissima*) から 4 種の新規なカッシノイド、ailantinol A (**8**)[20]、B[20]、C[21]、D[21] が単離されている。また、ニワウルシの材からの脂肪酸も調べられ、その主成分は 9-*cis*-12-*cis*-octadecandienoic acid と hexadecanoic acid であることが報告されている[22]。

熱帯産ニガキ属樹木、*A. vilmoriniana* の外皮から 6 種の新規カッシノイド、vilmorinine A[23]、B[24]、C[24]、D[24]、E[24]、F[24] が単離されている。熱帯産ニガキ科樹木、*A. malabarica* の材から 1 種の新規アルカロイド、ailanindole[25] と 2 種の新規カッシノイド、ailanquassin A (**9**)[25]、B[25] が 6 種の既知アルカロイド[25]、canthin-6-one、canthin-6-one-3-*N*-oxide、1-hydroxycanthin-6-one、1-ethyl-β-carboline、1-ethyl-4-methoxy-β-carboline、β-carboline-1-propionic acid とともに単離されている。また、熱帯産樹木、*A. integrifolia* から 1 種の新規フェノール配糖体、3,4,5-trimethoxyphenol-1-(6-xylopyranosyl)glucopyranoside[26] が 20 種の既知化合物[26]、koaburaside、3,4,5-trimethoxyphenol、5,7-dihydroxychromone-7-neohesperidoside、naringin、neoeriocitrin、*p*-coumaric acid、vanillin、vanillic acid、coniferyl aldehyde、ferulic acid、*trans*-triacontyl-4-hydroxy-3-methoxycinnamate、*p*-methoxycinnamic acid、2,6-dimethoxybenzoquinone、2-(1-hydroxyethyl)naphtho[2,3-*b*]furan-4,9-dione、2-(1-hydroxyethyl)-6-methoxynaphtho[2,3-*b*]furan-4,9-dione、2-acetylnaphtho[2,3-*b*]furan-4,9-dione、2-acetyl-6-methoxynaphtho[2,3-*b*]furan-4,9-dione、specioside、jioglutin C、rehmaglutin D とともに単離されている。

熱帯産ニガキ科樹木、*A. grandis* の gum resin から 1 種の新規ステロイド、3-α-acetyloxy-5-α-pregna-16-one (**10**)[27]、4 種の新規ステロイド、20*S*-acetyloxy-4-pregnene-3,16-dione[27]、16-β-acetyloxy-pregn-4,17(20)-*trans*-diene-3-one[27]、3-α-acetyloxy-5-α-pregn-17(20)-(*cis*)-en-16-one[27]、gammacerane-3,1-dione[27] が 7 種の既知ステロイドおよびテルペノイド[27]、*Z*-guggulsterone、*E*-guggulsterone、guggulsterol I、22-hydroxy-hopanone-3、hop-17(21)-ene-3-one、cholest-4-ene-3-one、lup-20(29)-ene-3-one-16-ol (resinone)、1,5,9-trimethyl-1,5,9-cyclododecatriene、cembrene とともに単離されている。また、その gum resin の成分を TLC と HPLC/MS で調べ、炭素数 21 のステロイド、*Z*-guggulsterone の存在も明らかにされている[28]。

3.2 生理活性

日本産ニガキ、ニワウルシを含むニガキ科から単離された 56 種の化合物の抗結核活性が調べられ、4 種のカッシノイド、shinjulactone K、ailanthone、shinjulactone、dehydrobruceatin が高い

活性を示したが、抗結核活性は非常に低かったことが報告されている[29]。ニワウルシから単離した14種のカッシノイドの癌抑制プロモーターとしての効果が調べられ、ailantinol B、C、ailanthone、shinjulactone A は中程度の活性を持つことが報告されている[30]。また、ニワウルシのメタノール抽出物に植物（カラシナ、キッショウソウの一種、ホテイアオイの一種）の生育を抑制する効果があること、その生育抑制物質がカッシノイドの一種、ailanthone と chaparrinone であることが報告されている[31]。さらに、ニガキ科の植物成分とそれらの化合物の生物活性、抗癌性、抗マラリア性、抗潰瘍性なども報告されている[2]。ニガキの材からのメタノール抽出物は抗胃潰瘍性を有し[2,10]、nigakinone と methylnigakinone がその活性成分であることが報告されている[10]。

熱帯産樹木、*A. excelsa* の樹皮から antifeedant（摂食阻害）成分として、カッシノイドの一種、excelsin が単離されている[32] 中央アフリカの国で民間薬として用いられているニガキ科樹木、*Hannoa chlorantha* と *H. klaineeana* の抗マラリア性と細胞毒性が調べられている[33]。*H. klaineana* の幹の樹皮のメタノール抽出物も *H. chlorantha* からの4種のカッシノイド、chaparrinone、14-hydroxychaparrinone、15-desacetylundulatone、6-α-tigloyloxyglaucarubol も活性が高かったが、カッシノイドの方がさらに活性が高かった。4種のカッシノイドの中では chaparrinone が最も抗マラリア活性が認められた[33]。

4　構造式（主として新規化合物）

1

2

Glc : Glucosyl

3

Glc : Glucosyl

4

Glc : Glucosyl

5

Glc : Glucosyl

6

7

8

9

10

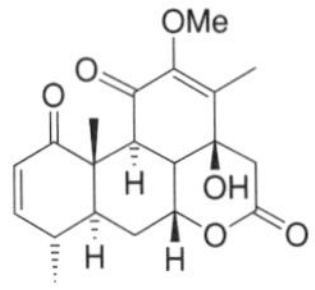

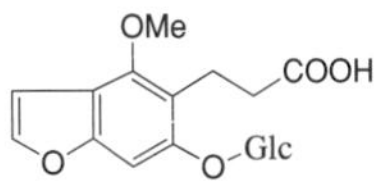

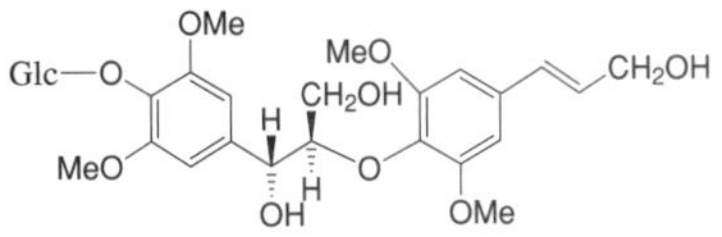

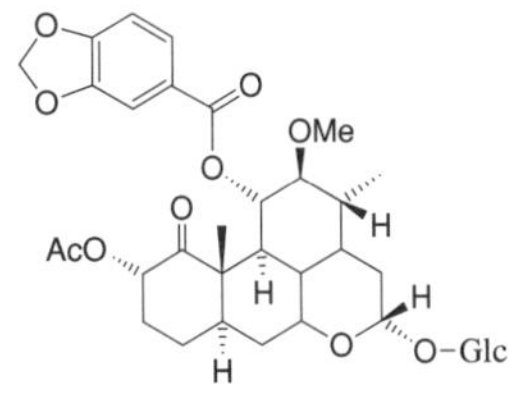

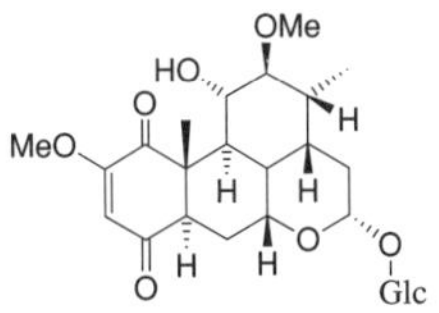

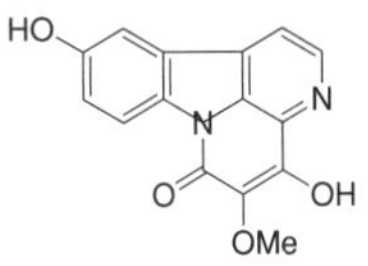

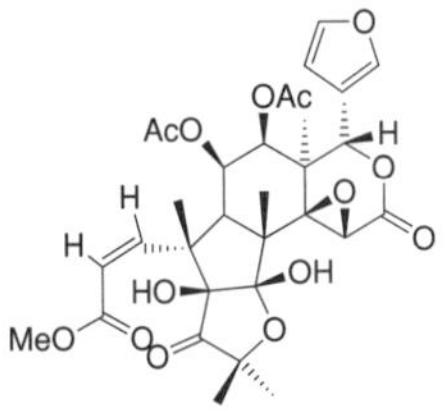

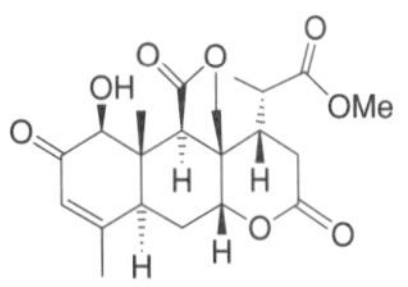

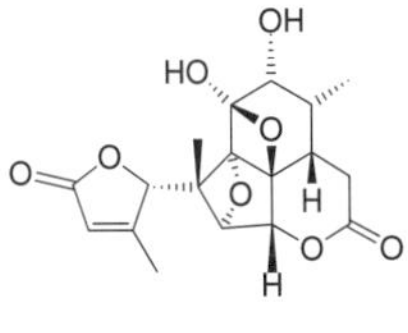

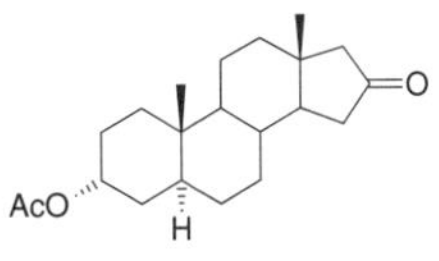

5 引用文献

1) 北村四郎、村田源、『原色日本植物図鑑・木本編』、保育社、pp. 310–312 (1964). 2) T. Ohmoto (1995, Japan) **123**: 107679. 3) H. Scragg *et al.* (1993, UK) **119**: 179257. 4) 中野凖三、樋口隆昌、住本昌之、石津敦、『木材化学』、ユニ出版、pp. 286–287 (1983). 5) Y. Li *et al.* (1993, Japan) **121**: 5068. 6) J. Liu *et al.* (1992, UK) **117**: 188225. 7) M. Daido *et al.* (1992, Japan) **118**: 98032. 8) H. Daigo *et al.* (1995, Japan) **123**: 52294. 9) K. Yoshikawa *et al.* (1995, Japan) **124**: 170528. 10) Y. Niiho *et al.* (1994, Japan) **121**: 221589. 11) K. Ishii *et al.* (1991, Japan) **116**: 211116. 12) K. Koike *et al.* (1995, Japan) **123**: 222835. 13) M. Yoshikawa *et al.* (1993, Japan) **121**: 31089. 14) K. Koike *et al.* (1992, Japan) **116**: 231896. 15) K. Koike *et al.* (1991, Japan) **116**: 80437. 16) N. Nguyen *et al.* (1997, Vietnam) **128**: 292717. 17) S. de Mesquita *et al.* (1997, Brazil) **128**: 190420. 18) M. Martret *et al.* (1992, France) **118**: 120934. 19) J. Dou *et al.* (1996, USA) **125**: 96288. 20) K. Kubota *et al.* (1996, Japan) **125**: 53549. 21) S. Rahman *et al.* (1996, Japan) **127**: 316739. 22) M. Kucuk *et al.* (1994, Turkey) **123**: 115790. 23) K. Takeya *et al.* (1997, Japan) **127**: 31559. 24) K. Takeya *et al.*, *Phytochemistry*, **48** (3), 565–568 (1998, Japan). 25) H. Aono *et al.* (1994, Japan) **122**: 27716. 26) K. Kosuge *et al.* (1994, Japan) **122**: 128597. 27) T. Hung *et al.* (1995, Austria) **123**: 165109. 28) T. Hung *et al.* (1996, Austria) **125**: 270539. 29) S. Rahman *et al.* (1997, Japan) **127**: 316739. 30) K. Kubota *et al.* (1997, Japan) **126**: 233188. 31) J. Lin *et al.* (1995, Japan) **122**: 310718. 32) K. Tripathi *et al.* (1993, India) **120**: 73490. 33) G. Francois *et al.* (1998, Belgium) **129**: 117441.

33 ニレ科
Ulmaceae

1 科の概要

高木まれに低木である。葉は互生で2列に並び、通常基部は左右が斜めに不同で、羽状脈がある。亜熱帯から温帯に分布し、15属150種以上ある。日本で見られる主な樹木はエノキ属 (*Celtis*)、ウラジロエノキ属 (*Trema*)、ムクノキ属 (*Aphananthes*)、ケヤキ属 (*Zelkova*)、ニレ属 (*Ulmus*) などに含まれる[1]。

ハルニレ
(*Ulmus davidiana*)

2 研究動向

ニレ属樹種の生理活性物質の検索、エルム病と抽出成分とのかかわり、および、虫瘤形成と酵素活性の関係などの研究がなされている。

3 各 論

ハルニレ (*Ulmus davidiana*) は韓国にも広く分布し、水腫、乳腺炎、炎症などの漢方薬として使われている。新しい生理活性を有する化合物を発掘する目的で、本樹種の根皮の抽出成分を検索し、既知物質のオルソキノンである mansonone E、F、H、I に加えて3個の新化合物 davidianone A (**1**)、B (**2**)、C (**3**) が単離[2]されている。Thiobarbituric acid 法による抗酸化活性試験では化合物 (**1**)、(**3**) と化合物 (**1**) のヒドロキシメチル基がメチル基に変換された化合物および mansonone F に活性があり、特に mansonone F に最も強い活性が認められいる。アキニレ (*Ulmus parvifolia*) も淋病、水腫、疥癬、湿疹などの漢方薬として利用されているが、本樹種の樹皮抽出成分を検索し、3個のステロール、カテキンおよびその配糖体を単離[3]している。同樹種の葉の抽出物からは isoquercetin と rutin が単離[4]されている。また、*Ulmus pumila* の樹皮からホスホリパーゼ A2 に活性を示す化合物が単離され、catechin 7-*O*-β-D-apiofuranose と同定[5]された。

ニレ属の樹木はエルム病 (Dutch elm dicease) に感染することで知られているが、抵抗性の *Ulmus pumila* と感染性の *Ulmus campestris* の培養細胞を用いて抽出成分の違いが検討[6]されている。病原菌 (*Ophiostoma ulmi*) の胞子を接種[6]すると、抵抗性のある樹種の培地に scopoletin が直ちに且つ主に生成することが見いだされた。*In vitro* でのバイオアッセイにより scopoletin の *O. ulmi* に対する抗菌性が確認されている。ニレ属の樹種はマンソノン系化合物を含有することが良く知られているが、この化合物は病原菌よる感染の有無にかかわらず抽出成分として存在[7]することが確認された。

昆虫による寄生や傷害により葉に虫瘤 (gall) が生成する。ブナ科やウルシ科の没食子や五倍子が特に知られているが、あぶら虫 (*Tetroneura fusiformis*) によりハルニレ (*Ulmus davidiana*) の葉に生じた虫瘤[8]は3～4週間後に特に大きく成長する。また、虫瘤を形成した葉と正常な葉のペルオキシダーゼとポリフェノールオキシダーゼ活性を定量すると、前者の葉の極大活性はそれぞれ1週間と0週間に見られるが、虫瘤を持つ葉は0週間と1週間に見られ、2～4週間でほとんど活性が失われる。このような観測から、虫瘤生成の4週間前後でその性質が異なる可能性があり、ガル利用の基礎デー

タとなろう。

4 構造式（主として新規化合物）

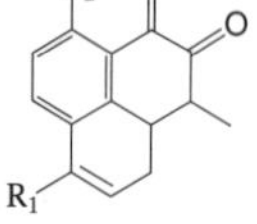

1: R_1 =CH$_2$OH, R_2 = Me
2: R_1 =Me, R_2 = COOMe
3: R_1 = Me, R_2 = CH(OMe)$_2$

5 引用文献

1) 北村四郎、村田源、『原色日本植物図鑑・木本編II』、保育社、大阪、1979, p. 251. 2) J.-P. Kim *et al.*, *Phytochem.*, **43** (2), 425–430 (1996). 3) Y. H. Moon *et al.*, *Saengyak Hakhoechi*, **26** (1), 1–7 (1995, Korea) (CA., **123**: 79517). 4) S. H. Kim *et al.*, *Saengyak Hakhoechi*, **23** (4), 229–234 (1992, Korea) (CA., **119**: 124977). 5) S. Park *et al.*, *Bull. Korean Chem., Soc.*, **17** (2), 101–103 (1996) (CA., **124**: 226573). 6) T. Valle *et al.*, *Plant Sci.*, **125**, 97–101 (1997). 7) F. G. Meier *et al.*, *Can. J. Bot.*, **75**, 513–517 (1997). 8) K. Hori *et al.*, *Appl. Entomol. Zool*, **32** (2), 365–371 (1997).

34 バラ科
Rosaceae

1 科の概要

　高木、低木、多年草、さらに一年草と、生活型は多様で、南極をのぞくすべての大陸に分布するが、北半球の暖帯から温帯に多い。通常、葉は互生し、単葉か掌状複葉または羽状複葉で、多くは托葉がある。花は多くのもので両性、放射相称である。果実は多様で食用とされるものが多い。約100属、3000種に及ぶ大きな科で、日本のものはシモツケ亜科 (Spiraeoideae)、バラ亜科 (Rosoideae)、サクラ亜科 (Prunoideae)、ナシ亜科 (Pyroideae) の4亜科に分類される。シモツケ亜科には、シモツケ属 (*Spiraeae*)、バラ亜科にはキイチゴ属 (*Rubus*)、バラ属 (*Rosa*)、サクラ亜科にはサクラ属 (*Prunus*)、ナシ亜科にはビワ属 (*Eryobotrya*)、ボケ属 (*Chaenomeles*)、ナシ属 (*Pyrus*)、リンゴ属 (*Malus*)、カナメモチ属 (*Photinia*)、ナナカマド属 (*Sorbus*) などが含まれる[1]。

イヌザクラ
(*Prunus buergeriana*)

2 研究動向

　バラ科の樹木には、用材として利用されてきたものは少ないが、果樹や観賞用として栽培されてきたものや、薬用として利用されてきたものが多い。このため、葉、果実、花に関する研究が多く、利用と関連づけた報告が多い。成分別にみると葉のテルペン類や、樹皮、果実、根に含まれるフラボノイドなどのポリフェノールに関するものが多い。バラ科は非常に大きな科であり、その分類についても様々な説が提案されているため、化学植物分類についての報告も多く、栽培種の遺伝性に関連したものもある。最近では、病虫害にともなうファイトアレキシンの生成や、昆虫の摂食阻害物質などの化学的防御機構に関する研究も盛んに行なわれている。果樹については果実の成熟や加工の際の成分変化についての研究もなされている。バラ科には、フラボノイドを含むものが多く、その抗酸化作用に基づいた利用開発も行なわれている。バラ属では精油成分の香料や化粧品としての利用に関する研究が行なわれ、多くの特許が出されている。薬理活性に関する研究ではビワやモモの葉に関するものが多く、その抗炎症作用に基づいて薬用入浴剤として商品化されているものもある。

3 各 論

3.1 新規物質の単離

　Hao らは、*Spiraea japonica*（シモツケ）の成分を精査し、spiramacetal (**1**)、spiramadol (**2**)、spilamilactone C (**3**)、D (**4**) などのジテルペンおよび spiramine P (**5**)、Q (**6**)、R (**7**) などのジテルペンアルカロイドを単離している[2-4]。*Rubus suavissimus* は中国南部で甜茶として飲用されてきたが、この葉からは味覚に関連するジテルペン配糖体、suavioside B (**8**)、C1 (**9**)、D1 (**10**)、D2 (**11**)、E (**12**)、F (**13**)、G (**14**)、H (**15**)、I (**16**)、J (**17**) が単離されており、suavioside B、

G、H、I、J は甘味を、suavioside C1、D2、F は苦味を呈することが報告されている[5]。*Rubus thibetanus* の幹からは (*Z*)-9,10-epoxynonacosane (**18**) が単離されている[6]。*Rosa laevigata* からはトリテルペン、2α-methoxyursolic acid (**19**)、11α-hydroxytormentic acid (**20**)、tormentic acid 6-methoxy-β-glucopyranosyl ester (**21**)、およびステロイド配糖体、stigmasta-3α,5α-diol 3-*O*-β-D-glucopyranoside (**22**) が単離されている[7]。Hashidoko らは *Rosa rugosa* (ハマナス) の成分を精査し、多くの新規物質を単離するとともに総説をまとめている[8]。葉からはセスキテルペン、daucenal (**23**)、epoxydaucenal A (**24**)、epoxydaucenal B (**25**)、isodaucenal (**26**)、isodaucenoic acid (**27**)、11-hydroxy-12-hydroisodaucenal (**28**)、11,12-dehydrodaucenal (**29**)、11,12-dehydrodaucenoic acid (**30**)、hydroxydaucenal (**31**)、carotarosal A (**32**)、rosacorenone (**33**)、rugosal D (**34**)、epirugosal D (**35**)、secocarotanal (**36**)、isodaucenol (**37**)、rosacorenol (**38**)、bisaborosaol F (**39**)、bisaborosaol E1/E2 (**40/41**) が単離されている[9,10]。*Prunus spinaosa* からプロアンソシアニジン 2 量体 (**42**、**43**)、クマリン配糖体 (**44**) が単離されている[11,12]。*Pyracantha coccinea* (トキワサンザシ) についても成分が詳しく調べられ、根からはリグナン配糖体 (**45**)、カルコン配糖体 (**46**)、フラボノイド (**47**)、フラボノイド配糖体 (**48**、**49**) が単離されており[13,14]、葉からもフラボノイド配糖体、coccinoside A (**50**)、B (**51**)、クマリン、pyracanthina A (**52**)、B (**53**) が単離されている[15]。*E. japonica* (ビワ) は様々な生理活性が報告がされているが、葉からはフェノール酸がエステル結合した 4 種のトリテルペン (**54–57**)、3 種のセスキテルペン配糖体 (**58–60**)、2 種のヨノン配糖体 (**61**、**62**) が単離されている[16,17]。Tanaka らは様々なバラ科植物のタンニンの構造を明らかにしているが、*Rubus lambertianus* からはエラグタンニン 2 量体 (**63**、**64**)、3 量体、4 量体が単離されている[18]。

健全組織ではなく、罹病部や強制的に菌を接種した組織から生成するファイトアレキシンについても、多くの新規物質が見いだされている。ジベンゾフラン型のファイトアレキシンとして、*Photinia davidiana* の辺材からは 7-methoxyeriobofuran (**65**) が、*Pyracantha coccinea* の辺材から 9-hydroxyeriobofuran (**66**) が単離されている[19]。*Cotoneaster acutifolius* の辺材からはファイトアレキシンとしてジベンゾフラン化合物、β-cotonefuran (**67**)、γ-cotonefuran (**68**)、δ-cotonefuran (**69**)、ε-cotonefuran (**70**) が単離されている[20]。*Sorbus aucuparia* (セイヨウナナカマド) の辺材からはビフェニル化合物、isoaucuparin (**71**) が単離されている[21]。

3.2 化学植物分類

80 種のバラ科植物の葉について、5 種の加水分解型タンニンオリゴマー、5 種の加水分解型タンニン単量体、chlorogenic acid を指標とした化学植物分類が検討されている[22]。chlorogenic acid はほとんどの種に存在したが、加水分解型タンニンオリゴマーの分布には特徴が認められることから、これが指標として適しているものと思われる。サクラ属は世界に約 200 種、日本には約 25 種が野生しているが、一般には 5 亜属に分類されている。サクラ属の樹皮の成分を比較した結果、サクラ亜属には共通成分として sakuranin などのフラボノイド類が存在するが、ウワミズザクラ亜属、バクチノキ亜属には catechin をのぞくフラボノイドは存在せず、かわりに共通の二次代謝成分としてサクラ亜属にはまったく存在しない青酸配糖体が存在していた[23]。サクラ属については、葉や樹皮に存在するクマリン (herniarin、scopolin、scopoletin) の分布と遺伝性についても研究されている[24]。バラ属は 150 種以上から成るが、花に存在するフラボノールおよびアントシアニンの分布によって 3 つのグループに分類されることが報告されている[25]。ナシ属には約 30 種が存在するが、*Pyrus serotina* (ニホンナシ) の葉には 5 位にメトキシル基を有するフラボン配糖体が存在しており、これは蛍光を発するため化学植物分類の指標として便利であることが示されている[26]。

3.3 成分変化

　Rosa rugosa の葉に内在する抗菌性セスキテルペンの量的変動について調べられている[27]。carota-1,4-dienaldehyde は萌芽期から開花期まで増加するが、その後、急に減少した。抗菌性物質である rugosal A は carota-1,4-dienaldehyde を追うように増加し、開花期から結実期にかけての長時間、抗菌活性発現に十分な濃度で保持された。rugosic acid A は萌芽期には少なく、初期老化葉で最大となり、黄化および落葉期に至って消滅した。この量的変化は酸化経路と一致するものであり、特に傷害等のストレス下にある葉では、その酸化が著しく増進されると考えられている。*Prunus domestica*（セイヨウスモモ）の葉では、ポリフェノール含量に及ぼす、生育環境、季節、樹齢などの様々な要因について詳しく調べられている[28]。ポリフェノール含量は光による変動が非常に大きかった。生育場所による変動はほとんどなかったが、温室内では、ポリフェノール含量は少なかった。季節による変動は大きく、成長が最も盛んな7月に多くなった。*E. japonica* の果実の成長段階、貯蔵段階でのポリフェノール含量とポリフェノールオキシダーゼ活性が果実の褐変と関連づけられて調べられている[29]。フェノール量は果実の成長期には減少するが、成熟期には増加した。chlorogenic acid は成熟期に急激に増加したが、貯蔵段階でゆっくり減少した。ポリフェノールオキシダーゼ活性は成熟にともない低下した。フェノール量は褐変の程度に大きく関係していた。

3.4 化学的防御機構

　Kokubun らはバラ科植物のファイトアレキシンについて精査し、ナシ亜科に属する植物について調べた結果、ボケ属、ビワ属、リンゴ属、ナナカマド属（1種）からは5個のビフェニル化合物が、シャリントウ属、サンザシ属、マルメロ属、セイヨウカリン属、カナメモチ属、トキワサンザシ属、ナシ属、ナナカマド属（2種）からは14個のジベンゾフラン化合物を見いだしている[30]。両方のタイプのファイトアレキシンを生成する植物は見いだされなかった。ナナカマド属をのぞけば、ファイトアレキシン合成能力は属に特異的であった。試験した38種のうち、18種にはこれらのファイトアレキシンとともに、内在するフェノール性の抗菌性物質が見いだされた。それらは hydroquinone、*p*-hydroxyacetophenone、acetovanillone、5,7-dihydroxychromone、chrysin、sakuranetin、naringenin であり、ほとんどは配糖体として存在し、菌の侵入によって遊離するものと思われる。さらに、130種のバラ科の葉についても調べ、47種から抗菌性物質を検出したが、これらはすでに葉に存在しているフェノール性物質から遊離されたものであった[31]。ナシ属では、arbutin の加水分解によって hydroquinone が生成した。多くの種で認められた抗菌性物質は葉に存在していたタンニンから遊離した catechin 様物質であったが、辺材で認められたビフェニルやベンゾフラン型のファイトアレキシンの生成は葉では数種に限られていた。配糖体から生成したフェノール性物質が抗菌性を示すことは *Prunus yedoensis*（ソメイヨシノ）の葉についても確認されている[32,33]。健全葉の配糖体画分からは benzyl β-D-glucoside、2-phenylethyl β-D-glucoside、sambunigrin、prunacin が単離されるが、傷害を受けた葉ではベンジルアルコール類とクマリン類が存在し、これが *Cladosporium herbarum* に対して抗菌性を示すことが明らかにされている。配糖体は糖の結合位置によって安定性が異なることが知られている[34]。*Cytospora persoonii* に対して感染性の *Prunus avium*（セイヨウミザクラ）と抵抗性の *Prunus cerasus*（スミノミザクラ）の樹皮の成分を比較した結果、*Prunus avium* にはフラボノイドの7位に結合した配糖体が存在するが、*Prunus cerasus* の配糖体は5位に結合したものであった。酸性条件下では、5位配糖体の方が不安定でアグリコンを遊離しやすく、そのアグリコンは *Cytospora persooniiare* に対して活性があることから、結合位置の違いが抵抗性の違いに影響していると考えられている。*Prunus avium* については別の観点か

らの研究も行なわれている。*Pseudomonas syringae* は果樹に大きな被害をもたらす植物病原菌であるが、syringomycin と呼ばれる毒素を生産する。syringomycin 生産と病原性に必要な遺伝子である syrB 遺伝子の発現を同時に誘導するシグナル分子を探索した結果、*Prunus avium* の葉に含まれる quercetin 3-rutinosyl-4′-glucoside と kaempferol 3-rutinosyl-4′-glucoside に強い活性が認められた[35]。フラボノイド配糖体は宿主と寄生菌との関係に重要な役割を果たしているものと思われる。*Pyrus pyrifolia*（ニホンナシ）の葉では、非病原性の *Alternaria alternata* の胞子を接種すると、3,5-di-*O*-caffeoylquinic acid が生成した[36]。これは、菌の胞子発芽や付着器形成には影響しないが、侵入菌糸形成のみを阻害する新型の抵抗性因子であり、感染阻害因子 (IIF, infection-inhibiting factor) の一つと考えられている。

昆虫に対する化学的防御に関するものとしてはリンゴ属の植物に対する害虫の摂食試験が行なわれている[37]。phloridzin、phloretin、naringenin、catechin には摂食忌避活性が、quercetin と rutin には摂食刺激活性が認められている。chlorogenic acid は低濃度では刺激活性を、高濃度では忌避活性を示した。さらに、これらのフェノール性化合物含量と摂食抵抗性の種間差を統計的に解析した結果、phloridzin だけが内在する摂食抵抗性因子であることが明らかにされている。

3.5 成分分析法

リンゴ属には分子量の異なる様々な catechin のオリゴマーが存在し、様々な生理活性が注目されているが、その分析には最近開発された TOF-MS (time-of-flight mass spectrometry) が、極めて有効であることが示されている[38]。*Prunus amygdalus*（アーモンド）の未熟果からは、(+)-catechin、(−)-epicatechin、15 種のプロシアニジンのオリゴマーが単離されている。この分析に HPLC-MS を適用した結果、主要成分の同定、微量成分の検出、重なったピークの分割に有効であった[39]。アーモンド油の混入物の由来を明らかにするために、SNIF-NMR (SNIF: site-specific natural isotope fractionation) の手法が検討されている[40]。天然由来の benzaldehyde の重水素含量は合成品や半合成品のものとは異なることから、^{2}H-NMR を測定して重水素の比率を求め、混入物の存在を明らかにする手法が開発されている。

3.6 抗酸化作用

バラ科植物のメタノール抽出物の抗酸化作用について、スクリーニングした結果、*Prunus davidiana* と *E. japonica* に強い DPPH ラジカル消去作用が認められている[41]。活性の強い物質は (+)-catechin であり、その活性は vitamin C よりも高かった。同様の探索の結果、*Rosa rugosa* に活性が認められ、活性成分として isoquercitrin と β-glucogallin が単離されている[42]。β-glucogallin は α-tocopherol や BHA よりも活性が高かった。分子量分画したプロシアニジン類の DPPH ラジカルに対する消去能を比較した結果では、4 量体、5 量体、6 量体に最も高い活性が認められている[43]。

3.7 化粧品・食品添加物などへの利用

バラの精油のように古くから化粧品原料となっているものがあるが、単に香りを良くするだけでなく、様々な効能があることも報告されている。バラ科植物の果汁や未熟果の抽出物には紫外線吸収作用やフリーラジカル消去作用があるため、化粧品としての利用開発が進められている[44]。*Prunus domestica* の種子にはチロシナーゼ阻害活性が認められ、メラニンの生成を阻害することから、美白化粧品としての利用が期待されている[45]。*C. sinensis*（カリン）の果実は oleanolic acid、3-acetyl oleanolate、erythrodiol などを含むが、喉頭炎に効果があることから、抽出物を入れたチューインガムやキャンデーが商品化されている[46]。phloridzin はリンゴ属に特徴的なフラボノイドであ

るが、phloridzin やその誘導体には様々な生理作用が認められ、食品添加物として有望であることが報告されている[47]。バラ科植物のメチルメルカプタンに対する消臭効果について探索した結果、*Rubus idaeus*（ヨーロッパキイチゴ）の葉の抽出物が最も効果があった[48]。活性本体はエラグタンニンの混合物であることが示唆されている。抗菌性についてスクリーニングした結果では、*Prunus persica*（モモ）の葉に *Aspergillus flavus* に対する強い抗菌性が認められ、その精油から得られた 4-naphthylnaphthoquinone は一般の合成抗菌剤よりも抗菌性が強く、抗菌スペクトルも広く、熱的にも安定であることが報告されている[49]。

3.8 薬理活性

バラ科植物の果実には食用となるものが多く、古くからその薬理効果が調べられているが、抗酸化、ACE 阻害、hyaluronidase 阻害、GTase 阻害などの様々な生理活性が知られ、その利用も進められている[50]。薬理作用の中で最も多く報告されているのは抗炎症作用であり、甜茶の一つである *Rubus suavissimus* についてはエラグタンニンの構造と抗アレルギー、抗炎症との関係や、その作用機構についての総説がまとめられている[51]。エラグタンニンは、その構造によって GOD 型、DOG 型、GOG 型に分類されるが、*Rubus suavissimus* のタンニンは非常に珍しい GOD 型であり、これが活性本体であった。GOD 型タンニンは重合度に比例してヒスタミン遊離抑制活性が増加することも確認されている。さらにシクロオキシゲナーゼ阻害活性も高いことから、炎症時に患部で生合成されるプロスタグランジンの生成を抑制する効果があるものと考えられている。特に花粉症などの鼻アレルギーに効果があるため、このエキスを配合したキャンディーなどが販売されている。*Prunus davidiana* のメタノール抽出物には抗炎症作用が認められ、ラットのカラーゲニン浮腫に著しい効果があった。この抽出物からは persiconin と isosakuranin が単離されている[52]。*Rubus chingii*（ゴショイチゴ）の果実の抽出物を含有する入浴剤はアトピー性皮膚炎等のアレルギーに対して効果があることが報告されている[53]。*Prunus persica* の葉についても抗炎症作用があり、皮膚炎に効果があることから、薬用入浴剤としての利用開発が行なわれている[54]。*E. japonica* の葉は皮膚炎などに効果があることが知られており、抽出物の抗ウイルス活性についても検討した結果、3-*O*-*trans*-caffeoyltormentic acid に抗 HRV 活性が認められたが、抗 HIV 活性は認められなかった[16]。*E. japonica* の葉には ursolic acid も存在し、この制癌作用制癌作用も注目されている[55]。ursolic acid については *Prunus persica* の葉からも単離されており、原生動物およびグラム陽性菌に対して活性が認められたが、メリシチン耐性菌にに対しては活性が認められなかった[56]。amygdalin や prunacin などの配糖体を含む *Prunus persica*、*Prunus zippeliana*（バクチノキ）、*Prunus amygdalus*、*E. japonica* の抽出物には抗腫瘍活性があることが報告されている[57]。*Prunus domestica* の果実に含まれるフェノール性物質を分析した結果、neochlorogenic acid と chlorogenic acid が多く、これらは LDL（低密度リポタンパク質）に対して高い抗酸化能があることから、心臓疾患に対する効果が期待されている[58]。パキスタンで古くから民間薬として用いられている *Rosa damascena*（ダマスクバラ）の抽出物は、抗 HIV 作用を示した。その構成成分としてフラボノイド類が単離されたが、それぞれのフラボノイドの作用機作は異なっていることが示唆されている[59]。

4 構造式（主として新規化合物）

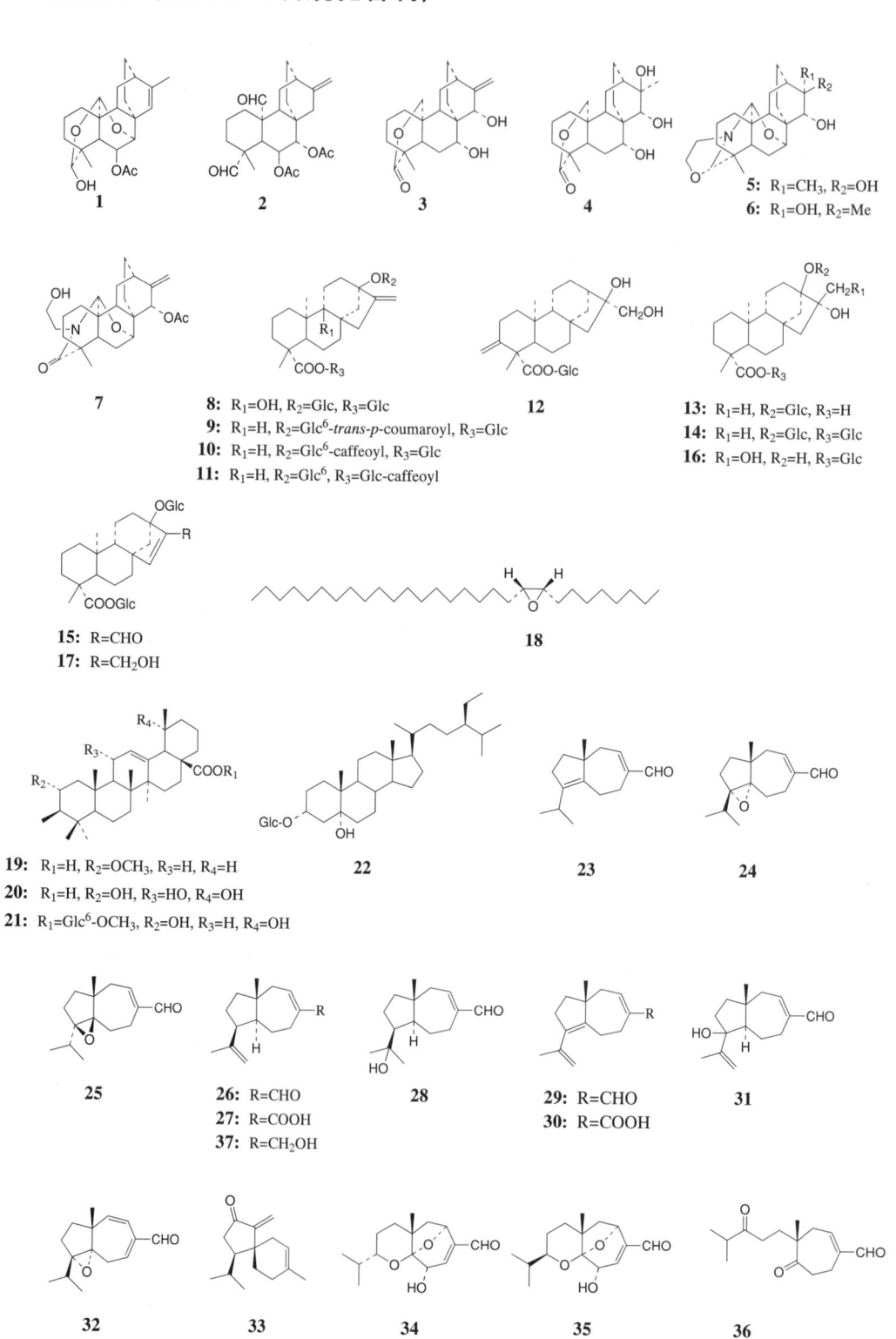

1

2

3

4

5: $R_1=CH_3, R_2=OH$
6: $R_1=OH, R_2=Me$

7

8: $R_1=OH, R_2=Glc, R_3=Glc$
9: $R_1=H, R_2=Glc^6\text{-}trans\text{-}p\text{-coumaroyl}, R_3=Glc$
10: $R_1=H, R_2=Glc^6\text{-caffeoyl}, R_3=Glc$
11: $R_1=H, R_2=Glc^6, R_3=Glc\text{-caffeoyl}$

12

13: $R_1=H, R_2=Glc, R_3=H$
14: $R_1=H, R_2=Glc, R_3=Glc$
16: $R_1=OH, R_2=H, R_3=Glc$

15: $R=CHO$
17: $R=CH_2OH$

18

19: $R_1=H, R_2=OCH_3, R_3=H, R_4=H$
20: $R_1=H, R_2=OH, R_3=HO, R_4=OH$
21: $R_1=Glc^6\text{-}OCH_3, R_2=OH, R_3=H, R_4=OH$

22

23

24

25

26: $R=CHO$
27: $R=COOH$
37: $R=CH_2OH$

28

29: $R=CHO$
30: $R=COOH$

31

32

33

34

35

36

38

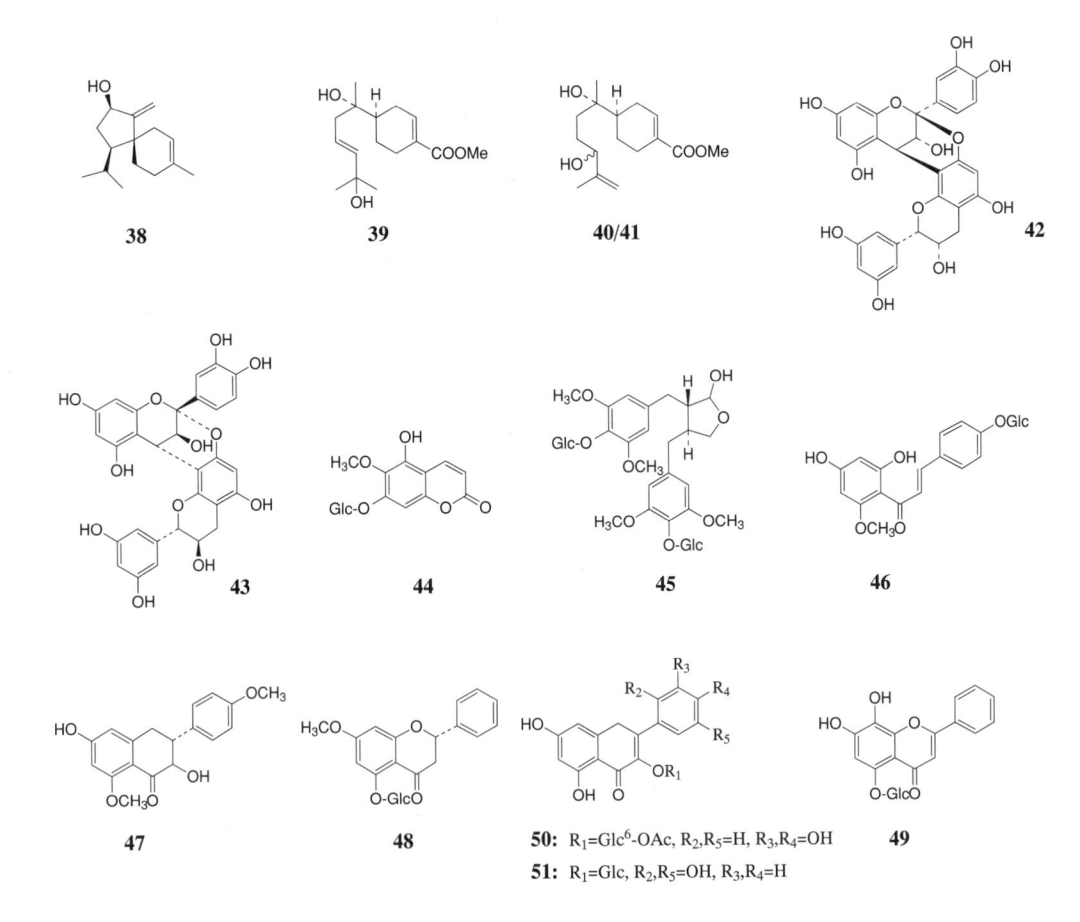

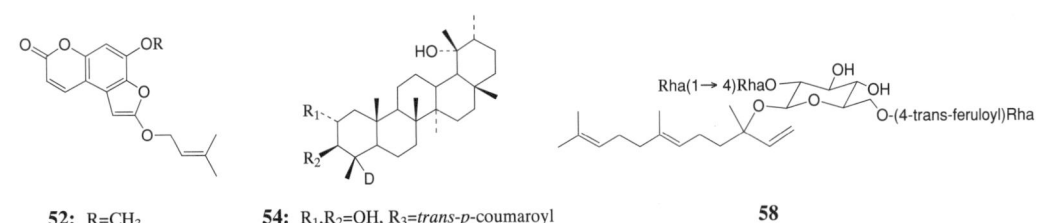

39

40/41

42

43

44

45

46

47

48

50: R_1=Glc^6-OAc, R_2,R_5=H, R_3,R_4=OH
51: R_1=Glc, R_2,R_5=OH, R_3,R_4=H

49

52: R=CH$_3$
53: R=H

54: R_1,R_2=OH, R_3=*trans-p*-coumaroyl
55: R_1,R_2=OH, R_3=*cis-p*-coumaroyl
56: R_1=OH, R_2=*trans*-caffeoyl, R_3=H
57: R_1=H, R_2=*trans-p*-coumaroyl, R_3=OH

58

59: R-Rha
60: R=(4-*trans*-feruloyl)Rha

61: R=OH
62: R-H

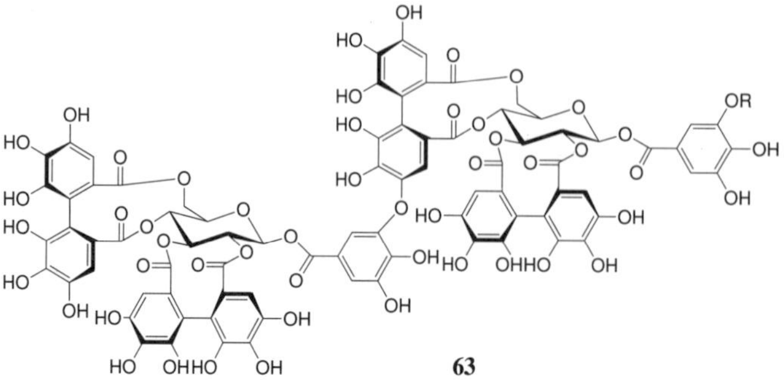

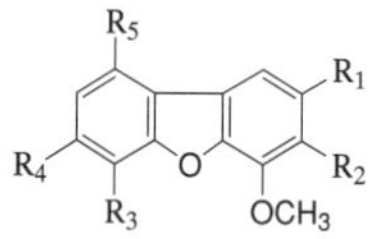

65: $R_1, R_4 = OCH_3, R_2, R_3, R_5 = H$
66: $R_1 = OCH_3, R_2, R_5 = OH, R_3, R_4 = H$
67: $R_1, R_2, R_3 = OCH_3, R_4 = OH, R_5 = H$
68: $R_1, R_4 = OH, R_2 = OCH_3, R_3, R_5 = H$
69: $R_1 = OH, R_2, R_4 = OCH_3, R_3, R_5 = H$
70: $R_1, R_3 = OH, R_2, R_4 = OCH_3, R_5 = H$

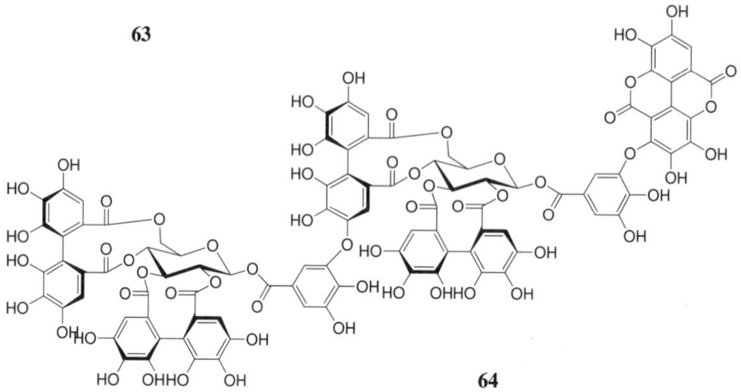

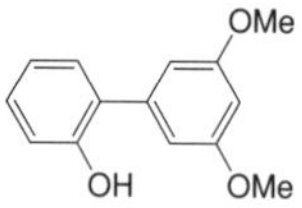

5 引用文献

1) 堀田満 ら、『世界有用植物事典』、平凡社、pp. 925–926 (1989). 2) X. Hao *et al.* (1998, China) **129**: 228101. 3) X. Hao *et al.* (1995, China) **122**: 286620. 4) X. Hao *et al.* (1997, China) **128**: 268167. 5) K. Ohtani *et al.* (1992, Japan) **117**: 66611. 6) E. M. Gaydou *et al.* (1996, Australia) **125**: 5470. 7) J. M. Fang *et al.* (1991, Taiwan) **116**: 37944. 8) Y. Mikanagi *et al.* (1995, Japan) **122**: 310684. 9) Y. Hashidoko *et al.* (1991, Japan) **116**: 80453. 10) Y. Hashidoko *et al.* (1993, Japan) **118**: 187819. 11) G. Antonio *et al.* (1994, Spain) **121**: 300615. 12) G. Antonio *et al.* (1992, Spain) **116**: 252105. 13) A. R. Bilia *et al.* (1994, Italy) **121**: 31118. 14) A. R. Bilia *et al.* (1993, Italy) **119**: 245615. 15) A. R. Bilia *et al.* (1992, Italy) **118**: 165186. 16) N. Tommasi *et al.* (1992, Italy) **118**: 283. 17) N. Tommasi *et al.* (1992, Italy) **117**: 147209. 18) T. Tanaka *et al.* (1993, Japan) **120**: 129495. 19) T. Kokubun *et al.* (1993, UK) **123**: 165120. 20) T. Kokubun *et al.* (1995, UK) **122**: 183200. 21) T. Kokubun *et al.* (1995, UK) **123**: 222823. 22) T. Okuda *et al.* (1992, Japan) **117**: 188281. 23) Y. Mikami *et al.* (1994, Japan) **122**: 5447. 24) F. Santamour *et al.* (1994, USA) **120**: 294190. 25) Y. Mikanagi *et al.* (1995, Japan) **122**: 310684. 26) T. Ozawa *et al.* (1995, Japan) **124**: 112343. 27) Y. Hashidoko *et al.* (1991, Japan) **116**: 3617. 28) K. Ruehl *et al.* (1992, Germany) **118**: 230164. 29) C. K. Ding *et al.* (1998, Japan) **128**: 319366. 30) T. Kokubun *et al.* (1995, Japan) **124**: 50642. 31) T. Kokuban *et al.* (1994, UK) **121**: 276819. 32) T. Ito *et al.* (1992, Japan) **118**: 3995. 33) T. Ito *et al.* (1995, Japan) **123**: 335008. 34) M. Geibel *et al.* (1994, Germany) **126**: 222845. 35) M.

Geibel et al. (1992, Germany) **126**: 222938. 36) M. Kodoma et al. (1997, Japan) **128**: 138691. 37) A. Fulcher et al. (1998, USA) **129**: 287884. 38) M. Kameyama et al. (1997, Japan) **126**: 224392. 39) S. Teresa et al. (1998, Spain) **128**: 215495. 40) G. Remaud et al. (1997, Fr) **127**: 358221. 41) J. S. Choi et al. (1993, Korea) **120**: 279959. 42) Y. H. Choi et al. (1997, Korea) **128**: 279633 43) B. Vennat et al. (1996, Fr) **126**: 54829. 44) M. Tanabe et al. (1997, Japan) **127**: 99549. 45) T. Kubo et al. (1997, Japan) **126**: 176661. 46) K. Oosawa et al. (1997, Japan) **126**: 203706. 47) T. Ridgway et al. (1997, UK) **126**: 276451. 48) H. Yasuda et al. (1992, Japan) **117**: 230164. 49) A. K. Mishra et al. (1993, India) **120**: 129519. 50) M. Tanabe et al. (1995, Japan) **123**: 123135. 51) K. Ukai et al. (1997, Japan) **127**: 120346. 52) J. S. Choi et al. (1992, Korea) **120**: 226656. 53) N. Tomono et al. (1996, Japan) **124**: 352365. 54) S. Mori et al. (1993, Japan) **118**: 224722. 55) H. S. Young et al. (1995, Korea) **123**: 217881. 56) B. Lin et al. (1992, Taiwan) **116**: 231737. 57) S. Kumai et al. (1994, Japan) **121**: 286584. 58) J. L. Donovan et al. (1998, USA) **128**: 243116. 59) N. Mahmood et al. (1996, UK) **126**: 26432.

35 ヒノキ科
Cupressaceae

1 科の概要

ヒノキに代表されるヒノキ科は、21属約125種からなる常緑針葉樹であり、11属が北半球、10属が南半球というように、ほぼ半数ずつ南北に分かれて分布している。スギ科とマツ科が北半球に、ナンヨウスギ科とマキ科が南半球に主に分布していることに比べてヒノキ科は特殊である。両半球ともに高木になる種があり、ヒノキだけでなくさまざまな種が木材として利用されている[1]。日本には、ヒノキ属 (*Chamaecyparis*)、ビャクシン属 (*Juniperus*)、ネズコ属 (*Thuja*)、アスナロ属 (*Thujopsis*) の4属、およそ10種がある。

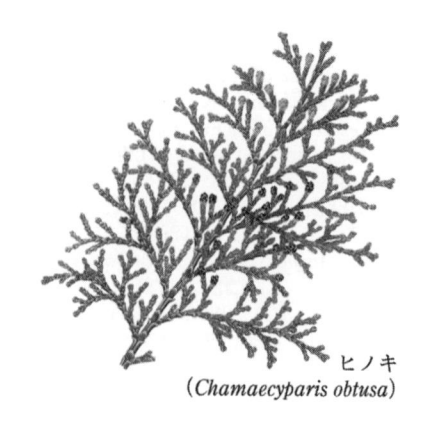

ヒノキ
(*Chamaecyparis obtusa*)

2 研究動向

成分分析に関しては、新種のテルペノイドの報告、ならびに、ケモタキソノミー見地からの精油成分のGC-MSによる定性、定量分析の報告が多い。利用に関したものでは、針葉精油成分の用途開発、カルスによる β-thujaplicin（ヒノキチオール）や podophyllotoxin の生産等が検討されている。生物活性については、各種テルペン類の抗菌、殺虫、殺ダニ活性、心理作用への影響等が報告されている。また、トロポロン類、特に β-thujaplicin の多岐に渡る生理活性（抗菌、殺虫、殺ダニ、抗寄生虫、アポトーシス誘導阻害、活性酸素種捕捉能等）が報告されている。

3 各論

3.1 成分分析

Chamaecyparis obtusa の心材から新種のジテルペン obtunone (**1**)[2]、11,14-dihydroxy-8,11,13-abietatrien-7-one (**2**)、obtuanhydride (**3**)、18,19-*O*-isopropylidene-18,19-dihydroxyisopimara-8(14),15-diene (**4**)[3]、葉油から新種のセスキテルペンアルコール 10-epi-cubebol (**5**)、β-hinokienol (**6**)、α-hinokienol (**7**)[4] が単離されている。*Cupressus bakeri* の茎葉より新種のセスキテルペン *cis*-muurola-3,5-diene (**8**)、*cis*-muurola-4(14),5-diene (**9**)、*cis*-muurol-5-en-4α-ol (**10**)、*cis*-muurol-5-en-4β-ol (**11**)、2-ethylisomenthone (**12**)、2-(3-oxobutyl)-isomenthone (**13**)[5]、(+)-2-ethylmenthone (**14**)、(+)-indipone (**15**)[6]、新種の nor-acorane ヘミケタール型セスキテルペン、約3%がケト型である bakerol (**16**、**17**)[7] が単離されている。*Cupressus funebris* の葉部から新種の norlabdan 型ジテルペン 15-norlabda-8(20),12*E*-diene-14-carboxaldehyde-19-oic acid (**18**) が単離されている[8]。*Cupressus macnabiana* の葉部から新種のセスキテルペン、macnabin (**19**) が単離されている[9]。*Juniperus chinensis* の樹皮から新種のジテルペン 12-hydroxycupressic acid (**20**)[10]、12,15-dihydroxylabda-8(17),13-dien-19-oic acid の *E*、*Z* 異性体 (**21**、**22**)、2α-hydroxycommunic acid の *E*、*Z* 異性体 (**23**、**24**)、15,16-bisnor-8,17-epoxy-13-oxolabd-11*E*-en-19-oic acid (**25**)[11]、根から新種のジテルペン 7β-hydroxysandaracopimaric acid (**26**)[12]、1,3-dioxototarol (**27**)、isototarolenone (**28**)、1-oxo-3β-hydroxytotarol (**29**)[13]、新種のセスキテルペン 8α,12-dihydroxycedrane (**30**)[14]、chinensiol (**31**)[15]、葉部から新種のリグナン (8S)-3-methoxy-8,4′-oxyneoligna-3′,4,9,9′-tetraol (**32**)、(7S,8S)-3-methoxy-3′,7-epoxy-8,4′-oxyneoligna-4,9,9′-triol (**33**)、(7R,8S)-3-methoxy-3′,7-epoxy-8,4′-oxyneoligna-4,9,9′-triol (**34**)[16]、新種のジテルペン abieta-8,11,13-trien-7β-ol (**35**)、juniperolide (**36**)、juniperal (**37**)、norjuniperolide (**38**)、sec-ojuniperolide (**39**)、chinanoxal (**40**)[17]、7α-hydroxyabieta-8,11,13-trien-19-yl acetate (**41**)、7α-hydroxyabieta-8,11,13-trien-19-al (**42**)、7α-hydroxyabieta-8,13-dien-19-al (**43**)、7-oxoabieta-8,13-dien-19-al (**44**)、12-oxoabieta-7,13-dien-19-al (**45**)、13β-hydroxy-7-oxoabieta-8(14)-en-19-al (**46**)、6α,13β-dihydroxy-7-oxoabieta-8(14)-en-19-al (**47**)[18]、新種のノルジテルペン 19-norabieta-8,11,13-trien-4-yl formate (**48**)、18-norabieta-8,11,13-triene-4-hydroperoxide (**49**)、19-norabieta-8,11,13-triene-4-hydroperoxide (**50**)、4-hydroxy-18-norabieta-8,11,13-trien-7-one (**51**)、4-hydroxy-19-norabieta-8,11,13-trien-7-one (**52**)、4-hydroperoxy-19-norabieta-8,11,13-trien-7-one (**53**)、7α-hydroxy-19-norabieta-8,11,13-triene-4-hydroperoxide (**54**)、19-norabieta-7,13-dien-4-ol (**55**)、13β,14β-epoxy-4-hydroxy-19-norabiet-7-en-6-one (**56**)[19]、心材から新種のセスキテルペン 12-hydroxy-α-longipinene (**57**)、15-hydroxyacora-4(14),8-diene (**58**)[20]、cedr-3-en-15-ol (**59**)、junipercedrol (**60**) および α-longipinen-12-ol (**61**)、新種のジテルペン 15-hydroxy-labda-8(17),11E,13E-trien-19-oic acid (**62**)[21] が単離されている。 *J. communis* subsp. *hemisphaerica* の葉部のヘキサン抽出物酸性画分より、天然から初めて 15-O-palmitoyl isocupressic acid (**63**) が単離されている[22]。*J. excelsa* の葉部の 95% EtOH 抽出物から新種のジテルペン、3β,12-dihydroxyabieta-8,11,13-triene-1-one (**64**) が単離されている[23]。*J. foetidissima* の球果から新種のジテルペン (13S)-abiet-8(14)-en-13,19-diol (**65**)[24]、13β-hydroxy-abiet-8(14)-en-19-al (**66**)[25] が単離されている。*J. formosana* の樹皮から新種のリグナン formosalactione (**67**)[26]、新種のジテルペン (13S)-15-hydroxylabd-8(17)-en-19-oic acid (**68**)、(13S)-15-acetoxylabd-8(17)-en-19-oic acid (**69**)、(13S)-15-octadecanoyloxylabd-8(17)-en-19-oic acid (**70**)[27]、新種のジテルペン、sugiol methyl ether (**71**)、Δ^5-dehydrosugiol methyl ether (**72**)[28]、心材から新種のジテルペン 6β-hydroxyferruginol (**73**)、formosaninol (**74**)、formosanin (**75**)[29]、6-oxoferruginol (**76**) および 6α-acetoxyferruginol (**77**)[30]、新種のセスキテルペン (−)-15-hydroxycalamenene (**78**)、(−)-1-hydroxy-1,3,5-bisabolatrien-10-one (**79**)[31]、junipenonoic acid (**80**)[32] が単離されている。*J. oxycedrus* ssp. *macrocarpa* の材部精油から新種のセスキテルペン、junicedranol (**81**) が単離されている[33]。*J. phoenicea* から、天然から初めてのビスフラノンプロパン誘導体である phoeniceroside (**82**)[34]、葉部から新種のフェニルプロパノイド、junipetrioloside A (**83**)、B (**84**)[35]、地上部から新種のフラノン配糖体 phoenicein (**85**)[36]、新種のフェニルプロパン配糖体 juniperoside (**86**)[37]、junipediol A (**87**)、junipediol A 8-glucoside (**88**)、junipediol B 8-glucoside (**89**)[38] が単離されている。*J. sabina* の葉部から、新種のプロピオフェノン 2-hydroxy-4-methoxy-6-methylpropiophenone (**90**)、2-hydroxy-3,4-dimethoxy-6-methylprophenone (**91**)[39]、新種のリグナンであるナフタレン誘導体 junaphtoic acid (**92**)、(−)-3-O-demethylatein (**93**)[40] が単離されている。*J. thurifera* の葉部から新種のリグナン、methyl deoxypodophyllotoxinate (**94**)、7β-hydroxydihydrosesamin (**95**)、podophyllotoxinic acid (**96**)[41]、新種の 8-hydroxy-labdane 型ジテルペン 8-hydroxy-14-oxo-15-norlabd-13(14)-en-19-oic acid (**97**)、sclareolic acid (**98**)、episclareolic acid (**99**)、8,15-dihydroxy-14-oxo-labd-13(16)-en-19-oic acid (**100**)、8,15-dihydroxy-labd-13E-en-19-oic acid (**101**)、14(S)-8,14,15-trihydroxy-labd-13(16)-en-19-oic acid (**102**)、14(R)-8,14,15-trihydroxy-labd-13(16)-en-19-oic acid (**103**)[42]、新種の labdane acid、3α,15-dihydroxy-labd-8(17)-en-19-oic acid (**104**)、(14*R*)14,15-dihydroxy-8,13-epoxy-labdab-19-oic acid (**105**)、(14*S*)14,15-dihydroxy-8,13-epoxy-labdab-19-oic acid (**106**)、3α-hydroxy-13-oxo-14,15-dinor-labd-8(17)-en-19-oic acid (**107**)、3α,15-dihydroxy-14-oxo-labd-8(17),13(16)-dien-19-oic acid (**108**)、(14*R*)3α,14,15-trihydroxy-labd-8(17),13(16)-dien-19-oic acid (**109**)、(14*S*)3α,14,15-trihydroxy-labd-8(17),13(16)-dien-19-oic acid (**110**)[43]、新種のジテルペン 3α,15-diacetoxylabd-8(17)-en-19-oic acid (**111**)、13ζ,14ζ-epoxy-15-oxo-labd-en-19-oic acid (**112–115**)、3α-acetoxy-13ζ,14ζ-epoxy-15-formyl-labd-8(17)-en-19-oic acid (**116–119**)、3α-acetoxy-15-hydroxy-labd-8(17)-en-19-oic acid (**120**)、3α-acetoxy-15-hydroxy-labd-8(17),13*E*-dien-19-oic acid (**121**)[44]、材部から新種の 3 環性セスキテルペン sesquithuriferol (**122**)、α- (**123**)、β-duprezianene (**124**)[45] が単離されている。*Thuja occidentalis* の枝から新種のリグナン (−)-4-*O*-demethylyatein (**125**)[46]、材油から新種の guaiadiene 誘導体 9α,11-epoxy-1β*H*,5α*H*,7β*H*-guaia-3,10(14)-diene (**126**)、1β*H*,5α*H*,7β*H*-guaia-3,10(14)-dien-11-ol (**127**)[47] が単離されている。

　Chamaecyparis pisifera の根の抽出成分が分析されている[48]。*Cupressus bakeri* 種子の脂肪酸[49] や葉のモノテルペノイドおよびセスキテルペノイド[50] が分析されている。*Cupressus sempervirens* の球果の成分[51,52,53] が分析されている。*J. communis* の球果[54,55]、葉部[56,57] の精油成分が分析されている。中国産の *J. convallium* の葉部の精油成分が分析されている[58]。中国産の *J. formosana* の葉部の精油成分が分析されている[59]。ネパール産の *J. indica* の葉部の精油成分が分析されている[60]。*J. oxycedrus* subsp. *macrocarpa* の球果と葉部の精油成分が分析され[61]、又葉部からポリフェノール類が単離されている[62]。*J. pachyphlaea* の葉部からビフラボンが単離されている[63]。*J. phoenicea* subsp. *turbinata* の葉部からテルペン類が単離されている[64]。*J. rigida* の葉部のフェノール成分が TLC により分析されている[65]。中国産の *J. saltuaria* の揮発性葉油成分が分析されている[66]。*Neocallitropsis pancheri* の心材の揮発成分が分析されている[67]。*Thuja occidentalis* の茎葉[68]、材部[69] の精油成分が分析されている。*Thuja orientalis* の葉部からジテルペンが単離されている[70]。*Thujopsis dolabrata* の葉部から 3 種のテルペノイド配糖体、7 種のフェニルプロパノイド配糖体が単離されており[71]、また、葉部精油のジテルペン[72] が GC 分析されている。

　Cypress sempervirens および *Thuja orientalis* の種子油の脂肪酸が調べられている[73]。*J. phoenicea* および *Cupressus sempervirens* の地上部のアルコール抽出物からフラボノイド類が単離されている[74]。インド産 *J. semiglobosa* とギリシャ産 *J. excelsa* の揮発性葉油の比較がなされている[75]。*J. monosperma* と *J. osteosperma* の揮発性テルペノイドの地理的変化が調べられている[76]。*J. przewalskii* と *J. przewalskii* f. *pendula* の揮発性葉油成分が分析されている[77]。*J. chinensis*、*J. chinensis* var. *kaizuca* および *J. chinensis* cv. *pyramidalis* の揮発性葉油成分の比較がされている[78]。産地の違い（モンゴル、カザフスタン、ロシア、スコットランド）による *J. davurica* の揮発性葉油成分の組成が比較されている[79]。北東中国、韓国および日本の *J. rigida* について産地の違いによる揮発性葉油成分の比較がなされている[80]。*J. communis*、*J. sibirica* および *J. intermedia* のケモタキソノミーが精油成分組成を分析することにより検討されている[81]。中国産 *J. squamata* var. *fargesii* とインド産 *J. squamata* の葉の精油成分組成が比較されている[82]。ハイティ島の *J. gracilior* var. *urbaniana* の葉油成分を他の西インド諸島の juniper のものと比較している[83]。ポーランド産の Juniper oil のモノテルペン炭化水素のキラルおよびアキラル組成分析がなされ、採取場所や季節により大きな変動が観察されている[84]。ビャクシン属（*Juniperus*）の十種の葉部精油の組成が調べられ、ケモタキソノミーが検討されている[85]。インド産およびネパール産の *J. recurva* の葉部精油成分が分析され、西部インドの *J. recurva* と比較されている[86]。

3.2 生物活性

針葉抽出成分の用途開発を目指し、精油の揮発速度、抗菌性試験、植物成長制御作用、粘着性能、脱臭効果などが検討されている[87]。 Chamaecyparis pisifera およびその園芸品種に含まれるジテルペン、ピシフェリン酸およびその類縁体が抗酸化作用、殺ダニ作用を持つことが明らかにされている[88]。ヒノキ (Chamaecyparis obtusa) については、カラタチおよびイネの成長に及ぼす材中の生育阻害物質[89]、蒸煮処理した樹皮のポリフェノール成分とそのタンパク吸着能[90]、材の殺蟻活性に対する α-terpinyl acetate の寄与[91]、漏脂症ヒノキ樹脂のジテルペンの樹脂症病原菌に対する抗菌効果[92]が検討されている。 Cupressus arizonica の花粉から植物成長調節物質 brassinosteroid (BRs) の前駆体と思われる新種のステロイド 6-deoxotyphasterol (**128**) および 3-dehydro-6-deoxoteasterone (**129**) が単離されている[93]。 Cupressus macrocarpa の堕胎活性成分として isocupressic acid が同定されている[94]。日本産針葉樹の葉部抽出物の抗菌活性が調べられ、J. chinensis より抗菌成分として 8-acetoxyelemol、8-hydroxyelemol、hinokiic acid が単離され[95]、葉部から細胞毒性成分として deoxypodophyllotoxin が単離されている[96]。J. excelsa の葉部および種子から抗菌活性を有するジテルペン (+)-ferruginol (abieta-8,11,13-trien-12-ol) および (−)-sandaracopimeric acid (isopimara-8(14),15-diene-18-oic acid) が単離されている[97]。J. phoenicea から単離されたリポキシゲナーゼ阻害成分である sandaracopimaric acid の結晶構造が報告されている[98]。J. procera の葉部および樹皮から抗菌活性を有するジテルペン[99]、また、樹皮から新種のジテルペン 14,15-bisnor-13-oxolabda-8(17),11(E)-dien-19-oic acid (**130**) を含む数種のジテルペンが単離され、強力な抗菌成分として 7β-hydroxyabieta-8,13-dien-11,12-dion が見いだされた[100]。J. sabina の精油の着床阻害に関与する主成分は sabinyl acetate であることが示された[101]。J. squamata から単離された cedranediol のアセトキシ誘導体の抗血小板ならびに血管緊張低下作用が調べられている[102]。ギリシャ産の Juniperus 属の4種の精油の抗菌性が調べられ、抗菌成分として α-terpineol が見いだされた[103]。Thuja occidentalis の葉部の70％エタノール抽出物の抗ウイルス成分として、deoxypodophyllotoxin が単離されている[104]。ベイスギ (Thuja plicata) の腐朽抵抗性の指標としてトロポロン含量が調べられている[105]。Thujopsis dolabrata については、青森ヒバ油の心理的ストレス緩和効果[106]、鋸屑中のマウスなどの齧歯類のかじり抑制 (antignawing) 成分である thujopsene、carvacrol および β-thujaplicin[107]、室内塵中ダニ (ヤケヒョウダニ) に及ぼすヒバ材油の影響[108]、鋸屑中の Thecodiplosis japonensis への殺虫活性成分である carvacrol[109]、鋸屑に含まれる carvacrol および β-thujaplicin の殺虫活性および殺ダニ活性[110]について報告されている。Chamaecyparis obtusa および Thuja plicata に含まれる α-、β- および γ-thujaplicin の活性酸素種捕捉能が調べられている[111]。森林香気に対する梨状皮質ニューロンの応答について調べられている[112]。マンソン住血吸虫セルカリア (寄生虫) に対する β-thujaplicin の傷害作用が調べられている[113]。UV-B によるマウスケラチノサイトへのアポトーシス誘導に及ぼす β-thujaplicin の阻害効果について検討されている[114]。精油を含むカーペットクリーナーの官能評価ならびにダニへの効果が調べられている[115]。

3.3 培養細胞

酵母抽出物をエリシターとして用いて、Cupressus lusitanica の培養細胞による β-thujaplicin の生産[116,117]、生合成[118,119]について検討されている。ヒノキアスナロ (Thujopsis dolabrata) の培養細胞による β-thujaplicin の生産が検討されている[120]。J. chinensis の培養細胞による podophyllotoxin の生産が検討されている[121]。

3.4 その他

エチレンによる *Chamaecyparis obtusa* 幼苗から放散されるテルペン類の化学組成の変化を調べることにより樹木間相互作用について検討されている[122]。樹木からのテルペン放出の季節変動や、温度、光および接触の及ぼす影響について検討されている[123]。超臨界二酸化炭素抽出による針葉樹材の揮発成分[124]。*Thuja plicata* からのトロポロン類[125]、*Thujopsis dolabrata* 材からの β-thujaplicin[126] および *Chamaecyparis nootkatensis* C. nootkatensis、*J. communis* に対して[127]、抽出が検討されている。*J. oxycedrus* から以前単離されたアルコール (15-hydroxy-9-epi-β-caryophyllene) の構造が 15-hydroxy-β-caryophyllene (**131**) であると訂正されている[128]。

4 構造式（主として新規化合物）

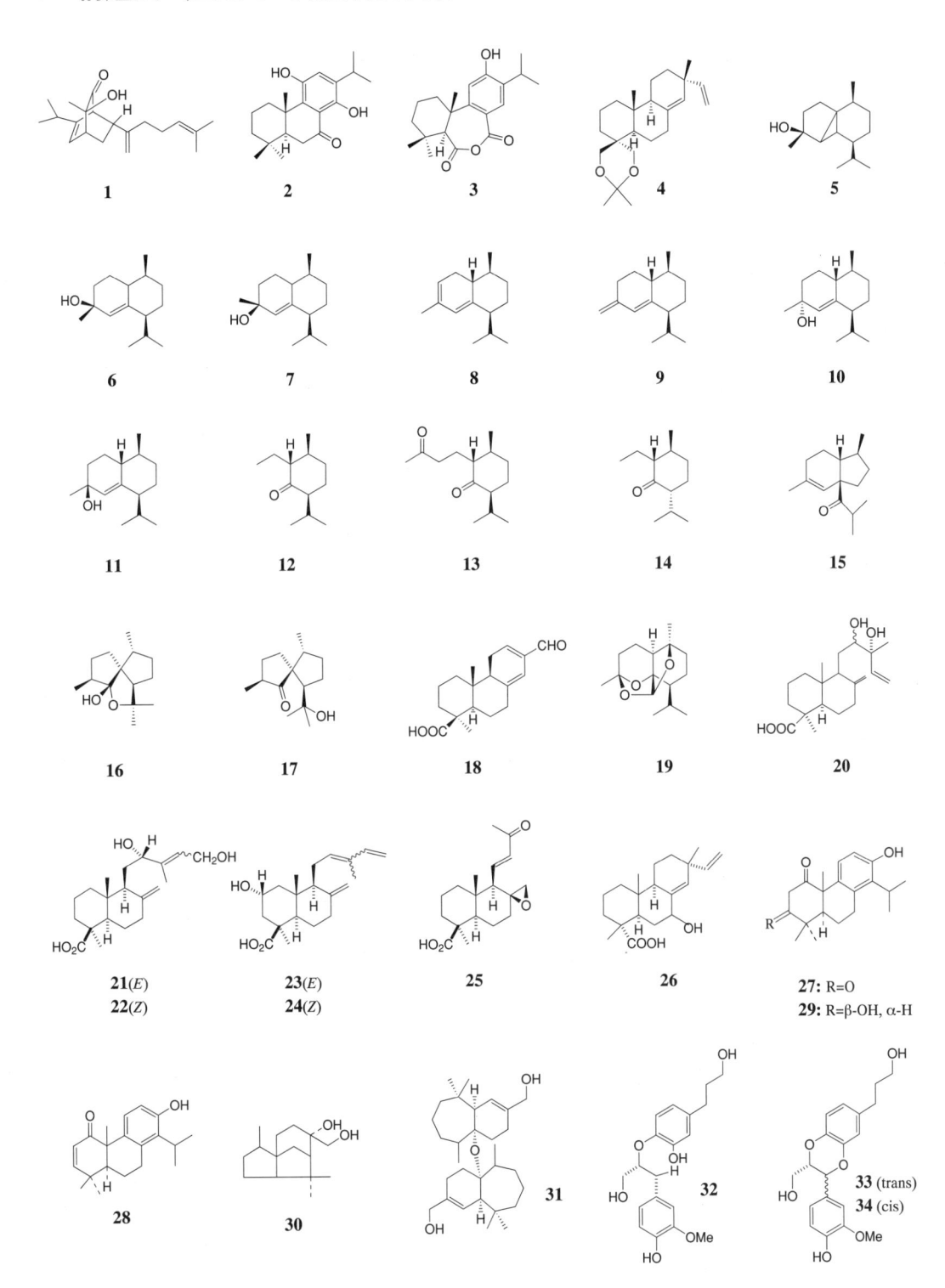

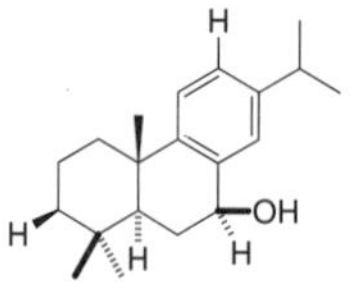

35

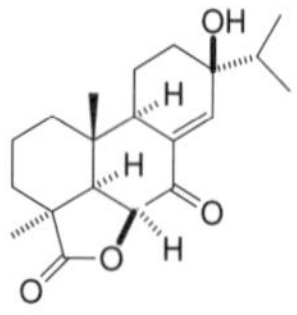

36

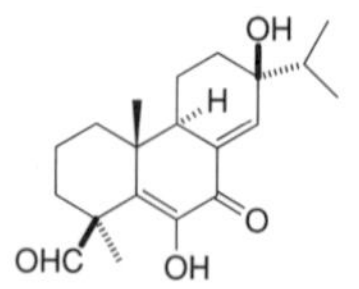

37

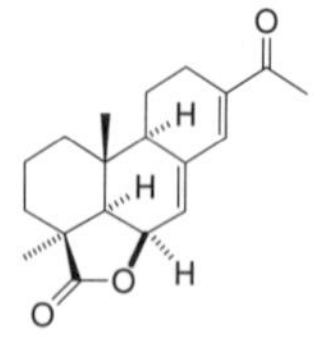

38

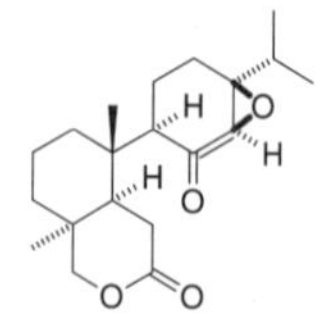

39

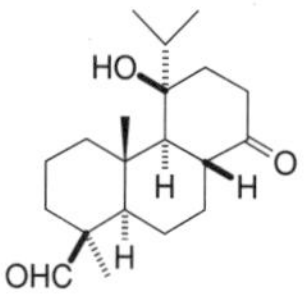

40

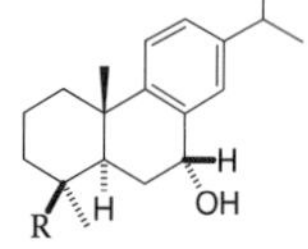

41: R=CH$_2$OAc
42: R=CHO

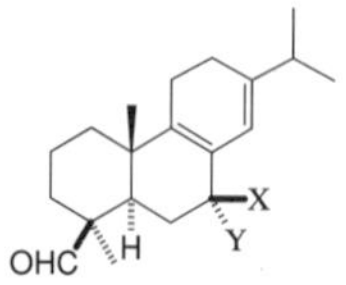

43: X=H, Y=OH
44: X, Y=O

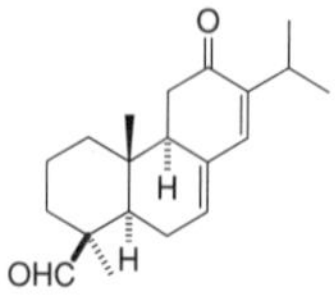

45

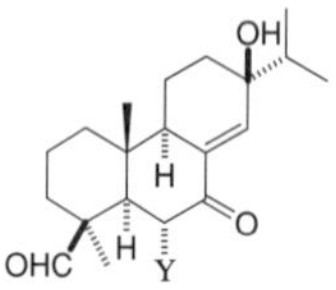

46: Y=H
47: Y=OH

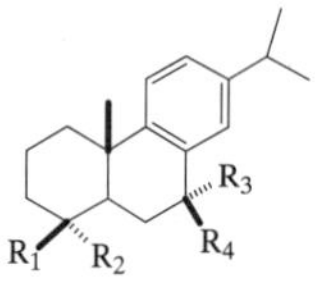

	R$_1$	R$_1$	R$_3$	R$_4$
48:	OCHO	CH$_3$	H	H
49:	CH$_3$	OOH	H	H
50:	OOH	CH$_3$	H	H
51:	CH$_3$	OH	=O	
52:	OH	CH$_3$	=O	
53:	OOH	CH$_3$	=O	
54:	OOH	CH$_3$	OH	H

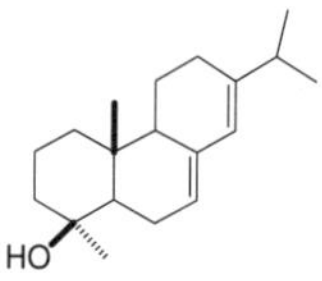

55

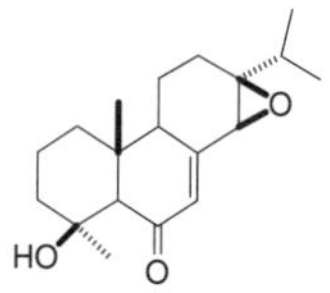

56

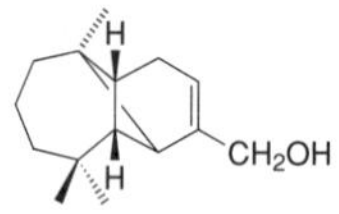

57

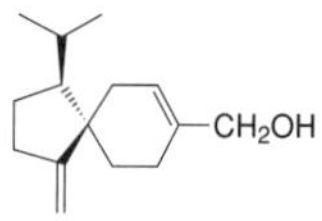

58

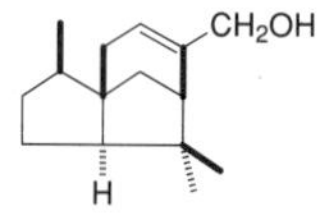

59

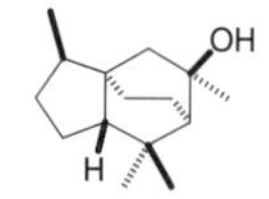

60

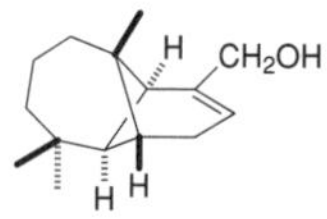

61

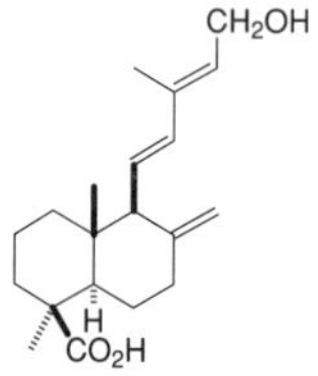

62

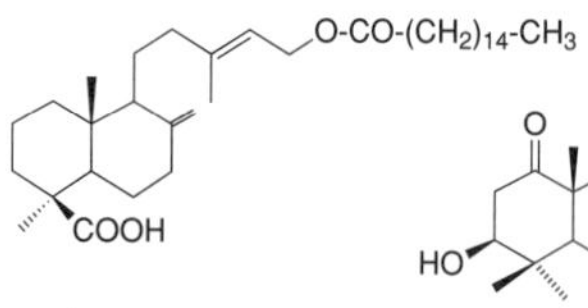

63

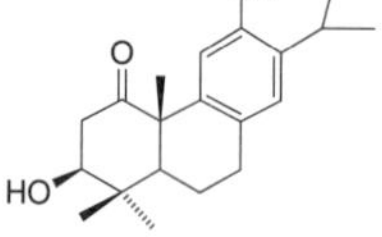

64

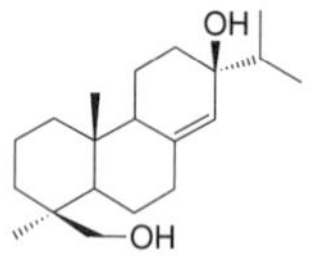

65

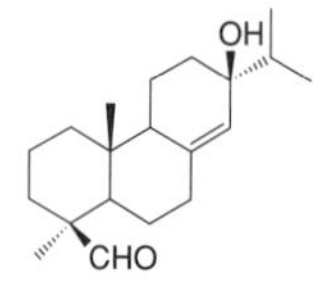

66

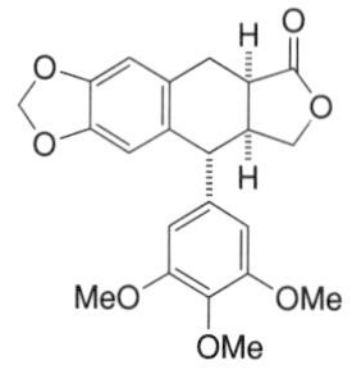

67

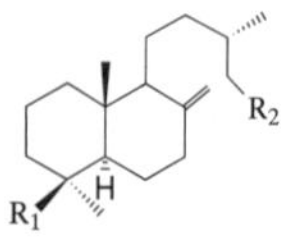

68: R$_1$=COOH, R$_2$=CH$_2$OH
69: R$_1$=COOH, R$_2$=CH$_2$OAc
70: R$_1$=COOH, R$_2$=CH$_2$OC(O)(CH$_2$)$_{16}$CH$_3$

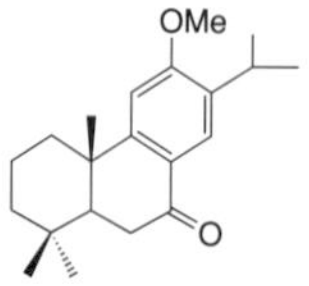

71

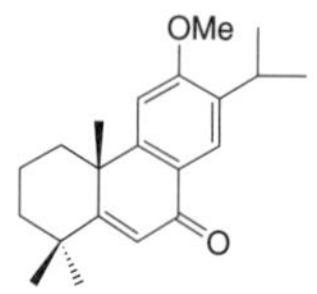

72

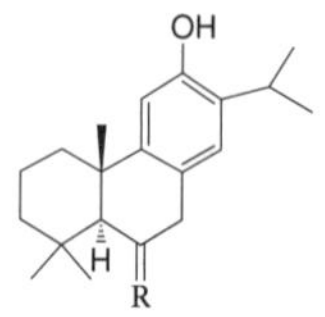

73: R=β-OH, α-H

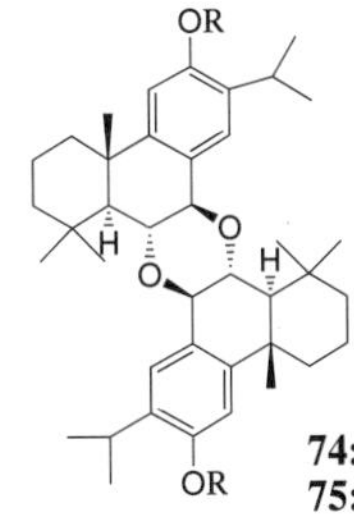

74: R=H
75: R=Me

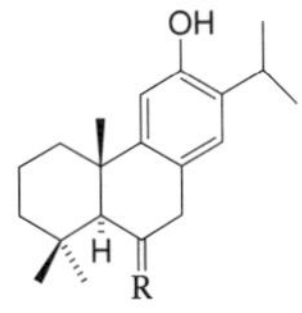

76: R=O
77: R=α-OAc, β-H

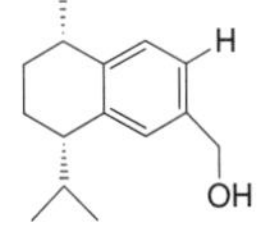

78

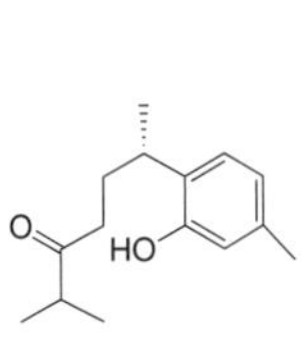

79

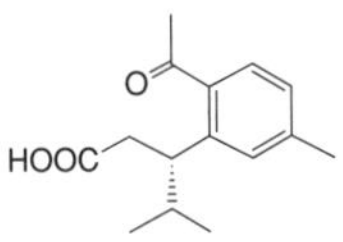

80

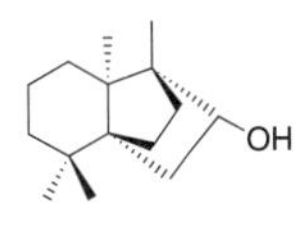

81

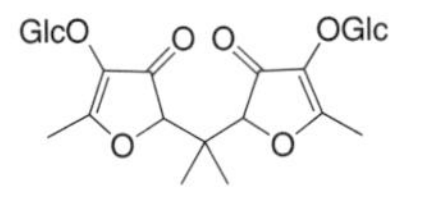

82

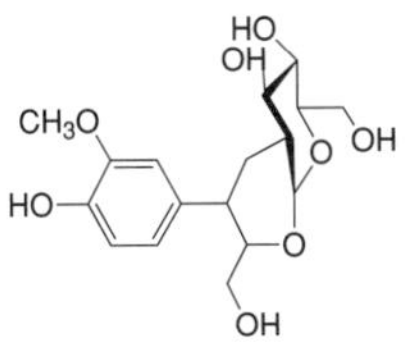

83

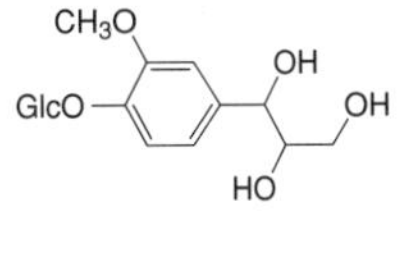

84

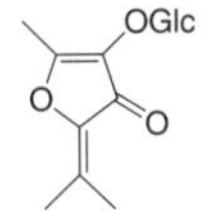

85

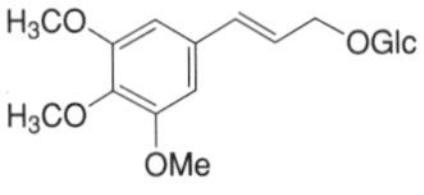

86

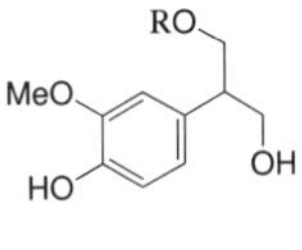

87: R=H
88: R=Glc

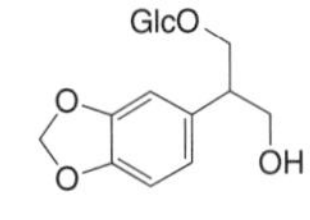

89

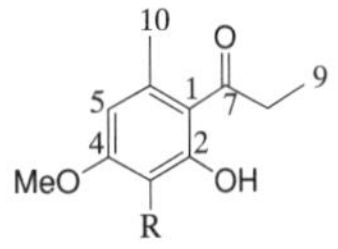

90: R=H
91: R=OMe

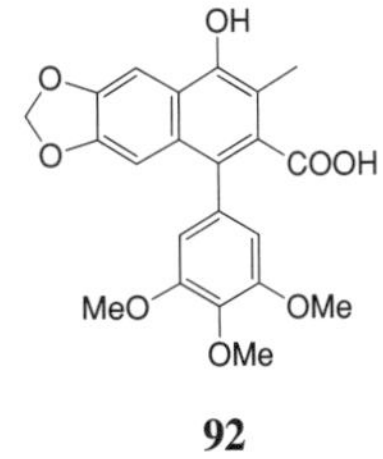

92

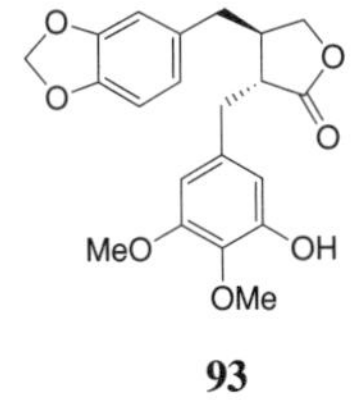

93

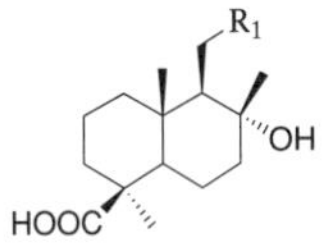

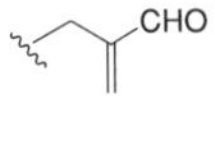

97

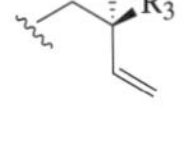

98: R$_2$=OH, R$_3$=CH$_3$
99: R$_2$=CH$_3$, R$_3$=OH

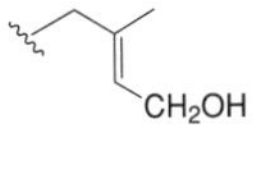

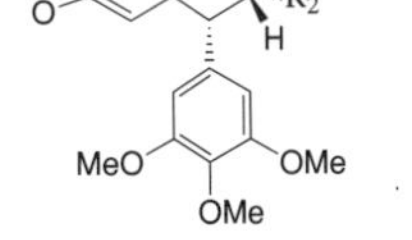

94: R$_1$=H, R$_2$=COOMe
96: R$_1$=OH, R$_2$=COOH

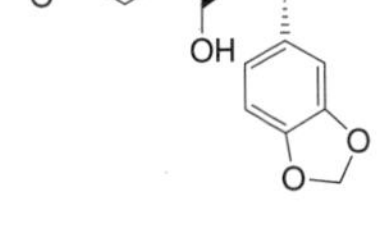

95

101

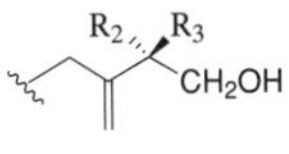

100: R$_2$, R$_3$=O
102: R$_2$=OH, R$_3$=H
103: R$_2$=H, R$_3$=OH

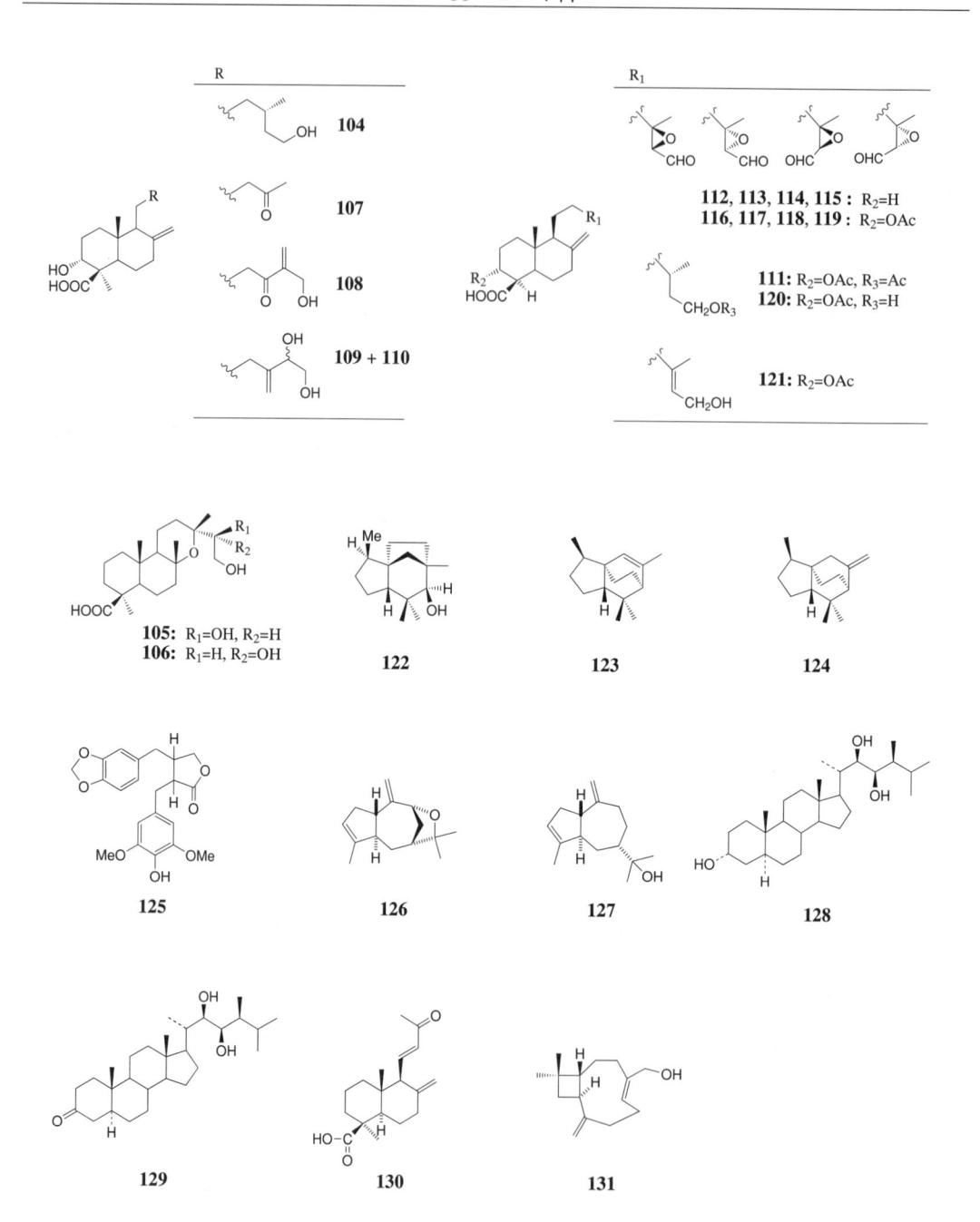

5 引用文献

1) 大澤毅守、『植物の世界・種子植物・裸子植物・単子葉類3』、朝日新聞社、pp. 178 (1997). 2) Y.-H. Kuo et al. (1998, Taiwan) **128**: 190395. 3) Y.-H. Kuo et al. (1998, Taiwan) **129**: 106539. 4) T. Hieda et al. (1996, Japan) **124**: 337902. 5) Y.-K. Kim et al. (1994, USA) **121**: 153362. 6) L. G. Cool et al. (1995, USA) **123**: 280827. 7) L. G. Cool et al. (1994, USA) **121**: 175192. 8) M. Kobayashi et al. (1991, Japan) **117**: 208875. 9) L. G. Cool et al. (1995, USA) **123**: 280951. 10) S.-M. Lee et al. (1992, Taiwan) **118**: 77064. 11) J.-M. Fang et al. (1993, Taiwan) **120**: 129514. 12) Y.-H. Kuo et al. (1992, Taiwan) **118**: 56183. 13) Y.-H. Kuo et al. (1994, Taiwan) **122**: 261026. 14) Y.-H. Kuo et al. (1992, Taiwan) **118**: 3865. 15) Y.-H. Kuo et al. (1994, Taiwan) **122**: 286604. 16) J.-M. Fang

et al. (1992, Taiwan) **118**: 19218. 17) J.-M. Fang *et al.* (1993, Taiwan) **119**: 266485. 18) C.-K. Lee *et al.* (1994, Taiwan) **120**: 319391. 19) C.-K. Lee *et al.* (1995, Taiwan) **123**: 138736. 20) Y.-H. Kuo *et al.* (1996, Taiwan) **125**: 243131. 21) J.-M. Fang *et al.* (1996, Taiwan) **124**: 284306. 22) A. S. Feliciano *et al.* (1991, Spain) **116**: 80418. 23) J. S. Mossa *et al.* (1992, USA) **118**: 35847. 24) M. K. Sakar *et al.* (1992, Turky) **118**: 209394. 25) M. K. Sakar *et al.* (1994, Turkey) **122**: 101571. 26) Y.-H. Kuo *et al.* (1993, Taiwan) **119**: 68075. 27) Y.-H. Kuo *et al.* (1996, Taiwan) **125**: 81853. 28) Y.-H. Kuo *et al.* (1996, Taiwan) **125**: 53561. 29) Y.-H. Kuo *et al.* (1996, Taiwan) **125**: 216956. 30) Y.-H. Kuo *et al.* (1997, Taiwan) **127**: 31556. 31) Y.-H. Kuo *et al.* (1996, Taiwan) **126**: 16769. 32) M.-T. Yu *et al.* (1997, Taiwan) **127**: 275363. 33) A. F. Barrero *et al.* (1995, Spain) **123**: 222805. 34) G. Comte *et al.* (1996, France) **124**: 337913. 35) G. Comte *et al.* (1997, France) **127**: 217794. 36) G. Comte *et al.* (1996, France) **124**: 284304. 37) G. Comte *et al.* (1996, France) **124**: 226603. 38) G. Comte *et al.* (1997, France) **126**: 261555. 39) A. S. Feliciano *et al.* (1991, Spain) **116**: 252098. 40) A. S. Feliciano *et al.* (1991, Spain) **116**: 102661. 41) A. S. Feliciano *et al.* (1992, Spain) **116**: 170166. 42) A. S. Feliciano *et al.* (1992, Spain) **117**: 44602. 43) A. S. Feliciano *et al.* (1992, Spain) **117**: 44603. 44) A. S. Feliciano *et al.* (1993, Spain) **119**: 245591. 45) A. F. Barrero *et al.* (1996, France) **125**: 86903. 46) S. Kawai *et al.* (1994, Japan) **122**: 261076. 47) P. Weyerstahl *et al.* (1996, Berlin) **124**: 312234. 48) M. Yatagai *et al.* (1994, Japan) **122**: 51346. 49) Z. Rafii *et al.* (1992, USA) **116**: 148233. 50) Z. Rafii *et al.* (1992, USA) **117**: 66573. 51) M. Milos *et al.* (1998, Croatia) **128**: 319327. 52) A. Loukis *et al.* (1991, Greece) **116**: 27780. 53) M. Riaz *et al.* (1996, Pakistan) **128**: 248328. 54) P. S. Chatzopoulou *et al.* (1993, Greece) **120**: 173196. 55) P. K. Koukos *et al.* (1997, Greece) **126**: 183775. 56) A. Looman *et al.* (1992, Netherland) **116**: 211149. 57) P. S. Chatzopoulou *et al.* (1993, Greece) **121**: 104059. 58) R. P. Adams *et al.* (1993, USA) **121**: 153279. 59) R. P. Adams *et al.* (1995, USA) **124**: 112403. 60) R. P. Adams *et al.* (1996, USA) **126**: 79740. 61) V. Stassi *et al.* (1995, Greece) **124**: 112399. 62) V. Stassi *et al.* (1998, Greece) **128**: 241776. 63) M. A. Qasim *et al.* (1991, India) **121**: 78271. 64) A. S. Fericiano *et al.* (1993, Spain) **119**: 266452. 65) M. P. Singh *et al.* (1993, India) **120**: 4611. 66) R. P. Adams *et al.* (1993, USA) **121**: 104061. 67) P. Raharivelomanana *et al.* (1993, France) **121**: 104057. 68) P. D. Kamdem *et al.* (1993, USA) **119**: 221626. 69) A. Anderson *et al.* (1995, Canada) **123**: 310352. 70) S. Sharma *et al.* (1993, India) **120**: 294108. 71) T. Obata *et al.* (1997, Japan) **126**: 169103. 72) S. Nagahama *et al.* (1996, Japan) **124**: 226612. 73) M. Riaz *et al.* (1993, Pakistan) **120**: 102021. 74) G. T. Maatooq *et al.* (1998, Egypt) **129**: 38789. 75) R. P. Adams *et al.* (1992, India) **119**: 34072. 76) R. P. Adams (1994, USA) **120**: 158856. 77) R. P. Adams *et al.* (1994, USA) **121**: 104049. 78) R. P. Adams *et al.* (1994, USA) **121**: 153272. 79) R. P. Adams *et al.* (1994, USA) **121**: 153324. 80) R. P. Adams *et al.* (1995, USA) **122**: 209722. 81) R. Caramiello *et al.* (1995, Italy) **123**: 107718. 82) R. P. Adams *et al.* (1996. USA) **124**: 241694. 83) R. P Adams *et al.* (1997, USA) **128**: 26729. 84) J. R. Ochocka *et al.* (1997, Italy) **126**: 261505. 85) R. P. Adams *et al.* (1998, USA) **129**: 273019. 86) R. P. Adams *et al.* (1998, USA) **128**: 228478. 87) M. Yatagai *et al.* (1990, Japan) **120**: 319315. 88) M. Yatagai *et al.* (1991, Japan) **120**: 71533. 89) T. Ishii *et al.* (1993, Japan) **120**: 5027. 90) S. Ohara *et al.* (1995, Japan) **123**: 290171. 91) Y. Ohtani *et al.* (1997, Japan) **128**: 76730. 92) H. Yamamoto *et al.* (1997, Japan) **127**: 202933. 93) P. G. Griffiths *et al.* (1995, Australia) **123**: 29664. 94) K. Parton *et al.* (1996, New Zealand) **125**: 212842. 95) H. Ohashi *et al.* (1994, Japan) **121**: 226367. 96) K. Kawazu *et al.* (1997, Japan) **126**: 196155. 97) I. Muhammad *et al.* (1992, Saudi Arabia) **118**: 97908. 98) G. Comte *et al.* (1995 France) **122**: 261108. 99) I. Muhammad *et al.* (1995, Saudi Arabia) **124**: 226504. 100) I. Muhammad *et al.* (1996, Saudi Arabia) **126**: 29168. 101) N. Pages *et al.* (1996, France) **125**: 238851. 102) C.-M. Teng *et al.* (1994, Taiwan) **121**: 99408. 103) E. Verykokidou *et al.* (1996, Greece) **124**: 298559. 104) C. Gerhäuser *et al.* (1992, USA) **118**: 120926. 105) J. D. Debell *et al.* (1997, USA) **127**: 294797. 106) T. Okabe *et al.* (1992, Japan) **117**: 226110. 107) Y.-J. Ahn *et al.* (1995, Korea) **122**: 207723. 108) Y. Miyazaki (1996, Japan) **125**: 107745. 109) S. G. Lee *et al.* (1997, Korea) **126**: 140968. 110) Y.-J. Ahn *et al.* (1998, Japan) **128**: 137513. 111) Y. Arima *et al.* (1997, Japan) **128**: 136462. 112) M. Kimoto (1997, Japan) **128**: 73346. 113) M. Nargis *et al.* (1997, Japan) **128**: 57121. 114) T. Baba *et al.* (1998, Japan) **128**: 164441. 115) N. Yamamoto *et al.* (1998, Japan) **129**: 99787. 116) S. Inada *et al.* (1993, Japan) **121**: 5342. 117) K. Sakai *et al.* (1994, Japan) **120**: 266047. 118) T. Yamaguchi *et al.* (1997, Japan) **128**: 203088. 119) K. Sakai *et al.* (1997, Japan) **127**: 275450. 120) R. Fujii *et al.* (1995, Japan) **123**: 31310. 121) T. Muranaka *et al.* (1998, Japan) **129**: 315006. 122) S. Katoh *et al.* (1993, Japan) **120**: 158844. 123) M. Yatagai *et al.* (1995, Japan) **120**: 261170. 124) F. Terauchi *et al.* (1993, Japan) **120**: 319389. 125) T. Ohira *et al.* (1994. Japan) **121**: 175219. 126) T. Ohira *et al.* (1996, Japan) **126**: 4646. 127) M. Acda *et al.* (1998, Japan) **129**: 257729. 128) S. F. R. Hinkley *et al.* (1994, New Zealand) **121**: 231071.

36 ビャクダン科
Santalaceae

1 科の概要

常緑高木または灌木で、いずれも多少の香気があり、熱帯アジア、オーストラリア、ポリネシア等に産し、約20種がある。日本で見られる樹木を含む主なものとしてツクバネ属(*Buckleya*)、カナビキボク属(*Champereia*)、ビャクダン属(*Santalum*)等がある[1]。

ツクバネ
(*Buckleya lanceolata*)

2 研究動向

成分分析に関連したものでは、不飽和脂肪酸、飽和脂肪酸、精油、セスキテルペンなどを対象とした種子、心材等の定性および定量分析、葉カルスの組織培養による精油の製造条件の検討、種子の成熟と成分の関係、材油の最適な抽出法、材油の迅速な測定法の開発、材油から得られる抗菌活性物質に関するものがある。利用面では食品添加物としての利用および機能、化粧品への利用および機能などが研究されている。種子は主として脂肪酸として、材は主として精油としての利用に関する研究が行なわれている。精油の構成成分、脂肪酸の構成成分およびそれらの医薬品に関連した生物活性、代謝についての報告が非常に多く、食品や医薬品などとしての注目度が高いことがうかがわれる。

3 各 論

3.1 成分分析

Jodina rhombifolia の種子より既知の脂肪酸類、pyrulic acid、ximenynic acid など9種類が同定されている[2]。オーストラリア産のビャクダン属(*Santalum spicatum*)種子より脂肪酸、ximenynic acid、トリグリセリド trimenynin が同定されている[3]。ビャクダン属(*Santalum*)葉のカルス培養による精油の生産について検討し、効率のよい生産条件が見いだされている[4,5]。カレドニア産ビャクダン属(*S. austrocaledonicum*)の心材より新規セスキテルペン、6,13-dihydroxy-bisabola-2,10-diene (**1**)、7,13-dihydroxybisabola-2,10-diene (**2**)、camphenerene-2,13-diol (**3**)、6,12-dihydroxybisabol-2,10-diene (**4**)、7,13-dihydroxybisabol-2,10-diene (**5**) が単離・構造決定されている[6,7,8]。ポリネシア産ビャクダン属(*S. insulare*)心材より新規セスキテルペン、α-santaldiol (**6**)、β-santaldiol (**7**) が単離・構造決定されている[9]。中国産ビャクダン属(*S. album*)心材より新規セスキテルペン、α-*trans*-bergamotenol (**8**) が単離・構造決定されている[10]。

3.2 利用法

西オーストラリア産ビャクダン属(*S. spicatum*)種子中に含有される脂肪酸の組成変化と種子の成熟の関係が検討されている[11]。また、同種植物心材に含まれる精油の抽出法について水蒸気蒸留法、溶媒抽出法、超臨界二酸化炭素抽出法、液化二酸化炭素抽出法が検討され、目的の精油組成により、

最適な抽出法が異なること、特に水蒸気蒸留法ではセスキテルペン類の割合が他の手法に比べて高いことが見いだされている[12]。ビャクダン属 (*S. album*) 心材より得られる精油量の新しい評価法として、紫外線吸収スペクトルの利用が検討され、水蒸気蒸留法による定量精度と同程度であることが報告されている[13]。西オーストラリア産ビャクダン属 (*S. spicatum*) 種子中に含有される脂肪酸の利用法として食品添加物としての利用が検討され、マウスによるそれらの代謝実験が行なわれている[14]。オーストラリア産ビャクダン属 (*S. acuminatum*) 果実よりバクテリアに対する抗菌性物質としてsantalbic acid が単離・同定されている[15]。ビャクダン属 (*S. album*) から得られる精油の利用法として化粧品への利用が検討され、皮膚への刺激感などが調べられている[16]。

4 構造式（主として新規化合物）

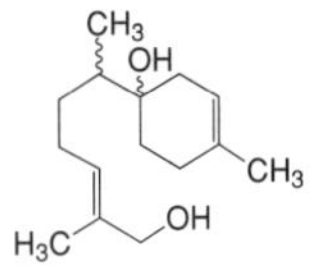

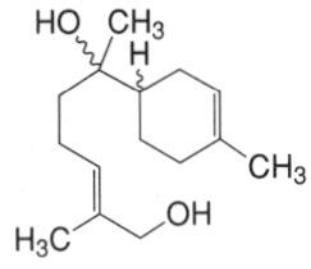

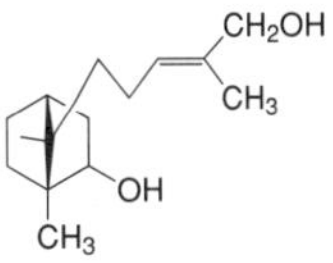

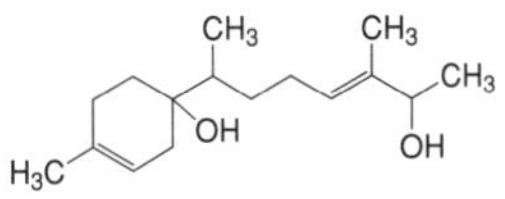

5 引用文献

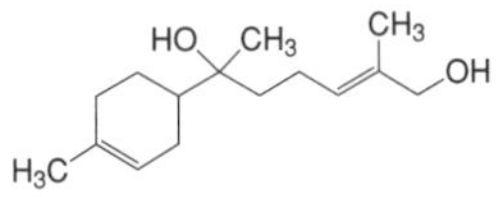

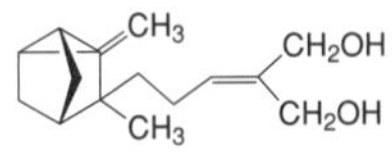

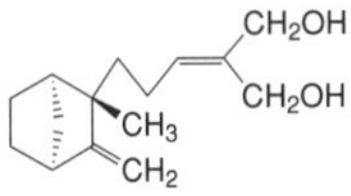

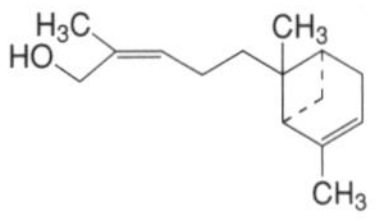

1) 上原敬二、『樹木大図鑑 I』、有明書房、pp. 933–939 (1961). 2) V. Spitzer *et al.* (1994, Brazil) **122**: 79564. 3) Yandi, Liu *et al.* (1997, Australia) **127**: 350996. 4) H. Kanda *et al.* (1995, Japan) **126**: 87220. 5) H. Kanda *et al.* (1995, Japan) **126**: 185088. 6) T. Alpha *et al.* (1996, Italy) **128**: 7202. 7) T. Alpha *et al.* (1997, Tahiti, Fr. Polynasia) **128**: 112847. 8) T. Alpha *et al.* (1997, Fr.) **126**: 314794. 9) T. Alpha *et al.* (1996, Fr. Polynesia) **124**: 170572. 10) J. G. Yu *et al.* (1993, China) **120**: 102000. 11) Yandi, Liu (1997, Australia) *et al.* **127**: 290670. 12) M. J. Piggott *et al.* (1997, Australia) **127**: 23448. 13) K. H. Shankaranarayana *et al.* (1997, India) **126**: 255254. 14) Yandi, Liu *et al.* (1997, Australia) **127**: 292507. 15) G. P. Jones *et al.* (1995, Australia) **123**: 122842. 16) H. Matsunaka *et al.* (1992, Japan) **121**: 117348.

37 ブナ科
Fagaceae

1 科の概要

　落葉または常緑高木まれに低木で、葉は互生、有柄、羽状脈がある。亜熱帯から温帯に分布し、6属600種以上ある。日本で見られる主な樹木はシイ属 (*Castanopsis*)、クリ属 (*Castanea*)、ブナ属 (*Fagus*)、コナラ属 (*Quercus*)、マテバシイ属 (*Pasania*) などが含まれる[1]。

ブナ
(*Fagus crenata*)

2 研究動向

　成分分析に関連してタンニン、テルペン、スベリン、配糖体などを対象とした樹皮や木部の化学分析、化学分類、心材形成、生理活性について、利用に関連してワイン樽、化粧品、医薬品、タンニン製造などの研究が行なわれている。構造、利用、生理活性の観点からタンニンについての報告が非常に多く、注目度が高い。

3 各 論

3.1 シイ属 (*Castanopsis*)

　ブナ科樹木のケモタキソノミーの観点から *Castanopsis hystrix* 葉の抽出物が検索され、4種の化合物[2] cinchonain Ia、Ib、Ic (**1**)、Id (**2**) と新加水分解型タンニン castanopsinin I (**3**)[3] が単離されている。castanopsinin はシイ属に特有でコナラ属、ヤマテバシイ属などのブナ科他属との指標物質となる。

　ツブラジイ (*Castanopsis cuspidata* var. *Sieboldi*) のタンニン (スダジイ) とフルフラールから熱硬化型樹脂[4] が調整されている。

3.2 クリ属 (*Castanea*)

　クリ属樹種の代表的な成分であるタンニンに研究が集中している。タンニン成分の構造研究は高速液体クロマトグラフによる単離と機器分析の発達により複雑な構造が多数明らかにされている。代表的なタンニン成分である castalagin (**4**) と vescalagin (**5**) がヨーロッパグリ (*Castanea sativa*) から単離され、その構造[5] が明らかにされた。さらに、同種の樹木の樹皮から既知物質の castalin や kurigalin など数種の化合物[6] が同定されいる。クリ (*Castanea crenata*) 材タンニン[7,8] からは炭素-グルコシド結合を有する数種の化合物が単離されている。樹皮の主要タンニンはハマメリタンニン (hamamelitannin) であるが、材の主要タンニンは castalagin (**4**) と vescalagin (**5**) である。さらに、検索を進めて髄に近い心材から3個の新化合物 castacrenin A (**6**)、B (**7**)、C (**8**) を、辺材に近い心材からは castalagin、vescalagin の3量体 (castaneanin A (**9**))、4量体 (castaneanin B (**10**)、C (**11**))、5量体 (castaneanin D (**12**)) に加えて、4個のエラジタンニンである castacrenin

D (**13**)、E (**14**)、F (**15**)、G (**16**)[9] が単離されている。Castacrenin D、F は vescalagin (**5**) に構造が類似している。また、castacrenin F、G は D、E の芳香核 GA (gallic acid) がエラグ酸骨格で置換された構造である。

セシールオーク (sessile oak、*Quercus petraea*) および欧州クリ材中のタンニンの樹幹内分布についても研究[10] されている。研究の結果、心辺材の移行部でタンニン成分の 2 量体化や加水分解が起きていることが明らかにされた。クリ[9] では樹皮の主成分であるハマメリタンニン (hamamelitannin) は材にはまったく存在しない。さらに、材の主要タンニンである castalagin (**4**) および vescalagin (**5**) の含量は辺材から心材への移行部で最も高く、髄に向かって次第に減少する。化合物 (**4**)、(**5**) とは逆に化合物 (**9–12**) はわずかながら心材で濃度が高くなっている。また、castacrenin A (**6**)、B (**7**)、C (**8**) は心材中心部のみで含量が増加している。心材は死組織であるが酵素の存在は否定できず、化合物 (**6–12**) が酵素の作用により生成している可能性もあり、非常な高濃度溶液の中で化合物 (**5**) が 2 分子間で非酵素的な分子間脱水縮合を起こし 2 量体 (roburin A) を生成[10] することから、化合物 (**6–12**) も同様な機構で生成するものと推測している。さらに、心材では化合物 (**4**、**5**) が減少したが、そのアグリコン単位である castalin、vescalin およびエラグ酸が増加していることから、心材では加水分解が進行していることを示唆する結果を得ている。

ワイン樽材としてのオークおよびクリ心材の利用の観点から、タンニンおよび赤ワインの分析[11] がされている。ヨーロッパ産オーク 3 種 (*Quercus robur*、*Q. petraea*、*Q. farnetto*)、アメリカ産 3 種 (*Q. oocarpa*、*Q. alba*、*Q. stellata*) およびヨーロッパ産クリ (*Castanea sativa*) について検討したしたところ、ヨーロッパ産オークは 4 個のモノマーエラジタンニン (vescalagin、castalagin、gradinin、roburin E) と 4 個のダイマー (roburin A、B、C、D) を含有するが、アメリカ産オークやクリ材ではダイマーは存在しない。新しい樽の中で熟成した赤ワインにエラジタンニンが検出されている。このタンニンは熟成の 2〜3 か月内に容易に溶解するが、次いで酸化反応を受け次第に分解する。

3.3 ブナ属 (*Fagus*)

樹木からの揮発性物質は主にテルペンから成り、phototoxic な物質の生成源にもなり得る。揮発性物質の基礎データの蓄積は森林における空気汚染への影響を推測するためにも重要であるとの観点から、ヨーロッパブナ (*Fagus sylvatica*) 林中の揮発性物質[12] を検討している。(*Z*)-3-hexenol などのテルペンに加えて主成分とし sabinene が検出されている。平均的な放出量は 0.28 μg (g 葉、時間当たり) (84 μg/(m²·h) に相当) に達する。この量は針葉や揮発性物質の放出量の多い広葉樹葉の 1/2 の量にすぎない。葉のフラボノール類の環境ストレスに対する防御物質として役割を調べるために、高温乾燥期間後の緑色および黄色のブナ (*Fagus sylvatica*) 葉を木の梢から採取し、フラボノール量を測定[13] している。黄色葉は約 7.4 倍の全フラボノール量を有している。緑色葉もフラボノール含有物を有するが、黄色化の間に分解しフラボノール類で満たされ、また葉の抗酸化能は黄色葉でより高い。

樹皮中のスベリンは単離方法もさることながら、その構造について不明な点が多い。ブナ樹皮木粉を含水ジオキサンで抽出後、エチルエーテルを滴下してリグニン画分とスベリン画分に分別し機器分析を行なって、Kolattukudy (1981)[14] が提案している構造を支持するデータ[15] が得られている。ヨーロッパブナ (*Fagus sylvatica*) およびアメリカブナ (*F. grandifolia*) の樹皮病は経済的意味で重大な樹病である。ブナ (*Fagus sylvatica*) の放射組織に病原菌 (*Crptococcus fagisuga*) を感染させ、正常なものとの比較のもとに樹皮の抽出成分を調べたところ、glucodistylin および 3-*O*-(β-D-xylopyranosyl)taxifolin の含有率が高まることを明らかにした[16]。これらの化合物のアグリコンである taxifolin はプロシアニジンの前駆体であり、プロシアニジンやプロアントシアニジ

ンは植物病に対する防御および防護作用[17]を示すことが知られている。

　種々のオーク (Quercus spp.) 材中のカロチノイドが定量[18]されている。文献18は木材中のカロチノイドを測定した最初の論文でもある。ワイン樽として使用する際の基礎データ作りで、β-carotene と lutein を約 0.1 および 0.2 μg/(g 材) 含有することを明らかにした。

　ブナ (F. crenata、F. sylvatica) の幼芽からの抽出成分[19]がケラチンによるタンパク形成、水分保持や若さ維持などの作用があり、クリームや乳液などの化粧用品に利用している。

　樹種は特定されていないが、ブナ科樹木抽出物[20]に α-tocopherol より高い抗酸化活性をもつ物質が含まれていることが明らかにされている。

3.4　コナラ属 (*Quercus*)

　コナラ属樹木から生理活性物質を見いだす目的で葉および材の抽出成分が検索されている。Q. laurifolia の葉部からは数種のケンフェロール配糖体とサポニンが単離[21]されているが、quercilicoside A (**17**)、sericoside (**18**) および 3-O-kaempferol 2,6-di-O-(*trans-p*-coumaroyl)-β-D-glucopyranoside (**19**) は消炎活性があり、さらに化合物 (**19**) には青ムラサキイガイに対し忌避作用を示す。レッドオーク (Q. rubra) の葉部からは化合物 (**19**) に加え、抗菌性のある2種のケンフェロール配糖体 (3-O-kaempferol 3,4-di-O-acetyl-2,6-di-O-(*trans-p*-coumaroyl)-β-D-glucopyranoside 3-O-kaempferol 2,3-di-O-acetyl-4-O-(*cis-p*-coumaroyl)-6-O-(*trans-p*-coumaroyl)-β-D-glucopyranoside)) が単離[22]されている。これらの化合物は Q. imbricaria の葉[23]やアラカシ (Q. glauca) 材[24]からも単離されている。ミズナラ (Q. mongolica) は北海道に多くみられるが、この樹木林には雑草が生育しないことから、アレロパシーの存在が示唆される。そこで、レタス、アオビユ、チモシーおよびコムギ植物の栽培実験をもとに植物成長抑制作用を検討[25]している。その結果、植物の成長が 50–90% 抑制されることが知られ、ミズナラの生育している土壌中の原因物質を検索したところ 3,4-ジヒドロキシ安息香酸、p-ヒドロキシ安息香酸、3,4,5-トリヒドロキシ安息香酸、3,4-ジメトキシ安息香酸、バニリン酸、p-クマール酸、フェルラ酸、p-ヒドロキシベンツアルデヒドおよびケンフェロールの9種の化合物が成長抑制物質として同定された。土壌中の含量は p-クマール酸が 13 382 μg/(100 g 土壌)、他の化合物は 1 000–3 500 μg/(100 g 土壌) である。フェノール性化合物の総量 (23 418 μg/(100 g 土壌)) はササ、エゾマツ、イネ、トウモロコシなどの生育土壌より高く、アカマツ林土壌より低い。Q. pedunculate から抽出した hyaluronidase 阻害作用を含む抽出物[26]は皮膚用化粧品として有用である。また、コナラ属樹木からの抽出物[27]は superoxide dismutase 様の活性があり、食物や化粧品の調製に有用である。

　木材の乾留により得られる木酢液は水虫治療薬としての生理活性物質が含まれることが知られているが、コナラ (Q. serrata)、クリ (Castanea crenata) およびヤマザクラ (Prunus jamasakura) から調製した木酢液[28]の水虫菌 (Trichophyton mantagroohytes) に対する活性を指標として検索し、guaiacol や cresol に加えて主な抗真菌活性成分として 2,6-dimethoxyphenol を同定した。いうまでもなく、これらの化合物は天然物でなく、熱分解産物である。

　タンニンに関する論文も多い。台湾産コナラ属植物中のフェノール類を明らかにする目的でアラカシ葉の抽出成分を検討し、2種の新化合物 (querglanin (**20**) および isoquerglanin (**21**)) を単離[29]し、機器分析によりその構造を決定している。コナラ属樹木皮層の煎じ液は下痢や口腔炎、特に皮膚炎に有効であることが知られている。また、タンニンは生理活性物質であるので、いまだ報告のないセシールオーク (Q. sessiliflora) 樹皮タンニンについて検討している。その結果[30,31]、カテキン、pedunculagin、acutissimin A、B、guajavin B のほか数種の化合物を同定するとともに加水分解型および縮合型タンニンの両方を含有することを明らかにしている。エラグタンニン画分は弱い抗分泌

性を有する。

　タンニンは一般に含水有機溶媒で抽出されるが、抽出されない不溶性タンニンも存在する。セシールオーク (*Q. petraea*) およびヨーロッパグリ (*Castanea sativa*) 材の可溶性および不溶性エラジタンニンについて Colin-Ciocalteu 法と加水分解により生成するエラジ酸の定量により検討[32]したところ、約10％が不溶性タンニンであることがわかった。移行帯部から随に向かって可溶性タンニンが減少するが、これは相応する不溶性タンニンの増加によるものであり、緩やかな酸化的重合か可溶性タンニンの細胞壁成分との共重合の結果であろう。セシールオークおよびイングリッシュオーク（ヨーロッパナラ）(*Q. robur*) 心材は roburin A、B、grandinin、castalagin、vescalagin などのエラジタンニンを含むが、その組織内の分布[33]を調べたところ軸方向柔組織および放射柔組織、特に放射柔組織に多く、繊維組織には少ないことがわかった。また、これらの材中のタンニンのエージングによる変化[34]はクリ属樹種心材の場合と同じであり、不溶性タンニンの増加や重合がおこる。

　組織培養によりタンニンを生産する試みがなされている。クヌギ (*Q. acutissima*) カルスはカテキン、castalagin、vescalagin など13個のフェノール性化合物を含むが、MS (Murashige-Skoog) 培地から硝酸アンモニアを除去し、インドール酢酸-ベンジルアデニン (IAA-BA) および 40–50 g/L のスクロースを添加した培地[35]がカルスの生育とタンニン生産に最も適している。

　コルクガシ (*Q. suber*) 樹皮はコルク生産に使われる。ワイン瓶用のコルク栓は製造工程として、① 樹木からコルク組織の分離、② 約5か月の熟成 (maturation)、③ 煮沸と乾燥（2週間）、④ 恒湿保存（相対湿度 80–100％）から成る。これらの工程における抽出成分の変化を検討している。コルクガシは主成分のエラグ酸の他に没食子酸、プロトカテキュ酸、バニリン酸、コーヒー酸、フェルラ酸やそれらのアルデヒド体を含む。工程の煮沸前後で成分が異なり、低分子化合物[36]では煮沸前が「エラグ酸＞バニリン酸＞プロトカテキュ酸＞バニリン」の順であるものが、煮沸後では「エラグ酸＞プロトカテキュ酸＞バニリン」となる。高分子化合物[37]では castalagin が主成分で vescalagin、グランジニン、ロブリン E などを含む。これらの化合物の場合も煮沸前後で成分が変化し、煮沸・乾燥・恒湿処理後ではプロアントシアニジン含量がかなり減少する。この減少は高湿度処理中にコルク表面に微生物が生育しタンニンが分解したためと推定されている。イングリッシュオーク (*Q. robur*) とセシールオーク (*Q. petrea*) からワイン樽を製造し、ワイン熟成前後の抽出成分の違いを検討[38]している。両樹種材およびワインには没食子酸、プロトカテキュ酸、バニリン酸、シリンガ酸、コーヒー酸、クマール酸、エラグ酸、バニリン、シリンガアルデヒド、5-ヒドロキシメチル-2-フラルデヒドなどが含まれている。ワインや樹種の種類により異なるが、熟成させると時間とともにエラグ酸と没食子酸の2個の主成分が重要になってくる。ワインに換えて含水エタノールを用い両樹種材抽出成分（フルフラール、オイゲノール、バニリンなど）の溶出量を調べた。その結果[39]、イングリッシュオークのほうが溶出量が多く、ワイン樽材としてより適していると推定している。

　イングリッシュオーク (*Q. robur*) の毛虫 (*Euproctis chrysorrhoea*) に強い葉と弱い葉の抽出成分を比較[40]すると、抵抗性のあるものはフェノールおよびタンニンの含量が多いことを見いだした。

4 新規化合物 (構造式)

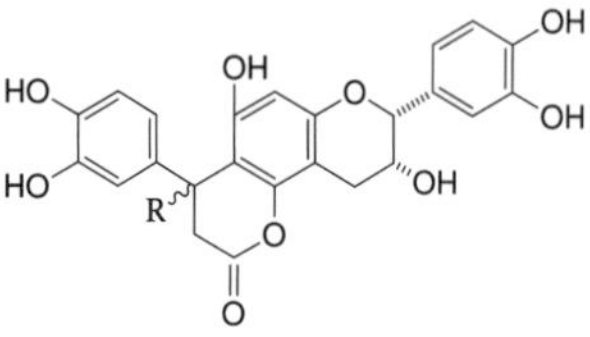

1: R = ―H
2: R = ⋯H

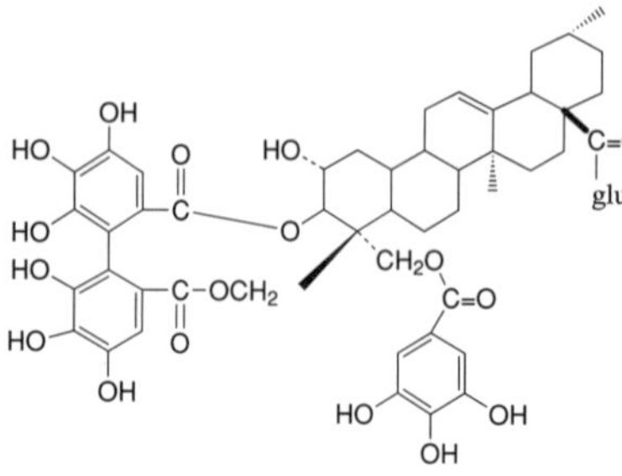

3

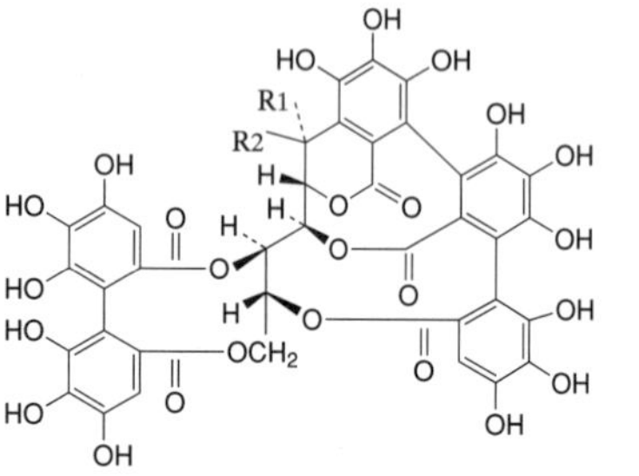

4: R1 = OH, R2 = H
5: R1 = H, R2 = OH

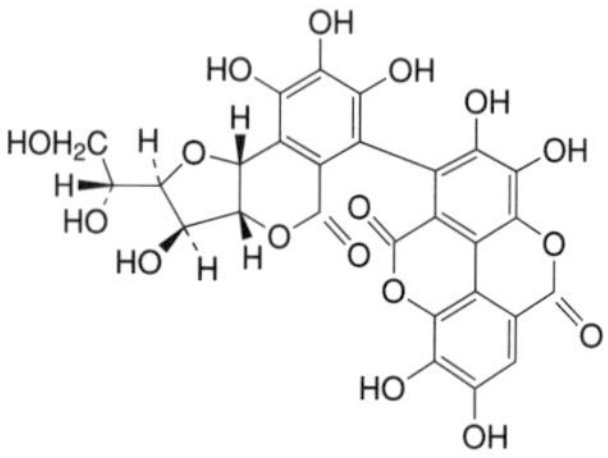

6

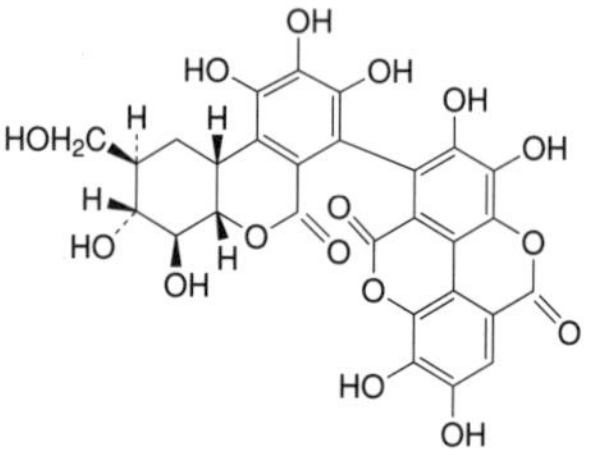

7

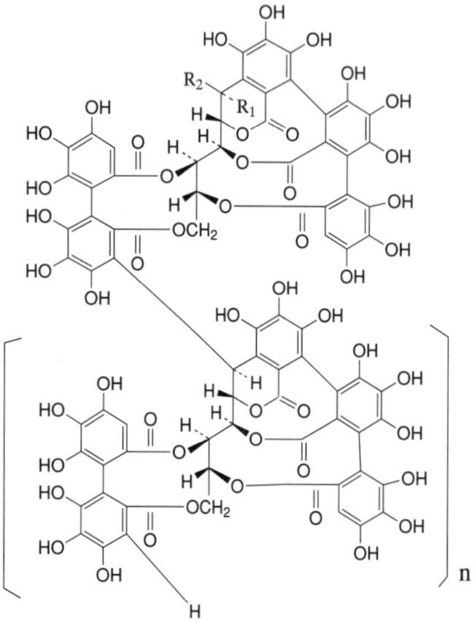

Trimer
9: R1 = OH, R2 = H, n = 2
Tetramer
10: R1 = OH, R2 = H, n = 3
11: R1 = H, R2 = OH, n = 3
Pentamer
12: R1 = OH, R2 = H, n = 4

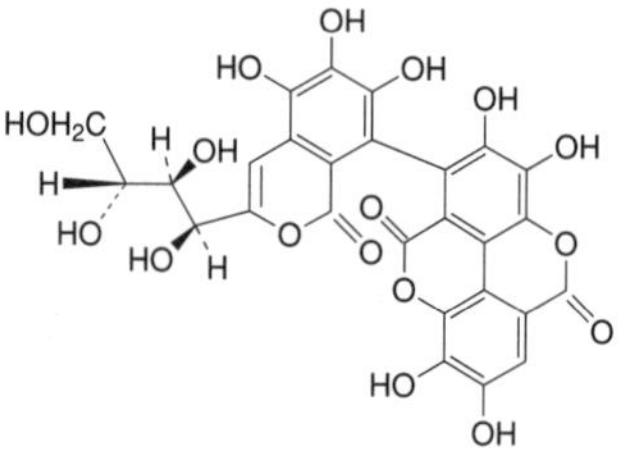

8

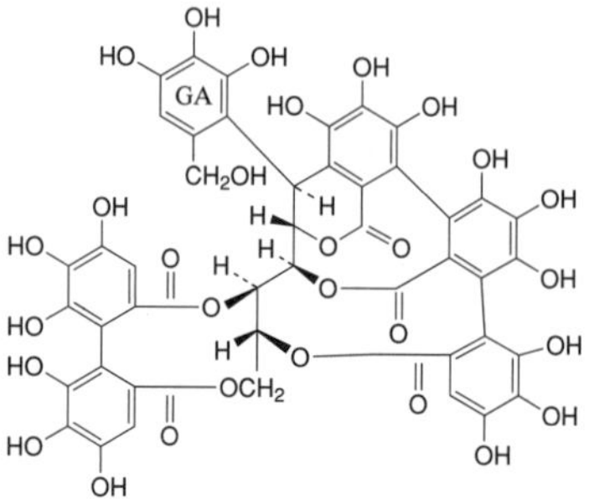

13

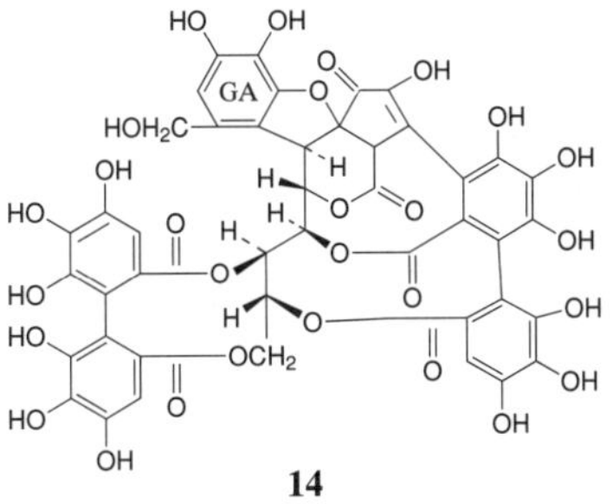

14

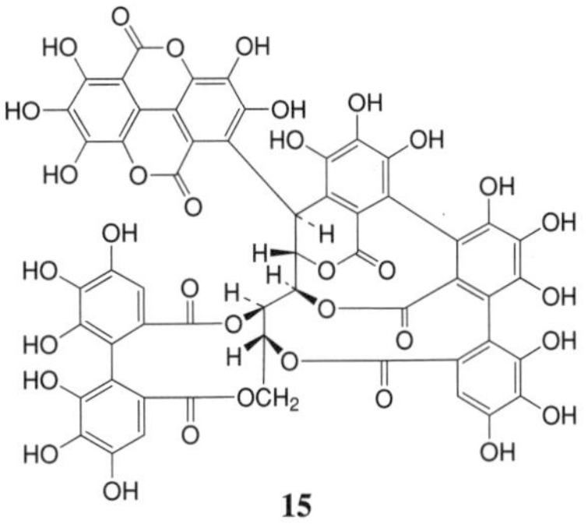

15

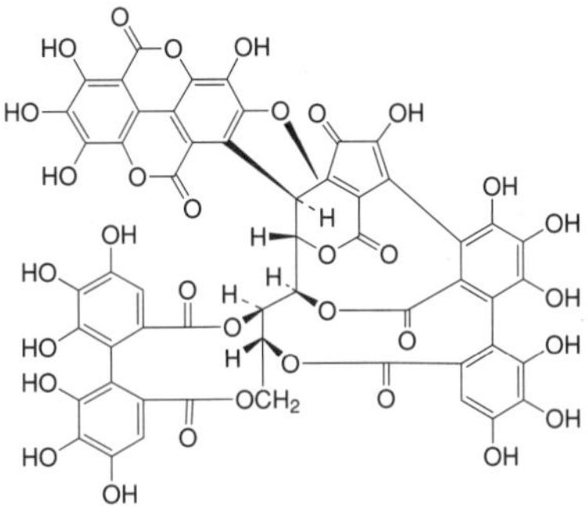

16

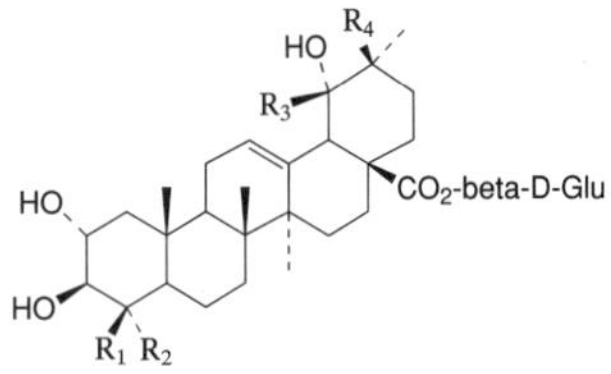

17: R_1 = CH_3, R_2 = CH_2OH, R_3 = CH_3, R_4 = H
18: R_1 = CH_2OH, R_2 = CH_3, R_3 = H, R_4 = CH_3

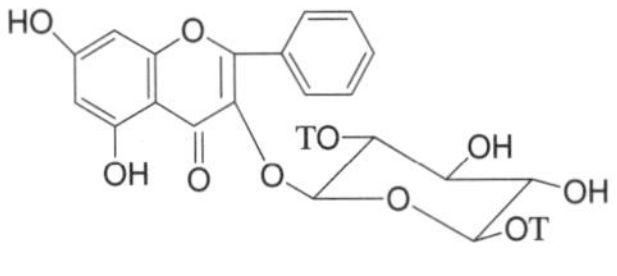

19: T =

galloyl =

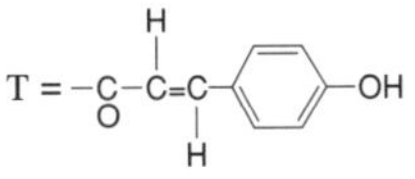

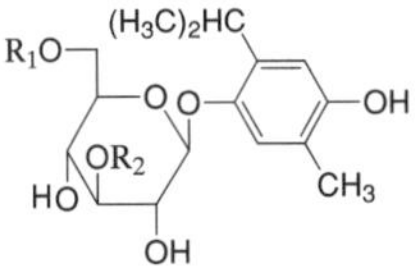

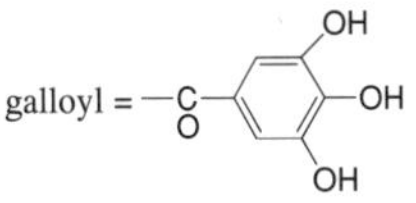

20: R_1 = galloyl, R_2 = H
21: R_1 = H, R_2 = galloyl

5 引用文献

1) 北村四郎、村田源、『原色日本植物図鑑・木本編 II』、保育社、大阪、1979, pp. 260–261. 2) Hsue-Fen Chen, Takashi Tanaka, Gen-Ichiro, Toshihiro Fujioka and Kunihide Mihashi: *Phytochem.*, **33** (1), 183–187 (1993). 3) Hsue-Fen Chen, Takashi Tanaka, Gen-Ichiro, Toshihiro Fujioka and Kunihide Mihashi: *Phytochem.*, **32** (6), 1457–1460 (1993). 4) 田中治郎: バイオマス変換計画研究広報、**24**, 4–11 (1990). 5) H. R. Tang and R. A. Hancock: *J. Soc. Leather Technol. Chem.*, **79**, 181–187 (1995). 6) Olivier Lampire, Isabelle Mila, Maminiana Ramnosoa, Veronique Michon, Catherrine Herve Du Penhoat, Nathalie Faucheur, Olivier Laprevote and Augustin Scalbert: *Phytochem.*, **49** (2), 623–631 (1998). 7) Takashi Tanaka, Nobuko Ueda, Hideo Shinohara, Gen-ichiro Nonaka, Toshihiro Fujioka, Kunihide Mihashi and Isao Konno: *Chem. Pharm. Bull.*, **44** (12), 2236–2242 (1996). 8) 田中隆、河野功、上田暢子、篠原英夫、野中源一郎、藤岡稔大、三橋國英: 第 37 回天然有機化合物討論会講演要旨集、457–462 (1995). 9) Takashi Tanaka, Nobuko Ueda, Hideo Shinohara, Gen-ichiro Nonaka and Isao Konno: *Chem. Pharm. Bull.*, **45** (11), 1751–1755(1997). 10) C. Viriot, A. Scalbert, C. L. M. Herve du Penhoat, M. Moutounet: *Phytochem.*, **36**, 1253–1260 (1994). 11) Nicolas Vivas, Yves Glories, Guy Bourgeois, Christane Vitry: *J. Sci. Tech.* Tonnellerie, **2**, 25–75 (1996) (*CA.*, **125**: 166178). 12)

Lars Tollsten and Peter M. Muller: *Phytochem.*, **43** (4), 759–762 (1996). 13) W. Feucht, D. Treutter and E. Christ: *Tree Physiol.*, **17**, 335–340 (1997). 14) P. E. Kolattukudy: *Ann. Rev. Plant Physiol.*, **32**, 539–567 (1981). 15) B. Perra, J.-P. Haluk and M. Mechte: *Holzforschung*, **49**, 99–103 (1995). 16) Anke Dubeler, Gisela Voltmer, Vincenz Gora, Jora Lunderstadt and Axel Zeeck: *Phytochem.*, **45** (1), 51- 57 (1997). 17) P. P. Feeny: *Recent Adv. Phytochem.*, **10**, 1 (1976). 18) Gilles Masson, Raymond Baumes, Jean-L. Puech and Alain Razungles: *J. Agric. Food Chem.*, **45**, 1649–1652 (1997). 19) Koichi Mastumoto: 日本公開特許公報、JP 09227397 A2 (1997) (*CA.*, **127**: 238931). 20) Minoru Yosida, Mituyoshi Murata, Miki Hirata: 日本公開特許公報、JP 07126618 A2 (1995) (*CA.*, **123**: 168238). 21) Giovanni Romussi and Gabriele Caviglioli: *Arch. Pharm.* (weinheim), **326**, 525–528 (1993). 22) G. Romussi, Giulia Babrieri and Nunziatina de Tommasi: *Pharmazie*, **50**, 443 (1995). 23) G. Romussi, Giulia Babrieri und G. Caviglioli: *Phamazie*, **49**, 703–704 (1994). 24) N. Fontana, A. Bisio and G. Romussi: *Phamazie*, **53**, 653–654 (1998). 25) 李海航、Labunmi Lajide、西村弘行、長谷川宏司、水谷純也：雑草研究、**38** (4), 282–293 (1993). 26) Tsuneo Nanba, Shigetoshi Kadota, Kennji Shimomura, Koichi Iida, Yukihisa Yamane：日本公開特許公報、JP 080676188 A2 (1996) (*CA.*, **124**: 325026). 27) Seiji Fkuda, Yoshitaka Nakamura, Myawaki Hideari：日本公開特許公報、JP 05316963 A2 (1993) (*Chem. Abst.*, **120**: 132854). 28) 池上文雄、関根利一、藤井祐一、(株) ツムラ：薬学雑誌、**118** (1), 27–30 (1998). 29) Shiow-Yung Sheu, Feng-Lin Hsu and Yu-Chan Lin: *Phytochem.*, **31** (7), 2465–2468 (1992). 30) Ernst Pallenbach, Eberhard Scholz, Martin Kong and Horst Rimpler: *Plant Med.*, **59**, 264–267 (1993). 31) Martin Kong, Eberhard Scholz: *J. Natural Products*, **57** (10), 1411–1415 (1994). 32) Shuyun Peng, Augustin Scalbert and Bernard Monties: *Phytochem.*, **30** (3), 775–778 (1991). 33) Gilles Masson, Jean-Louis puech and Michel Moutounet: *Phytochem.*, **37** (5), 1245–1249 (1994). 34) Johannes Klumpers, Augustin Scalbert and Gerard Janin: *Phytochem.*, **36** (5), 1249–1252 (1994). 35) Norie Tanaka, Koichiro Shimomura and Kanji Ishimaru: *Phytochem.*, **40** (4), 1151–1154 (1995). 36) Elvira Conde, Estrella Cadahia, Maria C. Garcia-Vallejo, Brigida F. Simon and Jose R. G. Adrados: *J. Agric. Food Chem.*, **45**, 2695–2700 (1997). 37) Estrella Cadahia, Elvira Conde, Brigida F. Simon and Maria C. Garcia-Vallejo: *J. Agric. Food Chem.*, **46**, 2332–2336 (1998). 38) Marta Laszlavik, Lajos Gal, Sandor Misik and Laszlo Erdei: *Am. J. Enol. Vitic.*, **46**, 67–74 (1995). 39) Gregorcic, Ana; Kocjancic, Mitja; Terceji, Dusan; Pajak, Iva: *Mitt. Klosterneuburg*, **45**, 49–56 (1995). (*CA.*, **124**: 7530). 40) P. Scutareanu, R. Lingeman: *Acta Hortic*, **381**, 738 -741 (1994).

38 ボタン科
Paeoniaceae

1 科の概要

ボタン科植物はキンポウゲ科のボタン属 (*Paeonia*) として取り扱われることがある。主としてユーラシア大陸の暖帯から亜寒帯に分布し、一部は北アフリカや北アメリカ西海岸にも分布する。ボタン属1属で約50種が知られる。ボタンのような木本性のものとシャクヤクのような草本がある。

ボタン
(*Paeonia suffruticosa*)

2 研究動向

既知成分 (paeoniflorin、8-debenzoylpaeoniflorin) に新たに抗糖尿病様の活性を検出[1]、過酸化物消去活性[2]、主成分 (paeoniflorin) の定量分析（HPLC、TLC、cyclodextrin-modified micellar electrokinetic chromatog: CD-MEKC、酵素免疫学的定量[3]）、幅広く香粧品（皮膚の老化、チロシナーゼ阻害活性成分（カテキンや galloylglucose など[4]）への応用）、保存剤としての利用、抗アレルギー作用、抗炎症活性、抗菌・抗カビ活性、抗エイズ・抗ウイルス活性、抗ステロイドデヒドロゲナーゼ活性[5] などの検索（公開特許など）が活発に行なわれているが、活性成分の同定に至っていない場合が多い。一方、paeoniflorin や paeonol の超臨界抽出法による効率化[6,7]、主成分の種間含量差の検討、ペット用フードへの応用などが研究されている。

3 成分分析

キンポウゲ科に包含されることがあるが、キンポウゲ科植物によく見られるアルカロイドは検出されていない。木本性のボタンの根には paeonol、paeonoside、paeonolide などのフェノール性の化合物と、paeoniflorin、oxypaeoniflorin、benzoylpaeoniflorin、benzoyloxypaeoniflorin などの、モノテルペン配糖体類が存在する。草本性のシャクヤクの根には、ボタンの根に含まれるモノテルペン配糖体類のほかに、albiflorin（モノテルペン配糖体）がよく知られている。漢方処方に配合される芍薬や牡丹皮の主要成分と考えられている。

生薬、牡丹皮の原料植物である *Paeonia suffruticosa* から新規モノテルペン配糖体 galloyloxy-paeoniflorin、suffruticoside A (**1**)、B (**2**)、C (**3**)、D (**4**)、E[8]、paeonisothujone (**5**)、deoxypaeonisuffrone、isopaeonisuffral[9]、mudanpioside A (**6**)、B (**7**)、C (**8**)、D (**9**)、E (**10**)、F (**11**)[10]、paeonisuffrone (**12**)、paeonisuffral (**13**)[11]、新規トリテルペンとして mudanpinoic acid A (**14**)、また、フェノール酸の新規配糖体 mudanoside B (**15**)[12] が単離・構造決定されている。

P. albiflora の根からテルペン palbinone (**16**) が human monocyte interleukin-1β inhibitor[13] あるいは 3α-hydroxysteroid dehydrogenase inhibitor[14] として単離されている。

P. lactiflora の根からは新トリテルペン (11α,12α-epoxy-3β,23-dihydroxy-30-norolean-20(29)-en-28,13β-olide、**17**) が単離されている[15]。

P. peregrina の根から新規カゴ型モノテルペン配糖体 3 種 paeonidanin[16]、paeonidaninol A (**18**)、B (**19**)[17] が単離された。牡丹皮 (Paeoniae Radix) から 3 種のモノテルペン配糖体、2 種のモノテルペン (lactinolide、**20**) とその配糖体 (**21**) が単離された[18]。

ボタン (*P. japonica*、*P. lactiflora*、*P. suffruticosa*) 培養細胞から 4 種の新オレアナン型トリテルペンが単離された[19]。

4 構造式（主として新規化合物）

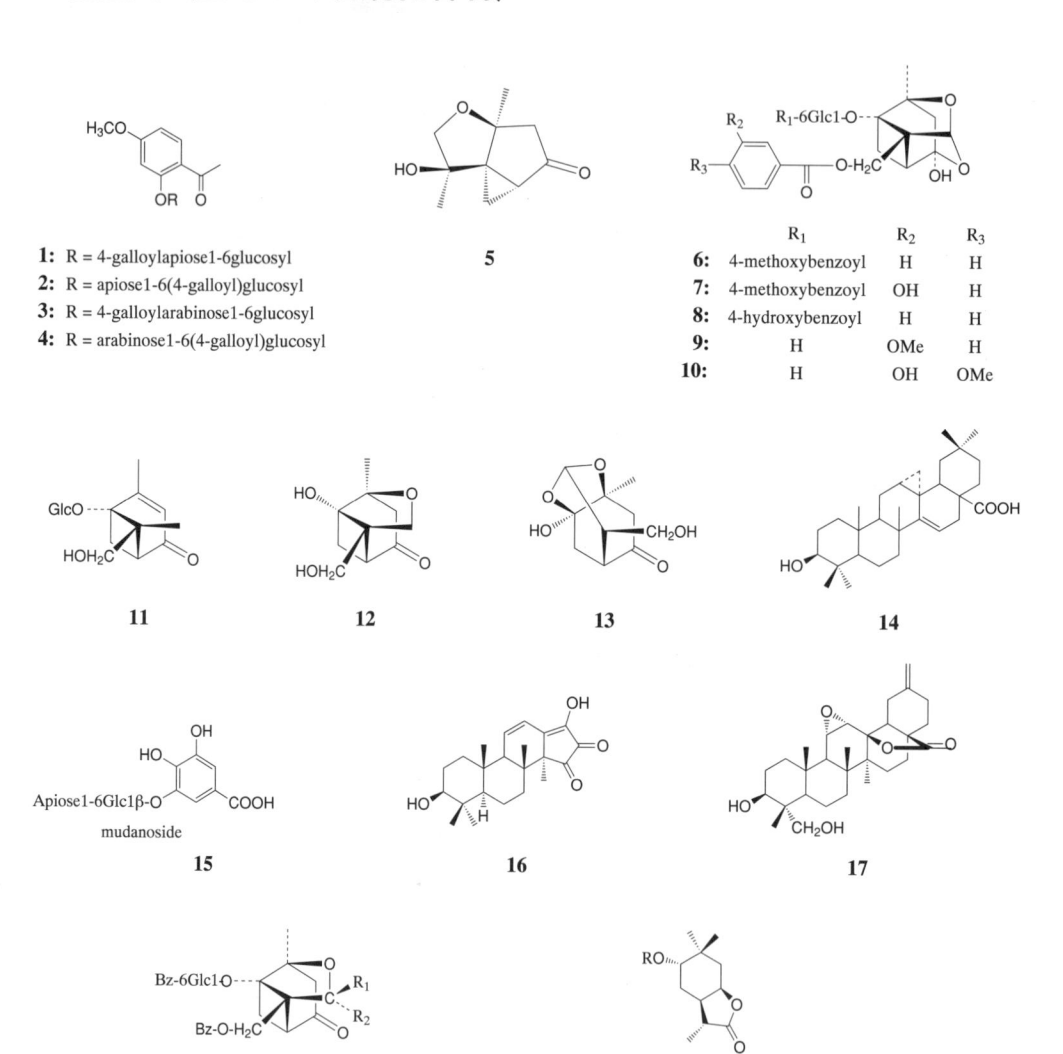

1: R = 4-galloylapiose1-6glucosyl
2: R = apiose1-6(4-galloyl)glucosyl
3: R = 4-galloylarabinose1-6glucosyl
4: R = arabinose1-6(4-galloyl)glucosyl

5

	R_1	R_2	R_3
6:	4-methoxybenzoyl	H	H
7:	4-methoxybenzoyl	OH	H
8:	4-hydroxybenzoyl	H	H
9:	H	OMe	H
10:	H	OH	OMe

11 **12** **13** **14**

15 mudanoside

16 **17**

18: R_1= H, R_2 = OH paeonidaninol A
19: R_1 = OH, R_2 = H paeonidaninol B
20: R = H (lactinolide)
21: R = Glc (lactinolde glucoside)

5 引用文献

1) F. L. Hsu *et al.* (1997, Taiwan) **127**: 238972. 2) N. Okamaoto *et al.* (1996, Japan) **126**: 98773. 3) O. A. Heikel *et al.* (1996, Japan) **127**: 15428. 4) S.-H. Lee *et al.* (1998, Korea) **129**: 265232. 5) T. Nanba *et al.* (1995, Japan) **123**: 40924. 6) G. W. Wheatley *et al.* (1998, UK) **129**: 235640. 7)

H. Miao *et al.* (1997, China) **129**: 65524. 8) M. Yoshikawa *et al.* (1992, Japan) **118**: 87477. 9) M. Yoshikawa *et al.* (1994, Japan) **121**: 231057. 10) H.-C. Lin *et al.* (1996, Taiwan) **124**: 82150 11) M. Yoshikawa *et al.* (1993, Japan) **121**: 78239. 12) H.-C. Lin *et al.* (1998, Taiwan) **128**: 190409. 13) S. Kadota *et al.* (1995, Japan) **123**: 217937. 14) S. Kadota *et al.* (1993, Japan) **119**: 20478. 15) K. Kamiya *et al.* (1997, Japan) **126**: 115649. 16) I. Kostova *et al.* (1998, Bulgaria) **129**: 109278. 17) I. Kostova *et al.* (1998, Bulgaria) **129**: 173053. 18) N. Murakami *et al.* (1996, Japan) **125**: 123397. 19) A. Ikuta *et al.* (1995, Japan) **122**: 310742.

39 マツ科
Pinaceae

1 科の概要

裸子植物。球果目（松柏類）。針葉樹で、葉には針葉と鱗片葉がある。雌雄異花で、いずれも球果をつくる。マツ科は10属220種が主に北半球の温帯から亜寒帯に分布する。長枝と短枝があり、前者に鱗片葉、後者に針葉をつけるマツ亜科 Pinoideae（マツ属 *Pinus*）、長枝にも針葉がつくカラマツ亜科 Lsaricoideae（カラマツ属 *Larix*、イヌカラマツ属 *Pseudolarix*、ヒマラヤスギ属 *Cedrus*）および短枝のないモミ亜科 Abietoideae（モミ属 *Abies*、ツガ属 *Tsuga*、トウヒ属 *Picea*、トガサワラ *Pseudotsuga*、ユサン属 *Keteleesia*）の3亜科に分類さあれる。この科には *Pinus*、*Picea*、*Abies* および *Larix* 等林業上重要な樹種が多い。

カラマツ
(*Larix leptolepis*)

2 研究動向

Abies 属、*Pinus* 属および *Picea* 属からテルペン類の新規化合物などが多く報告されている。また、これに加えてフラボノイドやリグナンなどのフェノール性抽出成分に関する新規化合物の報告も見られる。また、*Larix* 属でもいくつかの新規テルペン類が報告されている。

マツ科針葉樹の抽出成分の生理活性としては、ジテルペン類の抗菌性や抗昆虫活性をはじめ、プロシアニジンによる消炎ならびに抗酸化活性などが注目されている。スチルベン類については抗腫瘍性に関する報告がある。

さらに、抽出成分の生合成に関係する酵素ならびにその遺伝子に関する研究がいくつか見られる。その中でも、特に *Abies grandis* におけるテルペン生合成遺伝子の発現と制御に関する研究は注目に値する。また、ピノシルビン生合成遺伝子についても報告があり、その形質転換による耐病性植物の作出に関する特許が申請されている。

3 各 論

3.1 *Abies* 属

3.1.1 新規化合物

バルサムモミ（*Abies balsamea*）の針葉から昆虫毒性を持つ新規ジテルペン2種、9α-hydroxy-1,8(14),15-isopimaratrien-3,7,11-trione (**1**) および 9α-hydroxy-1,8(14),15-isopimaratrien-3,11-dione (**2**) が単離された[1]。

アオモリトドマツ（*Abies mariesii*）の樹皮から新規トリテルペン neoabieslactone (**3**) が単離された[2]。

Abies marocana の針葉からの新規テルペン7種、labda-7,12*Z*,14-triene (**4**)、labda-8(17),12*Z*,14-

triene (**5**)、labda-7,11E,12Z-triene (**6**)、labda-8(17),11E,13Z-triene (**7**)、7α,18-dihydroxy-abieta-8,11,13-triene (**8**)、(23R)-3α-hydroxy-9,19-cyclo-9β-lanostan-26,23-olide (**9**)、(23R)-3α-hydroxy-9,19-cyclo-9β-lanost-24-en-26,23-olide (**10**) が単離された[3]。

Abies marocana 木材からの新規テルペン 4 種、15-hydroxy-8,12α-epidioxyabiet-13-en-18-oic acid (**11**)、(23R,25S)-3α-acetoxy-17,23-epoxy-9,19-cyclo-9β-lanostan-26,23-olide (**12**)、(23R,25R)-3α-acetoxy-9,19-cyclo-9β-lanostan-26,23-olide (**13**)、(23R)-3α-acetoxy-9,19-cyclo-9β-lanost-24-en-26,23-olide (**14**) が単離された[4]。

トドマツ (*Abies sachalinensis*) の木材から 3 種の新規 juvabione I (**15**)、II (**16**)、III (**17**) が単離された[5]。

シラビソ (*Abies veitchii*) 樹皮から lanostane 型のトリテルペン 2 種、3α-hydroxy-9β-lanosta-7,24-dien,26,23R-olide (**18**) および 3α-methoxylanosta-7,9(11),24-trien-26,23R-olide (**19**) が単離された[6]。

Abies marocana 木材からの新規セスキリグナン 2 種、4,4″,7″,9,9″-pentahydroxy-3,3′,3″-trimethoxy-4′,8″:7,9′-bis-epoxy-8,8′-sesquineolignan (**20**) および 4,4″,7″,9,9′,9″-hexahydroxy-3,3′,3″-trimethoxy-4′,8″-epoxy-8,8′-sesquineolignan (**21**) が単離された[7]。

Abies pinsapo の材から新規リグナン、sesquipinsapol C、すなわち (8R,8′R,8″R,9R)-4′,4″,9,9″-tetrahydroxy-3,3′,3″-trimethoxy-4,8″:9,9′-bis-epoxy-8,8′-sesquineolignan (**22**) が単離された[8]。

3.1.2 生理活性

Abies sachalinensis の木材から得た (+)-juvabione および n-ヘキサン抽出物の抗カビ活性が報告された[9]。

3.1.3 生合成・酵素・遺伝子

abietic acid の生合成過程での geranylgeranyl diphosphate の abietadiene に至る環化反応を触媒する酵素 abietadiene synthase の遺伝子がグランドモミ (*Abies grandis*) から cDNA としてクローニングされた。この遺伝子は大腸菌中で活性型で発現され、geranylgeranyl diphosphate から abietadiene に至る複数の環化反応が単一の酵素で触媒されていることが明らかにされた[10]。

Abies grandis から 3 種のモノテルペン合成酵素、すなわち myrcene synthase、(−)-limonene synthase、(−)-pinene synthase の遺伝子が cDNA としてクローニングされた。これらの遺伝子は大腸菌中で発現し、geranyl diphosphate からそれぞれに該当するモノテルペンの合成を触媒した。ただし、(−)-pinene synthase の場合は α-pinene および β-pinene をともに合成した。また、これらの遺伝子は *A. grandis* のセスキテルペンやジテルペンの合成酵素との構造的な相同性が認められた。その一方で、それぞれの遺伝子はすでに 3 億年以上も前に互いに進化的には独立したものであることも推定された。また、これらの遺伝子を形質転換することで抗昆虫性の植物を作出する可能性が示された[11]。

Abies grandis からその傷害誘導性遺伝子の一つとしてセスキテルペン (E)-abisabolene を farnesyl diphosphate から合成する酵素 (E)-α-bisabolene synthase の遺伝子がクローニングされ、大腸菌中で発現された[12]。

Abies grandis におけるテルペン合成酵素系の遺伝子発現の経時変化に調べた。その結果、傷害を受けた後 6 時間から 48 時間まで短時間で誘導されてくるのはモノテルペン合成系であり、その後 3 日から 4 日目になってセスキテルペンおよびジテルペン合成系が誘導されてくることが明らかとなった[13]。

3.2 *Larix* 属

3.2.1 新規化合物

Larix kaempferi の球果から 3 種の新規 abietane 系列のジテルペン abieta-8,11,13,15-tetraen-18-oic acid (**23**)、16-nor-15-oxodehydroabietic acid (**24**)、12,15-dihydroxydehydroabietic acid (**25**) が単離された[14]。また、2 種の新規ノルジテルペン 18-norabieta-8,11,13-trien-4,15-diol (**26**) および 18-norabieta-8,11,13-trien-4,7α-diol (**27**) が単離された[15]。さらに、3 種の abietane 系列の新規ジテルペン 7α,15-dihydroxyabieta-8,11,13-trien-18-al (**28**)、15,18-dihydroxyabieta-8,11,13-trien-7-one (**29**) および 18-nor-4,15-dihydroxyabieta-8,11,13-trien-7-one (**30**) が単離された[16]。

カラマツ (*L. leptolepis*) カルスにおけるリグナンおよび (+)-α-cedrene 生成に関する報告がある[17,18]。

3.3 *Picea* 属

3.3.1 新規化合物

Picea jezoensis の樹皮から 2 つの新規トリテルペン 21α-hydroxy-3β-methoxyserrar-14-en-30-al (**31**)、29-nor-3α-methoxyserrat-14-en-21-one (**32**) が単離され[19]、針葉から新規トリテルペン 21α-methoxyserrat-13-en-3,15-dione (**33**) が単離された[20]。

Picea abies の樹皮から 5 つの新規リグナン 3,4-dimethoxyphenyl-2-O-(3-O-methyl-α-L-rhanopyranosyl)-β-D-glucopyranoside (**34**)、(2R,3R)-2,3-dihydro-7-hydroxy-2-(4′-hydroxy-3′-methoxyphenyl)-3-hydroxymethyl-5-benzofuranpropanol-4′-O-(3-O-methyl-α-L-rhamnopyranoside (**35**)、1-(4′-hydroxy-3′-methoxyphenyl)-2-[4″-(3-hydroxypropyl)-2″-methoxyphenoxy]-1,3-propanediol 4′-O-β-D-xylopyranoside (**36**) および 3′-O-methylcatechin 7-O-β-D-glucopyranoside (**37**) が単離された[21]。また、針葉から新規フラボノイド myricetin 3,4′-di-O-β-glucopyranoside (**38**)[22]、ampelopsin-7-glucoside [5,7,3′,4′,5′-pentahydroxydihydroflavonol] (**38**)[23]、syringetin 3-O-(6″-acetyl)-β-glucopyranoside (**40**)[24] が単離された。

3.3.2 生理活性など

Picea abies 樹皮から分離したスチルベン化合物 resveratrol には抗腫瘍性が認められた[25]。

3.4 *Pinus* 属

3.4.1 新規化合物

アカマツ (*Pinus densiflora*) の花粉から 2 種の新規ジテルペン 7-oxo-8,11,13-abietatrien-18-yl succinate (**41**) および 15-hydroxy-7-oxo-8,11,13-abetatrien-18-oate (**42**) が単離された[26]。また、花粉および雄花から新規ジテルペン ent-8,13β-epoxylabd-14-en-19-ol (**43**) が単離された[27]。

Pinus sylvestris の内樹皮から 2-O-[4′-(α-hydroxypropyl)-2′methoxyphenyl]-1-O-β-D-xylopyranosyl glycerol (**44**) および 3′-O-methylcatechin (**45**) が単離された[28]。

3.4.2 生理活性

Pinus ponderosa のオレオレジンは広領域にわたって抗菌性を示した[29]。針葉樹から得た 3 種の樹脂酸 dehydroabietic acid、podocarpic acid、O-methylpodocarpic acid の人の培養細胞に対する毒性試験が行なわれた。いずれも毒性が認められたが、dehydroabietic acid に最も強い活性が認められ、これに O-methylpodocarpic acid が引き続き、podocarpic acid の毒性は低かった[30]。

Pinus ponderosa の針葉から得た isocupressic acid と関連ジテルペン酸には家畜での妊娠後期における墜胎効果が認められる[31]。

フランスカイガンショウ (*Pinus pinaster*) から得たプロシアニジンを含む抽出液の水腫への顕著な消炎性が認められた[32]。

ESR を用いてタンニン類の抗酸化作用に関して速度論的解析を行なった。そして、タンニン類の抗酸化作用がタンニン試料のコロイド状態、フラバノール単位間での結合の立体配置、ヘテロ環の開環の容易性、フェノール性水酸基量、可溶性などの条件に依存することを示した[33]。

Pinus pinaster の樹皮から得たプロシアニジンに抗炎症作用およびスーパーオキシド消失活性が認められた[34]。

Pinus maritima (Pycnogenol) 樹皮から得たプロシアニジンには NO 代謝を緩和する能力があり、療養薬としての効果が期待できる[35]。

タイワンアカマツ (*Pinus massoniana*) から得た n-ヘキサン抽出物にヤケヒョウヒダニに対する殺ダニ活性およびハツカダイコンの幼根、胚軸の成長阻害活性が認められた[36]。

10 種の針葉樹について、その針葉に含まれる精油成分の抗菌性、植物の発芽および成長抑制効果、接着性、充填剤性などについて調べた[37]。

3.4.3 生合成・酵素・遺伝子

ロジポールパイン (*Pinus contorta*) の木材から *A. grandis* から見いだされたものとは異なる新型のモノテルペン合成酵素が発見された[38]。

Pinus strobus からカルコン合成酵素が cDNA としてクローニングされ、大腸菌中で発現された。ここでクローン化されたカルコン合成酵素は、すでに *Pinus sylvestris* からクローン化されたものとは異なり、malonyl-CoA よりはむしろ methylmalonyl-CoA を良い基質としていることから C-methylated chalcone の合成にかかわっているものと推察された[39]。

アカマツ (*Pinus densiflora*) のゲノムから 2 つのスチルベン合成酵素遺伝子がクローニングされた。これらの遺伝子は幼根では発現しているが、胚軸 (hypocotyl) では発現していなかった[40]。

オゾンによりヨーロッパアカマツ (*Pinus sylvestris*) の芽生えにストレスを与えるとスチルベン合成酵素とシンナミルアルコール脱水素酵素の mRNA が誘導された[41]。

Pinus sylvestris のピタノシルビン合成酵素遺伝子を他の植物に形質転換し、耐病性を獲得した植物を獲得する方法が特許として申請された[42]。

3.5 その他

Dihydroflavonol-4-reductase 活性がダグラスファー (*Pseudotsuga menziesii*)、ヨーロッパカラマツ (*Larix decidua*)、ヨーロッパアカマツ (*Pinus sylvestris*)、ドイツトウヒ (*Picea abies*) の樹皮および辺材から PEG 存在下で検出された[43]。

14-methylhexadecanoic acid (14-MHD) はマツ科 (Pinaceae) 針葉樹には非常に広く分布しているが、Taxaceae、Cupressaceae、Taxodiaceae からは認められなかった。したがって、14-MHD はマツ科針葉樹に特有な分類学的指標化合物となりうると考えられる。マツ科以外では、14-MHD はイチョウ (*Ginkgo biloba*) に例外的に存在するため、*G. biloba* とマツ科針葉樹の分類的なかかわりに興味が持たれる[44]。

4 構造式（主として新規化合物）

31

32

33

34

R = 3-O-Me-α-L-Rhap

35

36

37: R = β-D-Glup

38

39

40

41

42

43

44

45

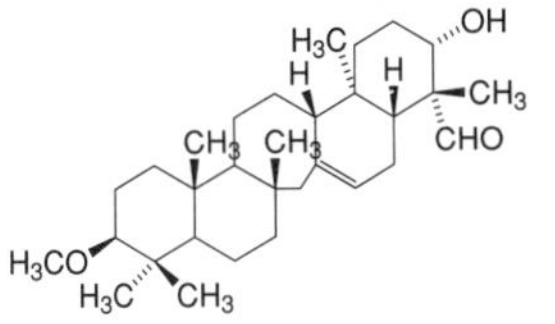

5 引用文献

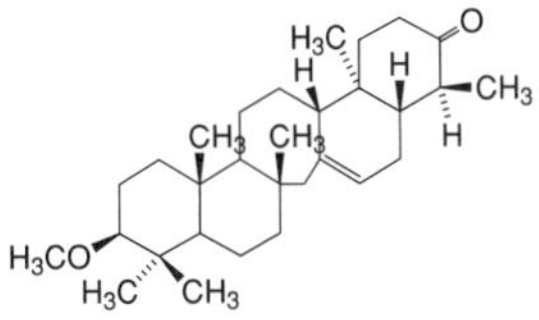

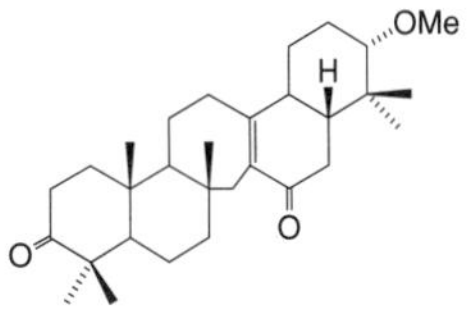

1) J. A. Findlay *et al.*, *J. Nat.Prod.* **58** (2), 197–200 (1995). 2) T. Ohira *et al.*, *Mokuzai Gakkaishi* **38** (2), 180–185 (1992). 3) A. F. Barrero *et al.*, *Phytochemistry* **31** (2), 615–620 (1992). 4) A. F. Barrero *et al.*, *Phytochemistry* **35** (5), 1271–1274 (1994). 5) K. Kawai *et al.*, *Phytochemistry* **32** (5), 1163–1165 (1993). 6) R. Tanaka *et al.*, *J. Nat. Prod.* **54** (5), 1337–1344 (1991). 7) A. F. Barrero *et al.*, *Phytochemistry* **41** (2), 605–609 (1996). 8) A. F. Barrero *et al.*, *J. Nat. Prod.* **57** (6), 713–719 (1994). 9) M. Aoyama *et al.*, *Mokuzai Gakkaishi* **38** (1), 101–105 (1992). 10) B. S. Vogel *et al.*, *J. Biol. Chem.* **271** (38), 23262–23268 (1996). 11) J. Bohlmann *et al.*, *J. Biol. Chem.* **272** (35), 21784–21792 (1997). 12) J. Bohlmann *et al.*, *Proc. Natl. Acad. Sci. USA* **95** (12), 6756–6761 (1998). 13) C. L. Steele *et al.*, *Plant Physiol.* **116** (4), 1497–1504 (1998). 14) R. Tanaka *et al.*, *Phytochemistry* **46** (6), 1051-1057

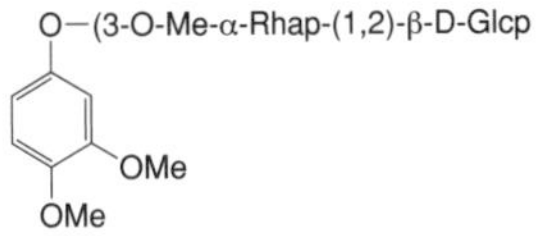

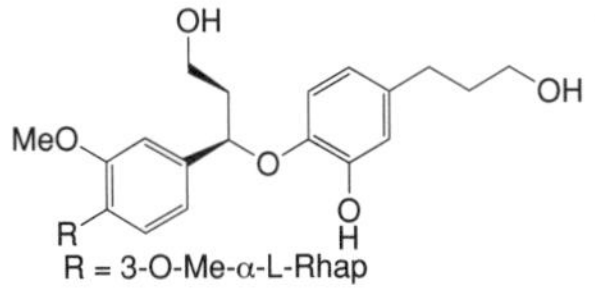

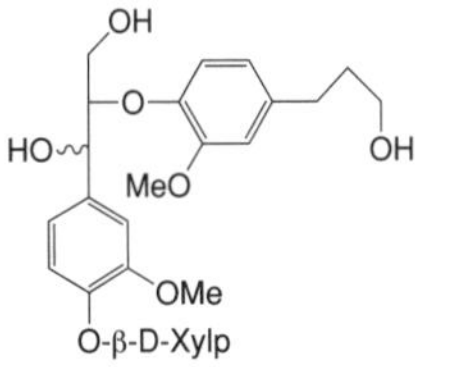

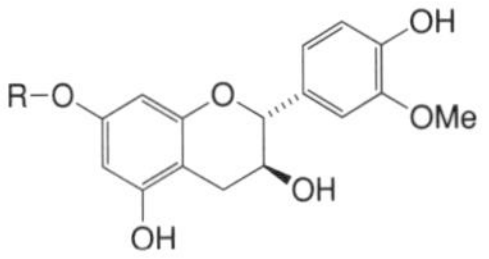

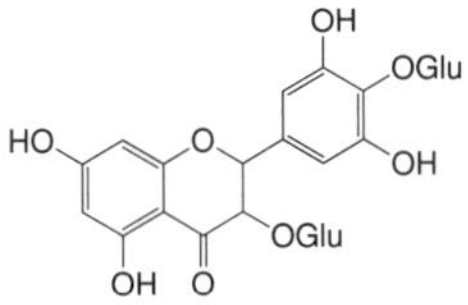

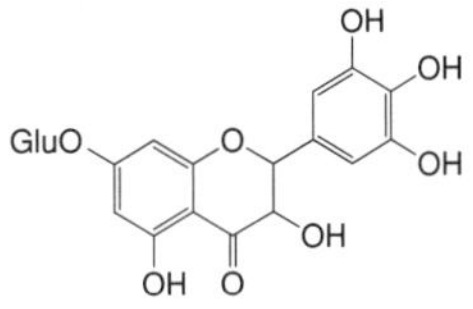

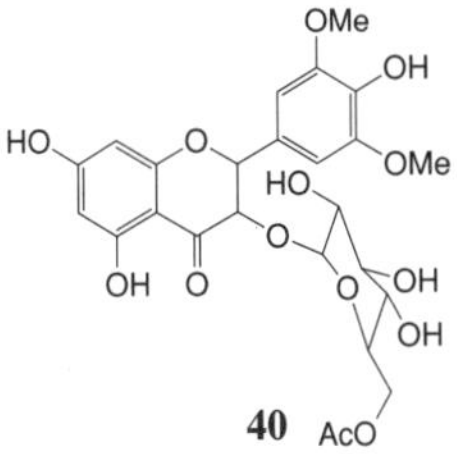

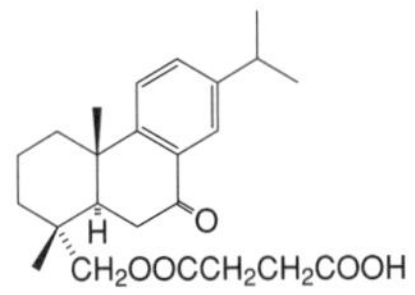

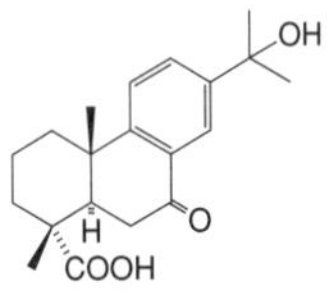

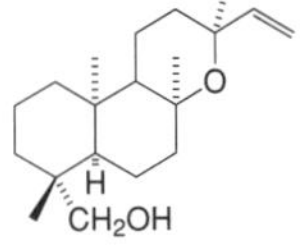

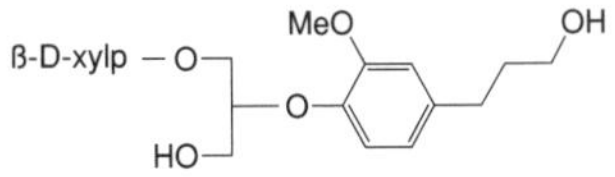

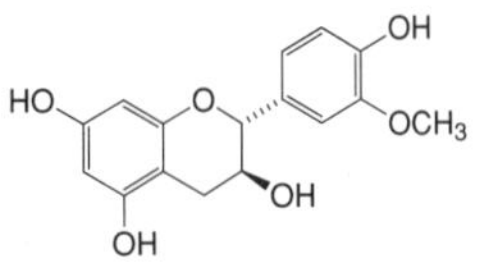

(1997). 15) H. Ohtsu et al., J. Nat. Prod. **61** (3), 406-408 (1998). 16) H. Ohtsu et al., J. Nat. Prod. **61** (10), 1307-1309 (1998). 17) K. Nabeta et al., Biosci., Biotechnol., Biochem. **57** (6), 1022–1023 (1993). 18) K. Nabeta et al., Phytochemistry **30** (11), 3591–3593 (1991). 19) R. Tanaka et al., Phytochemistry **47** (5), 839–843 (1998). 20) R. Tanaka et al., J. Nat. Products **60** (3), 319–322 (1997). 21) H. Pan et al., Phytochemistry **39** (6), 1423–1428 (1995). 22) R. Slimesad et al., Phytochemistry **32** (1), 179–181 (1992). 23) R. Slimestad et al., Phytochemistry **35** (2), 550–552 (1994). 24) R. Slimestad et al., Phytochemistry **40** (5), 1537–1542 (1995). 25) Mannila et al., Phytochemistry **33**, 813–816 (1993). 26) T. Shibuya, Sci. Rep. Hirosaki Univ. **38** (1), 24–30 (1991). 27) T. Shibuya et al., Sci. Rep. Hirosaki Univ. **38** (2), 109–1015 (1991). 28) Pan, H. et al.: Phytochemistry **42** (2), 1185–1189 (1996). 29) T. J. Savage, J. Biol. Chem. **269** (6), 4012–4020, (1994). 30) T. A. Soederberg et al., Toxicology **107** (2), 99–109, (1996). 31) D. R. Gardner, J. Nat. Toxins **6** (1), 1–10 (1997). 32) G. Blazso, Pharmazie **52** (5), 380–382 (1997). 33) M. Norferi et al., J. Appl. Polym. Sci. **63** (4), 475–482 (1997). 34) G. Blazso et al., Pharm. Pharmacol. Lett. **3** (6), 217–220 (1994). 35) F. Virgili et al., Free Radical Biol. Med. **24** (7/8), 1120–1129 (1998). 36) M. Yatagai et al., Mokuzai Gakkaishi **42** (12), 1221–1227 (1996). 37) M. Yatagai et al., Baiomasu Henkan Keikaku Kenkyu Houkoku **24**, 36–71 (1990). 38) M. Himejima et al., J. Chem. Ecol. **18** (10), 1809–1818 (1992). 39) J. Schroeder et al., Biochemistry **37** (23), 8417–8425 (1998). 40) Y. Yamaguchi et al., Wood Res. **84**, 15–18 (1997). 41) C. E. Zinser et al., Planta **204** (2), 169–176 (1998). 42) H. Kindl et al., Eur. Pat. Appl. EP533010 A2 24 Mar 1993. 43) V. Dellus et al., Phytochemistry **45** (7), 1415–1418 (1997). 44) R. L. Wolff et al., Lipids **32** (9), 971–973 (1997).

40 マメ科
Leguminosae

1 科の概要

我々が単に「まめ」と呼んでいる植物は、世界中に 680 属 2 万種あると言われている。イネ科に次いで農業上非常に重要な植物であり、食料、飼料、薬、染料、農薬、木材、砂防樹、衣料、装身具など利用範囲は多岐にわたっている。クロンキストの分類体系によると、マメ科はネムノキ科、ジャケツイバラ科とともにマメ目に分類され、キク科、ラン科に次いで大きな科である。マメ科は、マメ目の約 3 分の 2 に当たる約 455 属 13 000 種からなり、日本には約 49 属 135 種が自生するのみである。日本産種で割合が高いのは、ミヤマトベラ属 (*Euchresta*)、イヌエンジュ属 (*Maackia*)、フジ属 (*Wisteria*)、ハギ属 (*Lespedeza*)、クララ属 (*Sophora*) 等である[1]。

ネムノキ
(*Albizzia julibrissin*)

2 研究動向

マメ科の抽出成分に関する研究数は群を抜いており、この 10 年間だけでも 150 を超す新規化合物が単離構造決定されている。分析されている部位は根、樹皮、果実、種子が圧倒的で、成分的にはアルカロイド、サポニン、フラボノイド、イソフラボノイド、スチルベンおよびタンニンが主に見いだされている。これらの研究は新規化合物の立体化学を含めた構造解析、合成、成分組成分析をはじめとして、抗腫瘍活性、抗 HIV 活性、細胞毒性などの薬理活性成分の検索、さらに化粧品や口腔関連の生理活性に関する利用および微生物や昆虫に対する抗菌活性・殺虫成分なども研究されており、これらは数多くの利用特許も出願されている。

3 各 論

3.1 構造決定および合成

3.1.1 クララ属 (*Sophora*)

S. leachiana の根からフラバノン leachianone B (**1**)、C (**2**)[2]、leachianone D (**3**)、E (**4**)[3] および chromone[4]、さらに B 環で resverstrol と縮合した leachianone I (**5**)[5] がそれぞれ単離されている。また、スチルベンオリゴマー leachianol C (**6**)[6]、D-G[7] や pallidol を経由してオリゴマー化するレスベラトロール 3 量体 leachianol A、B[8] およびこれまでに例のない 5 量体の単離にも成功している[9]。*S. secundiflora* の根からフラボノイド[10] とイソフラボン secundiflorol D (**7**)、E (**8**)、F (**9**)[11] が、材からは secundiflorol G (**10**)、H、I[12] がそれぞれ単離されている。*S. exigua* の根から lavandulyl 残基を持つフラバノン exiguaflavanone A (**11**)、B (**12**)[13] とプレニル化されたフラバノン exiguaflavanone G (**13**)、H、I、J (**14**)、K、L、M (**15**) とベンゾクロモン exiguachromone B (**16**)[14] が単離構造決定されている。また、新規ルピンアルカロイド (−)-12-cytisineacetoamide (**17**) を単離し、機器分析と合成品によって直接比較し構造決定している[15]。*S. subprostrata* の根か

らサポニン kuzusapogenol A methyl ester (**18**)[16] とオレアネン配糖体 subproside IV、V、VI、VII[17] および 22 位に oxo 基を持つ新種のオレアネンサポゲノール、subprogenin A–D[18] が単離されている。*S. prostrata* の根からフェノール化合物 prostratol D (**19**)、E (**20**)、F、G[19] とイソフラボン prostratol A–C[20] が単離されている。*S. griffithii* の芽から 2 量体アルカロイド griffithine とルピンアルカロイド sophazrine が単離され、差 NOE にて相対立体配置が決められている[21,22]。*S. alopecuroides* の根からフラボノスチルベン alopecurone A–F と lavandulyl 基を有する 5-デオキシフラバノン alopecurone G が単離された[23]。*S. flavescens*（クララ）の根からジヒドロフラバノール kosamol A が単離構造決定された[24]。*S. fraserii* の根からイソフラバノン fraserinone A が単離されている[25]。*S. tetraptera* の根からフラボノイド tetrapterol A、B とイソフラバノン、tetrapterol C–E が単離されている[26]。*S. stenophylla* の根からプレニル化フラバノン配糖体 sophoraflavone I とレスベラトロールオリゴマー stenophyllol A–C が単離されている[27]。*S. japonica*（エンジュ）の種子からトリテルペン配糖体 soyasapogenol B glycoside が単離されている[28]。*S. microphylla* の根皮からイソフラバノン phyllanone A、B が単離されている[29]。*S. davidii* の根から天然物では初めてのレスベラトロール 5 量体が単離されている[30]。*S. tonkinensis* の根からルピンアルカロイド、(−)-14β-hydroxymatrine が単離され、(+)-matrine を元に合成された化合物から絶対立体配置が決められている[31]。*S. arizonica* の根からはイソフラボノイド arizonicanol A–E が単離されている[12]。*Sophora* 属の根に多く含まれるプレニル化フラボノイドおよびオリゴスチルベンに対する植物分類が調べられ、その形態と成分分類の関連性が報告されている[32]。

3.1.2 クズ属（*Pueraria*）

P. lobata（葛花）の根（葛根）からフェノール配糖体 kuzubutenolide A (**21**) と 3′-methoxydaizain (**22**)[33] およびオレアン型トリテルペン配糖体 kuzusaponin A1、A2、A4、A5、SA4、SB1 が単離構造決定されている[34]。*P. mirifica* 由来の生物活性を持つ 5 環状フェノール化合物 miroestrol が vinylstannane と monocyclic α-bromo ketone から光学選択的に合成されている[35]。

3.1.3 ネムノキ属（*Albizzia*）

A. julibrissin の樹皮からは配糖体が多く見いだされており[36]、特に syringaresinol の微生物分解における代謝物であるリグナン配糖体[37] およびトリテルペン配糖体 julibroside A1–A4、B1、C1[38]、julibroside I、II、III[39] 等が単離構造決定されている。*A. myriophylla* の樹皮からもリグナン配糖体 albizzioside A (**23**)、B (**24**)、C (**25**)[40] とアルカロイド albizzine A が単離されている[41]。*A. lebbek* の種子からは多環性 alkaloid、budmunchiamine L1–L3 が単離構造決定されている[42]。

3.1.4 ハリエンジュ属（*Robinia*）

R. pseudoacacia（ニセアカシア）の樹皮からトリテルペン配糖体 robinioside A–D[43] および robinioside E–J[44] が単離構造決定されている。また、樹皮から prorobinetinidin 2 量体が単離され、NMR により動的回転異性体の存在はないと分析されている[45]。

3.1.5 イヌエンジュ属（*Maackia*）

M. amurensis の根からプレニル化フラボン[46] が、心材からスチルベン型リグナン maackoline[47] がそれぞれ単離構造決定されている。*M. tenuifolia* の根からはイソフラバン manuifolin D、E、F[48] と G (**26**)、H (**27**)、K (**28**)[49] が単離構造決定されている。また、同様に根から maackiaflavonol も単離されており、その構造は acetophenone から 5 段階を経る合成物との比較で確認されている[50]。*M. tashiroi* の幹からアルカロイド、indolizidine-quinolizine 環を有する (−)-camoensidine N_{15}-oxide が単離されている[51]。中国産 *M. hupehensis* からもルピンアルカロイドの中間代謝生成物と考えられる (+)-hupeol が単離構造決定されている[52]。*Maackia* 属のこれまでの成分研究はフラボノイドが主であったが、日本産 *Maackia* 属植物のアルカロイドについて化学的・生化学的考察

とともに、ケモタクソノミーについても論じられている[53]。

3.1.6 フジ属(*Wisteria*)

W. sinensis の花の芳香性成分中から GC-MS、GC-FTIR によって β-chromene 類を単離し、6*H*-methoxy-4*H*-1-benzopyran-7-ol およびその *O*-メチル誘導体が構造決定されている[54]。*W. brachybotrys* からはトリテルペン配糖体が単離されている[55]。また、*W. floribunda* の熟成種からは guanidinoamine 類が単離されている[56]。その他 *Wisteria* 属の花の香りの成分が光学選択的に合成されている[57]。

3.1.7 アカシア属(*Acacia*)

タイの薬用植物である *A. concinna* の種子から新規モノテルペンカルボキシアミド concinnamide が単離構造決定されている[58]。また、同植物の果実からは高極性サポニン混合物をアルカリ加水分解することで5つの新規トリテルペンサポゲノール concinnoside A–E が得られている[59]。*A. longifolia* の根からは B 環の酸素化パターンが珍しい 5,2′,5′-trihydroxy-6,7-dimethoxyflavanone が単離構造決定されている[60]。

3.1.8 ハギ属(*Lespedeza*)

L. formosa の根皮からフラバノン lespedezaflavanone F、G が単離構造決定されている[61]。

3.1.9 その他のマメ科植物

Ononis spinosa の根から新規骨格を持つ配糖体 spinonin が単離構造決定されている[62]。*Poecilanthe* 属から初めてのアルカロイドが葉と種から主成分として見いだされ構造決定されている[63]。*Glycyrrhiza pallidiflora* の根から新規イソフラボノイド isoflav-3-ene (2′,7-hydroxy-4′-methoxyisoflav-3-ene) (**29**) が単離構造決定されている[64]。*Abrus cantoniensis* からは分岐糖鎖構造を持つトリテルペンサポニン[65]と新規サポゲノールが単離構造決定されている[66]。*Melilotus officinalis* の根から新規オレアネン配糖体 melilotus saponin が単離されている[67]。インド原産の *Trigonella foenum* の種子から6つの新規 furostanol サポニン trigoneoside Ia、Ib、IIa、IIb、IIIa、IIIb[68]、また、種から7つの新規ステロイドサポニン trigoneoside IVa、Va、Vb、VI、VIIb、VIIIb、IX[69] がそれぞれ構造決定されている。

3.2 組成分析

3種類のマメ科植物 *Dolichos biflorus*、*Lathyrus sativus*、*Lens culinaris* の根のステロール組成が調べられている[70]。また9種類のマメ科植物種子中のトリテルペンアルコールの組成も調べられ、その中で新規化合物 24*Z*-ethyldidene-24-dihydroparkenol が単離構造決定された[71]。*S. japonica* の葉の成分組成が調べられ、不鹸化画分からクマリン類が見いだされている[72]。絹木と呼ばれている *A. julibrissin* の花中の75以上の揮発性成分が GC-MS で調べられ、主成分は含酸素化合物であり、それ以外にニトリルやオキシムを含む窒素化合物も含まれていた[73]。マメ科植物抽出物の多孔質アミノプロピルカラムを用いた HPLC による高分子量 (Mn 2 000–2 100) サポニンの分析が行なわれている[74]。

3.3 薬理活性

3.3.1 抗腫瘍、抗 HIV 活性、癌細胞毒性

S. flavescens の15個の flavonoid が構造決定され、*in vitro* で人腫瘍細胞に対する細胞毒性をもつ事が分かった[75,76]。*S. flavescens* の根から単離された matrine が細胞膜障害と関係するトリコマイシンに対する阻害活性を示している[77]。また、sophoraflavone G の高い癌細胞毒性も明らかにされている[78]。*Wisteria brachybotrys* から単離された afromoshin と soyasaponin I がマウスの皮膚発癌

促進を特異的に阻害し、afromoshin は肺発癌促進も押さえることが明らかにされている[79]。また、同植物の節から単離されたイソフラボノイドの発癌性物質で感染された伝染性のウイルス Epstein-Barr ウイルスの活性阻害および抗腫瘍活性試験の結果、pendulone が最も効果的であったと報告されている[80]。Glycyrrhiza 属由来のトリテルペンの羊赤血球による 2-deoxy-D-glucose の取り込み、抗腫瘍感度、抗 HIV 活性等が調べられ、トリテルペンの医薬への応用が論じられている[81]。Mundulea sericea から単離されたロテノイド deguelin がマウスの皮膚発癌性試験において、330 mg の投与で完全に癌細胞が消失することが示された。このことは TPA 誘発マウス表皮 ornithin decarboxylase (ODS) 活性阻害と強く相関した[82]。

3.3.2 免疫障害・アレルギー・その他

エンジュの蕾である槐花から単離された quercetine がタンパク分解酵素 trypsin を強く阻害し、急性慢性の膵臓炎や血栓性疾患の治療薬としての利用が考えられている[83]。葛花から単離されたトリテルペノイドサポニンならびにイソフラボノイド、daidzein と puerarin はラットモデルにおいてアルコール性肝障害に対するさまざまな改善作用が見られている[84,85]。葛根の粗サポニン画分が in vitro で肝細胞組織の免疫障害抑制効果を示し、それは単離物である soyasaponin I や kuzusaponin SA3 より効果的であると述べられている[86]。また同根から単離されたイソフラボノイドのマウスリンパ球増殖発赤血球凝集素 (Con A) に対する抑制効果が調べられ、biochanin A と 2-carbethoxybiochanin A が効果的であった[87]。A. julibrissin の樹皮から 3 つのピリドキシンが単離され、その中の julibrin II は不整脈誘導物質であることがわかっている[88]。南アフリカの伝統的な薬として使われている Erythrophleum lasianthum の種子から抗血小板凝集活性を持つレスベラトロール配糖体が単離された。この化合物は、wittig 反応を経由し、相関移動触媒下での配糖化によって合成されている[89]。アレルギー性およびアレルギーに関連した炎症性疾患に有効性が期待される生薬を植物分類学上科別に分け、主成分と薬理作用の関連性を論じた総説がある[90]。

3.4 生理活性

3.4.1 化粧品関連

甘草 (Glycyrrhiza glabra) の根または根茎から単離されるビフェニル化合物 (**30**) が皮膚化粧料としての利用特許[91] および槐花から得られる各種フラボノイド類を有効成分とする皮膚を収斂、整肌、保護するための化粧料に関する利用特許が出されている[92]。100 種類の植物抽出物のメラニン生成阻害剤の検定が行なわれ、Sophora japonica の抽出物がマッシュルーム由来のチロシナーゼの活性を阻害した[93]。葛根のイソフラボノイド類によるマウスの耳を用いた抗炎症作用が調べられ、daidzein と puerarin が良好な結果を示した[94]。Millettia thonningii の種子クロロホルム抽出物中のイソフラボノイド、alpinumisoflavone がマウスの皮膚を用いた実験で、皮膚感染微生物に対して感染阻害効果を示した[95]。熱帯植物 Archidendron ellipticum からメラノーマ細胞に対して毒性を有する新規エステルサポニン elliptoside A–J が単離され、A、E、F の構造が決定されている[96]。

3.4.2 口腔関連

S. exigua の根から単離される sophoraflavanone G (**11**) が口腔内の streptococcus 属の増殖を有効に抑制できるので虫歯予防剤としての利用が考えられている[97]。また、ファイトアレキシンでもある同化合物は、う蝕原生、歯垢形成および歯周病原細菌種に対する強い抗菌活性が認められている[98]。

3.4.3 酵素阻害

L. capitata 抽出物中の procyanidin (縮合型タンニン) が高血圧に関与するアンギオテンシン I 変換酵素を大いに阻害し、その機構を procyanidin のオルソ水酸基と酵素中の亜鉛金属とのキレーションのためであると推定している[99]。Xanthocercis zambesiaca の葉と根の 50% メタノール抽出物を

各種イオンクロマトを経た後に fagomine およびその光学異性体が得られ、それらはイソマルターゼおよび α-、β-galactosidase に対し強力な阻害性を示した[100]。Sophora flavescens に存在する 11 種のプレニル化フラボノイドの phospholipase に対する阻害活性が調べられ、構造活性相関の結果、C-3 位の水酸基が阻害性と関連していると述べられている[101]。Cassia nomame の果実から lipase 阻害活性を有する新規フラバン 2 量体が単離同定されている[102]。

3.5 抗菌殺虫活性

S. alopecuroides および S. leachiana から新規フラボノスチルベンおよび新規オリゴスチルベンの構造が明らかにされ、alopecurone A (**31**) は methicillin-resistant Staphylococcus aureus (MRSA) に対して強い抗菌活性を示している[103]。sophoraflavanone G (**11**) は各種の細菌（黄色ブドウ球菌、枯草菌、ニキビ菌、フケ菌）に対して増殖抑制作用を有するため抗菌、防腐剤、ニキビや肌荒れ改善、皮膚または頭髪化粧への応用が期待されている[104]。S. exigua に存在する exiguaflavanone D は MRSA に対して強い成長阻害活性を示し、MRSA 感染の植物化学療法剤としての可能性が期待される[105]。さらに同植物から単離された異なる置換基を持つフラバノン類の MRSA に対する抗菌活性が調べられ、構造活性相関の結果、B 環の 2',4' あるいは 2',6' と A 環の 5,7 位の水酸基パターンが活性と大いに相関したと報告されている[106]。またファイトアレキシン物質 sophoraflavonone G、I は 21 株の MRSA に対して完全に成長阻害を示している[107]。Trifolium subterraneum の葉から昆虫抗食性を持つ 2 つの新規イソフラボノールが単離構造決定されている[108]。Eriosema tuberosum の根からいくつかのポリフェノールが単離され、Cladosporium cucumerinum および Candida albicans に対する抗菌活性が示されている[109]。Millettia thonningii の種子クロロホルム抽出物がカタツムリおよびその寄生虫を殺すことが示され、イソフラボノイドの alpinumisoflavone と 4'-methyl-alpinumisoflavone がその原因物質であった。それらは電子輸送のメカニズムを阻害するためであると考えられている[110]。Butea monosperma の樹皮石油エーテル抽出物および酢酸エチル抽出物から Cladosporium cladosporioides に対する抗菌性物質プテロカルパン、(−)-medicarpin I が単離されている[111]。

3.6 その他の利用

木材接着剤としての利用は Tera pods (Caesalpinia spinosa) から容易に得られる pyrogallol[112] や加水分解型タンニン[113] を用いたフェノール系接着剤組成に関するものがある。また、消化性の改善を目的として L. cuneata の葉に含まれる縮合型タンニンの白色腐朽菌 Ceriporiopsis subvermispora、Cyathus steroreus による分解が調べられ、両菌とも選択的に縮合型タンニンを分解している[114]。生合成関連では、マメ科植物の組織中の procyanidin (PA) の蓄積と leucosyanidin 還元酵素との関係について調べられ、還元酵素は PA を含む組織中でのみ活性が見られたが、組織が発達するに従い減少したと報告されている[115]。機能性食品に関連したマメ科植物の根の多糖類やフラボノイドの有用性を論じた総説も出ている[116]。

4 構造式（主として新規化合物）

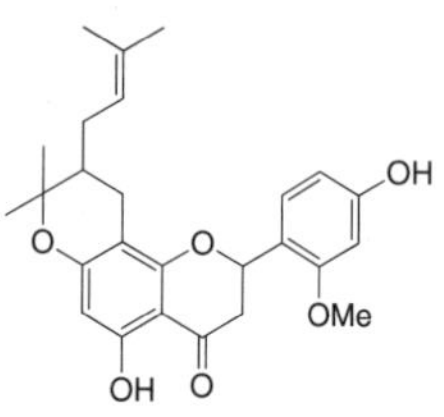

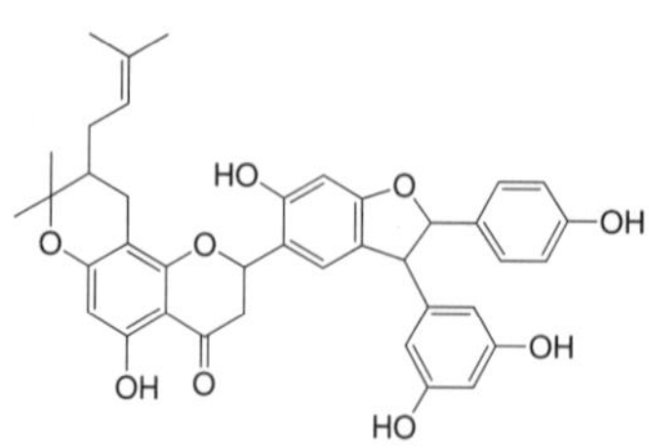

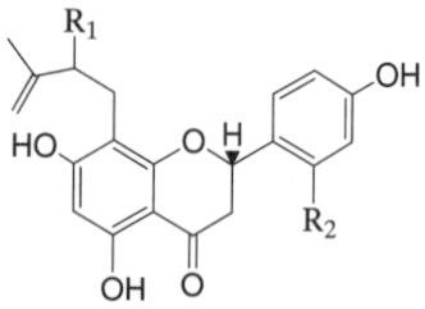

3: $R_1 = \diagup\!\!\!\diagdown OH$, $R_2 = OMe$
4: $R_1 = \diagup\!\!\!\diagdown$, $R_2 = H$

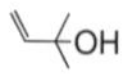

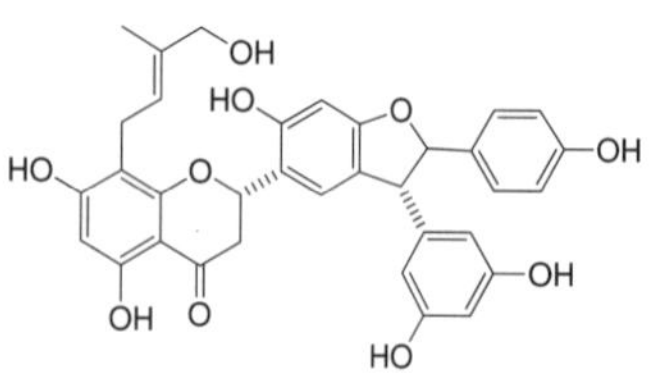

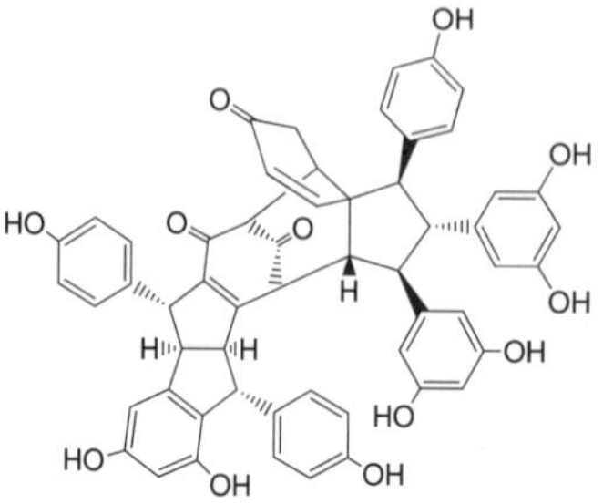

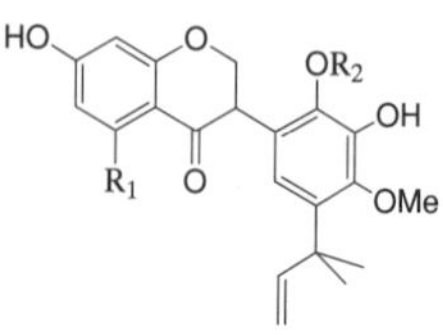

7: $R_1 = R_2 = H$
8: $R_1 = OH$, $R_2 = Me$

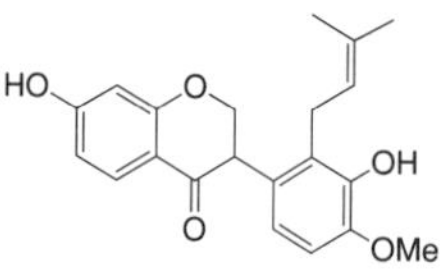

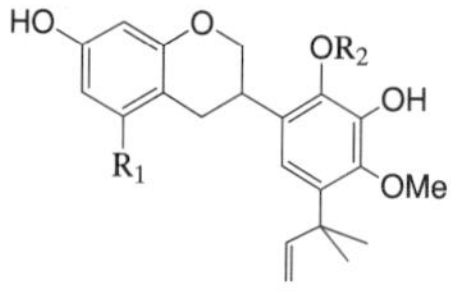

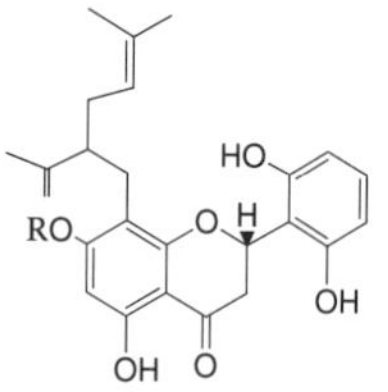

11: $R = H$
12: $R = Me$

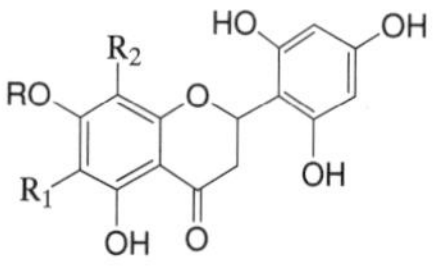

13: $R_1 = H$, $R_2 = \diagup\!\!\!\diagdown$ 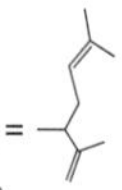
14: $R_1 = \diagup\!\!\!\diagdown$, 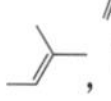 $R_2 = \diagup\!\!\!\diagdown$ 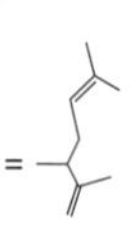
15: $R_1 = H$, $R_2 = \diagup\!\!\!\diagdown OH$

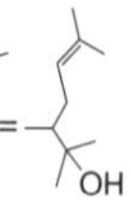

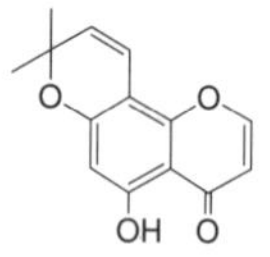

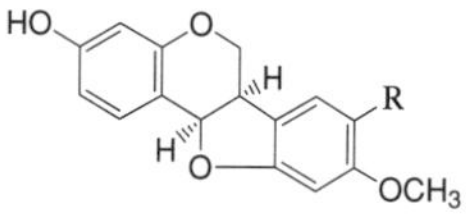

19: $R = \gamma,\gamma$-dimethylallyl
20: $R =$ geranyl

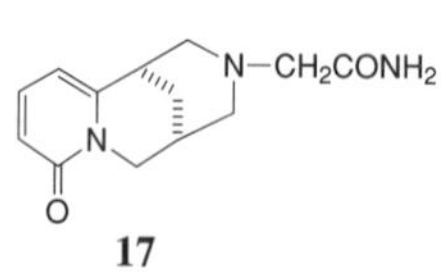

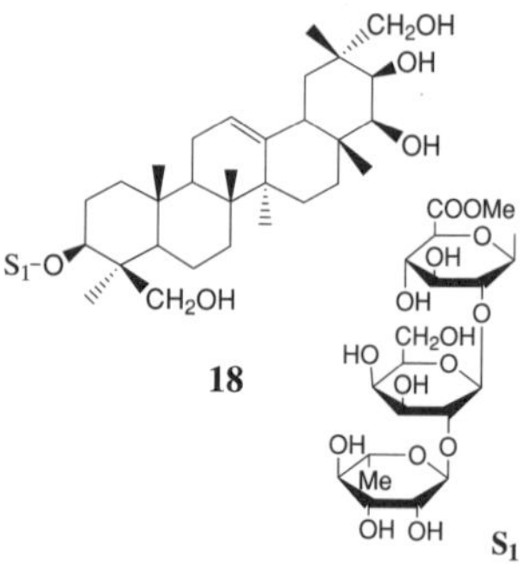

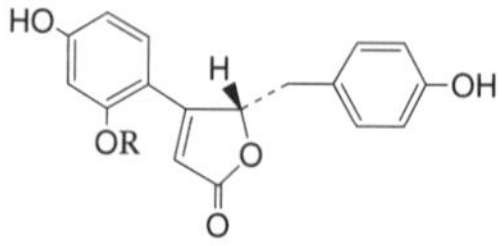

21: $R = \beta$-D-Glc

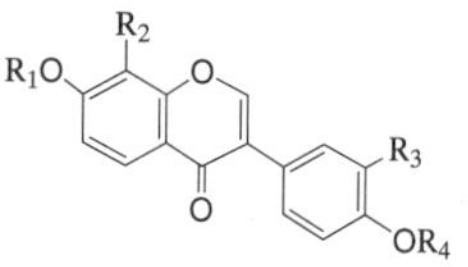

22: $R_1 = \beta$-D-Glc(Ac), $R_2 = H$, $R_3 = OMe$, $R_4 = Ac$

5 引用文献

1) 大橋広好、『朝日百科植物の世界』、第4巻、朝日新聞社、pp. 258-260 (1997). 2) M. Iinuma *et al.* (1991, Japan) **116**: 80456. 3) M. Iinuma *et al.* (1992, Japan) **116**: 211128. 4) M. Iinuma *et al.* (1993, Japan) **120**: 73463. 5) M. Iinuma *et al.* (1994, Japan) **122**: 76620. 6) M. Ohyama *et al.* (1994, Japan) **122**: 5497. 7) M. Ohyama *et al.* (1995, Japan) **123**: 29606. 8) M. Ohyama *et al.* (1994, Japan) **123**: 5591. 9) 大山雅義 ら (1995, Japan) **124**: 198124. 10) M. Iinuma *et al.* (1995, Japan) **123**: 138790. 11) Y. Shirataki *et al.* (1997, Japan) **126**: 235929. 12) T. Tanaka *et al.* (1998, Japan) **129**: 242474. 13) N. Ruangrungsi *et al.* (1992, Thailand) **117**: 86681. 14) M. Iinuma *et al.* (1994, Japan) **121**: 78309. 15) S. Takamatsu *et al.* (1991, Japan) **116**: 80458. 16) S. Sakamoto *et al.* (1992, Japan) **117**: 44554. 17) Y. Ding *et al.* (1992, Japan) **119**: 15198. 18) T. Takeshita *et al.* (1991, Japan) **116**: 80414. 19) M. Iinuma *et al.* (1995, Japan) **122**: 235271. 20) M. Iinuma *et al.* (1994, Japan) **122**: 286628. 21) A. Rahman *et al.* (1991, Pakistan) **116**: 190988. 22) A. Rahman *et al.* (1991, Pakistan) **116**: 3549. 23) M. Iinuma *et al.* (1995, Japan) **122**: 261056. 24) S. Ryu *et al.* (1996, Korea) **125**: 270550. 25) M. Iinuma *et al.* (1993, Japan) **121**: 5054. 26) M. Iinuma *et al.* (1995, Japan) **123**: 138755. 27) M. Ohyama *et al.* (1998, Japan) **129**: 65521. 28) A. Gorbacheva *et al.* (1996, Ukraine) **126**: 314825. 29) G. Russell *et al.* (1997, New Zealand) **127**: 188196. 30) M. Ohyama *et al.* (1996, Japan) **125**: 110320. 31) P. Xiao *et al.* (1996, Japan) **125**: 297066. 32) M. Ohyama *et al.* (1995, Japan) **124**: 112441. 33) K. Hirakura *et al.* (1997, Japan) **128**: 45885. 34) T. Arao *et al.* (1997, Japan) **126**: 248829. 35) J. Corey *et al.* (1993, USA) **119**: 270897. 36) H. Higuchi *et al.* (1992, Japan) **117**: 66571. 37) J. Kinjo *et al.* (1991, Japan) **116**: 148238. 38) J. Kinjo *et al.* (1992, Japan) **119**: 24599. 39) T. Ikeda *et al.* (1995, Japan) **124**: 82129. 40) A. Ito *et al.* (1994, Japan) **122**: 128568. 41) A. Ito *et al.* (1994, Japan) **123**: 5589. 42) L. Misra *et al.* (1995, India) **123**: 79654. 43) B. Cui *et al.* (1992, Japan) **119**: 24597. 44) B. Cui *et al.* (1993, Japan) **119**: 135612. 45) J. Coetzee *et al.* (1995, S. Africa) **122**: 209760. 46) N. Matsuura *et al.* (1994, Japan) **121**: 78334. 47) N. Kulesh *et al.* (1995, Russia) **123**: 334948. 48) J. Zeng *et al.* (1997, China) **127**: 260084. 49) J. Zeng *et al.* (1998, China) **128**: 319320. 50) J. Shen *et al.* (1991, China) **116**: 193975. 51) S. Ohmiya *et al.* (1991, Japan) **122**: 128606. 52) Y. Wang *et al.* (1998, Japan) **129**: 81879. 53) 久保元 ら (1997, Japan) **128**: 34912. 54) D. Joulain *et al.* (1994, Switz) **122**: 209802. 55) J. Kinjo *et al.* (1995, Japan) **123**: 165098. 56) K. Hamana *et al.* (1993, Japan) **120**: 294086. 57) K. Awano *et al.* (1995, Japan) **123**: 285620. 58) F. Kazuki *et al.* (1997, Japan) **126**: 155112. 59) G. Abdul *et al.* (1997, Japan) **127**: 3013. 60) E. Anam *et al.* (1997, Nigeria) **128**: 1916. 61) L. Jingrong *et al.* (1992, China) **118**: 56148. 62) S. Kyrmyzyguel *et al.* (1997, Turkey) **126**: 209527. 63) R. Greinwald *et al.* (1995, Germany) **124**: 25653. 64) K. Kajiyama *et al.* (1993, Japan) **120**: 212563. 65) H. Miyao *et al.* (1996, Japan) **125**: 81852. 66) H. Miyao *et al.* (1996, Japan) **125**: 81851. 67) M. Udayama *et al.* (1998, Japan) **128**: 255164. 68) M. Yoshikawa *et al.* (1997, Japan) **126**: 169061. 69) M. Yoshikawa

et al. (1998, Japan) **128**: 280817. 70) T. Akihisa *et al.* (1991, Japan) **116**: 191012. 71) T. Akihisa *et al.* (1994, Japan) **120**: 294205. 72) M. Khattab *et al.* (1998, Egypt) **129**: 287787. 73) H. Mottram *et al.* (1996, Switz) **126**: 209540. 74) J. Beutler *et al.* (1997, USA) **127**: 268096. 75) S. Ryu *et al.* (1997, Korea) **128**: 106293. 76) S. Ryu *et al.* (1997, Greece) **126**: 207142. 77) H. Wang *et al.* (1994, Japan) **121**: 99122. 78) Y. Kim *et al.* (1997, Korea) **127**: 287824. 79) T. Konoshima *et al.* (1992, Japan) **118**: 51985. 80) T. Konoshima *et al.* (1997, Japan) **127**: 272356. 81) H. Hasegawa *et al.* (1995, Japan) **124**: 278281. 82) G. Udeani *et al.* (1997, USA) **127**: 242886. 83) 萩田善三郎 ら (1993, Japan) **119**: 103315. 84) 金城順英 ら (1996, Japan) **125**: 150873. 85) R. Lin *et al.* (1996, USA) **125**: 135267. 86) T. Arao *et al.* (1997, Japan) **127**: 303284. 87) S. Namgoong *et al.* (1994, Korea) **121**: 291987. 88) H. Higuchi *et al.* (1992, Japan) **117**: 66583. 89) F. Orsini *et al.* (1997, Italy) **127**: 302918. 90) 平沢昌子 ら (1997, Japan) **127**: 104088. 91) 引間俊雄 ら (1998, Japan) **129**: 179983. 92) 津雲勝義 ら (1991, Japan) **116**: 66941. 93) T. Lee *et al.* (1997, Korea) **128**: 26741. 94) S. Lee *et al.* (1994, Korea) **121**: 416. 95) S. Perrett *et al.* (1995, UK) **123**: 132070. 96) J. Beutler *et al.* (1997, USA) **127**: 328883. 97) 飯沼宗和 ら (1995, Japan) **122**: 222827. 98) 佐藤勝 ら (1996, Japan) **125**: 81678. 99) H. Wagner *et al.* (1992, Germany) **117**: 83185. 100) A. Kato *et al.* (1997, Japan) **126**: 169071. 101) H. Lee *et al.* (1997, Korea) **127**: 156268. 102) T. Hatano *et al.* (1997, Japan) **128**: 99202. 103) 大山雅義 ら (1994, Japan) **123**: 193591. 104) 小島弘之 ら (1996, Japan) **124**: 325032. 105) M. Iinuma *et al.* (1994, Japan) **122**: 51420. 106) H. Tsuchiya *et al.* (1996, Japan) **124**: 249768. 107) M. Sato *et al.* (1995, Japan) **124**: 50482. 108) S. Wang *et al.* (1998, Australia) **128**: 255132. 109) G. Ma *et al.* (1995, Switz) **123**: 251037. 110) S. Perrett *et al.* (1995, UK) **123**: 329325. 111) M. Bandara *et al.* (1990, Sri Lanka) **118**: 35704. 112) G. Galvez *et al.* (1997, Canada) **127**: 109818. 113) G. Galvez *et al.* (1997, Canada) **127**: 163296. 114) G. Gamble *et al.* (1996, USA) **125**: 242709. 115) B. Skadhauge *et al.* (1997, Denmark) **127**: 3031. 116) R. Hegnauer *et al.* (1993, Netherland) **119**: 245498.

41 マンサク科
Hamanelidaceae

1 科の概要

　落葉または常緑、往々星状毛がある。葉は互生し単葉で托葉はまれにないものもある。頭状または穂状花序。両性または単性花で世界に23属、150種ほど知られている。代表的なものにトサミズキ属(*Corylopsis*)、マルバノキ属(*Disanthus*)、イスノキ属(*Distylium*)、マンサク属(*Hamamelis*)、フウ属(*Liquidambar*)、トキワマンサク属(*Loropetalum*)などがある[1]。特にマンサク属は、早春、葉に先だって黄色い線形の四弁花が咲き、花が盛んに開いて枝に満つることから、豊年満作の"満作"の意で、また他の花に先がけて咲くため、"まず咲く"の意とも解釈される。材および樹皮の繊維が強く、蛇かご、土木用の索とし、枝はそのままで薪をしばり、縄の代用とする。

イスノキ
(*Distylium racemosum*)

2 研究動向

　マンサク科に含まれるタンニン成分の構造と機能についての報告が多い。マンサク属のハマメリタンニン、ガロイルハマメロース、プロアントシアニジンなどを含む抽出成分がラジカル阻害剤、抗ウイルスと抗炎症活性、アトピー性湿疹、脱色作用、抗酸化作用、スーパーオキシド除去活性、活性酸素除去作用、皮膚細胞増殖作用、ヒスタミン放出阻害活性などを示し、毛髪調整剤、目薬とレンズの曇り防止、石鹸、入浴剤、シャンプー、毛染め染料、スキンローション、低刺激性化粧品などの利用分野に関する報告が圧倒的に多い。フウ属およびトキワマンサク属では新規な加水分解型タンニン、ガロイル化フラボノール配糖体、イリドイドなどの単離・構造決定および自己免疫性薬用成分の研究が報告されている。

3 各論

　マルバノキ属(*Disanthus*)については、*D. racemosum*の葉のbrassinosteroidについての総説[2]、*D. racemosum*の葉の3-oxoteasteroneおよびteasteroneの生合成におけるエピ化についての報告がある[3]。

　マンサク属(*Hamamelis*)についての報告はマンサク科の中で最も多く、とりわけアメリカマンサク(*H. virginiana*)が多い。

3.1 成分分離と構造決定について

　葉からプロアントシアニジン、フェノール酸およびフラボノイドの検索と同定[4]、gallic acidとEt gallateの単離[5]、オリゴプロアントシアニジン、(+)-gallocatechin-($4\alpha \rightarrow 8$)-(+)-catechinとprocyanidin B3の同定[6]、樹皮から抗ウイルス、ラジカル補足活性、抗炎症活性を示すオリゴおよ

びポリプロアントシアニジンが単離され (低分子の hamamelitannin、catechin は活性がない)[7]、また一連の C-1 アシル化 galloylhamamelose および新規な galloylhamamelose (**1**)[8]、新規な pyranose 構造を持つ galloylhamamelose (**2**) の単離同定がされている[9]。Hamamelose (2-hydroxymethyl-D-ribose) の合成と witch hazel (*H. virginiana*) の樹皮からのそれとの比較[10]、Hamamelis などの薬用粗物質と天然物の TLC 同定法[11] などの報告がある。

3.2 効用について

葉からのフェノール酸 (gallotannin、gallic acid、caffeic acid) およびフラボノイド (kaempferol、quercetine、quercitrin) の日焼け防止およびラジカル阻害剤と化粧品としての利用[12,13]、hamamelis 蒸留物と hydrocortisone クリームのアトピー性湿疹に対する効用の比較[14]、*H. virginiana* のタンニンの脱色阻害作用と、食品、化粧品、医薬品への利用[15]、抗炎症作用のテスト[16]、抗酸化作用と化粧品としての利用[17]、hamamelis の抗炎症活性と紅疹治癒[18]、抗炎症活性化合物[19]、スーパーオキシド除去活性とその評価[20]、皮膚傷害処理剤として化粧品への利用と適用性[21]、抽出物の局所ゲル化と薬効性[22]、抗ウレアーゼ化粧品[23]、化粧品としての不老成分の開発と hamamelitannin の活性酸素除去作用[24]、皮膚細胞増殖活性を和らげる Hamamelis 成分を含んだ化粧品[25]、Hamamelis 水を含んだ皮膚保護剤の安全性と効果[26]、hamamelitannin 含有皮膚・照明化粧品[27]、不老化粧品[28]、皮膚のしわ防止植物抽出成分含有化粧品[28]、植物抽出物含有毛髪調整剤[29]、薬用チクソトロピックゲル[30]、Hamamelis 水助剤含有薬剤[31]、肥満細胞のヒスタミン放出阻害剤を含む化粧品と食品[32]、*H. virginiana* などの抽出成分と vinylpyrrolidone copolymer 含有調髪剤[33]、紫外線照射誘導ネズミ皮膚芽細胞の細胞障害に対する hamamelitannin の保護活性[34]、スーパオキシドアニオンラジカル、ヒドロキシルラジカル、一重項酸素、リピドパーオキシドなどの活性酸素除去活性と皮膚の抗老化、抗しわ活性剤としての利用の可能性[35]、Hamamelis 成分を含んだセルロース誘導体を基材とした収斂性ヒドロゲル[36]、活性酸素除去剤としてのハマメロタンニン[37]、抗静脈瘤ゲル[38]、目薬としての利用[39]、石鹸、入浴剤としての利用[40]、局所肌荒れ防止クリームとしての利用[41]、植物ポリフェノール含有調髪剤、シャンプー[42]、薬用植物抽出物含有目薬、レンズの曇り除去[43]、薬用植物抽出物のカプセル化[44]、ゼオライトと *H. virginiana* などの pyrogallol tannin 含有酸化ジアミン毛染め染料[45]、抽出物含有 CMC 薬用パックゲル[46]、非イオン界面活性剤を含む泡性調髪剤[47]、抗 cellulite 化粧品成分[48]、パーベーパレションによる *H. virginiana* など多くの植物濃縮抽出物の製造[49] など、膨大な報告がある。

フウ属 (*Liquidambar*) について、*L. balsam* より cinnamyl cinnamate、28-hydroxy-β-amyrone、oleanonic acid、liquidambronic acid が同定された。主な精油成分は α-pinene、β-pinene、camphene、terpinolene、caryophyllene、bornyl acetate であった[50]。

L. formasans の樹皮から 4 個のイリドイド (モノテルペン)、monotropein、monotropein Me ester (**3**)、6α-hydroxygeniposide (**4**)、6β-hydroxygeniposide (**5**) が同定された。最後 3 個はこの植物からは最初に単離された[51]。また葉からオリゴ加水分解型タンニン、2 量体 isorugosin E (**6**) および 3 量体 isorugosin G (**7**) が単離され、NMR および CD により構造を決定した[52]。*L. formosana* の樹脂の不揮発成分から bornyl *trans*-cinnamate と 2 個の pentacyclic triterpene aldehyde が得られた[53]。中国の礼拝儀式の香に用いる神木、*L. formosana* を燃したときの健康障害を引き起こすガス状アルデヒドを検索した[54]。*L. formosana* の果実 Lu Lu Tong から新規トリテルペンラクトン liquidambaric lacton (**8**)[55] およびオレアン型トリテルペン (**9**:新規化合物、**10**:この植物から初めて単離) が同定された[56]。*L. formosana* の果実である薬用 Lu Lu Tong から 7 個の 5 員環トリテルペノイド化合物が単離された。そのうち 4 個の構造が報告された[57]。*L. orientalis* などの揮発

成分の新分析法[58]。L. orientalis の枝の傷害により生成するバルサムの化学成分が GC により検索された。その結果、20 個の化合物の中でスチレン、ケイ皮酸およびケイ皮アルコールなどである[59]。L. orientalis の遊離およびヒドロリティクケイ皮酸の分析[60]。L. styraciflua (sweet gum) の枯れ葉のクロロフィルの異化物である新規 5-formylbilinone (**11**) が得られ[61]。細胞培養中から 9 個のタンニンおよび関連フェノール、(+)-catechin、(−)-epicatechin-3-O-gallate、procyanidin B-3、β-glucogallin、1,6-di-O-、1,2,6-tri-O-、1,2,3,6-tetra-O-、1,2,3,4,6-penta-O-galloyl-β-D-glucoses および pedunuclagin が生成した[62]。L. styraciflua の 3-phenylpropyl cinnamate および cinnamyl cinnamate など 36 種の精油成分を確認の検索[63]。L. styraciflua の培養中におけるタンニンの生成についての総説[64]。L. styraciflua のカルスでのタンニンの生産。NH_4NO_3 を培地から除くとタンニンが増産され、casein を加えるとやはり増産する[65]。Liquidambar 種の葉のフラボノイドおよび枝のテルペンが検索され、化学分類の指標とした結果、L. styraciflua は L. formosana と近縁であるが L. formosana と L. orientalis は離れている[66]。L. formosana の化学成分の生産を制御する dichloroethyl phosphinate 3–5 wt.%、formic acid 0.5–2.0 wt.%は安全かつ環境に害を与えない制御剤である[67]。Liquidamba などが森林に放散する炭化水素[68]。Liquidambar を含むマンサク科のイリドイド化合物の分布[69]。

3.3 機能および効能について

薬用植物およびその他の天然物の抗アレルギーおよび自己免疫性薬用成分[70,71]、L. formosana の乾燥樹脂の抗血栓形成活性がネズミで示された[72]。L. formosana などの植物抽出物、タンニンとオイル含有保湿性化粧品エマルジョン[73]。L. formosana の非還元糖および植物抽出成分を含む入浴剤[74]。L. orientalis の葉の加水分解型タンニンは human erythrocytes、nonencapsulated bacteria および Candida albicans などのタンパク質を凝集させる[75]。2 種の Liquidambar の薬用樹脂の分類、化学成分、薬理活性が総説されている[76]。

針葉樹および広葉樹苗床のための除草剤プロジアミンに対する耐毒性試験：L. styraciflua などが耐薬性がある[77]。L. styraciflua (sweet gum)、red maple および red oak の葉への木本植物除草剤の接触植物毒性、薬剤試験[78] などの報告がある。

トキワマンサク属 (Loropetalum) L. chinensis の葉中での chlorogenic acid の確認[79]。L. chinense から新ガロイル化フラボノール配糖体、astragalin 2″,6″-di-O-gallate (loropetalin D) (**12**) と 2 個の関連フラボノール、astragalin 2″-O-gallate (**13**) と astragalin 6″-O-gallate (**14**) が単離同定[80] されている。

4 構造式（主として新規化合物）

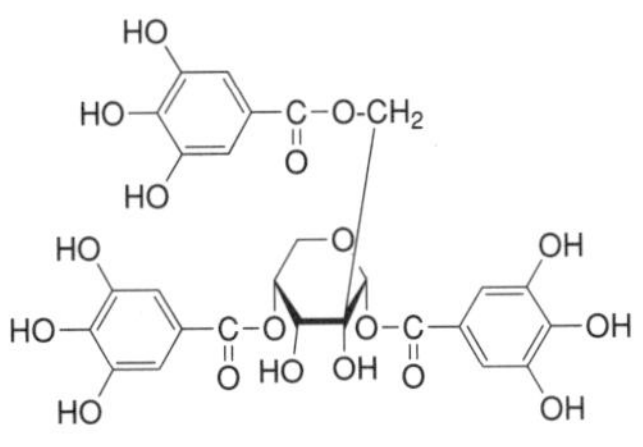

1

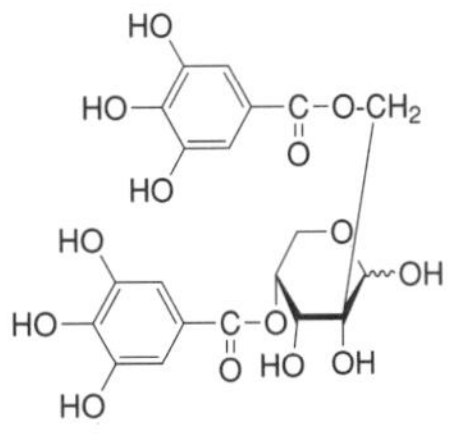

2

41 マンサク科

5 引用文献

1) 北村四郎、岡本省吾、『原色日本樹木図鑑』、保育社、pp. 83-85 (1958). 2) H. Abe *et al.* (1991, Japan) **116**: 124817. 3) H. Abe *et al.* (1994, Japan) **121**: 53973. 4) B. Vennat *et al.* (1992, Fr.) **116**: 181254. 5) E. Ollivier *et al.* (1992, Fr.) **118**: 18751. 6) A. Engelhardt *et al.* (1991, Germany) **116**: 55513. 7) C. Erdelmeier *et al.* (1996, Germany) **125**: 185296. 8) C. Haberland *et al.* (1994, Germany) **122**: 156274. 9) C. Hartisch *et al.* (1996, Germany) **124**: 312279. 10) P. Andralojc *et al.* (1996, UK) **125**: 297135. 11) P. Mauran *et al.* (1994, Fr.) **123**: 18014. 12) B. Fabre *et al.* (1992, Fr.) **117**: 157420. 13) M. Ramos *et al.* (1996, Brazil) **125**: 123205. 14) H. Korting *et al.* (1995, Germany) **124**: 105913. 15) Y. Kondo *et al.* (1994, Japan) **122**: 104536. 16) H. Korting *et al.* (1993, Germany) **119**: 173794. 17) T. Hase *et al.* (1996, Japan) **125**: 308678. 18) M. Kerscher *et al.* (1993, Germany) **122**: 196697. 19) M. Duwiejua *et al.* (1994, UK) **120**: 289677. 20) H. Masaki *et al.* (1993, Japan) **120**: 95700. 21) B. Viennat *et al.* (1992, Fr.) **120**: 61915. 22) T. Huynh-Ba *et al.* (1993, Switz.) **120**: 307099. 23) H. Masaaki *et al.* (1993, Japan) **120**: 307057. 24) T. Nishama *et al.* (1993, Japan) **120**: 173475. 25) United States Food and Drug Administration (1993, USA) **119**: 256348. 26) H. Masaki *et al.* (1994, Japan) **117**: 239503. 27) T. Kamisaka *et al.* (1996, Japan) **125**: 308693. 28) T. Kamisaka *et al.* (1996, Japan) **125**: 308686. 29) H. Suzuki *et al.* (1996, Japan) **125**: 308664. 30) L. Boltri *et al.* (1995, Italy) **125**: 284962. 31) H. Blanco *et al.* (1996, UK) **125**: 96125. 32) K. Ogura 996, *et al.* (1996, Japan) **124**: 298456. 33) H. Nagamatsu *et al.* (1995, Japan) **123**: 296238. 34) H. Masaki *et al.* (1995, Japan) **123**: 279908. 35) H. Masaki *et al.* (1995, Japan) **122**: 256342. 36) B. Vennat *et al.* (1995, Fr.) **122**: 169929. 37) H. Masaki *et al.* (1994, Japan) **122**: 5697. 38) D. Valdes *et al.* (1992, Spain) **121**: 213020. 39) J. Mausner *et al.* (1993, USA) **119**: 15120. 40) F. Mengoli *et al.* (1993, Italy) **118**: 219450. 41) C. Palou *et al.* (1992, Australia) **118**: 132218. 42) T. Imamura *et al.* (1992, Japan) **118**: 45446. 43) U. Heverhagen *et al.* (1992, Germany) **117**: 56019. 44) H. Honerlagen *et al.* (1992, Switz.) **117**: 258219. 45) Y. Okano *et al.* (1991, Japan) **116**: 66911. 46) J. Okada *et al.* (1991, Japan) **116**: 136032. 47) T. Miyahara *et al.* (1990, Japan) **116**: 91137. 48) H. Voss *et al.* (1995, Germany) **123**: 179119. 49) M. Mauz *et al.* (1994, Germany) **121**: 160177. 50) H. Liu *et al.* (1995, China) **124**: 50677. 51) Z. Jiang *et al.* (1995, China) **124**: 25616. 52) T. Hatano *et al.* (1992, Japan) **120**: 73353. 53) H. Liu *et al.* (1991, China) **116**: 148184. 54) R. Lee *et al.* (1996, China) **125**: 122015. 55) T. Sun *et al.* (1996, China) **126**: 44939. 56) Z. Lai *et al.* (1996, China) **126**: 297528. 57) Z. Lai *et al.* (1998, China) **129**: 65535. 58) X. Ma *et al.* (1993, China) **119**: 278879. 59) H. Hafizoglu *et al.* (1996, Turk.) **124**: 324951. 60) G. Luo *et al.* (1996, China) **127**: 202917. 61) J. Iturraspe *et al.* (1995, Argent.) **123**: 251350. 62) S. Neera *et al.* (1993, Japan) **118**: 209498. 63) J. Chalchat *et al.* (1994, Fr.) **121**: 78290. 64) K. Ishimaru (1996, Japan) **125**: 219647. 65) K. Ishimaru *et al.* (1992, Japan) **119**: 65537. 66) Y. Chen *et al.* (1991, China) **116**: 148182. 67) G. He *et al.* (1994, China) **122**: 154171. 68) M. Khalil *et al.* (1992, USA) **117**: 216594. 69) Z. Jiang *et al.* (1992, China) **117**: 167707. 70) M. Fukushima *et al.* (1996, Japan) **124**: 270608. 71) M. Fukushima *et al.* (1996, Japan) **124**: 270607. 72) L. Zhu *et al.* (1991, China) **116**: 480. 73) S. Tachibana *et al.* (1995, Japan) **126**: 36863. 74) N. Sakai *et al.* (1995, Japan) **123**: 296248. 75) N. Cakir *et al.* (1994, Turk.) **123**: 334814. 76) B. Li *et al.* (1995, China) **124**: 155756. 77) D. South *et al.* (1992, USA) **117**: 186595. 78) W. Forster *et al.* (1997, N. Z.) **127**: 315731. 79) H. Liu *et al.* (1997, China) **129**: 257141. 80) H. Liu *et al.* (1997, China) **127**: 305349.

42 ミカン科
Rutaceae

1 科の概要

　高木、低木または多年草で、枝にはしばしば表皮が突起してできた刺がある。葉は対生または互生し、この科特有の香りがある。熱帯から温帯に分布し、150属900種ほどある。日本で見られる樹木を含む主なものとして、ゴシュユ属（*Evodia*）、コクサギ属（*Orixa*）、サンショウ属（*Zanthoxylum*）、イヌサンショウ属（*Fagara*）、キハダ属（*Phellodendron*）、ミヤマシキミ属（*Skimmia*）、カラタチ属（*Poncirus*）、ミカン属（*Citrus*）、キンカン属（*Fortunella*）などがある[1]。

キハダ
(*Phellodendron amurense*)

2 研究動向

　成分分析としては、香りと関連した精油の分析、苦味成分であるリモノイド、クマリンの分析などがなされており、新規化合物としてアルカロイド、クマリンなどの報告が多く認められる。アルカロイドとしては2量体を含む各属に特徴的な骨格を有するものが報告されており、この科に特徴的なフラボノイドとしてポリメトキシル化フラボノイドが挙げられる。クマリンについては、プレニル化されたもの、2量体、アルカロイドとクマリンの双方の骨格を持つ2量体などが報告されている。果実の熟成と成分の変化、交配種の化学的特性、化学分類学の観点からの検討、ハチミツの特性化、精油成分のエナンチオマー分析、リグナンの光学活性などの報告もなされている。また、利用を目指したものとしては、ジュース製造の際の絞りかすからのフラボノイド、リモノイド等の回収、カルスにおけるアルカロイド、ビタミン類の生産、苦味成分の選択的除去方法、食品添加物、香料、消臭剤、化粧品、農薬、溶剤としての利用などがある。
　薬理・生理活性については、アルカロイド、クマリン、リモノイドを中心に、プロモーターの抑制、発癌性物質の作用抑制などと関連した抗癌性、抗白血病性、血圧上昇作用、血圧降下作用、抗血栓性、強心作用、抗炎症作用、鎮痛作用、免疫抑制作用、抗アレルギー性、中枢神経鎮静化作用、中枢神経活性化作用、アルツハイマー病薬と関連した、神経死抑制作用、アセチルコリンエステラーゼ阻害による抗健忘症作用、脂質分解の活性化による肥満防止作用、ヒートショックタンパク質の生成抑制作用などの報告がなされている。微生物・昆虫に対する作用としては、アルカロイド、テルペン、リモノイド、フラボノイドを中心に、昆虫忌避作用、殺虫性、脱皮阻害活性、殺卵性、産卵抑制活性、抗蟻性、抗寄生虫性、抗ビルハルツ住血吸虫性、抗菌性、抗ウイルス性、抗バクテリア性などの報告がある。このような薬理・生理活性、生物への作用についての報告は非常に多く、これらの方面において注目度が高いことが伺える。なお、和漢生薬としては、橙皮（とうひ）（Citri Pericarpium、*Citrus aurantium*の乾燥果皮）、枳実（きじつ）（Citri Fructus immatri、*C. natsudaidai*、*C. aurantium*、*C. unshu*の未熟乾燥果皮）、呉茱萸（ごしゅゆ）（Evodia Fructus、*Evodia rutaecarpa*の熟果）、黄柏（黄檗）（おうばく）（Phellodendri Cortex、*Phellodendron amurense*内樹皮）、山椒（さんしょう）（Zanthoxyli Fructus、*Zanthoxylum piperitum*、*Z. bungei*）、茵芋（いんう）（*Skimmia japonica*）、秦椒（しんしょう）（*Z. alatum*）などがある[2]。

3 各　　論

3.1 ミカン（*Citrus*）属

3.1.1 成分分析
3.1.1.1 テルペノイド

　果実を中心に揮発性の香り成分の分析が多くなされている。日本産のカボス (*C. sphaerocarpa*)[3]、ダイダイ (*C. aurantium*)[3]、ユコ (*C. yuko*)[3]、スダチ (*C. sudachi*) およびモチユズ (*C. inflata*) の果皮[4]、*C. limetta*[5] の精油の分析がなされ、ユズ (*C. junos*) 果皮中の揮発成分の分析からは 1-*p*-methene-8-thiol がユズ独特の香りの成分であることが示されている[6]。海外においては、マレーシア産の 4 種 *C. hystrix*、*C. aurantifolia*、*C. maxima*、*C. microcarpa* の精油成分の分析がなされ[7]、ベトナム原産の *C. medica* の異なる 2 種のケモタイプの果皮中の精油成分が両者で異なることが示されている[8]。Lemon petitgrain oil[9]、*C. clementina* 葉油[10] の分析がなされている。ベルガモットの精油成分より種の起源の議論がなされている[11]。エジプト産の *C. deliciosa* および *C. reticulata* の葉の香り成分の分析がなされおり、前者は methyl-*N*-methylanthranilate、後者は α-pinene を主要成分として含むことが報告されている[12]。Charm analysis (GC—olfactometry—コンピュータ解析) により *C. sinensis* 果皮オイル中の各成分のにおいとしての重要性が定量的に評価され、主なものとして C8～C14 直鎖状アルデヒド β-sinensal、linalool が挙げられている[13]。

　ベルガモット (*C. bergamia*) オイル中の β-pinene、sabinene、limonene、linalool、terpinen-4-ol、α-terpineol、linalyl acetate のエナンチオマー比率が多次元 GC 分析により求められている[14]。ラセミ体の (*E*,*Z*)-2,3-dihydrofarnesal を酸化することで、相当するカルボン酸を経て (*S*)-phenylglycinyl amide へ変換し、それらのジアステレオマーを HPLC を用いて分離し構造決定を行なうことにより、絶対配置の決定がなされている[15]。これより、*C. limon* の花の香り成分である (*E*)-2,3-dihydrofarnesal のエナンチオマーの存在比率は、85：15 で (3*S*)-エナンチオマーに富むことが報告されている。レモン果皮の limonene および limonene-1,2-epoxide のエナンチオマー比率が多次元 GC により求められ、*R*-(+)-limonene が 97.1～97.4%、(1*S*,2*R*,4*R*)-(+)-limonene-1,2-epoxide が 88.0～91.9% と優先することを報告している[16]。

　苦味成分の 1 つであるリモノイドについて、*C. aurantium*[17]、その種子[18]、および 16 品種の pummelos (*C. grandis*) ジュース、種子が調べられている[19]。*C. hanaju* 中のリモノイドおよびそのグリコシドの分析より、*C. ichangensis* の変種と考えられている *C. hanaju* が、*C. ichangensis* に特徴的なリモノイド ichangensin およびそのグルコシド誘導体を含まないことが示されている[20]。

　アマナツ (*C. natsudaidai*)、スダチ (*C. sudachi*) 果皮より新規化合物 (4*S*,6*S*)-6-*O*-β-D-glucopyranosyl-*p*-menth-1-en-3-one を含むテルペン配糖体が単離されている[21]。*C. unshiu* および *C. sinensis* の花粉中のステロール類の分析がなされている[22]。

3.1.1.2 クマリン

　C. hassaku ジュースおよび果実より、新規な 7-ヒドロキシクマリン類 7-(6*R*-hydroxy-3,7-dimethyl-2*E*,7-octadienyloxy)coumarin、7-hydroxy-6-linalylcoumarin、(*R*)-6-*O*-(4-geranyloxy-2-hydroxy)cinnamoylmarmin が単離されている[23]。また、新規なクマリン 2 量体として、*C. hassaku* 根より bisnorponcitrin (**1**)、khelmarin-C、bishassanidin[24]、*C. yuko* 根より furobinordentatin[25]、*C. hassaku* 根のアセトン抽出物より hassmarin (**2**)[26]、*Citrus* 属のある交配種から bisparasin (**3**)[27]、Marsh grapefruit (*C. paradisi*) 根より marshdimerin、bisosthenon-B[28]、ユコ (*C. yuko*) 根より biseselin、yukomarin[29] が単離されている。種々の *Citrus* 属のジュースのクマリン類が定量的に調

べられ、scopolin の含有量がジュースの苦味と相関があることが報告されている[30]。

3.1.1.3 アルカロイド

Cirus 属からは、アクリドンアルカロイドが数多く見いだされている。すなわち、*C. yuko* 根皮より新規な yukomine (**4**)、citracridone III (**5**)[31]、Marsh grapefruit (*C. paradisi*) 根より新規な marshdine (**6**)[32]、marshmine (**7**)[32]、margrapine A[32]、margrapine B[33] が単離されている。Marsh grapefruit (*C. paradisi*) およびヒラドブンタン (*C. grandis*) 根よりベンゼン環とジヒドロフラン環との間で縮合した新規なアクリドン 2 量体 citbismine-A、citbismine-B、citbismine-I、citbismine-C I[34]、Marsh grapefruit (*C. paradisi*) 根より新規なアクリドン 2 量体 citbismine-A (**8**)[35]、*C. paradisi* 根より新規なアクリドン 2 量体 bis-5-hydroxynoracronycine[36] が単離されている。*Citrus* 属のある種からは、リグナン骨格を有する新規なアクリドンアルカロイド acrignine-A (**9**) が単離されている[37]。リグナンとアクリドンの結合した構造は天然物としてはじめてのものとされている。また、クマリンと縮合した新規なアクリドン-クマリン 2 量体として、*Citrus* 属のある交配種から dioxinoacrimarine-A、neoacrimarine-E、acrimarine-N[38]、*C. hassaku* 根より neoacrimarine-C (**10**)、neoacrimarine-D (**11**)[12]、Yalaha (*C. paradisi* × *C. tangerina*)、Marsh grapefruit (*C. paradisi*) より neoacrimarine-F、neoacrimarine-G がそれぞれ単離されている[40]。

3.1.1.4 フラボノイド

Citrus 属に特徴的なものとしてポリメトキシル化フラボン類がある。*C. reticulata* のドライフルーツより抗ウイルス性を有する新規なポリメトキシル化フラボン 5-hydroxy-3,7,8,5′-tetramethoxy-3′,4′-methylenedioxyflavone (**12**) が単離されている[41]。*C. deliciosa* 葉より 4 種のポリメトキシル化フラボン nobiletin (**19**)、5-*O*-demethylnobiletin、tangeretin、7,4′-dihydroxy-5,6,8,3′-tetramethoxyflavone が単離され、最後のものは、化学分類学におけるマーカーとして重要であることが示されている[42]。Sweet orange、tangerine、grapefruit 果皮のコールドプレスオイル[43]、オレンジ、マンダリン、レモン、グレープフルーツの花[44] のポリメトキシル化フラボンおよびポリメトキシル化フラバノンの分析がなされている。フラボノイドの分析方法に関連するものとしては、超臨界流体クロマトグラフィーによるポリメトキシル化フラボン類の分析における置換基の構造と保持時間の関係[45]、HPLC-PDA-MS を用いたフラボノイド類の定量分析法[46] が報告されている。10 年生の *C. aurantifolia* カルスより、新規な 2 種のアシル化フラボノイド配糖体 kaempferol 3-*O*-β-D-glucopyranoside-6″-(3-hydroxy-3-methylglutarate)、kaempferol 3-*O*-β-glucopyranoside-6″-(3-hydroxy-3-methylglutarate)-7-*O*-β-D-glucopyranoside が単離されている[47]。*C. aurantium* 葉より、新規なフラボン配糖体 neodiosmin (5,7,3′-trihydroxy-4′-methoxyflavone 7β-neohesperidoside) が単離されている[48]。*C. reticulata* 果実より、新規なフラボン 4′-hydroxy-3,6-dimethoxy-6″,6″-dimethylchromeno(7,8,2″,3″)flavone が単離されている[49]。

その他、傷害を受けたグレープフルーツ (*C. paradisi*) および *C. sinensis* 果皮より、抗菌性を有する新規なプレニル化フェニルプロパノイド 3-[4-hydroxy,3-(3-methyl-2-butenyl)-phenyl]-2-(*E*)-propenal (**13**) が単離されている[50]。グレープフルーツ (*C. paradisi*) の主要な苦味成分である limonin (**14**)、naringin の果実中での 3 次元的な分布が明らかにされている[51]。その結果、放射方向には有為な差は認められないが、接線方向では、limonin (**14**) は外側ほど、また naringin は中心部ほど含有量が多いことが示されている。

3.1.2 交配種の成分分析

香りの高い果実を得るなどの目的から交配種の精油の親種と比較した分析が多く認められる。*C. clementina* × *C. limon* の新しい交配種について精油の分析がなされ、limonene、γ-terpinene、β-pinene などを主要成分として含み、成分的には *C. limon* と同様であるが、*C. clementina* の香

りは受け継いでいることが示されている[52]。C. ichangensis 由来の3種の交配種種子中のリモノイドの分析が相互に比較して行なわれ、それらは C. ichangensis 特有の ichangensin、あるいはその生合成前駆体と考えられている deacetylnomilin、deacetylnomilinic acid を含むことが報告されている[53]。West Indian lime (C. aurantifolia) と Valencia orange (C. sinensis) の交配種の香り成分が分析された結果、香りは Key lime に近いが、その重要な香り成分である germacrene B は含まないことが報告されている[54]。Citrus 属の3種の交配種('Hayaka'、'Southern red'、'Shiranui')の果皮オイル[55]、C. clementina と C. sinensis の交配による新しい2品種の精油[56]、C. deliciosa × C. paradisi および C. clementina × C. deliciosa の交配による新種の精油[57]、"Seto unshiu" (C. unshiu) と "Morita ponkan" (C. reticulata) の交配種の葉および果皮オイル[58] の分析がなされている。

3.1.3 生合成

C. aurantium の未成熟果実よりフラバノン配糖体 prunin (naringenin 7-O-glucoside)、hesperetin 7-O-glucoside が単離・同定され、果実の成熟過程における量的な変化が調べられた結果、いずれも成熟とともに減少し、かわりに neohesperidoside、naringin、neohesperidin の量が増大することから、これらのグルコシドがそれぞれ naringin、neohesperidin の生合成前駆物質であることが示唆されている[59]。C. aurantium より精製された eriodictyol 4'-O-methyltransferase のキャラクタリゼーションが行なわれ、葉、蕾、果実の分化と活性との関連、および 4'-メトキシフラボノイド量との相関について検討がなされている[60]。フラボノイド naringin、neohesperidin の分布と C. aurantium の葉、花、果実の分化との関係が調べられている[61]。バンペイユ (C. grandis) のリモノイド limonin (**14**)、nomilin (**15**) の各部位における含有量の変化が追跡され、葉の形成後、リモノイドは葉から幹へと移動し、また種子中においては、果実の成熟とともに種皮から子葉へと移動することが示されている[62]。C. volkameria 果皮オイル中の limonene 量の経時変化が調べられ、熟す過程の黄緑色の果実が最大含量を示すことが報告されている[63]。C. aurantium 果実中のポリメトキシル化フラボン nobiletin (**19**)、sinensetin、quercetogetin、heptamethoxyflavone、tangeretin (**20**) の実の成熟過程における含有量の変化が追跡され、これらは果実への分化の若い時期に果皮において最大含有量を持つことが報告されている[64]。

3.1.4 薬理・生理活性

Citrus 属の果実中の主要な苦味成分であるリモノイド limonin (**14**)、nomilin (**15**) が、無害化酵素 glutathione S-transferase の活性を増大させることで、発癌性物質により誘引される癌化を抑制することが動物実験により示されている[65]。食事内容と癌のリスクとの関係がよく議論されるが、Citrus 属のフラボノイド hesperidin (**16**)、diosmin の経口投与と癌化との関係がネズミを用いて調べられ、これらは喉頭、食道、大腸、膀胱癌を効果的に抑制することが報告されている[66]。Citrus 属のクマリン aurapten (**17**) が 4-nitroquinoline 1-oxide によりネズミに誘導される癌を抑制することが示され、その作用機構について考察がなされている[67]。C. natsudaidai から得られたクマリン aurapten (**17**) の経口投与により、azoxymethane により誘導されるネズミの結腸異常病巣の形成が抑制され、aurapten (**17**) が抗癌性を持つことが報告されている[68]。また、その機構として glutathione S-transferase、quinone reductase などの phase II 酵素の活性化と関連があることも示されている。癌のプロモーターにより誘導される Epstein-Barr ウイルス (EBV) に対する食事として摂取される植物成分の影響が調べられている[69]。その結果、C. hystrix より得られた配糖体 1,2-di-O-α-linolenoyl-3-O-β-galactopyranosyl-sn-glycerol が EBV の活性化を抑制し、抗癌性を持つことが明らかにされている。ナツダイダイ (C. natsudaidai) オイルより得られたクマリン aurapten (**17**)、umbelliferone (**24**) が癌のプロモーターである 12-O-tetradecanoylphorbol-13-acetate により誘導される Epstein-Barr ウイルスの

活性を抑制し、抗癌性を持つことがネズミを用いた実験により示されている[70]。C. hystrix 抽出物、すなわち α-linolenoyl 基および palmitoyl 基を持つ配糖体 **18** が抗癌剤として提案されている[71]。これは癌のプロモーター阻害剤 (Epstein-Barr virus-early antigens の誘導を阻害) として作用し、食品添加物や薬剤として利用できるとしている。Xinhui citrus 果皮より、抗白血病性を有するポリメトキシル化フラボン 4′,5,6,7,8-pentamethoxyflavone、4′,5,7,8-tetramethoxyflavone、5-hydroxy-3′,4′,6,7,8-pentamethoxyflavone、3′,4′,5,6,7,8-hexamethoxyflavone、3′,4′,5,7,8-pentamethoxyflavone が単離されている[72]。C. reticulata の果皮抽出物の白血病性細胞クローン WEHI 3B の増殖、分化に及ぼす影響が調べられ、この抽出物が WEHI 3B の分化を抑制することが示されている[73]。さらに、ネズミについて白血病性細胞を減少させる作用を持つことも示されている。これら抗白血病性を持つ成分としてポリメトキシル化フラボン nobiletin (**19**)、tangeretin (**20**) が単離されている。

ハッサク (C. hassaku)、ザボン (C. grandis)、アマナツ (C. natsudaidai) 果皮の 2 種のクマリン 8-(2,3-dihydroxy-3-methylbutyl)-7-methoxycoumarin、7-[(6,7-dihydroxy-3,7-dimethyl-2E-octenyl)oxy]coumarin が SHR-SP ラットに対して血圧上昇作用を示すことが報告されている[76]。Citrus 属に多量に存在するフラボノイド hesperidin (**16**) の血圧降下作用、利尿作用が、ネズミを用いて調べられている[75]。Citrus 属の植物より単離された 2 種のポリメトキシル化フラボン 3,5,6,7,8,3′,4′-heptamethoxyflavone、natsudaidain (**21**) が guinea-pig papillary muscle に対して正の inotropic 効果を持ち、強心作用を持つことが明らかにされている[76]。Citrus 属のフラボノイド hesperidin (**16**) が著しい抗炎症作用、鎮痛作用を持つことが示されている[77]。ネズミへの hesperidin (**16**) の投与により、carrageenan、dextran により誘導される炎症が軽減され、その効果は indomethacin と同程度であることが示されており、マイルドな抗炎症剤として利用可能であることが提案されている[78]。ベルガモット (C. bergamia) 精油の不揮発成分が中枢神経系に及ぼす影響がネズミを用いて調べられた結果、sodium pentobarbital により誘引される睡眠時間を増大し、本抽出物が中枢神経鎮静化作用を持つことが報告されている[79]。ペルシアおよびキーライム果皮中のクマリン類の phototoxicty (紫外線により皮膚を過敏にすること) が調べられている[80]。Citrus 属の果皮の抽出物が arachidonic acid の代謝と関連する 12-lipoxygenase、cyclooxygenase などの酵素を抑制することから、抗アレルギー性を持つことが示されている[81]。フラボノイド naringin、hesperidin (**16**) を人間に経口投与した際の、吸収・排泄過程について調べられている[82]。それによると、吸収性はあまり高くないが (25%未満)、これらはメトキシル化フラバノンに変換されて一部吸収されることが示されている。人結腸の in vitro モデルとしての monolayers of T84 colonic adenocarcinoma cells mounted in Ussing chambers の分泌に与えるフラボノイドの影響が調べられた結果、Citrus 属の果実に含まれるポリメトキシル化フラボノイド tangeretin (**20**)、nobiletin (**19**) は Cl^- の分泌を促進し、一方、フラボノイド配糖体 naringin、hesperidin (**16**) は Cl^- の分泌をそれほど促進しないことが見いだされている[83]。これにより摂取されたフラボノイド類が結腸での分泌に影響を与えることが示唆されている。Citrus 属あるいは Evodia 属の植物の抽出物の脂肪分解促進作用を肥満防止剤として応用することが提案されている[84]。

3.1.5 生物に対する作用

Citrus 属の果皮オイルが、害虫 Callosobruchus maculatus、Sitophilus zeamais、Dermestes maculatus) の成虫および幼虫の生育阻害活性を持ち、穀物などの保存時おける薫蒸剤として利用可能であることが報告されている[85]。Citrus 属のリモノイドが Colorado potato beetle (Leptinotarsa decemlineata) の生育および産卵を抑制することが示され、害虫のコントロールに利用可能であることが報告されている[86]。C. reticulata 種子より単離された 3 種のリモノイド limonin (**14**)、nomilin (**15**)、obacunone (**22**) が蚊 (Culex quinquefasciatus) の幼虫の脱皮、成虫への変態を抑制する、す

なわち、脱皮阻害活性を持つことが報告されている[87]。C. aurantifolia、C. limonia 葉より得られたクマリン bergapten (**23**)、limettin、isopimpinellin、umbelliferone (**24**)、xanthotoxin (**25**) を含むアルコール抽出物が抗ビルハルツ住血吸虫性を持つことが報告されている[88]。Citrus 属果実の工業プロセスにおける副産物として得られるポリメトキシル化フラボン sinensetin、nobiletin (**19**)、heptamethoxyflavone、quercetogetin、tangeretin (**20**) が Penicillium digitatum、Phytophthora citrophthor に対して強い抗菌性を持つことが報告されている[89]。Citrus 属果実のポストハーベスト処理により生成するファイトアレキシンについて調べられている[90]。紫外線照射およびイースト系バイオコントロール剤 (Pichia guilliermondii) の処理により、病原菌を摂取しなくても、クマリン scoparone (**26**)、scopoletin (**27**) がファイトアレキシンとして生産されることが報告されている。C. paradisi、C. aurantium の熟した果実の抵抗性とクマリン scoparone (**26**) の生成量との間に相関があることが示され、scoparone (**26**) がこれらの種のファイトアレキシンであることが報告されている[91]。Citrus 属のバクテリア canker の原因と考えられているグラム陰性バクテリア Xanthomonas campestris に対して高い抵抗性を持つ C. madurensi の活性成分が検索され、ポリメトキシル化フラボン 3-hydroxy-3′,4′,5,6,7,8,-hexamethoxyflavone が抗バクテリア性を持つ成分として単離されている[92]。

3.1.6 抗酸化作用

C. limon 果皮およびジュースより単離されたフラボノイド配糖体 eriocitrin (eriodictyol 7-rutinoside) が α-tocopherol と同程度の抗酸化作用を持つことが報告され[93]、食品、飲料への添加物としての利用が提案されている[94]。レモン (C. limon) 果皮抽出物中のフラボノイド eriocitrin、neoeriocitrin、narirutin、naringin、hesperidin (**16**)、neohesperidin、フラボノイド配糖体 diosmin、6,8-di-C-β-glucosyldiosmin、6-C-β-glucosyldiosmin の抗酸化作用が調べられている[95,96]。Citrus 属ジュースおよび果皮より抽出されるフラボノイド配糖体 6,8-di-C-β-glucosyldiosmin、6-C-β-glucosyldiosmin の抗酸化作用が健康食品、飲料の添加物として利用可能であることが示されている[97]。C. iyo および C. unshiu のジュースの搾りかすの Aspergillus oryzae あるいは Rhizopus oligosporus 処理による抗酸化剤の調製方法が検討されている[98]。

3.1.7 利　用

Citrus 属の果皮オイルからのテルペン除去を目的に、超臨界 CO_2 抽出が検討されている[99-102]。limonene と linalool の混合物を用いて、超臨界 CO_2 中でのシリカゲルからの溶出挙動が調べられている[103]。超臨界 CO_2 中でのシリカゲルクロマトグラフィーにより、limonene、linalool の分析がなされている[104]。Citrus 属果皮抽出物中の苦味成分 (特にリモノイド limonin (**14**)) の Amberlite XAD-7 樹脂を用いた除去方法が提案されている[105,106]。オレンジ、グレープフルーツジュース製造時の副産物としての、フラボノイド hesperidin (**16**)、naringin の抽出特性が調べられている[107]。Citrus 属の果実の搾りかすに多量に存在するフラボノイドおよびリモノイドの抽出方法として、酵素処理を行なうことにより、リモノイドを母液からフラボノイドを沈殿として回収する方法が提案されている[108]。サツママンダリン (C. unshiu) ジュースの搾りかすからのフラボノイド hesperidin (**16**) の回収方法として、ペクチナーゼ、セルラーゼ、ヘミセルラーゼ等を持つ Aspergillus niger 処理により、90％の純度の hesperidin (**16**) が 75％の回収率で得られることが報告されている[109]。サツママンダリン (C. unshiu) の加工における副産物の利用の一環として、polystyrene divinylbenzene 樹脂を用いたリモノイドグルコシド類の抽出方法が検討され、工業的な方法となりうることが報告されている[110,111]。レモンの加工における廃棄物からのフラボノイド配糖体 hesperidin (**16**)、eriocitrin の工業的な抽出方法について検討されている[112]。フラボノイド hesperetin が Citrus 属の蜂蜜に共通に認められることから、蜂蜜の由来を知る良いマーカーとなることが報告されている[113]。C.

aurantium カルス中でのフラボノイド neohesperidin、naringin の生産についての報告がある[114]。Linalool と citric acid を水中で2～4時間環流して得られた生成物が食品、化粧品、洗剤の香り増強剤として利用可能であることが提案されている[115]。*Citrus* 属の種子抽出物と cyclodextrin の混合物が濃縮麺つゆの保存剤として利用可能であり、これにより塩分を減らすことが可能であることが提案されている[116]。*Citrus* 属のジュースの搾りかすから抗微生物剤が調製されている[117]。昆虫、あるいはその幼虫、卵のコントロール剤として、*Citrus* 属の果皮精油と C9～C11 alkanoic acid の混合物の利用が提案されている[118]。limonene を天然の溶剤としたポリスチレンのリサイクルシステムの提案がなされている[119]。

3.2 キハダ (*Phellodendeon*) 属

3.2.1 成分分析

Phellodendron chinense 果実より新規なトリテルペン phellochin が単離されている[120]。*Phellodendron chinense* 果実より新規化合物 (2E,4E,8Z)-N-isobutyltetradecatrienamide を含むアミド類が単離され、それらが殺虫性、摂食阻害作用の原因物質であることが示されている[121]。*Phellodendron lavallei* 樹皮[122]、北海道産のキハダ (*Phellodendron amurense*) 樹皮[123] の berberine (**28**) の定量分析がなされている。*Phellodendron amurense* 根からの berberine (**28**) の抽出方法が検討されている[124]。*Phellodendron amurense* 根[125]、*Phellodendron chinense* 根皮[126] よりインドールアルカロイド canthin-6-one (**29**) が単離されている。*Phellodendron amurense* カルスが新規なインドロピリドキナゾリンアルカロイド 7,8-dihydroxyrutaecarpine (**30**) を生産することが報告されている[127,128]。*Phellodendron amurense* 種子、樹皮のリモノイドおよびその配糖体の分析がなされている[129]。*Phellodendron amurense* 果実より新規なリモノイド kihadalactone A (**31**)、kihadalactone B (**32**) が単離されている[130]。*Phellodendron japonicum* 葉より新規なフラボノイド配糖体 8-prenyl-3,4′,5-trihydroxyflavone 7-O-β-D-6-O-malonylglucopyranoside、(2R,3R)-8-prenyl-3,4′,5-trihydroxyflavanone 7-O-β-D-6-O-malonylglucopyranoside、8[(R and S)-2,3-dihydroxy-3-methylbutyl]-2,4′,5-trihydroxyflavone 7-O-β-D-glucopyranoside、(2R,3R)-8-[(R and S)-2,3-dihydroxy-3-methylbutyl]-3,4′,5-dihydroxyflavanone 7-O-β-D-glucopyranoside が単離されている[131]。

3.2.2 薬理・生理活性

Phellodendron amurense 樹皮の免疫抑制作用物質として2種のプロトベルベリンアルカロイド magnoflorine、phellodendrine (**33**) が報告され、その機構が調べられた結果、新型の免疫抑制剤であることが示唆されている[132,133]。プロトベルベリンアルカロイド berberine (**28**)、coptisine、palmatine、worenine が神経死抑制作用を示し、アルツハイマー病、ダウン症などの薬として使用可能であることが示されている[134]。ベルベリン誘導体がヒートショックタンパク質 HSP27[135]、HSP47[136] の生成を抑制し、癌患者などの生理的条件の改善に有効であることが報告されている。

3.2.3 生物に対する作用

Phellodendron amurense 中のプレニル化フラボノイド配糖体 phellamurin (**34**) (3,5,7,4′-tetrahydroxy-8-(3-methylbut-2-enyl) flavone-7-O-β-glucoside) が蝶 *Papilio protenor*、*Papilio xuthus* に対して産卵抑制活性を持つことが示され、共進化の観点から議論がなされている[137]。

3.2.4 抗酸化作用

Phellodendron amurense 樹皮の抗酸化作用物質が調べられ、3-O-feruloylquinic acid、syringaresinol di-O-β-glucopyranoside が α-tocopherol と同程度の抗酸化作用、さらに、5,5′-dimethyllariciresinol 4′-O-β-glucopyranoside は α-tocopherol 以上の抗酸化作用を持つことが

報告されている[138]。berberine (**28**) の抗炎症性が、非ステロイド系の皮膚保護薬として応用可能であることが提案されている[139]。

3.2.5 利　用

Phellodendron amurense 培養細胞による berberine (**28**) の生産についての報告がある[140]。berberine (**28**) の抽出におけるセルラーゼ処理[141]、超音波処理[142]の効果が調べられている。berberine (**28**) を含むハチミツの健康食品としての利用が提案されている[143]。

3.3　サンショウ (*Zanthoxylum*) 属

3.3.1　成分分析

漢方薬 "Huajiao" (*Z. bungeanum* の乾燥果皮) の精油[144,145,146]、*Z. armatum*[147,148,149] の精油、*Z. chaylbeum*[150]、*Z. rhoifolium*[151]、*Z. nitidum*[152]、*Z. avicennae*[153]、ブラジル産の *Z. gardneri*[154]、タイ薬用植物 *Z. limonella*[155]、*Z. schinifolium*[156]、Japanese pepper (*Z. piperitum*)[157]、shellfish prickly ash (*Z. dissitum*)[158]、*Z. nitidum*[159]、*Z. lemairie*[160]、*Z. naranjillo*[161]、*Z. culantrilo*[162]、garam masala などのスパイスに用いられる *Z. rhetsa* ドライフルーツ[163,164]、*Z. alatum* 種子[165]の分析がなされている。*Z. simulans* 果実の精油の抽出における、水蒸気抽出法と超臨界 CO_2 抽出法との比較がなされている[166]。

ケニヤの薬用植物 *Z. usambarense*、*Z. chaylbeum* のイオンペア HPLC を用いた分析により、新規なテトラヒドロプロトベルベリンアルカロイド (−)-usambarine、usambanoline が単離されている[167,168]。*Z. schinifolium*、*Z. simulans* より新規なプレニル化キノリノンアルカロイド prenylated schinifoline (**35**)、*N*-methylschinifoline、*N*-acetoxymethylflindersine、zascanol epoxide が単離されている[169]。*Z. simulans* 根皮より新規な 2-キノロンアルカロイド zanthosimuline (**36**)、huajiaosimuline (**37**)、simulanoquinoline が単離されている[170]。Simulanoquinoline は dihydrobenzo[c]phenanthridine と 2-quinolone が C-C 結合で 2 量化した最初の天然物であるとされている。*Z. simulans* 樹皮から新規なピラノキノリンアルカロイド simulenoline (**38**)、peroxysimulenoline、benzosimuline が単離されている[171]。*Z. nitidum* のイオンペア HPLC 分析により、新規なベンジルイソキノリンアルカロイド (*R*)-(+)-isotembetarine (**39**) が単離されている[172]。*Z. simulans* 根より、新規な 2 量体キノロンアルカロイド zanthobisquinolone (**40**) が単離され、フロキノリンアルカロイドのいくらかと *N*-acetylanonaine は強い抗血栓性を示すことが報告されている[173]。*Z. simulans* 根皮より新規な $6α,7$-デヒドロアポルフィンアルカロイド *N*-acetyldehydroanonaine、新規な 2-キノロンアルカロイド simulansine が単離されている[174]。新規なベンゾフェナントリジンアルカロイド 6-methyldihydrochelerythrine、6-methylnorchelerythrine[175] (*Z. simulans* 根皮より)、tridecanonchelerythrine、conifegerol (**41**)[176] (*Z. integrifoliolum* より)、ailanthoidine (**42**)[177] (*Z. ailanthoides* より) が単離されている。*Z. rhoifolium* からは新規なベンゾフェナントリジンアルカロイド zanthoxyline が単離されている[178]。

Z. ailanthoides 材のクロロホルム抽出物より、新規なノルネオリグナン ailanthoidol、新規なフェニルプロパノイド ailanthoidiol が単離されている[179]。*Z. heitzii* 樹皮より、新規なリグナン *meso*-2,3-bis(3,4,5-trimethoxybenzyl)-1,4-butanediol 4-acetoxy-2,3-bis(3,4,5-trimethoxybenzyl)-1-butanol が単離されている[180]。*Z. petiolare* より新規なプロトリモノイド、フロフランリグナンが見いだされている[181]。

Z. schinifolium のクマリン類の分析がなされ、bioassay-guided fractionation により、schinicoumarin、acetoxyaurapten、schininallylol、aurapten (**17**)、collinin、(−)-acetoxycollinin、dictamnine が抗血栓性を持つことが報告されている[182]。*Z. schinifolium* より抗血栓性を有する新規

なプレニル化クマリン schinifoline (**44**)、acetoxyschinifolin (**45**) が単離されている[183]。*Z. schinifolium* 樹皮より新規なプレニル化クマリン 7-(5′,6′-dihydroxy-3′,7′-dimethylocta-2′,7′-dienyloxy)-coumarin、7-(2′,6′-dihydroxy-7′-methyl-3′-methyleneocta-7′-enyloxy)-8-methoxycoumarin が単離され、プレニル化クマリン collinin、ベンゾフェナントリジンアルカロイド oxynitidine は anti-HBV DNA replication 活性を持つことが報告されている[184]。*Z. schinifolium* 根皮より新規な過酸化プレニル化クマリン peroxyschininallylol、peroxyschinilenol が単離されている[185]。

 Z. bungeanum 果皮より、新規なフラボノール配糖体 quercetin 3′,4-dimethyl ether 7-glucoside、tamarixetin 3,7-bis-glucoside が単離されている[186]。*Z. utile* 根より新規なアミド utilamide が単離されている[187]。*Z. lemairie* 乾燥果皮より新規なアミド類が単離されている[188]。*Zanthoxylum* 属より新規なアミド (2*E*,4*E*,8*E*,10*E*,12*E*)-*N*-isobutyl-2,4,8,10,12-tetradecapentaenamide が得られている[189]。*Z. bungeanum* 乾燥果皮より新規化合物 tetrahydrobungeanool、dihydrobungeanool、dehydro-γ-sanshool を含む不飽和アルキルアミド類が単離されている[190]。サンショウ (*Z. piperitum*) の香りの成分が調べられ、citronellal、citronellol がサンショウの特徴的な香りの成分であり、β-glucosidase 処理によりこれらが生成することから、葉の中では、グルコシドとして存在していることが示唆されている[191]。*Z. regnellianum* より新規なコレスタン (24*S*)-24-ethyl-cholestane-3α,5α,6β-triol が単離されている[192]。*Z. budrunga* 根の抗微生物活性物質がスクリーニングされ、フィトステロール (3β,4α,5α,24*Z*)-4-methylstigmasta-7,24(28)-diene-3-ol、フラボン 4′,5,7-trihydroxy-3′-methoxyflavanone が活性成分として単離されている[193]。*Z. rhetsa* 中の mullilam diol の構造が *p*-menthane-2,3-dihydroxy-1,4-oxide に訂正されている[194]。

3.3.2　薬理・生理活性

 Southern prickly ash (*Z. clavaherculis*) 抽出物の神経筋などに対する毒性が評価されている[195]。*Z. integrifoliolum* の抗血栓性成分が bioassay-guided fractionation により調べられ、インドロピリドキナゾリンアルカロイド 1-hydroxyrutaecarpine が単離されている[196]。*Z. simulans* 根皮のアルカロイド chelerythrine (**46**) の抗血栓性が調べられている[197]。*Z. planispinum* の抗血栓性成分として、L-asarinin、L-planinin、zanthobungeanine 報告されている[198]。発癌性物質 3-amino-1,4-dimethyl-5*H*-pyrido[4,3-*β*]indole (Trp-P-1) に対する 29 種の漢方薬の作用が調べられ、*Z. bungeanum* を含む 9 種に抗癌性があることが報告されている[199]。漢方薬 Huajiao (*Z. bungeanum* の乾燥果皮) の hydroxy-β-sanshool、xanthoxylin (**48**)、hyperin、quercitrin が強心作用を持つことが報告されている[200]。*Z. nitidum* 根のアルカロイド nitidine (**47**)、chelerythrine (**46**)、isofararidine がトポイソメラーゼ I–mediated DNA relaxation を阻害することが報告されている[201]。なお、isofararidine は新規なベンゾフェナントリジンアルカロイドである。

3.3.3　生物に対する作用

 Z. bungeanum のジクロロメタン抽出物の除虫作用が調べられ、モノテルペン piperitone、4-terpineol、linalool が通常の除虫剤 *N*,*N*-diethyl-*m*-toluamide よりも強い作用を持つことが報告されている[202]。*Z. alatum* 種子オイル中の *cis*-10-octadecenoic acid に殺虫性があることが報告されている[203]。*Z. kauansecies*、*Z. dipetalum*、*Z. hawaiiense* 葉のヘキサン抽出物の fruit fly (*Dacus dorsalis*) の卵の孵化抑制作用が調べられ、2-undecanone、2-tridecanone が殺卵性を持つことが報告されている[204]。chinese prickly ash (*Z. bungeanum*) アセトン抽出物の Angoumois grain moth (*Sitotroga cerealella*) に対する作用が調べられた結果、アセトフェノン類 xanthoxylin (**48**) が産卵抑制作用、摂食阻害活性を持つことが示されている[205]。*Z. liebmannianum* 樹皮の α-sanshool (**49**) が *Ascaris suum* に対して寄生虫駆除活性を持つことが報告されている[206]。Chopi (*Z. piperitum*) のリグナン、L-asarinin が魚毒活性を持つことが報告されている[207]。Sancho (*Z. piperitum*) の抗

菌性物質が調べられている[208]。

3.3.4 合成

Z. schinifolium[209]、Z. ailanthoides[210] のリグナンの生合成における立体制御について検討がなされている。Z. ailanthoides のネオリグナン ailanthoidol の化学合成がなされている[211]。

3.3.5 抗酸化作用

30種の植物のメタノール抽出物の抗酸化作用がスクリーニングされ、Z. schinifolium の抗酸化作用物質として、フラボノイド配糖体 quercitrin、hyperoside が報告されている[212]。

3.4 ゴシュユ (*Evodia*) 属

3.4.1 成分分析

E. meliaefolia の果実[213]、E. merrillii の花、幹[214]、E. rutaecarpa の精油[215,216]、樹皮[217]、果実の揮発成分[218,219] の分析がなされている。アルカロイドとしては、キノロンアルカロイド類の単離の報告例が多い。E. rutaecarpa 果実[220,221] より新規なキノロンアルカロイドが単離されている。E. fatraina よりフロキノリンアルカロイド evolitrine が単離され、化学分類学における重要性が議論されている[222]。E. cf. trichotoma 樹皮からミカン科で初めてフェノール-ベタインアルカロイド (R)-magnocurarine が単離されている[223]。Evodia 属のアルカロイド類の分析に micellar electrokinetic capillary chromatogphy (MECC) が効果的であることが示されている[224]。Receptor binding assay を用いた分析により、漢方薬 E. fructus 果実よりマイナーなアルカロイドとして 6-methoxy-N-methyl-1,2,3,4-tetrahydro-β-carboline が Evodia 属では初めて単離されている[225]。E. rutaecarpa のアルカロイドが分析されている[226,227]。E. hupehensis 果皮の揮発性成分より、イソブチルアミン類が単離されている[228]。E. rutaecarpa 葉より新規なプレニル化フラボノイド配糖体 evodioside B が単離されている[229]。E. fructus のフラボノイドが分析されている[230]。E. merrillii 果実より新規なアセトフェノン類 4-(1'-geranyloxy)-2,6-dihydroxy-3-isopentenylacetophenone (**50**)、2-(1'-geranyloxy)-4,6-dihydroxyacetophenone、4-(1'-geranyloxy)-2,6-dihydroxyacetophenone、4-(1'-geranyloxy)-β,2,6-trihydroxyacetophenone) が単離されている[231]。E. merrillii 果実より2種の新規なアセトフェノン類 4-(1'-geranyloxy)-2,6,β-trihydroxy-3-dimethylallylacetophenone (**51**)、2-(1'-geranyloxy)-4,6,β-trihydroxyacetophenone (**52**) が単離されている[232]。民間薬 E. lepta より、新規なクロメン類 leptol A (**53**)、ethylleptol A **54**、leptene A、leptonol (**55**)、methylleptol A[233,234]、新規なジクロメン **56**[235]、新規なクロマン類 leptin D、leptin E、leptin F、eptin G、leptin H[236]、新規な 2,2-ジメチルクロメン類 leptol B、ethylleptol B、methylleptol B、leptene B、leptin A、leptin B、leptin C[237,238] が単離されている。

3.4.2 薬理・生理活性

強いアセチルコリンエステラーゼ阻害活性を持つ E. fructus のメタノール抽出物中の活性成分が検索され、アルカロイド dehydroevodiamine が活性成分として単離され、その阻害機構が調べられている[239]。E. rutaecarpa のアルカロイド dehydroevodiamine が抗健忘症作用を持つことが報告されている[240]。これは強い acetylcholinesterase 阻害活性および血流促進効果に起因し、scopolamine により誘導されるネズミの記憶障害に対する効果の比較から、アルツハイマー病薬である tacrine よりも強い活性を持つことが報告されている。E. rutaecarpa より単離されたキノロンアルカロイド類および合成関連物質の生物活性が調べられた結果、血管収縮阻害活性、抗腫瘍性、細胞毒性を持つことが報告されている[241]。limonin (**14**)、obacunone (**22**) を含むミカン科植物の抽出物が中枢神経活性化作用を持つことが報告されている[242]。E. rutaecarpa ドライフルーツ (Evodiae Fructus) の 70％メタノール抽出物が鎮痛作用を持ち、主要なアルカロイド evodiamine (**57**)、rutaecarpine の抗炎症作

用に起因することが報告されている[243]。E. rutaecarpa、P. amurense のリモノイド limonin (**14**) が、酢酸によりネズミに誘導される痛みを緩和し、アルカロイド evodiamine (**57**)、rutecarpine と同程度の鎮痛作用を持つことが報告されている[244]。E. rutaecarpa ドライフルーツからのリモノイド limonin (**14**) の鎮痛作用、抗炎症作用が、ネズミへの経口投与による実験において、酢酸により誘導される血流上昇および carrageenin により誘導される炎症を抑制することにより確認されている[245]。E. rutaecarpa ドライフルーツからのアルカロイド evodiamine (**57**)、rutecarpine の鎮痛作用、抗炎症作用がネズミを用いた実験により調べられている[246]。angiotensin II レセプター拮抗剤としての作用を持つ薬用植物が検索され、E. officinalis を含む4種の薬用植物が強い活性を持つことが報告されている[247]。アルカロイド、evodiamine (**57**) 誘導体が調製され、それらの脂肪分解促進作用、肥満防止作用が調べられ、肥満防止剤としての飼料、食品への添加が提案されている[248]。ネズミにトリチウムラベルした [^{3}H]evodiamine (**57**) を経口投与し、その後の吸収・排泄過程が調べられている[249]。

3.4.3 生物に対する作用

漢方薬 E. rutaecarpa 中のプレニル化キノロンアルカロイド atanine が Schistosoma mansoni および Ostertagia circumcincta の幼虫、Caenorhabditis elegans の幼・成虫に対して抗寄生虫性を持つことが報告されている[250]。マレーシア産の79種の植物について抗線虫性が調べられた結果、E. glabra を含む27種が活性を持つことが報告されている[251]。韓国の民間薬 E. rutaecarpa 中のキノロンアルカロイド evocarpine、dihydroevocarpine が brine shrimp test において毒性を示すことが報告されている[252]。

3.5 イヌサンショウ (*Fagara*) 属

3.5.1 成分分析

Fagara riedeliana 樹皮[253]、Fagara nitida 材[254,255]、Fagara macrophylla 樹皮の精油[256]、アルゼンチン産の Fagara riedeliana、Fagara hyemalis、Fagara pterota、Fagara rhoifolia の分析[257] などがなされている。インドネシアの薬用植物 Fagara rhetza 樹皮より新規なフェニルプロパノイド O-geranylsinapyl alcohol (**58**)、O-geranylconiferyl alcohol、アミド hazaleamide (**59**) が単離されている[258]。Fagara xanthoxyloides からのアルカロイド fagaridine の構造の訂正がなされている[259]。

3.5.2 薬理・生理活性

Fagara chalybea より最近単離された3種のピラノキノロンアルカロイドが SRS-A 拮抗阻害活性を持つことが報告されている[260]。

3.5.3 生物に対する作用

Fagara xanthoxyloides のアセトン抽出物が Leptinotarsa decemlineata に対する強い殺卵性を示し、その活性成分としてアルカロイド fagaramide (**60**) が報告されている[261]。

3.6 その他の属

3.6.1 成分分析

マルキンカン (Fortunella japonica) の精油[262]、Skimmia laureola の揮発成分[263] の分析がなされている。コクサギ (Orixa japonica) 材より新規なキノリンアルカロイド (+)-3′-O-acetyl-isopteleflorine[264]、(+)-isoptelefolidine[265] が見いだされている。Orixa japonica 材より、プレニル化キノリンアルカロイド (−)-preorixine が単離され、(+)-orixine およびその関連物質の生合成中間体であることが提案されている[266]。Skimmia wallichii から新規なトリテルペン skimmiwallin が単離

され、skimmiwallichin の化学構造が訂正されている[267]。*Skimmia laureola* より新規なトリテルペン *O*-methyllaureolol が単離されている[268]。*Skimmia japonica* の樹皮成分が雄株と雌株で比較して分析され、プレニル化クマリン、アルカロイドに相違が認められることが報告されている[269,270]。ミヤマシキミ (*Skimmia japonica*) 樹皮より新規なフラノクマリン 2,3-dihydro-9-hydroxy-2-[1-(6-feruloyl)-β-D-glucosyloxy-1-methylethyl]-7*H*-furo[3,2γ][1]-benzopyran-7-one を含むクマリン配糖体が単離されている[271]。*Skimmia japonica* のクマリンとトリテルペンの分析がなされている[272]。*Skimmia laureola* から 4 種の新規なアルカロイド ptelefoliarine、acetoxyptelefoliarine、acetoxyedulinine、orixiarine が単離されている[273]。インドネシアの薬用植物 *Murraya paniculata* 葉より、新規なプレニル化クマリン murpaniculol senecioate、5-methoxymurrayatin、omphamurin isovalerate[274]、新規なクマリン 5,7-dimethoxy-8-[(*Z*)-3′-methylbutan-1′,3′-dienyl]coumarin[275]、新規なポリメトキシル化フラボン 3-hydroxy-5,7,3′,4′,5′-pentamethoxyflavone[276] が単離されている。エジプト産の *Murraya exotica* より新規な 2 量体カルバゾールアルカロイド bis-7-hydroxygirinimbine A、bis-7-methoxygirinimbine (**61**)[277] が単離され、ポリメトキシル化フラボン類[278]、アルカロイド類[279] の分析がなされている。*Clausena excavata* より新規なカルバゾールアルカロイド clauszoline A~M[280,281]、clausamine A[281]、新規なクマリン 5-geranyloxy-7-hydroxycoumarin[280]、lansiumarin A~C[283] が単離されている。スリランカ産の *Luvunga angustifolia*、*Limonia acidissima*、*Pleiospermium alatum* の成分分析がなされている[284]。*Geleznowia verrucosa* の花、葉の精油[285]、クマリン類[286] の分析がなされ、後者について酸化およびプレニル化パターンが化学分類学の観点から議論されている。*Spathelia glabrescens* よりユニークなスクワレン誘導体 glabrescol が単離されている[287]。*Bosistoa selwynii* より新規なプレニル化アセトフェノン類 pyranoselwynone、selwynone、furanoselwynone、isofuranoselwynone が単離されている[288]。オーストリア産の *Bosistoa* 属のアルカロイド、アセトフェノン類、フロログルシン類の分析がなされている[289]。インドネシア薬用植物 *Aegle marmelos* 樹皮より新規なリグナン配糖体 (−)-lyoniresinol 2-α-*O*-β-D-glucopyranoside、(−)-4-epi-lyoniresinol 3α-*O*-β-D-glucopyranoside が単離されている[290]。*Bouchardatia neurococca* の精油[291]、*Crowea exalata* の精油[292]、ドミニカ産の *Amyris diatrypa* の精油[293]、*Melicope melanophloia* の 3 種のケモタイプの精油[294]、オーストラリア産の *Lunasia amara*、*Sarcomelicope simplicifolia* の精油[295]、*Acronychia* 属のアルカロイド、クマリン[296]、*Acmadenia sheilae* のクマリン類[297]、*Dictamnus dasycarpus* 根皮の抗菌性を有するアルカロイド、リモノイド[298] の分析がなされている。*Boronia alata* より新規なペンタノルトリテルペン boronialatenolide が単離されている[299]。*Eriostemon australasius* のキノリンアルカロイド類の分析がなされ、化学分類学上の議論がなされている[300]。*Choisya ternata* の精油の季節変動が調べられている[301]。*Rauia resinosa* より新規なクマリン rauianin (**62**) が単離されている[302]。*Boenninghausenia albiflora* より新規なクマリン 2 量体 boennin が見いだされている[303]。*Esenbeckia grandiflora* より新規なクマリン、ジヒドロカルコンが単離されている[304]。*Pilocarpus* 属の炭化水素類の分析と化学分類学との関連が議論されている[305]。ミカン科の 35 種、114 栽培種のフェノール性成分が分析され、化学分類学的観点から、フラボノイドのグリコシル化の程度により分類できることが報告されている[306]。

3.6.2 薬理・生理活性

Orixa japonica からのキノロンアルカロイド pteleprenine の guinea-pig の回腸の収縮反応および犬の心房の筋肉収縮反応に対する作用が調べられた結果、ニコチン受容体拮抗阻害剤としての作用があることが報告されている[307]。カラタチ (*Poncirus trifoliata*) 果実のフラボノイド配糖体 poncirin が抗炎症作用を持つことが報告されている[308]。*Poncirus trifoliata* を含む漢方薬から、抗癌性を

示す成分が得られている[309]。C. grandis、Severinia huxifolia、Poncirus trifoliata より単離された5種のクマリン類の抗血栓性が調べられている[310]。スリランカのミカン科植物からのクマリン seselin、xanthyletin が抗癌性を持ち、seselin は弱い細胞毒性も合わせ持つことが報告されている[311]。Clausena lansium からの clausenamide 類に肝臓保護作用があることが報告されている[312]。

3.6.3 生物に対する作用

Atalantia monophylla からの pyropheophorbide の抗ウイルス性[313]、ミカン科リモノイド obacunone (**22**)、nomilin (**15**)、azadirachtin A、limonin (**14**) の抗蟻性[314]。Aegle marmelos 葉の精油の抗菌性[315]、Dinosperma erythrococca からのイソブチルアミン類 erythrococcamide A、erythrococcamide B、erythrococcamide C、N-(2-hydroxy-2-methylpropyl)-6-phenyl-2(E),4(E)-hexadienamide、N-(2-methylpropyl)-6-phenyl-2(E),4(E)-hexadienamide の殺虫性[316] の報告がある。

4 構造式（主として新規化合物）

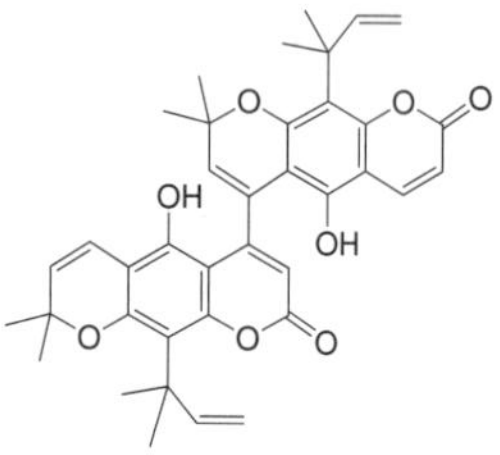

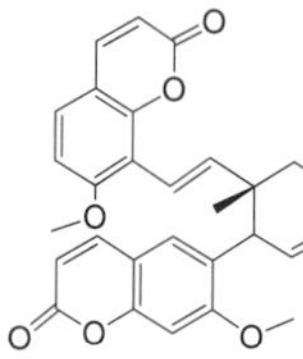

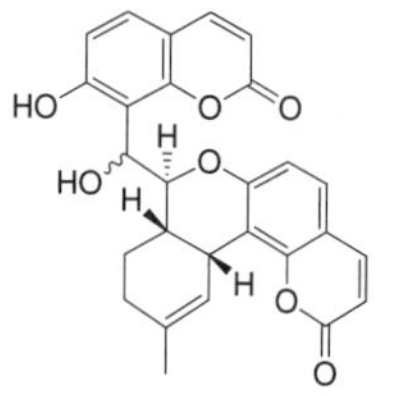

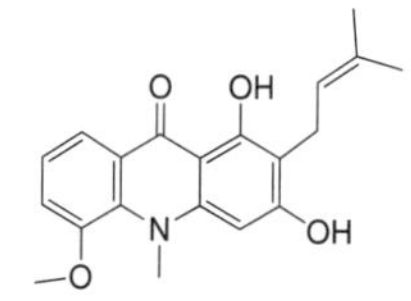

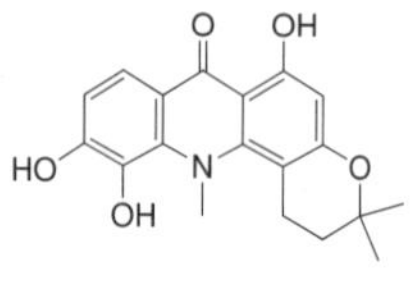

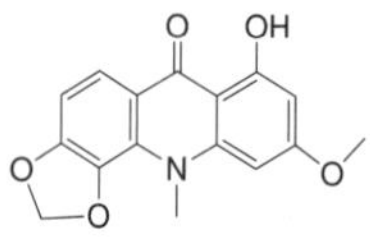

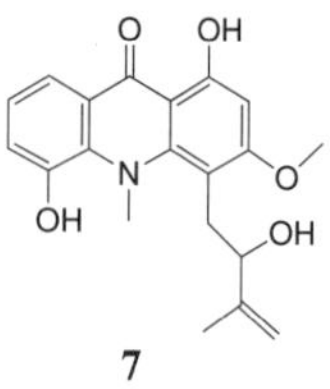

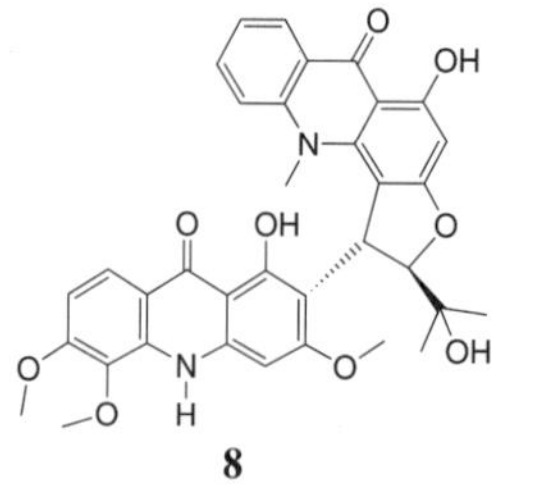

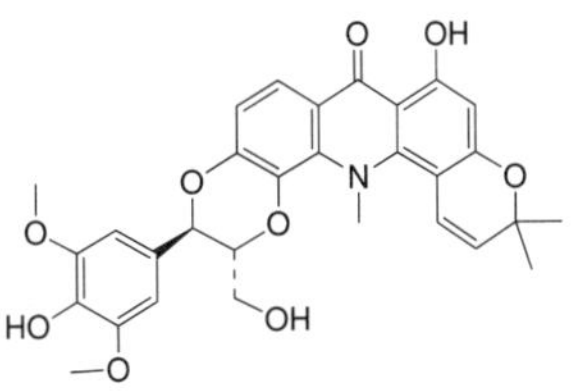

9

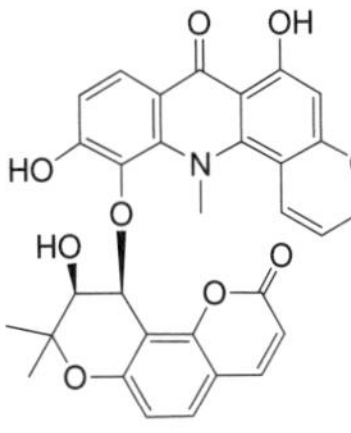

10

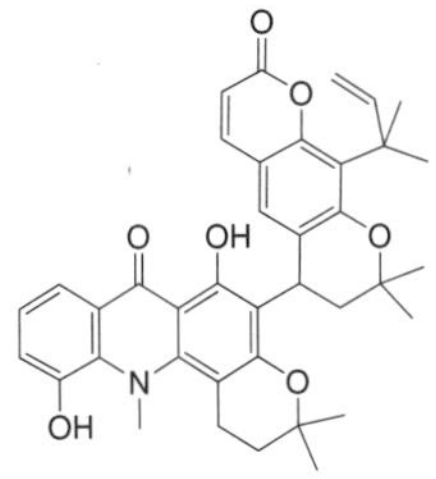

11

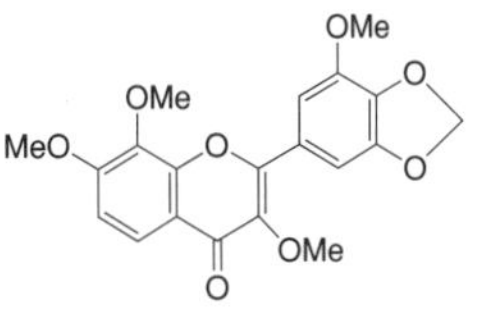

12

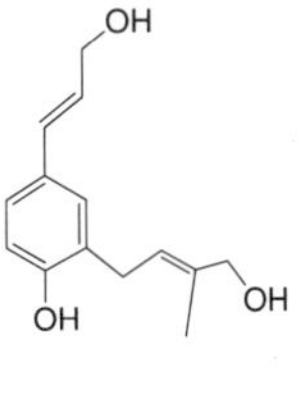

13

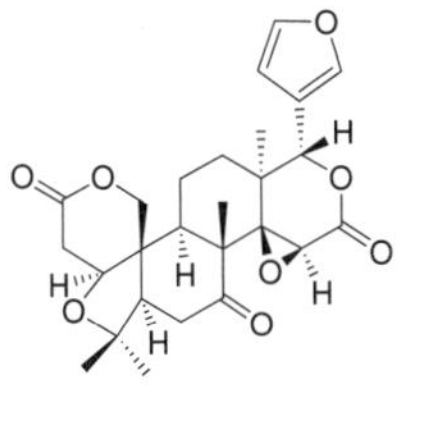

14

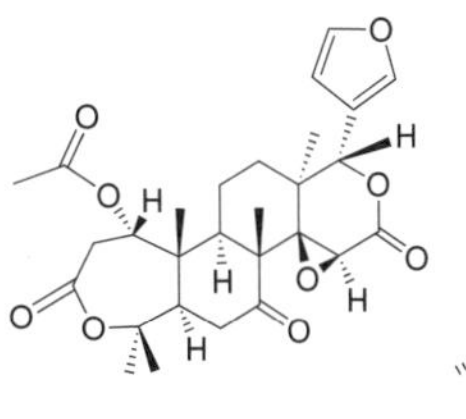

15

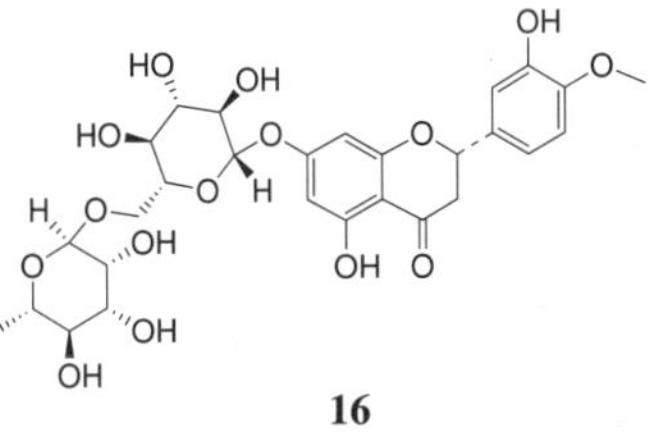

16

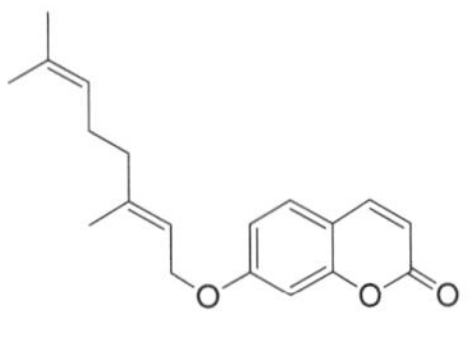

17

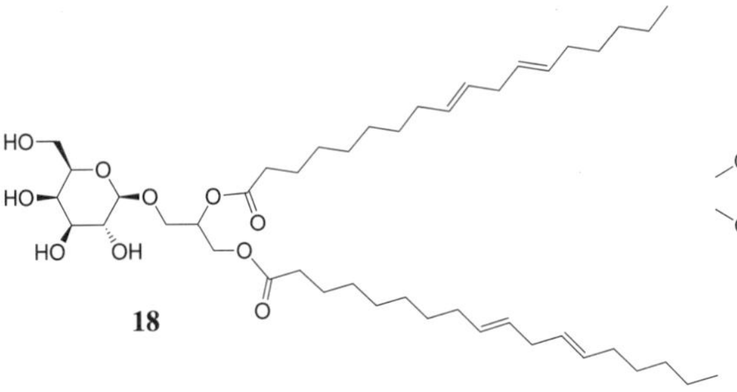

18

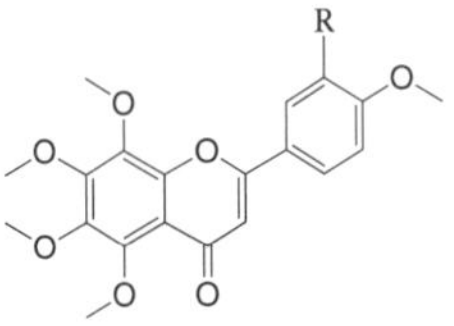

19: R = OH
20: R = H

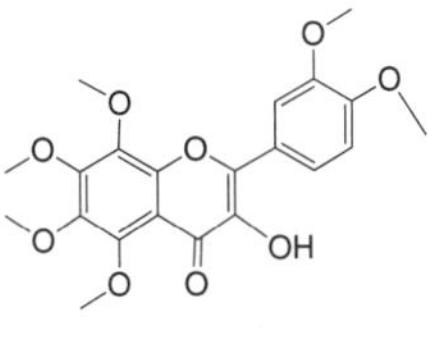

21

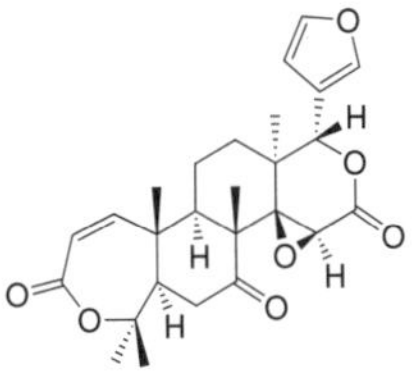

22

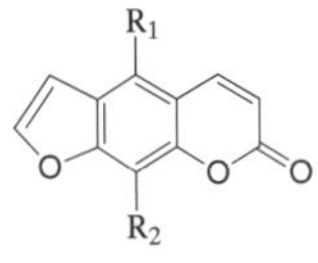

23: R₁ = OCH₃, R₂ = H
25: R₁ = H, R₂ = OCH₃

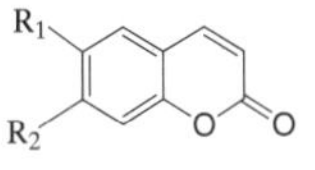

24: R₁ = H, R₂ = OH
26: R₁, R₂ = OCH₃
27: R₁ = OCH₃, R₂ = OH

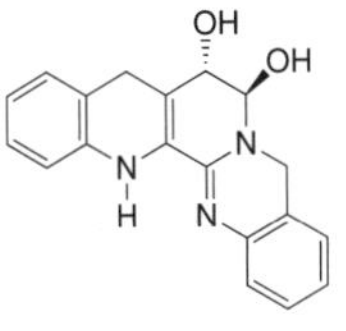

30

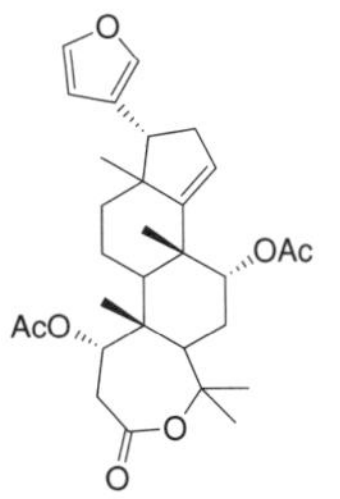

31

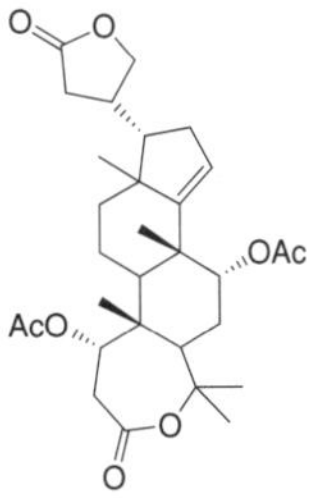

32

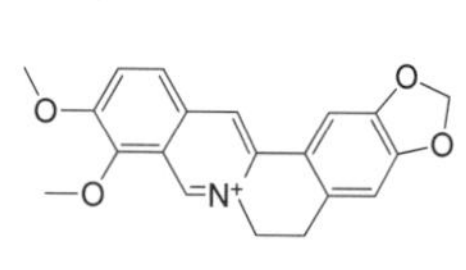

28 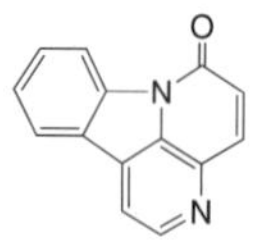 **29** 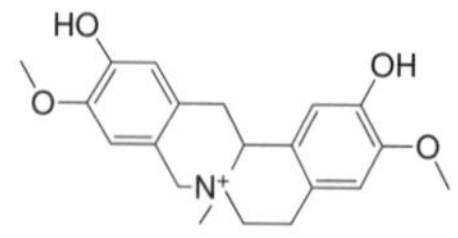 **33** 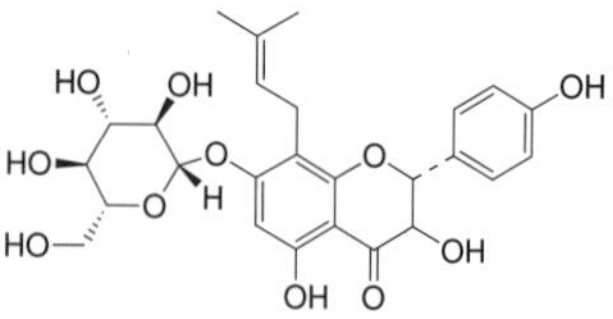 **34**

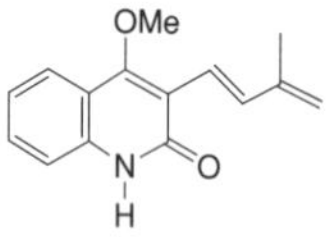

35 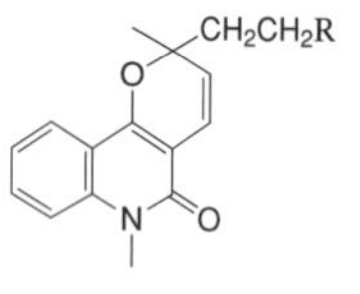 **36:** R = CH=CMe$_2$ **38** **39** **40**
       37: R = COCHMe$_2$

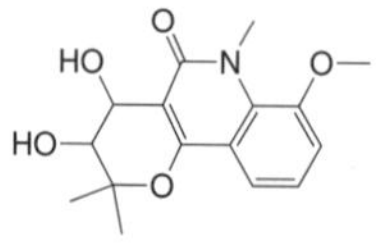

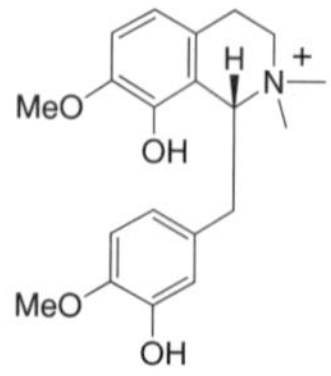

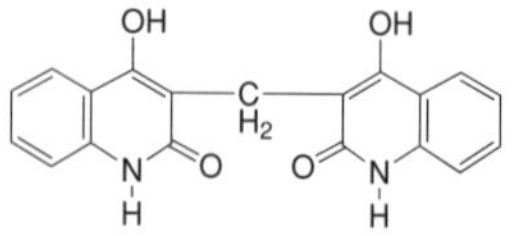

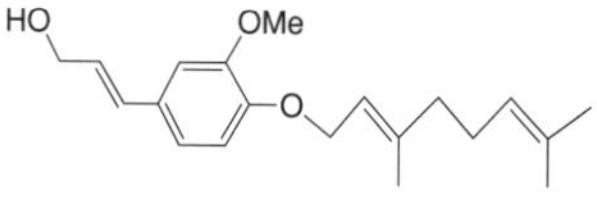

41 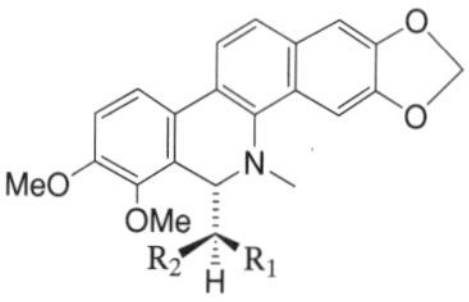 **42:** R$_1$ = Me, R$_2$ = 4-cyano-2-pyridinyl 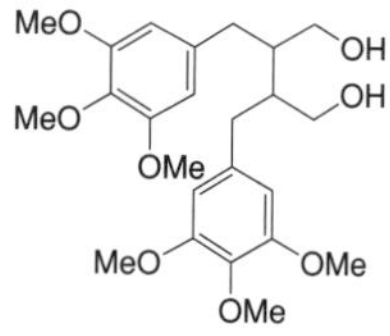 **43** 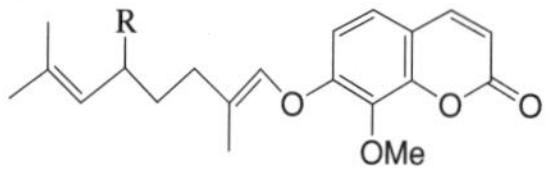 **44:** R = H
                                                                45: R = OAc

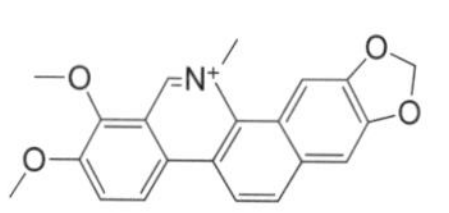

46 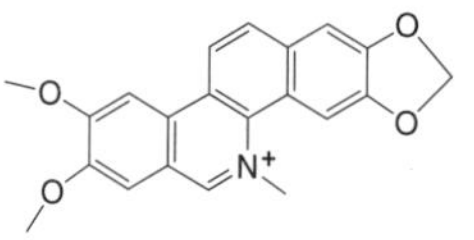 **47** 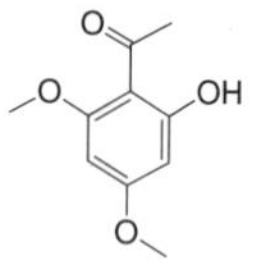 **48** 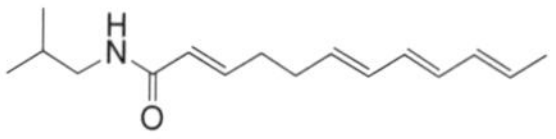 **49**

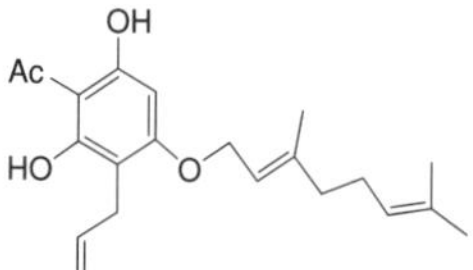

50 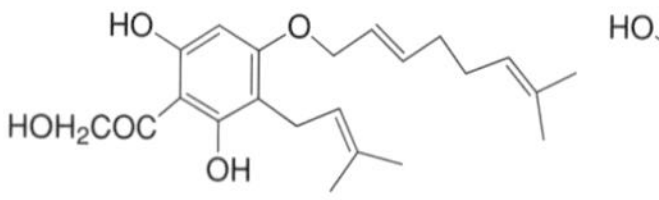 **51** 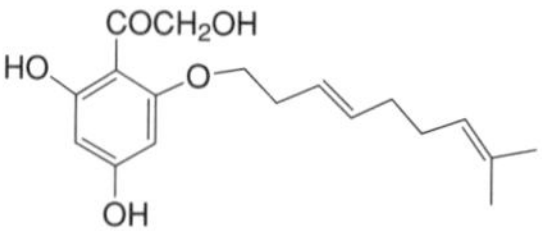 **52** 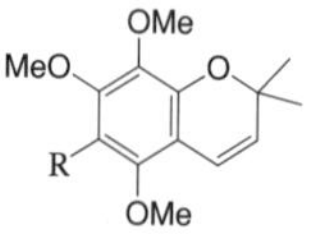 **53:** R = CH(OH)Me
                       54: R = CH(OCH$_2$Me)Me
                       55: R = CH=CH$_2$

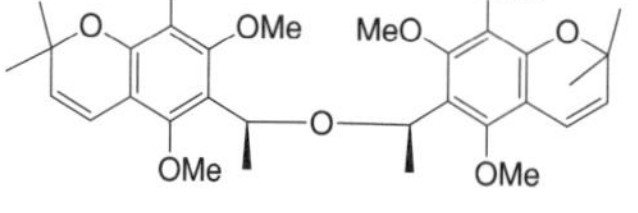

56

57　**58**　**59**　**60**

61　**62**

5　引用文献

1) 北村四郎、村田源、『原色日本植物図鑑・木本編Ⅰ』、保育社、pp. 312–329 (1971). 2) 刈米達夫、『和漢生薬』、廣川書店、pp. 143–155 (1971). 3) S. M. Njoroge *et al.* (1994, Japan) **122**: 238151. 4) S. M. Njoroge *et al.* (1995, Japan) **124**: 241711. 5) A. Sattar *et al.* (1992, Pak.) **119**: 179585. 6) C. Yukawa *et al.* (1994, Japan) **123**: 226475. 7) I. Jantan *et al.* (1996, Malay.) **126**: 94584. 8) X. D. Nguyen *et al.* (1996, Vietnam) **124**: 241692. 9) L. Mondello *et al.* (1997, Italy) **127**: 252946. 10) M. Lota *et al.* (1997, Fr.) **127**: 351001. 11) S. D. De Rocca *et al.* (1998, Italy) **128**: 326281. 12) M. M. Abdel-Aal (1996, Egypt) **128**: 32364. 13) B. Gaffney *et al.* (1996, USA) **125**: 150728. 14) L. Mondello *et al.* (1998, Italy) **129**: 315152. 15) D. Bartschat *et al.* (1997, Germany) **127**: 225070. 16) G. P. Blanch *et al.* (1998, Spain) **128**: 127279. 17) R. D. Bennett *et al.* (1991, USA) **116**: 37968. 18) M. Miyake *et al.* (1992, Japan) **116**: 231904. 19) H. Ohta *et al.* (1995, Japan) **122**: 54174. 20) H. Ohta *et al.* (1992, Japan) **118**: 56196. 21) A. Sawabe *et al.* (1996, Japan) **124**: 174070. 22) S. Takatsuto *et al.* (1992, Japan) **117**: 4267. 23) T. Masuda *et al.* (1992, Japan) **117**: 66593. 24) Y. Takemura *et al.* (1994, Japan) **121**: 226436. 25) Y. Takemura *et al.* (1994, Japan) **121**: 104095. 26) C. Ito *et al.* (1993, Japan) **120**: 101964. 27) C. Ito *et al.* (1993, Japan) **120**: 158795. 28) Y. Takemura *et al.* (1997, Japan) **127**: 95138. 29) S. Ikeda *et al.* (1998, Japan) **129**: 146824. 30) M. Runkel *et al.* (1997, Germany) **127**: 175653. 31) J. Motoharu *et al.* (1991, Japan) **116**: 102681. 32) Y. Takemura *et al.* (1994, Japan) **122**: 128624. 33) Y. Takemura *et al.* (1996, Japan) **126**: 72599. 34) Y. Takemura *et al.* (1995, Japan) **123**: 251372. 35) Y. Takemura *et al.* (1994, Japan) **122**: 128595. 36) Y. Takemura *et al.* (1998, Japan) **129**: 14424. 37) Y. Takemura *et al.* (1993, Japan) **119**: 91229. 38) Y. Takemura *et al.* (1994, Japan) **121**: 226395. 39) Y. Takemura *et al.* (1993, Japan) **121**: 5065. 40) Y. Takemura *et al.* (1997, Japan) **127**: 217809. 41) V. K. Saxena *et al.* (1994, India) **122**: 183236. 42) M. M. El-Domiaty *et al.* (1996, Egypt) **127**: 3015. 43) P. Stremple (1998, USA) **129**: 341346. 44) I. Chkhikvishvili *et al.* (1996, Georgia) **128**: 292713. 45) P. Dugo *et al.* (1996, Italy) **126**: 36780. 46) U. Justesen *et al.* (1998, Den.) **128**: 294066. 47) H. Sadie *et al.* (1994, USA) **121**: 153381. 48) J. A. Del Rio *et al.* (1992, Spain) **116**: 148283. 49) V. K. Saxena *et al.* (1994, India) **121**: 129990. 50) R. R. Strange *et al.* (1993, USA) **119**: 266526. 51) C. A. McIntosh *et al.* (1997, USA) **127**: 134958. 52) G. Ruberto *et al.* (1994, Italy) **121**: 42379. 53) M. A. Berhow *et al.* (1994, USA) **121**: 153358. 54) R. L. Rouseff *et al.* (1996, USA) **126**: 237603. 55) K. Sakamoto *et al.* (1997, Japan) **126**: 329798. 56) G. Ruberto *et al.* (1997, Italy) **126**: 94581. 57) G. Ruberto *et al.* (1997, Italy) **127**: 92671. 58) K. Sakamoto *et al.* (1997, Japan) **128**: 179606. 59) J. Castillo *et al.* (1993, Spain) **119**: 245540. 60) O. Benavente-Garcia *et al.* (1995, Spain) **123**: 79509. 61) J. Castillo *et al.* (1992, Spain) **117**: 66719. 62) H. Murase *et al.* (1991, Japan) **117**: 188265. 63) M. Y. Combariza *et al.* (1994, Colombia) **121**: 263260. 64) J. A. Del Rio *et al.* (1998, Spain) **129**: 214207. 65) L. K. T. Lam *et al.* (1994, USA) **120**: 94997. 66) T. Tanaka *et al.* (1998, Japan) **129**: 156620. 67) T. Tanaka *et al.* (1998, Japan) **128**: 316996. 68) T. Tanaka *et al.* (1997, Japan) **128**: 110491. 69) H.

Ohigashi et al. (1997, Japan) **129**: 197665. 70) A. Murakami et al. (1997, Japan) **127**: 75629. 71) K. Nagamine et al. (1994, Japan) **122**: 170159. 72) K. Cai et al. (1997, China) **128**: 45899. 73) N. Mak et al. (1996, China) **124**: 284286. 74) T. Yusa et al. (1992, Japan) **116**: 231926. 75) E. M. Galati et al. (1996, Italy) **125**: 906. 76) M. Itoigawa et al. (1994, Japan) **122**: 183243. 77) E. M. Galati et al. (1994, Italy) **122**: 23436. 78) J. A. Da Silva Emim et al. (1994, Brazil) **120**: 261301. 79) F. Occhiuto et al. (1995, Italy) **123**: 275701. 80) H. N. Nigg et al. (1993, USA) **119**: 115707. 81) Y. Nogata et al. (1996, Japan) **126**: 3786. 82) B. Ameer et al. (1996, USA) **125**: 184819. 83) T. D. Nguyen et al. (1993, USA) **118**: 146745. 84) S. Mori et al.(1996, Japan) **125**: 19013. 85) K. N. Don-Pedro (1996, Nigeria) **125**: 107712. 86) K. D. Murray et al. (1995, USA) **123**: 332694. 87) G. K. Jayaprakasha et al. (1997, India) **126**: 261502. 88) E. G. Haggag et al. (1998, Egypt) **129**: 25748. 89) J. A. D. Rio et al. (1998, Spain) **129**: 342887. 90) V. Rodov et al. (1994, Israel) **126**: 224496. 91) A. Ortuno et al. (1997, Spain) **127**: 15521. 92) C. Ito et al. (1998, Japan) **128**: 274928. 93) Y. Miyake et al. (1997, Japan) **127**: 64844. 94) K. Yamamoto et al. (1997, Japan) **126**: 239869. 95) Y. Miyake et al. (1998, Japan) **129**: 40349. 96) Y. Miyake et al. (1997, Japan) **127**: 358232. 97) A. Atobe et al. (1998, Japan) **129**: 275130. 98) M. Kodama et al. (1997, Japan) **129**: 53573. 99) D. H. Shin et al. (1992, Japan) **117**: 210942. 100) M. Sato et al. (1996, Japan) **124**: 320398. 101) M. Sato et al. (1996, Japan) **128**: 53025. 102) S. Ayano et al. (1996, Japan) **125**: 67392. 103) E. Reverchon (1997, Italy) **126**: 268306. 104) M. Sato et al. (1998, Japan) **129**: 144386. 105) C.-W. Chang et al. (1996, Taiwan) **124**: 341458. 106) A. Inoue et al. (1993, Japan) **122**: 30146. 107) S. A. El-Nawawi (1995, Egypt) **123**: 110523. 108) H. Maeda et al. (1994, Japan) **121**: 33296. 109) N. Inaba et al. (1993, Japan) **120**: 242915. 110) Y. Ozaki et al. (1995, Japan) **122**: 159147. 111) Y. Ifuku et al. (1997, Japan) **127**: 33282. 112) M. D. Coll et al. (1998, Spain) **129**: 40361. 113) F. Ferreres et al. (1993, Spain) **118**: 211683. 114) J. A. Del Rio et al. (1992, Spain) **118**: 19305. 115) M. J. Zampino et al. (1991, USA) **117**: 211297. 116) N. Kurakata et al. (1993, Japan) **120**: 76040. 117) K. Yamamoto et al. (1996, Japan) **126**: 100684. 118) Y. Ofer (1993, Israel) **125**: 320580. 119) T. Noguchi et al. (1998, Japan) **129**: 68514. 120) R. Su et al. (1991, China) **117**: 147164. 121) R. Su ·et al. (1994, China) **122**: 209774. 122) P. A. Yavich et al. (1993, Georgia) **121**: 141848. 123) M. Nakano et al. (1991, Japan) **116**: 18410. 124) Z. Wang et al. (1992, China) **118**: 66844. 125) A. Ikuta et al. (1995, Japan) **124**: 112460. 126) H. Sheridan et al. (1992, Ire.) **117**: 108214. 127) A. Ikuta et al. (1998, Japan) **129**: 200482. 128) A. Ikuta et al. (1998, Japan) **129**: 159099. 129) M. Miyake et al. (1992, Japan) **117**: 118305. 130) K. Kishi et al. (1992, Japan) **117**: 66591. 131) Y. Miyaichi et al. (1994, Japan) **121**: 53967. 132) H. Mori et al. (1994, Japan) **122**: 606. 133) H. Mori et al. (1995, Japan) **122**: 151065. 134) Z. Kawakami et al. (1994, Japan) **124**: 165272. 135) Y. Kiyosuke et al. (1997, Japan) **128**: 97723. 136) Y. Kiyosuke et al. (1997, Japan) **128**: 97722. 137) K. Honda et al. (1995, Japan) **124**: 5390. 138) K. Hino et al. (1995, Japan) **124**: 719. 139) M. S. Choi et al. (1996, Korea) **125**: 84720. 140) T. Ma (1994, China) **120**: 330919. 141) X. Guo et al. (1998, China) **129**: 242518. 142) K. Watanabe et al. (1998, Japan) **128**: 312941. 143) J. Hochido (1993, Japan) **118**: 253825. 144) Q. Xiong et al. (1992, China) **118**: 241043. 145) X. Z hao et al. (1992, China) **120**: 319434. 146) B. Tirillini et al. (1994, Italy) **121**: 153329. 147) A. Ahmad et al. (1993, India) **119**: 91214. 148) N. C. Shah (1991, India) **116**: 27788. 149) X. Li et al. (1996, China) **127**: 92689. 150) L. Chagonda et al. (1994, Zimbabwe) **122**: 64093. 151) M. S. P. Arruda et al. (1992, Brazil) **117**: 66576. 152) K. Deyun et al. (1996, UK) **124**: 226617. 153) W. Wu et al. (1992, China) **117**: 76305. 154) A. A. Craveiro et al. (1991, Brazil) **116**: 27782. 155) A.-O. Somanabandhu et al. (1992, Thailand) **120**: 294211. 156) T. Jiang et al. (1992, China) **119**: 245523. 157) Y. Wu et al. (1996, Japan) **125**: 220009. 158) J. Tang et al. (1995, China) **124**: 170992. 159) H. Ishii et al. (1994, Japan) **120**: 318677. 160) S. K. Adesina et al. (1997, Nigeria) **127**: 311393. 161) J. K. Bastos et al. (1996, Brazil) **126**: 155086. 162) L. E. Cuca S. et al. (1998, Colombia) **129**: 106581. 163) N. B. Shankaracharya et al. (1994, India) **121**: 203807. 164) L. Jirovetz et al. (1998, Austria) **128**: 294093. 165) R. Ramidi et al. (1998, India) **128**: 274936. 166) C.-C. Chyau et al. (1996, Taiwan) **124**: 230535. 167) A. Kato et al. (1995, Japan) **122**: 298790. 168) A. Kato et al. (1996, Japan) **124**: 198135. 169) G. Brader et al. (1993, Austria) **119**: 156247. 170) S. J. Wu et al. (1993, Taiwan) **120**: 319341. 171) I.-S. Chen et al. (1997, Taiwan) **127**: 356958. 172) M. Moriyasu et al. (1997, Japan) **126**: 142049. 173) I. S. Chen et al. (1994, Taiwan) **121**: 78330. 174) I.-S. Chen et al. (1996, Taiwan) **124**: 337904. 175) I.-S. Chen et al. (1994, Taiwan) **122**: 51327. 176) C. M. Jen et al. (1993, Taiwan) **120**: 101959. 177) H. Ishii et al. (1991, Japan) **122**: 128611. 178) N. F. De Moura et al. (1997, Brazil) **128**: 125840. 179) W. S. Sheen et al. (1994, Taiwan) **121**: 78338. 180) S. Ngouela et al. (1994, Cameroon) **122**: 5514. 181) M. S. Arruda et al. (1994, Brazil) **121**: 200894. 182) I.-S. Chen et al. (1995, Taiwan) **123**: 222757. 183) M. Hong et al. (1992, China) **119**: 62663. 184) C.-T. Chang et al. (1997, Taiwan) **127**: 202873. 185) I.-L. Tsai et al. (1998, China) **128**: 268206. 186) Q. Xiong et al. (1995, China) **123**: 79587. 187) L. Ren et al. (1991, China) **117**: 86695. 188) S. K.

Adesina et al. (1997, Nigeria) **127**: 173873. 189) Y. Kashiwada et al. (1997, Japan) **126**: 261550. 190) Q. Xiong et al. (1997, China) **128**: 86477. 191) H. Kojima et al. (1997, Japan) **126**: 297444. 192) M. S. P. Arruda et al. (1996, Brazil) **125**: 270486. 193) N. P. Shetgiri et al. (1998, India) **129**: 341659. 194) S. K. Paknikar et al. (1993, India) **121**: 129886. 195) J. M. Bowen et al. (1996, USA) **125**: 160709. 196) W.-S. Sheen et al. (1996, China) **125**: 48782. 197) C. M. Teng et al. (1992, Taiwan) **117**: 143466. 198) M. Hong et al. (1993, China) **119**: 85668. 199) M. Niikawa et al. (1995, Japan) **124**: 76471. 200) X. L. Huang et al. (1993, Japan) **118**: 183102. 201) S. D. Fang et al. (1993, USA) **119**: 156300. 202) W. S. Bowers et al. (1993, USA) **119**: 91311. 203) S. R. Venkatachalam et al. (1996, India) **124**: 284402. 204) K. L. Marr et al. (1992, USA) **117**: 44637. 205) X.o Ge et al. (1995, USA) **124**: 79424. 206) A. Navarrrete et al. (1996, Mex.) **125**: 177149. 207) Y. D. Kim et al. (1993, Korea) **120**: 296965. 208) Y. S. Han et al. (1996, Korea) **126**: 169106. 209) T. Katayama et al. (1994, Japan) **122**: 128682. 210) T. Katayama et al. (1997, Japan) **127**: 217892. 211) C. Fuganti et al. (1998, Italy) **129**: 216457. 212) S.-I. Mun et al. (1994, Korea) **122**: 30085. 213) L. C. L in et al. (1993, Taiwan) **120**: 212548. 214) L. C. Lin et al. (1992, Taiwan) **117**: 86745. 215) T. Zhang et al. (1994, China) **121**: 164091. 216) Y. Tang et al. (1996, China) **125**: 308784. 217) K. Mitsunaga et al. (1991, Japan) **116**: 186304. 218) R. Wang et al. (1993, China) **118**: 230162. 219) M. Huang et al. (1991, China) **116**: 180989. 220) Y. Q. Tang et al. (1995, China) **123**: 334995. 221) Y.-Q. Tang et al. (1996, China) **125**: 243148. 222) N. Ravelomanantsoa et al. (1995, Madagascar) **123**: 107757. 223) D. Arbain et al. (1993, Italy) **119**: 113436. 224) M.-C. Lee et al. (1996, China) **126**: 101350. 225) L. L. Yu et al. (1997, Taiwan) **127**: 311395. 226) Y. Liu et al. (1996, China) **126**: 148570. 227) T. Wang et al. (1996, China) **126**: 109003. 228) D. Bergenthal et al. (1994, Germany) **121**: 104165. 229) M. Arisawa et al. (1993, Japan) **120**: 129510. 230) S. S. Kang et al. (1997, Korea) **127**: 85901. 231) C. J. Chou et al. (1992, Taiwan) **117**: 86736. 232) L. C. Lin et al. (1993, Taiwan) **119**: 221628. 233) G. L. Li et al. (1997, China) **126**: 261556. 234) G.-L. Li et al. (1998, China) **129**: 173084. 235) G.-L. Li et al. (1998, China) **128**: 151737. 236) G.-L. Li et al. (1997, China) **128**: 138568. 237) G. Li et al. (1997, China) **128**: 292722. 238) G. Li et al. (1997, China) **129**: 272952. 239) H. J. Kim et al. (1995, Korea) **125**: 52184. 240) C. H. Park et al. (1996, Korea) **126**: 181191. 241) Y. Tang et al. (1998, China) **129**: 245022. 242) M. Haga et al. (1992, Japan) **116**: 234264. 243) H. Matsuda et al. (1997, Japan) **126**: 272213. 244) M. Kubo et al. (1996, Japan) **127**: 351179. 245) H. Matsuda et al. (1998, Japan) **128**: 326391. 246) H. Matsuda et al. (1998, Japan) **129**: 270247. 247) W. K. Oh et al. (1997, Korea) **127**: 70675. 248) Y. Yokoo et al. (1997, Japan) **128**: 101395. 249) K. Komatsu et al. (1993, Japan) **120**: 289325. 250) S. Perrett et al. (1995, UK) **123**: 165094. 251) Y.-C. Kim et al. (1998, Korea) **129**: 58714. 252) M. M. Mackeen et al. (1997, Malay.) **128**: 11092. 253) J. Reisch et al. (1993, Germany) **120**: 265778 254) T.u Ishikawa et al. (1995, Japan) **124**: 25644. 255) H. Ishii et al. (1994, Japan) **120**: 318677. 256) G. Ruberto et al. (1998, Italy) **129**: 280848. 257) J. Reisch et al. (1994, Germany) **122**: 260984. 258) H. Shibuya et al. (1992, Japan) **118**: 143410. 259) T. Nakanishi et al. (1998, Japan) **129**: 302737. 260) T. Kamikawa et al. (1996, Japan) **125**: 243082. 261) E. Ginesta et al. (1994, Spain) **121**: 52287. 262) K. Umano et al. (1994, USA) **121**: 229353. 263) H. Zhang et al. (1996, China) **125**: 323009. 264) S. Funayama et al. (1996, Japan) **124**: 198187. 265) S. Funayama et al. (1994, Japan) **121**: 104120. 266) S. Funayama et al. (1993, Japan) **120**: 27452. 267) I. Kostova et al. (1996, Bulg.) **125**: 243139. 268) H. J. Zhang et al. (1995, China) **123**: 334993. 269) J. Reisch et al. (1992, Germany) **118**: 187800. 270) J. Reisch et al. (1991, Germany) **116**: 102724. 271) J. Reisch et al. (1992, Germany) **118**: 98094. 272) M. Nakatani et al. (1991, Japan) **117**: 188247. 273) Atta-ur-Rahman et al. (1998, Pak.) **129**: 14413. 274) T. Kinoshita et al. (1996, Japan) **125**: 81849. 275) T. Kinoshita et al. (1996, Japan) **125**: 53641. 276) T. Kinoshita et al. (1997, Japan) **127**: 2984. 277) E. K. Desoky et al. (1992, Egypt) **119**: 177557. 278) E. K. Desoky (1992, Egypt) **119**: 156240. 279) E. K. Desoky et al. (1992, Egypt) **119**: 156235. 280) C. Ito et al. (1997, Japan) **126**: 169060. 281) C. Ito et al. (1996, Japan) **126**: 72619. 282) C. Ito et al. (1998, Japan) **128**: 241801. 283) C. Ito et al. (1998, Japan) **128**: 241800. 284) E. M. K. Wijeratne et al. (1992, Sri Lanka) **118**: 77025. 285) J. J. Brophy et al. (1995, Australia) **124**: 112397. 286) M. A. Rashid et al. (1991, UK) **116**: 102720. 287) W. W. Harding et al. (1995, Jamaica) **124**: 82101. 288) A. A. Auzi et al. (1998, UK) **128**: 203071. 289) A. A. Auzi et al. (1997, UK) **128**: 45863. 290) K. Ohashi et al. (1994, Japan) **122**: 261031. 291) J. J. Brophy et al. (1994, Australia) **122**: 51350. 292) J. J. Brophy et al. (1997, Australia) **127**: 202921. 293) R. P. Adams et al. (1998, USA) **128**: 306242. 294) J. J. Brophy et al. (1997, Australia) **127**: 63119. 295) J. J. Brophy et al. (1997, Australia) **126**: 268374. 296) A. N. Bissoue et al. (1996, Fr.) **126**: 183767. 297) W. E. Campbell (1996, S. Afr.) **126**: 29154. 298) W. Zhao et al. (1998, Switz.) **128**: 138556. 299) M. Ahsan et al. (1994, UK) **121**: 175216. 300) E. V. L. da Cunha et al. (1993, UK) **120**: 73388. 301) M.-J. Respaud et al. (1997, Fr.) **127**: 202928. 302) E. S. Velozo et al. (1997, Brazil) **127**: 133335. 303) J. Banerji et al. (1998, India) **129**: 186689. 304) M. Trani et al. (1997, Italy) **128**: 241799. 305) L. A. Skorupa *et al.* (1998, Brazil) **129**: 273021. 306) K. Kanes *et al.* (1993, USA) **118**: 251469. 307) K. Seya *et al.* (1998, Japan) **129**: 225538. 308) W. G. Youn *et al.* (1992, Korea) **119**: 63007. 309) T. Ikegawa *et al.* (1991, Japan) **121**: 18015. 310) C. M. Ten *et al.* (1992, Taiwan) **117**: 103954. 311) A. A. L. Gunatilaka *et al.* (1994, USA) **121**: 394. 312) G. T. Liu *et al.* (1996, China) **126**: 259099. 313) S. Chansakaow *et al.* (1996, Japan) **125**: 110303. 314) M. Serit *et al.* (1992, Japan) **116**: 250477. 315) B. K. Rana *et al.* (1997, India) **127**: 173850. 316) Z. Latif *et al.* (1998, UK) **129**: 2716.

43 ミズキ科
Cornaceae

1 科の概要

高木あるいは低木が主で、数少ないがつる性や草本も見られる。葉はほとんどのものが対生で、花は小型で白色のものが多く、大型の総苞片で囲まれるものもある。10属、約100種が知られている。このうち60種ほどのミズキ属 (*Cornus*) が温帯を中心に分布している。ミズキ、クマノミズキ、サンシュユ、ヤマボウシ、ハナミズキ、草本のゴゼンタチバナなどのミズキ属、ハナイカダのハナイカダ属 (*Helwingia*)、アオキのアオキ属 (*Aucuba*)、喜樹のカレンボク属 (*Camptoheca*)、ハンカチノキのダヴィディア属 (*Davidia*) のほか、メラノフィラ属 (*Melanophylla*)、カリフォラ属 (*Kaliphora*)、グリセリニア属 (*Griselinia*)、ヌマミズキ属 (*Nyssa*) などがある。

ミズキ
(*Cornus controversa*)

2 研究動向

ミズキ属を中心に、成分検索、組織培養が行なわれ、また、抗菌性、抗炎症、抗変異原性、抗酸化活性などの生物活性が調べられている。

3 各 論

3.1 成分分析

ミズキ属 (*Cornus officinalis*、*Cornus controversa*) よりイリドイド配糖体、loganin[1]、サポニン[2]、フェノール性化合物[3] が分離された。*C. officinalis* より新規化合物、dehydromorroniaglycon (**1**) が、また、既知物質、5,5′-di-α-furaldehydic di-Me ether、5-hydroxymethylfurufural、7-dehydrologanin が初めて単離された[4]。

3.2 組織培養

Cornus kousa[5]、*Cornus capitata*[6] の組織培養が試みられ、ポリフェノール類が分離された。

3.3 生物活性

アオキ属、*Aucuba japonica* の葉の抽出物の抗炎症作用[7]、ミズキ属、*Cornus drummondi* の果実の抗菌作用[8]、*C. officinalis* の抗酸化作用[9] が見いだされた。

4 構造式（主として新規化合物）

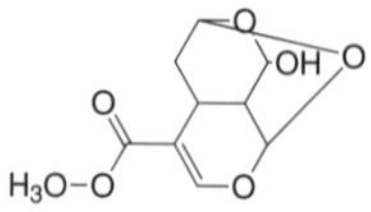

1

5 引用文献

1) K. Li *et al.* (1994, China) **122**: 170374. 2) J. Zang *et al.* (1997, China) **127**: 4362. 3) D. Lee *et al.* (1995, Korea) **124**: 226646. 4) L. Xu *et al.* (1995, China) **123**: 29618. 5) K. Ishimaru *et al.* (1993, Japan) **118**: 251532. 6) N. Tanaka *et al.* (1997, Japan) **127**: 63166. 7) M. Shimizu *et al.* (1994, Japan) **121**: 73328. 8) D. M. Post *et al.* (1995, USA) **123**: 5422. 9) B. J. Kim *et al.* (1997, Korea) **128**: 26742.

44 ミソハギ科
Lythraceae

ミソハギ
(*Lythrum anceps*)

1 科の概要

日本産のエゾミソハギ (*Lythrum anceps*)、夏に紅紫色の花が咲く。*Salicaria* は旧属名、本植物は水辺に産し、開花前は形状が柳 (*Salicales*) に似ている。薬用植物である。日本にはミソハギ (*Lythrum*)、サルスベリ (*Lagerstroemia speciosa*)、キカシグサ (*Rotala*) が栽培されている。その他、*Lagerstroemia indica*、*Lagerstroemia thomosonii*、*Bauhinia tomentosa*、*Similax zeylanica*、*Heimia salicifolia*、*Brachyandra Melvilla*、*Diplusodon*、*Woodfordia* などがある。

2 研究動向

古くは漢方薬や民間薬などが研究の対象としてその抽出成分に興味が持たれ、その化学構造が検討されてきた。しかし、近年はその機能特性に関心が移ってきた。たとえば、化粧品、人間の腫瘍、血糖低下、抗酸化作用、養毛剤、不老長寿薬など幅広い研究の展開が期待されている。

3 各 論

3.1 成分分析

サルスベリ (*Lagerstroemia indica*)[1] は中国が原産であり、日本でも栽培されている。その果実と葉部からグルクロン酸を主鎖とする新しい3つのエラグタンニン類 lagerstannin A (**1**) (2,3;4,6-bis-*O*-(*S*)-hexahydroxydiphenoyl-D-gluconoic acid)、lagerstannin B (**2**) (2,3,5-*O*-(*SR*)-flavogallonyl-4,6-*O*-(*S*)-hexahydroxydiphenoyl-D-gluconoic acid) および lagerstannin C (**3**) (5-*O*-galloyl-4,6-*O*-galloyl-4,6-*O*-(*S*)-hexahydroxydiphenoyl-D-glucnic acid) が単離された。さらに、ザクロ (*Punica granatum*) の樹皮から単離された punigluconin のスペクトルデータの再検討が行なわれ、2,5-di-*O*-galloyl-(*S*)-hexahydroxydiphenoxygluconic acid (**4**) として修正された。

Lagerstroemia speciosa[2] の葉部から初めて 16 種のアミノ酸と pyrogallol (**5**)、lipid (**6**) が同定された。生物・毒性の研究について乾燥したその葉部とタンニンを除いた2つの抽出成分は血糖低下作用があることが示されていたが、そのアミノ酸類はインシュリン作用と同様の低血糖症に効果があることが証明された。

サルスベリ (*Lagerstroemia indica*)[3] の地上部 (花および根を除く) から 3,6,11,15-tetramethyl-2-hexadecen-1-ol (**7**)、urs-12-en-28-oic-acid (**8**)、ellagic acid (**9**)、3,3′,4′-tri-*O*-methylellagic acid (**10**)、糖および脂肪酸が単離された。

Lagerstroemia thomsonil と *Bauhinia tomentosa*[4] の種子油は palmitic acid (**11**) (17.8 および

15.4％)、steric acid (**12**) (8.8 および 6.6％)、oleic acid (**13**) (11.1 および 20.75％)、linoleic acid (**14**) (nil および 1.6％)、arachidic acid (**15**) (1.8％および nil) および vernolic acid (**16**) (7.3 および 5.8％) 等を含有していた。

　Ehrlich 腹水腫瘍細胞における D-glucose の取り込みについて、植物抽出物の効果が検討された[5]。活性を有する植物の一つである *Lagerstroemia speciosa* からトリテルペン colosolic acid (**17**) と maslionic acid (**18**) の 2 つの化合物が単離された。colosolic acid (**17**) は glucose の輸送活性物質である。この物質は低血糖症活性を有することが知られているが、生体外での簡単な生物試験方法によって初期の血糖低下作用のスクリーニングするのに用いることができる。

　美白化粧品は *Adhatoda vasica* のような植物の抽出物と chlesteric liquid crystals を含んでいる。その化粧品の成分は cholesteryl 12-hydroxystearate (**19**) 3.0％、cholesteryl heptanoate (**20**) 3.0％、cholesteryl oleate (**21**) 2.0％、cholesteryl buteyrate (**22**) 1.0％、1,3-butylene glycol 7.0％と防腐剤 1.0％を含んでいた[6]。

　養毛剤は *Smilax zeylanica* や *Phyllanthus niruri* のような植物からの 5α-還元酵素抑制物質を含んでいる。化粧水は olive oil 0.5％、植物抽出物 0.5％、poyoxyethylene sorbitan monostearate (**23**) 2.0％、ethoylated castoroil (**24**) 2.0％、ethanol 30.0％、1％ Na hyarulonate 5.0％と純水 60.0％を含んでいる[7]。

　DL-[4,513C2,6-14C] lysine は vertine (**25**) と lythrine (**26**) の A 環の中に対称中間体によって明らかに組み込まれている。各々それは *cis*-quinolizidinones と *trans*-quinolizidinones であり、特に、化合物 (**25**) と (**26**) についての前駆体である。また、それに相当する mono-*O*-Me ethers はアルカロイドの生合成に有効でなかった[8]。

　tellimagrandin I (**27**) のような polygalacturonase 制御物質が Lythraceae、Theaceae、Lythrum anceps Makino および Onagraceae から選別された植物の細胞から単離された。6 個の polygalacturonase 制御物質のうち 3 個は Woodfordia fruticosa の乾燥花から単離された。これらの polygalacturonase 制御物質は植物、果実、野菜の保存と植物の病気の予防に寄与する。それら polygalacturonase 制御物質を含む *Aspergillus niger* から IC50 が得られた[9]。

　27 種類の *Diplusodon* からアルカロイド類が同定された[10]。aspigenin (**28**)、luteolin (**29**)、kaempferol (**30**)、wuercetin (**31**)、myricetin (**32**) などとともにそれらの配糖体として見いだされた。それぞれ異なったグリコシド結合様式が観察された。また、それらは樹種レベルで分類法として用いることができることもわかった。樹種の主な 2 つのグループは flavone (**33**) や flavonol glycosode (**34**) の相互の特徴によって明らかになるので、アグリコンの構造も適切な分類法になる。フラボノイドの化学はその属の分類系統には反映しなかった。しかし、その葉の型によって *Diplusodon* と相似形態であることがわかった。

　Cuphea の種子中で主要な脂肪酸として生産される鎖状脂肪酸は、多くの花木の中でも独特である。種子油の構成成分は未実験の 13 種をイチイ目の 15 種の中に入れて報告した。結果の概略で種は、C8:0、C10:0、C12:0、C14:0 または C18:2 のいずれか 1 つの脂肪酸の生産物が既往の報告における組成であることがわかった。3 つの種は C8:0 と C10:0、C12:0 と C14:0、C10:0–C14:0 の各々同量を生産しなかった。*Cuphea pulcherriuma* における種子の油構成成分の合計 94％は caprylic acid (**35**) (C8:0) であり、*C. schumannii* での 94％は capric acid (**36**) (C10:0) である。これらはその種類の中で報告された中で最高級脂肪酸の 1 つであった。Ornithocuphea の一部が初めて分析され、新しい種子油の構成様式が brachiyandra と melvilla について報告された[11]。

　9 種に相当する *Diplusodon* の 12 試料の種子油の量を測定した。*Diplusodon virgatus* の一つを除いて、種子油の量は少なかった。その種子油の脂肪酸の分布を知るために GC-MS を行なった。

*Diplusodon*と種形成の中心の役割をするLythraceaeの他の属である*Cuphea*は脂肪酸構成が異なっていた。*Palmatinerves*の2つの種、*D. ciliatiflorus*と*D. sordidus*はbehenic acid (**37**)とignoceric acid (**38**)が比較的高い。脂肪酸の変動は*D. virgatus*においては少なかったが、*D. alatus*および*D. strigosus*では高かった[12]。

　elastaseの制御に有効な不老薬成分がLythraceaeの*Woodfordia*の抽出物に含まれている。Sidowayah (*W. fruticosa*)は室温で1週間エタノール浸漬しエタノール抽出物を得た。その50 ppm溶液はelastaseを71.2％抑制した[13]。皮膚クリーム、化粧品の材料等として用いられている。

　食料植物から天然由来の抗酸化物質を開発するために、フィリピンのタガログ語名banabaで知られている*Lagerstroemia speciosa*の葉部の熱水抽出物の抗酸化作用が検討された。banaba抽出物のタンニン量は絶乾重量で38.6％であった。banaba抽出物は自動酸化装置linoleic acidに強い抗酸化作用を示した。banaba抽出物は1,1-diphenyl-2-picryhydrazyl (DPPH)ラジカルにおける除去作用およびhypoxanthine (HPX)/ xanthine oxdase (XOD)によってsuperoxide radical (O^{2-})が生じることがわかった。生体外においてter-Bu hydroperoxide (BHP)によって導入されたネズミの肝臓の脂質の過酸化は投与-依存効果においてbanaba抽出物を加えることによって示された。これらの結果からbanaba抽出物は、酸化ストレスに対して生体保護するのに抗酸化剤として、あるいはフリーラジカルの除去として有効であることが示された[14]。

　*Lagerstroemia speciosa*の種実タンパク質のアミノ酸組成とその性質が記述されている[15]。

4　構造式（主として新規化合物）

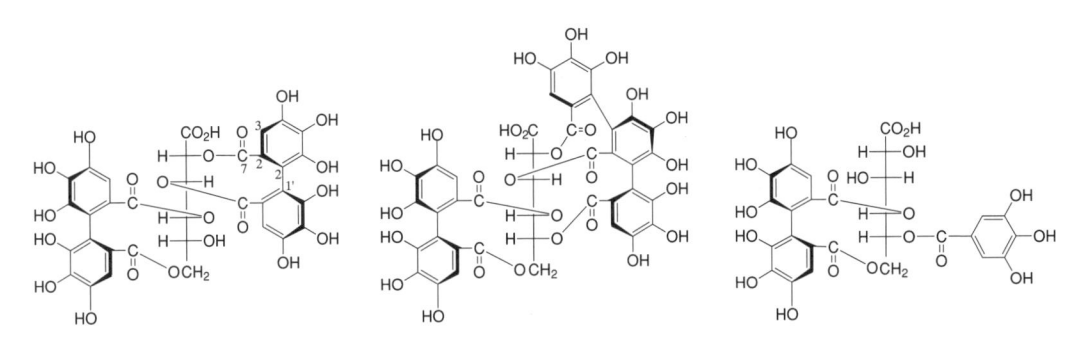

1: Lagerstannin A　　**2:** Lagerstannin B　　**3:** Lagerstannin C

5　引用文献

1) T. Tanaka *et al.* (1992, Japan) **118**: 230159. 2) J. B. Manalo *et al.* (1993, Philippins) **120**: 27494. 3) T. Sato (1992, Japan) **120**: 4694. 4) C. D. Daulatabad *et al.* (1991, India) **117**: 44630. 5) C. Murakami *et al.* (1993, Japan) **120**: 260421. 6) K. Ueda *et al.* (1995, Japan) **123**: 152599. 7) K. Nanba *et al.* (1995, Japan) **123**: 122732. 8) S. H. Hedges *et al.* (1993, UK) **119**: 266578. 9) T. Tuji *et al.* (1993, UK) **125**: 32089. 10) C. T. T. Blatt *et al.* (1994, Brazil) **120**: 158861. 11) S. A. Graham *et al.* (1992, USA) **118**: 120941. 12) D. Y. A. C. Dos Santos *et al.* (1998, Brazil) **129**: 65544. 13) S. Inomata (1998, Japan) **128**: 145173. 14) T. Uno *et al.* (1997, Japan) **128**: 10284. 15) S. Lasker *et al.* (1998, India) **128**: 190421.

45 ムラサキ科
Boraginaceae

1 科の概要

草本または木本で多年草が多い。葉は通常互生し、粗毛があり単一托葉ではない。熱帯から寒帯に分布し、世界には98属2000種ほどある[1]。日本には12属あるが、木本はチシャノキ属(*Ehretia*)、スナビキソウ属(*Messerschmidia*)の2属である[1]。主に熱帯から亜熱帯に分布するカキバチシャノキ属(*Cordia*)も木本である。

チシャノキ
(*Ehretia ovalifolia*)

2 研究動向

花、種子、葉からの成分についての研究が主体であり、それらの利用についての研究はほとんどなされていない。日本に自生している木本についてはほとんど研究されていないが、熱帯に生育しているムラサキ科の木本について研究例は多くはないが研究されている。ただし、草本であるムラサキおよびそれに類する植物からの成分、特に色素、シコニンの研究およびその色素の組織培養による生産の研究が多くなされている。シコニンは抗菌性、抗バクテリア性[2]や抗炎症作用、創傷治癒促進作用[3]を有する。また、ムラサキ科の草本植物から得られる抗酸化能を有するrosamarinic acidの研究およびその組織培養による生産の研究もなされている[4]。

3 成分分析

熱帯産樹木、*Cordia macleodii*の葉と花から4種の新規化合物、p-hydroxyphenyl lactic acid (**1**)[5]、2-hydroxy-3-(4-hydroxy-3-methoxyphenyl)-2-methyl propionamide (**2**)[5]、quercetin 3-O-β-D-glucopyranosyl-(1,2)-β-D-glucuronate ethyl ester (**3**)[5]、3,3″-hinokiflavonol dirutinoside (**4**)[5]と11種の既知化合物(quercetin, quercetin 3-O-α-L-rhamnoside, quercetin 3-O-rutinoside、kaempferol, kaempferol 3-O-β-glucopyranoside, kaempferol 3-O-α-L-rhamnoside, kaempferol 7-O-neohesperidoside、ferulic acid、p-hydroxybenzoic acid、caffeic acid、chlorogenic acid)が単離されている[5]。

熱帯産樹木、*Cordia dentatan*の花から3種の化合物、rosamarinic acid (**5**)、rutin、quercetin 3-O-rhamnosyl-(1,6)-galactoside が単離されている[6]。

rosamarinic acid は抗酸化能がある。

ブラジル産樹木、*Auxemma oncocalyx*の種子の脂肪酸が調べられ、6種がメチルエステルとして同定されている[7]。また、樹皮と花から allantoin が単離されている[7]。

4 構造式（主として新規化合物）

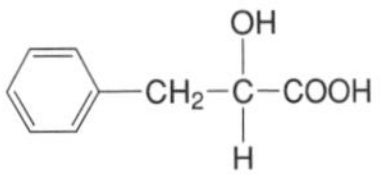

5 引用文献

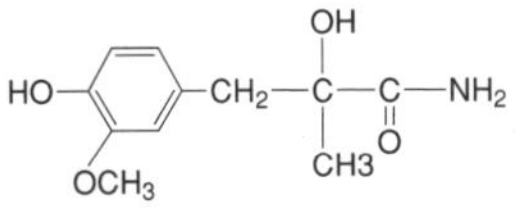

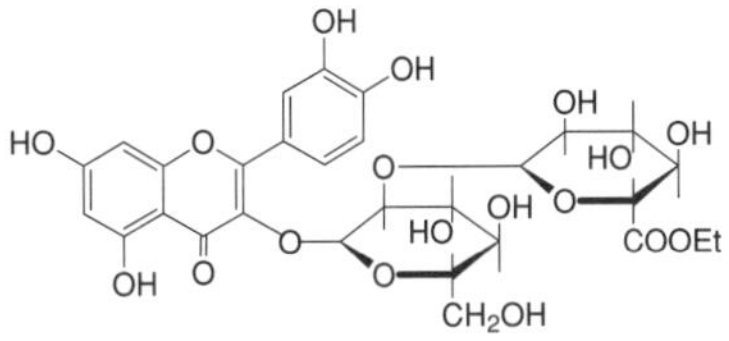

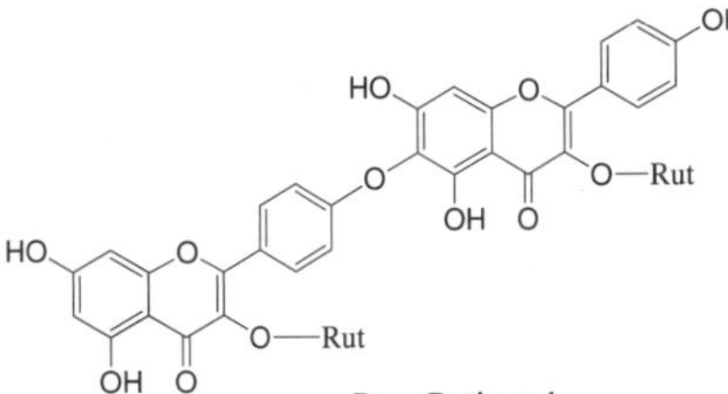

1) 北村四郎、村田源、『原色日本植物図鑑・木本編I』、保育社、pp. 51–53 (1964). 2) L. Chongjin *et al., J. Pesticide*, **23**, 54–57 (1998, Japan). 3) 難波恒雄、津田喜典、『生薬学概論』、南江堂、p. 155 (1990). 4) T. Omoto *et al., Jpn. J. Food Chem.*, **4** (1), 11–16 (1997, Japan). 5) H. El-Sayed *et al.* (1998, Japan) **129**: 313343. 6) F. Ferrari *et al.* (1997, Italy) **126**: 341036. 7) D. Pessoa *et al.* (1997, Brazil) **128**: 151769.

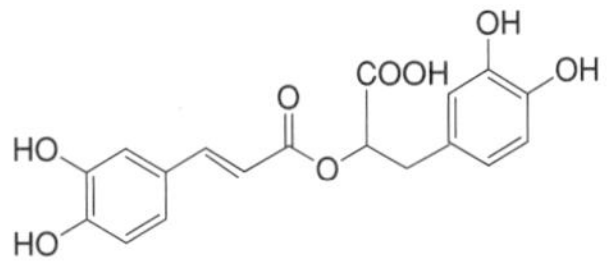

46 メギ科
Berberidaceae

1 科の概要

　多年生草本、または低木で、主として北半球の温帯地域に分布し、一部は南半球にも見られる。葉は互生し、托葉はない。花は3数性を示すものが多い。メギ科には、15属約650種知られており、このうち約500種はメギ属(*Berberis*)で、この属だけは南半球にも分布する。第2の大きな属はヒイラギナンテン属(*Mahonia*)で、約100種がある。残り50種ほどの中に残りの属が含まれ、ナンテン属(*Nandina*)、トガクシソウ属(*Ranzania*)、ナンブソウ属(*Achlys*)、タツタソウ属(*Plagiorhegma*)、ボンガルディア属(*Bongardia*)、ルイヨウボタン属(*Caulophyllum*)などのように1属1～2種といった小さな属が目立つ。約30種を含むイカリソウ属(*Epimedium*)は多年草となる属の中で最大の種数を誇る。その他には、ミヤオウソウ属(*Podophyllum*)、サンカヨウ属(*Diphylleia*)、ヴァンコウヴェリア属(*Vancouveria*)、ジェファーソニア属(*Jeffersonia*)、レオンティケ属(*Leontice*)、ギムノスペルミウム属(*Gymnospermium*)がある[1,2]。

イカリソウ
(*Epimedium grandiflorum*)

　メギ科で特筆すべきことは、同属の2種または近縁の2属が東アジアと北アメリカに隔離分布している例が多いことである。メギ科の各属がそれぞれに古い起源をもつことを示している[1]。

　メギ科は、花被片の形、花弁の蜜腺の有無や数・位置、葯の裂開の仕方、染色体数などから、ときに2亜科(メギ亜科、ミヤオウソウ亜科)3連、あるいは3亜科(ナンテン亜科、メギ亜科、ミヤオウソウ亜科)4連とするなど種々の分類体系が提案されている[1,2]。

　洗眼薬や胃腸薬のメギ(*Berberis thunbergii*)は「目木」と書き、「用いて目を洗ふに良し、樹皮は以て染むべし」(『和漢三才図会』)とあり、メギの箸で食事をすると眼病によいといわれる。また、中国ではメギ属の茎や根を生薬の「小蘗(しょうばく)(小型のキハダの意)」と称し使用する。メギには葉が変形した鋭いとげがありヨロイドオシ、コトリトマラズの別名がある[1,3]。ヒイラギナンテン(*Mahonia japonica*)は、中国原産で日本に自生種はない。本属植物の茎は中国では「十大功労」という民間薬として「小蘗」と同様な用途に使われている[1]。ホシザキイカリソウ(*Epimedium sagittatum*)などイカリソウ属の全草または葉を乾燥したものが生薬「淫羊藿(いんようかく)」である。その名の由来は、陶弘景が「人が之を服すれば好んで陰陽をなすものである。西川(四川省西部)の北部に淫羊という動物がいて、一日に百回交合する。それはこの藿を食うためだということだ」(『神農本草経』)といっているように、強精・強壮薬として用いられる[4]。日本産ではイカリソウ(*E. grandiflorum* var. *thunbergianum*)などがある。文字通り碇に似た花をつける。ナンテン(*Nandina domestica*)もこの科に属する。「難を転する」といわれる縁起木で、多数の栽培品種が作り出されている[1]。

　メギ科植物には成分としては、アルカロイドを含むものが多く、表1に示したように、古くから和漢薬として使用されているものが多い[3,5,6]。また、ミヤオウソウ属のポドフィルム(*Podophyllum peltatum*、英名may apple)根から得た樹脂ポドフィリンは古くは下剤などとして用いられてきたが、その主要活性成分であるリグナンpodophyllotoxin (**6**)は強い細胞毒性を示すため膨大な研究がなさ

れ、podophyllotoxin 類縁体を化学的に改変した etoposide (**7**) が、現在では癌の治療薬として臨床的に用いられている[7,8]。その関心の高さは、Medline (The National Library of Medicine から提供される医薬学系雑誌のオンラインデータベース。1966 年から現在まで 1 億件以上のデータが所蔵されている) において、podophyllotoxin (**6**)、etoposide (**7**) をキーワードとして検索すると、それぞれ 7 800 件、9 100 件 (2000 年 1 月現在) 以上の文献がヒットする。メギ科の多くの植物にも含まれ、生薬「黄伯 (キハダ *Phellodendron amurense* など)」や「黄連 (オウレン *Coptis japonica* など)」の主成分である berberine (**3**) が約 600 件であるのと比較してもその研究量の多さは明らかである。

表1 メギ科に属する和漢薬・生薬とその主成分

日本名・学名	生薬名 (使用部分)	主成分	薬効・特徴
イカリソウなど *E. grandiflorum* var. *thunbergianum* etc.	淫羊藿 (茎葉)	icariin (**1**) など (フラボノール配糖体) magnoflorine など (アルカロイド)	強精・強壮薬
ナンテン *N. domestica*	南天実 (果実)	demesticine (**2**)、isocorydine など (アルカロイド)	鎮咳薬
メギ *B. thunbergii*	小蘗 (木部)	berberine (**3**)、berbamine (**4**)、 oxyacanthinin (**5**) など (アルカロイド)	苦味健胃薬
タツタソウ *J. dubia*	鮮黄連 (根、根茎)	berberine (**3**) (アルカロイド)	苦味健胃薬

2 研究動向

成分分析に関連したものでは、メギ属では、前述の生薬成分と関連して生理活性の本体となるチロシンを前駆体とするアルカロイド化合物の成分検索・単離を扱った文献が圧倒的に多い。また、berberine (**3**) を中心としたアルカロイド成分の分析法としては、一般的な HPLC 以外に、キャピラリー電気泳動[9]、蛍光定量法による分析[10] も検討されている。部位別 (根・茎・葉・花・果実など) アルカロイド含量の測定も多数報告されている。フラボノイド、アントシアニンなどのフェノール成分分析[11,12]、赤色色素成分の単離[13]、カルスを用いたプロトベルベリン型アルカロイド生合成研究[14] の報告もある。ヒイラギナンテン属ではチロシン系アルカロイドの、イカリソウ属では icariin (**1**) 類縁体のフラボノール配糖体の成分検索・単離を扱った報告が多い。ケモタキソノミー的な観点からの、ナンブソウ属やヴァンコウヴェリア属のフラボノール配糖体の成分検索・単離や、レオンティケ属サポニンの単離がある。

利用を目指したものとしては、メギ属では、抗炎症[15]、遅延型過敏症 (DTH) 反応抑制[15,16]、アジュバンド関節炎免疫抑制[16]、T-リンパ球関与の応答の抑制[17]、インターロイキン 2 レセプターの発現阻害[17]、血圧降下作用[18]、心臓鎮静剤[19]、カルシウムチャンネルブロッカー[20] など薬理活性に関する研究が特に注目されており、脱毛予防[21]、抗菌活性[22-24]、摂食阻害活性[25]、カルスに

よるプロトベルベリン型アルカロイド生産[26]などに関する研究も報告されている。ヒイラギナンテン属では、皮膚病乾癬の治療薬[27-31]としての利用に注目が集まっているほかには、弛緩・緩和作用(relaxation)[32,33]などの薬理活性に関する研究が報告されている。ナンテン属では、白血病細胞の細胞死[34]、脂質・色素・香料成分の変質防止作用[35-39]などが報告されている。イカリソウ属では、免疫調節効果[40]、インターロイキン2生成の回復[40]、抗肝細胞毒性[41]、遅延型過敏症(DTH)反応抑制[42]、フラボノール配糖体のカルス生産[43]などが、レオンティケ属では、弛緩・緩和作用[44]の報告がある。

3 各 論

3.1 成分分析

メギ属 Berberis actinacantha[45,46]、B. ammurensis[47]、B. densiflora[48]、B. dictyota[49]、B. heteropoda[50,51]、B. ilicifolia[52]、B. integerrima[53,54]、B. nummularia[55-57]、B. sibirica[58]、B. tucomanica[59-61]、B. virgetorum[62]、B. vulgaris[63]、B. waziristanica[64]から、チロシンを前駆体とする新規アルカロイド類が多数報告されている。新規ベンジルイソキノリンアルカロイド10種 (−)-berbervirine (**8**)[62]、intebrine (**9**)[53]、intebrinine (**10**)[54]、intebrimine (**11**)[54]、bernumine (**12**)[55]、bernumidine (**13**)[56]、bernumicine (**14**)[56]、turcomaninen (**15**)[61]、nummularine (**16**)[57]、densiberine (**17**)[48]、新規プロトベルベリンアルカロイド2種 N-methyldihydroberberine (**18**)[51]、8-oxoberrubine (**19**)[51]、新規ホモプロトベルベリンアルカロイド3種 dehydropuntarenine (**20**)[45]、dehydrosaulatine (**21**)[45]、hedeanime (**22**)[46]、新規アポルフィンアルカロイド1種 amurenine (**23**)[47]、ビスイソキノリンアルカロイド3種 bargustanine (**24**)[63]、turcberine (**25**)[59]、turconidine (**26**)[60]、プロトベルベリン2量体アルカロイド2種 berpodine (**27**)[50]、ilicifoline (**28**)[52]、アポルフィン-ベンジルイソキノリンダイマー waziristanine (**29**)[64]、その他、新規イソキノリンアルカロイド類縁体2種 N-acetylhomoveratrylamine (**30**)[58]、densinine (**31**)[48]が単離されている。また、イソプレノイド側鎖をもつ新規フラボノール配糖体 (**32**)[49] 1種が単離されている。また、多くのメギ属 B. ammurensis[47] (4成分)、B. aristata[65] (5成分)、B. crataegina[66] (9成分)、B. densiflora[48] (9成分)、B. genus[67] (7成分)、B. heterobotrys[68] (10成分)、B. heteropoda[51] (8成分)、B. ilicifolia[69] (4成分)、B. integerrima[54] (9成分)、B. koreana[70] (4成分)、B. sibirica[58] (11成分)、B. thunbergii[71] (9成分)、B. tucomanica[59,61,72] (20成分)、B. virgetorum[62] (3成分)、B. vulgaris[73] (7成分)、B. waziristanica[54] (3成分) などについて成分検索が行なわれている。ヒイラギナンテン属でもアルカロイド成分が、Mahonia aquifolium[74]、M. fargesii[75] (3成分)、M. gracilipes[76] (5成分) で検索されている。

イカリソウ属 Epimedium acuminatum[77]、E. koreanum[78-81]、E. saggitatum[82]、E. wanshanense[83] からは、イソプレノイド側鎖をもつ新規フラボノール配糖体6種 acuminatoside (**33**)[77]、chaohuoside A (**34**)[79]、B (**35**)[78]、korepimedoside A (**36**)[80]、B (**37**)[80]、wanepimedoside A (**38**)[83]、イソプレノイド側鎖をもつ新規フラボン yinyanghuo A−E (**39−43**)[82] 5種、新規クロモン (**44**)[81] 1種が単離されている。成分検索についても E. acuminatum[77] (4成分)、E. koreanum[78-81] (8成分)、E. wanshanense[83] (2成分) について報告がある。ナンブソウ属 Achlys triphyll からは新規フラボノール配糖体 (**45−48**)[84] が、ヴァンコウヴェリア属 V. hexandra からはイソプレノイド側鎖をもつ新規フラボノール配糖体5種 hexandraside A−E (**49−53**)[85-87] が単離されている。また、レオンティケ属 Leontice kiangnanensis からは、新規トリテルペノイドサポニ

ン 8 種 leonticin A–H (**54–61**)[88,89] が単離されており、*L. eontopetalum*、*L. ewersmannii*[90] でのアルカロイド成分検索の報告がある。

3.2 生合成

　チロシン系アルカロイドの生合成については、薬理学的に重要なビスベンジルイソキノリンアルカロイド berubamunine (**62**) などについては、酵素学・分子生物学的な研究が進みつつあるようである[91]。しかしながら、安定同位体標識前駆体を用いたプロトベルベリンアルカロイド colonbamine (**63**)、jatrorrhizine (**64**) などの生合成実験では、分子内転位では解釈できない予想外のメチル基転位が起こるなど未解決な点も多い[14]。

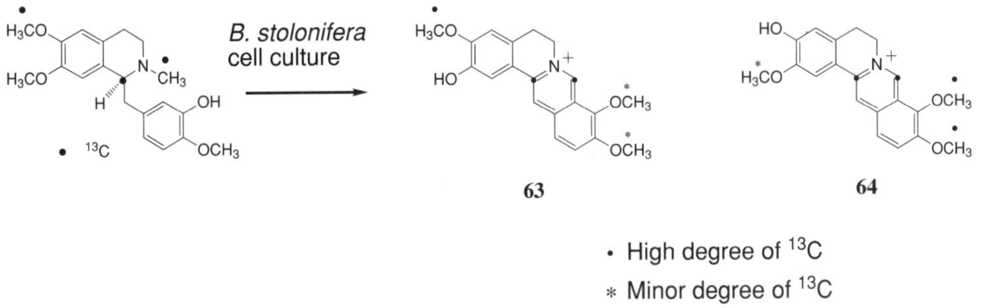

・ High degree of ^{13}C
∗ Minor degree of ^{13}C

3.3 利用

　薬理活性の報告されているアルカロイドとして、berberine (**3**)（DTH 反応抑制[15,16]、アジュバンド関節炎免疫抑制[16]、白血病細胞の細胞死[34]）、berbamine (**4**)（インターロイキン 2 レセプターの発現阻害[17]、カルシウムチャンネルブロッカー[20]、乾癬の治療薬[27,29]、弛緩・緩和作用[32]）、*O*-methylisothalicberine (**65**)（血圧降下作用[18]）、7-*O*-demethylisothalicberine (**66**)（心臓鎮静剤[19]）、oxyacanthine (**5**)（脱毛予防[21]）、乾癬の治療薬[27,29]、弛緩・緩和作用[32]）、oblongine (**67**)（弛緩・緩和作用[44]）の報告がある。皮膚病の中でも難病とされる乾癬は、病原性のリポキシゲナーゼ代謝生成物が原因で発生する疾病であり、ビスベンジルイソキノリンアルカロイド類はリポキシゲナーゼ活性を阻害することで活性を発揮する。また、ここに示した化合物をキーワードとして Medline で検索すると、*O*-methylisothalicberine (**65**) のヒット数が約 12 000 件以上と際だって多く、ここに示したアルカロイドや、前述の podophyllotoxin (**6**)、etoposide (**7**) を圧倒する。フラボノール配糖体としては、epimedin C (**68**)（リンパ球増殖インターロイキン 2 生成の回復[40]）、icariin (**1**)（抗肝細胞毒性[41]）、baohuoside I (**69**)（DTH 反応抑制[42]）が報告されている。リグナン関連物質 etoposide (**7**) に関しては、最近の総説[92,93] を参照されたい。

4 構造式（主として新規化合物）

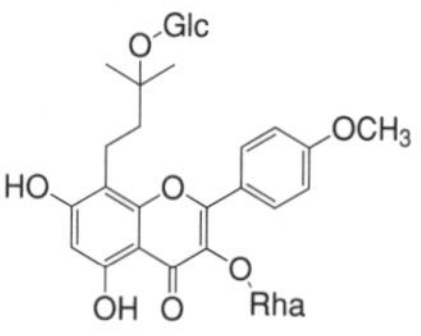

1

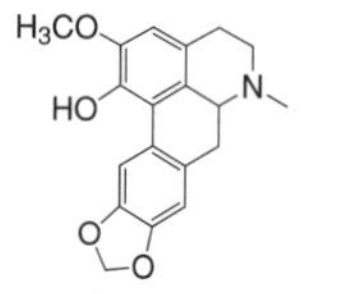

2

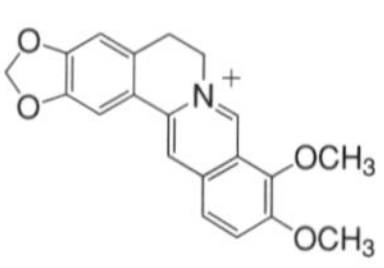

3

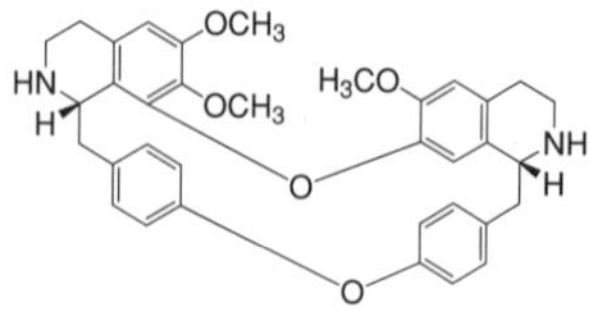

4

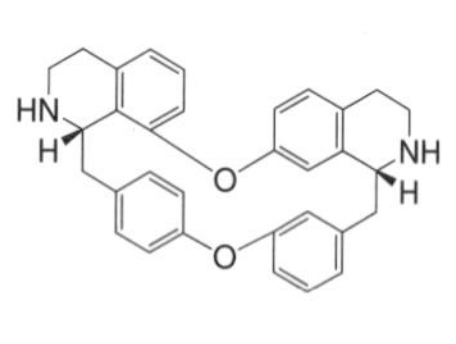

5

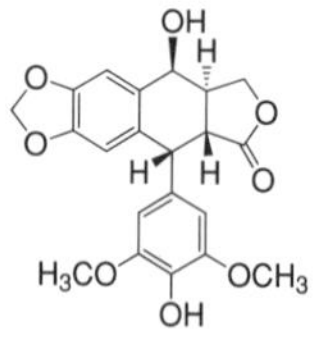

6

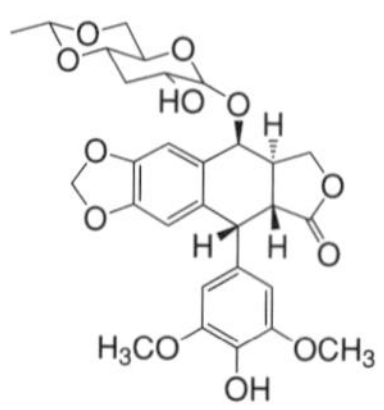

7

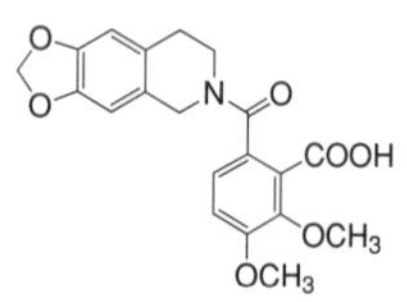

8

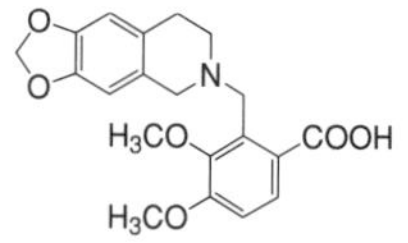

9

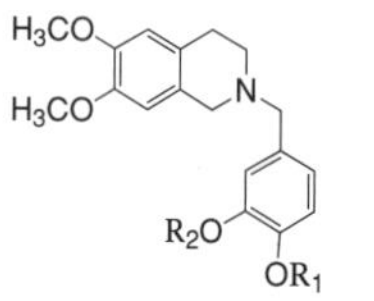

10: $R_1=R_2=CH_3$
11: $R_1=R_2=-CH_2-$

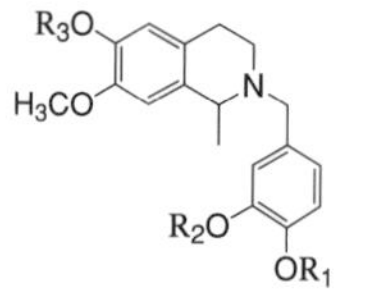

12: $R_1=R_2=-CH_2-$, $R_3=H$
13: $R_1=R_2=-CH_2-$, $R_3=CH_3$
14: $R_1=R_2=CH_3$, $R_3=H$
16: $R_1=R_3=-H_3$, $R_2=H$

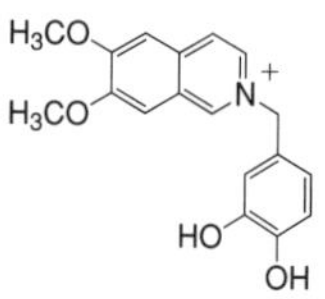

15

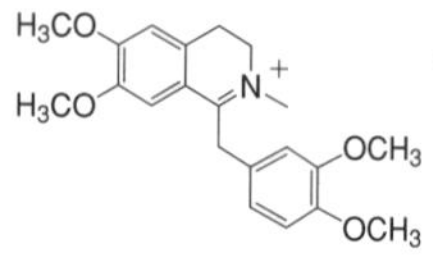

17

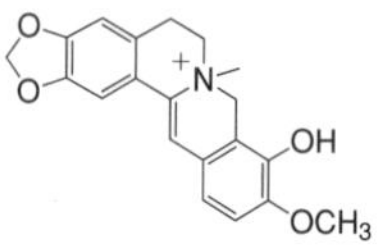

18

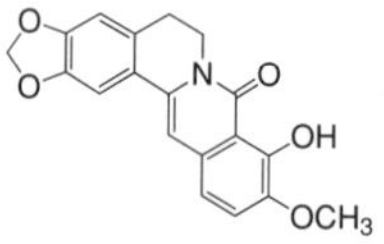

19

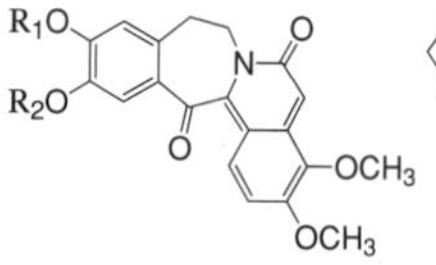

20: $R_1=R_2=-CH_2-$
21: $R_1=R_2=CH_3$

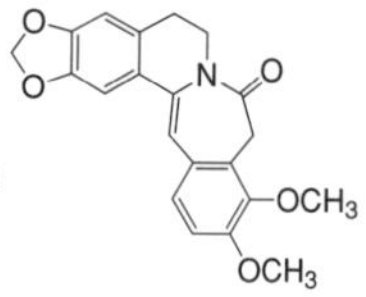

22

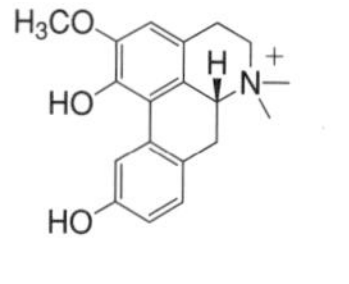

23

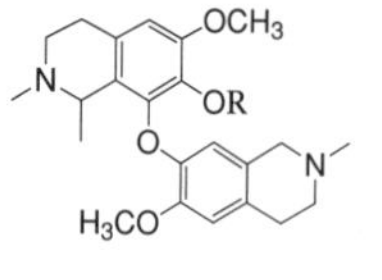

24: R=H
26: $R=CH_3$

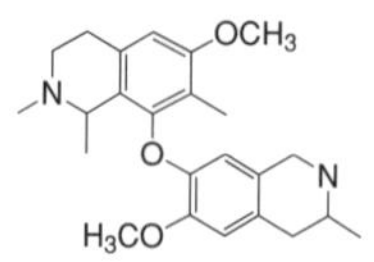

25

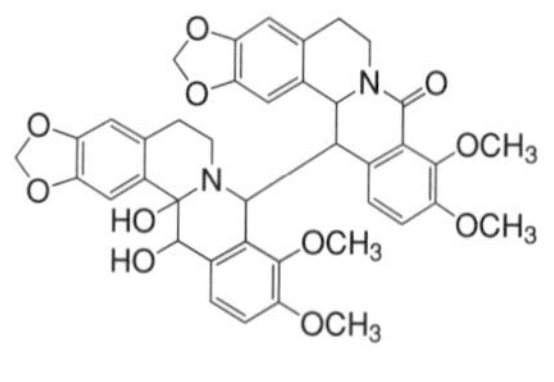

27

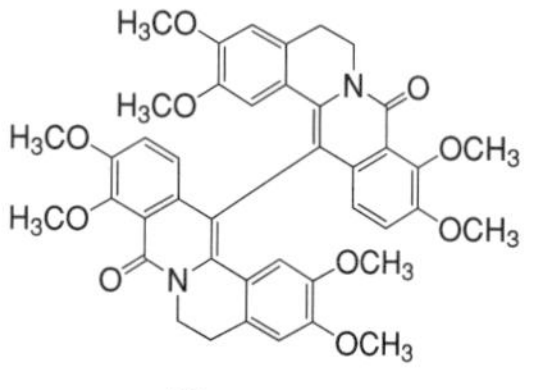

28

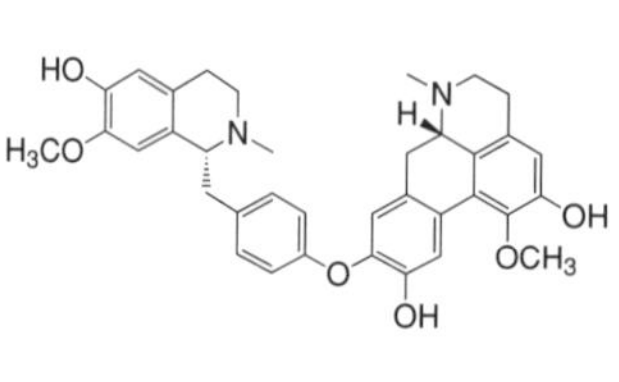

29

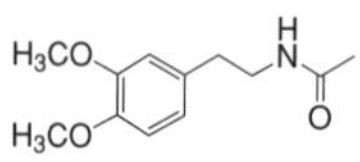

30

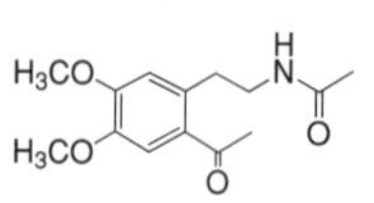

31

32: R$_1$=-Rha(4-Ac)(3←1)Glc(4,6-DiAc)
　　R$_2$=-Glc(4←1)Glc
33: R$_1$=-Rha(2←1)Rha
　　R$_2$=-Glc(6←1)Glc
34: R$_1$=-Rha(4-Ac)(3←1)Glc(3,6-DiAc)
　　R$_2$=-Glc
35: R$_1$=-Rha(4-Ac)(3←1)Glc(5,6-DiAc)
　　R$_2$=-Glc
36: R$_1$=-Rha(4-Ac)(3←1)Glc(6-Ac)
　　R$_2$=H
37: R$_1$=-Rha(4-Ac)(3←1)Glc(2,6-DiAc)
　　R$_2$=-Glc
49: R$_1$=-Rha(3←1)Glc(6-Ac)
　　R$_2$=-Glc
51: R$_1$=-Rha (3←1)Rha
　　R$_2$=-Glc
53: R$_1$=-Rha(3←1)Glc
　　R$_2$=-Glc

38: R=-Rha(2←1)Rha

39

40

44

45: R=-Gal(3←1)Glc
46: R=-Gal(3←1)Glc(4-Ac)
47: R=-Gal(3←1)Glc(4,6-DiAc)

48: R=-Gal(3←1)Glc(4-Ac)

50: R$_1$=-Rha (3←1)Xyl
　　R$_2$=-Glc(2←1)Glc
52: R$_1$=-Glc
　　R$_2$=-Glc

65

5　引用文献

1) 清水建美、『植物の世界・8 種子植物 双子葉類 8』、朝日新聞社、pp. 307–315 (1997). 2) 刈米達夫・北村四郎、『薬用植物分類学』、廣川書店、pp. 111–115 (1974). 3) 奥田拓男編、『資源・応用薬用植物学』、廣川書店、p. 93 (1991). 4) 難波恒夫、『原色和漢薬図鑑（下）』、保育社、pp. 48–50 (1980). 5) 柴田承二他編、『薬用天然物質』、南山堂、pp. 531–547 (1982). 6) 三橋博他編、『天然物化学』、南江堂、pp. 211–212, 265–278 (1985). 7) C. Ayres *et al.*, "Lignans Chmical, biological, and clinical propaties", Chambridge Univ. Press, pp. 85–138 (1990). 8) 梅澤俊明、木材学会誌、**42**, 911–920 (1996). 9) M. Unger *et al.* (1997, Germany) **128**: 190080. 10) Z. Pang *et al.* (1996, China) **126**: 270. 11) G. Toker *et al.* (1998, Turk.) **129**: 106110. 12) E. N. Novruzov (1994, Azerbaijian) **123**: 29620. 13) F. Yu *et al.* (1992, China) **118**: 167834. 14) B. Schneider *et al.* (1993, Germany) **118**: 209497. 15) N. Ivanovska *et al.* (1996, Bulg.) **126**: 271974. 16) N. Ivanovska *et al.* (1997, Bulg.) **127**: 242978. 17) C. N. Luo *et al.* (1998, China) **129**: 250007. 18) J. L. Martinez *et al.* (1997, Chile) **127**: 571. 19) M. A. Morales *et al.* (1995, Chile) **120**: 208191. 20) J. Pan *et al.* (1989, China) **116**: 15770. 21) F. Bonte *et al.* (1992, Fr) **118**: 45449. 22) P. Ruggeri *et al.* (1991, Italy) **119**: 4933. 23) O. M. Escobar *et al.* (1990, Czech.) **116**: 101865. 24) H. Y. Lee. *et al.* (1997, Korea) **128**: 261752. 25) B. Moreno-Murillo *et al.* (1995, Colombia) **123**:

310302. 26) C. Deliu *et al.* (1994, Rom.) **123**: 31269. 27) R. Haensel, (1992, Germany) **118**: 219525. 28) K. Galle *et al.* (1994, Germany) **121**: 186934. 29) K. Mueller *et al.* (1994, Germany) **122**: 23800. 30) L. Bezakova *et al.* (1996, Slovakia) **126**: 742. 31) M. Wiesenauer *et al.* (1996, Germany) **126**: 220692. 32) R. Sotnikova *et al.* (1994, Slovakia) **122**: 709. 33) R. Sotnikova *et al.* (1997, Czech Rep.) **128**: 225973. 34) S. Funayama *et al.* (1996, Japan) **126**: 341016. 35) Y. Achiwa *et al.* (1996, Japan) **125**: 141068. 36) T. Kakei *et al.* (1996, Japan) **125**: 257165. 37) I. Tamnura *et al.* (1996, Japan) **125**: 274281. 38) I. Tamnura *et al.* (1996, Japan) **125**: 308717. 39) Y. Chino *et al.* (1996, Japan) **125**: 327003. 40) H. R. Liang *et al.*, *Planta Med.*, **63**, 316–319 (1997, Finland). 41) M. K. Lee *et al.*, *Planta Med.*, **61**, 523–526 (1995, Korea). 42) S. Y. Li *et al.*, *Int. J. Immunopharmacol.*, **16**, 227–231 (1994, Australia). 43) H. Yamamoto *et al.*, *Phytochem.*, **31**, 837–840 (1992, Japan). 44) S. Abdalla *et al.*, *Gen. Pharmacol.*, **24**, 299–304 (1993, Jordan). 45) M. Rahimizadeh (1990, Iran) **116**: 231903. 46) M. Rahimizadeh (1996, Iran) **125**: 323013. 47) M. M. Yusupov *et al.* (1993, Uzbekistan) **123**: 280845. 48) I. I. Khamidov *et al.* (1997, Uzbekistan) **128**: 190386. 49) E. A. Anam (1997, Nigeria) **128**: 1915. 50) A. Karimov *et al.* (1993, Uzbekistan) **123**: 251289. 51) M. M.Yusupov *et al.* (1993, Uzbekistan) **123**: 280830. 52) V. Fajardo *et al.* (1996, Chile) **125**: 5517. 53) A. Karimov *et al.* (1993, Uzbekistan) **123**: 251267. 54) A. Karimov *et al.* (1993, Uzbekistan) **123**: 251268. 55) A. Karimov *et al.* (1993, Uzbekistan) **123**: 280843. 56) A. Karimov *et al.* (1993, Uzbekistan) **123**: 280844. 57) M. F. Faskhutdinov *et al.* (1997, Uzbekistan) **127**: 356968. 58) A. Karimov *et al.* (1993, Uzbekistan) **123**: 251310. 59) A. Karimov *et al.* (1993, Uzbekistan) **123**: 280831. 60) A. Karimov *et al.* (1993, Uzbekistan) **124**: 4908. 61) I. Khamidov *et al.* (1996, Uzbekistan) **125**: 243101. 62) C. Liu *et al.* (1995, USA) **123**: 193672. 63) A. Karimov *et al.* (1993, Uzbekistan) **123**: 280829. 64) Atta-ur-Rahman *et al.* (1992, Pak.) **117**: 86741. 65) R. Sivalumar *et al.* (1991. India) **116**: 180993. 66) M. Kosar *et al.* (1996, Turk.) **125**: 243108. 67) G. H. Lu *et al.* (1995, China) **123**: 79632. 68) A. Karimov *et al.* (1993, Uzbekistan) **123**: 280873. 69) A. Karimov *et al.* (1993, Uzbekistan) **123**: 251269. 70) V. Hrchova *et al.* (1992, Czech.) **117**: 66666. 71) I. Khamidov *et al.* (1997, Uzbekistan) **129**: 200538. 72) I. Khamidov *et al.* (1996, Uzbekistan) **125**: 270447. 73) I. Khamidov *et al.* (1995, Uzbekistan) **124**: 226564. 74) K. Galle *et al.* (1994, Germany) **123**: 153029. 75) M. Liu *et al.* (1991, China) **116**: 46395. 76) G. Lu *et al.* (1991, China) **124**: 141039. 77) B. H. Hu *et al.* (1992, China) **116**: 167659. 78) W. K. Li *et al.* (1995, China) **123**: 335025. 79) W. K. Li *et al.* (1996, China) **126**: 44940. 80) P. Y. Sun *et al.* (1996, China) **126**: 129246. 81) P. Y. Sun *et al.* (1998, China) **128**: 255121. 82) C. C. Chen *et al.* (1996, China) **124**: 226492. 83) W. K. Li *et al.*, *Phytochem.*, **43**, 527–530 (1996, China). 84) M. Mizuno *et al.*, *Phytochem.*, **31**, 301–303 (1992, Japan). 85) M. Mizuno *et al.*, *Phytochem.*, **31**, 297–299 (1992, Japan). 86) M. Mizuno *et al.*, *Phytochem.*, **30**, 2765–2768 (1991, Japan). 87) M. Mizuno *et al.*, *Phytochem.*, **29**, 1277–1281 (1990, Japan). 88) M. Chen *et al.*, *Phytochem.*, **44**, 497–504 (1997, Switzerland). 89) M. Chen *et al.*, *J. Nat. Prod.*, **59**, 722–728 (1996, Switzerland). 90) G. Gresser *et al.* (1993, Germany) **119**: 245625. 91) T. Kutchan (1996, Germany) **126**: 27307. 92) L. Schacter, *Semin. Oncol.* 23 (6 Suppl. 13), 1–7 (1996, USA). 93) Y. Damayanthi *et al.*, *Curr. Med. Chem.*, **5**, 205–252 (1998, Canada).

47 モクセイ科
Oleaceae

1 科の概要

高木または低木。葉は常緑または落葉性で対性または互生、単葉または羽状複葉となり、托葉はない。花は放射相称、両性または単性で雌雄異株または同株。花序は、えき性または頂生。がく片は合生または離生し、通常小型で4個。花冠は4、通常合弁であるが、ときに離生し、まれに発達しないこともある。雄ずいは2個、まれに4個、花冠に合生するか離生し、花盤はない。子房は上位2室、中軸に下垂または斜上する胚珠を各室に通常2個付ける。果実は、さく、奨果または核果様で、種子には胚乳がある。約27属600種あり、主として温帯から熱帯に分布する。

コバノトネリコ (*Fraxinus lanuginosa*)

イボタノキ属 (*Ligstrum*)、モクセイ属 (*Osmanthus*)、トネリコ属 (*Fraxinus*)、ハシドイ属 (*Syringa*)、レンギョウ属 (*Forsythia*)、オリーブ属 (*Olea*)、ソケイ属 (*Jusminum*) などがある。

2 研究動向

成分分析としては、セコイリドイド類に関するものが多く、リグナン類、フェニルプロパノイド類、フェニルエタノイド類などのフェノール成分関係も多い。トリテルペノイドおよびモノテルペンアルカロイド関係の報告が多少ある。化合物の多くが各種の糖類を含有した形を有している。

成分利用としては、漢方に伝わる薬効にかかわる生理活性成分が明らかにされ、薬として使用されている。また、リグナン類の生合成研究の材料としてよく使われ、光学活性を有するリグナン類の酵素による立体規制をともなった生合成について貴重な知見を与えてくれている。

3 各 論

3.1 成分分析

3.1.1 *Syringa* 属（ハシドイ属）

セコイリドイドの生合成、精油のGLC分析、樹皮のリグナン、セスキテルペンの結晶構造についての報告がある。

フェニールプロパノイド、フェニールエタノイド類が多い。紫の花から acteoside (**9**) (verbacoside に同じ) が単離され[1]、血圧降下剤として利用されている。

3.1.2 *Ligstrum* 属（イボタノキ属）

果実の水可溶成分の HPLC、精油の抗菌性成分についての報告がある。

トリテルペン配糖体（アシル化物）として花から ligustrin B：2,4-di-*O*-palmitoyl-1-*O*-(3-β-*O*-palmitoyloleanonyl)-α-L-arabinopyranose (**1**)、ligustrin C：1-*O*-(3-β-*O*-palmitoyloleanonyl)-α-L-arabinopyranose (**2**) が単離されている[2]。モノテルペン・フェノール

配糖体は葉からゲラニオール・フェノール誘導体：アシル CoA コレステロールアシルトランスフェラーゼ阻害剤として kudingoside A (**17**)、kudingoside B (**18**) が単離されている[5]。また、geraniol-(3-*O*-α-L-rhamnopyranosyl)-β-D-glucopyranoside (**19**)、geraniol-(3-*O*-α-L-(4′-caffeoylrhamnopyranosyl)-β-D-glucopyranoside (**20**)、 geraniol-(3-*O*-α-L-(4′-*p*-coumaroylrhamnopyranosyl)-β-D-glucopyranoside (**21**)、 geraniol-3-*O*-α-L-rhamnopyranosyl-6-*p*-coumaroyl-β-D-glucopyranoside (**22**)、6-hydroxy-3,7-dimethyl-2*E*,7-octadienyl-(3-*O*-α-L-rhamnopyranosyl-6-*O*-*p*-coumaroyl)-β-D-glucopyranoside (**23**)、 7-hydroxy-3,7-dimethyl-2*E*, 5*E*-octadienyl-(3-*O*-α-L-rhamnopyranosyl-4-*O*-*p*-coumaroyl)-β-D-glucopyranoside (**24**)、 geraniol-[3-*O*-α-L-(4′-α-L-rhamnopyranosyl)-rhamnopyranosyl]-6-*O*-*p*-coumaroyl-6,7-dihydroxy-3,7-dimethyl-2*E* (**25**)、7-octadienyl-(3′-*O*-α-L-rhamnopyranosyl-4′-*O*-*p*-coumaroyl-β-D-glucopyranoside) (**26**) が単離されている[3]。セコイリドイド類として乾燥実の水可溶部から specnuezhenide (**52**)、nuezhengalaside (**53**) が単離されている[4]。

3.1.3 *Osmanthus* 属（モクセイ属）

花の精油、花の精油の GC/MS 分析、葉の精油の GC/MS 分析、葉のセコイリドイドの単離、樹皮からリグナン配糖体の単離、葉からフェニルエタノイドの単離、花の精油の GC 分析、培養細胞での成分合成などの報告がある。

モノテルペンアルカロイドとして地上部から dihydrojusmine (**3**)、austrodimerine (**4**) が単離されている[6]。イリドイドとして地上部から 6′-*O*-β-(*E*)-cinnamoylverbascoside (**10**)、austrosmoside (**43**) が単離されている[6]。セコイリドイドとして樹皮から secologanoside 7-Me ester (**50**) が単離されている[7]。フェノール配糖体として樹皮から (+)-cycloolivil 6-β-D-glucopyranoside (**5**)、(7*S*,8*R*,7′*S*,8′*R*)-neoolivil 9′-*O*-β-D-glucopyranoside (**6**)、sinapyl alcohol 1,3′-di-*O*-β-D-glucopyranoside (**7**)、coniferyl alcohol 1,3′-di-*O*-β-D-glucopyranoside (**8**) が単離されている[8]。

フェニルエタノイドとして樹皮から osmanthuside H: 2-(4-hydroxyphenyl)-ethyl-β-D-apiosyl-(1,6)β-D-glucopyranoside (**11**)、osmanthuside I: 2-(4-hydroxyphenuiopyl)-ethyl-5-*O*-*trans*-*p*-coumaryl-β-D-apiosyl-(1,6)-β-D-glucopyranoside (**12**)、osmanthuside J: 2-(4-hydroxyphenyl)-ethyl-5-*O*-*trans*-caffeoyl-β-D-apiosyl-(1,6)-β-D-glucopyranoside (**13**) が単離されている[9]。葉から osmanthuside F: 2-hydroxy-5-(2-hydroxyethyl)phenyl-β-D-glucopyranoside (**14**)、osmanthuside G: 4-(2,3-dihydroxypropyl)-2,6-dimethoxyphenyl-β-D-glucopyranoside (**15**) が単離されている[10]。

3.1.4 *Fraxinus* 属（トネリコ属）

セコイリドイド類、フェニールプロパノイド類、フラボノイド類、クマリン類、フェノール酸、タンニン類など多種類の化合物が配糖体として単離されている。抽出物の消炎効果、抗菌性、抗酸化能などが利用されている。

セコイリドイド配糖体として葉から angustifolioside A (**35**)、angustifolioside B (**36**)[23]、angustifolioside C (**37**)[24]、excelsioside (**38**)[14]、fraxicarboside A: 6″-*O*-*trans*-*p*-coumaroyl-10-hydroxyoleuropein (**40**)、fraxicarboside B: 6″-*O*-*trans*-caffeoyl-10-hydroxyoleuropein (**41**) および fraxicarboside C: 3″-*O*-acetyl-6″-*O*-*trans*-caffeoyl-10-hydroxyoleuropein (**42**)[11]、insularoside (**44**)[17]、insularoside-3′-*O*-β-D-glucopyranoside (**45**)、fraxudoside (**46**)[12]、uhdoside A (**47**)、uhdoside B (**48**)[13]、ligustrol (**49**)[23]、uhdenoside (**51**) が単離されている[25]。樹皮から butyl isoligustroside (**34**)、fraximalcoside (**39**)[22]、fraxudoside (**46**)[15]、isoligustroside (**54**)、ligustroside (**55**) が単離された。地上部から formoside (**27**)、1″-*O*-β-D-glucosylformoside (**28**)、1″-*O*-β-D-glucosylfraxiformoside (**29**)、isoligustrosidic acid (**30**)、framoside (**31**)[18]、fraxiformoside (**32**)[19]、frachinoside (**33**)[20]、insularoside (**44**)[17]、fraxudoside (**46**) が単離されている[16]。フェニルプロパノイドとして epoxyconiferyl alcohol (**16**) が単離されている[21]。

3.1.5 *Forsythia* 属（レンギョウ属）

漢方薬原料としての利用、抗菌作用、ローションなどとして使用されている。リグナンの生合成の研究が多い。

新規化合物は該当なし。

3.1.6 *Olea* 属（オリーブ属）

オリーブ油の研究が多い。オリーブ油の長鎖脂肪酸類の分析が行なわれている。HPLC による葉中のフラボノイドが分析されている。

新規化合物は該当なし。

3.2 成分利用

高血圧に対する血圧降下剤としての acteoside (**9**) の利用、コレステロールのアシル基転移酵素阻害効果のあるモノテルペン配糖体、ゴキブリや蟻の忌避剤としての精油の利用、血糖値降下剤としての oleuropein の利用など漢方生薬としての利用が多い。セコイリドイド類は消炎剤として利用されている。

4 構造式（主として新規化合物）

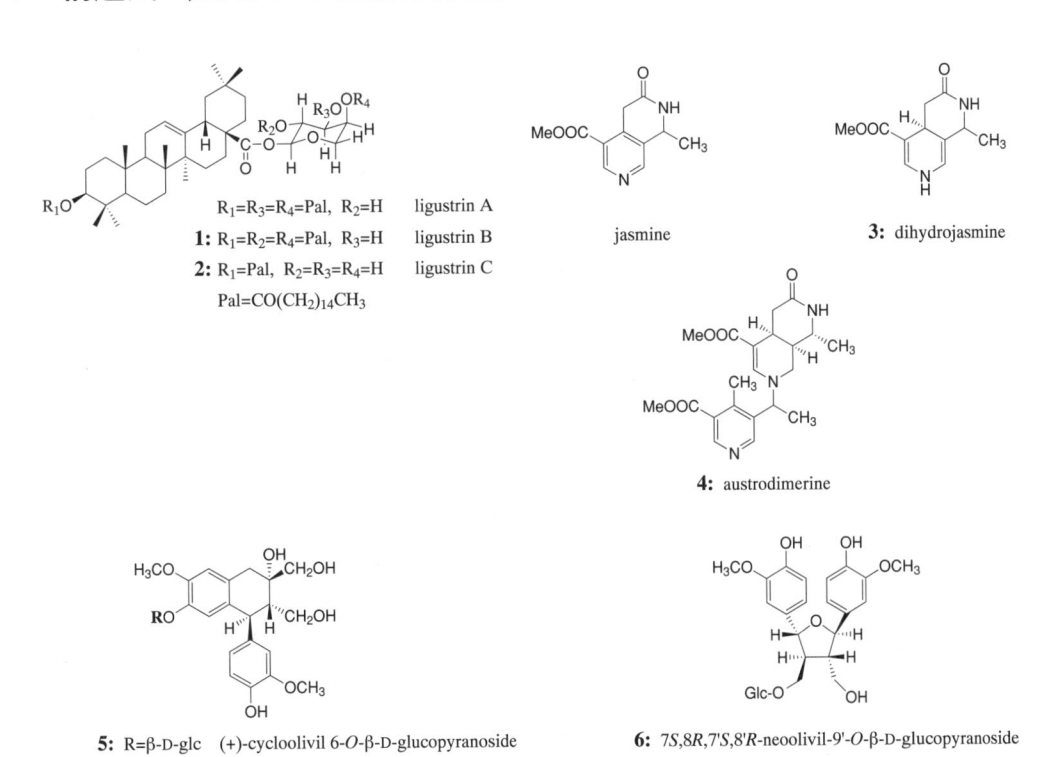

1: $R_1=R_3=R_4=Pal, R_2=H$ ligustrin A
1: $R_1=R_2=R_4=Pal, R_3=H$ ligustrin B
2: $R_1=Pal, R_2=R_3=R_4=H$ ligustrin C
Pal=CO(CH$_2$)$_{14}$CH$_3$

jasmine

3: dihydrojasmine

4: austrodimerine

5: R=β-D-glc (+)-cycloolivil 6-*O*-β-D-glucopyranoside

6: 7*S*,8*R*,7'*S*,8'*R*-neoolivil-9'-*O*-β-D-glucopyranoside

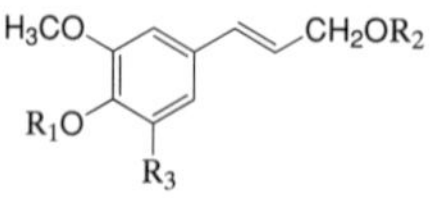

7: R₁=β-D-Glc, R₂=β-D-Glc, R₃=OMe   sinapyl alcohol 1,3'-di-*O*-β-D-glucopyranoside
8: R₁=β-D-Glc, R₂=β-D-Glc, R₃=H   coniferyl alcohol 1,3'-di-*O*-β-D-glucopyranoside

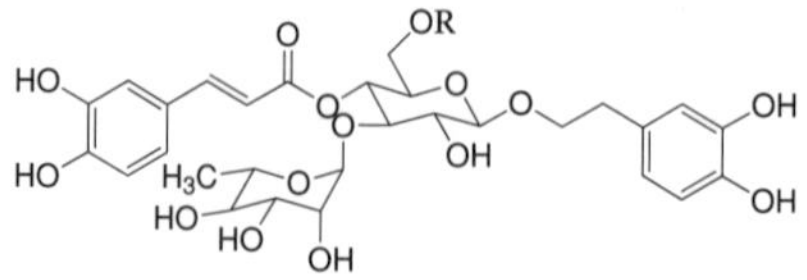

9: R=H   acteoside (verbacoside)
10: R=(*E*)-cinnamic acid   6'-*O*-(*E*)-cinnamoyl verbacoside

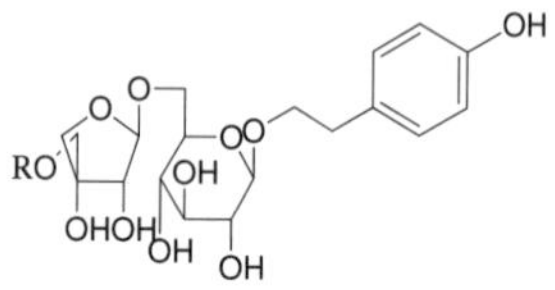

11: R=H   osmanthuside H
12: R= (*E*)-p-coumaroyl   osmanthuside I
13: R= (*E*)-feruloyl   osmanthuside J

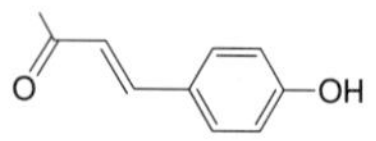

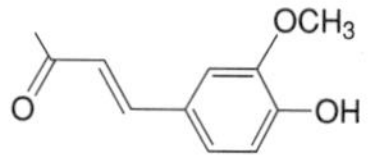

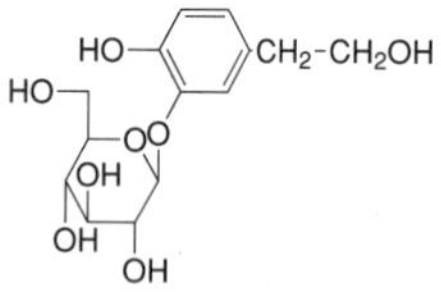

14: osmanthuside F 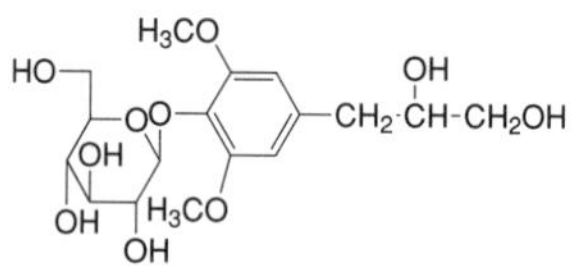
15: osmanthuside G 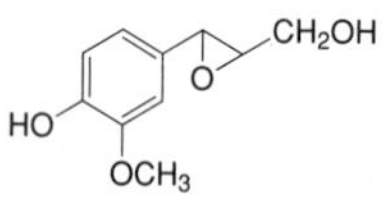
16: epoxyconiferyl alcohol

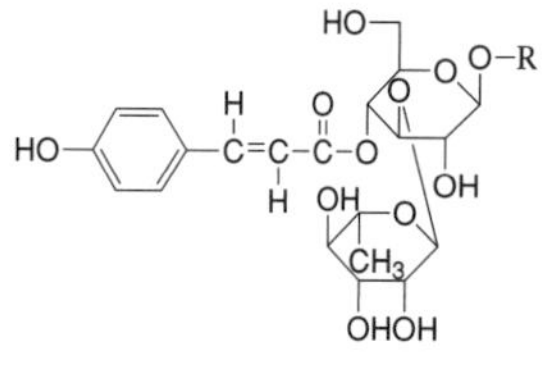

17: R= geranyl   kudingoside A   R= p-hydroxyphenethyl   osmanthuside B
18: R= (linalool-type)   kudingoside B   R= 3,4-dihydroxyphenethyl isosyringalide 3'-α-L-rhamnopyranoside

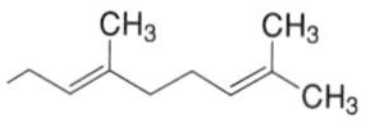

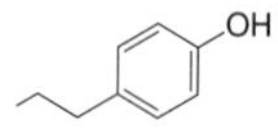

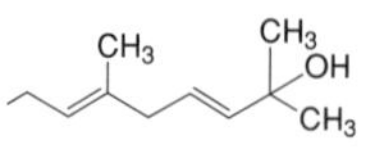

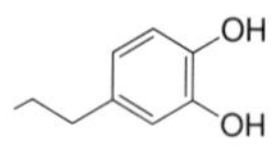

R= 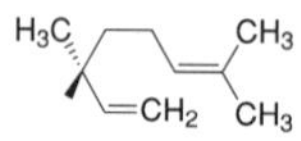 diterpenoside B-III

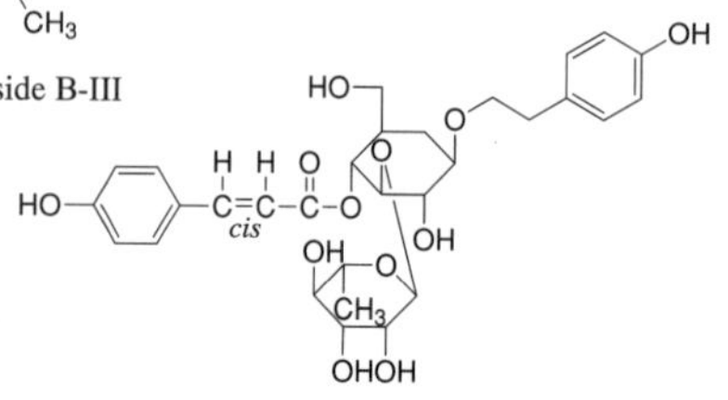

osmanothuside D

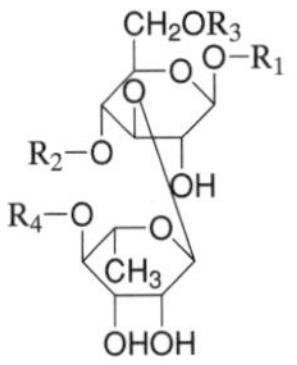

19: $R_1=$ -CH$_2$-CH=C(CH$_3$)-CH$_2$-CH$_2$-CH=C(CH$_3$)(CH$_3$), $R_2=$H,
$R_3=$H, $R_4=$H
(ligurobustoside A)

20: $R_1=$ -CH$_2$-CH=C(CH$_3$)-CH$_2$-CH$_2$-CH=C(CH$_3$)(CH$_3$), $R_2=$ -C(=O)-CH=CH-C$_6$H$_3$(OH)$_2$,
$R_3=$H, $R_4=$H
(ligurobustoside B)

21: $R_1=$ -CH$_2$-CH=C(CH$_3$)-CH$_2$-CH$_2$-CH=C(CH$_3$)(CH$_3$), $R_2=$ -C(=O)-CH=CH-C$_6$H$_4$-OH,
$R_3=$H, $R_4=$H
(ligurobustoside C)

22: $R_1=$ -CH$_2$-CH=C(CH$_3$)-CH$_2$-CH$_2$-CH=C(CH$_3$)(CH$_3$), $R_2=$H,
$R_3=$ -C(=O)-CH=CH-C$_6$H$_4$-OH, $R_4=$H
(ligurobustoside D)

23: $R_1=$ -CH$_2$-CH=C(CH$_3$)-CH$_2$-CH$_2$-C(OH)(CH$_3$)-CH=CH$_2$, $R_2=$H,
$R_3=$ -C(=O)-CH=CH-C$_6$H$_4$-OH, $R_4=$H
(ligurobustoside E)

24: $R_1=$ -CH$_2$-CH=C(CH$_3$)-CH$_2$-CH=CH-C(OH)(CH$_3$)(CH$_3$), $R_2=$ -C(=O)-CH=CH-C$_6$H$_4$-OH,
$R_3=$H, $R_4=$H
(ligurobustoside F)

25: $R_1=$ -CH$_2$-CH=C(CH$_3$)-CH$_2$-CH$_2$-CH=C(CH$_3$)(CH$_3$), $R_2=$ -C(=O)-CH=CH-C$_6$H$_4$-OH,
$R_3=$ H, $R_4=$-L-rhamnopyranosyl
(ligurobustoside I)

26: $R_1=$ -CH$_2$-CH=C(CH$_3$)-CH$_2$-CH(OH)-C(OH)(CH$_3$)(CH$_3$), $R_2=$ -C(=O)-CH=CH-C$_6$H$_4$-OH,
$R_3=$ H, $R_4=$H
(ligurobustoside J)

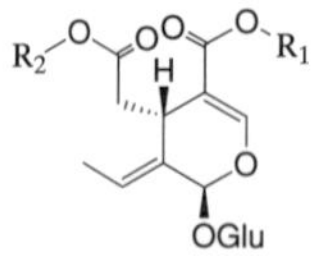

27: R_1=Me, R_2= ⟨C6H4⟩-CH₂CH₂OH (formoside)

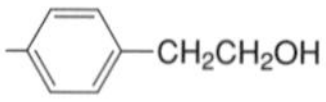

28: R_1=Me, R_2= ⟨C6H4⟩-CH₂CH₂OGlu (1‴-O-β-D-glucosyl-formoside)

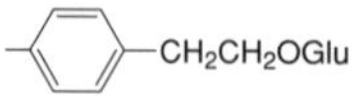

29: R_1= -CH₂CH₂-⟨C6H4⟩-OH, R_2= ⟨C6H4⟩-CH₂CH₂OGlu (1‴-O-β-D-glucosyl-fraxiformoside)

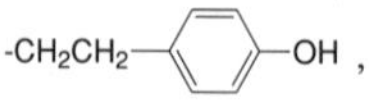

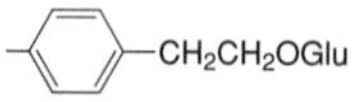

30: R_1= -CH₂CH₂-⟨C6H4⟩-OH, R_2=H (isoligustrosidic acid)

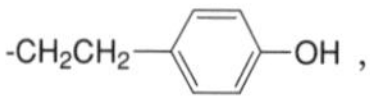

31: R_1= -CH₂CH₂-⟨C6H4⟩-OH, R_2= -CH₂CH₂-⟨C6H4⟩-OH (framoside)

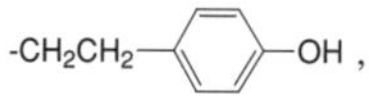

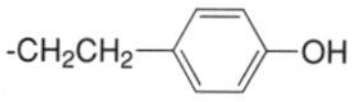

32: R_1= -CH₂CH₂-⟨C6H4⟩-OH, R_2= ⟨C6H4⟩-CH₂CH₂OH (fraxiformoside)

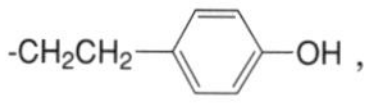

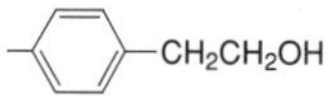

33: R_1=Me, R_2= (6-O-methylglucosyl-6-hydroxycoumarin) (frachinoside)

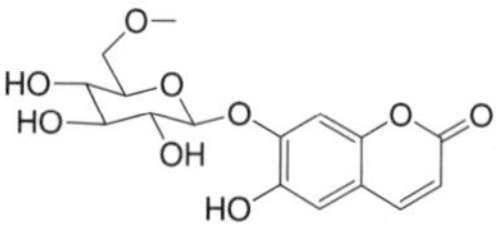

34: R_1= -CH₂CH₂CH₂CH₃, R_2= -CH₂CH₂-⟨C6H4⟩-OH (butyl isoligustroside)

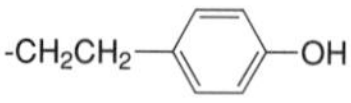

35: R_1=Me, R_2= -CH₂CH₂-⟨C6H3(OH)⟩-OGlu (angustifolioside A)

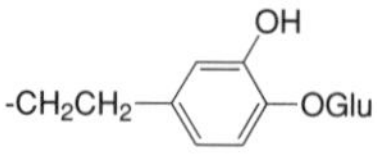

36: R_1=Me, R_2= ⟨C6H4⟩-CH₂CH₂OGlu (angustifolioside B)

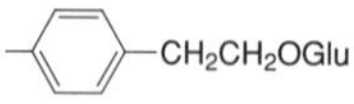

37: R_1= -CH₂CH₂-⟨C6H3(OH)⟩-OH, R_2= -CH₂CH₂-⟨C6H3(OH)⟩-OGlu (angustifolioside C)

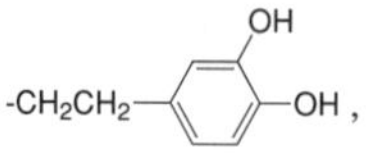

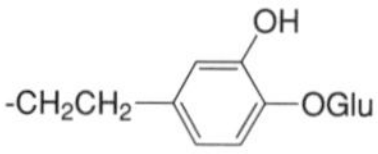

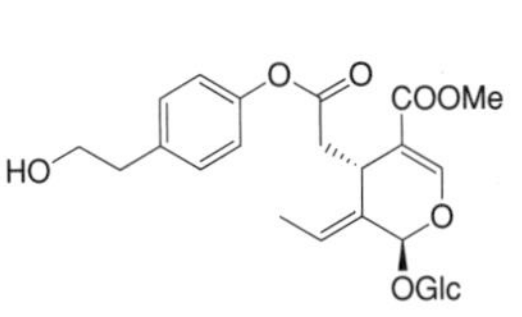

38: exelsioside

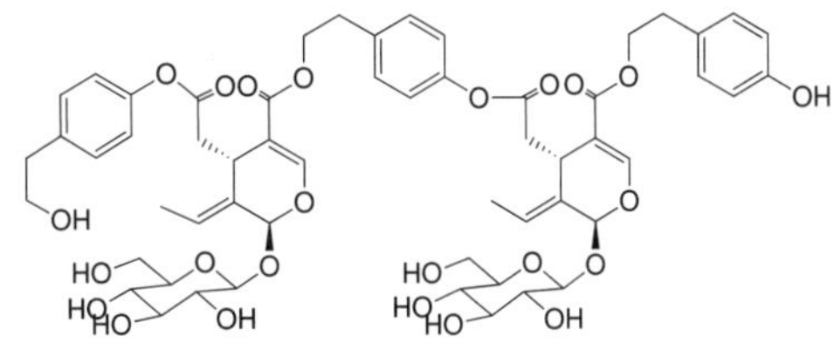

39: fraximalacoside

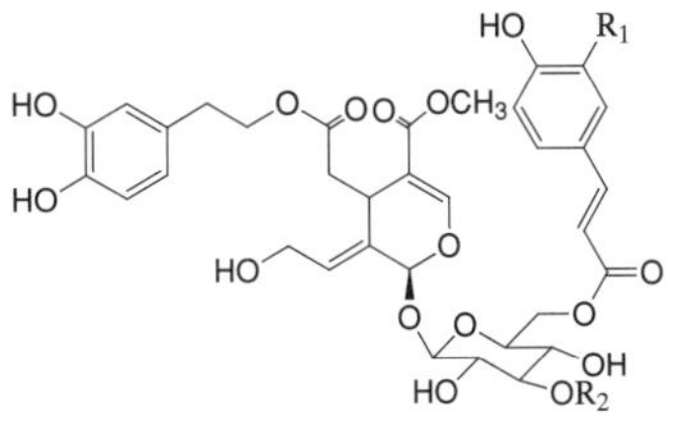

40: R₁=H, R₂=H   (fraxicarboside A)

41: R1=OH, R₂=H   (fraxicarboside B)

42: R₁=OH, R₂=Ac   (fraxicarboside C)

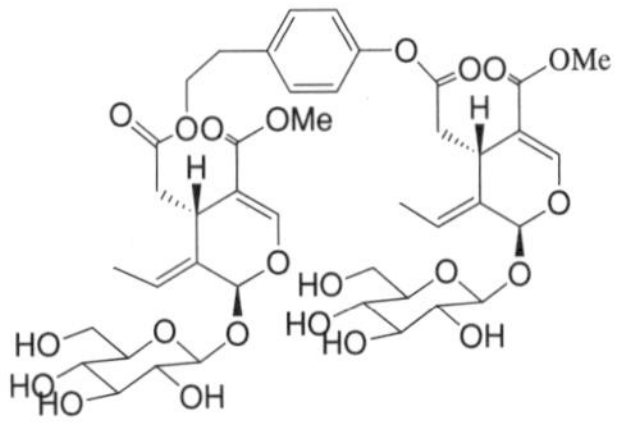

43: austromoside

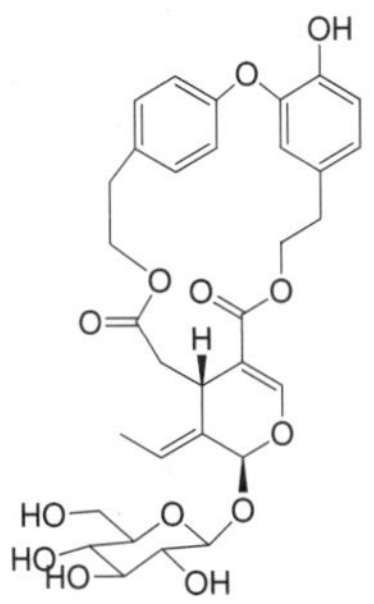

44: insularoside

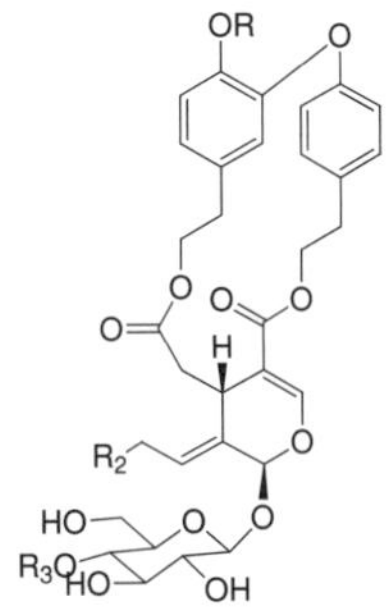

45: R₁=H, R₂=H, R₃=Glu   insularoside-3″-*O*-β-D-glucopyranoside
46: R₁=Glu, R₂=H, R₃=H   fraxuhdoside
47: R₁=H, R₂=H, R₃=H   urdoside A
48: R₁=H, R₂=OH, R₃=H   urdoside B

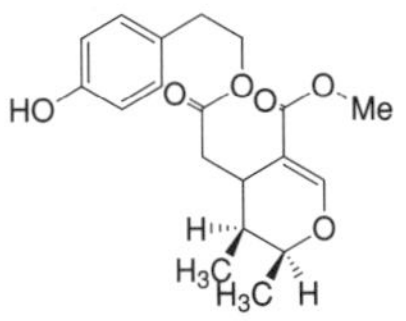

49: ligstrol

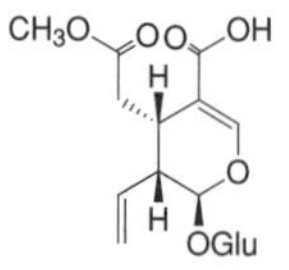

50: secologanoside-7-methyl ester

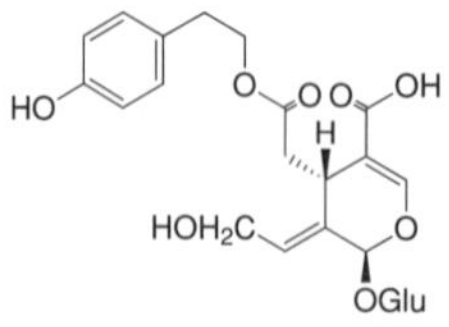

51: uhdenoside

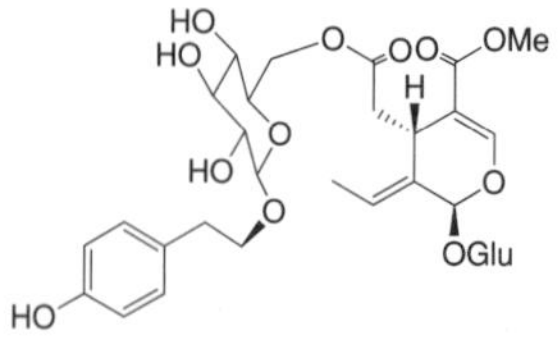

52: specnuezhenide (nuzhenide)

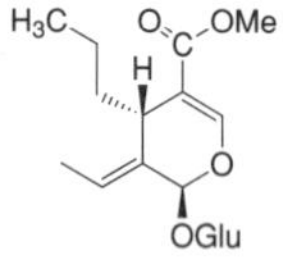

53: nuezhengalaside

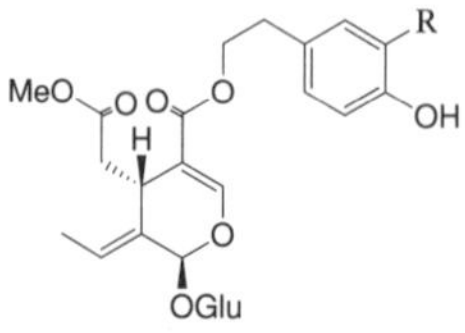

54: R=H isoligustroside
R=OH isooleuropein

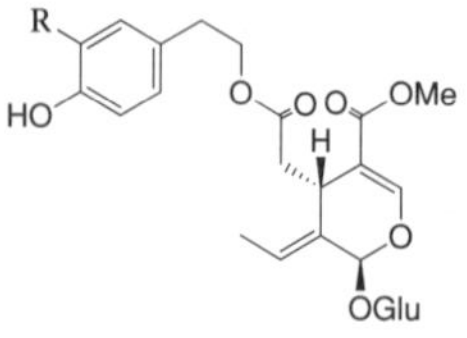

55: R=H ligustroside
R=OH oleuropein

5 引用文献

1) M. Ahmad (1995, Pak) **124**: 76073. 2) K. Machida *et al.* (1977, Jpn) **128**: 45888. 3) J. Tian *et al.* (1998, Chin) **129**: 228084. 4) L. Shi *et al.* (1997, Chin) **128**: 292718. 5) T. Fukuda (1996, Jpn) **126**: 72572. 6) R. Benkrief *et al.* (1998, Fr) **128**: 306226. 7) M. Sugiyama *et al.* (1993, Jpn) **120**: 101947. 8) M. Sugiyama *et al.* (1993, Jpn) **120**: 101905. 9) M. Sugiyama *et al.* (1993, Jpn) **119**: 91248. 10) M. Sugiyama *et al.* (1993, Jpn) **117**: 66568. 11) M. Hosy (1998, Egypt) **129**: 109271. 12) L. Pa *et al.* (1997, Chin) **128**: 228475. 13) Y. Shen *et al.* (1993, Taiwan) **120**: 7343. 14) S. Damtoft *et al.* (1992, Den) **119**: 91164. 15) T. Issifova *et al.* (1993, Bulg) **120**: 187189. 16) Y. C. Shen *et al.* (1993, Taiwan) **120**: 4626. 17) T. Tanahashi *et al.* (1993, Jpn) **119**: 156256. 18) T. Tanahashi *et al.* (1992, Jpn) **119**: 24583. 19) T. Tanahashi *et al.* (1992, Jpn) **117**: 108134. 20) H. Kuwajima *et al.* (1992, Jpn) **117**: 86716. 21) I. Kostova (1995, Bulg) **122**: 261091. 22) Z. D. He *et al.* (1994, Jpn) **120**: 319355. 23) I. Calis *et al.* (1993, Turk) **120**: 73345. 24) I. Calis *et al.* (1996, Turk) **124**: 284355. 25) Y. C. Shen *et al.* (1995, Taiwan) **123**: 193613.

48 モクレン科
Magnoliaceae

1 科の概要

モクレン科、Magnoliaceaeの樹木は北半球の温帯に10属、100余種が分布している、比較的小さなグループである[1-4]。我が国にはカズラ属 (*Kadsura*) の1種、モクレン属 (*Magnolia*) の6種、オガタマノキ属 (*Michelia*) の1種、都合3属8種が自生しており、その多くはまだ寒い早春、葉の展開に先行して花をつけるので、日本人にとって印象深い樹木である。このモクレン科の樹木類は東洋だけでなく、西欧や北アメリカの国々でも花木として愛好されており、多くの雑種や園芸品種が存在する。我が国で最近よくみかける本科の樹木類は外来種や園芸品種を含めると、モクレン属の *Magnolia obovata* (ホオノキ)、*M. kobus* (コブシ)、*M. liliflora* (モクレン、中国原産)、*M. salicifolia* (タムシバ)、*M. stellata* (シデコブシ、別名ヒメコブシ、中国原産)、*M. grandiflora* (タイサンボク、北アメリカ原産)、*M. wastoni* (ウケザキオオヤマレンゲ、園芸品種)、オガタマノキ属の *Michelia compressa* (オガタマノキ) などである[1]。また、街路や公園などによく植栽されていて、目にする機会の多い *Liriodendron tulipifera* (ユリノキ、別名ハンテンボク、英名チューリップツリー) は本科、ユリノキ属に属し、北アメリカを原産とする外来種である。

分類学において、科 (family) という分類区分を近縁であるとしてさらに一段大きくまとめる分類区分の目 (order)、ここではキンポウゲ目 (Ranales) であるが、これには本モクレン科に加え、ヤマグルマ科、フサザクラ科、カツラ科、バンレイシ科、ニクズク科、クスノキ科、シキミ科、マツブサ科およびロウバイ科が含まれる[2-4]。さらに、キンポウゲ科、メギ科、アケビ科、ツヅラフジ科、マツモ科およびスイレン科を加える立場もある。いずれの場合においても、この目に属する植物類は多彩な生理活性をもつアルカロイドやリグナン類などの抽出成分を含むことが近年、明らかにされつつあるので、このモクレン科の植物類は成分化学や化学分類学だけでなく、成分の有効利用を考える場合にも大いに興味がもたれる対象資源である[5-11]。

2 研究動向

厚朴 (Magnoliae cortex)、辛夷 (Magnoliae flos)、五味子 (schisandrae fructus) など、漢方における主要な薬種の供給源である樹種を含むモクレン科植物類は、これら利用実績のある樹種を中心に化学的な研究が進展している。本科のこれまでの成分検索結果によると、花や樹皮は精油を保有している[5-19]。また、アルカロイドの保有が確認されている種もある。なお、これらアルカロイドはケシ科や上記ツヅラフジ科植物に含まれるaporphine族やアルカロイド第4級塩基類に属するものが中心である。また、これらアルカロイド中には動物の骨格筋に分布する運動神経の末梢を麻痺させる生理作用、すなわちクラーレ様毒作用を示すものがある。このような活性を始めとして、アルカロイドは多彩な生理活性をもつことがよく知られているので、毒と薬の宝庫であると指摘されている[11]。したがって、モクレン科植物の成分に関する研究の動向は常に関心がもたれている。

このことに加え、このモクレン科の植物類は最近、その生理活性が大いに注目を集めているリグナン類を多種類含有していることが Schisandra（マツブサ）と Magnolia（ホオノキ）の両属の樹木類を中心に明らかにされているので、この面からの研究の展開も期待される[17-19]。

3 各　　論

3.1 モクレン科植物とその抽出成分に関する 1980 年代までの研究概略

主なモクレン科植物と、それに含まれる成分、並びにそれらの利用についてエピソードをまじえて概説する[5-18]。

Kadsura japonica（ビナンカズラ、別名サネカズラ）はつる性の木本植物であり、日本固有種である。木部に xyloglucuronide を主成分とする植物粘質物（plant mucilage）を含有している。昔、男女はこの粘質物を整髪料として用いたというおもしろい利用歴がある[1,19]。このことが本種名の由来であるとの説もある。本種は多数のアルカロイドやリグナンを保有していることが明らかになっている[7-9,11,12]。今日では、樹木成分利用の代表的で理想的な事例は薬用である。漢方では古くからこの Kadsura 属の樹木や後掲の Schisandra 属の樹木の果実を五味子と称し、強壮、滋養、鎮咳、下痢止などの薬として利用している[8]。

ちなみに、五味子について、漢方ではアジア北方地域に産するものを北五味子、同南方地域に産するものを南五味子と区別し、前者の薬効は後者のそれに勝ると評価している[8]。今日、五味子を採取しているのは Schisandra と Kadsura 属の樹木類である。日本には中国北方や朝鮮半島に生育している Schisandra chinensis（チョウセンゴミシ）や S. sphenanthera の果実、いわゆる北五味子が輸入されている。なお、規模は小さいが、長野県や奈良県などでもこれらの樹種は栽培されている。この果実は精油約 1.6％と脂肪油約 33％を保有している。精油の主要成分はテルペンの citral である。五味子は他にも、β-sitosterol に加え、schizandrin（別名 schizandrol A）、gomisin A（別名 schizandrol B）、gomisin B、C、D、F および G、schizandrin A、B および C、schizandrel A および B など多種類のリグナンを含有していることが明らかにされつつある[17,18]。また、五味子のエタノール抽出エキスはブドウ状球菌、炭疽棒菌、パラチフス菌 A および B、チフス菌、赤痢菌、肺炎棹菌、緑膿桿菌など多くの病菌類に対して抗菌活性をもつと報告されているので、この点も利用に向けて注目したいところである[8]。

Magnolia kobus（コブシ）は日本や朝鮮半島に自生する種である。なお、キタコブシは本種の変種であるとする立場が有力である（M. kobus var. borealis）[1,2]。また、シデコブシには固有の学名 M. stellata がつけられているが、これもコブシの変種であるとする立場がある。さて、この花はテルペノイドの cineole や estragol を主成分とする約 3％の精油を含有している[5-10,12]。また、樹皮は salicifoline、その他のアルカロイドと、精油（0.5％）を含有している。この精油の主成分はテルペノイドの citral（7％）であり、他にも揮発性の芳香族化合物である eugenol、methyl chavicol などが共存している。なお、M. salicifolia（タムシバ）の項で改めて述べるが、我が国ではこのコブシの花蕾、花が開く前のまだ包葉に包まれた段階のものを薬として用いた利用実績もある[9]。

M. obovata（ホオノキ）は日本固有種であり、その幹、樹皮、葉、果実などが広く利用されており、日本人の暮らしとなじみ深い樹の一つである。例えば、岐阜県山間部では昔からこの葉を使ってホオ葉ミソ、ホオ葉すしなどが作られている。蛇足であるが、これを今日的に解釈すれば、この葉のテルペンのもつ効用（抗菌活性）を利用していることになる。樹皮について、漢方では、この樹の樹皮を和厚朴と呼び、腹痛、下痢、のぼせ、うっ滞などの症状にたいする鎮静、鎮痛薬を調製して

利用している[8,10-15]）。樹皮はアルカロイドのmagnocurarine、magnoflorineなどや、リグナンのmagnolol、honokiolなどを含んでいる。また、約1％量の精油も含む。その主成分はセスキテルペンのα-eudesmolとmachilol（別名β-eudesmol）である。なお、このホオノキの果実を民間薬として風邪、淋病、嘔吐などの症状に用いたという利用実績もある。また、この樹から製造した木炭が金属研磨の場で珍重されているといったおもしろい利用事例もある。

ちなみに、厚朴について、中国では*M. officinalis*（シナホウノキ）や、その変種*M. officinalis* var. *biloba*から得られる樹皮のことをさす[8,9]）。日本ではこれを唐厚朴と呼び、日本本来のホオノキから得られる和厚朴と慣例的には区別してはいるが、両者に含まれる主要成分にはほとんど差がないものとしている[8]）。なお、唐厚朴の成分検索によると、machilol、magnolol、honokiol、magnocurarine、magnoflorine、michelalbine、anonaine、liriodenine、salicifoline chlorideなど、リグナンやアルカロイド成分が多数確認されている[8,14]）。

M. salicifolia（タムシバ）は日本に分布している種である。その葉は揮発性の芳香族成分のanethol、樹皮は精油とアルカロイドのsalicifoline、その他を含有している[12]）。また、この花蕾を乾燥したものが漢方の辛夷である[9]）。

漢方では、辛夷には鎮静や鎮痛の薬効があるとされ、これから頭痛、鼻炎、蓄膿症などの病状にたいする薬が処方されている。ホオノキの花蕾は約3％の精油を含み、その主成分はテルペンのcineoleであり、他にα-pinene、methyl chavicol、citralなどを含むとしているが、これら主要テルペンは産地によって異なるとの報告がある[9]）。中部、近畿、中国地方産のものはcitral、九州地方産のものはcamphorとlimonene、石川県産のものはasarone、奥羽中南部地方産のものはcamphorとsafrol、奥羽西部地方、秋田県、新潟県産のものはmethyl eugenolが主成分であるという。話の主題からそれるが、このような成分含有量の個体間での差に関して、これは微量な抽出成分の生体中での生成の様態を反映したものであり、抽出成分とは一般にこのような存在であるとの説明を思い起こさせる。

なお、中国の辛夷は地方ごとに望春花、木筆花、白花樹花、会春花、春花など*M. fargesii*から採取されている。

Michelia champaca（キンコウボク）はインドを原産とする種であり、その花は橙黄色であり、よい香りを強く放つという。事実、この花には約0.2％量の精油が含まれており、揮発性芳香族化合物であるisoeugenol、phenylethyl alcohol、methyl anthranilateが主成分であることが明らかにされている[12,13]）。このような精油の代表的な使途は付加価値の高い化粧品、香水の製造である。薬用に次いで付加価値の高いこのような利用法は成分利用の理想的なありようの一つである。なお、我が国にも同属の*M. compressa*（オガタマノキ）が自生しているが、この花はわずかな芳香を放つ程度にしか精油を含んでいないので、このような利用実績はない。

Schisandra nigra（マツブサ、別名ウシブドウ）は日本に自生するつる性の種である。雌雄異株である。その茎を切ると、マツのような香りがする。また、実が房となって下垂することなどにこの樹木名命名の由来があるようである[1]）。この木部にはmethyl-*n*-undecylketone（約15％）とbornyl acetate（約11％）を主成分とする約1.3％量の精油を含有している[12,14]）。なお、本種と同属の植物のいくつかは漢方薬、五味子の代表的な供給源であるので、これらの種子を中心とした成分検索研究が進んでいる。

3.2 モクレン科植物成分に関する最近の研究概略

モクレン科植物成分に関する最近10年間の研究は中国、韓国、台湾、日本などアジアの国々で活発に行なわれている。これらの検討では、主に薬として利用実績のある樹種が中心であり、そこでは成分のいろいろな生理活性の発見と、それら活性の医薬品や化粧品への適用を意識したものとなってい

る[20-23,100-165]。この研究傾向について、言うまでもないことであるが、このような対象木は古くから薬として利用されており、すでに安全に対する保障があるためであろう。研究の内容としては、新規化合物の構造決定や既知の成分の立体構造の確定だけでなく[24]、最近の分析機器や分別装置のめざましい発展を反映したより微量な成分類の検索も盛んに行なわれている[114,129]。また、成分のより優れた分析法、抽出法、精製法の検討[110,131,141]、さらには、成分の生体組織中での存在様態変化の定量的な把握や[114,129]生合成[163,164]などについても検討が展開されている。

　これらの最近の報告うち、成分とその生理活性の利用に関わる主なものについては表1中に3桁の引用文献番号を付してまとめている[100-165]。この表中では、成分のいろいろな生理活性に関する結果について発現成分がまだ特定されておらず、その構造が確定していないものに関してはエキスとして整理している。各化合物の化学構造については引用文献を手がかりにされたい。

　なお、シキミとその仲間の植物類をモクレン科に所属させる植物分類学上の立場もあるが、これらについては、冒頭でも述べたように、シキミ科の植物類であるとしてここには含めない[2]。

表1　主なモクレン科植物と、その抽出成分ならびに生理活性など

Kadsura （サネカズラ）属
K. coccinea
　　(+)-deoxyschizandrin[*2]、gomisin D、E、H、J、M1 & M2[*2]、epigomisin[*2]、(+)-kadsutherin[*2]、kadsuranin[*2]、neokadsuranin[*2] 18)
K. japonica （ビナンカズラ、別名サネカズラ）
　　kadsurin[*2], (+) & (−)- kadsurarin[*2]、kadsric acid[*3] 12)

Liriodendron （ユリノキ）属
L. tulipifera （ユリノキ）
　　心材[14,17,18,23]　　glaucine[*]、magnoflorine[*]、michelalbine[*]、liriodenine[*]、*d*-glaucine[*]、dehydroglaucine[*]、norushinsunine[*]、*N*-acetyl-nornuciferine[*]、(−)-tuliferoline[*]、asimilobine[*]、(−)-*N*-actylanonaine[*]、(−)-*N*-acetylasimilobine[*]、(+)-syringaresinol[*2]、(+)-pinoresinol[*2]、(+)-medioresinol[*2]、liriodendrin[*2]、lirionol[*2]、syringaldehyde[*8]
　　（心材エキス）：（アポルフィン型アルカロイドに抗菌活性）[105]
　　葉（ワックス分析）[131]
　　remerine[*]、lirimidine[*]、nornuciferine[*]、nuciferine[*]、glaucine[*]、caaverine[*]、isocoripalmine[*]、*N*-methylcrotsparine[*]、stepholidine[*]、apoglazovine[*] 21)

Magnolia （ホオノキ）属
M. acuminate
　　(+)-calopiptin[*2] 18)
　　choline[*]、magnocurarine[*]、magnoflorine[*]、salicifoline[*] 152)
M. amoena
　　（精油分析）[141]
M. biondii
　　（精油分析）[110]; magnoflorine[*]、ethyl *E-p*-hydroxycinnamate[*]、kaempferol 7-*O*-β-D-(6″-*O-p*-hydroxycinnamoyl)-glucose[*4] 138)
　　花蕾　fargesin[*2]、demethoxyaschantin[*2]、aschantin[*2]、pinoresinol dimethyl ether[*2]、magnoline[*2]、lirioresinol B dimethyl ether[*2]、biondinin B & E1[*2] 148)
　　biondin C & D[*8] 149)
　　biondinin A[*2] 153)
　　biondonoid A (= 4′,5,7-trihydroxyflavonol-β-7-*O*-(6″-*p*-coumoroyl)-D-glucoside)[*4] 157,165)

rel-(7S,8S,8'S)-3,4,3',4'-tetramethoxy-9,7'-dihydroxy-8.8',7.0.9-lignan[*2]、rel-(7S,8S,8'S)-3,4,3',4'-7'-pentamethoxy-9-hydroxy-8.8,7.0.9'-lignan[*2] 23)

M. coco
glaucine[*]、magnoflorine[*] 23)
葉　magnolamide[*8]、magnolone[*2]、episesamin[*2]、sesamin[*2]、magnolol[*2]、fargesin[*2]、aschantin[*2]、epieudesmin[*2]、syringaresinol[*2]、syringaresinol-O-β-D-glucopyranoside[*2]、scoparone[*2]、oxoanolobine[*2]、dicentrinone[*2] 107)
（精油分析）146)

M. cylindrica
（精油分析）141)

M. denudata
（精油分析）110)
根皮　parthenolide[*3]（殺細胞活性）、costunolide[*3]（殺細胞活性）、myristicine aldehyde[*8]、$trans$-isomeristicine[*8]、deacyllasrine[*8]、sesamin[*2]、kobusin[*2]、eudesmin[*2]、pinoresinol[*2] 147)

M. fargesii
epifragensin[*2]、(+)-fragesin[*2] 18)
花蕾　magnone A & B[*2]（血小板活性因子の拮抗作用）109)
5α,7α(H)-6,8-cycloeudesma-1β,4β-diol[*3]、homalomenol A[*3] 109)
eudesmin[*2]、magnolin[*2]、(−)-magnofargesin[*2] 24,143)、(+)-magnoliadiol[*2] 143)、lirioresinol B dimethyl ether[*2]（TNF-a 生成阻害活性）116)
oplopanone[*3]、oplodiol[*3]、hamalomenol A[*3]、1β,4β,7α-trihydroxyeudesmane[*3] 122)
5α,7α(H)-6,8-cycloeudesmane-1β,4β-diol[*3] 22,111)
(+)-epimagnolin A[*2] 139)

M. grandiflora（タイサンボク）
anolobine[*]、anonaine[*]、N-nornuciferine[*]、liriodenine[*]、glaucine[*]、magnoflorine[*]、magnolenin[*2]、(−)-acanthoside B (= syringaresinol monoglucoside)[*2]、magnolenin C[*2] 12,18,23)
花蕾　oplopanone[*3]、oplodiol[*2]、homalomenol A[*3]、1β,4β,7α-trihydroxyeudesmane[*3] 122)
葉（ワックス分析）131)
parthennolide[*3]、costunolide[*3]、cyclocolorenone[*3] 134)
6-methoxy-7-hydroxycoumarin[*8]、6,8-dimethoxy-7-hydroxycoumarin[*8]、11,13-dehydrocompressanolide[*3]、magnograndiolide[*3]、parthenolide[*3] 144)

M. kachirachirai（カチラチライノキ）
1,2,9,10-tetramethoxy-7H-dibenzoquinolin-7-one[*]、(+)-glaucine[*]、(+)-N-norglaucine[*]、(+)-N-norarmepavine[*]、magnoflorine[*] 14)
花蕾　(−)-magnofargesin[*2]、(+)-magnoliadiol[*2] 142)

M. kobus（コブシ）
salicifoline[*]、glaucine[*]、citral[*3]（7％）、methylchavicol[*3]、eugenol[*8]、(+)-epieudesmin[*2]、(+)-kobusin[*2] 18,23)
（各部位のエキス）（抗バクテリア活性、抗菌活性）115)
remerin[*]、liriodenine[*]、asimilobine[*]、syringaresinol[*2] 162)

M. kobus var. borealis（キタコブシ）
枝葉（精油）limonene[*3]、1,8-cineole[*3]、p-cymene[*3]、l-camphor[*3]、α-terpineol[*3] 12,13)
（各部位でのリグナン検索）115,129) 葉 epimagnolin[*2]、樹皮 magnolin[*2]、yangambin[*2]、syringaresinol[*2]
木部　syringaresinol[*2]
花蕾　magnolin[*2]、yangambin[*2]

葉　kobusinol A & B (1)[*2]、kobusin[*2]、aschantin[*2]、eudesmin[*2]、magnolin[*2]、yangambin[*2]、merioresinol[*2]、fargesin[*2]、phillygenin[*2]、epimagnolin[*2]、magnostellin A[*2] 135)

(+)-eudesmin[*2] 163)

M. liliflora　(モクレン)

(+)-veraguensin[*2] 18)

M. macrophylla

magnolioside (= 6-hydroxy-7-methoxycoumarin monoglucoside)[*8] 17)

M. obovata　(ホオノキ)9,12)

[葉] chavicol[*3]

樹皮 (和厚朴)　α, β & γ-eudesmol (= α, β & γ-machilol)[*3] (抗菌作用) (排尿調節作用)、magnolol (= bischavicol)[*2] (中枢性筋弛緩作用、抗酸化作用160)、抗菌作用、抗嘔吐作用150)、血小板凝集阻害活性161)、ニキビ抑制効果154)、皮膚美白効果158))、honokiol[*2] (中枢性筋弛緩作用、抗酸化作用160)、抗菌作用、皮膚美白効果158)、血小板凝集阻害活性161))、cryptomeridiol[*]、magnocurarine[*] (クラーレ様作用、神経節遮断作用、抗 pilocarpine 作用、アドレナリン増強作用)、magnoflorine[*] (クラーレ様作用、神経節遮断作用、抗 pilocarpine 作用、アドレナリン増強作用)、remain[*] 108)、nanonaine[*] 108)、liriodenin[*] 108)、lanuginozin[*] 108)、michelalbine[*]、salicifoline[*] (クラーレ様作用、神経節遮断作用、抗 pilocarpine 作用、アドレナリン増強作用)

(心材) michelarbine[*]、anonaine[*]、liriodenine[*]、magnocurarine[*]、magnoflorine[*]、*l*-*N*-acetylanonaine[*]、ω-*O*-feruloyl-ω-hydroxyfatty acid[*5]、ベンゼン誘導体[*8] 100) (コリンアセチルフェラーゼ活性増強効果、アセチルコリン性神経細胞の成長促進作用) remerin[*]、lanuginozin[*]、isolaurelin-*N*-oxide*108)

樹皮 (精油分析)113,156)

(樹皮エキス) (抗炎症活性118)、育毛活性126)、頻尿抑制効果155))

樹皮　(+)-laurifolin[*]、(+)- & (−)-oblongin[*]、(+)-menisperine[*2]、(+)-xanthoplanine[*2]、(+)-*N*-methylglaucine[*] 130)

樹皮　(−)-magnocurarine[*]、(−)-magnoflorine[*]、(+)-lauriflorine[*]、obiongin[*]、(−)-10-demethylcryptostoline[*] 124)

eudesobovatol A & B[*8] (神経向性活性)、clovanemagnolol[*8] (神経向性活性)、caryolanemagnolol[*8] (神経向性活性)132)

trilignan[*2] (5-lipoxygenase 阻害活性)151)

(樹皮精油分析) 156) β-eudesmol[*3] (24%)、cadalene[*3] (17%)、ε-eudesmol[*3] (7%)、bornyl acetate[*3] (6%)、hexanal[*5] (5%)、camphene[*3] (4%)、α-eudesmol[*3] (3%)、caryophyllene oxide[*3] (3%) etc.

根皮　(精油分析) β-eudesmol[*3] (24%)、cadalene[*3] (17%)、γ-eudesmol[*3] (7%)、bornyl acetate[*3] (6%)、hexanal[*8] (5%)、camphene[*3] (4%)、α-eudesmol[*3] (3%)、& caryophyllene[*3] (3%)128)

M. officinalis　(シナホウノキ)

(*M. officinalis* var. *biloba* を含む)9,12,13,18)

樹皮 (唐厚朴) (精油分析)112); machilol (= β-eudesmol)[*3]、magnolol[*2] 123) (コレステロール吸着阻害活性155)、抗炎症効果、シクロオキシゲナーゼおよびリポオキシゲナーゼ活性阻害159))、honokiol[*2] 123)、magnocurarine[*]、magnoflorine[*]、michelalbine[*]、anonaine[*]、liriodenine[*]、salicifoline chloride[*]

樹皮　(−)-magnocurarine[*]、(−)-magnoflorine[*]、(+)-lauriflorine[*]、obiongin[*]、(−)-10-demethylcryptostoline[*] 24)

樹皮　magnolignan A (1)、B、C、D、E、F、G、H & I[*2]、magnotriol B[*2]、magnaldehyde D & E[*2] 127,128)

(葉エキス) (抗植物病菌活性) 137); *O*-methyleugenol[*8]、5,5′-2-dipropenyl-2-hydroxy-3,2′,3′-trimethoxy-1,1′-biphenyl[*2]、4,4′-di-2-propenyl-3,2′,6′-trimethoxy-1,1′-diphenyl ether[*2] 145)

M. poasana
 葉（精油分析）trans-β-ocimene[*3]、β-elemene[*3]、β-pinene[*3]、linalool[*2]、germacrene D[*3]、elemicin[*3], etc.136)

M. saulangiana
 花蕾 saulangianin[*2] 140)

M. salicifolia（タムシバ）14,19)
 葉 精油 methylchavicol[*3]、1,8-cineole[*3]、citral-a & b[*3]、α-pinene[*3]
 花蕾 methylchavicol[*3]、1,8-cineole[*3]、citral-a & b[*3]、α-pinene[*3]、eugenol[*8]、camphor[*3]、limonene[*3]、asarone[*3]、safrol[*3]、methyleugenol[*8] magnosalicin[*]（抗アレルギー活性）、(rac.)-magnoshinin[*2]
 花蕾 magnosalicin[*2]（ヒスタミン放出阻害活性）133)
 樹皮 geranial[*3]、neral[*3]、葉 trans-anethole[*8]、methyl eugenol[*3]、isomethyl eugenol[*3]（果実、花からも）、果実 costunolide[*3]、parthenolide[*3]（いずれにも殺蚊活性）118)

M. sieboldii
 花 精油（抗バクテリア活性）119)
 葉 magnoporphine[*]、costunolide[*3]、syringin[*2]、syringin-4-O-β-cellobioside[*2]、echinacoside[*2] 120)
 樹皮 syringin-4-O-β-glucoside[*2]、costunolide[*2]（抗ピロリ菌活性125)) 121)

M. stellata（シデコブシ）
 magnostellin A[*3]、(+)-kobusin[*2] 18)
 樹皮 geranial[*3]、neral[*3] 117)
 葉 trans-anethole[*8]、methyl eugenol[*8]、isomethyl eugenol[*8]、果実、花 methyl eugenol[*8]、isomethyl eugenol[*8]、costunolide[*3]（すべてに殺蚊活性）117)
 花蕾 magnosalicin[*2]（誘導性ヒスタミン放出阻害活性）133)

M. virginiana
 葉 costunolide[*3]、parthenolide[*3]、trifloculoside[*3]、costunolact-12β-ol[*3]、costunolact-12β-ol のダイマー[*3] 114)
 （エキス）（抗昆虫摂食阻害活性）142)

Michelia（オガタマノキ）属
M. alba
 ushinsunine[*] 23)
 花（精油）linalol[*3]（80％）、β-terpineol[*3]（6％）、phenylethyl alcohol[*8]（3％）、β-pinene[*3]（3％）、methyl 2-methylbutyrate[*3]（3％）、geraniol[*3]（1％）、1,8-cineole[*3]（1％）103)
 葉（精油）β-caryophyllene[*3]（3％）、β-elemene[*3]（2％）、caryophyllene oxide[*3]（2％）、nerolidol[*3] 103)

M. champaca（キンコウボク）
 心材 michelalbine[*] 19)
 材（精油）guaiol[*3]、isoeugenol[*8]、phenylethyl alcohol[*8]、methyl anthranilate[*8]、glaucine[*]、magnoflorine[*]、ushinsunine[*]
 葉 pathenolide[*3] 104)
 根皮 michampanoide[*3]、8-acetoxyparthenolide[*3]、magnograndiolide[*3] 20)

M. compressa（オガタマノキ）
 樹皮 michepressine[*]
 oxoushinsunine[*]、liriodenine[*]、ushinsunine[*]、glaucine[*]、magnoflorine*19)

M. c. var. formosana
 心材 michelalbine[*]、ushinsunine[*] 19)

M. fallaxa
 葉（精油分析）nerolisol[*3]（13％）、β-caryophyllene[*3]（10％）、farnesol[*3]（8％）、guaiol[*3]（8％）、geranyl acetate[*3]（4％）、terpinyl acetate[*3]（4％）、β-pinene[*3]（4％）、3-hexen-1-ol[*5]、alloaromadendrine[*3]、δ-elemene[*3]、elemol[*3]、elemicin[*3], etc.102)

M. fuscata
 葉 magnoline[*]、magnolamine[*] 19)
M. nilagirica
 根皮 parthenolide[*3]、costunolide[*3]、8α-acetoxyparthenolide[*3] 101)
M. spp.
  oxyacanthine[*] 19)

Schisandra（マツブサ）属
S. chinensis（チョウセンゴミシ）8,14,18)
 実（果肉）α-ylangene[*3]、α-chamigrene[*3]、β-chamigrene[*3]、chamigrenal[*3]、schizandrin (= schizandrol A)[*2]、schizandrol B (= gomisin A)[*2]（肝グリコーゲン生成促進活性）、gomisin B、C、D、F & G[*2]、schizandrin A (= deoxyschizandrin)[*2]、schizandrin B & C[*2]（後者はペントバルビタールナトリウム睡眠延長活性）、schizandrel A & B[*2]（後者は降SGPT作用）、citric acid[*8]、malic acid[*8]、tartaric acid[*8]、fumaric acid[*8]
 果実 (+)-deoxyschizandrin[*2]
 （種子油）schizandrin[*2]
 (+)-deoxyschizandrin[*2]、gomisin A、B、C、D、E、F、G、H、J、N、P、Q & R[*2]、epigomisin[*2]、(−)-gomisin K1[*2]、(+)-gomisin K2[*2]、(−)-gomisin L1[*2]、(+)-gomisin L2[*2]、(rac.)-gomisin M1[*2]、(+)-gomisin M2[*2]、(−)-kadsuranin[*2]、kadsuranin[*2]、(−)-kadsurin[*2]、schizantherin C、D & F[*2]、wuweizi su B & C[*2]
S. hensyi 18)
 En Shi Zhi Shu[*2]、(+)-henricine[*2]、(−)-enshicine[*2]、(+)-deoxyschizandrin[*2]、schizandrol B[*2]、(+)-schizanhexol[*2]、(+)-schizanhenol B[*2]
S. lancifolia
 gomisin B & C[*2]、schizantherin C、D & E[*2] 18)
S. nigra（マツブサ）
 schizandriside[*2]、(+)-cyclolariciresinol[*2] 13,18)
S. rubiflora
 (−)-rubschizandrin[*2]、(−)-rubschizantherin[*2]、gomisin B & C[*2]、schizantherin C、D & E[*2] 18)
S. sphenanthera
 anwulignan[*2]、epigalbacin[*2]、schisandrone[*2]、epigomisin[*2]、gomisin B & C[*2]、schizantherin C、D & E[*2] 18)

Talauma 属
T. gioi
 （精油分析）106) 果実（髄）safrole[*3] (70%)、methyl eugenol[*8] (24%)
 種子（仁）safrole[*3] (73%)、methyl eugenol[*8] (19%)
 幹材 camphor[*3] (24%)
 樹皮 camphor[*3] (16%)、safrole[*3] (14%)、β-caryophyllene[*3] (16%)、elemicin[*3] (14%)
 葉 elemicin[*3] (46%)、β-caryophyllene[*3] (17%)

---

[*]：アルカロイド；[*2]：リグナン；[*3]：テルペノイド；[*4]：フラボノイド；[*5]：脂肪族化合物；[*6]：炭水化物；[*7]：タンニン；[*8]：その他の成分

4 引用文献

1) 牧野富太郎,『牧野新植物図鑑』, 北隆館, pp 158–162 (1955). 2) 佐竹義輔,『植物の分類』, 第一法規出版, pp. 94–95, 201 (1964). 3) 刈米達夫 ら,『薬用植物分類学 (3版)』, 廣川書店, pp. 86–90 (1967). 4) 北村四郎 ら,『原色日本植物図鑑, 木本編II』, 保育社, pp. 214–221 (1979). 5) R.Hegnauer, "Chemotaxonomie der Pflanzen V", Birkhauser Verlag, pp. 11–21, 417–419, 455 (1969). 6) 稲垣勲 ら,『生薬学』, 南江堂, pp. 45–46, 140–141 (1966). 7) 久田末雄 ら,『薬用植物学 (改訂版)』, 南江堂, pp. 105–106 (1973). 8)

難波恒雄、『原色和漢薬図鑑・上』、保育社、pp. 203–206 (1980). 9) 難波恒雄、『原色和漢薬図鑑・下』、保育社、pp. 127–129 (1980). 10) R.Hegnauer, "Chemotaxonomie der Pflanzen IX", Birkhauser Verlag, pp. 1–12 (1990). 11) 船山信次、『アルカロイド』、共立出版、p. 38 (1998). 12) 林業試験場編、『3版、木材工業ハンドブック』、丸善、pp. 13, 153 (1982). 13) 日本材料学会木質材料部門委員会、『木材工学辞典』、工業出版、pp. 588, 801 (1982). 14) 今村博之 ら、『木材利用の化学』、共立出版、pp. 357–358 (1983). 15) 柴田桂太、『資源植物事典 (改訂版)』、北隆館、pp. 784–785 (1989). 16) 堀田満 ら、『世界有用植物事典』、平凡社、p. 627 (1989). 17) J.W.Rowe (ed.), "Natural products of woody plants", Springer, pp. 214–220, 320–322, 344, 443–447, 817, 832–833, 853, 932, 938, 945, 1066–1068, 1094–1119 (1989). 18) D. C. Ayres *et al.*, "Lignans, Chemical, biochemical and clinical properties", Cambridge Univ. Press, pp. 35–84 (1990). 19) 稲垣勲：『植物化学』、医歯薬出版、pp. 100, 339–408 (1972). 20) U. Jacobsson *et al.*, *Phytochem.*, **39**: 839–843 (1995, Sweden). 21) R. Ziyaev *et al.*, *Khim. Prir. Soedin.*, **4**: 587–588 (1991, Russia). 22) K. Y. Jung *et al.*, *Phytochem.*, **48**: 1383–1386 (1998, S.Korea). 23) Y. U. Ma *et al.*, *Phytochem.*, **41**: 287–288 (1996, China). 24) M. Miyazawa *et al.*, *Nat. Prod. Lett.*, **7**: 205–207 (1995, Japan).

100) Y. Fukuyama *et al.* (1992, Japan) **118**: 11723. 101) V. Kumar *et al.* (1995, Sri Lanka) **124**: 112466. 102) L. Sun *et al.* (1993, China) **120**: 294199. 103) Y. Ueyama *et al.* (1992, Japan) **118**: 260666. 104) V. C. Balurgi *et al.* (1997, India) **128**: 32387. 105) C. Y. H. Hsu *et al.* (1991, USA) **116**: 37984. 106) N. X. Dung *et al.* (1996, Vietnam) **126**: 183784. 107) H. Yu *et al.* (1998, Taiwan) **129**: 228075. 108) M. Sturua *et al.* (1997, USA) **128**: 268208. 109) K. Y. Jung *et al.* (1997, S.Korea) **128**: 106560. 110) J. Yang *et al.* (1998, China) **129**: 273010. 111) K. Y. Jung *et al.* (1998, S.Korea) **129**: 272994. 112) Z. Li *et al.* (1998, China) **129**: 179957. 113) Q. Zhang *et al.* (1997, China) **128**: 190416. 114) Q. Song *et al.* (1997, USA) **128**: 138590. 115) Y. Kim *et al.* (1998, Japan) **129**: 92918. 116) S. Chae *et al.* (1997, S.Korea) **128**: 252952. 117) M. A. Kelm *et al.* (1997, USA) **128**: 124841. 118) K. Sakaida *et al.* (1997, Japan) **128**: 290234. 119) K. H. Shin *et al.* (1997, S.Korea) **128**: 280742. 120) H. Park *et al.* (1996, S.Korea) **126**: 235966. 121) H. Park *et al.* (1996, S.Korea) **126**: 4629. 122) K. Y. Jung *et al.* (1997, S.Korea) **127**: 290571. 123) Z. P. Zhang *et al.* (1997, China) **127**: 253045. 124) M. Moriyasu *et al.* (1996, Japan) **126**: 334249. 125) J. Park *et al.* (1997, China) **127**: 217656. 126) F. Urushizaki *et al.* (1996, Japan) **126**: 190724. 127) S. Yahara *et al.* (1991, Japan) **116**: 67005. 128) H. Kameoka *et al.* (1994, Japan) **122**: 89052. 129) Y. Kim *et al.* (1996, Japan) **125**: 5469. 130) M. Moriyasu *et al.* (1994, Japan) **122**: 274192. 131) P. G. Guelz *et al.* (1992, Germany) **117**: 167732. 132) Y. Fukuyama *et al.* (1992, Japan) **117**: 108073. 133) H. Noguchi *et al.* (1991, Japan) **116**: 207493. 134) J. Castaneda-Acosta *et al.* (1994, USA) **122**: 64083. 135) Y. Kim *et al.* (1996, Japan) **125**: 5468. 136) J. F. Ciccio *et al.* (1995, Spain) **123**: 179071. 137) C. Zhao *et al.* (1994, China) **122**: 310715. 138) Y. Y. Chen *et al.* (1994, China) **121**: 212776. 139) M. Miyazawa *et al.* (1994, Japan) **121**: 5206. 140) O. M. Abdallah (1993, Egypt) **120**: 101952. 141) Z. Wu *et al.* (1993, China) **119**: 79930. 142) J. K. Nitao *et al.* (1992, USA) **117**: 209039. 143) M. Miyazaki *et al.* (1996, Japan) **125**: 29995. 144) M. H. Yang *et al.* (1994, UK) **121**: 238199. 145) N. I. Baek *et al.* (1992, S.Korea) **118**: 98099. 146) H. Rui *et al.* (1991, China) **116**: 80405. 147) S. Funayama *et al.* (1994, Japan) **122**: 322277. 148) Y. Ma *et al.* (1994, China) **122**: 310706. 149) G. Han *et al.* (1994, China) **121**: 31071. 150) T. Kawai *et al.* (1993, Japan) **120**: 235826. 151) Y. Fukuyama *et al.* (1992, Japan) **118**: 230169. 152) G. J. Kapadia *et al.* (1992, USA) **118**: 165219. 153) Y. Ma *et al.* (1992, China) **117**: 86755. 154) K. Shimomura *et al.* (1992, Japan) **117**: 76535. 155) H. Tamai *et al.* (1991, Japan) **116**: 11208. 156) H. Kameoka *et al.* (1994, Japan) **122**: 89052. 157) C. Gao *et al.* (1994, China) **121**: 53909. 158) K. Shimomura *et al.* (1992, Japan) **117**: 55702. 159) J. Wang *et al.* (1995, Taiwan) **124**: 45129. 160) Y. C. Lo *et al.* (1993, Taiwan) **120**: 208560. 161) T. M. Den *et al.* (1992, Taiwan) **118**: 139851. 162) R. Ziyaev *et al.* (1995, Russia) **124**: 226549. 163) T. Miyauchi *et al.* (1997, Japan) **128**: 190428. 164) N. Matsui *et al.* (1994, Japan). 165) Y. U. Ma *et al.* (1994, China).

49 モチノキ科
Aquifoliaceae

モチノキ
(*Ilex integra*)

1 科の概要

モチノキ科は主に北半球に分布する。世界に3属、約450種あるが、この内モチノキ属(*Ilex*)が約440種を占め、雌雄異株のものが多い。

常緑または落葉の高木あるいは低木で、葉は単葉で互生し、鋸葉を持つものと持たないものがある。花は小さく、腋生の集散花序につくが、束生または単生するものもある。花弁は普通4個であり、まれに5～9個のものもある。がくは3～6裂するが、4裂するものが多い。雄しべは花弁と同数で、雌花では小さく退化している。子房は3～8室で、雄花では小さく退化している。果実は核果で、3～8個の核がある。核にはそれぞれ1個の種子がある[1,2]。

2 研究動向

モチノキ科植物に関する研究はさほど多くないが、葉や樹皮中のサポニンやヘミテルペン配糖体に関する成分分析や新規化合物の単離・同定がなされている。また、*I. paraguariensis*に含有されるサポニンや樹脂の生理活性に関する研究も散見される。

3 各 論

3.1 成 分

3.1.1 葉および樹皮

南アメリカでは古くから、*I. paraguariensis*の葉や小枝の煎汁をおだやかな興奮作用を示す飲料(呼称：Mate、Erva-maté、Yerba-mateあるいはJesuit tea)として用いており、年間で300t程度生産されている[3,4]。また、南ブラジル、パラグアイ、アルゼンチンなどでは、強壮剤、中枢神経刺激剤、利尿剤、抗リューマチ剤としても用いられている[4]。しかしながら、最近*I. dumosa*の葉がMateに混入されるようになり、Mateの味や生理作用を変化させている可能性がある。このような観点から、*I. paraguariensis*の葉由来のMateの味や生理活性に関与するサポニン成分の単離・同定を行ない、*I. dumosa*の葉のサポニンと比較する研究がなされている。

*I. paraguariensis*の葉のサポニンを構成するトリテルペン配糖体は10種以上あり、メジャーなサポニンとしてursolic acid 3-O-[β-D-glucopyranosyl-(1 → 3)-α-L-arabinopyranosyl]-(28 →1)-β-D-glucopyranosyl ester (metasaponin 1)、ursolic acid 3-O-{β-D-glucopyranosyl-(1 → 3)-[α-L-rhamnopyranosyl-(1 → 2)]}-α-L-arabinopyranosyl-(28 → 1)-β-D-glucopyranosyl ester (metasaponin 2)、ursolic acid 3-O-[β-D-glucopyranosyl-(1 → 3)-α-L-arabinopyranosyl]-(28 → 1)-β-D-glucopyranosyl-(1 → 6)-β-D-glucopyranosyl ester (metasaponin 3)、ursolic acid 3-O-{β-D-glucopyranosyl-(1 → 3)-[α-L-rhamnopyranosyl-(1 → 2)]}-α-L-arabinopyranosyl-(28 → 1)-β-D-glucopyranosyl-(1 → 6)-β-D-glucopyranosyl ester (metasaponin 4)が、微量に存在するマイ

ナーなサポニンとして ursolic acid 3-O-{β-D-glucopyranosyl-(1 → 3)-[α-L-rhamnopyranosyl-(1 → 2)]}-α-L-arabinopyranosyl-(28 → 1)-[β-D-glucopyranosyl-(1 → 4)-β-D-glucopyranosyl-(1 → 6)-β-D-glucopyranosyl]ester (metasaponin 5) がこれまでに単離されてる[4]。さらに、その後の研究でマイナーなサポニンとして 3-O-[α-L-rhamnopyranosyl-(1 → 2)-α-L-arabinopyranosyl]oleanolic acid (**1**)、3-O-[α-L-rhamnopyranosyl-(1 → 2)-α-L-arabinopyranosyl]ursolic acid (**2**)、3-O-[β-D-glucopyranosyl-(1 → 3)-α-L-arabinopyranosyl]oleanolic acid (**3**)、3-O-[β-D-glucopyranosyl-(1 → 3)-α-L-arabinopyranosyl]ursolic acid (**4**)、3-O-[α-L-rhamnopyranosyl-(1 → 2)-α-L-arabinopyranosyl]oleanolic acid (28 → 1)-β-D-glucopyranosyl ester (**5**) および 3-O-[α-L-rhamnopyranosyl-(1 → 2)-α-L-arabinopyranosyl]ursolic acid (28 → 1)-β-D-glucopyranosyl ester (**6**) が単離・同定されている[4]。

一方、Mate への混入が高まってきている *I. dumosa* の葉からは新規サポニンとして 3-O-[β-D-glucopyranosyl-(1-2)-β-D-galactopyranosyl]-28-O-β-D-glucopyranosyl-3β,29-dihydroxyolean-12-en-28-oic acid (**7**)、3-O-[α-L-arabinopyranosyl-(1-2)-α-L-arabinopyranosyl]-28-O-β-D-glucopyranosyl-3β-hydroxyolean-12-en-28-oic acid (**8**) および 3-O-β-D-galactopyranosyl-28-O-β-D-glucopyranosyl-3β-hydroxyolean-12-en-28-oic acid (**9**) が単離されており、これらは *I. paraguariensis* の葉中には含有されないことが示されている[3]。

また、中国において *I. latifolia* の葉は Ku-Ding 茶に用いられており、利尿作用、抗喉頭炎作用、抗高血圧作用、肥満防止作用があるとされている。*I. latifolia* の葉からは5種のサポニン、3-O-[α-L-rhamnopyranosyl-(1-2)]-α-L-arabinopyranosylpomolic acid 28-O-β-D-glucopyranoside (latifoliside A, **10**)、3-O-[α-L-rhamnopyranosyl-(1-2)]-α-L-arabinopyranosylsiaresinolic acid 28-O-β-D-glucopyranoside (latifoliside B, **11**)、3-O-[α-L-rhamnopyranosyl-(1-2)]-[β-D-glucopyranosyl-(1-3)]-α-L-arabinopyranosylsiaresinolic acid 28-O-β-D-glucopyranoside (latifoliside C, **12**)、3-O-[α-L-rhamnopyranosyl-(1-2)]-α-L-arabinopyranosylilexgenin B 28-O-β-D-glucopyranoside (latifoliside D, **13**) および 3-O-[α-L-rhamnopyranosyl-(1-2)]-[β-D-glucopyranosyl(1-3)]-α-L-arabinopyranosylilexgenin B 28-O-β-D-glucopyranoside (latifoliside E, **14**) が新規に単離されている[5]。

さらに、*I. macropoda* (アオハダ) の樹皮のメタノール抽出物からは新規なヘミテルペン配糖体として 4-β-D-glucopyranosyloxy-5-hydroxyprenyl caffeate (aohada-glucoside A, **15**)、5-caffeoyloxy-4-β-D-glucopyranosyloxyprenyl alcohol (aohada-glucoside B, **16**)、4-(6-O-caffeoyl-β-D-glucopyranosyloxy)-5-hydroxyprenyl caffeate (aohada-glucoside C, **17**) が単離されている[6]。

3.2 生理活性

Mate 中のサポニン成分は、ヒトの胆汁酸であるコール酸と高分子のミセルを形成し、透析膜からのコール酸の拡散を阻害することから、ステロール類の分泌が増大することによる高コレステロール血症の予防に効果が期待されると報告されている[7]。また、*I. paraguariensis* や *I. aquifolium* の葉から抽出した Resin は、皮膚や毛髪上に長期間安定な薄膜を形成するために平滑性の付与に有効であり、毛髪の色艶や櫛の通りをよくするという特許も出願されている[8]。

4 構造式（主として新規化合物）

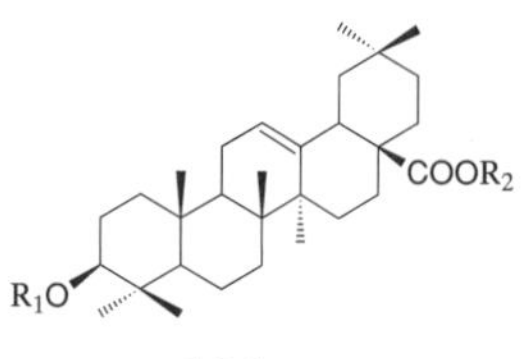

1,3,5 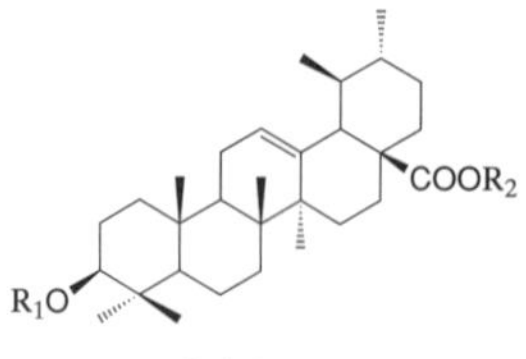 / **2,4,6**

- **1,2:** R_1=Rha(1→2)Ara; R_2=H
- **3,4:** R_1=Glc(1→3)Ara; R_2=H
- **5,6:** R_1=Rha(1→2)Ara; R_2=Glc

Rha = α-L-rhamnopyranosyl
Ara = α-L-arabinopyranosyl
Glc = β-D-glucopyranosyl

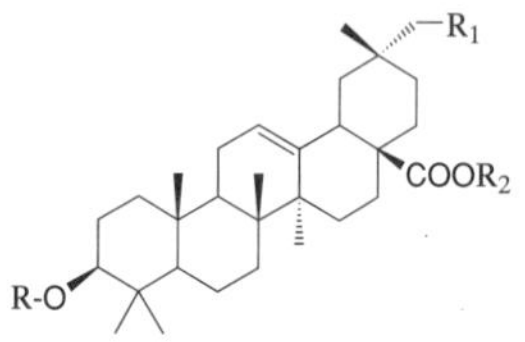

- **7:** R = Glc(1→2)Gal; R_1 = OH; R_2 = Glc
- **8:** R = Ara(1→2)Ara; R_1 = H; R_2 = Glc
- **9:** R = Gal; R_1 = H; R_2 = Glc

Gal = β-D-galactopyranosyl

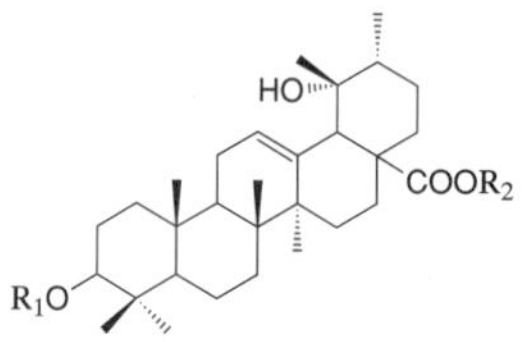

- **10:** R_1 = Ara —2— Rha; R_2 = Glc 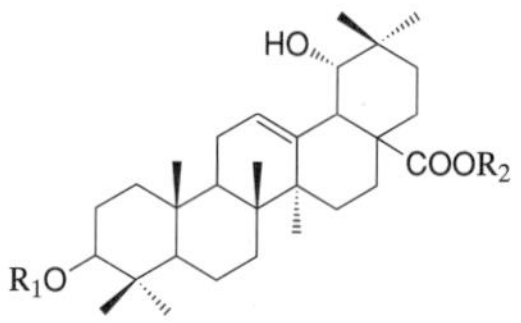
- **11:** R_1 = Ara —2— Rha; R_2 = Glc
- **12:** R_1 = Ara —2— Rha; R_2 = Glc; 3-Glc

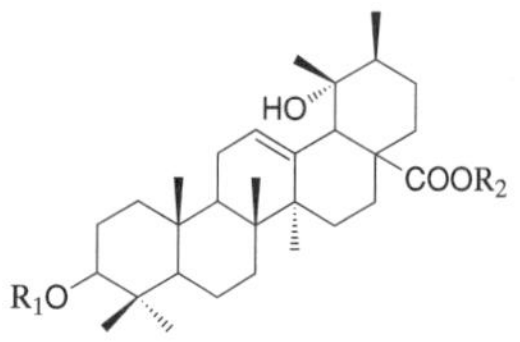

- **13:** R_1 = Ara —2— Rha; R_2 = Glc
- **14:** R_1 = Ara —2— Rha; R_2 = Glc; 3-Glc

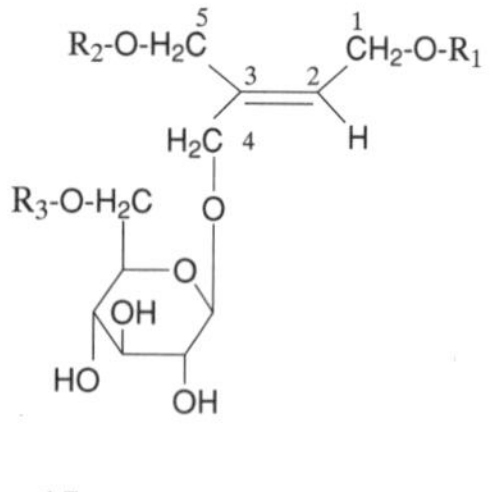

- **15:** R_1 = Caffeoyl; R_2 = R_3 = H
- **16:** R_1 = R_3 = H; R_2 = Caffeoyl
- **17:** R_1 = R_3 = Caffeoyl; R_2 = H

5 引用文献

1) 林弥栄、『日本の樹木』、山と渓谷社、pp. 404–412 (1997). 2) 北村四郎、岡本省吾、『現色日本樹木図鑑』、保育社、pp. 127–131 (1984). 3) V. S. Pires *et al.* (1997, Brazil) **126**: 209555. 4) E. P. Schenkel *et al.* (1996, Brazil) **126**: 314822. 5) M-A. Ouyang *et al.* (1997, China) **127**: 202874. 6) H. Fuchino *et al.* (1997, Japan) **127**: 305376. 7) F. Fernando *et al.* (1997, Uruguay) **126**: 207387. 8) T. Kripp *et al.* (1997, Germany) **127**: 210201.

50 ヤシ科
Palmae

1 科の概要

単子葉植物のヤシ目 (Palmales) を構成する唯一の科、ヤシ科、*Palmae* (Palmales、別名 *Aracaceae*) は熱帯から亜熱帯にかけて分布する大きな植物グループである[1-5]。このグループに属する植物類は繊維、食物、住宅建築用材などをえる、道具や民具を作るなど、熱帯から亜熱帯にいたる国々の人々の衣、食、住生活と密接に関わっている。ヤシ科植物類は分類学では、葉の形態に着目し、長い羽状の葉を有するものと扇状の掌状葉を有するものに大別し、後者はさらに種子の形態から、鱗甲の有無によって分けているようであるが、この仲間には 30 m を越えて高くそそり立つものから数 10 cm 程度のものに加え、200 m 余と長く地をはうつる性の籐 (rattan) (*Calamus*、*Myrialepis*、*Plectocomia* 属など) が含まれ、今もって分類がよく確立されていない植物群であるといえる。事実、分類学者によって設定する属とそれに帰属させる種の数は、150 属 1500 余種、210 属 1500 余種、さらには 236 属 3400 余種というように定まっていない。したがって、ヤシ科植物の研究推進や有効利用のために、この仲間の詳しい分類の確立が急がれる。

ヤシ科植物類本来の至適生育域から外れている我が国にはシュロ属のシュロ (*Trachycarpus excelsa*)、ビロウ属のビロウ (*Livistona subglobosa*)、クロツゲ属のクロツグ (*Arenga engleri*) の 3 種が自生するだけである。しかし、昨今の園芸ブームにより、*Chamaerops*、*Howea*、*Hyophorbe*、*Phoenix*、*Rhapis*、*Washingtonia* などの属の植物類が園芸植物として栽培されており、これらを目にする機会は多い。

2 研究動向

ヤシ科植物全般とそれらが保有する成分について日本語でまとめられた資料は非常に少ないが、熱帯から亜熱帯にいたる国々だけでなく、その他でもヤシ科植物類の生成するデンプン、脂肪油、樹脂、蝋などは広く利用されているので、これらに関する化学的研究は利用を意識した立場を中心として、国内外でそれなりに行なわれている[3,6-11]。抽出成分に関する研究では、アルカロイド、フラボノイド、タンニン、テルペノイドなどが存在する樹種も明らかにされつつある。その中には薬用植物 (medicinal plants) として、漢方の檳榔子 (arecae semen) や麒麟血 (dragonis resinia, dragon's blood) などの薬剤が採取されている樹種もあるので、これらの薬剤を提供する樹種を中心として成分研究は行なわれている。ヤシ科植物類の成分研究活動は他の植物群の場合と比べるとやや活発さには欠けるが、その成果は着実に増えている[12-15]。

3 各　　論

3.1　ヤシ科植物とその抽出成分に関する 1980 年代までの研究の概略

　以下に主なヤシ科植物について、その保有する成分類、利用の概要、エピソードなどについて列挙する（表1参照）。

　Areca catechu（ビンロウ）はインドを原産地とする（マレー半島との説もある）種であるが、今日では熱帯地域に広く展開、分布している。この樹種の種子を乾燥したものが漢方の檳榔子であり、健胃薬、消化薬、駆虫薬、殺虫薬、下痢止め薬などとして処方されている[3,12-14,16]。

　なお、檳榔子はアルカロイドを 0.3-0.7％、タンニンを約 15％、脂肪油を 14-18％それぞれ含んでいる。アルカロイドとしては arecoline（約 75％）、guvacoline、guvacine などである。これらのアルカロイドには動物の副交感神経の機能を亢進する生理作用があるので、腺分泌を促したり、眼の瞳孔を縮小したりする。中国の北京料理で食事の終わりに檳榔子の破片を出す習慣がある。これは檳榔子を食べて消化液の分泌を促し、先だって食べた料理の消化の助けにせよということであろう。また、同じ中国では大昔、貴人を迎えた折に、この実を供してもてなした習慣があったそうである。いずれにしても、このような中国伝統のもてなしは科学と礼節において理にかなっており、中国4千年の知恵があると感服する次第である。これとは別に、これら含窒素成分には nicotine 様の生理作用もあるので、熱帯地域の人々の中にはこの未熟な種子を石灰、阿仙薬、香料などとともに *Piper betle*（キンマ、コショウ科、Piperaceae）の葉に包んで、これをかむ習慣が残っている[7]。

　檳榔子のタンニンについては、数種の catechin オリゴマーの存在が確認されている[9,17-19]。この成分利用に関し、日本では檳榔子を黒染めの染料として用いている。いわゆる、檳榔子染めのことである。同様に、檳榔子の脂肪油については、主要構成酸は lauric acid (C_{12})（約 50％）、myristic acid (C_{14})（約 25％）であり、他にも oleic acid (C_{18})、palmitic acid (C_{16})、stearic acid (C_{18})、capric acid (C_{10}) などを含んでいることが明らかにされている[8]。

　Arenga sacchafifera、別名 *A. pinnata*（サトウヤシ、sugar palm）はインドからマレーシアにいたる地域が原産地であるとされているが、今日では南アジア全域に広く分布している。幹から得られる樹液はこの種名命名の由来となった約8％という高い濃度のショ糖を含んでいる[1,7,8]。南アジアの人々はこの糖液（ヤシ糖）を食生活に利用している。また、南アジアでは、この糖液を発酵させ、蒸留して得られる酒をアラック（arrak）と呼んで愛飲する習慣も残っている。さらに、この種の幹からデンプンも得られ、利用されている。しかし、このデンプンは下掲のサゴヤシから得られるものに比べると、その質は劣るといわれている。

　Cocos nucifera（ココヤシ、coconut tree）は東南アジア一帯に自生する種であるが、昨今では油料植物として大々的に植栽、栽培されている[1,4]。これの成熟した果実の胚乳には脂肪油は lauric acid (C_{12})（45-51％）と myristic acid (C_{14})（16-20％）を主成分とする脂肪油が含まれている[7,8]。これらの主要構成脂肪酸類は他の植物性脂肪油のそれらと比べると、炭素数の小さな飽和脂肪酸である点が特色である。このような酸の塩類は軟水だけでなく、硬水においても石鹸の泡立ちをよくする物性があるので、石鹸製造ではこのヤシの脂肪油を混合することを常としているという。なお、この果実の胚乳を乾燥したものをコプラ（copra）といい、これから得られる脂肪油をコプラ油（coconut oil）と呼んでいる。東南アジアの国々はこのコブラ油をマーガリン、石鹸、蝋燭、ポマード、軟膏基剤などの製造用原料として世界各国に輸出しており、その量は年間 200 万トンを越える。これとは別に、生の胚乳をしぼって得られる油は低級脂肪酸や不飽和脂肪酸の比率が高いために、融点は 20-28℃と低いものとなるので、コプラ油よりも良質であるとして、食用に利用するなど、珍重している。

Coelococcus amicarium (ゾウゲヤシ、Caroline ivorynut palm) は南太平洋地域に自生、分布する種である[1,7]。この種子中には mannan からなる白くて非常に固い角質の胚乳が存在する。したがって、この胚乳を植物象牙と称することがあり、このことが本種名のいわれとなっている。この胚乳は固いが、着色しやすく、加工性も良いことから、ボタンを製造するという意外な使途がある。このため、このヤシをボタンヤシと呼ぶこともある。別途、この胚乳を粉砕して得られる粉末を酸加水分解処理して mannose を製造している[7,8]。なお、ボタン製造用に胚乳を提供できるヤシ科植物は他にも多数あるが、カロリン群島から産する本種のものが最も有名である。

Copernicia cerifera (Brasilian wax palm) はブラジル原産の種である。このヤシはその扇状型の葉の裏面に蝋 (wax) を分泌、蓄積する[7,8,20]。これを採集したものがカルナウバロウ (carnauba wax) である。この蝋は炭素数の大きな melissyl alcohol ($C_{29}H_{59}CH_2OH$) と cerotic acid ($C_{25}H_{51}COOH$) のエステルを主要構成成分 (75%) としている。このエステル成分が中心となって存在するため、このカルナウバロウは他の植物性蝋と比べて高い融点 (80–90℃) をもっている。したがって、この特徴を活かして良質な蝋燭が製造されている。他にも、この蝋から靴クリーム、クレヨン、つや出し剤、ワックスなどが製造できるので、この蝋は高く評価され、利用されている。また、この蝋を他の蝋に添加して低質蝋の融点を上昇させるなど、低質蝋の改質に使うような使途もある。

Daemonorops draco (キリンケツヤシ、dragon's blood palm) はインドネシアのスマトラ、ボルネオ、マレー半島などの地域にみられる樹種である。この果実は成熟すると、その表面に紅色の樹脂を分泌、蓄積する[6–8,15,21]。これを集めたものを漢方では麒麟血と呼んでおり、止血、下痢止め、鎮痛などの薬とする。また、この蝋はニス、歯磨き粉などの着色料、染料などとしても利用される。なお、この樹脂の水浸出液は真菌類に対して抗菌活性があると報告されているので、これは新しい使途開発において興味がもたれる知見である[15]。本樹脂は種名の由来となっている赤色成分、dracorhodin、dracorubin、secobiflavonoid、draconol などを含有している。なお、麒麟血と呼ばれている生薬 (crude drag) 薬種にはユリ科の *Dracaena ombet*、*D. cinnabari*、*D. draco* や、マメ科の *Pterocarpus marusupium*、*P. erinaceus*、*P. officinalis* などの植物類の樹脂をさすこともあるので、このことは研究や利用に際して留意しておくべきである[15]。

Elaeis guineensis (アブラヤシ、oil palm) は東南アジア各国で大規模に栽培されており、上記のココヤシと並ぶ油料植物である[4,7]。このヤシの栽培の中心地はマレーシア国であり、ここでの栽培量は世界全栽培量の約30%を占める。このヤシの果皮は50–67%の脂肪油を含んでおり、得られる油をパーム油 (palm oil) またはパーム核油 (palm kernel oil) と呼んでいる[8]。この油は palmitic acid や oleic acid が主要構成成分であるので、上記ココヤシの脂肪油とは主に物理的性質が異なっている。この油は鉄鋼 (防蝕剤として) を始め、食品、化粧品、蝋燭、ワックスなどの製造分野で非常に大きな需要があるので、世界で年間600万トン余が生産がされている。なお、この脂肪油はカロチノイドの α- および γ-carotene、lycopene などを含有しているので、橙色を呈している。

Metroxylon sagu (サゴヤシ、Sago palm) はニューギニア原産種であるが、今では南アジアに広く展開、分布している。その幹は多量のデンプン (sago starch) を蓄えているので、ニューギニアなどの人々の中にはこれを食糧としているものもある[7,8,21–25]。成木1株から500–700kgのデンプンが取得できるという。輸出用に特別に調製したこのデンプンをサゴパール (sago peal) と別称している。輸入国ではこれから glucose を製造するなどして利用している。なお、デンプン採取について、この種以外にも多くのヤシ科植物類が対応できるという[24]。西半球の熱帯から亜熱帯を中心に分布する *Arenga* 属、東半球の熱帯から亜熱帯を中心に分布する *Mauritia* 属など、8属、14種のヤシ科植物からデンプンが採取でき、これらの場合では商業的に採算がとれるといわれている。

Phoenix dactylifera (ナツメヤシ、date palm) はインド西部からチグリス・ユーフラテス川流域

にかけての地域を原産地とする種である。これの利用対象は熟すと黄赤色になる果実である。中東やその他の地域ではこのナツメの香りがし、軟らかで甘い果肉を生食したり、ゼリーやジャムを作ったりして盛んに利用している[8,9]。なお、乾燥した乾果では、糖分が30％程度に濃縮されるので、貯蔵が可能となり、年間を通して菓子や酒造りに利用できるようになる。

3.2 ヤシ科植物成分に関する最近の研究概略

　ヤシ科植物類の成分に関する最近10年間の研究成果は、文献検索した結果、さほど多くないことが明らかになった[26-34,100-119]。研究のこのような現状は、ヤシ科の植物が熱帯や亜熱帯地域の人々にとって非常に重要な樹種であることを考えると、誠に残念なことである。

　最近の検討の中心は、やはり、成分検索、単離成分の生理活性有無の検討[100-119]、ならびに成分の生体中での存在様態の定量的な把握[31]などである。他には、成分分析法の改良検討[32]、油成分の新規分析法[33]、ヤシ科植物の産物である果実や種子に寄生した菌の生産する毒素の分析[34]などこの植物群産物の利用にかかわる報告が散見された。

　これらの研究のうち、成分およびその生理活性に関する主要なものは表1中に3桁の引用文献番号を付してまとめている[100-119]。この表では、成分のいろいろな生理活性に関する情報について、発現成分がまだ特定されておらず、したがって、その構造が決定されていないものの結果に関してはエキスとして整理している。したがって、各化合物の化学構造については引用文献を手がかりとされたい。

表1　代表的なヤシ科と、その成分ならびに生理活性など

Areca catechu （ビンロウ）
　　乾燥種子　（檳榔子、漢方健胃薬、消化薬、駆虫薬）[12-14,16,26] アルカロイド（0.3-0.7％）、タンニン（約15％）、脂肪油（14-18％）を含有[12-14]
　　arecoline[*]（全アルカロイドの約75％）（副交感神経興奮作用、中枢抑制作用、縮瞳作用、血糖低下作用）[100,109]、arecaidine[*]、guvacoline[*]、guvacine[*]、lauric acid[*5]（脂肪酸の約50％）、myristic acid[*5]（脂肪酸の約25％）、oleic acid[*5]、palmitic acid[*5]、stearic acid[*5]、capric acid[*5] [12-14,16,26]
　　procyanidinの3、4、5量体（7種）[*6]、procyanidin A-1[*2]、procyanidin B-2[*2]、procyanidin B-7[*2] [119]
　　(−)-epicatechinと(+)-catechinからなる縮合型タンニン[*6] [119]
　　エキス　抗線虫活性[101]、抗ピロリ菌活性[102]、抗細胞吸着活性[103]、抗心機能抑制活性[104]、チロシナーゼ活性阻害[105]、抗酸化活性[106,108]、5′-nucleotidase 活性阻害[107]、*Streptococus mutans* 菌発育阻害活性[107]、抗変異原性[108]、HIV感染阻害効果[110]、メラニン生成阻害活性[111]
　　根および種子　saikosaponin-a, d, e[*7]（細胞接着阻害活性、溶血作用）[30]

Arecastrum romanzoffianum
　　葉　methyl proto-pb[*3]、glucoluteolin[*2] [114]

Arenga sacchafifera (= ***A. pinnata***) （サトウヤシ）
　　樹液　sucrose[*4]（約8％）、glucose[*4]、starch[*4] [7,8]

Butia capitata
　　葉　（クチクラワックスの成分）cylindrin methyl ether[*3]、lupeol methyl ether[*3] [115]

Ceroxylon andicoda
　　葉　（パームロウの成分）cerotic acid ceryl ester ($C_{25}H_{51}CO \cdot OC_{26}H_{53}$)[*5] [20]

Cocos nucifera （ココヤシ）
　　（油料植物）果実、胚乳油　lauric acid[*5]（45-51％）、myristic acid[*5]（16-20％）、palmitic acid[*5]、capric acid[*5]、caprylic acid[*5]、capronic acid[*5]、oleic acid[*5] [7,8]
　　（グリセライドの成分）trilaurin[*5]、dioleylpalmitol-glycerol[*5] [112]

(油の匂い成分) methylheptylketone[*5]、methylnonylketone[*5]、heptyl alcohol[*5]、nonyl alcohol[*5]
procyanidins[*2] 6,28,29)

Coelococcus amicarium （ゾウゲヤシ）
　　種子（胚乳、植物象牙）　　mannan[*4]、mannose[*4]（加水分解産物）7,8)

Copernicia cerifera (Brasilian wax palm)
　　葉（分泌物、**carnauba wax**）　　cerotic acid melissyl ester[*5]（主成分）27)

Daemonorops draco （キリンケツヤシ）
　　果実（分泌樹脂、＝麒麟血）紅色色素：dracorhodin[*2]、dracorubin[*2]、樹脂（82％）：dracoalban[*3]（2.5％、無色）、dracorsene[*3]、3.6％、黄色）、dracoresinotannol benzoate (draconol)[*3]（56.9％、紅色）6-8,21,29)
　　dracoflavan-B1、B2、C1、C2、D1 & D2[*2]（腎臓や膵臓の腫瘍に対する毒性、前立腺肥大抑制活性）118)

Elaeis guineensis （アブラヤシ）
　　（油料植物）果皮（パーム油）palmitic acid[*5]、oleic acid[*5]（以上主成分）、α-および γ-carotene[*8]、lycopene[*8]（油の色の実体）7,8)

Metroxylon sagu （サゴヤシ）
　　樹幹　　starch[*4]（sago starch）7,8)

Livistona chinensis
　　種子（仁油）oleic acid[*5]（主成分）；（種子の主要成分分析）112,113)

Orbignya spp.
　　葉（クチクラワックス）cylindrin methyl ether[*3]、lupeol methyl ether[*3] 115)

Phoenix dactylifera （ナツメヤシ）
　　果実　　sucrose[*4]、glucose[*4]、プロシアニジン[*2] 8,9,27)
　　種子（エキス）（エストロゲンプロゲステロン様活性）116)；β-sitosterol[*3]、estriol[*3]、prognanediol[*3]、lupeol[*3]、stigmasterol[*3]、cholesterol[*3] 8,9,27)

P. loureirii
　　葉　　vitexin[*2]、glicoluteolin[*2]、orientin[*2]、isoorientin[*2]、methyl proto-pb[*7]、methyl proto-loureioside[*7] 114)

P. reclinata
　　葉　　methyl proto-pb[*7]、methyl proto-rupicolaside[*7]、methyl proto-reclinatoside[*7] 114)

P. rupiocola
　　葉　　vitexin[*2], methyl proto-pb[*7]、methyl proto-taccaoside[*7]、methyl proto-rupicolaside[*7] 114)

Sorenosa repens (Bart.) ***Small*** (saw-palmetto)
　　1-monolaurin[*5]、1-monomyristin[*5]（細胞毒活性）117)

---

[*]：アルカロイド；[*2]：フラボノイド；[*3]：テルペノイド；[*4]：炭水化物；[*5]：脂肪族化合物；[*6]：タンニン；[*7]：サポニン；[*8]：その他の成分

4　引用文献

1) 牧野富太郎、『牧野新植物図鑑』、北隆館、pp. 807-809 (1955). 2) 佐竹義輔、『植物の分類』、第一法規出版、pp. 179-180, 224 (1964). 3) 刈米達夫 ら、『薬用植物分類学 (3版)』、廣川書店、pp. 290-294 (1967). 4) 北村四郎 ら、『原色日本植物図鑑、木本編II』、保育社、pp. 352-358 (1979). 5) 佐竹義輔 ら、『日本の野生植物、木本II』、平凡社、pp. 262-265 (1989). 6) 日本材料学会木質材料部門委員会、『木材工学辞典』、工業出版、p. 664 (1982). 7) 柴田桂太、『資源植物事典 (改訂版)』、北隆館、pp. 803-810 (1989). 8) 堀田満 ら、『世界有用植物事典』、平凡社、pp. 768-769, 1134, 1138, 1280 (1989). 9) J. W. Rowe (ed.), *Natural products of woody plants*, Springer, pp. 625-627, 989-990 (1989). 10) R. Hegnauer, *Chemotaxonomie der Pflanzen II*, Birkhauser Verlag, pp. 390-414, 492-493 (1963). 11) R. Hegnauer, *Chemotaxonomie der Pflanzen VII*, Birkhauser Verlag, pp. 748-759 (1986). 12) 稲垣勲 ら、『生薬学』南江堂、pp. 212-3 (1966). 13) 久田末雄 ら、『薬用植物学 (改訂版)』、南江堂、pp. 214-215 (1973). 14) 難波恒雄、『原色和漢薬図鑑・上』、保育社、pp. 305-306 (1980). 15) 難波恒雄、『原色和漢薬図鑑・下』、保育社、pp. 194-196 (1980). 16) 船山信次、『アルカロイド』、共立出版、pp. 198, 204 (1998). 17) G. Nonaka *et al.*, *J. Chem. Soc. Commun.*, 781-783 (1981). 18) R. W. Hemingway *et al.*, *J. Chem. Soc. Commun.*, 320-321 (1981). 19) R. W.

Hemingway *et al.*, *J. Chem. Soc. Perkin Trans. I.*, 1209–1216 (1982). 20) 稲垣勲、『植物化学』、医歯薬出版、pp. 76–7 (1972). 21) J. W. Rowe (ed.), "Natural products of woody plants", Springer, p. 9 (1989). 22) L. Melini *et al.*, *J. Chem. Soc. Perkin Trans. I.*, 1570–1576 (1976). 23) A. Robertson *et al.*, *J. Chem. Soc.*, 3117–3123 (1950). 24) J. W. Rowe (ed.), "Natural products of woody plants", Springer, p. 163 (1989). 25) D. A. Corbishley *et al.*, "Starch: Chemistry and technology (2nd ed) (R. L. Whistler *et al.* eds)", Academic Press, pp. 469–478 (1984). 26) J. W. Rowe (ed.), "Natural products of woody plants", Springer, pp. 989–990 (1989). 27) J. W. Rowe (ed.), "Natural products of woody plants", Springer, p. 989 (1989). 28) C. J. Ellis *et al.*, *Phytochemistry*, **22**, 483–487 (1983). 29) H. Shimada *et al.*, *J. Nat. Prod.*, **60**, 417–418 (1997). 30) B. Z. Ahn *et al.*, *Planta Med.*, **64**, 220–224 (1998). 31) T. K. Broschat *et al.*, *Biochem. Syst. Ecol.*, **22**: 389–392 (1994, USA). 32) H. Suzuki *et al.*, *Nat. Med.*, **49**: 303–307 (1995, Japan). 33) I. Babarisoa *et al.*, *Oleaguineux*, **48**: 251–255 (1993, Madagascar). 34) K. Chaturvedi *et al.*, *J. Indian Bot. Soc.*, **74**: 317–318 (1995, India).

100) D. K. Holdsworth *et al.* (1998, UK) **129**: 186672. 101) M. M. Mackeen *et al.* (1997, Malay.) **128**: 11092. 102) T. Hirata *et al.* (1998, Japan) **128**: 312928. 103) B. Z. Ahn *et al.* (1998, Korea) **128**: 286260. 104) H. E. J. A. Dae *et al.* (1997, India) **127**: 85914. 105) J. H. Park *et al.* (1997, S. Korea) **127**: 298601. 106) D. N. Wheatley *et al.* (1995, UK) **124**: 309980. 107) M. Iwamoto *et al.* (1994, Japan) **122**: 101420. 108) C. Wang *et al.* (1996, Taiwan) **125**: 85138. 109) B. Chempakam (1993, India) **119**: 62799. 110) T. Toukairin *et al.* (1191, Japan) **116**: 227739. 111) S. Shirota *et al.* (1994, Japan) **121**: 286364. 112) L. J. Pham *et al.* (1998, Philoppines) **129**: 244363. 113) M. A. Javed *et al.* (1994, Pakistan) **122**: 79441. 114) P. Kunth *et al.* (1991, Japan) **116**: 55511. 115) H. A. Bhakare *et al.* (1993, India) **120**: 215687. 116) S. M. Abd El Wahab *et al.* (1997, Egypt) **127**: 283241. 117) H. Shimada *et al.* (1996, Japan) **126**: 209556. 118) C. Tsai *et al.* (1997, Taiwan) **128**: 31319. 119) A. Arnone *et al.* (1997, Italy) **127**: 217859.

51 ヤナギ科
Salicaceae

1 科の概要

　世界に5属、350種ほどあり、北半球の暖帯から温帯にかけて広く分布している。種間雑種も非常に多い。葉は単葉、花は単性で雌雄異種である。早生広葉樹として成長が早く、かつ高山から低地まで立地適応性が広いことが特徴である。日本で見られる樹種は、大部分がヤナギ属 (*Salix*) および ハコヤナギ属 (*Populus*) の樹木であり、その他にオオバヤナギ属 (*Toisusu*)、ケショウヤナギ属 (*Chosenia*) の樹木が各一種ずつ生育している。ハコヤナギ属では、属と種の間に区による分類 (主な区は Aigeiros、Tacamahaca、Leuce の3区) もなされている[1]。

オオバヤナギ
(*Toisusu urbaniana*)

2 研究動向

　本科の抽出成分に関する研究はほとんどがヤナギ属およびハコヤナギ属を対象としている。ヤナギ属では、材、樹皮、葉に含まれるフェノール配糖体、フェニルプロパノイド、リグナン、ネオリグナン、タンニン、フラボノイド、カルコン、ワックス、炭化水素等を対象とした定性および定量分析、化学分類、耐寒性やバイオマス生産性と含有成分の関係、昆虫の摂食や産卵に及ぼす影響などに関する研究が行なわれている。利用を目指したものとしては、医薬品、化粧品としての利用に関連した生理活性の研究が中心である。また、植物組織中の植物ホルモンの動態や酵素の存在形態等の植物生理に関する研究も行なわれている。

　ハコヤナギ属では、芽、材、樹皮、葉、虫嬰に含まれるフェノール配糖体、フェニルプロパノイド、フラボノイド、カルコン、樹脂化合物、炭化水素を対象とした定性および定量分析、化学分類、昆虫や草食動物等の摂食や産卵に及ぼす影響、他の植物の寄生に対する抵抗性などに関する研究が行なわれている。生理活性に関する研究は、抗酸化作用、各種酵素阻害活性、血液循環促進作用、魚毒活性、抗菌性、抗炎症作用など多くの活性を対象として行なわれている。また、バイオテクノロジー手法を用いた二次代謝物の生産、植物生理に関連する酵素やホルモンの単離に関する研究も広範に行なわれている。

3 各 論

3.1 ヤナギ属 (*Salix*)

3.1.1 成分分析

　日本産ナガバヤナギ (*S. sachalinensis*) の材より、新規のリグナン、(+)-tetrahydro-α^4,2-bis-(4-hydroxy-3,4-dimenthoxyphenyl)-α^3-*O*-(4-hydroxybenzoyl)-3,4-furandimethanol (**1**)[2]、

およびネオリグナンエステル、guaiacylglycerol-β-coniferyl alcohol ether diferulate (**2**)[3]、syringyl-glycerol-β-sinapyl alcohol ether di-p-hydroxybenzoate (**3**)[3] が単離されている。化合物 (**2**) および (**3**) は、ともにエリスロ体、スレオ体の混合物として単離されている。アラスカ産ヤナギ属 (*S. arbusculoides*) の小枝からは、2 種の新規配糖体、benzyl 6-O-β-D-glucopyranosyl-1,6-dihydroxy-2,5-cyclohexadienyl carboxylate (**4**)[4] および benzyl 1-O-β-D-glucopyranosyl-1-hydroxy-6-oxo-2-cyclohexenyl carboxylate (**5**)[4] が単離されている。樹皮に含まれる代表的な抽出成分は、salicin および 縮合型タンニンである。salicin は葉にも含まれるが、一般に含有量は樹皮の方が多い。日本産ヤナギ属 (*S. rorida*、*S. petsusu*、*S. sachalinensis*、*S. miyabeana*) の樹皮中のタンニン含有量は 6-10％と報告されている[5]。*S. purpurea* の樹皮からは、新規カルコン配糖体、isosalipurposide (**6**)[6] が単離されている。葉には salicin、salicortin、salidroside 等の多様なフェノール配糖体が含まれている。新規化合物としては、アラスカ産 *S. lasiandra* から lasiandrin (**7**)[7]、日本産 *S. chaenomeloides* から chaenomeloidin (**8**)[8]、アメリカ合衆国産 *S. sericea* から 2'-cinnamoylsalicortin (**9**)[9] が各々単離されている。ドイツ産 *S. fragilis* の葉からは新規のフェニルプロパノイド配糖体、β-D-glucosyl cinnamate (**10**)[10] が単離されている。フェノール配糖体やタンニンを定量するための葉の保存法についての研究も行なわれており、凍結乾燥、気乾状態での乾燥、真空乾燥法が比較されている。凍結乾燥ではフェノール配糖体が一部分解し、気乾状態での乾燥では縮合型タンニンの分解が起こる。真空乾燥ではどちらにも分解が起こらず、三者の中では最も適した保存法である[11]。フィンランド産ヤナギ属 (*S. phylicifolia*) の葉から放散されるモノテルペン量は 5 月の若葉の頃に最も多く、8 月にはイソプレンの放散量が最も多くなる。モノテルペンの放散は温度のみに依存するが、イソプレンの放散は温度だけでなく光の量にも依存する。

3.1.2 化学分類

S. fragilis に含まれるフェニルプロパノイド配糖体、β-D-glucosyl cinnamate (**10**) は、本樹種の分布地域の西部に生育している個体からは見いだされておらず、本樹種品種間の識別のための指標成分になる可能性がある[10]。

3.1.3 耐寒性、バイオマス生産性と抽出成分

異なる耐寒性やバイオマス生産性を有する 4 種のヤナギ属 (*S. myrsinifolia*、*S. dasyclados*、*S. hybrid*、*S. viminalis*) 9 クローンの耐寒性およびバイオマス生産性は、葉の上皮外層中の全ワックス量および n-アルカン含有量と正の相関が認められている[12]。樹皮成分量との関係については、感受性クローンが耐寒性クローンより炭素数 21～29 のアルカン含有量が高い[13]。*S. viminalis* の若枝中の脂肪酸および n-アルカン含有量や脂肪酸組成とクローンの耐寒性に関しては、特に相関は認められていない[14]。

3.1.4 昆虫の行動に及ぼす影響

ヤナギの葉を摂食する甲虫の摂食行動は葉中のフェノール配糖体によって影響される。ある種の甲虫 (*Galerucella lineola*、*Lochmaea capreae*) は salidroside によって摂食が促進され、別の甲虫 (*Phatora vitellinae*) は tremulacin および salicortin によって促進される[15]。一方、salicortin は他の甲虫 (*Phratora vulgatissima*) の幼虫に対しては強い毒性を示し、salicortin (1.52％) を加えた葉を食した幼虫は全てが蛹にならなかった[16]。ハバチ (*Euura amerinae*) に対しては、2'-O-acetyl salicortin に強い産卵促進作用が報告されている[17]。スカンジナビア半島および北アメリカに生育しているオオジカ (*Alces alces*) の唾液のタンパク質は、ヤナギ属樹木 (*S. sylvestris*、*S. pentandra*) の枝に含まれる縮合型タンニンを効率的に吸着する[18]。哺乳動物の食物選択の解明には、動物体内のタンパク質と樹木タンニンとの相互作用の解明が重要な課題の一つであろう。

3.1.5　生理活性

ヤナギ属 (*S. capitata*) 葉から単離された *p*-hydroxystyrene は、結核菌に対する抗菌性を示す[19]。北アメリカ産ヤナギ属 (*S. nigra*) 樹皮の水抽出物は、皮膚炎（にきび）の生成に関与する菌 (*Propionibacterium acne* および *Staphylococcus aureus*) に対する抗菌性（同菌の抗菌性物質として知られている salicylic acid より強い活性）を示すとともに、皮膚の再生を促進する活性も有している[20]。ヤナギ科植物に広く分布している salicortin には、細菌 (*Agrobacterium faecalis*) の産する β-グルコシダーゼ阻害活性が認められている[21]。

3.1.6　植物生理

ヤナギ属 (*S. discolor*) の葉緑体中のシラコイドの膜に結合しているイソプレン合成酵素の存在が明らかにされ、葉からのイソプレンの放散が光によって影響される事実が裏付けられている[22]。植物ホルモンの一種であるサイトカイニンの *S. babylonica* 葉中での動態に関する研究も行なわれており、成熟葉から茎に移動していくサイトカイニンの量が非常に少ないことが示されている[23]。

3.2　ハコヤナギ属 (*Populus species*)

3.2.1　成分分析

多くのハコヤナギ属樹木の芽の含有成分として、pinostrobin、pinocembrin、pinobanksin-3-acetate、galangin、chrysin、tectochrysin 等のフラボノイド、2′,6′-dihydroxy-4′-methoxychalcone、2′,6′-dihydroxy-4′-methoxydihydrochalcone 等のカルコン、caffeic acid およびそのエステル類の存在が報告されている。樹病菌 (*Hypoxylon mammatum*) に感染した欧州産ハコヤナギ属 (*P. tremula*) の樹皮からは、2種の新規フェニルプロパノイド配糖体、cinnamrutinose A (**11**)[24] および cinnamrutinose B (**12**)[24] が単離されている。葉に含まれる主な抽出成分は、ヤナギ属と同様に salicin、tremulacin 等のフェノール配糖体である。アメリカ合衆国南西部産ハコヤナギ属 (*P. fremontii*、*P. tremuloides*) の葉から放散されるイソプレンおよびモノテルペンの量は、同地域に生育する針葉樹よりはるかに多い[25]。欧州産ハコヤナギ属 (*P. nigra*) の葉には benzopyrene、chrysene、fluoranthren 等の多環式芳香族炭化水素が含まれており、都市部と郊外に生育しているものではその組成に違いがみられる[26,27]。

3.2.2　化学分類

Tacamahaca 区に分類されている3種のアジア産ハコヤナギ属 (*P. koreana*、*P. maximowiczii*、*P. suaveolens*) の芽から、芳香族のカルボニル化合物である pentanophenone が単離されているが、本化合物は他のほとんどの Tacamahaca 区の樹種には含まれていない。この事実から、上記3樹種を Aigeiros 区に分類するのが適当とする説もある[28]。同じく Tacamahaca 区に分類されている *P. cathayana* および *P. szechuanica* の芽の主成分は pinobanksin-3-acetate であるが、これは Aigeiros 区の樹木に認められる特徴である[29]。Leuce 区に分類されているハコヤナギ属 (*P. alba*、*P. grandidentata*、*P. tomentosa* 等) は、芽抽出物中に炭化水素のみを含むのが特徴である[30]。

3.2.3　動物の食物選択等に及ぼす影響

アラスカ産ハコヤナギ属 (*P. balsamifera*) の芽に多量 (20–25％) に含まれる 2′,4′,6′-trihydroxy-dihydrochalcone は、カンジキウサギの摂食忌避物質とされている[31]。ハコヤナギ属に広く分布しているフェノール配糖体、tremulacin は、甲虫 (*Chrysomela scripta*) に対する摂食および産卵を阻害する[32]。また、欧州産ヤナギ属 (*P. nigra*) 葉の酢酸エチル抽出物は、アオイマメの鞘を摂食する昆虫 (*Etiella zinckenella*) の産卵を阻害するが、その活性成分は eugenol および pyrocatechol であることが示されている[33]。

3.2.4 他の植物に及ぼす作用

ハコヤナギ属栽培変種の健全枝およびヤドリギ (*Viscum album*) の寄生枝の化学成分を比較すると、健全枝の方がフラボノイド含量が高いことから、フラボノイドの蓄積が寄生に対する化学防除の働きをしていることが示唆されている[34]。

3.2.5 生理活性

3種の植物 (*P. tremula*、*Fraxinus excelsior*、*Solidago virgaurea*) のエタノール水抽出物の混合物は、解熱、鎮痛、抗リューマチ作用を有する植物薬 (Phytodolor N) として用いられている。Phytodolor N は、キサンチンオキシダーゼ、リポキシゲナーゼ、ジヒドロ葉酸レダクターゼの活性を阻害する抗酸化作用を示すとともに、ラットに誘導した水腫や関節炎に対する抗炎症作用を示す[35-37]。ハコヤナギ属に広く分布しているフェノール配糖体、tremulacin は 5-リポキシゲナーゼ活性を阻害することにより、ラットやマウスに誘導した水腫に対する抗炎症作用を示す[38]。中国産ハコヤナギ属 (*P. simonii*) の冬芽から抽出した樹脂状物質はウサギの血液流動性を向上させる作用を有する[39]。カナダ産ハコヤナギ属 (*P. tremuloides*) 丸太を水に浸漬させて出てくる浸出物は、植物には影響を与えないが、魚類や藻類に対しては毒性を示す[40]。*P. tremuloides* には虫癭を有するものがある。虫癭を有する木は虫癭をもたない木に比べ、腐朽菌 (*Phellinus tremulae*) による心腐れが起こり難い。これは虫癭に含まれる benzoic acid の *Phellinus tremulae* に対する抗菌性によると考えられている[41]。

3.2.6 生物変換による二次代謝物の生産

ハコヤナギ属 (*P. deltoides*) のペクチナーゼ添加懸濁培養細胞を用いた5環性トリテルペン、trichadonic acid の生産が行なわれている[42]。また、Zimmer らは、*P. tremuloides* のイソプレン合成酵素遺伝子を微生物に発現させることにより、イソプレンの大量合成に成功している[43]。*P. tremuloides* の木部からは *p*-hydroxycinnamic acid CoA リガーゼの単離も行なわれている[44]。本酵素は caffeic acid を基質とすることができ、caffeoyl CoA の安価で効率的な新規合成法として有力である。

3.2.7 植物生理

ハコヤナギ属 (*P. canadensis*) の葉から、新規サイトカイニン、N^6-(*O*-hydroxybenzylamino)-9-*O*-β-D-glucopyranosylpurine (**13**)[45] が単離されている。ハコヤナギ樹木の葉に含まれるイソプレンは、従来メバロン酸経路で生合成されると考えられていたが、重水素ラベルした 1-deoxy-D-xylulose を用いたトレーサー実験から、1-deoxy-D-xylulose-5-phosphate 経路が葉緑体中のイソプレン生合成経路として提案されている[46]。ハコヤナギ属 (*P. nigra*、*P. maximowiczii*) の切り枝をオゾン、二酸化イオウ、二酸化窒素で汚染した空気に曝すと、葉柄および根に *myo*-inositol が蓄積する。これは膜を構成する脂質の分解によるものと考えられている[47]。

4 構造式（主として新規化合物）

5 引用文献

1) 林弥栄、『日本の樹木』、山と渓谷社、pp. 87–105 (1985). 2) H. Lee *et al.* (1993, Japan) **122**: 33715. 3) H. Lee *et al.* (1994, Japan) **122**: 163898. 4) T. Evans *et al.* (1995, USA) **124**: 170666. 5) S. Ohara *et al.* (1995, Japan) **123**: 231631. 6) T. P. Popova *et al.* (1993, Ukraine) **121**: 5107. 7) P. B. Reichardt *et al.* (1992, USA) **117**: 230098. 8) M. Mizuno *et al.* (1991, Japan) **116**: 18379. 9) C. M. Orians *et al.* (1992, USA) **117**: 108140. 10) G. H. Joerg *et al.* (1997, Germany) **127**: 188233. 11) C. M. Orians *et al.* (1995, USA) **123**: 250552. 12) T. Hietala *et al.* (1995, Finland) **123**: 251262. 13) H. Rosenqvist *et al.* (1991, Finland) **116**: 148472. 14) T. Hietala *et al.* (1998, Finland) **129**: 65574. 15) J. Kolehmainen *et al.* (1995, Finland) **123**: 6025. 16) M. T. Kelly *et al.* (1991, Ireland) **116**: 55724. 17) J. Kolehmainen *et al.* (1994, Finland) **121**: 226909. 18) M. R. Juntheikki *et al.* (1996, Finland) **126**: 155630. 19) M. C. Keapigu *et al.* (1996, China) **125**: 323005. 20) S. Bennett *et al.* (1996, USA) **127**: 253035. 21) J. Zhu *et al.* (1998, USA) **129**: 146191. 22) M. C. Wildermuth *et al.* (1996, USA) **125**: 243375. 23) V. Staden (1996, South Africa) **126**: 115784. 24) J. Aino *et al.* (1994, France) **120**: 294142. 25) P. C. J. Martin *et al.* (1997, USA) **127**: 238198. 26) R. Kautenburger *et al.* (1993, Germany) **119**: 14354. 27) W. Kratz (1996, Germany) **128**: 47809. 28) W. Greenaway *et al.* (1992, United Kingdom) **117**: 44579. 29) W. Greenaway *et al.* (1992, United Kingdom) **117**: 44578. 30) W. Greenaway *et al.* (1991, United Kingdom) **116**: 18409. 31) T. P. Clausen *et al.* (1992, USA) **117**: 248560. 32) B. R. Binggaman *et al.* (1993, USA) **119**: 221676. 33) M. Hattori *et al.* (1992, Japan) **117**: 145271. 34) G. C. Salle *et al.* (1994, France) **126**: 209677. 35) E. Strehl *et al.* (1995, Germany) **122**: 230346. 36) B. Meyer *et al.* (1995, Germany) **122**: 230347. 37) M. E. Ghazaly *et al.* (1992, Egypt) **116**: 227853. 38) G. F. Cheng *et al.* (1994, China) **122**: 177943. 39) L. Lijun *et al.* (1993, China) **119**: 62717. 40) B. R. Taylor *et al.* (1996, Canada) **124**: 138214. 41) M. Pausler *et al.* (1995, Canada) **124**: 25793. 42) N. Suzuki *et al.* (1993, Japan) **120**: 129517. 43) W. Zimmer *et al.* (1998, Germany) **128**: 127146. 44) H. Meng *et al.* (1997, USA) **126**: 224311. 45) S. Miroslav *et al.* (1994, Czechoslovakia) **122**: 76615. 46) J. Schwender *et al.* (1997, Germany) **127**: 275569. 47) J. Bucker *et al.* (1994, Germany) **121**: 226645.

52 ヤマモモ科
Myricaseae

1 科の概要

ヤマモモ科は南・北アメリカ、アジア、アフリカ、ヨーロッパに、3属50種ほどが分布するが日本に自生するのはヤマモモ (*Myrica rubra*) とヤチヤナギ (*M. gale*) の2種のみである。葉の特徴としては裏面に芳香性の油点があるため、古くから精油成分の研究対象となっている樹種でもある。また生態学的、分子生物学的にみると比較的新しい種であるといわれている[1]。

ヤマモモ
(*Myrica rubra*)

2 研究動向

主に分析されている部位は葉、樹皮、果実、茎および材で、フラバノール配糖体、カルコン、トリテルペン、精油等が主に見いだされている。これらは薬用性、抗酸化作用、抗菌性、生理活性の他、天然染料やインキとしての利用に関する研究が行なわれている。

3 各 論

3.1 構造決定および組成分析

ヤチヤナギの葉から新規フラバノール配糖体 kaempferol 3-(2,3-diacetoxy-4-*p*-coumaroyl) rhamnoside が単離構造決定されている[2]。果実滲出液から2つの新規 C-メチル化ジヒドロカルコン (**1**)、(**2**)[3] と2つの新規ジアリルヘプタノイド、myricatomentoside I(**3**)、II(**4**)[4] また材からも 12-dehydroporson (**5**) と 12-hydroxymyricanone (**6**) がそれぞれ構造決定されている[5]。*M. esculenta* の樹皮から2つの新規ガロイル化フラバノール配糖体が単離されている[6]。ヤチヤナギ茎のトリテルペノイドについて検索し、オレアナン型トリテルペンを構造決定し、myricalactone (**7**) と命名されている[7]。西キューバに生育する *M. cerifera* の葉の水蒸気蒸留により、40種以上の精油成分の組成が調べられ、主要成分は β-guaiene で乾燥重量当たり 10.19％も含まれている[8]。

3.2 薬用性

ヤマモモの樹皮は揚梅皮と称し、古くは収斂薬として止血剤や打撲症の外用および染料として用いられていた。樹皮に myricetin、myricitrin、myricatin およびタンニン関連化合物が、葉には数種のトリテルペンが報告されている[9]。非ペプチドの endothelin receptor antagonist である myriceron caffeoyl ester (**8**) が *Myrica cerifera* から単離され、この物質はラットの心臓膜において ET-1 の特異結合を選択的に拮抗したと報告されている[10]。

3.3 抗酸化作用

ヤマモモ属植物のタンニン質を除いた抽出物がBHTやトコフェロールより強力な抗酸化作用を示し、医薬品や食品の変色劣化防止剤として利用の可能性が示されている[11]。また同植物の果実滲出液から単離された化合物 (2) はウサギの肝細胞における脂質の酸化あるいは鉄触媒および酵素によるリノール酸の酸化を阻害し、またdiphenylpicrylhydrazyl ラジカルに対する捕捉効果も示している[12]。さらにその化合物はウサギの肝細胞およびミトコンドリアにおける脂質の酸化も阻害している[13]。

3.4 抗菌性

ヤチヤナギの葉由来の油脂およびその精製化合物 limonene、terpinene-4-ol、thujone、α-および β-phellandrene、2-methyl-3-buten-2-ol が *Tricophyton interdigitale* 菌の成長を抜群に阻害している[14]。同植物の葉から抗菌活性を有する揮発性成分が単離されており、セスキテルペンはモノテルペンより効果的で、その中でも germacrone が最も高い抗菌性を示し[15]、またフラバノール配糖体はヤマモモの葉から分離された5種の菌に対して抗菌活性を示している[2]。

3.5 生理活性

ヤマモモの葉と樹皮から得られた50％エタノール抽出物がメラニン生合成の鍵酵素であるチロシナーゼの阻害および dopachrom からのメラニン生成自動酸化を阻害している。またそれは superoxide dismutase (SOD) 様活性を示した[16]。80種の植物の葉抽出物のリパーゼ阻害活性が調べられ、ヤマモモ抽出物が顕著な阻害を示している[17]。

3.6 染料・インキ

ヤマモモ抽出物が食品や医薬用、化粧品用の容器包装の印刷に適した可食性インキとしての特許が報告されている[18]。また、その樹皮とエンジュの蕾から単離される myricetin 3-O-α-L-lamunoside および bicalein-7-O-β-D-glucoside の絹に対する収着性を検討し、天然染料としての利用が考えられている[19]。

4 構造式（主として新規化合物）

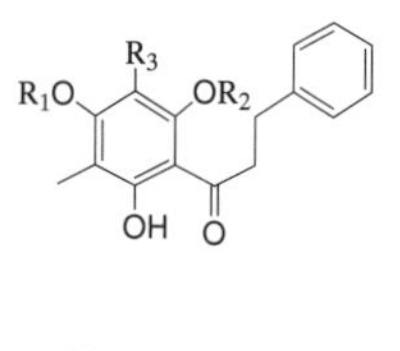

1: $R_1 = CH_3, R_2 = R_3 = H$
2: $R_1 = R_3 = H, R_2 = CH_3$

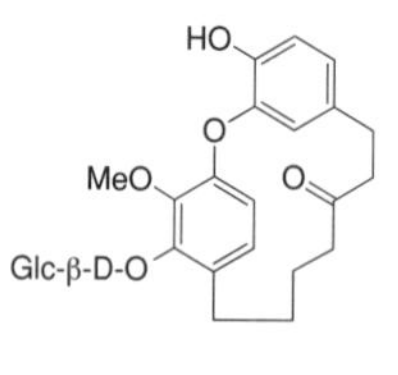

3

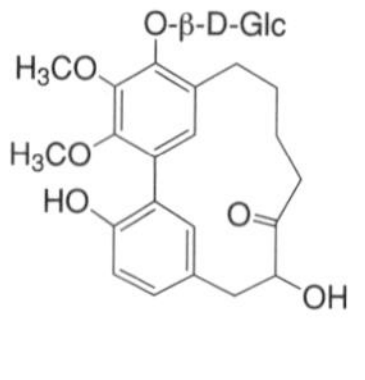

4

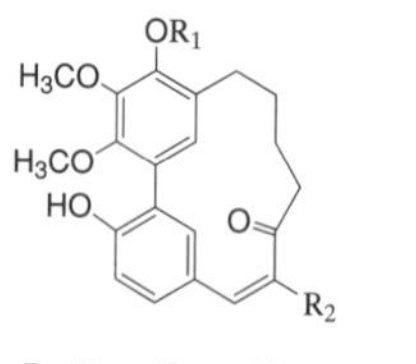

5: $R_1 = R_2 = H$
6: $R_1 = CH_3, R_2 = OH$

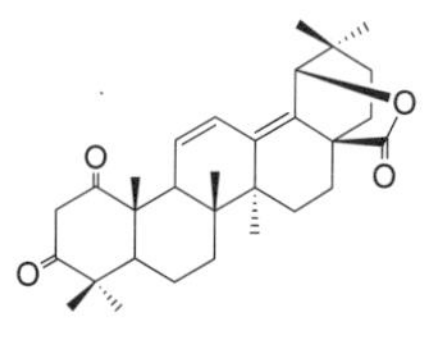

7

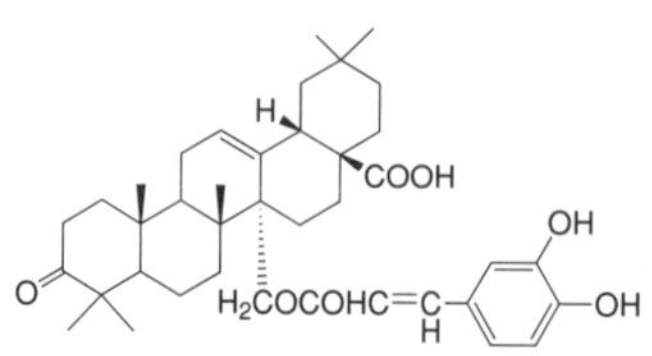

8

5 引用文献

1) 渡辺定元、『朝日百科植物の世界』、第8巻、朝日新聞社、pp. 68–70 (1997). 2) R. Carlton *et al.* (1991, UK) **118**: 56123. 3) K. Malterud *et al.* (1992, Norway) **117**: 157491. 4) M. Morihara *et al.* (1997, Japan) **127**: 92661. 5) M. Nagai *et al.* (1995, Japan) **124**: 25629. 6) D. Sun *et al.* (1991, China) **117**: 128155. 7) 桜井信子 ら (1997, Japan) **126**: 328030. 8) A. Bello *et al.* (1996, Cuba) **124**: 337878. 9) 井上隆夫 ら (1993, Japan) **119**: 167563. 10) M. Fujimoto *et al.* (1992, Japan) **117**: 83165. 11) 鷲野乾 ら (1993, Japan) **119**: 179747. 12) K. Malterud *et al.* (1996, Norway) **124**: 220387. 13) K. Malterud *et al.* (1995, Norway) **124**: 220386. 14) A. Stuart *et al.* (1998, UK) **129**: 8469. 15) R. Carlton *et al.* (1992, UK) **118**: 19422. 16) H. Matsuda *et al.* (1995, Japan) **123**: 246781. 17) S. Shimura *et al.* (1992, Japan) **117**: 219812. 18) 大野友道 ら (1997, Japan) **128**: 24072. 19) 坂田佳子 ら (1997, Japan) **128**: 116226.

53 ユキノシタ科
Saxifragaceae

1 科の概要

　草本または低木で、つる性木本もある。世界中に分布して約80属1200種ほどが知られていて、特に温帯に多い。日本には21属約100種が存在する[1]。日本産の木本性のものを含む属としてスグリ属(*Ribes*)、ズイナ属(*Itea*)、バイカアマチャ属(*Platycrater*)、イワガラミ属(*Schizophragma*)、シマユキカズラ属(*Pileostegia*)、アジサイ属(*Hydrangea*)、バイカウツギ属(*Philadelphus*)、ウツギ属(*Deutzia*)がある[2]。ただし、最近のクロンキストの分類体系ではユキノシタ科からアジサイ科を独立させていて、このアジサイ科は基本的には木本性の属からなっているが、スグリ属とズイナ属を含めず、草本のキレンゲショウマ属とクサアジサイ属を加えている[3]。

　高木がなく、材として有用なものはほとんどない。ウツギ *Deutzia crenata* を木釘[4]、ノリウツギ（アジサイ属）*Hydrangea paniculata* を杖や傘の柄にした[5]。また、ノリウツギの名称が示すように、内皮からの粘液は和紙製造の際のねりに用いられた[6]。スグリは果実が食用になる。アジサイ *Hydrangea macrophylla*（旧名 *Hydrangea otaksa*）はガクアジサイ *H. macrophylla* f. *normalis* の改良園芸種とされている。その花は、ガク片が大きくなって花弁状に変化したものである。

　一方、薬用植物としては大変興味深い。アマチャ *H. macrophylla* ssp. *serrata* var. *thunbergii*（または *H. serrata* var. *thunbergii*）は日本全国の山林、渓流に自生する落葉低木であり、ヤマアジサイ *H. macrophylla* ssp. *serrata*（または *H. serrata*）の変種であるが、外部形態は区別されなく、植物体が甘味を呈する系統である。甘茶(Hydrangeae Dulcis Folium)は日本特産の生薬であり、アマチャ生葉を発酵後に乾燥処理してつくられる。陰暦4月8日の灌仏会にて甘茶供養に用いられる。甘味料（糖尿病患者に対して）、矯味薬、口腔清涼剤（仁丹）に使われる。甘味成分は phyllodulcin (**1**) であり、hydrangenol (**2**)（無味）も存在する[7]。

　中薬大辞典に記されている本科植物は、まず日本産でないが東南アジアからヒマラヤの熱帯・亜熱帯に分布している *Dichroa febrifuga* である。この根はジョウザン（常山）[8]と称し、抗マラリア作用（特にニワトリのマラリア）、抗アメーバ作用、解熱作用が知られている。マラリアにきくキナゾリンアルカロイド類 febrifugine (**3**) および isofebrifugine (**4**) を含む[9]。アジサイ（繡球）の根、葉、花をハチセンカ（八仙花）[10]［異名にフンダンカ（粉団花）・ショウカ（紫陽花）］といってマラリアの治療や心臓病に用いられたとあるが、それらも febrifugine (**3**) または isofebrifugine (**4**) を含むためである。フンダンカ（粉団花）[11]はノリウツギの花、ドジョウザン（土常山）[12]は *H. strigosa* またはヤクシマアジサイ *H. umbellata* の根、ソウソ（溲疎）[13]はウツギ *Deutzia scabra* の果実である。その他、草本であるが、ヒマラヤユキノシタ属 *Bergenia* とネコメソウ属 *Chrysosplenium* は重要な薬草である。

2 研究動向

アジサイの花について、青色色素の化学構造研究および 花色の園芸学的研究が行なわれた。甘茶とその原料のアマチャ生葉の成分の研究は非常に多い。甘茶は日本特産の生薬で、第12改正日本薬局方に記載されているが、その薬理学的研究は不十分であった。さらに医食同源の観点から食物としての甘茶の機能を開発することは興味深い。そこで、甘茶を医薬先導化合物開拓の材料として、種々の生物活性・薬理活性物質を解明する研究が1990年代に活発に行なわれた。甘茶エキスとそのエキスからの主要成分 [phyllodulcin (**1**) と hydrangenol (**2**)] と多くの微量成分について、抗真菌性、口腔細菌の殺菌性、抗潰瘍活性、抗アレルギー活性、利胆（胆汁分泌促進活性）、抗酸化作用、免疫調節活性、細胞障害性が検討された。そしてイソクマリン類、ジヒドロイソクマリン類、ベンジリデンフタリド、フタリド類、フラボノイド、クマリンなどの（ポリ）フェノール類およびそれらの配糖体などが活性成分として得られた。特に（ジヒドロ）イソクマリン類および（ベンジリデン）フタリド類の存在が特徴的であり、それらに抗アレルギー活性、抗潰瘍活性、利胆活性があることは特筆に値する。特に、抗アレルギー活性については、スギ等の花粉症やシックハウスの問題に関係する点で注目したい。すでに構造活性相関の研究も行なわれた。

その他、種子油の脂肪酸組成に基づくケモタキソノミー的研究、ツボサンゴ (*Heuchera sanguinea*) 種子から植物デフェンシン（殺菌性塩基性ペプチド）を単離して特性評価する研究がある。利用については、甘茶生理活性成分の多くについて、医薬品への開発が進んでいる。また、糖尿病にきくアジサイ抽出物の健康食品、その抽出物から苦味を除去する方法、殺細菌性のスキンローション、消臭剤などの開発がある。なお、ネコメソウ属 *Chrysosplenium*（草本）は重要な薬草であり、活発に細胞障害性成分あるいは抗腫瘍性成分の研究が行なわれたが、ここでは触れない。

3 各 論

3.1 アジサイ

アジサイの青色にはアントシアニンとアルミニウムの関与が知られていた。1980年代後半から1990年にかけて以下のことがわかった[14-16]。まず、青や赤色がく片のアントシアニンは delphinidin 3-*O*-glucoside (**5**) であることが確認された。次に、青色になるのには、アルミニウムに加えて co-pigment として 3-caffeoylquinic acid (**6**) と 3-*p*-coumaroylquinic acid (**7**) が必要で、これらと delphinidin 3-*O*-glucoside が複合体をつくるためとみなされた。すなわち、青色の実体は delphinidin 3-*O*-glucoside とアルミニウムと上記 co-pigment の形成する安定な複合体である。そして、3-caffeoylquinic acid の方が青色のガク片にはるかに多く存在すること、およびそれぞれの co-pigment を含む2種の複合体の色の強度と安定性は同じであったことから、主として 3-caffeoylquinic acid が co-pigment として青色に寄与すると結論された。

アジサイには hydrangenol (**2**)[17] と hydrangenol 8-*O*-β-glucoside (**2a**)[18] が存在し、これらは初め、花から見いだされた。アジサイの新成分として hydrangenol 8-*O*-galactoside (**8**) および hydrangenol 4′-*O*-glucoside (**9**) が同定された[19]。

天然の植物由来の消臭剤を探索する過程で、アジサイにはアンモニア、トリメチルアミン、イソ吉草酸、硫化水素、メチルメルカプタンを消臭する活性があることが見いだされ、2,6-dimethoxy-1,4-benzoquinone (**10**) がメチルメルカプタンの脱臭剤として単離同定された[20]。アジサイ抽出物を糖尿病用健康食品として開発するために、抽出物の苦味を除去する γ-cyclodextrin 処理あるいはデン

プン存在下で α-glucosyltranferase 処理に関する特許がある[21]。アジサイからの phyllodulcin を殺細菌性スキンローションに利用する特許がある[22]。

3.2 ヤマアジサイ

ヤマアジサイの乾燥葉からジヒドロイソクマリングルコシド macrophylloside A (3S) (**11**)、B (**12**) および C (**13**) が hydrangenol 8-β-glucoside (3RS) (**2a**) とともに得られた。これらの絶対配置は CD スペクトルで決定された。これらの3つには甘みがないどころか、吐き気を催す苦味があった[23]。

3.3 アマチャと甘茶

アマチャと甘茶の成分は昭和初期に、朝比奈と浅野[24] および上野[25] によって研究されて、甘味成分 phyllodulcin (**1**) の構造が明らかにされた。Arakawa[26] はその絶対配置を 3R と決定した。Yagi ら[27] および Suzuki ら[28-30] はアマチャ葉の成分を詳細に検討して、**1** に加えて phyllodulcin 8-β-glucoside (**1a**)、phyllodulcin monomethyl ether (**1b**)、hydrangenol (**2**)、hydrangenol-8-β-glucoside (**2a**)、hydrangenol monomethyl ether (**2b**)、hydrangea glucoside A (**14**) および B (**15**)、stilbene glucoside A (**16**) および (**17**) を含めて多くの（ポリ）フェノール類とその配糖体を明らかにし、既知物 [p-hydroxybenzoic acid、protocatechuic acid、gallic acid、chlorogenic acid、kaempferol、quercetin、isoquercitrin、rutin、umbelliferone、daphnetin-8-methyl ether、skimmin (umbelliferone-7-β-D-glucoside)] の確認も行なった。Yagi ら[31] は phyllodulcin と hydrangenol の生合成も研究し、Suzuki ら[32,33] はアマチャ培養細胞中の成分検索も行なった。

3.3.1 主成分

甘茶の甘味成分 phyllodulcin (**1**) にはショ糖の 400 倍の甘みがある。また、甘茶も hydrangenol (**2**)、hydrangenol monomethyl ether (**2b**)[34] および phyllodulcin monomethyl ether (**1b**)[35] を含む。アマチャ生葉は甘くなくて苦味があるが、それを発酵すると甘くなる。これは、加工前のアマチャ葉に存在する phyllodulcin 配糖体は甘くなくてむしろ苦味をもつが、発酵によって糖が加水分解されて phyllodulcin が遊離するためであると推定されていた。アマチャ生葉からの phyllodulcin 8-O-glucoside (**1a**) の単離同定は、そのことを裏付けた[28]。

そして 1990 年代には吉川らによって、まず phyllodulcin (**1**) と hydrangenol (**2**) および両者の 8-O-glucoside (**1a**) および (**2a**) の HPLC による一斉定量分析法が開発された。この方法を、それら4種の化合物のアマチャと甘茶における存在、および加工過程でのそれらの変化についての分析に適用して、上記の推定が証明された[35]。また、アマチャ成木中の各部位における成分が定量されて、甘茶の製造原料として茎は適さないこと、さらに成分の季節変動を定量して、最適収穫時は 10～11 月であることが示された[35]。

3.3.2 新生物活性成分

甘茶のメタノールエキスには抗アレルギー活性 (3.3.3 参照) があったので、これをさらに分画して精製し 8 種の成分 thunberginol A (**18**)、B (**19**)、C (**20**)、D (**21**)、E (**22**)（以上ジヒドロイソクマリン）、thunberginol F (**26**)（ベンジリデンフタリド）、hydramacrophyllol A (**27**) および B (**28**)（フタリド）が単離同定され[36-39]、続いて新ジヒドロイソクマリン配糖体 thunberginol G 3'-O-glucoside (**23**)、(−)-hydrangenol 4'-O-glucoside (**24**) および (+)-hydrangenol 4'-O-glucoside (**25**) も単離同定された[37,39]。その他の成分として上記の **1**、**2**、**5** に加えて、umbelliferone、hydrangeic acid (**29**)、dihydroresveratorol、トリテルペンの isoarborinol と rubiarbonol B[36,38]、4 種の既知のフラボノール配糖体 (**30**、**31**、**32**、**33**) も確認された[37,39]。

生理活性試験に試料を大量供給するために、微量成分である thunberginol A (**18**) および F (**26**) は主成分 (**1**) から化学変換によって合成された。さらに主成分 (**2**) から **18** と **26** の 3′-deoxy 類似体も合成された[40,41]。この際、塩化銅 (II) によるスチルベンカルボン酸の位置選択的な酸化的ラクトーン化を鍵反応として使った。この反応を応用して hydramacrophyllol A (**27**) および B (**28**) の合成と立体配置の決定も行なわれた[40,41]。

また、アマチャ生葉から 2 つの生物活性な新セコイリドイド配糖体 hydramacroside A (**34**) および B (**35**) が 3 種の既知イリドイド配糖体 (vogeloside、epi-vogeloside、citroside A)、フラボノイド配糖体類および イソクマリン配糖体類とともに単離同定され、両者とも絶対配置は (1S,15S) と決定された[42]。

3.3.3 エキスおよび主成分の新しい生物活性

甘茶の抽出物の主成分 phyllodulcin (**1**) と hydrangenol (**2**) には甘味以外に弱い抗細菌活性[25]と抗真菌 (カビ) 活性[43]しか知られていなかった。そこで、甘茶メタノールエキスの新しい生物活性が探索されて、抗潰瘍活性、抗アレルギー活性、利胆 (胆汁分泌促進) 活性、およびモルモット回腸におけるセロトニン収縮抑制作用が見いだされた[44]。ただし、コレステロール負荷による高コレステロール血症抑制作用はなかった。未発酵のアマチャ葉に抗潰瘍活性はあったが、抗アレルギー活性はなかった[44]。

甘茶メタノールエキスに上記の活性があることがわかったので、主成分 phyllodulcin (**1**) と hydrangenol (**2**) の両者について活性が検討されたところ[44]、phyllodulcin (**1**) に抗アレルギー活性はなく、hydrangenol (**2**) のそれは弱く、ヒスタミン遊離抑制作用は認め難かった。したがって、それら以外の抗アレルギー成分の存在が示唆された (3.3.4 参照)。両者 (**1** と **2**) ともに抗潰瘍活性および利胆活性は認められなかったので、他の新活性物質の存在が期待された。

また、抗酸化成分についてアマチャ葉が探索されて、phyllodulcin (**1**) と hydrangenol (**2**) に活性が認められた[45]。一方、甘茶メタノールエキスの抗酸化作用 (ラジカル消去作用や脂質の酸化抑制効果) の活性成分が調べられ、phyllodulcin (**1**) にそれが認められたが hydrangenol (**2**) のそれは弱く、関連する既報と相反した[46]。また、甘茶抽出物には、ウシ副腎皮質細胞において電位依存性 Ca^{2+} チャンネル (VOC) を阻害することによって、ステロイドホルモン産生を抑制する物質が含まれていて、その候補の 1 つが phyllodulcin (**1**) であることが示唆された[47]。

3.3.4 新物質の生物活性

甘茶メタノールエキスの抗アレルギー活性物質を探索し、新物質 thunberginol A (**18**)、B (**19**) および F (**26**) に強い活性が見いだされた。いずれも主成分 phyllodulcin および hydrangenol ならびに市販の複数の抗アレルギー薬の活性よりも高かった[38]。特に thunberginol A (**18**) は、*in vitro* および *in vivo* のバイオアッセイにおいて I 型 (即時型) アレルギーに対して、市販の複数の抗アレルギー薬よりも強力な抑制効果があった[48,49]。IV 型 (遅延型) アレルギーについても抑制効果があったが、II 型 (細胞障害型) および III 型 (免疫複合体型) アレルギーについて有為な効果はなかった[48,49]。これら thunberginol A (**18**)、B (**19**) および F (**26**) は口腔細菌に対する殺菌性を示した[38]。

Thunberginol C (**20**)、D (**21**)、E (**22**)、G (**23**′: **23** から誘導された) および (−)-hydrangenol 4′-*O*-glucoside (**24**) にも抗アレルギー性 (*in vitro* の I 型アレルギー反応) および口腔細菌に対する殺菌性があった[37,39]。関連化合物の dehydrophyllodulcin (**36**) と dehydrohydrangenol (**37**) (合成品) も検討された。また、hydramacrophyllol A (**27**) および B (**28**) も I 型アレルギーに対して抑制作用 (ラット腹膜滲出細胞における抗原抗体反応によって起こるヒスタミン遊離の抑制作用) があった[41]。アマチャ葉の **27** および **28** も抗アレルギー活性 (ラット肥満細胞における抗原抗体反応

によって起こるヒスタミン遊離の抑制作用）があった[42]）。

最近、有糸分裂誘発因子によって活性化されるマウス脾細胞の増殖に対する、抗アレルギー成分 [thunberginol A (**18**) および関連化合物] の免疫調節活性が検討された：thunberginol A (**18**) は 10^{-5} M では、B リンパ球の増殖を抑制したが、低濃度 10^{-6} M では若干促進する傾向にあった。**18** はコンカナバリン A（レクチン）による T リンパ球の増殖を強く抑制したが、フィトヘマグルチニンによるそれを抑制しなかった。よって、**18** は B リンパ球および T リンパ球に作用することが示唆され、既存の免疫抑制剤とは異なる機構で抑制すると推定された。また、**18** はリンパ球活性化を抑制する作用を有することが示され、そして、このことが **18** の IV 型アレルギー抑制作用に寄与していると推定された[50,51]）。

多糖類の免疫調節薬 (TAK) によって起こされる多形核（白血）球の腫瘍破壊性は強力であるが、過敏症反応も引き起こしてしまう。これを抑制する植物 2 次代謝物が探索され、甘茶成分も調べられたが、その抑制作用は認められなかった[52]）。

4 構造式（主として新規化合物）

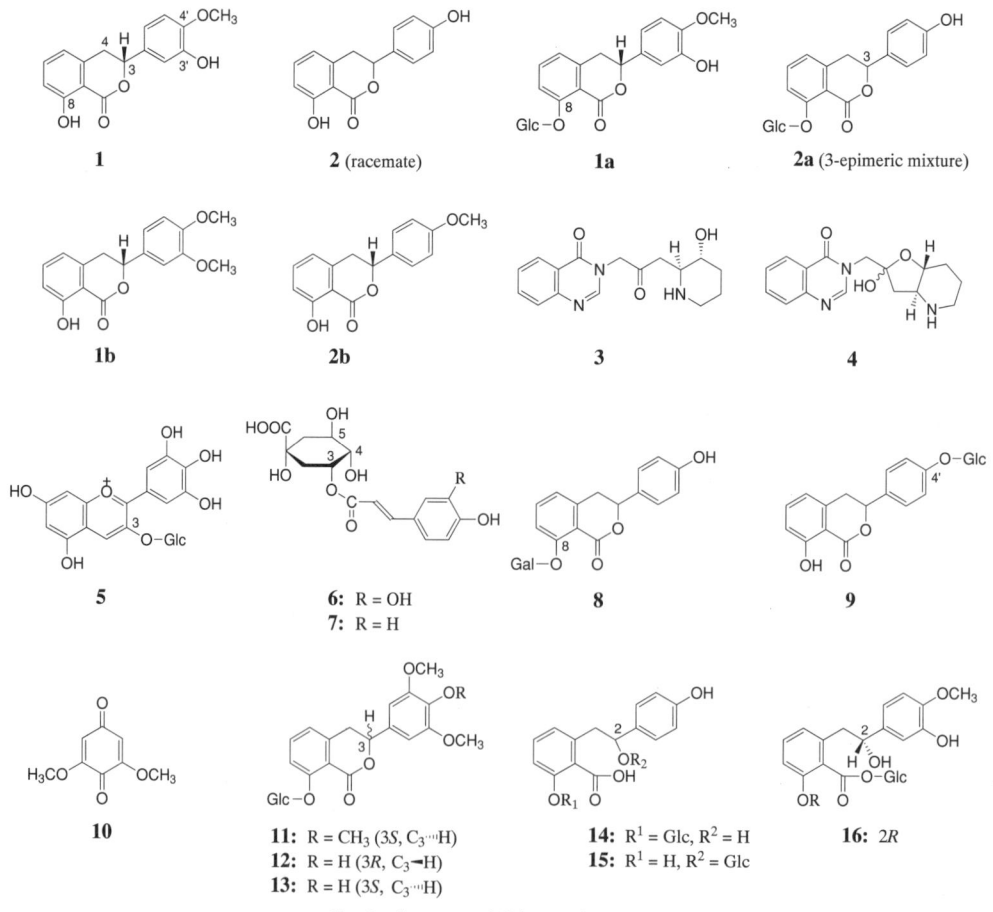

Glc = β-D-glucopyranosyl, Gal = β-D-galactopyranosyl

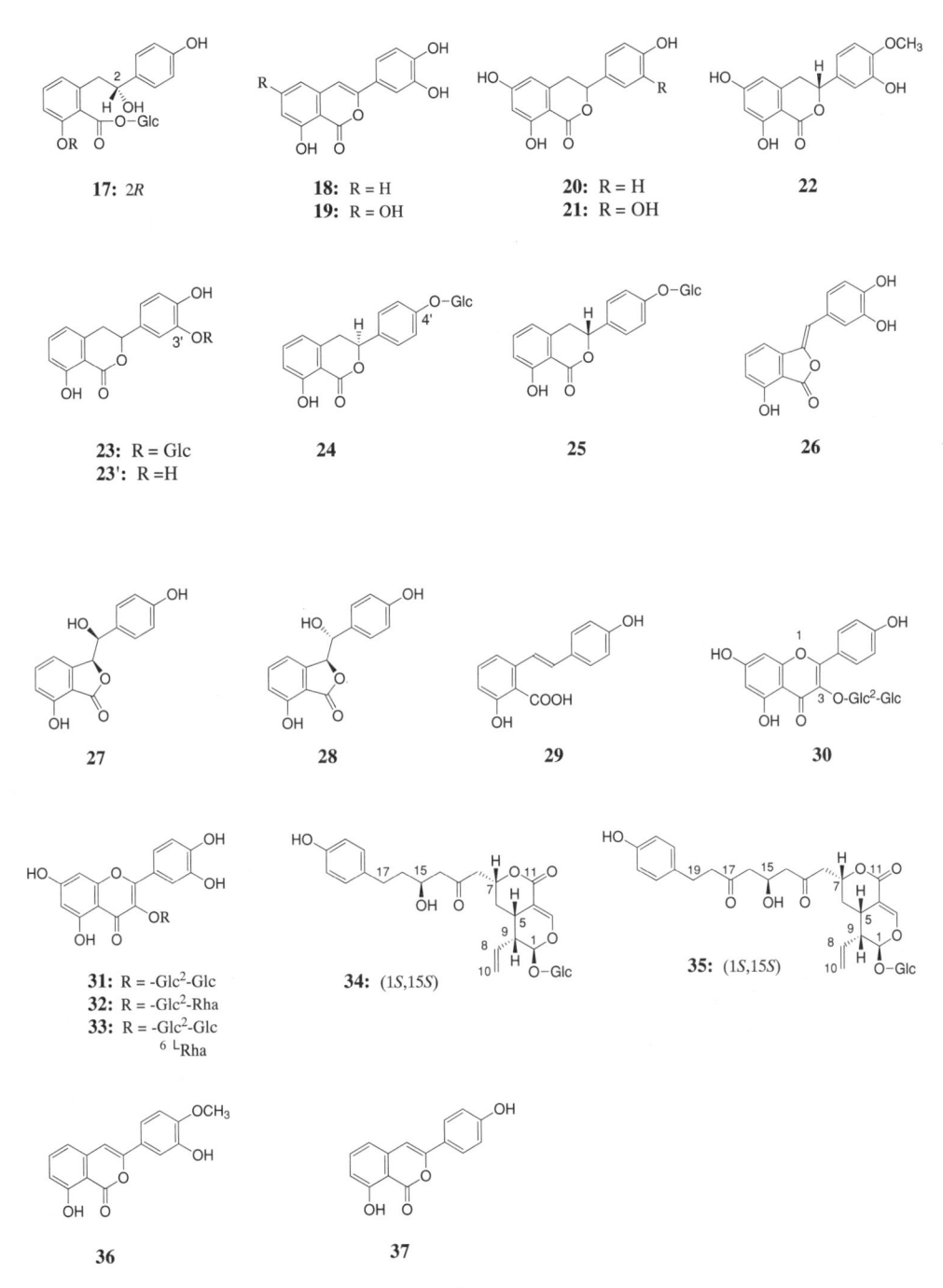

17: 2*R*
18: R = H
19: R = OH
20: R = H
21: R = OH
22
23: R = Glc
23': R = H
24
25
26
27
28
29
30
31: R = -Glc^2-Glc
32: R = -Glc^2-Rha
33: R = -Glc^2-Glc^6-Rha
34: (1*S*,15*S*)
35: (1*S*,15*S*)
36
37

Glc = β-D-glucopyranosyl, Rha = α-L-rhamnopyranosyl

5 引用文献

1) 若林三千男、『世界有用植物事典』、堀田満 ら編、平凡社、東京、1990、p. 958. 2) 北村四郎、岡本省吾、『原色日本樹木図鑑』、保育社、大阪、1959、pp. 77–81. 3) 大場秀章、『植物の世界（週刊朝日百科）5巻58号』、朝日新聞社、東京、1995、pp. 290–303. 4) 若林三千男 ら、『世界有用植物事典』、堀田満 ら編、平凡社、東京、

1990、p. 373. 5) 若林三千男 ら、『世界有用植物事典』、堀田満 ら編、平凡社、東京、1990、pp. 538–539. 6) 紙パルプ技術協会編：『紙パルプ事典　改訂第5版』、金原出版、東京、1989、p. 183. 7) 刈米達夫、『最新生薬学 第7改稿版』、廣川書店、東京、pp. 236–237 (1992). 8) 上海科学技術出版社、小学館編：『中薬大辞典』、小学館、東京、1985、pp. 1221–1224. 9) 刈米達夫、『最新生薬学 第7改稿版』、廣川書店、東京、p. 238 (1992). 10) 上海科学技術出版社、小学館編：『中薬大辞典』、小学館、東京、1985、pp. 2135–2136. 11) 上海科学技術出版社、小学館編、『中薬大辞典』、小学館、東京、1985、pp. 2331–2332. 12) 上海科学技術出版社、小学館編、『中薬大辞典』、小学館、東京、1985、p. 1961. 13) 上海科学技術出版社、小学館編、『中薬大辞典』、小学館、東京、1985、pp. 1595–1596. 14) K. Takeda *et al.*, *Phytochemistry*, **24**, 1207–1209 (1985). 15) K. Takeda *et al.*, *Phytochemistry*, **24**, 2251–2254 (1985). 16) K. Takeda *et al.*, *Phytochemistry*, **29**, 1089–1091 (1990). 17) Y. Asahina *et al.*, *Chem. Ber.*, **63**, 429 (1930). 18) 上野周、薬学雑誌、**57**、602 (1937). 19) D. Yang *et al.* (1994, China) **121**: 175150. 20) A. Harasawa *et al.* (1994, Japan) **122**: 38503. 21) T. Yumoto *et al.* (1995, Japan) **124**: 174285. 22) Y. Nakayama *et al.* (1993, Japan) **119**: 15322. 23) T. Hashimoto *et al.*, *Phytochemistry*, **26**, 3323–3330 (1987). 24) Y. Asahina *et al.*, *Chem. Ber.*, **62**, 171 (1929). 25) 上野周、薬学雑誌、**51**、227 (1931). 26) H. Arakawa *Bull. Chem. Soc. Japan*, **33**, 200–201 (1960). 27) A. Yagi *et al.*, *Chem. Pharm. Bull.*, **20**, 1755 (1972). 28) H. Suzuki *et al.*, *Agric. Biol. Chem.*, **41**, 1815–1817 (1977). 29) H. Suzuki *et al.*, *Agric. Biol. Chem.*, **43**, 1785–1787 (1979). 30) H. Suzuki *et al.*, *Agric. Biol. Chem.*, **43**, 653–654 (1979). 31) A. Yagi *et al.*, *Phytochemistry*, **16**, 1098–1100 (1977). 32) H. Suzuki *et al.*, *Agric. Biol. Chem.*, **41**, 205–206 (1977). 33) H. Suzuki *et al.*, *Agric. Biol. Chem.*, **41**, 719–720 (1977). 34) 金子肇 ら、日本農芸化学会誌、**47**、605–609 (1973). 35) M. Yoshikawa *et al.* (1994, Japan) **121**: 65662. 36) M. Yoshikawa *et al.*, *Chem. Pharm. Bull.*, **40**, 3121–3123 (1992). 37) M. Yoshikawa *et al.* (1992, Japan) **119**: 15206. 38) M. Yoshikawa *et al.* (1994, Japan) **122**: 196666. 39) M. Yoshikawa *et al.* (1996, Japan) **125**: 270435. 40) M. Yoshikawa *et al.* (1994, Japan) **121**: 179303. 41) M. Yoshikawa *et al.* (1996, Japan) **126**: 7897. 42) M. Yoshikawa *et al.* (1994, Japan) **122**: 156293. 43) K. Nozawa *et al.*, *Chem. Pharm. Bull.*, **29**, 2689–2691 (1981). 44) 山原條二ら、薬学雑誌、**114**、401–413 (1994). 45) M. Yoshioka (1992, Japan) **117**: 44623. 46) J. Yamahara *et al.* (1995, Japan) **123**: 284016. 47) M. Takamura (1997, Japan) **128**: 153489. 48) H. Shimoda *et al.* (1995, Japan) **124**: 332247. 49) 山原條二 ら、日本薬理学雑誌、**105**、365-379 (1995). 50) H. Matsuda *et al.* (1998, Japan) **128**: 239170. 51) H. Shimoda *et al.* (1998, Japan) **129**: 285744. 52) K. Kinoshita *et al.* (1992, Japan) **117**: 62532.

54 ロジンに関する調査結果

1 ロジンとは

　広辞苑、平凡社、ブルタニカなどの百科事典やアメリカ材料試験協会（ASTM）のD804にロジンの定義があり「マツなど針葉樹から採れる天然樹脂の一種をロジンとよぶ……」としているが、合成樹脂、プラスチック全盛の今日でもロジンは毎年世界で120万トン弱が生産、消費されている大工業材料である。重要な国際貿易商品（世界市場におけるロジンの総貿易量は約40万トン）でもあるロジンは毎年採集できる枯渇せざる資源の一つとして注目されている。

トドマツ
(*Abies sachalinensis*)

　ロジンはマツから採れるが、市場で取り引きされるロジンは採り方によって次の3種類がある。

1. ガムロジン（Gum Rosin：脂松香）：マツの木、生松脂（オレオレジン）から得られる。
2. ウッドロジン（Wood Rosin：木松香）：枯れたマツの株、節を抽出して採ったもの。
3. トール油ロジン（Tall Oil Rosin：浮油松香）：粗トール油（クラフトパルプ廃液）を精密蒸留して採る。

　歴史的にもこの順序で生産方法が発達してきた。ガムロジンは現在でも一番多く、生産量の60％弱を占めているが、樹皮を剥ぎ、松脂の受器（カップ）を集め回る労働集約型であり、一人当たりの年間収穫量は2.5～10トン（中国）、8トン（旧ソ連のノルマ）、79トン（USA）などの数字が報告されている。日本では地形条件悪く高賃金であり松脂採取は途絶え、アメリカでは1社だけが細々と続けている。最大輸出国である中国のマツ類資源は約1586万ヘクタール、タッピング可能な森林は全体の10～20％、数にしておよそ2億本あり、2～4kg/(本・年)の生松脂の収率があると40～80万トンが生産可能である。なお、1トンの生松脂からは0.75トンのガムロジンが生産される。

　ウッドロジンは1910年にアメリカで始まり、1950年代に最盛期（30万トン/年）を迎えたが、松脂リッチな切り株が枯渇し、以降は低迷している。1995年現在は最盛期の1/5の水準であり、今後も明るいとは言えない模様である。1920年代、松脂産業の雄とも言うべきハーキュレス社がこの分野に参入したきっかけはマツの切り株掘りに火薬を大量に必要としたことであり、火薬メーカーであるハーキュレス社自らが松脂メーカーを買収してロジン事業に乗り出した。ブルドーザーの無い当時は発破で松根を掘り出していたわけである。ハーキュレス社自体はデュポンの火薬部門が独禁法により分割させられて生まれた化学会社であり、この有力な化学会社が松脂産業に参入したことにより松脂の化学も大いに進歩するようになった。

　トール油ロジンは1940年代の終わりにアメリカで始まった。クラフトパルプ工場の廃液粗トール油はチップの松脂、脂肪酸を溶かし込んでいて、これらを蒸留で分けることに成功したのはアリゾナ・ケミカル社のフロリダ工場（パナマ市内）においてであり（1949年）、含有脂肪酸2％以下のロジンがパルプ産業の廃棄物から得られるようになった。この成功に刺激されてアメリカでは粗トール油の蒸留プラントの建設ラッシュが起こり、1954～1958年に7社が工場を稼動させたほどである。いずれにせよウッドロジンが1950年代以降下降線をたどる分を補完するようなパターンでトール油ロジンが伸びて、現在ロジンの35％がトール油ロジンになっている。アメリカ合衆国においては森林保護などからパルプ産出量が年々減少し、トール油ロジンの生産量も減少傾向を強めており、ロジンの輸入国になりつつあるのが実状である。一方、中国においてもごく少量ながら生産されており、タッ

ピング労働の厳しさと経済的利益の低さから、ガムロジンの生産からトール油ロジンの生産に移ろうとする傾向がある。

2 マツの木について

ロジンは主にマツの木から得られる天然物であるからマツについても簡単に見ておく。マツは裸子植物門・球果植物網・マツ目・マツ属に含まれ、現在は南極大陸以外の各地に成育するが、元来は赤道から南には分布せず、北半球の植物であったようである。マツ属だけでも100種あるものが南半球へは植林により広がった。マツは風媒花で昆虫の世話にならずに、花粉を風に飛ばして繁殖する。大量の花粉を撒き散らすのでスギ花粉症のようなことが起こる。1本のマツは50年間で約6kgの花粉を作るといわれているが、それは花粉1600億粒に相当し、マツの花粉の細かさは想像を超えるものといわねばならない。受粉した松毬(まつかさ)は種子を作るが、南欧のイタリア笠松、極東のこうらい松、北アメリカの砂糖松などは特に大きな種子をつくり、1グラムほどの重さのある物もあるのでナッツとして賞味される。ロジンを採集するマツの種類は31種あり、中でも中国の馬尾松（*Pinus massoniana* Lamb.)、北アメリカのスラッシュ松、欧州赤松、東南アジアのメルクシ松などが主要樹である。なお、1960年代に中国に多量に導入されたエリオッティ松（*Pinus elliotti*）のガム収率は4～8kg/(本・年)であり、これからの新しいロジン原料になるといわれている。

3 ロジンの生産量

ロジンの年間生産量は約120万トンといわれる。トップは中国でガムロジンのみを約40万トン生産（1998年は洪水などの影響により30～35万トンまで減少）しているが、トール油、ウッドは実質ゼロである。一方、西欧のガムロジン王国であるポルトガル生産量は1973年の11万トンから約20年で1/3に低下しており、その傾向は今後も続くと思われる。

アメリカはトール油ロジン王国で24万トン、それに低迷中のウッドロジンを加えて28万トンを生産し、世界第2位を誇る。しかし、環境保全にともなう森林の保護からパルプ生産量が年々減少し、原料となるトール油の生産量が激減、トール油ロジンの生産量も減少傾向を強めている。同国内の好景気にともない消費量は増加し、輸出余力がほとんどなくなってきていて、ロジンの輸入国になりつつあるのが現状である。

トール油では、先進国の北欧スウェーデン、フィンランド、ノルウェーで計7万トン、それにイギリス、フランス、オーストリアを加えると西欧のトール油ロジンは10万トン強あり、先のアメリカ分を合わせると全世界のトール油ロジンは37万トン（1995年）ということになり中国には及ばないことがわかる。特記すべきは東南アジア、特にインドネシア、ベトナムの躍進ぶりであり、ガムロジン生産量はポルトガルを上回っている。

4 日本のロジンマーケット

日本では昭和25年6000トン弱の純国産ガムロジンが採集されていたが、人件費の上昇により昭和38年にはゼロとなっている。1998年の内訳（括弧内1997年）を見ると5.6万トン（8万トン）が中国から、5200トン（4000トン）がアメリカから、2000トン（3500トン）がインドネシアから輸入されており、他の国からの輸入はほとんどない。この結果、全輸入量は64200トン（88800トン）となり、国内生産量18400トン（20300トン）を含めると総需要は1998年で82600トン（1997年

で109 100トン）となる。これは旧西側諸国の生産量の約10％に当たるものの、日本の生産レベルを考えると少ない。

5 ロジンの用途

ロジンは全て工業用原料であり、そのまま使う用途はバイオリン用、野球のロジンバック、バレーシューズのスベリ止めくらいしかない。工業用途では、製紙薬品に29％、合成ゴム用の乳化剤向けに25％、印刷インキ向けに29％、塗料向けが8％、接着剤用が10％となっている。これらの用途は先進工業国に共通のものであり、第2次大戦以前に見られたような洗濯石鹸、リノリューム床材、電線（ケーブル）絶縁紙含浸用オイル、レコード盤といったようなクラシックな用途は消えて久しく、また各国固有の用途も量的に目ぼしいものはない。次に、それぞれの用途を説明する。

5.1 製紙用サイズ剤

パルプから抄紙機械で紙を抄くとき、紙の用途によりいろいろと添加物が加えられる。サイズ剤とはインキのニジミ止め薬品のことであり、紙が吸取紙やコーヒーフィルターのように水を吸い過ぎないよう（水を吸うと破れ易く、サイズ/寸法安定性も悪いため）パルプに添加するもので、19世紀初めの抄紙マシン稼動と呼応してドイツ人M. F. イリヒが発明した。ロジンをアルカリでケン化したものと硫酸アルミニウム（アラム）をパルプスラリーに加えると、アルミニウムロジネートがパルプに吸着されてパルプの吸水性を制御するようになる。アラムが酸性のため酸性抄紙 (pH 4～5) と呼ぶ。昨今おびただしい古い書物がボロボロになるという問題や抄紙マシンが錆びやすいなどの欠点がある一方、サイズ性、作業性、価格ともに優れていることから現在でも日本で9割近くを占めている。さらにロジンサイズは技術的進歩が著しく、1950年代は紙中0.7％も使われていたのが現在では0.1％強しか使わなくてもすむようになっている。技術の進歩により、未変性ロジンサイズ剤、強化ロジンサイズ剤（昭和20年代末）、エマルジョン型ロジンサイズ剤（1970年代初期）へと発展を遂げて、サイズ剤の使用原単位が少なくてもすむようになった。表1に示したように、日本の紙生産量とサイズ剤の消費量から計算したサイズ剤の添加量減少は明らかであるが、そこには製紙メーカーの合理化努力も見逃せない。

表1 日本の紙・板紙生産とサイズ剤消費

西暦	紙・板紙生産量 [万トン]	サイズ剤消費量 [トン]	サイズ添加率 [％]	備考
1953	176	9 600	0.55	ロジンサイズ時代
1958	299	12 500	0.42	強化ロジンサイズ時代
1963	638	20 800	0.33	
1975	1 360	34 700	0.26	エマルジョンサイズ
1980	1 809	29 750	0.16	多様化時代に入る
1991	2 906	35 000	0.12	
1999	2 989	37 390	0.12	

アメリカでの事情も同じで、1940年代までは19世紀からほとんど変化も見られなかったが、1950年代以降はクラフト法のパルプが増加し、それまでのサルフェート法よりロジンサイズが効きやすい

ことがわかった。これに加え強化ロジンサイズの実用化が広まり、万年筆からボールペンへと筆記器具がかわり、紙の要求性能も変化してサイズ剤添加量の減少をもたらした。1970年代にはより有効なエマルジョン型ロジンサイズが広まると同時に抄紙マシンが改良されてサイズ剤や紙薬品の歩留まりがさらに向上している。

5.2 アルカリ抄紙とサイズ剤

　アルキルケテンダイマー（AKD）やアルケニル無水コハク酸（ASA）はともに非ロジン系サイズ剤で、pH 7.5～8.5で抄紙マシンを動かすことができるのでアルカリサイズ剤と呼ばれる。5.1で述べたように酸性抄紙の紙は30～40年で黄変してボロボロになってしまうのに対して、アルカリ抄紙の紙は300年は大丈夫だといわれる。また、紙のフィラー（填料）としてコストの安い炭酸カルシウムが使えるのもアルカリ抄紙のメリットで、紙の強度のロスなしに15～25％もフィラーを使用できる。これに対して酸性抄紙用填料はチタン白やカオリン粘土がメインで、それも1割以上では紙の強度が犠牲になる。地面を掘ると炭酸カルシウム（チョーク）の地層があり、かつパルプが高価なヨーロッパでまずアルカリ抄紙が進んだのも当然といえる。アメリカでも1980年代の終わりのパルプの値上がりがアルカリ抄紙への切り替え動機となった。加えて炭酸カルシウムメーカー（ファイザー）の各製紙工場に隣接したミニ炭酸カルシウムプラントを建て、ニーズに合わせた炭酸カルシウムを納入するサテライト炭酸カルシウムプラント方式が成功し、30か所ほどで稼動中と思われる。このような紙パルプ向けのロジンの減少傾向もアメリカでは、アルカリ抄紙への切り替えが一巡したこともあり、下げどまりがみられる。

　日本では、塗工紙、上質紙のアルカリ化がアメリカほどには進展せず、現在一応、切り替えは沈静化しており、AKD、ASAは10％にも満たないと見られる。抄紙pHとサイズ剤構成を表2に示す。

表2　抄紙pHとサイズ剤構成

酸性サイズ (pH 4～5.5)	ロジン系	強化ロジン型	18％
		エマルジョン型	60％
	その他（石油系など）		5％
アルカリサイズ (pH 7.5～8.5)	AKD ASA ロジン系		16％

5.3 中性抄紙とロジン系新サイズ剤

　森林資源保護やリサイクル運動の活発化で古紙や工場内損紙の再使用率がアップし、古紙中の炭酸カルシウムが抄紙マシンに入ってくるようになった。この炭酸カルシウムによるpHの上昇を硫酸やアラムでコントロールしなければ良い紙はすけないが、炭酸カルシウム含有量は一定ではないためpHの変動をきたし、サイズ剤の効きにばらつきが生じてしまう。AKDのようなアルカリサイズ剤をここで試しても初期のサイズ効果が得られにくいとか、AKDの泣き所、すなわち紙が滑りやすく、マシンが汚れやすいという欠点は避けにくい。

　そうしたなかで、pH 6～8の中性からアルカリ領域で使用できるロジン系のサイズ剤が開発された。ロジンに化学変性処理して親水性を低減させてからエマルジョン型のサイズ剤に仕上げたものである。pH 6～8でも効果が良好であり、パルプ中の炭酸カルシウム量の変動（pH変動）に強く、ア

ラムが少量でもよく、カルシウムイオンに対して安定である等々の特長から、再生紙、情報用紙などへの使用が進んでいる。

5.4 合成ゴム製造用乳化剤

　合成ゴムは、日本で年間約150万トン出荷されているが、これはゴム全体の6割以上に相当し、天然ゴムの1.5倍以上である。自動車タイヤに使うスチレン・ブタジエンラバー（SBR）やBR、IIR等は汎用ゴムであり、合成ゴムの約7割を占め、他に耐熱性や耐油性のあるクロロプレンゴム（CR）、ニトリル・ブタジエンラバー（NBR）などの特殊ゴムが約3割ある。SBR、CR、NBRなどの合成ゴム、それにテレビのハウジングケースなどに使われるABS樹脂も乳化重合で合成されるため、その乳化剤（界面活性剤）として不均化ロジンが石鹸の形で使われ、日本では3社が製造している。合成ゴム工業の発達史については優れた解説があるが、高名なカローザス博士（1896～1937）がハーバード大から1928年にデュポンへ移って行った研究の初期の成功例が1931年のクロロプレンゴム（「デュプレン」と呼んだ）である。初めはバルク重合法であったが、1935年に乳化重合法に切り替えて製造されたこの特殊ゴムは当時2.32ドル/kgで天然ゴム（0.11ドル/kg）の21倍の高値であったという。この乳化重合用乳化剤は上で述べたロジンのアルカリ金属塩が使われた模様であるが、それまでもロジンやテルペン油は天然ゴムの加工助剤として硫黄や亜鉛華とともにゴム業界に親しまれていたことや、当時ロジンは洗濯石鹸としてアメリカで広く使用されていた事実を考え合わせれば、ロジンと合成ゴムの組み合わせはそれほど突飛な話ではないようである。一方、乳化重合で汎用ゴムSBR、NBRを造る発明はドイツIG社がすでに1933年に行なっていたが、上手に重合させるには水添した牛脂脂肪酸が要ることがわかってきた。ロジンを重合用の乳化剤に使うときも同じく水素化や不均化反応で加工変性したロジンが必要であり、コスト面からもっぱら不均化ロジン（ディスプロロジン）が1943年から現在まで半世紀にわたる実績を持っている。ここでいう不均化反応とはロジンを貴金属触媒かヨウ素化合物で処理することであり、化学的に言えばロジン分子の共役ジエンを消去する反応である。こうして得られる不均化ロジンを乳化重合に使った場合、ラジカル重合反応の遅延がなくなる。不均化ロジン石鹸が第二次世界大戦中の軍事物資であるゴムの工業生産のキー物質としてアメリカで開発できたのは、ハーキュレス社の力に負うところが大きい。同社の商品名が不均化ロジン全般をさす時代が続いたほどである。

　ここで、不均化ロジンが好まれる理由を記すと、ラテックスの流動性、熱伝導性や低温でゲルしないことなどゴム製造時の作業性が良いだけでなく、得られた合成ゴムはタックがアップしているので加工しやすく、加硫ゴムの物性がタイヤに適している、といったメリットが挙げられる。不均化ロジンのコスト的優位性とあいまって他の物質や合成品での代替の試みは半世紀にわたり成功していない。

5.5 印刷インキとロジン

　印刷インキの原材料としては、天然物と合成物ともにいろいろな物質が使われ、その種類は1000種以上であるが、基本組成は色料、ビヒクル、助剤の3つから成っているといえる。このうちロジンが関係するのは色料とビヒクルであって、前者はある種の顔料の表面改質にロジンが使われる例があるものの、ビヒクル用に使うロジン変性物が圧倒的に多く、ニーズの変遷も激しい。

　印刷インキの需要は、通産省化学統計では1997年度の出荷量44.6万トン、金額3357億円であり、1991年の数値41万トン、2879億円に比べても大きな伸びを示す産業であることがわかる。この傾向は、アメリカでも同様で、インキ向けが年率10％近い伸長ぶりで他を圧倒している。

　印刷方式によりそれぞれに適したインキがあるのは当然である。わが国では平版用インキが全体の約30％を占めている。このように割合が高いのは、平版オフセット印刷では製版が簡便で低コスト

で済み、印刷機が高速（枚葉オフセットで毎時13 000枚以上）で美術印刷も可能な高品位印刷ができるなどの利点にある。ビヒクルのメインはロジン変性フェノール樹脂であるが、このロジン変性フェノール樹脂がオフセット用インキに実用化されたのは昭和30年代である。光沢、乾燥、画像再現性などが以前の重合亜麻仁油系ビヒクルよりも格段に優れているため、現在ではロジン変性フェノール樹脂に対して乾性油は半量以下しか使われないようになった。印刷スピードアップと揮発有機溶剤量（VOC）の低減などによる環境への配慮から印刷インキは高濃度化を指向しており、ロジン変性フェノール樹脂にも貧溶媒への高溶解性が求められているほか、オフセット印刷特有の湿し水中のイソプロパノールも削減の方向にあることから、ロジン変性フェノール樹脂に課せられた問題は多い。

　雑誌などのグラビアページは出版グラビアインキで印刷されたもので、1998年の出荷量は26 700トン、数値的には平版インキに比べて少ないが、このグラビアインキにはロジン系のライムレジンが使用されている。ライムレジンはその名の通りロジンをライム化したもので、化学的に言えばロジン酸のカルシウム部分中和塩であり、日本では昭和11年に国産化され、塗料用にも多用された歴史がある。ライムレジンの溶液（ワニス）は高濃度でも粘度の低い溶液であるほか、溶剤離れが良いために印刷後の乾燥が速いといった点も価格的メリット以外の重要なポイントとなっている。印刷面では耐磨、耐折り曲げ性が弱く、またインキの紙浸透性が強い点などはライムレジンの短所であるが、添加剤を併用して対処される。出版グラビアインキの組成は1960年代に確立し、コスト面からライムレジン、石油樹脂を溶液化したものが定着しており、印刷工場では揮発する溶剤の回収装置の導入が進んでいて、回収溶剤の再使用がシステム化されている。ただし、作業環境改善（3Kイメージ払拭）からくる出版グラビアインキの水性化ニーズはある。グラビアインキではこの他に特殊グラビア印刷があり、プラスチックフィルム、アルミニウムなどに印刷するため、マレイン化ロジンがニトロセルロースとともに使用される場合がある。

5.6 塗料とロジン

　マレイン化ロジンはニトロセルロースラッカーに含まれ、現在も根強い需要があるが、ニトロセルロースラッカーの国産化が昭和の初めであることから古い歴史がある。さらに時代を遡れば、1918年の第一次世界大戦終了により綿火薬用ニトロセルロースの売れ行き不振が起こり、メーカーであったデュポンでは1924年に自動車塗料への用途転換に成功し、ピカピカの塗装が人気を呼びアメリカ合衆国国民の爆発的自動車熱を惹起した事実があるが、ニトロセルロースラッカーは各種の樹脂が併用される塗料の高濃度化に役立っていた。第二次世界大戦後、間もない時期においてもアメリカの高級自動車塗装にはロジン系樹脂が使われており、塗料とロジンのかかわりが古くて強固であることがわかる。防汚塗料は、船底、発電所の水路等にフジツボ、ホヤ、ノリ等の水動植物が繁殖するのを防ぐためのものであり、防汚塗料の機能は塗料に含有される防汚剤が長期に渡って少しづつ海水中へ溶け出すことである。有機スズ系防汚剤が規制され、それらに代るものとしてある種のテルペン化合物（ビサボレン）やジテルペン有機化合物が海洋生物から発見され実用化研究中と伝えられているが、無機防汚剤である亜酸化銅はロジンとともに古くから防汚塗料に使用されるものであって、ロジンが僅かながら水に溶ける(4.3 mg/L)性質が利用されている。

　また、舗装道路の区画線、センターラインなどをホットメルト方式で施工する際にロジン系の樹脂がバインダーとして使われたのは昭和40年代初めの頃からである。しかし、昭和50年代中頃のロジン価格急騰により石油樹脂にマーケットを明渡し、その後も後者の品質アップがあり、この分野でロジン系製品は見られなくなった。

5.7 粘・接着剤、チューインガムとロジン

　ロジン系の樹脂は粘・接着剤に配合するとタック（粘着性）を与える性質がある。粘・接着剤中の他の成分であるゴムなどを改質するので高分子の改質剤の一種と見ることができる。タックの付与剤（タッキファイヤー）としては、ロジン樹脂の他に、ピネン類のオリゴマーであるテルペン樹脂や石油樹脂等があるが、すべて分子量が数百から2～3千程度の物質である。これらのオリゴマーをポリマー（ゴムなど）に配合すると、粘度の低下、可塑剤効果によって被着体との濡れが良くなり、粘着接着がうまく行なわれるようになる。このタッキファイヤー向けロジンは、印刷インキ向けロジンとともに伸びの大きな分野で、アメリカではこの用途向けに使われるロジンの割合が全体の20％を越えるので、インキ用途に次ぐ大きな用途となっている。粘・接着剤分野でも印刷インキと同様にVOC（揮発性有機物質）の規制から脱溶剤化が進んでおり、ホットメルト型や水系接着剤を使用する例も増えてきているが、一番大量に使う天然ゴム系粘・接着剤の製造には溶剤の使用が避けられない。ただし、この場合はグラビア印刷の例でも述べたのと同じように、揮発する溶剤の回収・再利用がシステム化されており、問題の深刻さはそれほどでもない。

　チューインガムは天然樹脂の一種チクルにポリ酢酸ビニルやワックス、ロジンエステル、炭酸カルシウムをベース（20～30％）に甘味料を60～80％と少量のフレーバーを加熱混合してから成形して作られる。これらの配合原料は食品添加物として登録されたものでなければならないのは言うまでもない。チューインガム産業は1869年にアメリカで始まったが、ガムにロジンエステルが使用されたのは1921年からである。日本へは大正時代に輸入されたが、第二次世界大戦後ポピュラーになり、年間3.5万トン以上のガムが販売されている。

表3　チューインガムの組成例

成分	比率 [wt％]
ガムベース	18～30
砂糖	50～70
ブドウ糖	5～10
コーンシロップ	5～20
香料	1～2
栄養素他	0.1～0.5

5.8 ロジンのその他の用途

　先に各国の固有の用途は量的に僅かであると記したが、工業原料としてではなく食品に使うローカルカラー豊かな例もある。例えば、ギリシャの白ワインは、素焼きのつぼや酒樽の漏れを松脂で目止めした昔の風習から発達し、今もギリシャで好まれる松脂風味のローカルワインで、松脂1％を含んでおり、保存効果も良好であり、我が国でも愛好家が増えている。また、フライドポテトは食用油で揚げるが、ロジンの中で丸揚げしたものがアメリカ南部松脂地帯（パインベルト諸州）のローカル料理の一つ、ロジンベークトポテトである。今やアメリカではガムロジン製造業者は1社だけであることは先に記したが、同社によれば全米で50軒のレストランが料理用にロジンを注文してくる。その昔開拓時代の大事な現金収入はロジンであったが、松脂採集労働者はジャガイモをひもで熱いロジンの中につるして料理したものを弁当にした名残であろう。

6 最近の開発動向

　最近10年間（1989～1998年）のロジンの化学変性に関連した出願特許（全216件）を化学的変性のカテゴリー別にまとめると図1のようになる。現在でも、このような比較的単純なエステル化反応や配合技術が研究開発の主対象となっていることがわかる。

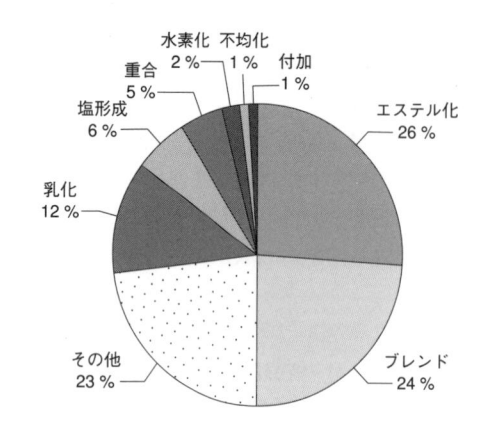

図1　特許の化学変性別分類

図2　特許の用途別分類

　また同様に、主要用途別に分類すると図2のようになっており、インキ用途、粘・接着剤用途、製紙用薬品用途で大部分を占めていることがわかる。全体の62％を日本からの出願が占めているのが注目される。また、全体で47社から出願が行なわれているが、1社当りの平均出願数を見ても日本からのものが34件であり、アメリカの平均2.3件、ヨーロッパの2.9件を大きく上回っており、日本における研究開発が世界的に見ても最も活発に行なわれていることがわかる。

　非石化製品でありながら重要な化学工業原料であるロジンについて主用途を中心に概観した。ロジンの化学については述べる余裕がないが、ロジンの主成分はアビエチン酸を代表とするジテルペンモノカルボン酸で分子量が302という低分子でありながら、分子中のオレフィンとカルボン酸を手掛かりに化学的変性を行なうことにより、いろいろのニーズに適合した化学製品が生み出されていることはこれまで見た通りである。天産物であるロジンは再生可能な資源ということで時代に適合したイメージを持つ。元来北半球の植物であるマツが植林により南半球に広がった歴史を逆に見れば、マツよりも有利な樹種によって置換えられる可能性もある。実際にユーカリが奨励されてマツを抑えている例も見られるが、天然ゴムが合成ゴムを相手に健闘している事実を見るにつけて、マツの品種改良のみならず、ロジンについても特長を生かした高付加価値用途の開拓が続けられることであろう。

7 引用文献

1) D. F. Zinkel *et al.*, 松の化学　生産・化学・用途 (1993).　2) 松尾宏太郎、紙パルプの技術、**16** (4), 20 (1976).　3) J. J. Magrans *et al.*, Forest Chemicals Review, (Sep. Oct.), 10 (1999).　4) 程芝、紙パルプ技術協会誌、**53** (4), 84 (1999).

索　引

化合物名索引 ……………… 310

一般項目索引 ……………… 347

植物名索引 ……………… 362

化合物名索引

9(10→20)abeoabietane, 23
abieta-8,11,13,15-tetraen-18-oic acid, 208
abieta-8,11,13-trien-7β-ol, 185
(13S)-abiet-8(14)-en-13,19-diol, 185
abietic acid, 207
(E)-abisabolene, 207
acankoreoside A, 40
acankoreoside B, 40
(−)-acanthoside B, 271
acanthoside D, 38, 39
acantrifoside A, 41
acerogenin A, 60–62
acerogenin B, 60
acerogenin C, 60, 62
acerogenin D, 60
acerogenin E, 60
acerogenin F, 61
acerogenin H, 61
acerogenin I, 61
acerogenin J, 61
acerogenin K, 60
acerogenin L, 61
aceroside I, 61
aceroside III, 61
aceroside IV, 61
aceroside V, 61
aceroside VI, 61
aceroside VII, 61
aceroside VIII, 61
aceroside IX, 61
aceroside X, 61
aceroside XI, 61
aceroside XII, 61
aceroside XIII, 61
aceteoside, 107
acetovanillone, 177
12-acetoxyamoorastatin, 133
acetoxyaurapten, 233
4β-acetoxybisabola-7(14),10-dien-1β-ol, 125
2β-acetoxy-7(14)-bisabolene-11-ol, 125
4-acetoxy-2,3-bis(3,4,5-trimethoxybenzyl)-1-butanol, 233
(−)-acetoxycollinin, 233
(23Z)-3β-acetoxycycloart-23-en-25-ol, 100
(23Z)-3β-acetoxycycloart-25-en-24-ol, 100
(24RS)-3β-acetoxycycloart-25-en-24-ol, 100
(23R,25R)-3α-acetoxy-9,19-cyclo-9β-lanostan-26,23-olide, 207
(23R)-3α-acetoxy-9,19-cyclo-9β-lanost-24-en-26,23-olide, 207
15-acetoxy-7-deacetoxydihydroazadirone, 129

acetoxyedulinine, 237
8-acetoxyelemol, 187
6α-acetoxy-14β,15β-epoxyazadirone, 128
(23R,25S)-3α-acetoxy-17,23-epoxy-9,19-cyclo-9β-lanostan-26,23-olide, 207
3α-acetoxy-13ζ,14ζ-epoxy-15-formyl-labd-8(17)-en-19-oic acid, 186
12β-acetoxy-20(S),24(R)-epoxy-3α,17,25-trihydroxydammaran-3-O-β-D-(6-O-acetyl)-glucopyranoside, 72
12β-acetoxy-20(S),24(R)-epoxy-3β,17,5-trihydroxydammaran 3-O-β-D-glucopyranoside, 72
11-acetoxyeudesman-4α-ol, 125
1β-acetoxy-3-eudesmen-11-ol, 125
1β-acetoxy-4-eudesmen-11-ol, 125
1β-acetoxy-4(15)-eudesmen-11-ol, 125
6α-acetoxyferruginol, 185
6α-acetoxyfraxinellone, 130
3α-acetoxy-15-hydroxy-labd-8(17),13E-dien-19-oic acid, 186
3α-acetoxy-15-hydroxy-labd-8(17)-en-19-oic acid, 186
3β-acetoxy-22β-hydroxyolean-18-ene, 159
(13S)-15-acetoxylabd-8(17)-en-19-oic acid, 185
11α-acetoxyl-20(S),24(R)-epoxydammaran-3β,11α,25-triol 3-O-β-(2-O-acetyl)-glucopyranoside, 72
N-acetoxymethylflindersine, 233
3β-acetoxyoleanolic acid, 66
8-acetoxyparthenolide, 273
8α-acetoxyparthenolide, 274
acetoxyptelefoliarine, 237
acetoxyschinifolin, 234
3β-acetoxyurs-11-en-13,28-olide, 66, 67
l-N-acetylanonaine, 272
N-acetylanonaine, 233
(−)-N-acetylasimilobine, 270
acetylated rhamnogalacturonan, 35
10-O-acetylaucubin, 106
12-O-acetyl-azedarachin B, 134
7-O-acetyl-5-O-benzoyl-13,15-dihydroxy-3,18-O-dinicotinoyl-14-oxo-lathyrane, 158
3″-O-acetyl-6″-O-trans-caffeoyl-10-hydroxyoleuropein, 260
28-acetyl-3-(E)-coumaroylbetulin, 68
1-acetyl-2-deacetyltrichilin H, 132
1-acetyl-3-deacetyltrichilin H, 132
N-acetyldehydroanonaine, 233
3-O-acetyl-28,28-dimethoxyolean-12-ene, 87

N-acetylhomoveratrylamine, 254
(+)-3′-O-acetylisopteleflorine, 236
(+)-16-acetylkaurane-16,17-diol, 125
2-acetyl-6-methoxynaphtho[2,3-b]furan-4,9-dione, 170
2-acetylnaphtho[2,3-b]furan-4,9-dione, 170
N-acetylnornuciferine, 270
3-acetyl oleanolate, 178
acetyloleanolic acid, 67
3-O-acetyloleanolic acid, 87
3-O-acetyloleanolic aldehyde, 87
7α-acetyloxy-14,15:21,23-diepoxy-4,4,8-trimetyl-D-homo-24-nor-17-oxachola-1,20,22-triene-3,16-dione, 136
3-α-acetyloxy-5-α-pregna-16-one, 170
16-β-acetyloxy-pregn-4,17(20)-trans-diene-3-one, 170
20S-acetyloxy-4-pregnene-3,16-dione, 170
3-α-acetyloxy-5-α-pregn-17(20)-(cis)-en-16-one, 170
10-acetylpatrinoside, 120
3-acetyl-7-phenylacetyl 19-acetoxyingol, 156
2′-O-acetyl salicortin, 286
acetylsalicylic acid, 158
1-acetyl-3-tigloyl-11-methoxymeliacarpinin, 132
12-acetyltrichilin, 130, 131
12-O-acetyltrichilin B, 132
1-acetyltrichilin H, 132
2′-O-acetylverbascoside, 107
aciculatalactone, 85
acrignine-A, 228
acrimarine-N, 228
acteoside, 107, 108, 259
actinodaphnine, 86, 88
(−)-N-actylanonaine, 270
acuminatoside, 254
acutissimin A, 198
acutissimin B, 198
N-acylphenylisoserine, 24
adenosine, 40
adoxoside, 106
adoxosidic acid, 106
Δ^{16}-adynerigenin β-gentiobiosyl-β-D-sarmentoside, 78
adynerigenin β-odorotrioside, 78
Δ^{16}-adynerigenin β-odorotrioside, 78
aesculetin-6-O-β-D-apiofuranosyl-(1-6)-O-β-D-glucopyranoside, 121
afromoshin, 215
afzelin, 56
agatharesinol, 124
agglutinin, 156
ailanindole, 170
ailanquassin A, 170

ailanquassin B, 170
ailanthoidine, 233
ailanthoidiol, 233
ailanthoidol, 233, 235
ailanthone, 170, 171
ailantinol A, 170
ailantinol B, 170, 171
ailantinol C, 170, 171
ailantinol D, 170
akeboside St_b, 18
akeboside St_e, 18
alaschanioside A, 106
alaschanioside C, 106
albiflorin, 203
albizzine A, 214
albizzioside A, 214
albizzioside B, 214
albizzioside C, 214
aldoxoside, 105
alizarin, 12, 13
alizarinprimeveroside, 12
alizarin-2-O-primeveroside, 13
allantoin, 40, 250
alloaromadendrine, 273
2-(4-allyloxy-3,5-methoxyphenyl)-3-(3-methoxy-4,5-methylenedioxyphenyl)propane, 85
alnusdiol-β-D-glucoside, 73
alnusjaponin A, 73
alnusjaponin B, 73
alopecurone A, 214, 217
alopecurone B, 214
alopecurone C, 214
alopecurone D, 214
alopecurone E, 214
alopecurone F, 214
alopecurone G, 214
alpinumisoflavone, 216, 217
amentoflavone, 24, 157
γ-aminobutyric acid, 147, 163
3-amino-1,4-dimethyl-5H-pyrido[4,3-β]indole, 234
ampelopsin-7-glucoside [5,7,3′,4′,5′-pentahydroxydihydroflavonol], 208
amurenine, 254
amygdalin, 39, 179
α-amyrin, 128
β-amyrin, 60, 67
α-amyrin acetate, 159
β-amyrin acetate, 87, 159
β-amyrin acylate, 128
anatolioside E, 120
anethol, 269
trans-anethole, 273

22-O-angelic acid ester-A₁-barrigenol-3-O-[α-L-rhamnopyranosyl (1→2)]-[β-D-glucopyranosyl (1→2)-β-D-galactopyranosyl (1→4)]-β-D-glucuronopyranoside, 144
angustifolioside A, 260
angustifolioside B, 260
angustifolioside C, 260
anhydroharringtonine, 25
anibacinine, 84
anicanine, 84
anolobine, 271
anomallotuside, 159
anomallotusin, 156
anomallotusinin, 156
anomaluol, 159
anonaine, 269, 271, 272
antheroxanthin, 67
anwulignan, 274
aohada-glucoside A, 277
aohada-glucoside B, 277
aohada-glucoside C, 277
aphanastain, 132
apigenin, 107, 117, 141
apigenin 7-glucoside, 141
apigenin 4′-O-β-glucopyranoside, 111
apigenin 7-O-glucuronide, 107
apigenin-7-O-(2G-rhamnosyl)-gentiobioside, 121
apiosylepirhododendrin, 60, 61
apoglazovine, 270
aquillochin, 60
3-O-[α-L-arabinopyranosyl-(1-2)-α-L-arabinopyranosyl]-28-O-β-D-glucopyranosyl-3β-hydroxyolean-12-en-28-oic acid, 277
3-O-α-L-arabinopyranosyl hederagenin 28-O-α-L-rhamnopyranosyl(1-2)-[β-D-xylopyranosyl(1-6)]-β-D-glucopyranosyl ester, 121
arabinose, 129
L-arabinose, 131
arabitol-5-O-(6-O-trans-caffeoyl)-β-D-glucopyranoside, 121
arachidic acid, 107
araliasaponin I, 44
araliasaponin II, 44
araliasaponin III, 44
araliasaponin IV, 44
araliasaponin V, 44
araliasaponin VI, 44
araliasaponin VII, 44
araliasaponin VIII, 44
araliasaponin IX, 44
araliasaponin X, 44
araliasaponin XI, 44
araliasaponin XII, 44
araliasaponin XIII, 44
araliasaponin XIV, 44
araliasaponin XV, 44
araliasaponin XVI, 44
araliasaponin XVII, 44
araliasaponin XVIII, 44
araloside A, 42
araloside B, 42
araloside G, 42
arbutin, 106, 165, 169, 177
arecaidine, 282
arecoline, 280, 282
arizonicanol A, 214
arizonicanol B, 214
arizonicanol C, 214
arizonicanol D, 214
arizonicanol E, 214
artonin E, 100
artonin Q, 100
artonin R, 100
artonin S, 100
artonin T, 100
artonin U, 100
artonin V, 99
artonol A, 99
artonol B, 99
artonol C, 99
artonol D, 99
artonol E, 99
L-asarinin, 234
asarone, 269, 273
aschantin, 270–272
ascorbic acid, 156
asimilobine, 270, 271
aspigenin, 248
astragalin 2″,6″-di-O-gallate (loropetalin D), 223
astragalin 2″-O-gallate, 223
astragalin 6″-O-gallate, 223
atanine, 236
aucubin, 106–108
aurapten, 229, 233
aurein A, 84
aurein B, 84
australone A, 99
austrodimerine, 260
austrosmoside, 260
avicularin, 56
awabukinol, 120
azadirachtin, 129, 131, 137
azadirachtin A, 131, 238
azadirachtolide, 137
azadiradione, 136
azecin 1, 131
azecin 2, 131

azecin 3, 131
azecin 4, 131
azedarachin, 134
azedarachin A, 130, 134
azedarachin B, 130, 136
azedarachin C, 130, 133
azoxymethane, 229

baccatin III, 22, 25
bakerol, 184
baohuoside I, 255
bargustanine, 254
bauerenyl acetate, 41
behenic acid, 249
1,4-benzenedicarboxylic acid 2-methylester, 136
benzoic acid, 59, 288
benzopyrene, 287
benzosimuline, 233
10-benzoylcatalpol, 105
benzoyloxypaeoniflorin, 203
benzoylpaeoniflorin, 203
benzyl benzoate, 85, 86
benzyl butyrate, 66
benzyl 6-O-β-D-glucopyranosyl-1,6-dihydroxy-2,5-cyclohexadienyl carboxylate, 286
benzyl 1-O-β-D-glucopyranosyl-1-hydroxy-6-oxo-2-cyclohexenyl carboxylate, 286
benzyl β-D-glucoside, 177
berbamine, 253, 255
berberine, 232, 233, 253, 255
(−)-berbervirine, 254
α-trans-bergamotenol, 194
bergapten, 231
bernumicine, 254
bernumidine, 254
bernumine, 254
berpodine, 254
berubamunine, 255
betulin, 66–68
betulinaldehyde, 66, 67
betulinic acid, 39, 66–68, 106
bicalein-7-O-β-D-glucoside, 292
bicyclogermacrene, 87
bilindestenolide, 84
bilobetin, 157
1′,2-binaphthalen-4-one-2′,3-dimethyl-1,8′-epoxy-1,4′,5,5′,8,8′-hexahydroxy-5′,8-di-O-β-xylopyranosyl (1→6)-β-glucopyranoside, 67
1′,2-binaphthalen-4-one-2′,3-dimethyl-1,8′-epoxy-1,4′,5,5′,8,8′-hexahydroxy-8-O-β-glucopyranosyl-5′-O-β-xylopyranosyl(1→6)-β-glucopyranoside, 67

biochanin A, 216
biondin C, 270
biondin D, 270
biondinin A, 270
biondinin B, 270
biondinin E1, 270
biondonoid A, 270
biplumbagin, 68
biramentaceone, 66
bisabola-7(14),10-dien-1β,4β-ol, 125
7(14),10-bisaboladien-2-ol, 125
bisabola-7(14),10-dien-1-ol-4-one, 125
7(14),10-bisaboladien-2-one, 125
bisabolane-2α,11-diol, 125
bisabolane-2β,11-diol, 125
1,3,5,7(14),10-bisabolapentaen-2-ol, 125
2,7(14),10-bisabolatrien-1-ol-4-one, 125
7-bisabolene-2β,11-diol, 125
7(14)-bisabolene-2β,11-diol, 125
bisaborosaol E1, 176
bisaborosaol E2, 176
bisaborosaol F, 176
bischavicol, 272
biseselin, 227
bishassanidin, 227
2,3;4,6-bis-O-(S)-hexahydroxydiphenyl-D-gluconoic acid, 247
bis-7-hydroxygirinimbine A, 237
bis-5-hydroxynoracronycine, 228
bis-7-methoxygirinimbine, 237
15,16-bisnor-8,17-epoxy-13-oxolabd-11E-en-19-oic acid, 184
14,15-bisnor-13-oxolabda-8(17),11(E)-dien-19-oic acid, 187
bisnorponcitrin, 227
bisosthenon-B, 227
bisparasin, 227
meso-2,3-bis(3,4,5-trimethoxybenzyl)-1,4-butanediol, 233
blumeanine, 14
blumenol A, 88
boennin, 237
boldine, 86, 88
borneol, 41, 131
bornyl acetate, 222, 269, 272
bornyl 6-O-β-D-xylopyranosyl-β-D-glucopyranoside, 10
bornyl trans-cinnamate, 222
boronialatenolide, 237
boschnaloside, 107
bracteatine, 14
brassinosteroid, 187, 221
brevifolin, 111
brevifolin carboxylic acid, 111

brevifolin carboxylic acid 10-monopotassium sulphate, 111
3-bromoplumbagin, 68
broussoaurone A, 99
broussoflavan A, 99
broussoflavonol E, 99
broussoflavonol F, 99
broussonetine A, 99
broussonetine B, 99
broussonetine I, 99
broussonetine J, 99
broussonetinine A, 99
broussonetinine B, 99
broussonetinine C, 99
broussonetinine D, 99
broussonetinine E, 99
broussonetinine F, 99
broussonetinine G, 99
broussonetinine H, 99
Bu butyrate, 66
budmunchiamine L1, 214
budmunchiamine L2, 214
bugbanoside A, 82
bugbanoside B, 82
bukittinggine, 158
bussein A, 131
3β-butoxy-3,4-dihydroaucubin, 106
butyl isoligustroside, 260
6-O-butylaucubin, 106
6-O-butylepiaucubin, 106

caaverine, 270
cacticin, 61
cadalene, 272
cadambine, 13
α-cadinol, 89
caeruleoside A, 121
caeruleoside B, 121
caeruloside C, 121
3β-caffeateoxolean-12-en-28-oic acid, 72
caffeic acid, 39, 128, 160, 222, 250, 287
caffeoyl CoA, 288
4-(6-O-caffeoyl-β-D-glucopyranosyloxy)-5-hydroxyprenyl caffeate, 277
6″-O-trans-caffeoyl-10-hydroxyoleuropein, 260
5-caffeoyloxy-4-β-D-glucopyranosyloxyprenyl alcohol, 277
3-caffeoylquinic acid, 295
3′-O-caffeoylsweroside, 13
3-O-trans-caffeoyltormentic acid, 179
callunin, 141
(+)-calopiptin, 270
calreticulin-like protein, 158
calystegin B2, 100

camelliasaponin A_1, 144
camelliasaponin A_2, 144
camelliasaponin B_1, 144, 147
camelliasaponin B_2, 144, 147
camelliasaponin C_1, 144, 147
camelliasaponin C_2, 144, 147
camelliatannin A, 144, 147
camelliatannin B, 144
camelliatannin C, 144
camelliatannin D, 144, 147
camelliatannin E, 144
camelliatannin F, 144
camelliatannin G, 144
camelliatannin H, 144
(−)-camoensidine N_{15}-oxide, 214
campesterol, 40, 88, 106, 136
camphene, 41, 222, 272
camphenerene-2,13-diol, 194
camphor, 85, 86, 269, 273, 274
l-camphor, 271
campneoside I, 108
campneoside II, 108
camptothecin, 13
canelilline, 84
canelillinoxine, 84
cannogenin-β-cellobiosyl-β-D-cymaroside, 78
cannogenin-β-cellobiosyl-β-D-oleandroside, 78
cannogenin-β-gentiobiosyl-β-D-cymaroside, 78
cannogenin-β-D-glucosyl-β-D-digitaloside, 78
cannogenol-β-D-glucosyl-β-D-cymaroside, 78
canthin-2,6-dione, 170
canthin-6-one, 170, 232
canthin-6-one-3-N-oxide, 170
capitelline, 13
capric acid, 86, 248, 280, 282
capronic acid, 282
caprylic acid, 282
capsenolactone I, 135
capsenolactone II, 135
carapolide C, 130
carapolide D, 130
carapolide E, 130
carapolide F, 130
carapolide G, 130
carapolide H, 130
2-carbethoxybiochanin A, 216
β-carboline-1-propionic acid, 170
trans-2-carboxy-4-hydroxytetrahydrofuran-N,N-dimethylamide, 160
carota-1,4-dienaldehyde, 177
carotarosal A, 176
β-caroten, 141
α-carotene, 67, 281, 283
β-carotene, 67, 198
9-cis β-carotene, 69

γ-carotene, 281, 283
carpinusin, 73
carpinusnin, 73
carvacrol, 85, 89, 187
caryolanemagnolol, 272
caryophyllene, 222, 272
β-caryophyllene, 86, 87, 273, 274
α-caryophyllene alcohol, 86
caryophyllene oxide, 86, 89, 272, 273
caryoptoside, 107
cassameridine, 89
castacrenin A, 93, 196
castacrenin B, 93, 196
castacrenin C, 93, 196
castacrenin D, 197
castacrenin E, 197
castacrenin F, 197
castacrenin G, 197
castalagin, 196, 197, 199
castalin, 196
castaneanin A, 196
castaneanin B, 196
castaneanin C, 196
castaneanin D, 196
castanopsinin, 196
catalpol, 106, 107
catechin, 67, 136, 176, 178, 222
(+)-catechin, 178, 223, 282
catechin 7-O-β-D-apiofuranose, 173
caulophyllogenin, 43
cedranediol, 187
cedrelone, 128, 129
(+)-α-cedrene, 208
cedr-3-en-15-ol, 185
cembrene, 170
cephalomanine, 22, 24
cephalotaxine, 25
cerbinal, 11
cerotic acid, 281
cerotic acid ceryl ester, 282
cerotic acid melissyl ester, 283
chaenomeloidin, 286
chamaecydin, 125
chamigrenal, 274
α-chamigrene, 274
β-chamigrene, 274
chaohuoside A, 254
chaohuoside B, 254
chaparrinone, 171
chavicol, 272
chebulagic acid, 158
chelerythrine, 234
chiisanoside, 40
chikusetsusaponin IV, 42
chikusetsusaponin IVa, 42

chinanoxal, 185
chinensiol, 185
chlorogenic acid, 10, 38, 39, 41, 128, 158, 160, 176–179, 223, 250, 296
cholest-4-ene-3-one, 170
cholesterol, 111, 283
choline, 270
chromone, 213
chrysanthoside, 116
chrysene, 287
chrysin, 177, 287
chrysoeriol, 107
chrysoeriol 7-O-glucuronide, 107
ciculatalactone, 85
cinamodiol, 132
cinchonain Ia, 196
cinchonain Ib, 196
cinchonain Ic, 196
cinchonain Id, 196
cineole, 86, 268, 269
1,8-cineole, 86, 87, 271, 273
cinnamaldehyde, 85, 89
trans-cinnamaldehyde, 85
cinnamic acid, 59
trans-cinnamic acid, 88
cinnamophilin, 84
1-cinnamoyl-3-acetyl-11-methoxymelia-carpinin, 130, 131, 133
($5\alpha R^*, 6R^*, 9R^*, 9\alpha S^*$)-4-cinnamoyl-3,6-dihydroxy-1-methoxy-6-methyl-9-(1-methylethyl)-5α,6,7,8,9,9α-hexahydrodibennzofuran, 83
1-O-trans-cinnamoyl-β-D-glucopyranose, 142
1-cinnamoyl-3-hydroxy-11-methoxymelia-carpinhin, 133
2'-cinnamoylsalicortin, 286
6'-O-β-(E)-cinnamoylverbascoside, 260
cinnamrutinose A, 287
cinnamrutinose B, 287
trans-cinnamyl acetate, 86
cinnamyl alcohol, 88
cinnamyl cinnamate, 222, 223
cistanoside D, 108
citbismine-A, 228
citbismine-B, 228
citbismine-C I, 228
citbismine-I, 228
citonellal, 86
citracridone III, 228
citral, 88, 268, 269, 271
citral-a, 273
citral-b, 273
citric acid, 156, 274
citric acid 2-methyl ester, 55
citronellal, 86, 87, 89, 234

citronellol, 86, 234
citroside A, 297
citrusin, 169
ciwujianoside A1, 39
ciwujianoside A2, 39
ciwujianoside A3, 39
ciwujianoside A4, 39
ciwujianoside B, 39
ciwujianoside C1, 39
ciwujianoside C2, 39
ciwujianoside C3, 39
ciwujianoside C4, 39
ciwujianoside D1, 39
ciwujianoside D2, 39
ciwujianoside D3, 39
ciwujianoside E, 39
clausamine A, 237
clausamine B, 237
clausamine C, 237
clauszoline A, 237
clauszoline B, 237
clauszoline C, 237
clauszoline D, 237
clauszoline E, 237
clauszoline F, 237
clauszoline G, 237
clauszoline H, 237
clauszoline I, 237
clauszoline J, 237
clauszoline K, 237
clauszoline L, 237
clauszoline M, 237
clemaine, 82
clemastanin A, 81
clemastanin B, 81
clemastanoside A, 81
clemastanoside B, 81
clemastanoside C, 81
clemastanoside D, 81
clemastanoside E, 81
clemastanoside F, 81
clemastanoside G, 81
clematichinenol, 81
clematichinenoside A, 81
clematichinenoside B, 81
clematichinenoside C, 81
clematine, 82
clemochinenoside, 81
clemontanoside C, 82
clemontanoside E, 82
clemontanoside F, 82
cleomiscosin, 60
clovanemagnolol, 272
cnidioside B, 169
coccinoside A, 176

coccinoside B, 176
collinin, 233, 234
colonbamine, 255
colosolic acid, 248
concinnamide, 215
concinnoside A, 215
concinnoside B, 215
concinnoside C, 215
concinnoside D, 215
concinnoside E, 215
congmuyenoside A, 42
congmuyenoside B, 42
conifegerol, 233
coniferin, 39
coniferyl alcohol, 59
coniferyl alcohol 1,3'-di-O-β-D-glucopyranoside, 260
coniferyl aldehyde, 39, 170
coptisine, 232
corchoionoside A, 113
corchoionoside B, 113
corchoionoside C, 113
corchorifatty acid A, 113
corchorifatty acid B, 113
corchorifatty acid C, 113
corchorifatty acid D, 113
corchorifatty acid E, 113
corchorifatty acid F, 113
coriariin G, 163
coriariin H, 163
coriariin I, 163
coriariin J, 163
corilagin, 111, 157
corydine, 88
corynoxine, 14
corynoxine B, 14
costunolact-12β-ol, 273
costunolact-12β-olのダイマー, 273
costunolide, 271, 273, 274
β-cotonefuran, 176
δ-cotonefuran, 176
ε-cotonefuran, 176
γ-cotonefuran, 176
p-coumaric acid, 35, 39, 67, 106, 170
p-coumaroylarabinoxylan, 35
6''-O-trans-p-coumaroyl-10-hydroxyoleuropein, 260
3-p-coumaroylquinic acid, 295
p-coumaryl alcohol, 59
7-p-coumarylpatrinoside, 120
cresol, 198
crocetin, 10
crocin, 10, 11
cryptomeridiol, 272
cryptoquinonemethide D, 125

cryptoquinonemethide E, 125
cryptoxanthin, 67
cubebaol, 86
cucurbitacin D, 71
α-curcumene, 41
cyanidin 3-O-(6-O-E-p-coumaroyl-2-O-β-D-xylopyranosyl-β-D-glucopyranoside, 120
cyanidin 3-O-[6-O-(E-p-coumaroyl-2-O-(β-D-xylopyranosyl)-β-D-glucopyranoside]-5-O-β-D-glucopyranoside), 121
cyanidin 3-O-(6-O-Z-p-coumaroyl-2-O-β-D-xylopyranosyl)-β-D-glucopyranoside)-5-O-β-D-glucopyranoside, 120
cyanidin 3,5-diglucoside, 111
cyanidin 3-galactoside, 44
cyanidin 3-O-[2″-O-(galloyl)-β-D-glucoside], 61
cyanidin 3-O-[2″-O-(galloyl)-6″-O-(α-L-rhamnopyranosyl)-β-D-glucoside], 61
cyanidin 3-glucoside, 111
cyanidin 3-O-lathyroside, 44
cyanidin 3-O-[β-D-xylopyranosyl-(1→2)-β-D-galactopyranoside], 43
cyanidin 3-O-[2″-O-(β-D-xylopyranosyl)-6″-O-(α-L-rhamnopyranosyl)-β-D-glucopyranoside], 61
9,19-cycloanostane-3,24-dione, 10
9,19-cycloanost-24-ene-3,23-dione, 10
cyclocolorenone, 271
cycloeucalenol, 136
5α,7α(H)-6,8-cycloeudesma-1β,4β-diol, 271
5α,7α(H)-6,8-cycloeudesmane-1β,4β-diol, 271
cyclogossine A, 156
cyclogossine B, 156
cyclohex-2-ene-1-one, 88
(+)-cyclolariciresinol, 274
(+)-cycloolivil 6-β-D-glucopyranoside, 260
cyclooxygenase, 117
cyclopropane protolimonoid glabretal, 129
cylindrin methyl ether, 282, 283
p-cymene, 87, 271
(−)-12-cytisineacetoamide, 213

DAB, 100
daidzein, 216
dammararendiol II-3-O-caffeate, 72
dammar-24-en-12β-O-acetyl-20(S)-ol-3-one, 73
dammarenendiol II-3-O-coumarate, 72
dammar-24-en-3,11α,20(S)-triol-3-O-β-D-(2-O-acetyl)-glucopyranoside, 72
dammar-24-en-3β,20(S),26-triol-3-O-caffeate, 72
dammar-24-en-3β,20(S),26-triol-3-O-p-coumarate, 72

damnacanthal, 13
damnacanthol, 13
daphkoreanin, 116
Daphne factor P1, 115
Daphne factor P2, 115
daphneside, 116
daphneticin, 116
daphnetin-8-glucoside, 116
daphnetin-8-methyl ether, 296
daphnin, 116
daphnodorin A, 117
daphnodorin B, 116, 117
daphnodorin C, 117
daphnodorin E, 116
daphnodorin F, 116
daphnodorin G, 116
daphnodorin H, 116
daphnodorin I, 116
daphnodorin J, 116
daphnodorin K, 116
daphnodorin L, 116
daphnoretin, 116
daucenal, 176
daucosterol, 38
davidianone A, 173
davidianone B, 173
davidianone C, 173
7-deacetoxy-7-oxogedunin, 136
deacetoxypendlic acid, 73
12-deacetoxytoonacillin, 128
deacetylasperulosidic acid Me ester, 11
12-deacetylbaccachin III, 24
10-deacetylbaccatin III, 22, 23, 25
3β-deacetylfissinolide, 136
7-deacetylgedunin, 136
deacetylnomilin, 229
deacetylnomilinic acid, 229
deacetylsalannin, 131, 134
28-deacetylsendanin, 132, 134, 135
29-deacetylsendanin, 132
1,12-deacetyltrichilin B, 132
3-deacetyltrichilin H, 132
12-deacetyltrichilin I, 132
deacyllasrine, 271
8-debenzoylpaeoniflorin, 203
decaisoside A, 19
decaisoside B, 19
decaisoside C, 19
decaisoside D, 19
decaisoside E, 19
decanal, 86, 87
decipidone I, 158
decipinone, 158
1-deglucosylpenstemonosidic acid glucoside, 106

deguelin, 216
dehydroabietic acid, 208
dehydrobruceatin, 170
11,13-dehydrocompressanolide, 271
trans-dehydrocrotonin, 157
11,12-dehydrodaucenal, 176
11,12-dehydrodaucenoic acid, 176
3-dehydro-6-deoxoteasterone, 187
dehydrodicentrine, 89
dehydrodiconiferyl alcohol, 39
dehydrodiconiferyl alcohol 4-O-β-D-glucopyranoside, 39
dehydroevodiamine, 235
dehydrofalcarindiol, 43
dehydrofalcarindiol-8-acetate, 43
dehydroglaucine, 270
dehydrohydrangenol, 297
7-dehydrologanin, 245
dehydromorroniaglycon, 245
dehydrophyllodulcin, 297
12-dehydroporson, 291
dehydropuntarenine, 254
dehydro-γ-sanshool, 234
dehydrosaulatine, 254
Δ^5-dehydrosugiol methyl ether, 185
delphinidin 3,5-O-diglucoside, 111
delphinidin 3-O-glucoside, 111, 295
demesticine, 253
demethoxyaschantin, 270
(−)-10-demethylcryptostoline, 272
(+)-4′-O-demethylepimaagnolin A, 87
7-O-demethylisothalicberine, 255
5-O-demethylnobiletin, 228
(−)-3-O-demethylatein, 185
(−)-4-O-demethylatein, 186
(+)-dendroarboreol A, 44
(+)-dendroarboreol B, 44
densiberine, 254
densinine, 254
3-deoxohirsutanonol-5-O-(6-O-β-D-apiosyl)-β-D-glucopyranoside, 73
3-deoxohirsutanonol-5-O-β-D-glucopyranoside, 73
6-deoxytyphasterol, 187
deoxyazadirachtolide, 137
6-deoxycatalpol, 107
7-deoxy-8-epiloganic acid, 107
deoxyharringtonine, 22, 25
1-deoxy-3-methacrylyl-11-methoxymeliacarpinin, 133
deoxynojirimycin, 100
deoxypaeonisuffrone, 203
4-deoxyphorbol 12-(2,4-decadienoate) 13-isobutyrate, 157

4-deoxyphorbol 12-(2,4,6-decatrienoate) 13-isobutyrate, 157
deoxypodophyllotoxin, 187
deoxypumiloside, 13
deoxyschizandrin, 274
(+)-deoxyschizandrin, 270, 274
1-deoxy-3-tigloyl-11-methoxycarpinin, 131
1-deoxy-3-tigloyl-11-methoxymeliacarpinin, 132
15-desacetylundulatone, 171
desacylescin I, 166
desacylescin II, 166
13,14-desepoxyazadirachtin A, 137
desgalloyl theaflavonin, 144
28-desglucosyl-IV, 42
10-desmethyl-1-methyl-eudesmane, 85
1-detigloyl-1-isobutylsalannin, 134
1α,7α-diacetoxy-3α-benzoxy-17α-20S-21,24-epoxy-24R-methoxyapotirucall-14-ene-25-ol, 133
1α,7α-diacetoxy-3α-benzoxy-17α-20S-21,24-epoxy-24S-methoxyapotirucall-14-ene-25-ol, 133
3α,15-diacetoxylabd-8(17)-en-19-oic acid, 186
2′,3′-diacetylisovalerosidate, 120
3,12-diacetyl-8-nicotinyl-7-phenylacetyl 19-acetoxyingol, 156
3,12-diacetyl-7-phenylacetyl 19-acetoxyingol, 156
diacetyltigloylmethoxyingol, 159
1,12-diacetyltrichilin B, 130
1,12-di-O-acetyltrichilin B, 132
7,12-diacetyltrichilin B, 131
5,15-O-diacetyl-3,7,14-O-trinicotinoyl-17-hydroxymyrsinol, 158
2′,3′-diacetylvalerosidate, 120
8,8′-diapocarotene-8,8′-dioic acid, 10
dicaffeoylquinic acid, 38, 39
3,5-di-O-caffeoylquinic acid, 178
dicentrine, 89
d-dicentrine, 89
dicentrinone, 89, 271
dictamnine, 233
(3S,8S)-(+)-16,17-didehydrofalcarindiol, 44
(3S)-(+)-16,17-didehydrofalcarinol, 44
4,20-dideoxy-5ζ-hydroxyphorbol 12-benzoate 13-isobutyrate, 157
4,20-dideoxy-5ζ-hydroxyphorbol 12,13-diisobutyrate, 157
4,20-dideoxyphorbol 12-benzoate 13-isobutyrate, 156, 157
2,2′-diethoxy-isodiospyrin, 67
2,3′-diethoxy-isodiospyrin, 67
3,2′-diethoxy-isodiospyrin, 67

3,3′-diethoxy-isodiospyrin, 67
5,5′-di-α-furaldehydic di-Me ether, 245
1,6-di-O-galloyl-β-D-glucose, 223
2,5-di-O-galloyl-(S)-hexahydroxydiphenoxy-
    gluconic acid, 247
digentiobiosyl 8,8′-diapocarotene-8,8′-dioate,
    11
digitoxigenin
    β-gentiotriosyl-(1→4)-β-D-digitaloside, 78
digitoxigenin α-oleatrioside, 78
6,8-di-C-β-glucosyldiosmin, 231
1,2-diguaiacylpropane-1,3-diol の 1-methyl
    ether, 43
dihydrobungeanool, 234
dihydrocatalpolgenin, 106
dihydrodehydrodiconiferyl alcohol, 39
cis-dihydrodehydrodiconiferyl alc., 125
dihydroevocarpine, 236
(E)-2,3-dihydrofarnesal, 227
6″R,7″-dihydro-10-O-foliamenthoylaucubin,
    105
2R,3R-dihydrogossypetin 7,8-dimethyl ether,
    141
meso-dihydroguaiaretic acid, 84
2,3-dihydro-9-hydroxy-2-[1-(6-feruloyl)-β-D-
    glucosyloxy-1-methylethyl]-7H-
    furo[3,2γ][1]-benzopyran-7-one, 237
(2R,3R)-2,3-dihydro-7-hydroxy-2-(4′-
    hydroxy-3′-methoxyphenyl)-3-hydroxy-
    methyl-5-benzofuranpropanol-4′-O-(3-O-
    methyl-α-L-rhamnopyranoside, 208
dihydrojavanicin Z, 170
dihydrojusmine, 260
dihydromyricetin 3′-glucoside, 141
2R,3R-dihydroquercetin, 141
dihydroresveratorol, 296
dihydroroseoside, 73
2′,3′-dihydrosalannin, 134
6,12-dihydroxyabieta-5,8,11,13-tetraen-7-one,
    125
7α,15-dihydroxyabieta-8,11,13-trien-18-al,
    208
7α,18-dihydroxyabieta-8,11,13-triene, 207
3β,12-dihydroxyabieta-8,11,13-triene-1-one,
    185
11,14-dihydroxy-8,11,13-abietatrien-7-one,
    184
15,18-dihydroxyabieta-8,11,13-trien-7-one,
    208
7,14-dihydroxyalamenene, 136
3,4-dihydroxybenzoic acid, 67
6,13-dihydroxybisabola-2,10-diene, 194
7,13-dihydroxybisabola-2,10-diene, 194
1,5-dihydroxy-1,3,5-bisabolatrien-10-one, 135
6,12-dihydroxybisabol-2,10-diene, 194

7,13-dihydroxybisabol-2,10-diene, 194
8α,12-dihydroxycedrane, 185
5,7-dihydroxychromone, 177
5,7-dihydroxychromone-7-neohesperidoside,
    170
12,15-dihydroxydehydroabietic acid, 208
3,6-dihydroxy-1,7-dihydroxymethyl-9-
    methoxyphenanthrene, 160
3,6-dihydroxy-1,7-dimethyl-9-methoxy-
    phenanthrene, 160
7-(5′,6′-dihydroxy-3′,7′-dimethylocta-2′,7′-di-
    enyloxy)-coumarin, 234
7-[(6,7-dihydroxy-3,7-dimethyl-2E-octenyl)-
    oxy]coumarin, 230
20,26-dihydroxyecdysone, 106
(14R)14,15-dihydroxy-8,13-epoxy-labdab-19-
    oic acid, 186
(14S)14,15-dihydroxy-8,13-epoxy-labdab-19-
    oic acid, 186
3,6-dihydroxy-1-hydroxymethyl-9-methoxy-7-
    methylphenanthrene, 160
3,6-dihydroxy-7-hydroxymethyl-9-methoxy-1-
    methylphenanthrene, 160
2β,16α-dihydroxykauran-19-oic acid, 41
ent-16α,17-dihydroxykauran-19-oic acid, 40
12,15-
    dihydroxylabda-8(17),13-dien-19-oic acid,
    184
3α,15-dihydroxy-labd-8(17)-en-19-oic acid,
    186
8,15-dihydroxy-labd-13E-en-19-oic acid, 185
3,20-dihydroxylupane, 55
20,28-dihydroxylupane-3-one, 55
3,16-dihydroxylup-20(29)-ene, 55
(6S,7E,9R)-6,9-dihydroxy-4,7-
    megastigmadien-3-one 9-O-[α-L-arabino-
    pyranosyl-(1-6)-β-D-glucopyranoside], 121
6,12-dihydroxy-11-methoxyabieta-5,8,11,13-
    tetraen-7-one, 125
6α,11-dihydroxy-12-methoxyabieta-8,11,13-
    trien-7-one, 125
2,4-dihydroxy-6-methoxyacetophenone, 160
2′,6′-dihydroxy-4′-methoxychalcone, 287
2′,6′-dihydroxy-4′-methoxydihydrochalcone,
    86, 287
(3R)-3,5′-dihydroxy-4′-methoxy-3′,4′-oxo-1,7-
    diphenyl-1-hepten, 73
(2R,3R)-8-[(R and S)-2,3-dihydroxy-3-
    methylbutyl]-3,4′,5-dihydroxyflavanone 7-
    O-β-D-glucopyranoside, 232
8-(2,3-dihydroxy-3-methylbutyl)-7-
    methoxycoumarin, 230
8[(R and S)-2,3-dihydroxy-
    3-methylbutyl]-2,4′,5-trihydroxyflavone 7-
    O-β-D-glucopyranoside, 232

7-(2′,6′-dihydroxy-7′-methyl-3′-methylene-octa-7′-enyloxy)-8-methoxycoumarin, 234
4,8-dihydroxynaphthalene 1-O-β-D-glucoside, 94
3β,28-dihydroxy-12-oleanene-1-one, 120
3β,28-dihydroxy-12-oleanene-11-one, 120
8,15-dihydroxy-14-oxo-labd-13(16)-en-19-oic acid, 185
6α,13β-dihydroxy-7-oxoabieta-8(14)-en-19-al, 185
3α,15-dihydroxy-14-oxo-labd-8(17),13(16)-dien-19-oic acid, 186
β-(3′,4′-dihydroxyphenyl)ethyl-O-α-D-glucopyranoside, 107
N-(2′,5′-dihydroxyphenyl)-pyridinium chloride, 111
3,4′-dihydroxy-propiophenon-3-(6-caffeoyl)-β-D-glucopyranoside, 73
4-(2,3-dihydroxypropyl)-2,6-dimethoxyphenyl-β-D-glucopyranoside, 260
7,8-dihydroxyrutaecarpine, 232
(1R)-1,11α-dihydroxy-3,4-seco-lupa-4(23),20(29)-diene-3,28-dioic acid 3,11-lactone 28-O-α-L-rhamnopyranosyl-(1→4)-β-D-glucopyranosyl-(1→6)-β-D-glucopyranoside, 41
7,4′-dihydroxy-5,6,8,3′-tetramethoxyflavone, 228
4,4′-dihydroxytruxillic acid, 35
1,2-di-O-α-linolenoyl-3-O-β-galactopyranosyl-sn-glycerol, 229
4′,4′′′di-O-Me cupressuflavone, 160
2,6-dimethoxybenzoquinone, 170
2,6-dimethoxy-1,4-benzoquinone, 66, 295
2,6-dimethoxy-p-benzoquinone, 38
3,6-dimethoxy-2-(3′,5′-dimethoxy-4′-hydroxyphenyl)-8,8-dimethyl-4H,8H-benzo [1,2-β:3,4-β′] dipyran-4-one, 68
6,8-dimethoxy-7-hydroxycoumarin, 271
3,4-dimethoxy-5-hydroxyphenol-1-O-β-D-glucopyranoside, 73
2,2′-dimethoxyisodiospyrin, 68
2,3′-dimethoxyisodiospyrin, 68
3,2′-dimethoxyisodiospyrin, 68
3,3′-dimethoxyisodiospyrin, 68
5,5′-dimethoxylariciresinol, 43
5,7-dimethoxy-8-[(Z)-3′-methylbutan-1′,3′-dienyl]coumarin, 237
5,7-dimethoxy-3′4′-methylenedioxyflavan-3-ol,4′-hydroxy-5,7,3′-trimethoxyflavan-3-ol, 84
4,17-dimethoxy-2-oxatricyclo[13.2.2.13,7]eicosa-3,5,7(20),15,17,18-hexaene-10(R)-ol, 93

2,6-dimethoxyphenol, 198
3,5-dimethoxyphenol, 22
3,4-dimethoxyphenyl-2-O-(3-O-methyl-α-L-rhanopyranosyl)-β-D-glucopyranoside, 208
3,3′-di-O-methylellagic acid 4-O-β-L-rhamnopyranosyl-(1→4)-β-D-glucopyranoside, 68
5,5′-dimethyllariciresinol 4′-O-β-glucopyranoside, 232
2′,4′-dimethylmorin, 84
(−)-(E)-2(4′,8′-dimethylnona-3′,7′-dienyl)-2,8-dimethyl-3,4-dihydro-2H-1-benzopyran-6-ol, 85
6β-O-(2,8-dimethyl-[2E,6E]-octadienoyl)-boschnaloside, 106
6-O-(2,8-dimethyl-[2E,6E]-octadienoyl)-penstemoside, 106
3′,4′-dimethylquercetin, 84
3,14-O-dinicotinoyl-5,15-O-diacetyl-7-O-benzoyl-17-hydroxymyrsinol, 158
3,14-O-dinicotinoyl-5,15-O-diacetyl-7-O-iso-butyryl-17-hydroxymyrsinol, 158
5,14-O-dinicotinoyl-8-O-iso-butyryl-3,10,15-O-triacetyl-cyclomyrsinol, 158
3,14-O-dinicotinoyl-5,15,17-O-triacetyl-7-O-iso-butyryl-17-hydroxymyrsinol, 158
dioleylpalmitol-glycerol, 282
dioslupecin A, 67
diosmetin 7-O-β-D-xylopyranosyl-(1→6)-β-D-glucopyranoside, 117
diosmin, 229, 231
diospyrin, 66
diospyrolide, 68
diosquinone, 66, 68
dioxinoacrimarine-A, 228
1,3-dioxototarol, 185
8,13-dioxo-14,15,17-trinorlabdan-19-oic acid, 125
2,4-di-O-palmitoyl-1-O-(3-β-O-palmitoyloleanonyl)-α-L-arabinopyranose, 259
5,5′-2-dipropenyl-2-hydroxy-3,2′,3′-trimethoxy-1,1′-biphenyl, 272
4,4′-di-2-propenyl-3,2′,6′-trimethoxy-1,1′-diphenyl ether, 272
di-O-punicyl-O-octadeca-8Z,11Z,13E-trienyl-glycerol, 111
(3S)-(+)-diynene, 44
docetaxel, 22
1-docosanol tetradecanoate, 84
docosanyl ferulate, 88
dodecanal, 87
(3S,2E)-2-(11-dodecanylidene)-3-methoxy-4-methylenebutanolide, 87
11-dodecenal, 87

(3S,2E)-2-(11-dodecynylidene)-3-methoxy-4-
　　methylenebutanolide, 87
domohinone, 160
n-dotriacontanol, 158
dracoalban, 283
dracoflavan-B1, 283
dracoflavan-B2, 283
dracoflavan-C1, 283
dracoflavan-C2, 283
dracoflavan-D1, 283
dracoflavan-D2, 283
draconol, 283
dracoresinotannol benzoate, 283
dracorhodin, 283
dracorsene, 283
dracorubin, 283
dregeana 4, 135
droserone, 68
α-duprezianene, 186
β-duprezianene, 186
durupcoside A, 42
durupcoside B, 42

echinacoside, 108, 273
echinocystic acid, 43
edgeworoside C, 116
8,11-eicosadienoic acid, 41
ekeberinne, 131
ekurgolactone, 131
elaeocarpusin, 60
elatoside A, 42
elatoside B, 42
elatoside C, 42, 43
elatoside D, 42
elatoside E, 42
elatoside F, 42
elatoside G, 43
elatoside H, 43
elatoside I, 43
elatoside J, 43
elatoside K, 43
elem-1-en-4,11-diol, 125
β-elemene, 87, 273
δ-elemene, 273
elemicin, 273, 274
elemol, 273
eleutheroside A, 38, 40
eleutheroside B, 38–40
eleutheroside B1, 38
eleutheroside B′ (B1), 40
eleutheroside C, 40
eleutheroside D, 38, 40
eleutheroside E, 38–40, 45
eleutheroside I, 39
eleutheroside K, 39

eleutheroside L, 39
eleutheroside M, 39
ellagic acid, 60, 111, 247
elliptinone, 68
elliptoside A, 216
elliptoside B, 216
elliptoside C, 216
elliptoside D, 216
elliptoside E, 216
elliptoside F, 216
elliptoside G, 216
elliptoside H, 216
elliptoside I, 216
elliptoside J, 216
endiandric acid A, 85
endiandric acid B, 85
endiandric acid C, 85
(−)-enshicine, 274
entilin C, 130
entilin D, 129
epicatechin, 67
(−)-epicatechin, 143, 165, 178, 282
epicatechin gallate, 67, 146
(−)-epicatechin gallate, 143
(−)-epicatechin-3-O-gallate, 147, 223
10-epi-cubebol, 184
7-epi-4-eudesmene-1β,11-diol, 125
epieudesmin, 271
(+)-epieudesmin, 271
7-epi-γ-eudesmol, 125
epifragensin, 271
epigalbacin, 274
(−)-epigallocatechin, 143
epigallocatechin gallate, 67, 146
(−)-epigallocatechin gallate, 143, 146
(−)-epigallocatechin-3-O-gallate, 145, 147
epigomisin, 270, 274
8-epiloganic acid, 106, 107
(−)-4-epi-lyoniresinol 3α-O-β-D-glucopyrano-
　　side, 237
epimagnolin, 271, 272
(+)-epimagnolin A, 271
epimedin C, 255
epirhododendrin, 60–62
epirugosal D, 176
3-episapelin A, 130
episclareolic acid, 185
episesamin, 271
epi-vogeloside, 297
(24R)-24,25-epoxybutyrospermol, 144, 147
(24S)-24,25-epoxybutyrospermol, 144, 147
(20S)-18,20-epoxycannogenin-β-D-
　　cymaroside, 79
epoxyconiferyl alcohol, 261

20(S),24(R)-epoxydammaran-24-en-3β,11α,20(S)-triol-3-O-β-D-(O-acetyl)-glucopyranoside, 72
20(S),24(R)-epoxydammaran-3β,11α,25-triol-3-β-D-glucopyranoside, 72
epoxydaucenal A, 176
epoxydaucenal B, 176
11α,12α-epoxy-3β,23-dihydroxy-30-norolean-20(29)-en-28,13β-olide, 203
9α,11-epoxy-1βH,5αH,7βH-guaia-3,10(14)-diene, 186
7α,8α-epoxy-6α-hydroxyabieta-9(11),13-dien-12-one, 125
13β,14β-epoxy-4-hydroxy-19-norabiet-7-en-6-one, 185
ent-8,13β-epoxylabd-14-en-19-ol, 208
2,19-epoxy meliavosin, 135
(Z)-9,10-epoxynonacosane, 176
13,28-epoxy-11-oleanene-3-one, 120
13ζ,14ζ-epoxy-15-oxo-labd-en-19-oic acid, 186
epoxyprieuriannin, 129
(20R)-18,20-epoxystrophanthidin-β-D-cymaroside, 79
(20S)-18,20-epoxystrophanthidin-β-D-cymaroside, 78
eptin G, 235
eremophila-10,11-diene-7α,13-diol, 106
eriocitrin, 231
eriodictyol, 94
eriodictyol 4'-O-methyltransferase, 229
eriodictyol 7-rutinoside, 231
erubescenone, 10
erubigenin (3β,23,24-trihydroxyolean-12-en-28-oic acid), 10
erythritol-1-O-(6-O-trans-caffeoyl)-β-D-glucopyranoside, 121
erythrococcamide A, 238
erythrococcamide B, 238
erythrococcamide C, 238
erythrodiol, 178
erythrodiol 3-acetate, 87
escin, 166
escin Ia, 165
escin Ib, 165
escin IIa, 165
escin IIb, 165
escin IIIa, 165
esculin, 165, 166
estradiol, 111
estragol, 268
estridiol, 111
estriol, 283
estrone, 111
esulatin A, 158
esulatin B, 158

esulatin C, 158
Et butyrate, 66
Et gallate, 160, 221
2'-ethoxyisodiospyrin, 68
3-ethoxyisodiospyrin, 68
3'-ethoxyisodiospyrin, 68
2-ethoxy-7-methyljuglone, 66
3-ethoxy-7-methyljuglone, 66
1-ethyl-β-carboline, 170
(24S)-24-ethyl-cholestane-3α,5α,6β-triol, 234
(24S)-24-ethylcholest-4-ene-1β-ol-3-one, 85
(24S)-24-ethylcholest-4-ene-6β-ol-3-one, 85
24Z-ethyldidene-24-dihydroparkenol, 215
ethyl E-p-hydroxycinnamate, 270
ethylidene-6,6'-biplumbagin, 68
24Z-ethylidenelanost-8-en-3β-ol, 85
24Z-ethylidenelanost-8-en-3-one, 83
2-ethylisomenthone, 184
ethylleptol A, 235
ethylleptol B, 235
(+)-2-ethylmenthone, 184
1-ethyl-4-methoxy-β-carboline, 170
etoposide, 253, 255
eudesmane-5α,11-diol, 125
3-eudesmene-1β,11-diol, 125
4-eudesmene-1β,11-diol, 125
eudesmin, 271, 272
(+)-eudesmin, 272
α-eudesmol, 269, 272
β-eudesmol, 269, 272
γ-eudesmol, 272
ε-eudesmol, 272
eudesobovatol A, 272
eudesobovatol B, 272
eugenol, 85, 88, 144, 268, 271, 273, 287
Euphorbia factor N_1, 157
Euphorbia factor N_2, 157
euphroside, 107
eusiderin A, 84
eutigoside A, 144
eutigoside B, 144
eutigoside C, 144
evocarpine, 236
evodiamine, 235, 236
[^{3}H]evodiamine, 236
evodoulone, 130
evolitrine, 235
excelsin, 171
excelsioside, 260
exiguachromone B, 213
exiguaflavanone A, 213
exiguaflavanone B, 213
exiguaflavanone D, 217
exiguaflavanone G, 213
exiguaflavanone H, 213

exiguaflavanone I, 213
exiguaflavanone J, 213
exiguaflavanone K, 213
exiguaflavanone L, 213
exiguaflavanone M, 213

fagaramide, 236
fagaridine, 236
falcarindiol, 40, 43
(3S,8S)-(+)-falcarindiol, 44
falcarindiol-8-acetate, 43
(3S)-(+)-falcarinol, 44
fargesin, 270–272
β-farnesene, 41
farnesol, 40, 273
febrifugine, 136, 294
ferrearin F, 85
ferrearin G, 85
ferrearin H, 85
ferrugin, 130
ferruginol, 125
(+)-ferruginol   (abieta-8,11,13-trien-12-ol), 187
ferulic acid, 106, 128, 170, 250
3-(E)-feruloylbetulin, 68
ω-O-feruloyl-ω-hydroxyfatty acid, 272
N-$trans$-feruloylmethoxytyramine, 88
3-O-feruloylquinic acid, 232
ficuisoflavone, 100
ficusin A, 100
ficusin B, 100
flavaprenin 7,4'-diglucoside, 169
flavinantine, 159
2,3,5-O-(SR)-flavogallonyl-4,6-O-(S)-hexahydroxydiphenoyl-D-gluconoic acid, 247
fluoranthren, 287
10-O-foliamenthoylaucubin, 105
formosalactione, 185
formosanin, 185
formosaninol, 185
formoside, 260
5-formylbilinone, 223
forsythoside B, 107
frachinoside, 261
(+)-fragesin, 271
framoside, 260
fraserinone A, 214
fraxicarboside A, 260
fraxicarboside B, 260
fraxicarboside C, 260
fraxiformoside, 261
fraximalcoside, 260
fraxin, 165, 166
fraxinellone, 130
fraxudoside, 260, 261

3-friedelanone, 159
friedelin, 66, 67, 157
fumaric acid, 274
furano-(2'',3'',7,8)-3',5'-dimethoxy-5-hydroxyflavone, 68
furanoselwynone, 237
furobinordentatin, 227
furosin, 158

β-1,3-D-galactan, 131
3-O-β-D-galactopyranosyl-28-O-β-D-glucopyranosyl-3β-hydroxyolean-12-en-28-oic acid, 277
3-O-{β-D-galactopyranosyl (1→2)-[β-D-xylopyranosyl (1→2)-α-L-arabinopyranosyl (1→3)]-β-D-glucuronopyranosyl}-21-O-cinnamoyl-16,22-di-O-acetylbarringtogenol C, 144
galactose, 129, 160
D-galactose, 131
galactosyldeoxynojirimycin, 100
galangin, 287
gallic acid, 67, 94, 111, 128, 156, 158, 160, 221, 296
(+)-gallocatechin-(4α→8)-(+)-catechin, 221
gallocatechin-(4'→O→7)-epigallocatechin, 160
gallocatechin gallate, 146
5-O-galloyl-4,6-O-galloyl-4,6-O-(S)-hexahydroxydiphenoyl-D-glucnic acid, 247
6-O-galloyl-D-glucose, 157
galloylhamamelose, 222
galloyloxypaeoniflorin, 203
gammacerane-3,1-dione, 170
gardendiol, 10
gardenone, 10
gardenoside, 10, 11
gardoside, 107
gedunin, 135, 136
geissoschizine Me ether, 14
genipin, 10, 11
geniposide, 10, 11
geniposidic acid, 10, 107
genkwanin, 116, 117
genkwanol B, 116
genkwanol C, 116
3-O-β-gentiobiosyl-3β,14-dihydroxy-5α,14β-pregnan-20-one, 78
gentisic acid, 67
geranial, 273
geraniin, 60, 61, 157, 158
geraniol, 22, 273
geraniol-(3-O-α-L-(4'-caffeoylrhamnopyranosyl)-β-D-glucopyranoside, 260

geraniol-(3-O-α-L-(4′-p-coumaroylrhamno-
  pyranosyl)-β-D-glucopyranoside, 260
geraniol-3-O-α-L-rhamnopyranosyl-6-p-
  coumaroyl-β-D-glucopyranoside, 260
geraniol-(3-O-α-L-rhamnopyranosyl)-β-D-
  glucopyranoside, 260
geraniol-[3-O-α-L-(4′-α-L-rhamnopyranosyl)-
  rhamnopyranosyl]-6-O-p-coumaroyl-6,7-
  dihydroxy-3,7-dimethyl-2E, 260
geranyl acetate, 273
O-geranylconiferyl alcohol, 236
geranylgeraniol, 158
2-(1′-geranyloxy)-4,6-dihydroxyacetophenone, 235
4-(1′-geranyloxy)-2,6-dihydroxyacetophenone, 235
4-(1′-geranyloxy)-2,6-dihydroxy-3-iso-
  pentenylacetophenone, 235
(R)-6-O-(4-geranyloxy-2-
  hydroxy)cinnamoylmarmin, 227
5-geranyloxy-7-hydroxycoumarin, 237
2-(1′-geranyloxy)-4,6,β-trihydroxyacetophen-
  one, 235
4-(1′-geranyloxy)-β,2,6-trihydroxyacetophen-
  one, 235
4-(1′-geranyloxy)-2,6,β-trihydroxy-3-di-
  methylallylacetophenone, 235
O-geranylsinapyl alcohol, 236
gerberinol, 67
germacradienol, 87
germacrene B, 229
germacrene D, 273
germacrone, 292
ginkgetin, 157
ginkgolic acid, 32, 33
glabrescol, 237
glaucine, 88, 270, 271, 273
(+)-glaucine, 271
d-glaucine, 270
glaziovine, 86
glicoluteolin, 283
glucoclionasterol   (24S)-3-(β-D-gluco-
  pyranosyl)stigmast-5-ene, 159
glucodistylin, 197
β-glucogallin, 158, 178, 223
glucoluteolin, 282
3-O-[β-D-glucopyranosyl-(1→3)-α-L-arabino-
  pyranosyl]oleanolic acid, 277
3-O-[β-D-glucopyranosyl-(1→3)-α-L-arabino-
  pyranosyl]ursolic acid, 277
3β-O-β-D-glucopyranosylcycloeucalenol, 136
3-O-[β-D-glucopyranosyl-(1-2)-β-D-galacto-
  pyranosyl]-28-O-β-D-glucopyranosyl-
  3β,29-dihydroxyolean-12-en-28-oic   acid,
  277

(2S,3S,4R,8Z)-1-O-(β-D-glucopyranosyl)-N-
  [(2R)-2-hydroxyheptacosanoylamino]-8-
  octadecene-1,3,4-triol, 159
(2S,3S,4R,8Z)-1-O-(β-D-glucopyranosyl)-
  2N-[(2′R)-2′-hydroxyheptacosanoyl]-
  8(Z)-octadecene-1,3,4-triol-2-amino, 159
(2S,3S,4R,8Z)-1-O-(β-D-glucopyranosyl)-
  2N-[(2′R)-2′-hydroxyhexacosanoyl]-8(Z)-
  octadecene-1,3,4-triol-2-amino, 159
(2S,3S,4R,8Z)-1-O-(β-D-glucopyranosyl)-N-
  [(2R)-2-hydroxyhexacosenoylamino]-8-
  octadecene-1,3,4-triol, 159
(2S,3S,4R,8Z)-1-O-(β-D-glucopyranosyl)-
  2N-[(2′R)-2′-hydroxyhexacosenoyl]-8(Z)-
  octadecene-1,3,4-triol-2-amino, 159
(2S,3S,4R,8Z)-1-O-(β-D-glucopyranosyl)-N-
  [(2R)-2-hydroxyoctacosenoylamino]-8-
  octadecene-1,3,4-triol, 159
(2S,3S,4R,8Z)-1-O-(β-D-glucopyranosyl)-
  2N-[(2′R)-2′-hydroxyoctacosenoyl]-8(Z)-
  octadecene-1,3,4-triol-2-amino, 159
1-O-β-D-glucopyranosyl-2-N-
  2′-hydroxypalmitoyl-sphinga-4E (8E and
  8Z)-dienine, 61
(2S,3S,4R,8Z)-1-O-(β-D-glucopyranosyl)-2-
  [(2R)-2-hydroxytetracosenoylamino]-8-
  octadecene-1,3,4-triol, 159
(2S,3S,4R,8Z)-1-O-(β-D-glucopyranosyl)-
  2N-[(2′R)-2′-hydroxytetracosenoyl]-8(Z)-
  octadecene-1,3,4-triol-2-amino, 159
(4S,6S)-6-O-β-D-glucopyranosyl-p-menth-1-
  en-3-one, 227
4-β-D-glucopyranosyloxy-5-hydroxyprenyl caf-
  feate, 277
[2S-[2R^*(2S^*,15Z),3S^*,7Z]]-N-[1-[(β-D-
  glucopyranosyloxy)methyl]-2,3-di-
  hydroxy-7-heptadecenyl]-2-hydroxy-15-
  tetracosenamide, 159
[1S-[1R^*(S^*),2R^*,3S^*,7Z]]-N-[1-[(β-D-gluco-
  pyranosyloxy)methyl]-2,3-dihydroxy-7-
  heptadecenyl]-2-hydroxy-triacontan-
  amide, 159
[1S-[1R^*(S^*),2R^*,3S^*,7Z]]-N-[1-[(β-D-gluco-
  pyranosyloxy)methyl]-2,3-dihydroxy-7-
  hexadecenyl]-2-hydroxy-heptacosan-
  amide, 159
[1S-[1R^*(S^*),2R^*,3S^*,6Z]]-N-[1-[(β-D-gluco-
  pyranosyloxy)methyl]-2,3-dihydroxy-6-
  hexadecenyl]-2-hydroxy-triacontanamide,
  159
glucose, 156, 160, 282, 283
β-D-glucosyl cinnamate, 286
glucosyl 5,8-dihydroxy-2,6-dimethyl-[2E,6E]-
  octadienoate, 106
21-O-β-D-glucosyl-14,21-dihydroxy-14β-

pregn-4-ene-3,20-dione, 78
6-C-β-glucosyldiosmin, 231
1″-O-β-D-glucosylformoside, 260
1″-O-β-D-glucosylfraxiformoside, 260
glucosyl 8-oxo-2,6-dimethyl-[2E,6E]-octadienoate, 106
glucosyl 8-oxo-2,6-dimethyl-[2E,6Z]-octadienoate, 106
glucuronic acid, 129, 156
D-glucuronic acid, 131
glycerol, 40
glycocyclohexapeptide RY-III, 12
gomisin A, 268, 274
gomisin B, 268, 274
gomisin C, 268, 274
gomisin D, 268, 270, 274
gomisin E, 270, 274
gomisin F, 268, 274
gomisin G, 268, 274
gomisin H, 270, 274
gomisin J, 270, 274
(−)-gomisin K1, 274
(+)-gomisin K2, 274
(−)-gomisin L1, 274
(+)-gomisin L2, 274
gomisin M1, 270, 274
gomisin M2, 270
(+)-gomisin M2, 274
gomisin N, 274
gomisin P, 274
gomisin Q, 274
gomisin R, 274
gomojoside A, 120
gomojoside B, 120
gomojoside C, 120
gomojoside D, 120
gomojoside E, 120
gomojoside F, 120
gomojoside G, 120
gomojoside H, 120
gomojoside I, 120
gomojoside J, 120
gomojoside K, 120
gomojoside L, 120
gomojoside M, 120
gomojoside N, 120
gomojoside O, 120
gomojoside P, 120
gomojoside Q, 120
gossypetin 8-methyl ether 7-galactoside, 141
gossypetin 8-methyl ether 3-glucoside, 141
gossypetin 3-[α-L-rahmnopyranosyl(1→6)β-D-glucopyranoside], 141
gradinin, 197
granatin B, 111

grandinin, 199
grasshopper ketone, 116
griffithine, 214
10-griselinosidic acid, 105
(+)-guaiacin, 84
guaiacol, 198
guaiacylglycerol-β-coniferyl alcohol ether diferulate, 286
1βH,5αH,7βH-guaia-3,10(14)-dien-11-ol, 186
β-guaiene, 291
guaijaverin, 87
guaiol, 273
guajavin B, 198
guggulsterol I, 170
E-guggulsterone, 170
Z-guggulsterone, 170
guvacine, 280, 282
guvacoline, 280, 282

hamalomenol A, 271
hamamelitannin, 196, 197, 222
hamamelose (2-hydroxymethyl-D-ribose), 222
haperforin A, 170
haperforin B3, 170
haperforin E, 170
harringtonine, 22, 25
hassmarin, 227
hazaleamide, 236
hedeanime, 254
hederagenin, 18, 19, 38, 42, 45
hederagenin 3-O-α-L-arabinopyranoside, 45
α-hederin, 45
β-hederin, 39, 45
helioxanthin, 40
hemiacetaljavanicin Z, 170
(+)-henricine, 274
hentriacontane, 107
cis-1,9,16-heptadecatriene-4,6-diyne-3,8-diol, 44
heptamethoxyflavone, 229, 231
3,5,6,7,8,3′,4′-heptamethoxyflavone, 230
heptyl alcohol, 283
6-heptyl-5,6dihydro-2H-pyran-2-one, 87
herniarin, 176
hesperetin, 231
hesperetin 7-O-glucoside, 229
hesperidin, 229–231
heterophylliin F, 73
heterophylliin G, 73
hexacosanyl ferulate, 88
hexadecanoic acid, 170
4,4″,7″,9,9′,9″-hexahydroxy-3,3′,3″-trimethoxy-4′,8″-epoxy-8,8′-sesquineolignan, 207
3′,4′,5,6,7,8-hexamethoxyflavone, 230

hexanal, 272
hexandraside A, 254
hexandraside B, 254
hexandraside C, 254
hexandraside D, 254
hexandraside E, 254
(2E)-hex-2-enal, 22
(Z)-3-hexenol, 197
3-hexen-1-ol, 273
Z-3-hexenyl-O-β-D-glucopyranoside, 87
α-hexyl-3-(6-hydroxy-2,4-octadiynyl)oxiranemethanol, 131
α-hinokienol, 184
β-hinokienol, 184
3,3″-hinokiflavonol dirutinoside, 250
hinokiic acid, 187
hinokiresinol, 124
hirsunin, 73
hirsutanonol-5-O-(6-O-galloyl)-β-D-glucopyranoside, 73
hirsuteine, 14
hirsutine, 14
hirtin, 130
hispidol A, 170
homalomenol A, 271
homoharringtonine, 22, 25
honokiol, 269, 272
hop-17(21)-ene-3-one, 170
huajiaosimuline, 233
humilinolide A, 131, 136
humilinolide B, 131, 136
humilinolide C, 131, 136
humilinolide D, 131, 136
humulene oxide, 86
(+)-hupeol, 214
hydramacrophyllol A, 296, 297
hydramacrophyllol B, 296, 297
hydramacroside A, 297
hydramacroside B, 297
hydrangea glucoside A, 296
hydrangea glucoside B, 296
hydrangeic acid, 296
hydrangenol, 294–297
hydrangenol 8-O-galactoside, 295
(+)-hydrangenol 4′-O-glucoside, 296
(−)-hydrangenol 4′-O-glucoside, 296
hydrangenol-8-β-glucoside, 296
hydrangenol 4′-O-glucoside, 295
hydrangenol 8-β-glucoside (3RS), 296
hydrangenol 8-O-β-glucoside, 295
hydrangenol monomethyl ether, 296
3-hydroperoxyawabukinol, 120
4-hydroperoxyawabukinol, 120
4-hydroperoxy-19-norabieta-8,11,13-trien-7-one, 185

hydroquinone, 177
8′-hydroxy-3-methoxyisodiospyrin, 68
7α-hydroxyabieta-8,13-dien-19-al, 185
7β-hydroxyabieta-8,13-dien-11,12-dion, 187
7α-hydroxyabieta-8,11,13-trien-19-al, 185
7α-hydroxyabieta-8,11,13-trien-19-yl acetate, 185
13β-hydroxy-abiet-8(14)-en-19-al, 185
p-hydroxyacetophenone, 177
15-hydroxyacora-4(14),8-diene, 185
6-β-hydroxyadoxosidic acid, 106
12-hydroxyamoorastatin, 133
12-hydroxyamoorastatone, 133
12-hydroxyamoorastin, 132
28-hydroxy-β-amyrone, 55, 222
p-hydroxybenzoic acid, 39, 67, 106, 128, 250, 296
N^6-(O-hydroxybenzylamino)-9-O-β-D-glucopyranosylpurine, 288
ent-3β-hydroxy-15-beyeren-2-one, 157
(−)-1-hydroxy-1,3,5-bisabolatrien-10-one, 185
2-hydroxy-1,7-bis(4-hydroxyphenyl)-3-hepten-5-one, 73
(−)-15-hydroxycalamenene, 185
(+)-8-hydroxycalamennene, 135
1-hydroxycanthin-6-one, 170
15-hydroxy-β-caryophyllene, 188
21-hydroxycedrelonelide, 128
23-hydroxycedrelonelide, 128
6α-hydroxychamaecydin, 125
6β-hydroxychamaecydin, 125
14-hydroxychaparrinone, 171
22α-hydroxychiisanoside, 40
2′-hydroxycinnamaldehyde, 85
trans-4-hydroxycinnamic acid, 42
cis-p-hydroxycinnamoyl ester, 159
trans-p-hydroxycinnamoyl ester, 159
2α-hydroxycommunic acid, 184
10′α-hydroxycryptoquinone, 125
10′β-hydroxycryptoquinone, 125
12-hydroxycupressic acid, 184
(23R)-3α-hydroxy-9,19-cyclo-9β-lanostan-26,23-olide, 207
(23R)-3α-hydroxy-9,19-cyclo-9β-lanost-24-en-26,23-olide, 207
hydroxydaucenal, 176
8β-hydroxydigitoxigenin β-neritrioside, 78
Δ^{16}-8β-hydroxydigitoxigenin β-neritrioside, 78
Δ^{16}-8β-hydroxydigitoxigenin β-odorobioside, 78
7β-hydroxydihydrosesamin, 185
(5S)-5-hydroxy-1,7-di-(4-hydroxyphenyl)-3-heptanone-5-O-β-D-apiofuranosyl-(1-2)-β-D-glucopyranoside, 73

7-hydroxy-6,8-di-methoxycoumarin, 160
4′-hydroxy-3,6-dimethoxy-6″,6″-dimethyl-chromeno(7,8,2″,3″)flavone, 228
2-hydroxy-3,4-dimethoxy-6-methylpropheneone, 185
7-(6R-hydroxy-3,7-dimethyl-2E,7-octadienyloxy)coumarin, 227
6-hydroxy-3,7-dimethyl-2E,7-octadienyl-(3-O-α-L-rhamnopyranosyl-6-O-p-coumaroyl)-β-D-glucopyranoside, 260
7-hydroxy-3,7-dimethyl-2E,5E-octadienyl-(3-O-α-L-rhamnopyranosyl-4-O-p-coumaroyl)-β-D-glucopyranoside, 260
20-hydroxyecdysone, 106
8-hydroxyelemol, 187
6β-hydroxy-8-epiboschnaloside, 105
15-hydroxy-9-epi-β-caryophyllene, 188
15-hydroxy-8,12α-epidioxyabiet-13-en-18-oic acid, 207
10-hydroxyepihastatoside, 105
9-hydroxyeriobofuran, 176
2-(1-hydroxyethyl)-6-methoxynaphtho[2,3-b]furan-4,9-dione, 170
2-(1-hydroxyethyl)naphtho[2,3-b]furan-4,9-dione, 170
3-(2-hydroxyethyl)plumbagin, 68
6β-hydroxyferruginol, 125, 185
7-hydroxyflavanone, 160
3β-hydroxyfriedelan-16-one, 157
6α-hydroxygeniposide, 222
6β-hydroxygeniposide, 222
8-hydroxygeranyl β-primeveroside, 144
4β-hydroxygermacra-1(10),5-diene, 125
3-hydroxy-3′,4′,5,6,7,8,-hexamethoxyflavone, 231
22-hydroxy-hopanone-3, 170
3β-hydroxy-21αH-hop-22(29)-en-24-oic acid, 100
11-hydroxy-12-hydroisodaucenal, 176
2-hydroxy-5-(2-hydroxyethyl)phenyl-β-D-glucopyranoside, 260
2-hydroxy-3-(4-hydroxy-3-methoxyphenyl)-2-methyl propionamide, 250
8′-hydroxyisodiospyrin, 67
3α-hydroxy-isohop-22(29)-en-24-oic acid, 100
9α-hydroxy-1,8(14),15-isopimaratrien-3,11-dione, 206
9α-hydroxy-1,8(14),15-isopimaratrien-3,7,11-trione, 206
16α-hydroxykauran-19-oic acid, 41
15-hydroxylabda-8(17),11E,13E-trien-19-oic acid, 185
(13S)-15-hydroxylabd-8(17)-en-19-oic acid, 185

3α-hydroxy-9β-lanosta-7,24-dien,26,23R-olide, 207
7-hydroxy-6-linalylcoumarin, 227
12-hydroxy-α-longipinene, 185
20-hydroxylupane-3-one, 55
(−)-14β-hydroxymatrine, 214
(3R,6R,7E)-3-hydroxy-4,7-megastigmadien-9-one, 119
(6R,7E,9R)-9-hydroxy-4,7-megastigmadien-3-one 9-O-[α-L-arabinopyranosyl-(1-6)-β-D-glucopyranoside], 121
cis-3-hydroxy-p-menth-1-en-6-one, 85
12-hydroxy-11-methoxyabieta-8,11,13-trien-7-one, 125
4-hydroxy-5-methoxycanthin-6-one, 169
7-hydroxy-6-methoxycoumarin, 160
6-hydroxy-7-methoxycoumarin monoglucoside, 272
5-hydroxy-7-methoxycoumarin 8-O-β-D-glucoside, 116
2′,7-hydroxy-4′-methoxyisoflav-3-ene, 215
2-hydroxy-4-methoxy-6-methylpropiophenone, 185
5-hydroxy-2-methoxy-1,4-naphthoquinone, 94
4-hydroxy-2-methoxyphenyl 1-O-β-D-glucopyranoside, 73
1-(4′-hydroxy-3′-methoxyphenyl)-2-[4″-(3-hydroxypropyl)-2″-methoxyphenoxy]-1,3-propanediol 4′-O-β-D-xylopyranoside, 208
21α-hydroxy-3β-methoxyserrar-14-en-30-al, 208
16-hydroxy-17-O-methylacerogenin, 73
2-hydroxy-5-methylacetophenone, 22
3-[4-hydroxy,3-(3-methyl-2-butenyl)-phenyl]-2-(E)-propenal, 228
4-hydroxy-3-methylcanthin-5,6-dione, 169
4-hydroxy-5-methylcoumarin, 67
5-hydroxymethylfurfural, 245
N-(2-hydroxy-2-methylpropyl)-6-phenyl-2(E),4(E)-hexadienamide, 238
12-hydroxymyricanone, 291
4-hydroxy-19-norabieta-8,11,13-trien-7-one, 185
7α-hydroxy-19-norabieta-8,11,13-triene-4-hydroperoxide, 185
4-hydroxy-18-norabieta-8,11,13-trien-7-one, 185
1-(28-hydroxyoctacosanoyl)glycerol, 84
10-hydroxyoctacosanyl tetradecanoate, 84
12-hydroxyoctadec-cis-9-enoic acid, 158
15-hydroxy-7-oxo-8,11,13-abetatrien-18-oate, 208
13β-hydroxy-7-oxoabieta-8(14)-en-19-al, 185
3α-hydroxy-13-oxo-14,15-dinorlabd-8(17)-en-19-oic acid, 186

8-hydroxy-14-oxo-15-norlabd-13(14)-en-19-oic acid, 185
3-hydroxy-5,7,3′,4′,5′-pentamethoxyflavone, 237
5-hydroxy-3′,4′,6,7,8-pentamethoxyflavone, 230
2-(4-hydroxyphenuiopyl)-ethyl-5-O-trans-p-coumaryl-β-D-apiosyl-(1,6)-β-D-glucopyranoside, 260
2(R)-4-(4-hydroxyphenyl)-2-butanol-2-O-α-L-ababinofuranosyl-(1-6)-β-D-glucopyranoside, 73
2(R)-4-(4-hydroxyphenyl)-2-butanol-2-O-β-D-apiofuranosyl-(1-6)-β-D-glucooxymethyl-5-hydroxypropyl-7-methoxybenzofuran, 73
p-hydroxyphenyl 4-O-trans-caffeoyl-β-D-glucopyranoside, 120
p-hydroxyphenyl 2-O-cis-p-coumaroyl-β-D-glucopyranoside, 120
p-hydroxyphenyl 6-O-cis-p-coumaroyl-β-D-glucopyranoside, 120
2-(4-hydroxyphenyl)-ethyl-β-D-apiosyl-(1,6)β-D-glucopyranoside, 260
2-(4-hydroxyphenyl)-ethyl-5-O-trans-caffeoyl-β-D-apiosyl-(1,6)-β-D-glucopyranoside, 260
p-hydroxyphenyl lactic acid, 250
(2R)-O-[4′-(3″-hydroxypropyl)-2′-methoxyphenyl]-3-O-β-D-glucopyranosyl-sn-glycerol, 121
(2S)-O-[4′-(3″-hydroxypropyl)-2′-methoxyphenyl]-1-O-β-glucopyranosyl-sn-glycerol, 121
2-O-[4′-(α-hydroxypropyl)-2′methoxyphenyl]-1-O-β-D-xylopyranosyl glycerol, 208
2-(2′-hydroxy-propyl)piperidine, 111
1-hydroxyrutaecarpine, 234
7β-hydroxysandaracopimaric acid, 184
hydroxy-β-sanshool, 234
(24S)-24-hydroxystigmast-4-en-3-one, 100
3β-hydroxystigmast-5-en-7-one, 66
p-hydroxystyrene, 287
1-(24-hydroxytetracosanoyl)glycerol, 84
5-hydroxy-3,7,8,5′-tetramethoxy-3′,4′-methylenedioxyflavone, 228
7-hydroxytomentoside, 105
23-hydroxytoonacilide, 128
11α-hydroxytormentic acid, 176
11-hydroxytriacontan-9-one, 84
2-hydroxy-11,12,13-trinor-7-calamenone, 135
hygrine, 111
hyperin, 45, 61, 141, 234
hyperoside, 44, 87, 235
hypoxanthine, 40

icariin, 253, 255
ichangensin, 227, 229
ignoceric acid, 249
ilicifoline, 254
implexaflavone, 121
indicol, 83
(+)-indipone, 184
indonesiol, 84
insularoside, 260, 261
insularoside-3′-O-β-D-glucopyranoside, 260
intebrimine, 254
intebrine, 254
intebrinine, 254
5,9-cis-irido-3-lacton, 107
isoacteoside, 108
isoaglaiol, 144, 147
isoanomallotusin, 156
isoarborinol, 296
isoaucuparin, 176
isoboldine, 86
29-isobutylsendanin, 132
(2E,4E,8E,10E,12E)-N-isobutyl-2,4,8,10,12-tetradecapentaenamide, 234
(2E,4E,8Z)-N-isobutyltetradecatrienamide, 232
isochiisanoside, 40
isocoripalmine, 270
isocorydine, 87, 159, 253
isocupressic acid, 187, 208
isocurucumol, 84
isodaucenal, 176
isodaucenoic acid, 176
isodaucenol, 176
isodecipinone I, 158
isodiospyrin, 66–68
isodomesticine, 86
isoeugenol, 269, 273
isoeuphol, 144, 147
isofararidine, 234
isofebrifugine, 294
isofraxidin, 38, 39, 43, 128, 160
isofraxidin monoglucoside, 38, 39
isofuranoselwynone, 237
isoharringtonine, 22, 25
isohelianol, 144
isolaurelin-N-oxide, 272
isoligustroside, 260
isoligustrosidic acid, 260
isolinderanolide, 83
isolinderanolide A, 84
isolinderanolide B, 84
isolinderanolide C, 84
isolinderanolide D, 84
isolinderanolide E, 84
isolinderenolide, 83

isolupanine, 108
isolupinisoflavone E, 100
isomalindine-16-carboxylate, 14
isomallotusine, 156
isomeldenin, 137
trans-isomeristicine, 271
isomethyl eugenol, 273
isomyricanone, 62
isoobtusilactone, 84
isoorientin, 283
isopaeonisuffral, 203
isopelletierine, 111
isopimpinellin, 231
18,19-*O*-isopropylidene-18,19-dihydroxyiso-
　　pimara-8(14),15-diene, 184
(+)-isoptelefolidine, 236
isopyruthaline, 82
isopythaline, 82
isoquercetin, 173
isoquercitrin, 61, 89, 178, 296
isoquerglanin, 198
isorhynchophylline, 14
isorugosin E, 222
isorugosin G, 222
isosakuranin, 179
isosalipurposide, 286
isosalutaridine, 159
isosericenin, 89
isosuspensolide E, 120
isosuspensolide F, 120
(*R*)-(+)-isotembetarine, 233
isotirucallol, 144, 147
isototarolenone, 185
ent-16β*H*,17-isovaleratekauran-19-oic acid, 40
isoverbascoside, 108
cis-isoverbascoside, 106
isoviburtinoside II, 120
isoviburtinoside III, 120

jasminoside A, 10
jasminoside B, 10
jasminoside C, 10
jasminoside D, 10
jasminoside E, 10
jatrorrhizine, 255
javanicin U, 170
javanicin V, 170
javanicin W, 170
javanicin X, 170
javanicin Y, 170
javanicin Z, 170
javanicinoside D, 169
javanicinoside E, 169
javanicinoside F, 169
javanicinoside G, 169

javanicinoside H, 169
javanicinoside I, 170
javanicinoside J, 170
javanicinoside K, 170
javanicinoside L, 170
jioglutin C, 170
juglanin, 56
juglone, 94, 95
julibrin II, 216
julibroside I, 214
julibroside II, 214
julibroside III, 214
julibroside A1, 214
julibroside A2, 214
julibroside A3, 214
julibroside A4, 214
julibroside B1, 214
julibroside C1, 214
junaphtoic acid, 185
junicedranol, 185
junipediol A, 185
junipediol A 8-glucoside, 185
junipediol B 8-glucoside, 185
junipenonoic acid, 185
juniperal, 185
junipercedrol, 185
juniperolide, 185
juniperoside, 185
junipetrioloside A, 185
junipetrioloside B, 185
(+)-juvabione, 207
juvabione I, 207
juvabione II, 207
juvabione III, 207
juziphine, 86

kadsric acid, 270
kadsuranin, 270, 274
(−)-kadsuranin, 274
kadsurarin, 270
kadsurin, 270
(−)-kadsurin, 274
(+)-kadsutherin, 270
kaempferol, 33, 44, 117, 160, 222, 248, 250, 296
kaempferol 3-*O*-β-D-[6'''-*O*-acetylglucopyranosyl (1-3)-β-D-galacto-pyranoside], 160
kaempferol 3-*O*-(4-*O*-acetyl)-α-L-rhamno-pyranoside, 73
kaempferol 3-*O*-arabinopyranoside, 13
kaempferol 3-(2,3-diacetoxy-4-*p*-coumaroyl)rhamnoside, 291
3-*O*-kaempferol 2,3-di-*O*-acetyl-4-*O*-(*cis-p*-coumaroyl)-6-*O*-(*trans-p*-coumaroyl)-β-D-

glucopyranoside), 198
3-O-kaempferol 3,4-di-O-acetyl-2,6-di-O-(trans-p-coumaroyl)-β-D-glucopyranoside, 198
3-O-kaempferol 2,6-di-O-(trans-p-coumaroyl)-β-D-glucopyranoside, 198
kaempferol 3-O-α-L-(2′,4′-di-Z-p-coumaroyl)-rhamnoside, 84
kaempferol 3,7-O-di-α-L-rhamnopyranoside, 89
kaempferol 3-Glc., 82
kaempferol 3-Glc-7-Rham., 82
kaempferol 3-O-β-glucopyranoside, 250
kaempferol 3-O-β-D-glucopyranoside-6″-(3-hydroxy-3-methylglutarate), 228
kaempferol 3-O-β-glucopyranoside-6″-(3-hydroxy-3-methylglutarate)-7-O-β-D-glucopyranoside, 228
kaempferol 3-O-β-D-glucoside, 117
kaempferol 7-O-β-D-(6″-O-p-hydroxycinnamoyl)-glucose, 270
kaempferol 7-O-neohesperidoside, 250
kaempferol 7-Rham., 82
kaempferol 7-rhamnopyranoside-3-xylopyranosyl(1-2)-rhamnopyranoside, 73
kaempferol 3-O-rhamnoside, 88
kaempferol 3-O-α-L-rhamnoside, 250
kaempferol 3-O-rutinoside, 13, 40
kaempferol 3-rutinosyl-4′-glucoside, 178
kaempferol 3-[2‴,3‴,4‴-triacetyl-α-L-arabinosyl(1→6)-β-D-glucoside], 141
kalopanaxin A, 45
kalopanaxin B, 45
kalopanaxin C, 45
kalopanaxin D, 45
kalopanaxsaponin A, 45
kalopanaxsaponin A, 40, 45
kalopanaxsaponin B, 40, 45
kalopanaxsaponin C, 45
kalopanaxsaponin CP_3, 40
kalopanaxsaponin D, 45
kalopanaxsaponin E, 45
kalopanaxsaponin F, 45
kalopanaxsaponin G, 45
kalopanaxsaponin H, 45
kalopanaxsaponin La, 45
kalopanaxsaponin Lb, 45
kalopanaxsaponin Lc, 45
kamalachalcone A, 160
kamalachalcone B, 160
cis-karenin, 79
trans-karenin, 79
ent-kaur-15-en-17-al, 125
(−)-kaur-16-en-19-oic acid, 41
ent-kaur-16-en-19-oic acid, 41, 43

kauronic acid, 40
kelampayoside A, 13
kelampayoside B, 13
khelmarin-C, 227
kihadalactone A, 232
kihadalactone B, 232
kinginoside, 121
koaburaside, 169, 170
kobusin, 271, 272
(+)-kobusin, 271, 273
kobusinol A, 272
kobusinol B, 272
korepimedoside A, 254
korepimedoside B, 254
kosamol A, 214
kudingoside A, 260
kudingoside B, 260
kurigalin, 196
kuwanol, 100
kuzubutenolide A, 214
kuzusapogenol A methyl ester, 214
kuzusaponin A1, 214
kuzusaponin A2, 214
kuzusaponin A4, 214
kuzusaponin A5, 214
kuzusaponin SA3, 216
kuzusaponin SA4, 214
kuzusaponin SB1, 214
labda-7,11E,12Z-triene, 207
labda-7,12Z,14-triene, 206
labda-8(17),11E,13Z-triene, 207
labda-8(17),12Z,14-triene, 207
lactinolide, 204
lagerstannin A, 247
lagerstannin B, 247
lagerstannin C, 247
lanosta-7,24-dien-3-one, 170
lansiumarin A, 237
lansiumarin B, 237
lansiumarin C, 237
lanuginozin, 272
(−)-lariciresinol, 116
7S,8R,8′R-(−)-lariciresinol-4,4′-bis-O-β-D-glucopyranoside, 13
lasiandrin, 286
lathyrose, 44
3-lathyroside, 44
latifoliside A, 277
latifoliside B, 277
latifoliside C, 277
latifoliside D, 277
latifoliside E, 277
lauric acid, 87, 280, 282
(+)-lauriflorine, 272

(+)-laurifolin, 272
laurolitsine, 86
laurotetanine, 86
leachianol A, 213
leachianol B, 213
leachianol C, 213
leachianol D, 213
leachianol E, 213
leachianol F, 213
leachianol G, 213
leachianone B, 213
leachianone C, 213
leachianone D, 213
leachianone E, 213
leachianone I, 213
ledol, 129
lemmaphylla-7,21-dien-3β-ol, 144
leonticin A, 255
leonticin B, 255
leonticin C, 255
leonticin D, 255
leonticin E, 255
leonticin F, 255
leonticin G, 255
leonticin H, 255
leptene A, 235
leptene B, 235
leptin A, 235
leptin B, 235
leptin C, 235
leptin D, 235
leptin E, 235
leptin F, 235
leptin H, 235
leptol A, 235
leptol B, 235
leptonol, 235
lespedezaflavanone F, 215
lespedezaflavanone G, 215
leucosceptoside A, 107, 108
cis-leucosecptoside, 106
levulose, 160
ligustrin B, 259
ligustrin C, 259
ligustrol, 260
ligustroside, 260
limettin, 231
limocitrin 4′-glucoside, 141
limonene, 41, 227–229, 231, 232, 269, 271, 273, 292
R-(+)-limonene, 227
(1S,2R,4R)-(+)-limonene-1,2-epoxide, 227
limonene-1,2-epoxide, 227
limonin, 131, 228–231, 235, 236, 238
linalol, 273

linalool, 85–87, 227, 231, 234, 273
cis-linalool 3,7-oxide 6-O-β-D-apiofuranosyl-β-D-glucopyranoside, 144
trans-linalool 3,7-oxide 6-O-β-D-apiofuranosyl-β-D-glucopyranoside, 144
linalo-6-yl 2′-O-(α-L-rhamnopyranosyl)-β-D-glucopyranoside, 120
linalyl acetate, 227
(R)-linalyl 6-O-α-L-arabinopyranosyl-β-D-glucopyranoside, 10
lindcarpine, 86
linderane, 87
linderanolide, 83
linderanolide A, 84
linderanolide B, 84
linderanolide C, 84
linderanolide D, 84
linderanolide E, 84
linoleic acid, 87, 132, 133, 155, 156, 248
liquidambaric lacton, 222
liquidambronic acid, 222
lirimidine, 270
liriodendrin, 39, 40, 45, 270
liriodenin, 272
liriodenine, 269–273
lirionol, 270
lirioresinol B dimethyl ether, 270, 271
(−)-litcubine, 84
(−)-litcubinine, 84
litseacassifolide, 84
loganin, 245
longifloroside, 106
longifloroside A, 106
longifloroside B, 106
longifloroside C, 106
longifloroside D, 106
α-longipinen-12-ol, 185
loniceroside A, 121
loniceroside B, 121
lucidinprimeveroside, 12
lucidin 3-O-primeveroside, 13
lupanine, 108
lup-20(29)-ene-3-one-16-ol, 170
lupenone, 67, 68, 88
lupeol, 44, 66–68, 88, 156, 283
lupeol caffeate, 72
lupeol methyl ether, 282, 283
lutein, 198
luteolin, 107, 117, 248
luteolin 3′-O-β-glucopyranoside, 111
luteolin 4′-O-β-glucopyranoside, 111
luteolin 7-O-glucoside, 107
luteolin 7-O-glucuronide, 107
luteolin 3′-O-β-xylopyranoside, 111
lycopene, 281, 283

(−)-lyoniresinol 2-α-O-β-D-glucopyranoside, 237
lythrine, 248

maackiaflavonol, 214
maackoline, 214
macfadienoside, 106
machilol, 269, 272
macnabin, 184
macroantoin F, 121
macroantoin G, 121
macrophylloside A (3S), 296
macrophylloside B (3R), 296
macrophylloside C (3S), 296
madreselvin A, 121
madreselvin B, 121
(−)-maganocurarine, 86
magnaldehyde D, 272
magnaldehyde E, 272
magnocurarine, 269, 270, 272
(−)-magnocurarine, 272
(R)-magnocurarine, 235
(−)-magnofargesin, 271
magnoflorine, 232, 253, 269–273
(−)-magnoflorine, 272
magnograndiolide, 271, 273
magnolamide, 271
magnolamine, 274
magnolenin, 271
magnolenin C, 271
(+)-magnoliadiol, 271
magnolignan A, 272
magnolignan B, 272
magnolignan C, 272
magnolignan D, 272
magnolignan E, 272
magnolignan F, 272
magnolignan G, 272
magnolignan H, 272
magnolin, 271, 272
magnoline, 270, 274
magnolioside, 272
magnolol, 269, 271, 272
magnolone, 271
magnone A, 271
magnone B, 271
magnoporphine, 273
magnosalicin, 273
magnoshinin, 273
magnostellin A, 272, 273
magnotriol B, 272
magonolol, 85
makisterone A, 24
malic acid, 274
mallotojaponin, 157

mallotusine, 156
maltol, 71
mamegakinone, 66
manibacanine, 84
mannan, 281, 283
mannitol, 106
D-mannitol, 40, 107
mannose, 281, 283
mansonone E, 173
mansonone F, 173
mansonone H, 173
mansonone I, 173
manuifolin D, 214
manuifolin E, 214
manuifolin F, 214
manuifolin G, 214
manuifolin H, 214
manuifolin K, 214
margrapine A, 228
margrapine B, 228
maritinone, 68
marshdimerin, 227
marshdine, 228
marshmine, 228
martynoside, 107, 108
cis-martynoside, 106, 107
maslionic acid, 248
(+)-matairesinol, 116
matrine, 215
maytensifolin B, 157
Me butyrate, 66
Me caprate, 87
Me chavicol, 87
Me eugenol, 87
Me 3α-hydroxy-3-deoxyangolensate, 135
Me 3 β-isobutyryloxy-2,6-dihydroxy-8α,30α-epoxy-1-oxo-meliacate, 136
Me laurate, 87
Me myristate, 87
Me oleate, 87
Me palmitate, 87
Me 3 β-tigloyloxy-2,6-dihydroxy-1-oxo-meliac-8(30)-enate, 136
Me 3 β-tigloyloxy-2-hydroxy-8α,30α-epoxy-1-oxo-meliacate, 136
Me 3 β-tigloyloxy-2-hydroxy-1-oxo-meliac-8(30)-enate, 136
7-Me-luteolin, 117
(−)-medicarpin I, 217
(+)-medioresinol, 270
medioresinol 4,4′-di-O-β-D-diglucoside, 38
meliacarpinin E, 131
melia-ionoside A, 131
melia-ionoside B, 131
meliandiol, 134, 136

melianin A, 130, 133
melianinone, 130
melianoinol, 133
melianol, 133, 134, 136
melianolide, 134
melianone, 133, 134, 136
melianoninol, 134
meliantriol, 134
meliatoxin A2, 130, 132
meliatoxin B1, 132
meliavolen, 130
meliavolin, 130, 133
meliavolkenin, 129, 132
meliavolkensin A, 133
meliavolkensin B, 133
meliavolkin, 130, 133
meliavosin, 135
melilotus saponin, 215
melissyl alcohol, 281
mellerin A, 159
mellerin B, 159
(+)-menisperine, 272
p-mentha-1,8-dien-7-ol, 22
p-menthan-1,4-diol, 22
p-menthane-2,3-dihydroxy-1,4-oxide, 234
p-menth-2-en-7-ol, 22
meriandiol, 133
merioresinol, 272
metasaponin 1, 276
metasaponin 2, 276
metasaponin 3, 276
metasaponin 4, 276
metasaponin 5, 277
1-p-methene-8-thiol, 227
(5R,10S)-12-methoxyabieta-6,8,11,13-tetraene, 125
4-methoxy-1-acetyl-β-carboline, 170
methoxyannomontine, 88
6H-methoxy-4H-1-benzopyran-7-ol, 215
3β-[(m-methoxybenzoyl)oxy]urs-12-en-28-oic acid, 99
o-methoxycinnamaldehyde, 88
p-methoxycinnamic acid, 170
3′-methoxydaizain, 214
1α-methoxy-1,2-dihydrogedunin, 136
(7R,8S)-3-methoxy-3′,7-epoxy-8,4′-oxyneoligna-4,9,9′-triol, 185
(7S,8S)-3-methoxy-3′,7-epoxy-8,4′-oxyneoligna-4,9,9′-triol, 185
7-methoxyeriobofuran, 176
4-methoxy-1-ethyl-β-carboline, 170
6-methoxy-7-hydroxycoumarin, 271
5-methoxy-7-hydroxycoumarin-8-O-β-D-glucoside, 116

6-methoxy-7-hydroxy-1-oxo-1,2,3,4-tetrahydroisoquinoline, 84
1′-O-β-D-(3-methoxy-4-hydroxy-phenyl)-ethyl-α-L-apiosyl-(1→3′)-α-L-rhamnosyl-(1→6′)-4′-cis-feruloyl-glucopyranoside, 106
2′-methoxyisodiospyrin, 68
3′-methoxyisodiospyrin, 68
(+)-5′-methoxyisolariciresinol 9′-β-D-xylopyranoside, 87
3α-methoxylanosta-7,9(11),24-trien-26,23R-olide, 207
5-methoxylariciresinol 9′-O-$trans$-ferulate, 43
7S,8R,8′R-(−)-5-methoxylariciresinol-4,4′-bis-O-β-D-glucopyranoside, 13
6-methoxy-7,8-methylenedioxy-coumarin, 170
3-methoxy-7-methyljuglone, 94
6-methoxy-N-methyl-1,2,3,4-tetrahydro-β-carboline, 235
5-methoxymurrayatin, 237
(8S)-3-methoxy-8,4′-oxyneoligna-3′,4,9,9′-tetraol, 185
3-methoxy-4-primeverosylacetophenone, 105
21α-methoxyserrat-13-en-3,15-dione, 208
2α-methoxyursolic acid, 176
4-methoxy-1-vinyl-β-carboline, 170
methyl anthranilate, 269, 273
methyl chavicol, 268, 269
methyl eugenol, 269, 273, 274
methyl 2-methylbutyrate, 273
methyl proto-loureioside, 283
methyl proto-pb, 282, 283
methyl proto-reclinatoside, 283
methyl proto-rupicolaside, 283
methyl proto-taccaoside, 283
N-methylactinodaphnine, 88
4′-methyl-alpinumisoflavone, 217
methylangolensate, 136
(−)-α-8-methylanibacanine, 84
6-O-methylaucubin, 106
O-methylbulbocapnine, 89
ent-16βH,17-methylbutanoatekauran-19-oic acid, 40
2-methyl-3-buten-2-ol, 292
3′-O-methylcatechin, 208
3′-O-methylcatechin 7-O-β-D-glucopyranoside, 208
methylchavicol, 271, 273
N-methylcoclaurine, 86
N-methylcrotsparine, 270
methyl deoxypodophyllotoxinate, 185
N-methyldihydroberberine, 254
6-methyldihydrochelerythrine, 233
3,3′,4′-tri-O-methylellagic acid, 247
(3″,4″-methylenedioxyendiandric acid A), 85

24-methylenelanost-8-en-3β-ol, 85
24-methylenelanost-8-en-3-one, 83
methyleugenol, 273
O-methyleugenol, 272
O-methylfalvinantine, 159
11-methylgerberinol, 67
(+)-N-methylglaucine, 272
methylheptylketone, 283
14-methylhexadecanoic acid, 209
methyl 5-hydroxydinaphtho[1,2-2′,3′]furan-7,12-dione-6-carboxylate, 105
(3S,4S)-3-methyl-4-hydroxyoctanoic acid 3-O-β-D-glucopyranoside, 93
methylisopelletierine, 111
O-methylisothalicberine, 255
7-methyljuglone, 66
O-methyllaureolol, 237
N-methyllaurotetanine, 87
methylleptol A, 235
methylleptol B, 235
N-methyllindcarpine, 86
methyl-N-methylanthranilate, 227
2-methyl-5-(1-methylethylene)-cyclohexanone, 87
(E)-6-methyl-6-(5-methyl-2-furyl)hept-3-en-2-one, 144
N-methylnanigerine, 89
2-methylnaphthazarin, 66
methylnigakinone, 169, 171
methylnonylketone, 283
6-methylnorchelerythrine, 233
(−)-8-O-methyloblongine, 86
3-methylplumbagin, 68
O-methylpodocarpic acid, 208
N-(2-methylpropyl)-6-phenyl-2(E),4(E)-hexadienamide, 238
(−)-α-8-methylpseudoanibacanine, 84
(−)-β-8-methylpseudoanibacanine, 84
N-methylschinifoline, 233
methyl shanzhiside, 106
(3β,4α,5α,24Z)-4-methylstigmasta-7,24(28)-diene-3-ol, 234
methyl-n-undecylketone, 269
15,18-di-O methylvibsanin H, 120
18-O-methylvibsanin K, 120
9′-O-methylvibsanol, 120
michampanoide, 273
michelalbine, 269, 270, 272, 273
michelarbine, 272
michepressine, 273
milliamine, 157
milliamine A, 157
milliamine D, 157
milliamine E, 157
milliamine J, 157

milliamine K, 157
milliamine L, 157
milliamine M, 157
milliamine N, 157
miricitrin, 141
miroestrol, 214
mitragynine, 14
momilactone A, 36
momilactone B, 36
monocyclic C10 イリドイド配糖体, 120
1-monolaurin, 283
1-monomyristin, 283
monotropein, 222
monotropein Me ester, 222
moracin-3′-O-β-glucopyranoside, 99
moretenol, 159
moretenone, 159
morin, 84
morindone, 13
morindone 6-O-primeveroside, 13
morusignin I, 99
morusignin J, 99
morusignin K, 99
morusignin L, 99
muberrofuran C, 100
muberrofuran D, 100
muberrofuran G, 100
mudanoside B, 203
mudanpinoic acid A, 203
mudanpioside A, 203
mudanpioside B, 203
mudanpioside C, 203
mudanpioside D, 203
mudanpioside E, 203
mudanpioside F, 203
mulberrofuran U, 99
mulberrofuran V, 99
mullilam diol, 234
murpaniculol senecioate, 237
mussaendoside U, 13
mussaendoside V, 13
mussaenoide, 107
mussaenoside, 107
mussaenosidic acid, 107
cis-mutatoxanthin, 67
cis-muurola-3,5-diene, 184
cis-muurola-4(14),5-diene, 184
cis-muurol-5-en-4α-ol, 184
cis-muurol-5-en-4β-ol, 184
myrcene, 87
myricalactone, 291
myricanol, 62
myricanone, 62
myricatin, 291
myricatomentoside I, 291

myricatomentoside II, 291
myriceron caffeoyl ester, 291
myricetin, 84, 141, 248, 291
myricetin 3,4'-di-O-β-glucopyranoside, 208
myricetin 3-O-α-L-lamunoside, 292
myricetin 3-β-D-lyxofuranoside, 73
myricetin 3'-rhamnoside-3-galactoside, 56
myricitrin, 291
myristic acid, 86, 280, 282
myristicin, 87
myristicine aldehyde, 271
myrtenol, 22

nanonaine, 272
naphthalene, 68, 86
4-naphthylnaphthoquinone, 179
naringenin, 177, 178
naringenin 7-O-glucoside, 229
naringin, 170, 228–232
narirutin, 231
natsudaidain, 230
nauclefidine, 13
nauclefoline, 13
nauclequiniine, 13
neeflone, 129
neoabieslactone, 206
neoacrimarine-C, 228
neoacrimarine-D, 228
neoacrimarine-E, 228
neoacrimarine-F, 228
neoacrimarine-G, 228
neochlorogenic acid, 179
neodiosmin, 228
neoeriocitrin, 170, 231
neoharringtonine, 25
neohesperidin, 229, 231, 232
neohesperidoside, 229
neokadsuranin, 270
neoliacinolide A, 85
neoliacinolide B, 85
neoliacinolide C, 85
8-O-4'-neolignan glycoside, 121
neolutein, 67
(7S,8R,7'S,8'R)-neoolivil
    9'-O-β-D-glucopyranoside, 260
neoquassin, 169
neovibsanin H, 120
neovibsanin I, 120
neral, 273
Δ^{16}-neriagenin β-neritrioside, 78
neriumin, 78
neriuminin, 78
nerolidol, 273
nerolisol, 273
nerylacetate, 87

nevadensin, 41
nigakilactone E, 169
nigakilactone F, 169
nigakilactone H, 169
nigakilactone L, 169
nigakinone, 169, 171
nimbolidin, 131
nimbolidin B, 131, 132, 134
nimbolidin C, 132
nimbolidin D, 132
nimbolidin E, 132
nimbolin B, 130
nimbolin E, 132
nimbolinin B, 131, 134
nimonol, 137
nitidine, 234
4-nitroquinoline 1-oxide, 229
nobiletin, 228–231
nomilin, 131, 229, 230, 238
nonacosanol, 94
nonanol, 86
nonyl alcohol, 283
6-nonyl-5,6-dihydro-2H-pyran-2-one, 87
19-norabieta-7,13-dien-4-ol, 185
18-norabieta-8,11,13-trien-4,7α-diol, 208
18-norabieta-8,11,13-trien-4,15-diol, 208
18-norabieta-8,11,13-triene-4-hydroperoxide, 185
19-norabieta-8,11,13-triene-4-hydroperoxide, 185
19-norabieta-8,11,13-trien-4-yl formate, 185
(+)-N-norarmepavine, 271
norcanelilline, 84
4-nor-9,19-cyclolanost-24-ene-3,23-dione, 10
nordamnacanthal, 13
18-nor-4,15-dihydroxyabieta-8,11,13-trien-7-one, 208
(+)-N-norglaucine, 271
norhygrine, 111
norisoboldine, 86
norisocorydine, 86, 87
norjuniperolide, 185
norjuziphine, 86
15-norlabda-8(20),12E-diene-14-carboxaldehyde-19-oic acid, 184
29-nor-3α-methoxyserrat-14-en-21-one, 208
nornuciferine, 270
N-nornuciferine, 271
16-nor-15-oxodehydroabietic acid, 208
norpseudopelletierine, 111
ent-norsecurinine, 160
northalifoline, 84
norushinsunine, 270
nuciferine, 270
nuezhengalaside, 260

nummarine, 254
(+)-nyasol(*cis*-hinokiresinol), 124
nymania 1, 129, 135

obacunone, 131, 230, 235, 238
obiongin, 272
(+)-oblongin, 272
(−)-oblongin, 86, 272
oblongine, 255
obtuanhydride, 184
obtunone, 184
obtusilactone, 84
occidentalol, 22
(*E*)-ocimene, 87
(*E*)-β-ocimene, 86
trans-β-ocimene, 273
ocotillol II-3-*O*-caffeate, 72
octacosan-2-ol, 94
(+)-9(*Z*),17-octadecadiene-12,14-diyne-1,11,16-triol, 46
9-*cis*-12-*cis*-octadecandienoic acid, 170
(13*S*)-15-octadecanoyloxylabd-8(17)-en-19-oic acid, 185
cis,*trans*,*trans*,*cis*-9,11,13,15-octadecatetraenoic acid, 156
cis-6-octadecenoic acid, 44
cis-10-octadecenoic acid, 234
7-octadienyl-(3′-*O*-α-L-rhamnopyranosyl-4′-*O*-*p*-coumaroyl-β-D-glucopyranoside), 260
oct-1-en-3-ol, 22
oduocine, 84
6-OH-luteolin, 117
6-OH-7-Me-luteolin, 117
5α-oleandrigenin, 78
5α-oleandrigenin β-D-digitaloside, 78
5α-oleandrigenin β-D-glucosyl-β-D-diginoside, 78
5α-oleandrigenin β-D-glucosyl-(1→4)-β-D-digitaloside, 78
oleandrigenin β-D-glucosyl-β-D-sarmentoside, 78
oleandrigenin β-neritrioside, 78
oleanoic acid 3-glucuronide, 43
oleanolic acid, 18, 19, 38, 42, 178
oleanolic acid 28-*O*-β-D-glucopyranoside, 42
oleanonic acid, 222
oleic acid, 87, 132, 133, 156, 248, 280–283
oleoyl-12-hydroxylase, 158
omphamurin isovalerate, 237
ophiorrhizine-12-carboxylate, 14
oplodiol, 271
oplopandiol, 46
oplopandiol acetate, 46
oplopanone, 271
oregonoside A, 73

oregonoside B, 73
orientin, 283
orixiarine, 237
(+)-orixine, 236
osmanthuside H, 260
osmanthuside I, 260
osmanthuside J, 260
ovalifoliolide A, 73
ovalifoliolide B, 73
7-oxoabieta-8,13-dien-19-al, 185
12-oxoabieta-7,13-dien-19-al, 185
7-oxo-8,11,13-abietatrien-18-yl succinate, 208
oxoanolobine, 271
8-oxoberberrubine, 254
2-(3-oxobutyl)-isomenthone, 184
7-oxocapensioside, 106
6β-*O*-(8-oxo-2,6-dimethyl-[2*E*,6*E*]-octadienoyl)-boschnaloside, 106
6β-*O*-(8-oxo-2,6-dimethyl-[2*E*,6*Z*]-octadienoyl)-boschnaloside, 106
oxoduochine, 84
6-oxoferruginol, 185
oxo-glaucine, 88
1-oxo-3β-hydroxytotarol, 185
3-oxoteasterone, 221
11-oxo-3,8,9,17-tetrahydroxy-9-en-[7,0]-methacyclophane, 73
11-oxo-3,8,12,17-tetrahydroxy-9-en-[7,0]-methacyclophane, 73
11-oxo-3,12,17-trihydroxy-9-en-[7,0]-methacyclopane, 73
oxoushinsunine, 273
oxyacanthine, 255, 274
oxyacanthinin, 253
oxynitidine, 234
oxypaeoniflorin, 203
oxyresveratrol 3′-*O*-β-glucopyranoside, 99

paeonidanin, 204
paeonidaninol A, 204
paeonidaninol B, 204
paeoniflorin, 203
paeonisothujone, 203
paeonisuffral, 203
paeonisuffrone, 203
paeonol, 203
paeonolide, 203
paeonoside, 203
palbinone, 203
pallidine, 86
palmatine, 232
palmitic acid, 132, 133, 155, 156, 247, 280–283
15-*O*-palmitoyl isocupressic acid, 185
1-*O*-(3-β-*O*-palmitoyloleanonyl)-α-L-arabinopyranose, 259

papyrioside L-IIa, 46
papyrioside L-IIb, 46
papyrioside L-IIc, 46
papyrioside L-IId, 46
papyrioside LA, 46
papyrioside LB, 46
papyrioside LC, 46
papyrioside LD, 46
papyrioside LE, 46
papyrioside LF, 46
papyrioside LG, 46
papyrioside LH, 46
(−)-parabenzoinol, 84
paratocarpin A, 100
paratocarpin B, 100
paratocarpin C, 100
paratocarpin D, 100
paratocarpin E, 100
paratocarpin F, 100
paratocarpin G, 100
paratocarpin H, 100
paratocarpin I, 100
paratocarpin J, 100
paratocarpin K, 100
paratocarpin L, 100
parthennolide, 271
parthenolide, 271, 273, 274
pathenolide, 273
(+)-paulownin, 107
pavetannin A, 165
pectolinarin, 106
pediculariside, 107, 108
pediculariside A, 107, 108
pediculariside E, 106
pediculariside F, 106
pediculariside G, 106
pediculariside H, 106
pediculariside I, 106
pediculariside M, 106, 108
pediculariside N, 106, 108
pedicularis-lactone, 106
pedunculagin, 147, 198
pedunuclagin, 223
pelargaonidin diglucoside, 111
pelargaonidin glucoside, 111
pelletierine, 111
pendulone, 216
penstemonoside, 107
pentaacetate synadenol 2-methylbutanoate, 159
penta-acetyl geniposide, 10
pentacosane, 86
pentacyclic triterpene aldehyde, 222
(6Z,9Z,12Z)-pentadecatrien-2-one, 83

1,2,3,4,6-penta-O-galloyl-β-glucopyranose, 111
1,2,3,4,6-penta-O-galloyl-β-D-glucose, 157, 158, 223
3,4,8,9,10-pentahydroxydibenzo[b,d]pyran-6-one, 111
4,4″,7″,9,9″-pentahydroxy-3,3′,3″-trimethoxy-4′,8″:7,9′-bis-epoxy-8,8′-sesquineolignan, 207
3′,4′,5,7,8-pentamethoxyflavone, 230
4′,5,6,7,8-pentamethoxyflavone, 230
pentanophenone, 287
6-pentyl-5,6-dihydro-2H-pyran-2-one, 87
peresealide, 85
perlotine, 35
permethylverbascoside, 108
peroxyschinilenol, 234
peroxyschininallylol, 234
peroxysimulenoline, 233
perseanol, 83
persiconin, 179
petroselinic acid, 44
phellamurin, 232
α-phellandrene, 85, 292
β-phellandrene, 292
phellochin, 232
phellodendrine, 232
phenylethyl alcohol, 269, 273
2-phenylethyl benzoate, 87
2-phenylethyl β-D-glucoside, 177
N-phenyl-1-naphthylamine, 160
3-phenylpropyl cinnamate, 223
pheophytin a, 146
pheophytin b, 146
phillygenin, 272
phloracetophenone, 141
phloracetophenone 4′-glucoside, 141
phloretin, 178
phloridzin, 178
phlorin, 169
phloyoside II, 107
phoenicein, 185
phoeniceroside, 185
phorbol-12-benzoate-13-(3E,5E-decadienotate), 115
phorbol-12-benzoate-13-decanote, 115
phyllanone A, 214
phyllanone B, 214
ent-phyllantidine, 159
phyllodulcin, 294–297
phyllodulcin 8-β-glucoside, 296
phyllodulcin 8-O-glucoside, 296
phyllodulcin monomethyl ether, 296
picrajavanin A, 170
picrajavanin B, 170

picraquassioside A, 169
picraquassioside B, 169
picrasidine G, 170
picrasidine W, 169
picrasidine X, 169
picrasin A, 169
picrasin B, 169
picrasin C, 169
picrasin D, 169
picrasin E, 169
picrasin G, 169
picrasinol B, 169
picrasinol C, 169
picrasinol D, 169
picrassioside C, 169
picrassioside D, 169
ent-pimara-8(14),15-dien-19-oic acid, 43
pimaric acid, 40
α-pinene, 41, 56, 207, 222, 227, 269, 273
β-pinene, 41, 87, 207, 222, 227, 228, 273
pinobanksin-3-acetate, 287
pinocembrin, 86, 287
pinoresinol, 59, 271
(+)-pinoresinol, 59, 270
(−)-pinoresinol, 116
pinoresinol 4,4'-di-O-β-D-glucoside, 38
(−)-pinoresinol di-O-glucoside, 116
pinoresinol dimethyl ether, 270
pinoresinol 4-O-β-D-glucoside, 38
pinostrobin, 86, 287
pinosylvin, 87
β,β'-pinosylvin diglucoside, 87
piperitone, 234
pistacigerrimone A, 56
pistacigerrimone B, 56
pistacigerrimone C, 56
pistacigerrimone D, 56
pistacigerrimone E, 56
pistacigerrimone F, 56
L-planinin, 234
plantainoside C, 107
plantarenaloside, 107
platelet 12-lipoxygenase, 117
platycariin, 93
platycaryanin A, 93
platycaryanin B, 93
platycaryanin C, 93
platycaryanin D, 93
platyphylloside, 73
plicatoside A, 106
plicatoside B, 106
plumbagin, 67, 68
podocarpic acid, 208
podophyllotoxin, 184, 187, 252, 253, 255
podophyllotoxinic acid, 185

polyhydricalc. glycoside, 121
cis-1,4-poly-myrcene, 56
polypodine B, 106
ponasterone A, 24
poncirin, 237
5α-pregnanolone bis-O-β-D-glucosyl-(1→2,1→6)-β-D-glucoside, 78
pregnenolone β-D-apiosyl-(1→6)-β-D-glucoside, 78
prenylated schinifoline, 233
(2R,3R)-8-prenyl-3,4',5-trihydroxyflavanone 7-O-β-D-6-O-malonylglucopyranoside, 232
8-prenyl-3,4',5-trihydroxyflavone 7-O-β-D-6-O-malonylglucopyranoside, 232
(−)-preorixine, 236
prieurianin, 129, 136
procyanidin A-1, 282
procyanidin B-2, 282
procyanidin B-3, 223
procyanidin B-7, 282
procyanidin B3, 221
prognanediol, 283
2-(2'-propenyl)piperidine, 111
3-O-propyonyl-5,15-O-diacetyl-7-benzoyl-14-O-nicotinoyl-17-hydroxymyrsinol, 158
prostratol A, 214
prostratol B, 214
prostratol C, 214
prostratol D, 214
prostratol E, 214
prostratol F, 214
prostratol G, 214
protocatechuic acid, 128, 296
protochiisanoside, 40
prunacin, 177, 179
prunin, 229
(+)-pseubacanine, 84
(−)-pseudoanibacanine, 84
pseudoginsenoside RT1, 42
pseudolinderadien, 87
pseudopelletierine, 111
psydrin, 14
psydroside, 14
ptelefoliarine, 237
pteleprenine, 237
pterocaryoside A, 93
pterocaryoside B, 93
puerarin, 216
punicafolin, 111
punicalagin, 111
punicalin, 111
punigluconin, 247
pyracanthina A, 176
pyracanthina B, 176

pyranoselwynone, 237
pyridoxal, 145
pyrocatechol, 287
pyrogallol, 217, 247
pyropheophorbide, 238
pyrophosphate, 158
pyrulic acid, 194

quassin, 169
quercemeritrin, 111
quercetin, 33, 44, 60, 61, 84, 111, 117, 141, 160, 178, 250, 296
quercetin 7-galactoside, 141
quercetin 3-α-L-arabinoside, 141
quercetin 3-O-(2″,6″-O-digalloyl)-β-D-galactopyranoside, 62
quercetin 5,4′-dimethyl ether, 141
quercetin 3′,4-dimethyl ether 7-glucoside, 234
quercetine, 216, 222
quercetin 3-galactoside, 44
quercetin 3-O-(2″-O-galloyl)-α-L-arabinopyranoside, 62
quercetin 3-O-(2″-O-galloyl)-β-D-galactoside, 94
quercetin 3-O-(2″-O-galloyl)-β-D-glucoside, 94
quercetin 3-Glc-7-Rham., 82
quercetin 3-Glc., 82
quercetin 3-O-β-D-glucopyranosyl-(1,2)-β-D-glucuronate ethyl ester, 250
quercetin 3-glucoside, 141
quercetin 3-O-glucoside, 160
quercetin 7-Rham., 82
quercetin 3-rhamnopyranosyl-(1-2)-β-D-glucopyranoside, 73
quercetin 3-O-rhamnoside, 88
quercetin 3-O-α-L-rhamnoside, 94, 250
quercetin 3-O-rhamnosyl-(1,6)-galactoside, 250
quercetin 3-O-rhamnosylglucoside, 160
quercetin 3-O-rutinoside, 250
quercetin 3-rutinosyl-4′-glucoside, 178
quercetin 3-[2′″,3′″,4′″-triacetyl-α-L-arabinosyl(1→6)-β-D-glucoside], 141
quercetin 3-[2′″,3′″,5′″-triacetyl-α-L-arabinosyl(1→6)-β-D-glucoside], 141
quercetogetin, 229, 231
quercilicoside A, 198
quercitrin, 45, 56, 60, 61, 87, 141, 222, 234, 235
querglanin, 198
quinide, 10

rauianin, 237
rehmaglutin D, 170
rel-(6R,5R,9S)-(2-oxa-bicyclo[3,3,0]oct-3-one-8-en-9,8-diyl)dimethanol, 106
rel-(7S,8S,8′S)-3,4,3′,4′-7′-pentamethoxy-9-hydroxy-8.8,7.0.9′-lignan, 271
rel-(7S,8S,8′S)-3,4,3′,4′-tetramethoxy-9,7′-dihydroxy-8.8′,7.0.9-lignan, 271
remain, 272
remerin, 271, 272
remerine, 270
resinone, 170
resveratrol, 208
reticuline, 86
3-O-α-L-rhamnopyranosyl (1-2)-α-L-arabinopyranosyl hederagenin 28-O-α-L rhamnopyranosyl(1→2)-[β-D-xylopyranosyl (1-6)]-β-D-glucopyranosyl ester, 121
3-O-[α-L-rhamnopyranosyl-(1-2)]-α-L-arabinopyranosylilexgenin B 28-O-β-D-glucopyranoside, 277
3-O-[α-L-rhamnopyranosyl-(1→2)-α-L-arabinopyranosyl]oleanolic acid, 277
3-O-[α-L-rhamnopyranosyl-(1→2)-α-L-arabinopyranosyl]oleanolic acid (28→1)-β-D-glucopyranosyl ester, 277
3-O-[α-L-rhamnopyranosyl-(1-2)]-α-L-arabinopyranosylpomolic acid 28-O-β-D-glucopyranoside, 277
3-O-[α-L-rhamnopyranosyl-(1-2)]-α-L-arabinopyranosylsiaresinolic acid 28-O-β-D-glucopyranoside, 277
3-O-[α-L-rhamnopyranosyl-(1→2)-α-L-arabinopyranosyl]ursolic acid, 277
3-O-[α-L-rhamnopyranosyl-(1→2)-α-L-arabinopyranosyl]ursolic acid (28→1)-β-D-glucopyranosyl ester, 277
3-O-[α-L-rhamnopyranosyl-(1-2)]-[β-D-glucopyranosyl(1-3)]-α-L-arabinopyranosylilexgenin B 28-O-β-D-glucopyranoside, 277
3-O-[α-L-rhamnopyranosyl-(1-2)]-[β-D-glucopyranosyl-(1-3)]-α-L-arabinopyranosylsiaresinolic acid 28-O-β-D-glucopyranoside, 277
rhamnose, 129
L-rhamonose, 131
(+)-rhododendrol, 60–62
(RS)-rhododendrol-2-O-β-D-glucopyranoside, 62
(R)-rhododendrol-2-O-β-D-xylopyranosyl-(1→6)-β-D-glucopyranoside, 62
rhodoxanthin, 24
rhoiptelenol, 100
rhombenone, 45
rhynchophylline, 14

ricinitin, 160
ricinoleic acid, 158
rigidol, 159
robinioside A, 214
robinioside B, 214
robinioside C, 214
robinioside D, 214
robinioside E, 214
robinioside F, 214
robinioside G, 214
robinioside H, 214
robinioside I, 214
robinioside J, 214
roburin A, 197, 199
roburin B, 197, 199
roburin C, 197
roburin D, 197
roburin E, 197
(−)-rocaglamide, 129
roemerine, 88
rohituka 3, 135
rohitukin, 136
rosacorenol, 176
rosacorenone, 176
ent-rosa-5,15-diene, 125
rosamarinic acid, 250
roseoside, 88
rubiadin, 12
rubiadin 1-Me ether, 13
rubiarbonol B, 296
rubiarbonol G, 11
rubiarbonone A, 12
rubilactone, 12
(−)-rubschizandrin, 274
(−)-rubschizantherin, 274
rugosal A, 177
rugosal D, 176
rugosic acid A, 177
rutaecarpine, 235, 236
rutecarpine, 236
rutin, 89, 160, 173, 178, 250, 296

sabinene, 86, 197, 227
sabinyl acetate, 187
safrol, 86, 87, 269, 273
safrole, 86, 274
sago starch, 283
saikosaponin-a, 282
saikosaponin-d, 282
saikosaponin-e, 282
sakuranetin, 177
sakuranin, 176
salanin, 134
salannal, 134
salannin, 131, 132, 134

salicifoline, 268–272
salicifoline chloride, 269, 272
salicin, 286, 287
salicortin, 286
salicylaldehyde, 88
salicylic acid, 67, 287
salidroside, 160, 286
sambunigrin, 177
sandaracopimaric acid, 187
(−)-sandaracopimeric acid (isopimara-8(14),15-diene-18-oic acid), 187
sanggenol A, 99
sanggenol B, 99
sanggenol C, 99
sanggenol D, 99
sanggenol E, 99
sanggenol F, 99
sanggenol G, 99
sanggenol H, 99
sanggenol I, 99
sanggenol J, 99
sanggenon G, 100
sanggenon R, 99
sanggenon S, 99
sanggenon T, 99
α-sanshool, 234
santalbic acid, 195
α-santaldiol, 194
β-santaldiol, 194
sapindoside B, 40
saponin 1, 42
saponin 2, 42
saponin 3, 42
saponin 4, 42
saponin A, 40
saponin P, 61
saponin Q, 61
sasanquaol, 147
sasanquol, 144
saulangianin, 273
savinin, 38
scandoside Me ester, 11
scapianiapyrone, 131
scheffleroside, 46
schiffnerone A, 135
schiffnerone B, 135
schinicoumarin, 233
schinifoline, 234
schininallylol, 233
schisandrone, 274
schizandraside, 87
schizandrel A, 268, 274
schizandrel B, 268, 274
schizandrin, 268, 274
schizandrin A, 268, 274

schizandrin B, 268, 274
schizandrin C, 268, 274
schizandriside, 274
schizandrol A, 268, 274
schizandrol B, 268, 274
(+)-schizanhenol B, 274
(+)-schizanhexol, 274
schizantherin C, 274
schizantherin C, 274
schizantherin D, 274
schizantherin E, 274
schizantherin F, 274
sclareolic acid, 185
scoparone, 43, 231, 271
scopoletin, 60, 128, 142, 160, 173, 176, 231
scopolin, 176, 228
seco-A protolimonid, 135
secocarotanal, 176
secodihydrodehydrodiconiferyl alc., 125
meso-secoisolariciresinol, 39
(+)-secoisolariciresinol
 9-O-β-D-xylopyranoside, 87
secojuniperolide, 185
secologanoside 7-Me ester, 260
secundiflorol D, 213
secundiflorol E, 213
secundiflorol F, 213
secundiflorol G, 213
secundiflorol H, 213
secundiflorol I, 213
securinine, 159
seldridine, 111
selwynone, 237
semitortoside A, 106
semitortoside B, 106
sequoiaflavone, 24
sericealactone, 85
sericealactonecarboxylic acid, 85
sericeol, 85
sericoside, 198
serotonin, 94
sesamin, 38–41, 108, 271
(+)-sesamin, 85
l-sesamin, 40
sesamoside, 107
seselin, 238
sesquipinsapol C, 207
sesquirosefuran, 89
sesquithuriferol, 186
shanzhiside, 106, 107
shanzhiside methyl ester, 107
shinjulactone, 170
shinjulactone A, 171
shinjulactone K, 170
siderin, 128

sieboldianoside A, 40
sieboldianoside B, 40
sikokianin C, 117
simulanoquinoline, 233
simulansine, 233
simulenoline, 233
sinapyl alcohol 1,3'-di-O-β-D-glucopyranoside, 260
β-sinensal, 227
sinensetin, 229, 231
sitosterol, 40, 85, 88, 141
β-sitosterol, 35, 60, 67, 68, 87, 88, 94, 106, 111, 116, 128, 136, 156, 159, 268, 283
β-sitosterol glucoside, 38, 60
sitosterol
 3-O-6-linolenoyl-β-D-glucopyranoside, 116
sitosterol 3-O-6-linoleoyl-glucopyranoside, 116
sitosteryl-β-D-glucopyranoside, 136
skimmin, 296
skimmiwallichin, 237
skimmiwallin, 236
sootepdienone, 10
sophazrine, 214
sophoraflavanone G, 216, 217
sophoraflavone G, 215
sophoraflavone I, 214
sophoraflavonone G, 217
sophoraflavonone I, 217
sorocenol A, 99
sorocenol B, 99
sotetsuflavone, 24
soyasapogenol B glycoside, 214
soyasaponin I, 215, 216
speciophylline, 14
specioside, 170
specnuezhenide, 260
spilamilactone C, 175
spilamilactone D, 175
spinasaponin A, 42
spinasaponin A 28-O-glucoside, 42
spinonin, 215
spinoside C1, 41
spinoside C2, 41
spinoside C3, 41
spinoside C4, 41
spinoside C5, 41
spinoside C6, 41
spinoside C7, 41
spinoside D1, 41
spinoside D2, 41
spinoside D3, 41
spiramacetal, 175
spiramadol, 175
spiramine P, 175
spiramine Q, 175

spiramine R, 175
starch, 282, 283
staunoside A, 19
staunoside B, 19
staunoside C, 19
staunoside D, 19
staunoside F, 19
stearic acid, 39, 132, 133, 156, 280, 282
stenophyllol A, 214
stenophyllol B, 214
stenophyllol C, 214
stepholidine, 270
steric acid, 248
stigmasta-5,6-dihydro-22-en-3β-ol, 66
stigmasta-3α,5α-diol
   3-O-β-D-glucopyranoside, 176
stigmastanol, 88
(24S)-stigmast-5-ene-3β,24-diol, 100
stigmast-4-ene-3,6-dione, 66
stigmast-4-en-3-one, 66–68
stigmast-
   4-en-3-one 1-O-ethyl-β-D-glucopyranoside tetraacetate, 68
stigmasterol, 40, 67, 68, 106, 111, 136, 283
stilbene glucoside A, 296
stipuleanoside R1, 42
stipuleanoside R2, 42
striatoside A, 107
striatoside B, 107
strobilanin, 93
suavioside B, 175
suavioside C1, 175
suavioside D1, 175
suavioside D2, 175
suavioside E, 175
suavioside F, 175
suavioside G, 175
suavioside H, 175
suavioside I, 175
suavioside J, 175
suavissmoside R1, 107
subprogenin A, 214
subprogenin B, 214
subprogenin C, 214
subprogenin D, 214
subproside IV, 214
subproside V, 214
subproside VI, 214
subproside VII, 214
succinic acid, 94
sucrose, 160, 282, 283
suffruticoside A, 203
suffruticoside B, 203
suffruticoside C, 203
suffruticoside D, 203

suffruticoside E, 203
sugiol methyl ether, 185
sugiresinol, 124
sweroside-6'-O-(4''-O-feruloyl)-α-L-rhamnoside), 121
swietenin, 130
swietenolile tiglate, 131
syringaldehyde, 270
syringaresinol, 214, 271
(+)-syringaresinol, 67, 270
syringaresinol monoglucoside, 271
syringaresinol 4,4'-di-O-β-D-diglucoside, 39
syringaresinol di-O-β-glucopyranoside, 232
(+)-syringaresinol di-O-β-D-glucoside, 39
syringaresinol di-O-β-D-glucoside, 39
syringaresinol 4,4'-O-di-β-D-glucoside, 38, 39
syringaresinol-O-β-D-glucopyranoside, 271
syringaresinol 4-O-β-D-glucoside, 38
syringaresinol 4''-O-β-D-glucoside, 107
syringetin 3-O-(6''-acetyl)-β-glucopyranoside, 208
syringic acid, 39, 66, 67, 106
syringin, 38–40, 169, 273
syringin-4-O-β-cellobioside, 273
syringin-4-O-β-glucoside, 273
syringylglycerol-β-sinapyl alcohol ether di-p-hydroxybenzoate, 286

tamarixetin 3,7-bis-glucoside, 234
tangeretin, 228–231
tarasaponin I, 42
tarasaponin II, 42
tarasaponin III, 42
tarasaponin IV, 42
tarasaponin V, 42
tarasaponin VI, 42
tarasaponin VII, 42
taraxerol, 41, 68, 88, 159
taraxerol-acetate, 41
taraxerone, 67, 68, 88
taraxeryl acetate, 68
tartaric acid, 274
taxa-4(5),11(12)-diene, 24
taxa-4(20),11(12)-diene-5α-ol, 24
taxifolin, 197
taxifolin-3-O-rhamnoside, 88
taxisterone, 24
Taxol, 21
teasterone, 221
tectochrysin, 287
tellimagrandin I, 248
temuline, 35
tercatain, 158
cis-terpin, 22
γ-terpinene, 228

terpinene-4-ol, 292
terpinen-4-ol, 227
4-terpineol, 41, 86, 87, 234
α-terpineol, 86, 87, 187, 227, 271
β-terpineol, 273
terpinolene, 222
terpinyl acetate, 87, 273
α-terpinyl acetate, 87, 187
teststerone, 111
tetraacetate synadenol 2-methylbutanoate, 159
7,10,2′,3′-tetra-acetylisosuspensolide F, 120
7,10,2′,6′-tetra-acetylisosuspensolide F, 120
7,10,2′,3′-tetra-acetylsuspensolide F, 120
tetracosanyl ferulate, 88
tetradecanal, 86, 87
tetradecylaldehyde, 85
1,2,4,6-tetra-O-galloyl-β-glucopyranose, 111
1,2,3,6-tetra-O-galloyl-β-D-glucose, 158, 223
(+)-tetrahydro-$α^4$,2-bis-(4-hydroxy-3,4-dimenthoxyphenyl)-$α^3$-O-(4-hydroxybenzoyl)-3,4-furandimethanol, 285
tetrahydrobungeanool, 234
tetrahydrohinokiflavone, 140
20,21,23-tetrahydro-23-oxoazadirone, 136
5,7,8,4′-tetrahydroxydihydroflavonol glucoside, 141
5,7,8,4′-tetrahydroxyflavonol, 141
2,3,4,5-tetrahydroxyhexyl-6-O-$trans$-caffeoyl-β-glucopyranoside, 119
$7R,8R$-$threo$-4,7,9,9′-tetrahydroxy-3-methoxy-8-O-4′-neolignan-3′-O-β-D-glucopyranoside, 121
1,2,3,4-tetrahydroxy-2-methylbutane-4-O-(6-O-$trans$-caffeoyl)-β-D-glucopyranoside, 121
3,5,7,4′-tetrahydroxy-8-(3-methylbut-2-enyl)flavone-7-O-β-glucoside, 232
($8R,8′R,8″R,9R$)-4′,4″,9,9″-tetrahydroxy-3,3′,3″-trimethoxy-4,8″:9,9′-bis-epoxy-8,8′-sesquineolignan, 207
1,2,9,10-tetramethoxy-$7H$-dibenzoquinolin-7-one, 271
4′,5,7,8-tetramethoxyflavone, 230
tetra-O-methyldiospyrol, 68
3,6,11,15-tetramethyl-2-hexadecen-1-ol, 247
tetrapterol A, 214
tetrapterol B, 214
tetrapterol C, 214
tetrapterol D, 214
tetrapterol E, 214
thalicoside F, 82
thalicoside G1, 82
thalicoside G2, 82
thalictoside XII, 82

thalictoside XIII, 82
theacitrin A, 144
theaflavin, 143
theaflavin digallate, 143
theaflavin monogallate A, 143
theaflavin monogallate B, 143
theaflavonin, 144
theogallinin, 144
α-thujaplicin, 187
β-thujaplicin, 184, 187, 188
γ-thujaplicin, 187
thujone, 292
α-thujone, 22
thujopsan-2α-ol, 125
thujopsene, 187
thunberginol A, 296–298
thunberginol B, 296, 297
thunberginol C, 296
thunberginol D, 296
thunberginol E, 296
thunberginol F, 296, 297
thunberginol G 3′-O-glucoside, 296
1-tigloyl-3-acetylazadirachtol, 135
1-tigloyl-3-acetyl-11-methoxymeliacarpinin, 132
1-tigloyl-3,20-diacetyl-11-methoxymeliacarpinin, 133
3-tigloyl-1,20-diacetyl-11-methoxymeliacarpinin, 133
6-α-tigloyloxyglaucarubol, 171
tiliroside, 89, 117
tirucalla-5,7,24-trien-3β-ol, 144, 147
tocopherol, 95
α-tocopherol, 57, 69
α-tocopherolquinone, 13
tocotrienol, 95
tomentoside, 105
tomentoside A, 105
toonacillin, 128
toosendan, 134
toosendanin, 136
tormentic acid 6-methoxy-β-glucopyranosyl ester, 176
tortoside A, 106
tortoside B, 106
tortoside C, 106
tortoside D, 106
tortoside E, 106
tortoside F, 106
tremulacin, 286–288
7,10,2′-triacetylpatrinoside, 120
$trans$-triacontyl-4-hydroxy-3-methoxycinnamate, 170
trichadonic acid, 288
trichilin A, 135

trichilin B, 130, 135
trichilin D, 130, 132
trichilin H, 130–132, 134
trichilin I, 133, 134
trichilin J, 133, 134
trichilin K, 134
trichilin L, 134
trichilinin B, 131
trichilinin C, 131
tricin, 107
tricin 7-O-glucuronide, 107
tricosane, 86
tridecanal, 86
tridecanol, 86
tridecanonchelerythrine, 233
2-tridecanone, 234
trifloculoside, 273
trifolin, 61
trifoside A, 19
trifoside B, 19
trifoside C, 19
trifugin A, 131
tri-O-galloyl-β-glucopyranose, 111
1,2,3-tri-O-galloyl-β-glucopyranose, 111
1,2,4-tri-O-galloyl-β-glucopyranose, 111
1,2,6-tri-O-galloyl-β-glucopyranose, 111
1,3,4-tri-O-galloyl-β-glucopyranose, 111
1,4,6-tri-O-galloyl-β-glucopyranose, 111
1,2,6-tri-O-galloyl-β-D-glucose, 223
trigoneoside Ia, 215
trigoneoside Ib, 215
trigoneoside IIa, 215
trigoneoside IIb, 215
trigoneoside IIIa, 215
trigoneoside IIIb, 215
trigoneoside IVa, 215
trigoneoside Va, 215
trigoneoside Vb, 215
trigoneoside VI, 215
trigoneoside VIIb, 215
trigoneoside VIIIb, 215
trigoneoside VIX, 215
3,4,5-trihydroxybezoic acid, 55
2,3,4-trihydroxybutyl-6-O-$trans$-caffeoyl-β-glucopyranoside, 119
2′,4′,6′-trihydroxydihydrochalcone, 287
4,9,9′-trihydroxy-3,3′-dimethoxy-8-O-4′-neolignan-7-O-β-D-glucopyranoside, 121
7S,8R-$erythro$-7,9,9′-trihydroxy-3,3′-dimethoxy-8-O-4′-neolignan-4-O-β-D-glucopyranoside, 121
1β,4β,7α-trihydroxyeudesmane, 271
4′,5,7-trihydroxyflavonol-β-7-O-(6″-p-coumoroyl)-D-glucoside, 270

(14R)3α,14,15-trihydroxy-labd-8(17),13(16)-dien-19-oic acid, 186
(14S)3α,14,15-trihydroxy-labd-8(17),13(16)-dien-19-oic acid, 186
14(R)-8,14,15-trihydroxy-labd-13(16)-en-19-oic acid, 185
14(S)-8,14,15-trihydroxy-labd-13(16)-en-19-oic acid, 185
3-β,20,25-trihydroxylupane, 55
4′,5,7-trihydroxy-3′-methoxyflavanone, 234
5,7,3′-trihydroxy-4′-methoxyflavone 7β-neohesperidoside, 228
1,4,8-trihydroxy-3-naphthalenecarboxylic acid1-O-β-D-glucopyranoside methyl ester, 94
1,4,8-trihydroxynaphthalenyl1-O-β-D-[6′-O-(3″,5″-dimethoxy-4″-hydroxybenzoyl)]glucopyranoside, 94
1,4,8-trihydroxynaphthalenyl1-O-β-D-[6′-O-(3″,4″,5″-trihydroxybenzoyl)]glucopyranoside, 94
2,3,4-trihydroxyphenanthrene, 73
4,5,8-trihydroxy-α-tetralone 5-O-β-D-[6′-O-(3″,5″-dimethoxy-4″-hydroxybenzoyl)]glucopyranoside, 94
4,5,8-trihydroxy-α-tetralone 5-O-β-D-glucoside, 93
trilaurin, 282
trilignan, 272
trimenynin, 194
6,7,8-trimethoxycoumarin, 43
7,2′,4′-trimethoxy-3,5-dihydroxyflavone, 84
3,4,5-trimethoxyphenol, 66, 170
3,4,5-trimethoxyphenol-1-(6-xylopyranosyl)glucopyranoside, 170
1,5,9-trimethyl-1,5,9-cyclododecatriene, 170
1,3-trimethyl-2-oxabicyclo[2,2,2]octane, 87
$trans$-1,2,3-trimetyl-4-propenylnaphtalene, 86
tri-O-punicylglycerol, 111
trisnorlupan, 67
(−)-tuliferoline, 270
turcberine, 254
turcomaninen, 254
turconidine, 254
tyrosol, 160

udosaponin A, 43
udosaponin B, 43
udosaponin C, 43
udosaponin D, 43
udosaponin E, 43
udosaponin F, 43
uhdenoside, 260
uhdoside A, 260
uhdoside B, 260

umbelliferone, 116, 229, 231, 296
umbelliferone 6-*O*-*trans*-caffeoyl-β-D-glucopyranoside, 120
umbelliferone-7-β-D-glucoside, 296
undecanone, 87
2-undecanone, 234
urs-12-en-28-oic-acid, 247
ursolic acid, 13, 67, 68, 94, 179
ursolic acid 3-*O*-[β-D-glucopyranosyl-(1→3)-α-L-arabinopyranosyl]-(28→1)-β-D-glucopyranosyl ester, 276
ursolic acid 3-*O*-[β-D-glucopyranosyl-(1→3)-α-L-arabinopyranosyl]-(28→1)-β-D-glucopyranosyl-(1→6)-β-D-glucopyranosyl ester, 276
ursolic acid 3-*O*-{β-D-glucopyranosyl-(1→3)-[α-L-rhamnopyranosyl-(1→2)]}-α-L-arabinopyranosyl-(28→1)-β-D-glucopyranosyl ester, 276
ursolic acid 3-*O*-{β-D-glucopyranosyl-(1→3)-[α-L-rhamnopyranosyl-(1→2)]}-α-L-arabinopyranosyl-(28→1)-β-D-glucopyranosyl-(1→6)-β-D-glucopyranosyl ester, 276
ursolic acid 3-*O*-{β-D-glucopyranosyl-(1→3)-[α-L-rhamnopyranosyl-(1→2)]}-α-L-arabinopyranosyl-(28→1)-[β-D-glucopyranosyl-(1→4)-β-D-glucopyranosyl-(1→6)-β-D-glucopyranosyl]ester, 277
usambanoline, 233
(−)-usambarine, 233
ushinsunine, 273
utilamide, 234
utilin, 131
uvaol, 141
uzarigenin β-gentiobiosyl-(1→4)-β-D-diginoside, 78

valenc-1(10)-ene-8,11-diol, 84
vanillic acid, 67, 84, 106, 128, 133, 134, 170
vanillin, 39, 133, 134, 170
(+)-veraguensin, 272
verbacine (*E*-isomer), 106
verballocine (*Z*-isomer), 106
verbascoside, 107, 108
vernolic acid, 156
verticillatoside A, 106
verticillatoside B, 106
vertine, 248
vescalagin, 196, 197, 199
vibsanin G, 120
vibsanin H, 120
vibsanin K, 120
vibsanol, 120
viburnine, 120
viburnol A, 119
viburnol B, 119
viburnol C, 119
viburnol D, 119
viburnol E, 119
viburnol F, 119
viburnol G, 119
viburnol H, 119
viburnol I, 119
viburnol J, 119
viburnol K, 119
viburnolide A, 120
viburnolide B, 120
viburnolide C, 120
viburtinoside I, 120
viburtinoside II, 120
viburtinoside III, 120
viburtinoside IV, 120
viburtinoside V, 120
vignaticol, 83
vilmorinine A, 170
vilmorinine B, 170
vilmorinine C, 170
vilmorinine D, 170
vilmorinine E, 170
vilmorinine F, 170
viridiflorene, 87
viroallosecurinine, 159
virosecurinine, 160
vitexin, 283
vmeliantriol, 134
vogeloside, 297
(*E*)-volkendousin, 135
(*Z*)-volkendousin, 135
volkensinin, 135
vomifoliol, 159

wanepimedoside A, 254
waziristanine, 254
wikstroelide C, 115
wikstroelide D, 115
wikstroelide E, 115
wikstroelide F, 115
wikstroelide G, 115
Wikstroemia factor C1, 115
Wikstroemia factor C2, 115
Wikstroemia factor M1, 115
Wikstroemia factor M2, 115
wikstrol A, 117
wikstrol B, 117
(+)-wikstromol, 116
Winsterstein's acid, 24
worenine, 232
wuercetin, 248
wuweizi su B, 274

wuweizi su C, 274

xanthoplanine, 86
(+)-xanthoplanine, 272
xanthotoxin, 231
xanthoxylin, 234
xanthyletin, 238
ximenynic acid, 194
xyloglucuronide, 268
3-*O*-(β-D-xylopyranosyl)taxifolin, 197
xylospyrin, 66

yangambin, 271, 272
yemuoside YM1, 19
yinyanghuo A, 254
yinyanghuo B, 254
yinyanghuo C, 254
yinyanghuo D, 254
yinyanghuo E, 254
α-ylangene, 274
yukomarin, 227
yukomine, 228
yuzhizioside IV, 19
7-hydroxy-1-oxo-14-norcalamenene, 136

zanthobisquinolone, 233
zanthosimuline, 233
zanthoxyline, 233
zascanol epoxide, 233
zeaxanthin, 67
zeylanicine, 88
zeylanidine, 88

C-1 アシル化 galloylhamamelose, 222

エクジソン, 22
β-エクジソン, 24
エラグ酸, 199

zanthobungeanine, 234
カテキン, 33, 198, 199
ガロイルハマメロース, 221
環状ヘキサペプチド RA-I, 12
　— RA-VI, 12
　— RA-VII, 12
　— RA-VIII, 12
　— RA-X, 12
　— RA-XI, 12
　— RA-XII, 12
　— RA-XIII, 12
　— RA-XIV, 12
　— RA-XV, 12
　— RA-XVI, 12

p-クマール酸, 198
グランジニン, 199

ケンフェロール, 198

コーヒー酸, 199

シコニン, 250
3,4-ジヒドロキシ安息香酸, 198
3,4-ジメトキシ安息香酸, 198
シリンガアルデヒド, 199
シリンガ酸, 199

3,4,5-トリヒドロキシ安息香酸, 198

バニリン, 199
バニリン酸, 198, 199

ピシフェリン酸, 187
p-ヒドロキシ安息香酸, 198
p-ヒドロキシベンツアルデヒド, 198
5-ヒドロキシメチル-2-フラルデヒド, 199
ヒノキチオール, 184

フェルラ酸, 198, 199
フラバン-3-オール型タンニン, 145
プロトカテキュ酸, 199

ヘプタノルテルペン, 130

没食子酸, 199

ロブリン E, 199

一 般 項 目 索 引

abeotaxane 構造, 22
abietadiene synthase, 207
abietane 系列のジテルペン, 208
acetylcholinesterase 阻害活性, 235
ACE 阻害, 179
acid phosphatase, 160
acyclic monoterpene 配糖体, 120
Aglaia odorata, 129
Agrobacterium faecalis, 287
Alternaria alternata, 88, 178
amentoflavone 型フラボン 2 量化物, 24
angiotensin II レセプター拮抗剤, 236
Angoumois grain moth, 234
Anthrenocerus australis, 130
anti-HBV DNA replication 活性, 234
arborane 型トリテルペン, 11
Aspergillus flavus, 88, 179
Aspergillus niger, 88
Australian carpet beetle, 130

Bacillus megatherium, 88
Bacillus subtillis, 88
Bacteroides fragilis, 88
Bifidobacterium bifidum, 88
Bifidobacterium longum, 88
bioassay-guided fractionation, 233, 234
bisabolanoid, 125
(E)-α-bisabolene synthase, 207
Boisduval, 131
Brasilian wax palm, 283
brine shrimp test, 236
brown house moth, 130

C-6 glioma 細胞, 10
C-メチル化ジヒドロカルコン, 291
C_{17} 化合物, 124
Caenorhabditis elegans, 236
Calamus, 279
Callosobruchus maculatus, 230
Calopepla leayana, 89
carnauba wax, 281, 283
carrageenin による水腫, 158
case-bea ringclothes moth, 130
CD-MEKC, 203
Ceratitis capitata, 89
cerebroside, 61
Charm analysis, 227
chinese prickly ash, 234
Chotoko, 14
β-chromene 類, 215
Chrysomela scripta, 287

cinnamyl alcohol dehydrogenase (CAD), 43
Clostridium perfringens, 88
co-pigment, 295
Colorado potato beetle, 230
Coptotermes formosanus, 89
coriaria lactone, 163
coumarin, 128
Cryptolestes ferrugineus, 134
Culex quinquefasciatus, 230
cyclodextrin-modified micellar electrokinetic chromatog, 203
cyclooxygenase, 117
Cytospora persoonii, 177

Dacus dorsalis, 234
Dermatophagoides farinae, 89
Dermatophagoides pteronyssinus, 89
Dermestes maculatus, 230
Δ^5-desaturase 活性, 41
DNA ポリメラーゼ抑制活性, 56
DPPH ラジカル消去作用, 178
DTH 反応抑制, 255

Epstein-Barr ウイルス, 229
Epstein-Barr ウイルスの活性阻害, 216
Escherichia coli, 88
Etiella zinckenella, 287
euphane 型トリテルペン類, 132
Euproctis chrysorrhoea, 199
Eupterote geminata, 89

farnesyl diphosphate (FPP) synthase, 12, 14
fruit fly, 234
furostanol サポニン, 215
Fusarium moniliforme, 88
Fusarium oxysporium, 88
Fusarium solani, 88

α-galactosidase, 217
β-galactosidase, 217
gallotannin, 222
galloylglucose, 203
glucoindole 型アルカロイド, 14
glutamic acid decarboxylase 活性, 67
glutathione S-transferase, 229
GTase 阻害, 179

head spase 法, 35
head-twitch 反応, 14
hederagenin 型サポニン, 45
hederagenin 型トリテルペンサポニン, 40
Helminthosporium sp., 88

Henosepilachna vigitioctopunctata, 132
hexabarbital 誘導睡眠時間延長, 63
hexacarbocyclic triterpene, 125
hexahydrophenanthrene, 160
HIV 感染阻害効果, 282
HL-60 白血病細胞, 42
Hofmannophila pseudospretella, 130
Honduras mahogany, 131
human monocyte interleukin-1β inhibitor, 203
hyaluronidase 阻害, 179
hyaluronidase 阻害作用, 198
Hydrangeae Dulcis Folium, 294
3-hydroxy-3-methylglutaryl CoA reductase 活性, 40
8-hydroxy-labdane 型ジテルペン, 185
3α-hydroxy-oleanane 型トリテルペン, 41
p-hydroxycinnamic acid CoA リガーゼ, 288
hydroxyl-scavenging activity, 157
3α-hydroxy-30-nor-oleanane 型トリテルペン, 41
3α-hydroxysteroid dehydrogenase (3α-HSD) の阻害活性, 61
3α-hydroxysteroid dehydrogenase inhibitor, 203
Hypoxylon mammatum, 287
Hypsipyla grandella, 128

isoflav-3-ene, 215
isopentenyl diphosphate (IPP) isomerase, 12, 14
isopentenyl-diphosphate isomerase, 14

Japanese pepper, 233
jatrophane ジテルペン, 158

ent-kaurane 誘導体, 40
Ku-Ding 茶, 277

labdane-type diglucoside, 120
Lactobchillus acidophilus, 88
lanostane 型のトリテルペン, 207
lathyrane ジテルペン, 159
Leptinotarsa decemlineata, 230, 236
(−)-limonene synthase, 207
12-lipoxygenase, 117
5-lipoxygenase 阻害活性, 272
lupane 型サポニン, 41
lupane 型トリテルペンサポニン, 40, 41
lymphocytic leukemia P388 細胞, 132

macrocyclic spermidine alkaloid, 120
methicillin-resistant *Staphylococcus aureus*, 217
micellar electrokinetic capillary chromatography, 235
morphinadienone アルカロイド, 159
MRSA, 146, 217

MRSA 感染, 217
Mucor sp., 88
myrcene synthase, 207
Myrialepis, 279

NO 代謝, 209
nor-acorane ヘミケタール型セスキテルペン, 184
30-nor-oleanolic acid 配糖体, 39
norlabdan 型ジテルペン, 184
5′-nucleotidase 活性阻害, 282

oleanolic acid 型サポニン, 44
oleanolic acid 配糖体, 39, 42
oleate 12-hydroxylase, 158
open-chain monoterpene glycoside, 120
Ophiostoma ulmi, 173
ornithin decarboxylase 活性阻害, 216
Ostertagia circumcincta, 236
oxindole 型アルカロイド, 14

P388 細胞系列, 13
Paeoniae Radix, 204
palm kernel oil, 281
palm oil, 281
Penicillium digitatum, 231
Peridroma saucia, 129, 130
Periplaneta americana, 89
Phellinus tremulae, 288
phospholipase, 217
phospholipase D, 158
phototoxicty, 230
Phytodolor N, 288
Phytophthora citrophthor, 231
(−)-pinene synthase, 207
Plectocomia, 279
Pohagous lepidoteran, 129
polygalacturonase 制御物質, 248
Porphyromonas gingivalis, 146
procyanidins, 283
Propionibacterium acne, 287
Protein kinase C activator, 116
Pseudomonas syringae, 178

quinone reductase, 229

red flour beetle, 130, 134
rice weevill, 134
ent-rosane 型ジテルペン, 156
rusty grain beetle, 134

Schistosoma mansoni, 236
seco-limonoid, 132
securinega アルカロイド, 159
shellfish prickly ash, 233
Sitophilus oryae, 134
Sitophilus zeamais, 230

一般項目索引

Sitotroga cerealella, 234
Southern prickly ash, 234
Spodoptera eridania, 134
Spodoptera exigua, 131–133
Spodoptera litura, 83, 130, 131
SRS-A 拮抗阻害活性, 236
Staphylococcus aureus, 88, 287
Stemphyllium sp., 88
streptococcus, 216
Streptococcus mutans, 146
Streptococus mutans 菌発育阻害活性, 282
succinic dehydrogenase, 160
superoxide dismutase, 39, 292
superoxide dismutase 様の活性, 198
superoxide-scavenging activity, 157
sweet gum, 223

T-リンパ球関与の応答の抑制, 253
terpene quinone methide, 125
tigliane 型ジテルペンエステル, 156
Tinea dubiella, 130
Tineola bisseliella, 130
TNF-a 生成阻害活性, 271
Tribolium castaneum, 130, 134
Tricophyton interdigitale, 292
triglyceride 合成, 11
Trogoderma grnarium, 129

valeriana 型イリドイド配糖体, 120
vibsane 型ジテルペン, 120

webbing clothes moth, 130

Xanthomonas campestris, 231

zwitterionic 型アルカロイド, 14

青色色素, 295
赤ワイン, 197
アクリドン 2 量体, 228
アクリドンアルカロイド, 228
アクリドン-クマリン 2 量体, 228
アゾアルキド樹脂染料, 134
アジュバンド関節炎免疫抑制, 253, 255
アシル CoA コレステロールアシルトランスフェラーゼ阻害剤, 260
アシル化アントシアニン配糖体, 120
アシル化ジアリルヘプタノイド, 73
アシル化フラボノイド, 13
アシル化フラボノイド配糖体, 228
アセチルコリンエステラーゼ, 89
アセチルコリンエステラーゼ阻害, 226
アセチルコリンエステラーゼ阻害活性, 235
アセチルコリン性神経細胞の成長促進作用, 272
ジアセチレン, 44
アセトフェノン, 234, 235, 237

阿仙薬, 9
アトピー性湿疹, 221, 222
アトピー性皮膚炎, 179
アドレナリン増強作用, 272
アポトーシス誘導阻害, 184
アポルフィン, 86
アポルフィンアルカロイド, 89, 159, 254
アポルフィン型アルカロイド, 270
アポルフィン型イソキノリンアルカロイド, 89
アポルフィン-ベンジルイソキノリンダイマー, 254
甘茶, 294
アミド, 232, 234
アミノ酸, 35
α-アミラーゼ阻害活性, 147
アミン, 88
アラキドシ酸代謝阻害活性, 13
アラキドン酸カスケード, 100
アリールベンゾフラン, 99
アルカリサイズ剤, 304
アルカロイド, 9, 13, 14, 18, 22, 25, 35, 46, 81, 86–88, 105, 111, 117, 133, 155, 157, 159, 169, 170, 213, 214, 226, 234–237, 248, 252–255, 267–269, 274, 279, 280, 282, 283
アルカン, 155, 158
n-アルカン, 158
n-アルカン化合物, 107
アルコール吸収抑制, 37
アルコール吸収抑制活性, 42
アルコール性肝障害, 216
アルツハイマー病, 33, 40, 226, 232, 235
アルドース還元酵素, 61
アレルギー性皮膚炎, 32, 33
アロマセラピー, 113
アンギオテンシン I 変換酵素, 216
アンジオテンシン系, 56
アンチセンス CAD 遺伝子, 43
アンチセンスカルコンシンターゼ遺伝子, 95
アントシアニジン, 55, 61, 67, 119
アントシアニン, 43, 44, 60, 61, 111, 160, 176, 253, 295
アントシアン, 141
アントラキノン, 12–14, 35, 133, 157
アントラキノン系色素, 9
アントラキノン配糖体, 12, 13
アンモニア消臭効果, 66
アンモニア防臭効果, 67

イオノン配糖体, 113
育毛活性, 272
イソキノリンアルカロイド, 84, 86, 254
イソクマリン, 295
イソクマリン配糖体, 297
イソブチルアミン, 235, 238
イソフラボノン, 214
イソフラバン, 214

イソフラボノイド, 213–217
イソフラボノール, 217
イソフラボン, 100, 213, 214
イソプレノイド, 22
イソプレン合成酵素, 287
イソプレン合成酵素遺伝子, 288
イソプレンの大量合成, 288
イソマルターゼ, 217
胃腸薬, 252
イミノ糖, 98, 100
医薬品, 32, 37, 55, 165, 194, 196, 269
イリドイド, 10, 11, 13, 106, 108, 120, 221, 222, 260, 297
イリドイド配糖体, 10, 13, 105–108, 120, 121, 245
イリドイドラクトン, 106
イリドラクトン, 105, 107
色あせ防止, 11
茵芋, 226
インキ, 292
咽喉痛, 92
インターロイキン2レセプターの発現阻害, 253, 255
インドール, 14
インドールアルカロイド, 13, 14, 232
インドール型アルカロイド, 14
インドールモノテルペン型アルカロイド, 13
インドロピリドキナゾリンアルカロイド, 232, 234
インフルエンザウイルス, 146
淫羊藿, 252

ウーロン茶, 144
ウッドロジン, 301
ウレアーゼ阻害活性, 67

エクジソンステロイド, 105, 106
エストロゲン, 111, 283
エタノール吸収阻害活性, 147
エナンチオマー, 227
エナンチオマー組成, 116
エマルジョン型ロジンサイズ剤, 303
エラグタンニン, 73, 157, 179, 198, 247
エラグタンニン2量体, 176
エラグタンニン3量体, 176
エラグタンニン4量体, 176
エラジタンニン, 93, 196, 197, 199
エルム病, 173
エレマン型セスキテルペン, 85
炎症, 173
炎症性疾患, 216

オイファン型トリテルペン, 100
オウキャクボクヒ（鴨脚木皮）, 46
黄色色素, 10, 11
黄色ブドウ球菌, 217

黄柏, 226
オオイタビ, 100
オキサポルフィンアルカロイド, 84
オリゴ加水分解型タンニン, 222
オリゴスチルベン, 214, 217
オリゴプロアントシアニジン, 221
オルソキノン, 173
オレアナン型トリテルペン, 87, 204, 291
オレアナン型トリテルペン配糖体, 82
オレアナン系配糖体, 81, 82
オレアネン配糖体, 215
オレアン型サポニン, 41, 46
オレアン型トリテルペン, 120, 222
オレアン型トリテルペン配糖体, 214
オレオレジン, 208, 301

蛾, 230
害虫のコントロール, 230
回腸の収縮反応, 237
カウラン型ジテルペン, 38
香り, 226, 229
化学植物分類, 175, 176
化学植物分類学, 93, 94, 105, 107
化学生態学, 93, 94, 105, 107
化学的防御機構, 175
化学分類, 196, 285–287
化学分類学, 66, 124, 228, 237, 267
カキ茶, 67
核酸塩基類, 40
カゴ型モノテルペン配糖体, 204
過酸化脂質, 39
過酸化脂質生成抑制作用, 94
過酸化物消去活性, 203
過酸化プレニル化クマリン, 234
加水分解型タンニン, 72, 73, 111, 158, 196, 217, 221
加水分解型タンニンオリゴマー, 176
化石木, 126
カッシノイド, 133, 169–171
カッシノイド配糖体, 169
活性酸素, 155
活性酸素種捕捉能, 184, 187
活性酸素除去活性, 222
活性酸素除去作用, 94, 221, 222
活性酸素スカベンジャー, 40
カテキン, 147, 203
カテキン類, 143, 145–147
カビ, 41
カフェイン, 147, 148
花粉症, 179, 295
ガムロジン, 301
カラーゲニン浮腫, 179
カラゲナン誘導水腫, 166
唐厚朴, 269
カルコン, 160, 285, 287, 291

カルコン合成酵素, 209
カルコンシンターゼ, 95
カルコン配糖体, 176, 286
カルシウムチャンネルブロッカー, 253, 255
カルス, 18, 32, 158, 223, 232
カルス培養, 62
カルナウバロウ, 281
カルバゾールアルカロイド, 237
カルボン酸, 55
枯草菌, 217
ガロイル化フラバノール配糖体, 291
ガロイル化フラボノール配糖体, 221, 223
ガロタンニン, 56, 111
カロチノイド, 10, 67, 120, 198
カロチノイド系色素, 9, 11
カロチン, 67
癌, 215
肝炎, 45
環境非汚染型殺虫剤, 115, 117
肝グリコーゲン生成促進活性, 274
肝細胞防護作用, 61
環状オクタペプチド, 156
肝障害, 42
肝傷害防護作用, 60, 62
肝障害防護成分, 61
環状ジフェニルエーテル型（ジアリルヘプタノイド）, 60
環状ヒドロキサム酸化合物, 107
環状ビフェニル型（ジアリルヘプタノイド）, 60
環状ヘキサペプチド, 9, 12
環状ヘプタペプチド, 156
乾癬の治療薬, 255
肝臓, 12
肝臓保護作用, 37, 238
漢方, 267, 268, 279
漢方健胃薬, 282
漢方薬, 173
肝保護効果, 42
甘味, 176
甘味成分, 296
甘味料, 294
癌抑制プロモーター, 171

気管支炎, 169
枳実, 226
寄生虫駆除活性, 234
キナゾリンアルカロイド, 294
キノリジンアルカロイド, 108
キノリンアルカロイド, 236
キノリンアルカロイド類, 237
キノロンアルカロイド, 235–237
2-キノロンアルカロイド, 233
キノン, 66, 68, 95
キノン型セスキテルペン, 120
忌避活性, 89

忌避作用, 130, 134
ギャバロン茶, 147
キャベツムシ, 133
吸収・排泄過程, 236
強化ロジンサイズ剤, 303
強心作用, 226, 230, 234
強心配糖体, 46, 78, 79, 81
強心利尿薬, 18
強壮, 41, 169
胸大動脈収縮抑制作用, 89
矯味薬, 294
局所肌荒れ防止, 222
魚毒活性, 68, 234, 285
麒麟血, 279
金雞勒, 9
ギンゴリド, 32, 33
筋弛緩活性, 155, 157
筋肉収縮反応, 237

クチクラワックス, 282, 283
駆虫薬, 169, 282
クチン, 115, 117
クマリノネオリグナン, 116
クマリノリグナン, 60
クマリン, 13, 35, 38, 43, 55, 115–117, 160, 165, 176, 177, 215, 226, 227, 229–231, 233, 237, 238, 260, 295
クマリン 2 量体, 227, 237
クマリン配糖体, 115, 116, 121, 165, 176, 237
クマリン誘導体, 66
クラーレ様作用, 272
クラーレ様毒作用, 267
クラフトパルプ廃液, 301
グラム陰性バクテリア, 231
グラム陽性菌, 68
C-グリコフラボン, 117
グリセライド, 84
β-グルコシダーゼ阻害活性, 287
グルコシダーゼ阻害剤, 100
グルコシダーゼ阻害作用, 98
クロマン, 235
クロメノフラボン, 68
クロメン, 235
クロモン, 254
薫蒸剤, 230

ケイヒ酸類, 160
桂皮酸誘導体, 72
化粧品, 40, 44, 57, 113, 165, 166, 195, 196, 213, 226, 269
髪染め剤, 166
毛染め染料, 221, 222
ケモタクソノミー, 215
血圧降下, 39, 155
血圧降下剤, 259

血圧降下作用, 14, 157, 226, 230, 253, 255
血圧上昇作用, 226, 230
血圧上昇抑制作用, 147
血液循環促進作用, 285
血液中へのエタノール吸収抑制活性, 166
血液流動性, 288
結核菌, 287
血管拡張作用, 166
血管緊張低下作用, 187
血管収縮阻害活性, 235
血小板活性因子の拮抗作用, 271
血小板活性化因子, 32
血小板凝集阻害, 100
血小板凝集阻害活性, 272
血小板凝集抑制効果, 89
血小板凝集抑制作用, 84, 89
血栓性疾患, 216
血中 cholesterol 量, 11
血中グルコース濃度, 155, 157
血中コレステロール低下作用, 147
結腸異常病巣, 229
血糖降下活性, 166
血糖上昇, 42
血糖値, 11
血糖値上昇抑制, 37, 42
血糖値上昇抑制活性, 42
血糖値を抑制, 113
血糖低下, 247
血糖低下作用, 11, 248, 282
血流促進効果, 235
解熱, 169, 288
解熱作用, 89, 294
ケモタキソノミー, 37, 41, 119, 160, 184, 186, 196, 253, 295
ゲラニオール・フェノール誘導体, 260
下痢, 198
ゲルマクラノライドフラノセスキテルペン, 87
ゲルマクラン型セスキテルペン, 85
健胃, 169
健康食品, 32, 37, 233
健康茶, 66, 100
懸濁培養, 158
健忘症防止, 39

5員環トリテルペノイド化合物, 222
抗 Candida 菌性, 46
抗 cellulite 化粧品成分, 222
抗 HIV, 147
抗 HIV 活性, 213, 216
抗 HIV 作用, 179
抗 HRV 活性, 179
抗 pilocarpine 作用, 272
降 SGPT 作用, 274
抗アテローム性動脈硬化症薬, 117
抗アメーバ作用, 294

抗アレルギー, 37, 39, 120, 179, 223, 297
抗アレルギー活性, 39, 42, 56, 273, 295–297
抗アレルギー作用, 94, 147, 203
抗アレルギー性, 13, 226, 230
抗胃潰瘍性, 171
抗胃潰瘍成分, 169
抗胃潰瘍抑制作用, 169
抗ウイルス, 221
抗ウイルス活性, 56, 155, 156, 160, 179, 203
抗ウイルス作用, 146
抗ウイルス性, 111, 226, 228, 238
抗ウイルス成分, 187
抗ウレアーゼ化粧品, 222
抗エイズ, 203
抗エイズ剤, 62
抗炎症, 120, 245, 253
抗炎症活性, 56, 57, 66, 203, 221, 222, 272
抗炎症効果, 147, 272
抗炎症剤, 61, 62, 230
抗炎症作用, 13, 37, 55, 60, 67, 68, 89, 94, 121, 155, 157, 158, 166, 175, 179, 209, 216, 222, 226, 230, 236, 245, 250, 285, 288
抗炎症性, 37
抗炎症性ジテルペン, 40
抗嘔吐作用, 272
抗潰瘍活性, 295, 297
抗潰瘍性, 171
抗潰瘍薬プラウノトール, 158
光学活性, 259
抗カビ活性, 55, 203, 207
抗カビ作用, 87
抗癌活性, 14, 108, 145
抗癌活性成分, 94
抗癌効果, 40
抗癌剤, 13, 230
抗肝細胞毒活性, 45
抗肝細胞毒性, 254, 255
抗癌作用, 21, 89
抗癌性, 9, 10, 12, 23, 135, 169, 171, 226, 229, 234, 237
抗蟻活性, 115, 116
抗蟻性, 226, 238
抗寄生虫, 184
抗寄生虫性, 226, 236
抗凝血活性, 113
抗菌, 184, 203, 217
抗菌活性, 13, 41, 55, 61, 68, 83, 88, 93, 94, 100, 108, 137, 146, 187, 213, 216, 217, 253, 268, 270, 271, 292
抗菌活性物質, 194
抗菌効果, 187
抗菌剤, 119
抗菌作用, 119, 124, 146, 166, 245, 272
抗菌性, 37, 41, 44, 88, 108, 141, 142, 173, 177, 179, 187, 195, 198, 206, 208, 209, 217, 226,

228, 231, 237, 238, 245, 250, 260, 285, 287,
　　288, 291
抗菌性物質, 177
抗菌成分, 187
口腔炎, 198
口腔細菌, 295, 297
口腔清涼剤, 294
抗痙攣作用, 14
抗血圧剤, 119
高血圧症, 157
抗結核活性, 170
抗結核性, 169
抗血小板, 187
抗血小板凝集活性, 216
抗血栓, 117
抗血栓形成活性, 223
抗血栓性, 226, 233, 234, 238
抗血栓治療薬, 115
抗健忘症作用, 226, 235
抗高血圧活性, 157
抗高血圧作用, 277
抗高血圧性, 56
抗高脂血症活性成分, 35
抗喉頭炎作用, 277
高コレステロール血症, 277
抗昆虫活性, 206
抗昆虫摂食阻害活性, 273
抗細菌, 46
抗細菌活性, 297
抗細菌性, 46
抗細胞吸着活性, 282
抗酸化, 37, 179, 297
抗酸化活性, 55, 57, 66, 67, 69, 79, 84, 88, 94,
　　115, 117, 145, 173, 206, 245, 282
抗酸化剤, 93, 95
抗酸化作用, 11, 12, 32, 33, 44, 69, 72, 78, 125,
　　141, 142, 145, 166, 175, 178, 187, 209, 221,
　　222, 231, 232, 235, 245, 247, 249, 272, 285,
　　288, 291, 292, 295
抗酸化能, 250, 260
抗酸化物質, 249
抗腫瘍, 37, 111
抗腫瘍活性, 22, 25, 40, 56, 116, 155, 156, 179,
　　213
抗腫瘍作用, 145
抗腫瘍性, 42, 43, 115, 141, 142, 145, 156, 160,
　　206, 208, 235, 295
抗腫瘍性多糖類, 38
抗消化性, 68
香粧品, 203
抗静脈瘤ゲル, 222
紅色色素, 283
抗植物病原菌活性, 272
抗しわ活性剤, 222
抗心機能抑制活性, 282

抗真菌（カビ）活性, 297
抗真菌性, 295
紅疹治癒, 222
香辛料, 83
抗ステロイドデヒドロゲナーゼ活性, 203
抗ストレス, 39
抗線虫活性, 282
酵素阻害活性, 285
酵素阻害作用, 147
酵素免疫学的定量, 203
紅茶, 143-145
鈎藤, 9
喉頭炎, 178
抗糖尿病, 42, 45, 203
抗突然変異作用, 145
抗ナメクジ活性, 156
抗にきび作用, 166
交配種, 228
抗バクテリア活性, 56, 66, 68, 271, 273
抗バクテリア性, 226, 231, 250
抗発癌プロモーター活性, 157
抗白血病性, 226, 230
抗ヒスタミン作用, 72
抗微生物活性, 66
抗微生物剤, 232
抗ビルハルツ住血吸虫性, 226, 231
抗疲労, 39
抗ピロリ菌活性, 55, 273, 282
抗ヘリコバクターピロリ菌活性, 56
抗ヘルペス活性, 56
抗変異活性, 145
抗変異原性, 145, 245, 282
厚朴, 267
抗マイコバクテリア活性, 46
抗マラリア, 169
抗マラリア活性, 10, 135, 171
抗マラリア作用, 294
抗マラリア性, 171
抗リューマチ, 39
抗リューマチ作用, 288
香料, 55, 226
五加皮, 38
5環性トリテルペン, 288
黒心材, 68
呉茱萸, 226
胡頽子, 92
五味子, 267-269
コリンアセチルフェラーゼ活性増強効果, 272
コレスタン, 234
コレステロール, 14, 40, 166
コレステロール吸着阻害活性, 272
昆虫抗食性, 217
昆虫摂食阻害, 133
昆虫摂食阻害物質, 131
昆虫摂食抑制作用, 135

昆虫脱皮ホルモン, 24
昆虫抵抗活性, 136
昆虫に対する化学的防御, 178
昆虫の摂食阻害, 83
昆虫忌避作用, 226

サイトカイニン, 288
細胞障害性, 295
細胞接着阻害活性, 282
細胞増殖因子, 72
細胞毒, 69
細胞毒活性, 130, 283
細胞毒性, 12, 13, 67, 78, 85, 93, 94, 132, 135, 155, 156, 160, 169, 171, 187, 213, 235, 252
細胞毒性活性, 79
細胞保護効果, 42
細胞膜破裂活性, 43
殺蚊活性, 273
殺カタツムリ活性, 46, 157
殺蟻活性, 89, 187
殺魚活性, 115, 116
殺虫, 184
殺菌剤, 157
殺菌性, 295, 297
殺細菌性, 295, 296
殺細胞活性, 271
殺精子作用, 37, 46
殺ダニ活性, 83, 85, 89, 184, 187, 209
殺ダニ効果, 125
殺ダニ作用, 187
殺虫活性, 132, 133, 187
殺虫効果, 129
殺虫剤, 169
殺虫作用, 83, 89, 130
殺虫性, 129, 135, 226, 232, 234, 238
殺虫成分, 129, 134, 136, 213
殺卵性, 226, 234, 236
サポニン, 10, 13, 18, 35, 39–42, 45, 46, 66, 68, 81, 105, 121, 146–148, 166, 198, 213, 214, 245, 253, 276, 277, 283
サポニン配糖体, 93
サリチル酸誘導体, 32
酸化防止活性, 108
酸化的溶血防止活性, 108
3環性セスキテルペン, 84
山椒, 226
産卵, 287
産卵促進作用, 286
産卵抑制活性, 226
産卵抑制作用, 234

梔, 9
シアニジン, 119
ジアリルヘプタノイド, 60, 61, 72, 73, 93, 94, 291
ジアリルヘプタノイド配糖体, 61, 73

ジアリルヘプタノン配糖体, 93
ソウソ（溲疎）, 294
ジエポキシゲルマクラノライド, 84
四塩化炭素肝障害, 61
四塩化炭素肝障害抑制, 42
紫外線吸収作用, 178
弛緩・緩和作用, 254, 255
色素, 9, 119, 120, 250
シクロアルタン, 136
シクロアルタン1型配糖体, 82
シクロアルタン型トリテルペン, 85, 100
シクロアルタン型配糖体, 82
シクロオキシゲナーゼ, 100
シクロオキシゲナーゼ活性阻害, 272
シクロオキシゲナーゼ阻害活性, 100, 179
ジクロメン, 235
シクロラノスタン型配糖体, 82
刺激性, 157
止血剤, 291
刺虎, 9
刺五加皮, 38
脂質, 41, 60, 92, 156
脂質の酸化, 292
シシュウジュコン（刺楸樹根）, 45
シシュウジュヒ（刺楸樹皮）, 45
歯周病菌, 146
シックハウス, 295
ジテルペノイド, 22
ジテルペン, 22, 32, 37, 83, 115, 116, 124, 125, 155, 157, 159, 175, 184–187, 206, 208
ジテルペンアルカロイド, 175
ジテルペンエステル, 115, 156, 158, 161
ジテルペン系, 158
ジテルペン酸, 43, 208
ジテルペン配糖体, 175
ジテルペンポリエステル, 158
シニンジン（刺人参）, 46
ジヒドロイソクマリン, 33, 295, 296
ジヒドロイソクマリングルコシド, 296
ジヒドロイソクマリン配糖体, 296
ジヒドロカルコン, 86, 237
ジヒドロフラバノール, 214
ジヒドロベンゾフラン, 83
ジフェニルエーテル型のジアリルヘプタノイド, 94
ジベンゾピロコリンアルカロイド, 84
ジベンゾフラン化合物, 176, 177
ジベンゾフラン型のファイトアレキシン, 176
ジベンゾフラン配糖体, 169
脂肪酸, 37, 41, 44, 55, 56, 60, 67, 87, 113, 125, 169, 170, 186, 194, 195, 248, 280, 282, 286, 295
脂肪酸エステル, 84
脂肪族化合物, 274, 283
脂肪分解促進作用, 230, 236
脂肪油, 279, 280, 282

2,2-ジメチルクロメン, 235
シャンプー, 222
ジュース, 226
17員環ラクタムアルカロイド, 106
収斂性, 62
収斂薬（しゅうれんやく）, 291
縮合型タンニン, 216, 217, 282, 286
縮瞳作用, 282
樹脂, 279
樹脂酸, 208
樹脂症病原菌, 187
種子油, 156, 161
種子油脂, 156
樹木間相互作用, 188
腫瘍細胞, 133
腫瘍細胞系, 130, 135
腫瘍細胞障害性, 44
消炎効果, 260
消炎性, 209
消炎利尿健胃強壮薬, 36
ショウカ（紫陽花）, 294
傷害誘導性遺伝子, 207
消化薬, 282
浄血, 169
ジョウザン（常山）, 294
消臭効果, 147, 179
消臭剤, 226, 295
ジョウシュントウ（常春藤）, 45
生松脂, 301
条虫駆除, 111
小蘗, 252
静脈欠乏症阻止, 166
生薬, 294
食中毒細菌, 146
食品染色, 11
食品添加物, 179, 194, 226
植物化学療法剤, 217
植物成長制御作用, 187
植物成長阻害, 169
植物成長調節物質, 187
植物デフェンシン, 295
植物粘質物, 268
植物病原菌, 14
植物病原性細菌, 146
食物選択, 286
女青, 9
除虫作用, 234
ショ糖, 280
止痢, 92
自律神経調整, 39
シロウア（刺老鴉）, 41
辛夷, 267, 269
真菌活性, 46
　―（神経系の）, 40
神経向性活性, 272

神経細胞死, 33
神経死抑制作用, 226, 232
神経衰弱, 41
神経節遮断作用, 272
心材形成, 196
心材成分, 124
秦椒, 226
心臓鎮静剤, 253, 255
シンナミルアルコール脱水素酵素, 209
靭皮繊維, 115
心理作用, 184
心理的ストレス緩和効果, 187

水腫, 173, 209
水蒸気蒸留法, 195
水蒸気抽出法, 233
膵臓炎, 216
催眠作用, 14
スーパーオキシド消失活性, 209
スーパーオキシド除去活性, 221, 222
スクワレン, 237
スチルベン, 206, 208, 213
スチルベンオリゴマー, 213
スチルベン型リグナン, 214
スチルベン合成酵素, 209
スチルベン合成酵素遺伝子, 209
スチルベン配糖体, 99
ステロイド, 13, 66, 78, 88, 106, 115, 155, 158,
　　169, 170, 187
ステロイドサポニン, 215
ステロイド配糖体, 82, 176
ステロール, 19, 67, 92, 99, 100, 105, 157, 159
ステロールアシル配糖体, 116
スベリン, 196

生育阻害活性, 230
生育抑制物質, 171
制癌作用, 179
生合成, 24, 158, 187, 206, 296
生合成機構, 116
製紙用サイズ剤, 303
性腺刺激, 39
茜草, 9
成長阻害活性, 136, 209
成長抑制効果, 209
整髪剤, 165
整髪料, 166
生物活性, 37, 83, 88, 245
精油, 10, 18, 35, 38, 41, 43, 46, 55, 56, 83, 85,
　　87, 88, 119, 121, 125, 186, 187, 194, 209,
　　226–228, 233, 235, 236, 238, 267, 269–274,
　　291
精油成分, 175
精油の抽出法, 194
生理活性, 160, 196, 267, 291, 297

生理活性成分, 161
赤色色素, 253
赤痢, 169
石榴根皮, 111
石榴皮, 111
セコイリドイド, 259, 260, 297
セコイリドイド配糖体, 13, 260
セスキテルペノイド, 106, 186
セスキテルペン, 10, 22, 41, 84, 85, 88, 124, 125,
　　129, 135, 155, 159, 163, 176, 177, 184–186,
　　194, 269
セスキテルペン 2 量体, 84
セスキテルペンアルコール, 184
セスキテルペン配糖体, 176
セスキリグナン, 207
石鹸, 280
摂食, 286, 287
摂食忌避活性, 178
摂食忌避物質, 287
摂食阻害, 130, 132, 133, 171, 253
摂食阻害活性, 83, 89, 129, 131–134, 137, 234
摂食阻害作用, 130, 232
摂食阻害物質, 175
セルラーゼ処理, 233
セロトニン収縮抑制作用, 297
セレブロシド, 155, 159
洗眼薬, 252
剪草, 9
前立腺肥大抑制活性, 283
染料, 9, 12, 291, 292

創傷治癒促進作用, 250
増殖抑制作用, 217
桑白皮, 98
組織培養, 169, 245, 250

耐寒性, 286
耐病性, 209
耐病性植物, 206
ダウン症, 232
多環式芳香族炭化水素, 287
タクサン型ジテルペン, 23
堕胎活性成分, 187
脱渋機構, 66
脱臭効果, 187
脱色作用, 221
脱色阻害作用, 222
脱皮阻害活性, 226, 231
脱毛予防, 253, 255
多糖抽出物, 113
多発性梗塞性痴呆, 33
炭化水素等, 285
炭化水素類, 237
胆汁液の分泌促進, 108
胆汁分泌, 11, 14

胆汁分泌促進, 297
胆汁分泌促進活性, 295
肝臓保護活性, 108
炭水化物, 274, 283
タンニン, 35, 55, 56, 60, 62, 66–68, 93, 143, 147,
　　155, 157, 158, 160, 161, 163, 176, 177, 196,
　　198, 209, 213, 221, 249, 260, 274, 279, 280,
　　282, 283, 285, 286
タンニン酸, 55, 56, 67
タンパク凝集能, 72

遅延型過敏症 (DTH) 反応抑制, 253, 254
痴呆症, 32
茶培養細胞, 148
虫嬰, 56, 288
中国茶, 145
中枢神経活性化作用, 226, 235
中枢神経系抑制活性, 56
中枢神経鎮静化作用, 226, 230
中枢性筋弛緩作用, 272
中枢抑制作用, 282
超音波処理, 233
腸内菌叢悪玉菌, 146
超臨界 CO_2, 13
超臨界 CO_2 抽出, 231
超臨界 CO_2 抽出物, 10
超臨界 CO_2 抽出法, 233
超臨界抽出法, 203
超臨界二酸化炭素抽出, 188
超臨界二酸化炭素抽出法, 194
超臨界流体クロマトグラフィー, 33, 228
超臨界流体抽出法, 56
蝶類の誘因, 121
直鎖状アルデヒド, 227
チロシナーゼ活性阻害, 282
チロシナーゼ活性阻害剤, 113
チロシナーゼ阻害活性, 59, 178, 203
チロシナーゼの活性, 216
チロシナーゼの阻害, 292
鎮静, 39
鎮痛, 18, 288
鎮痛活性, 57
鎮痛作用, 155, 157, 226, 230, 236

通経剤, 18
ツウソウ（通草）, 46
ツバキ油, 144, 148

テアニン, 148
テアフラビン, 143, 145–147
テアフラビン類, 145, 146
テアルビジン, 145
ディールス-アルダー付加化合物, 98
低刺激性化粧品, 221
5-デオキシフラバノン, 214

テオブロミン, 148
摘出平滑筋の収縮活性, 61
Δ^5-デサチュラーゼ阻害剤, 108, 109
テトラノルトリテルペン, 129, 130, 134, 136, 137
テトラヒドロフラノールリグナン, 84
テトラヒドロプロトベルベリン, 84
テトラヒドロプロトベルベリンアルカロイド, 233
テトラロン配糖体, 93
$6\alpha,7$-デヒドロアポルフィンアルカロイド, 233
テルペノイド, 119, 126, 169, 184, 186, 268, 274, 279, 283
テルペノイド配糖体, 186
テルペン, 14, 92, 115, 158, 159, 175, 186, 188, 196, 197, 203, 206, 207, 223, 269
テルペン生合成遺伝子, 206
テルペン配糖体, 227
電位依存性 Ca^{2+} チャンネル (VOC), 297
甜茶, 175
天然ゴム, 156
デンプン, 279

銅-シアニジン錯体, 55
糖代謝改善, 39
糖尿病, 32, 41–43, 100, 295
糖尿病性合併症, 39
糖尿病用健康食品, 295
糖尿病予防, 37
橙皮, 226
動脈硬化, 32, 33
糖類, 160
トール油ロジン, 301
都梼子, 9
ドクウツギラクトン, 163
毒性, 134, 288
吐根, 9
ドジョウザン（土常山）, 294
突然変異誘発性, 56
突然変異抑制, 145
ドトウキ（土当帰）, 43
トポイソメラーゼ I, 234
トポイソメラーゼ II, 13, 44
トポイソメラーゼ II 型阻害剤, 108
トポイソメラーゼ阻害活性, 147
トリアシルグリセロール, 158
トリグリセリド, 56, 111, 194
トリスノルセスキテルペン, 135
トリテルペノイド, 66, 67, 78, 119, 133, 259, 291
トリテルペノイドサポニン, 13, 121, 165, 216, 255
トリテルペン, 10, 13, 18, 19, 40, 44, 55–57, 66, 67, 72, 83, 88, 92, 99, 100, 124, 130, 132, 134, 155–157, 159, 170, 176, 203, 206, 208, 232, 236, 237, 248, 291, 296
トリテルペンサポニン, 37–40, 42, 43, 45, 46, 215
トリテルペン配糖体, 18, 19, 37, 45, 81, 165, 214, 215, 259, 276

トリテルペンラクトン, 222
塗料, 55, 56
トロポロン, 184, 187, 188

梨状皮質ニューロン, 187
ナフタレン, 185
ナフトキノン, 12, 66–68, 94, 95
ナフトキノン配糖体, 93
軟体動物駆除活性, 155, 157

苦味, 176
苦味成分, 226, 228, 229, 231
苦味成分の選択的除去, 226
にきび, 287
ニキビ菌, 217
ニキビ抑制効果, 272
ニコチン受容体拮抗阻害剤, 237
2 重分子クマリン, 116
乳液, 155, 156
乳液成分, 156
乳癌細胞 MCF-7, 132
乳腺炎, 173
入浴剤, 179
尿道結石, 12
2 量体アルカロイド, 214
2 量体カルバゾールアルカロイド, 237
2 量体キノロンアルカロイド, 233

ネオリグナン, 39, 84, 85, 106, 169, 235, 285
ネオリグナンエステル, 286
ネオリグナン配糖体, 19, 106, 119, 121
粘着性能, 187

脳卒中, 33
農薬, 226
ノルトリテルペン, 45
ノルアポルフィンアルカロイド, 84
ノルイソペノイド, 119
ノルジテルペン, 185, 208
ノルジテルペンアルカロイド, 108
ノルネオリグナン, 233
ノルリグナン型フェノール性成分, 124

パーベーパレション, 222
パーム核油, 281
パーム油, 281
パームロウ, 282
バイオマス生産性, 286
売子木, 9
配糖体, 18, 19, 38, 72, 119, 196, 229, 286
p-ハイドロキシフェニル誘導体, 72
p-ハイドロキシ誘導体, 73
ハイドロキノン, 14
排尿調節作用, 272
培養細胞, 13, 33, 43, 158, 187, 296
培養組織, 13

バクテリア canker, 231
白内障, 61
ハチセンカ（八仙花）, 294
発芽抑制活性, 68
発癌性, 12, 56, 234
発癌プロモーション抑制作用, 94
発癌プロモーター, 115, 161
発癌プロモーター活性, 155, 156
発癌プロモーター阻害, 155
発癌プロモーター物質, 156
白血病細胞, 25
白血病細胞の細胞死, 254, 255
白血病性細胞クローン WEHI 3B, 230
鼻アレルギー, 179
花色, 295
ハマメリタンニン, 221
半合成抗癌剤, 22

ヒアウロン酸分解酵素, 40
ヒートショックタンパク質 HSP27, 232
ヒートショックタンパク質 HSP47, 232
ヒートショックタンパク質の生成抑制作用, 226
微小管系阻害剤, 22
ビスイソキノリンアルカロイド, 254
ビスイリドイドグルコシド, 121
ビスイリドイド配糖体, 106
ヒスタミン, 297
ヒスタミン放出活性阻害, 157
ヒスタミン放出阻害活性, 155, 221, 273
ヒスタミン放出阻害剤, 222
ヒスタミン遊離抑制活性, 179
ビスフラノンプロパン, 185
ビスフラボノイド, 33, 140
ビスフラボン, 32
ビスベンジルイソキノリンアルカロイド, 82, 255
微生物変換, 37, 41
ピタノシルビン合成酵素遺伝子, 209
ヒト腸癌腫 (HT-29), 85
ヒト腸内細菌, 88
ヒト乳癌腫 (MCF-7), 85
ヒト肺癌腫 (A-549), 85
ヒドロキシクマリン, 120
7-ヒドロキシクマリン, 227
ヒドロキシケトン, 84
ヒドロキシブタノライド, 84
ヒドロキノン配糖体, 45
ヒドロベンズフラノイド, 85
ビナフタレン配糖体, 67
ビナフトキノン, 68
ピノシルビン生合成遺伝子, 206
美白化粧品, 59, 178
美白剤, 14
ビフェニル化合物, 176, 177, 216
皮膚炎, 198
皮膚感染微生物, 216

皮膚化粧料, 216
皮膚細胞増殖活性, 222
皮膚細胞増殖作用, 221
皮膚刺激化合物, 156
皮膚刺激活性, 115, 116, 155, 157
皮膚腫瘍増殖阻害作用, 66, 67
皮膚傷害処理剤, 222
皮膚の抗老化, 222
皮膚のしわ防止, 222
皮膚美白効果, 272
皮膚病乾癬, 254
皮膚保護剤, 222
皮膚保護薬, 233
皮膚用化粧品, 198
ビフラボノイド, 115–117, 160
ビフラボン, 186
ピペリジンアルカロイド, 111
肥満防止剤, 230, 236
肥満防止作用, 226, 236, 277
日焼け防止, 222
病原菌抵抗性, 125
ピラノキノロンアルカロイド, 236
ピラノキノリンアルカロイド, 233
ピリジンアルカロイド, 14
ピロリジルピペリジンアルカロイド, 99
ピロリジンアルカロイド, 98, 99
ピロリドンアルカロイド, 111
頻尿抑制効果, 272
檳榔子, 279, 280
檳榔子染め, 280

ファイトアレキシン, 14, 36, 175–177, 216, 217, 231
ファルネシルプロティントランスフェラーゼ (FP-Tase) 阻害活性, 85
フィトステロール, 234
フウカリ（楓荷梨）, 44
フェナントレン, 155, 160
フェニールプロパノイド, 259
フェニルエタノイド, 259
フェニルエタノイド配糖体, 105, 107
フェニルエタン, 160
フェニルエタン化合物, 160
フェニルブタノイド, 24, 73
フェニルプロパノイド, 24, 38, 185, 233, 236, 259, 261, 285
フェニルプロパノイド配糖体, 45, 105–108, 186, 286, 287
フェニルプロパノイドモノマー, 155, 160
フェニルプロパン配糖体, 14, 185
フェニルプロパン誘導体, 43
フェノール-ベタインアルカロイド, 235
フェノール化合物, 161
フェノールカルボン酸, 105
フェノール酸, 203, 221, 222, 260

フェノール酸アピオ配糖体, 13
フェノール酸配糖体, 45, 120
フェノール性アルカロイド, 111
フェノール成分, 157
フェノール配糖体, 19, 165, 170, 214, 260, 285–288
フォルボールエステル, 157
孵化抑制作用, 234
腐朽抵抗性, 187
伏牛花, 9
副交感神経興奮作用, 282
複合タンニン, 93
フケ菌, 217
浮腫阻止, 108
不整脈誘導物質, 216
フタリド, 295, 296
プテロカルパン, 217
ブドウ球菌, 108
不飽和アルキルアミド, 234
不飽和脂肪酸, 194
不眠症改善, 39
ブラインシュリンプ致死活性, 83
ブラインシュリンプ幼生致死活性, 55
ブラシノステロイド, 125
フラノクマリン, 237
フラノフラボン, 68
フラノン配糖体, 185
フラバノール配糖体, 291, 292
フラバノイド, 213
フラバノン, 213, 215
フラバノン配糖体, 82, 229
フラバン, 95, 99
フラボノイド, 10, 14, 33, 35, 44, 55, 66, 68, 72, 79, 84, 87, 88, 92, 95, 99, 111, 115–117, 119–122, 124, 125, 137, 155, 160, 175, 176, 179, 186, 206, 208, 213, 214, 221, 222, 229–232, 235, 237, 253, 274, 279, 283, 285, 287, 288, 295
フラボノイドアグリコン, 117
フラボノイド生合成, 95
フラボノイド配糖体, 13, 18, 43, 55, 56, 60, 61, 73, 82, 89, 92, 137, 176, 178, 230–232, 235, 237, 297
フラボノール, 84, 176, 197, 223
フラボノール配糖体, 33, 40, 45, 60, 62, 73, 160, 234, 253–255, 296
フラボノスチルベン, 214, 217
フラボノン, 86
フラボン, 32, 41, 99, 107, 157, 234, 254
フラボン配糖体, 84, 87, 105–107, 121, 176, 228
フラボン類, 147
フランキノン, 105
フリーラジカル消去作用, 88, 178
プレニルオーロン, 99
プレニル化, 226, 237

プレニル化アセトフェノン, 237
プレニル化キノリノンアルカロイド, 233
プレニル化キノリンアルカロイド, 236
プレニル化キノロンアルカロイド, 236
プレニル化クマリン, 234, 237
プレニル化されたフラバノン, 213
プレニル化フェニルプロパノイド, 228
プレニル化フラバノン配糖体, 214
プレニル化フラボノイド, 214, 217
プレニル化フラボノイド配糖体, 232, 235
プレニル化フラボン, 214
プレニルカルコン, 100
プレニルキサントン, 99
プレニルフェノール, 98, 99
プレニルフラバノール, 99
プレニルフラバン, 99, 100
プレニルフラボノール, 100
プレニルフラボン, 99, 100
プレニルベンゾフラン, 99
プロアンソシアニジン2量体, 176
プロアントシアニジン, 125, 165, 198, 199, 221
プロアントシアニジンポリマー, 56
不老化粧品, 222
不老長寿薬, 247
フロキノリンアルカロイド, 233, 235
プロゲステロン様活性, 283
プロシアニジン, 178, 197, 206, 209, 283
プロシアニジン3量体, 165
プロスタグランジンの生成を抑制, 179
プロテインカイネースC活性化, 115
プロトベルベリン, 84
プロトベルベリン2量体アルカロイド, 254
プロトベルベリンアルカロイド, 232, 254, 255
プロトベルベリン型アルカロイド, 253, 254
プロピオフェノン, 185
フロフラン型リグナン, 107
フロフランリグナン, 233
プロリルエンドペプチダーゼ活性, 89
フロログルシン, 237
分化, 229
フンダンカ（粉団花）, 294
分類学, 122
分類学的指標化合物, 209

ヘアトニック, 157
ヘキサヒドロジベンゾフラン, 89
ペクチナーゼ添加懸濁培養細胞, 288
ヘデラゲニン配糖体, 82
ペプチド, 155
ヘミテルペン配糖体, 276, 277
変色, 119
変色劣化防止剤, 292
ベンジリデンフタリド, 295, 296
ベンジルアルコール, 177
ベンジルイソキノリン, 86

ベンジルイソキノリンアルカロイド, 233, 254
ベンゼン誘導体, 272
ベンゾクロモン, 213
ベンゾピラン, 85
ベンゾフェナントリジンアルカロイド, 233, 234
ベンゾフラン型リグナン, 120
ペンタノルトリテルペン, 237
ペントバルビタールナトリウム睡眠延長活性, 274

防護作用, 198
泡性調髪剤, 222
防腐剤, 217
飽和脂肪酸, 194, 280
ポストハーベスト, 66
ポストハーベスト処理, 231
ホパン型トリテルペン, 100
ホモプロトベルベリンアルカロイド, 254
ポリアセチレン, 40, 43, 46, 131
C_{18}-ポリアセチレン化合物, 46
ポリアルコール, 105
ポリスチレン, 232
ポリフェノール, 67, 111, 143, 145, 148, 177, 186, 187, 245
ポリフェノールオキシダーゼ活性, 177
ポリフェノール系ポリマー, 156
ポリプレノール, 33
ポリプロアントシアニジン, 222
ポリメトキシル化フラボノイド, 226, 230
ポリメトキシル化フラボン, 228–231, 237

マウスリンパ球増殖誘発赤血球凝集素 (Con A), 216
マラリア, 13, 169
マロン酸エステル, 72
マンソノン系化合物, 173
マンソン住血吸虫セルカリア, 187

未変性ロジンサイズ剤, 303
ミミズ生育制御, 66, 67

無害化酵素, 229
虫くだし, 66, 68
虫瘤, 173
虫歯菌, 67, 146
虫歯予防剤, 216

メトキシブタノライド, 87
メラニン, 59, 178
メラニン生合成阻害活性, 83
メラニン生合成阻害作用, 89
メラニン生成阻害活性, 282
メラニン生成阻害剤, 216
メラノーマ細胞, 216
免疫機能, 40
免疫作用, 120
免疫増強作用, 37, 39

免疫調節活性, 295, 298
免疫調節効果, 254
免疫調節薬, 298
免疫抑制剤, 232
免疫抑制作用, 226, 232

毛髪調整剤, 221
木酢液, 198
木通, 18
木蝋, 155
モノテルペノイド, 186
モノテルペン, 41, 85, 86, 141, 186, 204, 234, 286
モノテルペンアルカロイド, 259
モノテルペン過酸化物, 105, 106
モノテルペンカルボキシアミド, 215
モノテルペン合成酵素, 207, 209
モノテルペン配糖体, 10, 106, 203, 204
モノテルペン・フェノール配糖体, 260
モルフィナン, 86

薬用, 9
薬用化粧品, 37
薬用植物, 279
薬用入浴剤, 175
薬理活性, 37, 160, 175, 213, 253
薬理作用, 83, 89, 119
ヤケヒョウヒダニ, 209
ヤケヒョウダニ, 187
ヤマトシロアリ, 131
野木爪, 18

有機酸, 35
誘導性ヒスタミン放出阻害活性, 273
有毒植物, 81
有毒乳液, 156
油脂, 105
油料植物, 280, 281

溶血作用, 282
溶血性, 46
溶剤, 226, 232
幼若ホルモン, 71
幼虫, 286
養毛剤, 247
4級アルカロイド, 82

γ-ラクトン配糖体, 120
ラジカル阻害剤, 221, 222
ラジカル補足活性, 221

リグナン, 24, 37–40, 43, 45, 59, 72, 84, 115, 116, 119, 124, 125, 185, 206–208, 226, 233, 235, 252, 255, 259, 267–269, 274, 285
リグナン配糖体, 13, 18, 19, 38, 81, 87, 105–107, 116, 176, 214, 237

利胆, 295, 297
利胆活性, 295, 297
立体化学, 116
利尿, 18, 46
利尿作用, 230, 277
リパーゼ阻害活性, 292
リポオキシゲナーゼ活性阻害, 272
5-リポキシゲナーゼ活性, 288
リポキシゲナーゼ活性を阻害, 255
リポキシゲナーゼ阻害, 187
リモネン, 129
リモノイド, 128–137, 169, 170, 226, 227, 229–233, 236–238
リモノイドグルコシド類, 231
リウマチ, 44
リウマチ性関節炎, 41, 45
療養薬, 209
緑茶, 144, 145
鱗翅目, 130
リンパ球白血病 Molt4B 細胞成長阻害, 67
リンパ性白血病培養細胞, 43
リンパ白血病 Molt4B 細胞成長阻害, 66

ルパン型トリテルペン, 55
ルピンアルカロイド, 213, 214

レスベラトロール 3 量体, 213
レスベラトロール 5 量体, 214
レスベラトロールオリゴマー, 214
レスベラトロール配糖体, 216
連鎖球菌, 108
レンズの曇り除去, 222

蝋, 279, 281
老化防止用化粧品, 166
漏脂症ヒノキ樹脂, 187
蝋燭, 280, 281
ロジン, 301
ロテノイド, 216

ワイン樽, 196–199
和厚朴, 268
ワックス, 158, 271, 285
ワックス分析, 270

植 物 名 索 引

Abelia, 119
Abies, 206
   A. balsamea, 206
   A. grandis, 207, 209
   A. mariesii, 206
   A. marocana, 206, 207
   A. pinsapo, 207
   A. sachalinensis, 207
   A. veitchii, 207
Abrus cantoniensis, 215
Acacia, 215
   A. concinna, 215
   A. longifolia, 215
Acalypha hispida, 160
Acanthopanax, 37
   Ac. divaricatus, 38, 40, 41
   Ac. evodiaefolium, 40
   Ac. giraldii, 40
   Ac. giraldii var. *hispidus*, 40
   Ac. gracilistylus, 38, 40
   Ac. henryi, 38
   Ac. hypoleucus, 38, 41
   Ac. japonicus, 38, 41
   Ac. koreanum, 40, 41, 44
   Ac. nipponicus, 41
   Ac. pentaphyllus, 40
   Ac. sciadophylloides, 38, 41
   Ac. senticosus, 38, 41
   Ac. sessiliflorus, 38, 41
   Ac. sieboldianus, 38, 40, 41
   Ac. spinosus, 38, 41
   Ac. trichodon, 38, 41
   Ac. trifoliatus, 41
   Ac. verticillatus, 38
Acanthus, 107
   A. mollis, 107
   A. spinosus, 107
   A. squarrosa, 107
Acer, 60
   A. cissifolium, 61
   A. macrophyllum, 61
   A. mono, 61
   A. negundo, 61
   A. nikoense, 60–62
   A. okamotoanum, 60, 62
   A. pseudo-sieboldianum, 61
   A. triflorum, 61
Achlys, 252
   A. triphyll, 254
Acmadenia sheilae, 237
Aconitum, 81

Actias luna, 95
Adenosma caeruleum, 106
Adina, 9
Adonis, 81
Aegle marmelos, 237, 238
Aesculus, 165
   A. californica, 165
   A. chinensis, 165, 166
   A. hippocastanum, 165, 166
   A. pavia, 165
   A. turbinata, 165
Aglaia, 129
   A. ferruginaea, 129, 130
Ailanthus, 169
   A. altissima, 170
   A. excelsa, 171
   A. grandis, 170
   A. integrifolia, 170
   A. malabarica, 170
   A. vilmoriniana, 170
Akebia, 18
   A. quinata, 18
   A. trifoliata, 18, 19
   A. trifoliata var. *australis*, 19
Albizzia, 214
   A. julibrissin, 214–216
   A. lebbek, 214
   A. myriophylla, 214
Alchornea, 155
Aleurites, 155, 160
   A. cordata, 155
   A. fordii, 157
   A. moluccana, 155, 157, 160
   A. montana, 155, 156
Alibertia sessilis, 13
Alnus, 72, 73
   A. hirsuta var. *microphylla*, 73
   A. japonica, 73
   A. maximowiczii, 73
   A. rubra, 73
Amaranthus hypochondriacus, 131
Amyris diatrypa, 237
Anacardium, 55
   A. fraxinifolium, 56
   A. occidentale, 56
Anemone, 81
Anemonopsis, 81
Angolense, 128
Aniba, 84
   A. canelilla, 84
   A. ferra, 85

Anthocephalus, 13
　A. cadamba, 13
　A. chinensis, 13
Antidesma, 155
Antirrhinum majus, 109
Aphanamixis polystachya, 130
Aphananthes, 173
Aphelandra aurantiaca, 107
Apocunum, 79
　A. cannabinum, 78
Aquilaria, 115
　A. agallocha, 115
Aquilegia, 81
Arabidopsis thaliana, 158
Aralia, 37
　Ar. armata, 43
　Ar. bipinnata, 43
　Ar. chinensis, 44
　Ar. continentalis, 44
　Ar. cordata, 41
　Ar. decaisneana, 44
　Ar. elata, 41
　Ar. elata var. subinermis, 41
　Ar. glabra, 41
　Ar. japonica, 44
　Ar. spinosa, 44
Archaketia, 18
Archidendron ellipticum, 216
Areca catechu, 280, 282
Arecastrum romanzoffianum, 282
Arenga, 281
　A. engleri, 279
　A. pinnata, 280, 282
　A. sacchafifera, 280, 282
Argythamnia tricuspidata, 158
Artocarpus, 98
　A. altilis, 99
　A. communis, 99
　A. heterophyllus, 99
　A. venenosa, 100
Artostapylos uva-ursi, 142
Asperula, 9
Atalantia monophylla, 238
Athrotaxiis, 124
Aucuba, 245
　A. japonica, 245
Auxemma oncocalyx, 250
Azadirachta, 129
　A. excelsa, 135
　A. indica, 129, 131, 132, 134, 135, 137

Bauhinia tomentosa, 247
Beilschmiedia, 85
　B. obtusifolia, 85
　B. oligandra, 85

B. tooram, 85
B. volckii, 85
Berberis, 252
　B. actinacantha, 254
　B. ammurensis, 254
　B. aristata, 254
　B. crataegina, 254
　B. densiflora, 254
　B. dictyota, 254
　B. genus, 254
　B. heterobotrys, 254
　B. heteropoda, 254
　B. ilicifolia, 254
　B. integerrima, 254
　B. koreana, 254
　B. nummularia, 254
　B. sibirica, 254
　B. thunbergii, 252, 254
　B. tucomanica, 254
　B. virgetorum, 254
　B. vulgaris, 254
　B. waziristanica, 254
Bergenia, 294
Bernardia, 156
　B. laurentii, 159
　B. pulchella, 156
Betula, 72, 73
　B. ermani, 72
　B. glandulosa, 72
　B. lenta, 73
　B. maximowicziana, 72, 73
　B. nigra, 72
　B. ovalifolia, 73
　B. pendula, 73
　B. platyphylla var. japonica, 72, 73
Boenninghausenia albiflora, 237
Bongardia, 252
Boquila, 18
Boronia alata, 237
Bosistoa, 237
　B. selwynii, 237
Bouchardatia neurococca, 237
Brachyandra Melvilla, 247
Breynia coronata, 159
Bridelia ferruginea, 160
Broussonetia, 98
　B. kazinoki, 99
　B. papyrifera, 99
Buchanania, 55
　B. lanzan, 56
Buckleya, 194
Butea monosperma, 217
Butia capitata, 282

Caesalpinia spinosa, 217

Calluna vugaris, 141
Caltha, 81
   C. palustris, 82
Camellia, 143
   C. japonica, 144, 147, 148
   C. oleifera, 144
   C. sasanqua, 144, 147
   C. sinensis, 143, 144, 148
   C. sinensis var. *sinensis* cv. Maoxie, 144
Camptoheca, 245
Carapa, 128
   C. grandiflora, 130
Carpinus, 72
   C. axiflora, 73
Caryodendron, 160
   C. orinocense, 156
Cassia nomame, 217
Cassytha, 83
Castanea, 196
   C. crenata, 93, 196, 198
   C. sativa, 196, 197, 199
Castanopsis, 196
   C. cuspidata var. *Sieboldi*, 196
   C. hystrix, 196
Castilleja, 106
   C. indivisa, 108
   C. integra, 106–108
   C. sulphurea, 108
Caulophyllum, 252
Cedrela, 128
   C. odorata, 129, 135, 136
   C. salvadorensis, 136
   C. toona, 128
Cedrus, 206
Celaenodendron mexicanum, 157
Celtis, 173
Cephaelis, 9
Cephalotaxus, 21, 25
   C. drupacea, 21
   C. fortunei, 25
   C. harringtonia, 22, 25
   C. sinensis, 25
Cercidiphyllum, 71
   C. japonicum, 71
   C. magnificum, 71
Ceroxylon andicoda, 282
Chaenomeles, 175
   C. sinensis, 178
Chamaecyparis, 184
   C. nootkatensis, 188
   C. obtusa, 184, 187, 188
   C. pisifera, 186, 187
Chamaerops, 279
Champereia, 194
   C. glabra, 107

Choisya ternata, 237
Chosenia, 285
Chrysosplenium, 294, 295
Cimicifuga, 81
   C. simplex, 82
Cinchona, 9
   C. robusta, 14
Cinnamomum, 83
   C. aromaticum, 89
   C. augustifolium, 85
   C. camphora, 84, 86, 88, 89
   C. camphora var. *linaloolifera*, 86
   C. camphorata, 86
   C. cassia, 85, 88, 89
   C. cassia var. *macrophyllum*, 85
   C. fragrans, 86
   C. japonicum, 87, 89
   C. philippinense, 84
   C. tamala, 88
   C. zeylanicum, 85, 86, 88, 89
Citrus, 226, 227, 230, 231
   C. aurantifolia, 227–229, 231
   C. aurantium, 226–229, 231, 232
   C. bergamia, 227, 230
   C. clementina, 227–229
   C. deliciosa, 227–229
   C. grandis, 227–230, 238
   C. hanaju, 227
   C. hassaku, 227, 228, 230
   C. hystrix, 227, 229, 230
   C. ichangensis, 227, 229
   C. inflata, 227
   C. iyo, 231
   C. junos, 227
   C. limetta, 227
   C. limon, 227, 228, 231
   C. limonia, 231
   C. madurensi, 231
   C. maxima, 227
   C. medica, 227
   C. microcarpa, 227
   C. natsudaidai, 226, 227, 229, 230
   C. paradisi, 227–229, 231
   C. reticulata, 227–230
   C. sinensis, 227–229
   C. sphaerocarpa, 227
   C. sudachi, 227
   C. tangerina, 228
   C. unshiu, 227, 229, 231
   C. unshu, 226
   C. volkameria, 229
   C. yuko, 227, 228
Clausena, 237
   C. excavata, 237
   C. lansium, 238

Clematis, 81
   C. armandii, 82
   C. chinensis, 81
   C. garata, 82
   C. koreana, 82
   C. montana, 82
   C. purpurea, 82
   C. stans, 81
Clyptostrobus, 124
Cnidoscolus, 160
Cocos nucifera, 280, 282
Coelococcus amicarium, 281, 283
Coffea, 9
Coix, 35
   C. lachryma-jobi var. *mu-yuen*, 36
Colliguaja, 158
   C. dombeyana, 158
   C. integerrima, 158
Copernicia cerifera, 281, 283
Coptis, 81
Corchorus, 113
   C. olitorius, 113
Cordia, 250
   C. dentatan, 250
   C. elaeagnoides, 94
   C. macleodii, 250
Cordylanthus, 105
Coriaria, 163
   C. japonica, 163
Cornus, 245
   C. capitata, 245
   C. controversa, 245
   C. drummondi, 245
   C. kousa, 245
   C. officinalis, 245
Corylopsis, 221
Corylus, 72, 73
   C. heterophylla, 73
   C. sieboldiana, 73
Cotoneaster acutifolius, 176
Crossandra, 107
   C. infundibuliformis, 107
   C. pungens, 107
Croton, 160
   C. cajucara, 157
   C. campestris, 157
   C. chilensis, 159, 160
   C. sublyratus, 158
   C. tiglium, 155
Crowea exalata, 237
Crucianella graeca, 13
Cruciata, 13
   C. glabra, 13
   C. leavipes, 13
   C. pedemontana, 13

Cryptocarya, 87
   C. cunninghamii, 87
   C. densiflora, 87
Cryptomeria, 124
   C. fortunei, 125
   C. japonica, 124, 125
Cunninghamia, 124
Cuphea, 248
   C. pulcherriuma, 248
   C. schumannii, 248
Cupressus, 184
   C. arizonica, 187
   C. bakeri, 184, 186
   C. funebris, 184
   C. lusitanica, 187
   C. macnabiana, 184
   C. macrocarpa, 187
   C. sempervirens, 186
Cussoniabarteri, 46
Cycas, 140
   C. beddomei, 140
   C. revoluta, 140
Cymbopogon, 35, 36
   C. citratus, 36
   C. martini, 36
   C. nardus, 36
   C. winterianus, 36
Cypress sempervirens, 186

Daemonorops draco, 281, 283
Damnacanthus, 9
Daphne, 115
   D. arisanensis, 116
   D. genkwa, 116, 117
   D. gnidium, 117
   D. koreana, 116
   D. laureola, 117
   D. odora, 116
   D. papyracea, 115
   D. pseudomezereum, 116, 117
Daphnimorpha, 115
Davidia, 245
Decaisnea, 18
   D. fargesii, 19
Delphinium, 81
   D. occidentale, 108
Dendropanax, 37
   D. arboreus, 44
   D. cf. *querceti*, 44
   D. chevalieri, 44
   D. morbifera, 44
   D. trifidus, 44
Deutzia, 294
   D. crenata, 294
   D. scabra, 294

Dichocarpum, 81
   D. thalictroides, 82
Dichroa febrifuga, 294
Dictamnus dasycarpus, 237
Dinosperma erythrococca, 238
Diospyros, 66
   D. areolata, 68
   D. blancoi, 66
   D. buxifolia, 68
   D. castanea, 68
   D. chamaethamnus, 66
   D. confertiflora, 68
   D. decandra, 68
   D. discolor, 66, 68
   D. ebenum, 66
   D. ehretioides, 68
   D. eriantha, 66
   D. ferra, 68
   D. glandulosa, 68
   D. gracilis, 68
   D. greeniway, 67
   D. japonica, 68
   D. kaki, 66–68
   D. leucomelas, 67
   D. lotus, 66–68
   D. lycioides, 67
   D. mafiensis, 67
   D. malabarica var. *siamensis*, 68
   D. maritima, 67
   D. melanoxylon, 68
   D. mespiliformis, 68
   D. mollis, 68
   D. montana, 68
   D. morrisiana, 68
   D. natalensis, 67
   D. oleifera, 66, 68
   D. peregrina, 68
   D. pyrrhocarpa, 68
   D. rhodocalyx, 68
   D. rhombifolia, 68
   D. sandwicensis, 68
   D. sumatrana, 68
   D. toposia, 68
   D. tricolor, 68
   D. varieg, 68
   D. variegata, 68
   D. virginian, 66, 68
   D. wallichii, 68
Diphylleia, 252
Diplomorpha, 115
Diplusodon, 247, 248
   D. alatus, 249
   D. ciliatiflorus, 249
   D. sordidus, 249
   D. strigosus, 249

   D. virgatus, 248, 249
Disanthus, 221
   D. racemosum, 221
Distylium, 221
Dolichos biflorus, 215
Domohinea perrieri, 160
Drypetes roxburghii, 161
Dysoryun, 128
   D. schiffneri, 135

Echinochloa crus-galli, 131
Edgeworthia, 115
   E. chrysantha, 116, 117
Ehretia, 250
Ekebergia capensis, 135
Elaeagnus, 92
   E. angustifolia, 92
   E. montana, 92
   E. pungens, 92
Elaeis guineensis, 281, 283
Eleutherococcus, 37
Endiandra, 85
   E. jonesii, 85
   E. xanthocarpa, 85
Enemion, 81
Engelhardtia chrysolepis, 94
Entandrophragma, 128
   E. candolei, 129
   E. cyclindricum, 129
   E. utile, 129, 130
Enterolobium cyclocarpum, 94
Epilachna varivestis, 129
Epimedium, 252
   E. acuminatum, 254
   E. grandiflorum var. *thunbergianum*, 252
   E. koreanum, 254
   E. saggitatum, 254
   E. sagittatum, 252
   E. wanshanense, 254
Erica cinerea, 141
Eriosema tuberosum, 217
Eriostemon australasius, 237
Eryobotrya, 175
   E. japonica, 176–179
Erythrophleum lasianthum, 216
Esenbeckia grandiflora, 237
Euchresta, 213
Euclea natalensis, 67
Euphorbia, 158, 160, 161
   E. antisyphilitica, 157
   E. biglandulosa, 159
   E. characias, 159
   E. cyparissias, 156
   E. decipiens, 158
   E. esula, 156, 158

E. helioscopia, 157, 158
E. heterophylla, 160
E. hirta var. *hirta*, 158
E. ingens, 158
E. lactea cristata, 157
E. milii, 156
E. milii var. *hislopii*, 157
E. milli, 159, 160
E. nematocypha, 157
E. nicaeensis subsp. *glareosa*, 156
E. nubica, 157
E. ovalifolia, 158
E. peplus, 157
E. platyphyllos, 158
E. poissoni, 156
E. portulacoides, 158
E. prolifera, 156
E. royleana, 157
E. seguieriana, 158
E. serpens, 158
E. tanquahuete, 156
E. tirucallii, 156
E. wulfenii, 159
Eurya tigang, 144
Evodia, 226
  E. cf. *trichotoma*, 235
  E. fatraina, 235
  E. fructus, 235
  E. glabra, 236
  E. hupehensis, 235
  E. lepta, 235
  E. meliaefolia, 235
  E. merrillii, 235
  E. officinalis, 236
  E. rutaecarpa, 226, 235, 236
Evodiopanax, 37
  E. innovans, 44
Excoecaria, 156
  E. agallocha, 157
  E. oppositifolia, 156

Fagara, 226
  F. chalybea, 236
  F. hyemalis, 236
  F. macrophylla, 236
  F. nitida, 236
  F. pterota, 236
  F. rhetza, 236
  F. rhoifolia, 236
  F. riedeliana, 236
  F. xanthoxyloides, 236
Fagus, 196, 197
  F. crenata, 198
  F. grandifolia, 197
  F. sylvatica, 197, 198

Fatsia, 37
  F. japonica, 44
Ficus, 98
  F. insipida, 100
  F. microcarpa, 100
  F. pumila, 100
  F. septica, 100
  F. thunbergii, 100
Forsythia, 259, 261
Fortunella, 226
  F. japonica, 236
Fraxinus, 259, 260
  F. excelsior, 288

Galium, 9
  G. aegeum, 13
  G. macedonicum, 13
  G. mirum, 13
  G. rhodopeum, 13
  G. sinaicum, 13
Gardenia, 9, 10
  G. erubescens, 10
  G. jasminoides, 10, 11
  G. sootepensis, 10
  G. taitensis, 10
Gaultheria procumbens, 142
Geleznowia verrucosa, 237
Gerbera lanuginosa, 67
Ginkgo biloba, 32
Glochidion, 155
Glycyrrhiza, 216
  G. glabra, 216
  G. pallidiflora, 215
Griselinia, 245
Gymnospermium, 252

Hamamelis, 221
  H. virginiana, 221
Hannoa, 170
  H. chlorantha, 171
  H. klaineana, 171
  H. undulata, 170
Harrisonia perforata, 170
Hedera, 37
  H. helix, 45
  H. nepalensis var. *sinensis*, 45
  H. rhombea, 45
  H. taurica, 45
Hedyotis, 9
  H. capitellata, 13
  H. herbacea, 13
Heimia salicifolia, 247
Helleborus, 81
Helwingia, 245
Heuchera sanguinea, 295

Hevea brasiliensis, 156
Hibiscus cannabinus, 94
Hippophae rhamnoides, 92
Holboellia, 18
Hordeum, 35
Howea, 279
Hydrangea, 294
    H. macrophylla, 294
    H. macrophylla f. *normalis*, 294
    H. macrophylla ssp. *serrata*, 294
    H. macrophylla ssp. *serrata* var. *thunbergii*, 294
    H. otaksa, 294
    H. paniculata, 294
    H. serrata, 294
    H. serrata var. *thunbergii*, 294
    H. strigosa, 294
    H. umbellata, 294
Hydrastis, 81
Hyophorbe, 279

Ilex, 276
    I. aquifolium, 277
    I. dumosa, 276, 277
    I. latifolia, 277
    I. macropoda, 277
    I. paraguariensis, 276, 277
Imperata, 35
Isopyrum thalictroides, 82
Itea, 294
Ixora coccinea, 14

Jatropha, 160
    J. curcas, 137, 157, 160
    J. gossypifolia, 156, 157
Jeffersonia, 252
Jodina rhombifolia, 194
Juglans, 93
    J. mandshurica, 93, 94
    J. nigra, 94, 95
    J. nigra × *J. regia*, 95
    J. regia, 94, 95
    J. regia ssp. *fallax*, 94
    J. sieboldiana, 94
Juniperus, 184, 186, 187
    J. chinensis, 184, 186, 187
    J. chinensis cv. *pyramidalis*, 186
    J. chinensis var. *kaizuca*, 186
    J. communis, 186, 188
    J. communis subsp. *hemisphaerica*, 185
    J. convallium, 186
    J. davurica, 186
    J. excelsa, 185–187
    J. foetidissima, 185
    J. formosana, 185, 186
    J. gracilior var. *urbaniana*, 186
    J. indica, 186
    J. intermedia, 186
    J. monosperma, 186
    J. osteosperma, 186
    J. oxycedrus, 188
    J. oxycedrus ssp. *macrocarpa*, 185
    J. oxycedrus subsp. *macrocarpa*, 186
    J. pachyphlaea, 186
    J. phoenicea, 185–187
    J. phoenicea subsp. *turbinata*, 186
    J. procera, 187
    J. przewalskii, 186
    J. przewalskii f. *pendula*, 186
    J. recurva, 186
    J. rigida, 186
    J. sabina, 185, 187
    J. saltuaria, 186
    J. semiglobosa, 186
    J. sibirica, 186
    J. squamata, 186, 187
    J. squamata var. *fargesii*, 186
    J. thurifera, 185
Jusminum, 259

Kadsura, 267, 270
    K. coccinea, 270
    K. japonica, 268, 270
Kaliphora, 245
Kalopanax, 37
    K. pictus, 45
    K. septemlobus, 45
Keteleesia, 206
Khaya, 128
Kickxia ramosissima, 106
Krameria triandra, 166

Lagerstroemia, 247
    L. indica, 247
    L. speciosa, 247–249
    L. thomosonii, 247
    L. thomsonil, 247
Lardizabala, 18
Larix, 206, 208
    L. decidua, 209
    L. kaempferi, 208
    L. leptolepis, 208
Lasianthus, 9
Lathyrus sativus, 215
Laurus, 83
    L. nobilis, 84, 87, 89
Lens culinaris, 215
Leontice, 252
    L. eontopetalum, 255
    L. ewersmannii, 255

L. kiangnanensis, 254
Leptodermis, 9
Lespedeza, 213, 215
　L. capitata, 216
　L. cuneata, 217
　L. formosa, 215
Licaria, 84
　L. aurea, 84
　L. brasiliensis, 85
Ligstrum, 259
Limonia acidissima, 237
Linaria vulgaris, 108
Lindera, 83
　L. benzoin, 83
　L. glauca, 84, 87
　L. megaphylla, 84, 89
　L. myrrha, 84
　L. neesiana, 87
　L. obtusiloba, 87
　L. pipericarpa, 87
　L. reflexa, 87
　L. sericea, 89
　L. strychnifolia, 84, 88
　L. umbellata, 83, 89
Linnaea, 119, 121
Liquidambar, 221, 222
　L. balsam, 222
　L. formosana, 222
　L. orientalis, 222
　L. styraciflua, 223
Liriodendron, 270
　L. tulipifera, 267, 270
Litsea, 83
　L. acuminata, 86
　L. amara, 84
　L. cassiaefolia, 84
　L. coreana, 89
　L. creana, 89
　L. cubeba, 84, 86, 88
　L. elliptica, 86
　L. excelsa, 84
　L. glaucescens, 86
　L. glutinosa, 86
　L. japonica, 88
　L. monopetala, 86
　L. pungens, 87
　L. zeylanica, 86
Livistona, 279
　L. chinensis, 283
　L. subglobosa, 279
Lolium, 35
Lonicera, 119
　L. bournei, 121
　L. caerulea, 121
　L. caprifolium, 121

L. gracilipes var. *glandulosa*, 121
L. implexa, 121
L. japonica, 121
L. macranthoides, 121
L. morrowi, 121
L. morrowii, 121
L. nitida, 121
L. xylosteum, 121
Loropetalum, 221, 223
　L. chinensis, 223
Lunasia amara, 237
Lupinus texensis, 108
Luvunga angustifolia, 237
Lythrum, 247
　L. anceps, 247

Maackia, 213, 214
　M. amurensis, 214
　M. hupehensis, 214
　M. tashiroi, 214
　M. tenuifolia, 214
Maba, 66
Machilus, 83
　M. bombycina, 84, 87
　M. thunbergii, 87, 89
Magnolia, 267, 270
　M. acuminate, 270
　M. amoena, 270
　M. biondii, 270
　M. coco, 271
　M. cylindrica, 271
　M. denudata, 271
　M. fargesii, 269, 271
　M. grandiflora, 267, 271
　M. kachirachirai, 271
　M. kobus, 267, 268, 271
　M. kobus var. *borealis*, 268, 271
　M. liliflora, 267, 272
　M. macrophylla, 272
　M. obovata, 267, 268, 272
　M. officinalis, 269, 272
　M. officinalis var. *biloba*, 269
　M. poasana, 273
　M. salicifolia, 267–269, 273
　M. saulangiana, 273
　M. sieboldii, 273
　M. stellata, 267, 273
　M. virginiana, 273
　M. wastoni, 267
Mahonia, 252
　M. aquifolium, 254
　M. fargesii, 254
　M. gracilipes, 254
　M. japonica, 252
Mallotus, 155, 161

M. anomalus, 156, 159, 161
M. apelta, 161
M. barbatus, 161
M. cuneatus, 160
M. japonica, 157
M. japonicus, 157, 160, 161
M. nepalensis, 161
M. paniculatus, 161
M. philippinensis, 159–161
M. repandus, 157, 161
M. stenanthus, 161
Malus, 175
Manettia, 9
Mangifera, 55
Margosa, 128
Mauritia, 281
Melanophylla, 245
Melanorrhoea, 55
Melia, 128
　M. azedarach, 128–134, 136
　M. azedarach var. *japonica*, 133
　M. composita, 133, 134
　M. toosendan, 129, 131–136
　M. volkensii, 129, 130, 132–136
Melicope melanophloia, 237
Melilotus officinalis, 215
Messerschmidia, 250
Metasequoia, 124, 125
Metroxylon sagu, 281, 283
Michelia, 267, 273
　M. alba, 273
　M. c. var. *formosana*, 273
　M. champaca, 269, 273
　M. compressa, 267, 269, 273
　M. fallaxa, 273
　M. fuscata, 274
　M. nilagirica, 274
Millettia thonningii, 216, 217
Mitchella, 9
Mitracarpus, 14
Mitragyna, 14
　M. inermis, 14
　M. speciosa, 14
Morinda, 9
　M. citrifolia, 14
　M. lucida, 13
Morus, 98
　M. alba, 98–100
　M. australis, 98, 99
　M. bombycis, 98
　M. cathayana, 98, 99
　M. insignis, 99
　M. latifolia, 98
Mundulea sericea, 216
Murraya, 237

M. exotica, 237
M. paniculata, 237
Mussaenda, 9
　M. pubescens, 13
Myrica, 291
　M. cerifera, 291
　M. esculenta, 291
　M. gale, 291
　M. rubra, 291

Nandina, 252
　N. domestica, 252
Nauclea pobequinii, 13
Neoboutonia melleri, 159
Neocallitropsis pancheri, 186
Neolitsea, 83
　N. aciculata, 85, 88
　N. konishii, 88
　N. parvigemma, 88
　N. sericea, 83, 85, 89
Neonauclea calycina, 13
Nerium, 78
　N. odorum, 78
　N. oleander, 79
Nothopanax davidii, 46
Nymania, 129
　N. capensis, 129
Nyssa, 245

Ocotea, 85
　O. corymbosa, 85
　O. duckei, 87
Oldenlandia corymbosa, 13
Olea, 259, 261
Omphalea diandra, 157
Ononis spinosa, 215
Ophiorrhiza, 9
　O. blumeana, 13
　O. bracteata, 14
　O. cf. *communis*, 14
　O. pumila, 13
Oplopanax, 37
　O. elatus, 46
　O. horridus, 46
　O. japonicus, 45
Orbignya spp., 283
Orixa, 226
　O. japonica, 236, 237
Oryza, 35
Osmanthus, 259, 260
Ostrya, 72
Ourisia, 106
　O. caespitosa, 106
　O. macrocarpa, 106
　O. macrophylla, 106

O. sessilifolia, 106
Owenia, 129
　O. acidula, 129
　O. venosa, 129

Paederia, 9
Paeonia, 81, 203
　P. albiflora, 203
　P. japonica, 204
　P. lactiflora, 203, 204
　P. peregrina, 204
　P. suffruticosa, 166, 203, 204
Panax, 37
　P. ginseng, 37
Parabenzoin trilobum, 84
Paratocarpus (= *Artocarpus*) *venenosa*, 100
Pasania, 196
Paulownia, 105
　P. coreana, 105
　P. tomentosa, 105, 107–109
Pedicularis, 106
　P. alaschanica, 106, 108
　P. bracteosa, 107
　P. chinensis, 106
　P. condensata, 107
　P. crenulata, 107
　P. decora, 107
　P. groenlandica, 107
　P. lasiophrys, 106
　P. longiflora, 106
　P. longiflora var. *tubiformis*, 107
　P. muscicola, 107
　P. nordmanniana, 107
　P. plicata, 106
　P. procera, 106, 107
　P. racemosa, 107
　P. resupinata oppositifolia, 107
　P. resupinata var. *oppositifolia*, 108
　P. semitorta, 106
　P. sibthorpii, 107
　P. spicata, 106
　P. striata, 106–108
　P. striata pall ssp. *arachnoidea*, 106
　P. striata subsp. *arachnoides*, 106
　P. torta, 106
　P. verticillata, 106
　P. wilhelmsiana, 107
Penstemon, 105
　P. auriberbis, 105
　P. cyathophorus, 105
　P. nitidus, 105
　P. secundiflorus, 105
　P. teucrioides, 107, 108
　P. virens, 105
Persea, 83

P. americana, 85
P. indica, 83
Phellodendron, 226
　P. amurense, 226, 232, 233, 236
　P. chinense, 232
　P. japonicum, 232
　P. lavallei, 232
Philadelphus, 294
Phoenix, 279
　P. dactylifera, 281, 283
　P. loureirii, 283
　P. reclinata, 283
　P. rupiocola, 283
Photinia, 175
　P. davidiana, 176
Phragmites, 35
　P. communis, 35
Phyllanthus, 155
　P. niruri, 248
　P. sellowianus, 157, 160
Phyllostachys, 35
Picea, 206, 208
　P. abies, 208, 209
　P. jezoensis, 208
Picrasma, 169
　P. ailanthoides, 169
　P. javanica, 169, 170
　P. quassioides, 169
Pileostegia, 294
Pilocarpus, 237
Pinus, 206, 208
　P. contorta, 209
　P. densiflora, 208, 209
　P. maritima, 209
　P. massoniana, 209
　P. pinaster, 209
　P. ponderosa, 208
　P. strobus, 209
　P. sylvestris, 208, 209
Pistacia, 55
　P. integerrima, 56, 57
　P. khinjuk, 56
　P. lentiscus, 56
　P. vera, 56, 57
Pithecellobium dulce, 94
Plagiorhegma, 252
Platycarya strobilacea, 93, 94
Platycrater, 294
Pleiospermium alatum, 237
Poacynum, 79
Podophyllum, 252
　P. peltatum, 252
Poecilanthe, 215
Polyscias fruticosa, 46
Poncirus, 226

P. trifoliata, 237, 238
Populus, 285, 287
　P. alba, 287
　P. balsamifera, 287
　P. canadensis, 288
　P. cathayana, 287
　P. deltoides, 288
　P. fremontii, 287
　P. grandidentata, 287
　P. koreana, 287
　P. maximowiczii, 287, 288
　P. nigra, 287, 288
　P. simonii, 288
　P. suaveolens, 287
　P. szechuanica, 287
　P. tomentosa, 287
　P. tremula, 287, 288
　P. tremuloides, 287, 288
Prunus, 175
　P. amygdalus, 178, 179
　P. avium, 177
　P. cerasus, 177
　P. davidiana, 178, 179
　P. domestica, 177–179
　P. jamasakura, 198
　P. persica, 179
　P. spinaosa, 176
　P. yedoensis, 177
　P. zippeliana, 179
Pseudolarix, 206
Pseudopyxis, 9
Pseudotsuga, 206
　P. menziesii, 209
Psychotria, 9
Psydrax livida, 14
Pterocarya, 93
　P. paliurus, 93
　P. stenoptera, 95
Pueraria, 214
　P. lobata, 214
　P. mirifica, 214
Pulsatilla, 81
Punica granatum, 111, 247
Putranjiva, 155
　P. roxburghii, 161
Pyracantha coccinea, 176
Pyrus, 175
　P. pyrifolia, 178
　P. serotina, 176

Quassia amara, 169
Quercus, 196, 198
　Q. acutissima, 199
　Q. alba, 197
　Q. farnetto, 197
　Q. glauca, 198
　Q. imbricaria, 198
　Q. laurifolia, 198
　Q. mongolica, 198
　Q. oocarpa, 197
　Q. pedunculate, 198
　Q. petraea, 197, 199
　Q. petrea, 199
　Q. robur, 197, 199
　Q. rubra, 94, 198
　Q. serrata, 198
　Q. sessiliflora, 198
　Q. stellata, 197
　Q. suber, 199

Randia, 9
Ranunculus, 81
Ranzania, 252
Rauia resinosa, 237
Rhapis, 279
Rhododendron, 141
　R. ellipticum, 141
　R. ferrugineum, 141
Rhus, 55
　R. chinensis, 56
　R. coriaria, 55, 56
　R. glabra, 55, 56
　R. javanica, 56
　R. leptodictya, 56
　R. parviflora, 55
　R. retinorrhoea, 55
　R. succedanea, 55, 56
　R. sylvestris, 56
　R. taishanensis, 55
　R. taitensis, 55
　R. toxicodendron, 56
　R. trichocarpa, 56
　R. vernicifera, 55
　R. verniciflua, 56
Ribes, 294
Ricinus, 160
　R. communis, 155, 156, 158, 160, 161
Robinia, 214
　R. pseudoacacia, 214
Rosa, 175
　R. damascena, 179
　R. laevigata, 176
　R. rugosa, 176–178
Rotala, 247
Rubia, 9, 11
　R. akane, 12
　R. cordifolia, 12
　R. peregrina, 11
　R. tinctorum, 12, 14
　R. yunnanensis, 11, 12

植物名索引

Rubus, 175
    R. idaeus, 179
    R. lambertianus, 176
    R. suavissimus, 175, 179
    R. thibetanus, 176

Saccharum, 35
Salix, 285
    S. arbusculoides, 286
    S. capitata, 287
    S. chaenomeloides, 286
    S. dasyclados, 286
    S. discolor, 287
    S. fragilis, 286
    S. hybrid, 286
    S. lasiandra, 286
    S. miyabeana, 286
    S. myrsinifolia, 286
    S. nigra, 287
    S. pentandra, 286
    S. petsusu, 286
    S. phylicifolia, 286
    S. purpurea, 286
    S. rorida, 286
    S. sachalinensis, 285, 286
    S. sericea, 286
    S. sylvestris, 286
    S. viminalis, 286
Sambucus, 119, 120
    S. canadensis, 120, 121
    S. cosmetics, 121
    S. ebulus, 120, 121
    S. mexicana, 121
    S. nigra, 120, 121
    S. sieboldiana, 120
    S. williamsis, 120
Sandoriacum, 128
Santalum, 194
    S. acuminatum, 195
    S. album, 194, 195
    S. austrocaledonicum, 194
    S. insulare, 194
    S. spicatum, 194, 195
Sapium, 155, 160
    S. baccatum, 158
    S. japonicum, 155, 160
    S. rigidifolium, 159
    S. sebifenum, 160
    S. sebiferum, 155–161
Sarcomelicope simplicifolia, 237
Sassafras, 83
Schefflera, 37
    S. capitata, 46
    S. divaricata, 46
    S. octophylla, 46

Schima wallichii, 144, 148
Schinus, 55
Schisandra, 268, 274
    S. chinensis, 268, 274
    S. hensyi, 274
    S. lancifolia, 274
    S. nigra, 269, 274
    S. rubiflora, 274
    S. sphenanthera, 268, 274
Schizophragma, 294
Sciadipitys, 124
Scoparia dulcis, 107
Scrophularia sambucifolia, 106
Scutellaria albida, 107
Sebastiana brasiliensis, 156
Securinega, 155
Semecarpus, 55
Sequoia, 124
Sequoiadendron, 124
Serissa, 9
Severinia huxifolia, 238
Shepherdia argentea, 92
Shibateranthis, 81
Simaba polyphylla, 170
Similax zeylanica, 247
Sinofranchetia, 18
Sitophilus granarius, 129
Skimmia, 226
    S. japonica, 226, 237
    S. laureola, 236, 237
    S. wallichii, 236
Smilax zeylanica, 248
Solidago virgaurea, 288
Sophora, 213
    S. alopecuroides, 214, 217
    S. arizonica, 214
    S. davidii, 214
    S. exigua, 213, 216, 217
    S. flavescens, 214, 215, 217
    S. fraserii, 214
    S. griffithii, 214
    S. japonica, 214–216
    S. leachiana, 213, 217
    S. microphylla, 214
    S. prostrata, 214
    S. secundiflora, 213
    S. stenophylla, 214
    S. subprostrata, 213
    S. tetraptera, 214
    S. tonkinensis, 214
Sorbus, 175
    S. aucuparia, 176
Sorenosa repens, 283
Sorocea bonplandii, 99
Spathelia glabrescens, 237

Spiraea japonica, 175
Spiraeae, 175
Stautonia, 18
   S. chinensis, 19
   S. hexaphylla, 18, 19
Styrax, 59
   S. benzoin, 59
   S. japonicus, 59
   S. paralleloneurum, 59
Swietenia, 129
   S. humilis, 131, 136
   S. macrophylla, 130, 136
   S. mahagonia, 129, 131
   S. mecrophylla, 129
Synadenium compactum var. *compactum*, 159
Syringa, 259

Taiwania, 124, 125
   T. cryptomerioides, 125
Talauma, 274
   T. gioi, 274
Tapirira guianensis, 56
Tarenna, 9
Taxodioxylon gypsaceum, 126
Taxodium, 124, 125
Taxus, 21
   T. baccata, 21
   T. brevifolia, 21
   T. canadensis, 21, 22
   T. celebica, 21
   T. cupsidata, 21, 24
   T. floridana, 21
   T. globosa, 21
   T. mairei, 22
   T. wallichian, 21
Tecomella undulata, 68
Terminalia bellirica, 68, 94
Tetrapanax, 37
   T. papyriferum, 46
Thalictrum, 81
   T. minus, 82
   T. uchiyamai, 82
Thea sinensis, 144
Thuja, 184
   T. occidentalis, 186, 187
   T. orientalis, 186
   T. plicata, 187, 188
Thujopsis, 184
   T. dolabrata, 186–188
Thymelaea, 115
Tilia, 113
   T. cordata, 113
   T. europaea, 113
   T. japonica, 113
   T. platyphyllos, 113

Toisusu, 285
Toona, 128
   T. australis, 129
   T. ciliata, 128
   T. ciliata var. *australis*, 136
   T. ribolium, 129
Torreya, 21
   T. nucifera, 21
Trachycarpus excelsa, 279
Trema, 173
Trevesia sundaica, 46
Trichilia, 128, 130
   T. catigua, 136
   T. emetica, 135
   T. hirta, 130
Trifolium subterraneum, 217
Trigonella foenum, 215
Triticum, 35
Trollius, 81
Tsuga, 206
Turraea, 129
   T. obtusifolia, 136
Turraeanihus, 128

Ulmus, 173
   U. campestris, 173
   U. davidiana, 173
   U. parvifolia, 173
   U. pumila, 173
Uncaria, 9
   U. macrophylla, 14
   U. rhynchophylla, 14
   U. sinensis, 14

Vaccinium, 141
   V. angustifolium, 142
   V. ashei, 142
   V. corymbosum, 142
   V. macrocarpon, 142
   V. myrtillus, 142
   V. uriginosum, 141
   V. vacilans, 142
   V. vitis-idaea, 142
Vancouveria, 252
   V. hexandra, 254
Verbascum, 106
   V. lychnitis, 106
   V. phoeniceum, 106
   V. pseudonobile, 106
Vetiveria, 35, 36
   V. zizanoides, 36
Viburnum, 119
   V. awabuki, 119
   V. ayavacense, 120
   V. coriaceum, 120

V. dilatatum, 119
V. lantana, 120
V. opulus, 120
V. orientale, 120
V. rhytidophyllum, 120
V. sargentii, 120
V. suspensum, 120
V. tinus, 120
V. wrightii, 120

Washingtonia, 279
Weigela, 119, 122
 W. coraeensis, 122
 W. florida, 122
 W. hortensis, 122
 W. praecox, 122
 W. subsessilis, 122
Wikstroemia, 115
 W. canescens, 115
 W. indica, 116
 W. mekongenia, 115
 W. nutano, 117
 W. retusa, 115, 116
 W. sikokiana, 116, 117
Wisteria, 213, 215
 W. brachybotrys, 215
 W. floribunda, 215
 W. sinensis, 215
Woodfordia, 247

Xanthocercis zambesiaca, 216
Xinhui citrus, 230
Xylocarpus, 128
 X. moluccensis, 129

Zanthoxylum, 226, 234
 Z. ailanthoides, 233, 235
 Z. alatum, 226, 233, 234
 Z. armatum, 233
 Z. avicennae, 233
 Z. budrunga, 234
 Z. bungeanum, 233, 234
 Z. bungei, 226
 Z. chaylbeum, 233
 Z. clavaherculis, 234
 Z. culantrilo, 233
 Z. dipetalum, 234
 Z. dissitum, 233
 Z. gardneri, 233
 Z. hawaiiense, 234
 Z. heitzii, 233
 Z. integrifoliolum, 233, 234
 Z. kauansecies, 234
 Z. lemairie, 233, 234
 Z. liebmannianum, 234

Z. limonella, 233
Z. naranjillo, 233
Z. nitidum, 233, 234
Z. petiolare, 233
Z. piperitum, 226, 233, 234
Z. planispinum, 234
Z. regnellianum, 234
Z. rhetsa, 233, 234
Z. rhoifolium, 233
Z. schinifolium, 233–235
Z. simulans, 233, 234
Z. usambarense, 233
Z. utile, 234
Zea, 35
Zelkova, 173

アーモンド, 178
アオガンピ, 115, 116
アオガンピ属, 115
アオキ属, 245
アオハダ, 277
アオモリトドマツ, 206
アカシア属, 215
アカネ, 11
アカネ属, 9
アカバナトチノキ, 165
アカマツ, 208, 209
アカメガシワ, 157, 160, 161
アカメガシワ属, 155, 161
アキニレ, 173
アケビ, 18
アケビ属, 18
アケボノスギ属, 124, 125
アサダ属, 72
アジサイ, 294
アジサイ属, 294
アスナロ属, 184
アブラガキ, 66
アブラギリ, 155
アブラギリ属, 155
アブラヤシ, 281, 283
アマチャ, 294
アマナツ, 227, 230
アメリカガキ, 66
アメリカブナ, 197
アメリカマンサク, 221
アラカシ, 198
アリオドシ属, 9
アルカケティア属, 18
アンソクコウコウノキ, 59

イカリソウ, 252
イカリソウ属, 252
イスノキ属, 221
イタヤカエデ, 61

イチイ, 21, 24
イチイ属, 21
イチジク, 98
イチジク属, 98
イチョウ, 32
イチリンソウ属, 81
イナモリソウ属, 9
イヌエンジュ属, 213, 214
イヌガヤ, 21
イヌガヤ属, 21, 22, 25
イヌカラマツ属, 206
イヌサンショウ属, 226
イネ属, 35
イボタノキ属, 259
イワガラミ属, 294
イワブクロ属, 105
イングリッシュオーク, 199

ヴァンコウヴェリア属, 252
ウケザキオオヤマレンゲ, 267
ウコギ, 38
五加, 37
ウコギ属, 37
ウツギ, 294
ウツギ属, 294
ウド, 41
ウラジロウコギ, 38, 41
ウラジロエノキ属, 173
ウルシ属, 55

エゴノキ, 59
エゴノキ属, 59
エゾウコギ, 38, 41
エゾミソハギ, 247
エノキグサ属, 160
エノキ属, 173
エンジュ, 214

オウレン属, 81
オオバベニガシワ, 155
オオバヤナギ属, 285
オオムギ属, 35
オカウコギ, 38, 41
オガタマノキ, 267, 269, 273
オガタマノキ属, 267
オガルカヤ, 35
オガルカヤ属, 36
オキナグサ, 81
オダマキ属, 81
オニシバリ, 116, 117
オリーブ属, 259, 261

カエデ属, 60
カエンソウ属, 9
カキ, 66
カギカズラ属, 9

カキノキ属, 66, 67
カキバチシャノキ属, 250
ガクアジサイ, 294
カクレミノ, 44
カクレミノ属, 37
カゴノキ, 89
カジノキ, 99
カシュウナッツ属, 55
カスティレア属, 106
カズラ属, 267
カチラチライノキ, 271
カツラ, 71
カツラ属, 71
カナダイチイ, 21, 22
カナビキボク属, 194
カナメモチ属, 175
カバノキ属, 72, 73
カボス, 227
ガマズミ, 119
ガマズミ属, 119
カミヤツデ, 46
カミヤツデ属, 37
カヤ, 21
カヤ属, 21
カラグワ, 98, 99
カラタチ, 237
カラタチ属, 226
カラマツ, 208
カラマツソウ属, 81
カラマツ属, 206
カリフォラ属, 245
カリン, 178
カレンボク属, 245
カンコノキ属, 155
カントンアブラギリ, 156
ガンピ, 115, 116
ガンピ属, 115

キイチゴ属, 175
キカシグサ, 247
キタコブシ, 271
キヅタ, 45
キヅタ属, 37
キナノキ属, 9
キハダ, 232
キハダ属, 226
ギムノスペルミウム属, 252
ギョクシンカ属, 9
キリ属, 105
キリンケツヤシ, 281, 283
キンカン属, 226
キンコウボク, 269, 273
キンバイソウ属, 81
キンポウゲ属, 81

ククイノキ, 155–157, 160

クサボタン, 81
クズ属, 214
クスノキ属, 83
クチナシ, 10
クチナシ属, 9
クヌギ, 199
クマシデ属, 72
グミ属, 92
クララ属, 213
クリ, 196, 198
クリスマスローズ属, 81
グリセリニア属, 245
クリ属, 196
クルマバソウ属, 9
グレープフルーツ, 228
クロキ属, 66
クロタネソウ属, 81
クロツグ, 279
クロミノウグイスカズラ, 121
クロモジ属, 83
クワ, 98
クワ属, 98

ケショウヤナギ属, 285
ゲッケイジュ属, 83
ケヤキ属, 173
ケヤマウコギ, 38, 40, 41

コウスイソウ, 36
コウゾ, 98, 99
コウゾ属, 98
コウヤマキ属, 124
コウヨウザン属, 124
コーヒーノキ, 9
五加（ウコギ）, 38
コクサギ, 236
コクサギ属, 226
コクタン, 66
ココヤシ, 280, 282
コシアブラ, 38, 41
ゴシュユ属, 226
コセイボク属, 55
コナラ, 198
コナラ属, 196, 198
コブシ, 267, 268, 271
ゴマノハグサ属, 106
コミカンソウ属, 155
コムギ属, 35
ゴモジュ, 120
コルクガシ, 199
コンロンカ属, 9

サカカ, 157
サクラ属, 175
ザクロ, 111, 247

サゴヤシ, 281, 283
サッサフラス属, 83
サツマイナモリ属, 9
サツママンダリン, 231
サトウキビ属, 35
サトウヤシ, 280, 282
サネカズラ, 270
ザボン, 230
サラシナショウマ属, 81
サルスベリ, 247
サンカヨウ属, 252
サンゴジュ, 119
サンショウ, 234
サンショウ属, 226

シイ属, 196
ジェファーソニア属, 252
シオガマ属, 106
刺五加, 38
シチョウゲ属, 9
シデコブシ, 267, 273
シトロネラソウ, 36
シナアブラギリ, 157
シナイチイ, 21
シナイヌガヤ, 25
シナノガキ, 66
シナデニウム属, 159
シナトチノキ, 165
シナノキ, 113
シナホウノキ, 269, 272
シノフランケティア属, 18
シマガンピ, 116
シマシラキ, 157
シマユキカズラ属, 294
シモツケ, 175
シモツケ属, 175
シャクナンガンピ属, 115
ジャワシトロネラソウ, 36
ジュサン（樹参）, 44
ジュズダマ属, 35
シュロ, 279
シラキ, 155, 160
シラキ属, 155
シラビソ, 207
シロカネソウ属, 81
シロダモ, 89
シロダモ属, 83
ジンコウ, 115
ジンコウ属, 115
ジンチョウゲ, 116, 117
ジンチョウゲ属, 115
シンナモン, 88

スイカズラ, 121
スイカズラ属, 119

ズイナ属, 294
スギ属, 124
スグリ属, 294
スダチ, 227
スナヅル属, 83
スナビキソウ属, 250
スノキ, 141
スミノミザクラ, 177

セイシボク属, 156
セイヨウイチイ, 21
セイヨウスモモ, 177
セイヨウトチノキ, 165
セイヨウミザクラ, 177
セコイアオスギ属, 124
セコイアメスギ属, 124
セシールオーク, 198, 199
セツブンソウ属, 81
セレベスイチイ, 22
センダン, 128
センニンソウ属, 81

ゾウゲヤシ, 281, 283
糙五加, 38
ソケイ属, 259
ソテツ, 140
ソテツ属, 140
ソメイヨシノ, 177

タイサンボク, 267, 271
ダイダイ, 227
タイトウウルシ属, 55
タイヘイヨウイチイ, 21
タイワンアカマツ, 209
タイワンスギ属, 124, 125
ダウィディア属, 245
タカサゴコバンノキ属, 159
タカノツメ, 44
タカノツメ属, 37
タキソデオキシロン属, 126
ダグラスファー, 209
タツタソウ属, 252
タニウツギ, 122
タニワタリノキ属, 9
タネナシパンノキ, 99
タブノキ属, 83
ダマスクバラ, 179
タムシバ, 267–269, 273
タラノキ, 41
タラノキ属, 37

チガヤ属, 35
チシャノキ属, 250
チチブシロカネソウ属, 81
チュウテンカク, 159
チョウセンイヌガヤ, 22, 25

チョウセンゴミシ, 268, 274
チョウセンニンジン, 37
チョウセンハウチカエデ, 61
チョウセンハリブキ, 46

ツガ属, 206
ツクバネウツギ属, 119
ツクバネ属, 194
ツゲモドキ属, 155
ツバキ, 147
ツブラジイ, 196
ツボサンゴ, 295
ツルアリオドシ属, 9

ティメラエア属, 115
デカイスネア属, 18
デルフィニウム属, 81

ドイツトウヒ, 209
トウイヌガヤ, 25
トウゴマ属, 155
トウダイグサ, 157, 158
トウダイグサ属, 156, 158
トウヒ属, 206
トウモロコシ属, 35
トガクシソウ属, 252
トガサワラ, 206
トキワアケビ, 18
トキワサンザシ, 176
トキワマンサク属, 221, 223
ドクウツギ属, 163
ドクムギ属, 35
トコン属, 9
トサミズキ属, 221
トチノキ, 165
トチノキ属, 165
トチバニンジン属, 37
トドマツ, 207
トネリコ属, 259, 260
トリカブト属, 81
トリバナゼノキ属, 55

ナガバヤナギ, 285
ナシ属, 175
ナツダイダイ, 229
ナツメヤシ, 281
ナナカマド属, 175
ナワシログミ, 92
ナンキンハゼ, 155–159, 161
ナンテン, 252
ナンテン属, 252
ナンブソウ属, 252
ナンヨウアブラギリ, 157, 160
ナンヨウアブラギリ属, 156

ニガキ, 169

植物名索引

ニガキ属, 169
ニセアカシア, 214
ニホンナシ, 176, 178
ニレ属, 173
ニワウルシ, 170
ニワウルシ属, 169
ニワトコ, 120
ニワトコ属, 119, 120

ヌマスギ属, 124, 125
ヌマミズキ属, 245

ネコメソウ属, 294, 295
ネズコ属, 184
ネムノキ属, 214

バイカアマチャ属, 294
バイカウツギ属, 294
ハギ属, 213, 215
バクチノキ, 179
ハクチョウゲ属, 9
ハコネウツギ, 122
ハコネウツギ属, 119, 122
ハコヤナギ属, 285, 287
ハシドイ属, 259
ハシバミ属, 72, 73
ハズ, 155
ハズ属, 155
ハッサク, 230
ハトムギ, 36
ハナイカダ属, 245
ハマナス, 176
ハマビワ属, 83
パラゴムノキ, 156
パラゴムノキ属, 156
バラ属, 175
パラミツ, 99
ハリエンジュ属, 214
ハリギリ属, 37
ハリブキ, 45
ハリブキ属, 37
バルサムモミ, 206
ハルニレ, 173
パルマローザ, 36
パンノキ, 98, 99
ハンノキ属, 72, 73
バンペイユ, 229

ヒイラギナンテン, 252
ヒイラギナンテン属, 252
ヒサカキ属, 144
ヒダカソウ属, 81
ヒトツバハギ属, 155
ヒドラスティス属, 81
ビナンカズラ, 268, 270
ヒノキ, 187

ヒノキアスナロ, 187
ヒノキ属, 184
ヒマ, 155, 156, 158, 160, 161
ヒマラヤイチイ, 21
ヒマラヤスギ属, 206
ヒマラヤユキノシタ属, 294
ヒメイタビ, 100
ヒメウコギ, 38, 40, 41
ビャクシン属, 184, 186
ビャクダン属, 194
ヒョウタンボク, 121
ヒラドブンタン, 228
ビルマウルシ属, 55
ビロウ, 279
ヒロハカツラ, 71
ビワ, 176
ビワ属, 175
ビンロウ, 280, 282

フウ属, 221, 222
フカノキ, 46
フカノキ属, 37
フクジュソウ属, 81
フジ属, 213, 215
フジモドキ, 116, 117
フタバムグラ属, 9
ブナ, 197
ブナ属, 196, 197
フユボダイジュ, 113
プラウノイ, 158
フランスカイガンショウ, 209
フロリダイチイ, 21

ベイスギ, 187
ヘクソカズラ属, 9
ベチバー属, 35, 36
ベニヒモノキ, 160
ベルガモット, 227, 230

ホオノキ, 267, 268, 270, 272
ボクィラ属, 18
ボケ属, 175
ホシザキイカリソウ, 252
ボタン属, 81
ボチョウジ属, 9
ポドフィルム, 252
ホルボエリア属, 18
ボンガルディア属, 252

マグワ, 98
マダケ属, 35
マツ属, 206
マツブサ, 269, 274
マテバシイ属, 196
マメガキ, 66
マルキンカン, 236

マルバノキ属, 221
マルヤマカンコノキ属, 160
マンゴー属, 55
マンサク属, 221
マンシュウウコギ, 41

ミカン属, 226
ミサオノキ属, 9
ミズキ属, 245
ミズスギ属, 124
ミズナラ, 198
ミソハギ, 247
ミツバアケビ, 18
ミツマタ, 115–117
ミツマタ属, 115
ミドリサンゴ, 156
ミナミスギ属, 124
ミヤオウソウ属, 252
ミヤマウグイスカズラ, 121
ミヤマウコギ, 38, 41
ミヤマウド, 41
ミヤマガマズミ, 120
ミヤマシキミ属, 226
ミヤマトベラ属, 213
ミヤマシキミ, 237

ムクノキ属, 173
無梗五加, 38
ムスミソウ属, 81
ムベ, 18
ムベ属, 18

メギ, 252
メキシコイチイ, 21
メギ属, 252
メダラ, 41
メラノフィラ属, 245

モウズイカ属, 106
モクセイ属, 259, 260
モクレン, 267, 272
モクレン属, 267
モチノキ属, 276
モチユズ, 227
モミ属, 206
モロヘイヤ, 113

ヤエムグラ属, 9
ヤエヤマアオキ属, 9
ヤクシマアジサイ, 294
ヤチヤナギ, 291
ヤツデ, 44
ヤツデ属, 37
ヤナギ属, 285
ヤマアジサイ, 294
ヤマウコギ, 38, 41

ヤマグワ, 98
ヤマザクラ, 198
ヤマソアヤ属, 55
ヤマヒハツ属, 155
ヤマモモ, 291

ユコ, 227
ユサン属, 206
ユズ, 227
ユリノキ, 267, 270

ヨーロッパアカマツ, 209
ヨーロッパカラマツ, 209
ヨーロッパキイチゴ, 179
ヨーロッパグリ, 196, 199
ヨーロッパブナ, 197
ヨシ属, 35

ラルディザバラ属, 18
ランシンボク属, 57

リュウキンカ属, 81
リンゴ属, 175
輪傘五加, 38
リンネソウ属, 119, 121

ルイヨウボタン属, 252
ルリミノキ属, 9

レオンティケ属, 252
レッドオーク, 198
レモン, 231
レモングラス, 36
レンギョウ属, 259, 261
レンゲショウマ属, 81

ロジポールパイン, 209

樹木の顔	**樹木抽出成分の効用と利用**
じゅもくのかお　じゅもくちゅうしゅつせいぶんのこうようとりよう	

発 行 日	2002年3月31日　初版第1刷
定　　価	カバーに表示してあります
編集代表	中 坪 文 明 ©
編　　集	日本木材学会抽出成分と 木材利用研究会
発 行 者	宮 内　　久

海青社 Kaiseisha Press

〒520-0002　大津市際川3-23-2
Tel.(077)525-1247　Fax.(077)525-5939
ホームページ=http://www.kaiseisha-press.ne.jp
E-メール=info@kaiseisha-press.ne.jp

● Copyright © 2002　F. Nakatsubo　● ISBN4-906165-85-0　● Printed in JAPAN
● 乱丁落丁はお取り替えいたします